扫二维码看视频精讲（与书中章节对应）

第 2 章　Mastercam2017 二维图形设计

2.3　绘制弯板

第 3 章　Mastercam2017 曲面设计

3.3　绘制凸模曲面

第 4 章　Mastercam2017 实体设计

4.3　绘制传动轴

第 6 章　Mastercam2017 铣削 2D 加工

 6.2　操作实例——设置加工原点	 6.3　操作实例——选择加工系统	 6.4　操作实例——创建加工毛坯	 6.5　操作实例——创建面铣加工	 6.6　操作实例——创建挖槽粗加工
 6.7　操作实例——外形轮廓铣精加工				

第 7 章　Mastercam2017 铣削 3D 加工

 7.2　操作实例——设置加工原点	 7.3　操作实例——选择加工系统	 7.4　操作实例——创建加工毛坯	 7.5　操作实例——创建挖槽粗加工	 7.6　操作实例——创建混合铣削半精加工

 7.7.1　操作实例—— 创建顶面和圆角面 环绕铣削精加工	 7.7.2　操作实例—— 创建分型面水平铣削 精加工	 7.7.3　操作实例—— 创建侧壁等高铣削 精加工		

第 8 章　Mastercam2017 铣削多轴加工

 8.2　操作实例—— 设置加工原点	 8.3　选择加工 系统和机床	 8.4　操作实例—— 创建加工毛坯	 8.5　操作实例—— 创建挖槽粗加工	 8.6　操作实例—— 创建混合铣削半精加工
 8.7.1　操作实例—— 创建顶面沿面 五轴精加工	 8.7.2　操作实例—— 创建圆角多曲面 五轴精加工	 8.7.3　操作实例—— 创建分型面水平 铣削精加工	 8.7.4　操作实例—— 创建侧壁沿边 五轴精加工	

第 9 章　Mastercam2017 车削加工

 9.2　操作实例—— 设置加工原点	 9.3　操作实例—— 选择加工系统	 9.4　操作实例—— 创建加工毛坯	 9.5　操作实例—— 创建端面车削加工	 9.6　操作实例—— 创建粗车加工
 9.7　操作实例—— 创建精车加工	 9.8　操作实例—— 创建沟槽车削加工	 9.9　操作实例—— 创建螺纹车削加工	 9.10　操作实例—— 创建截断车削加工	

第 10 章　典型 2D 综合零件加工实例——槽轮板数控加工

 10.4.1～10.4.4 加工准备	 10.4.5　创建加工 刀具	 10.4.6　创建面铣 加工	 10.4.7　创建外腔 挖槽粗加工	 10.4.8　创建内腔 挖槽粗加工

 10.4.9　创建外腔外形铣削精加工	 10.4.10　创建内腔外形铣削精加工			

第 11 章　典型 3D 综合零件加工实例——玩具手枪凸模数控加工

 11.4.1～11.4.4 加工准备	 11.4.5　创建加工刀具	 11.4.6　创建挖槽铣削粗加工	 11.4.7　创建混合铣削半精加工	 11.4.8　创建环绕铣削精加工
 11.4.9　创建清角铣削精加工				

第 12 章　典型 5X 轴综合零件加工实例——齿壳零件数控加工

 12.4.1～12.4.3 加工准备	 12.4.4　创建加工刀具	 12.4.5　创建顶面加工坐标系	 12.4.6　创建顶面挖槽粗加工	 12.4.7　创建顶面全圆铣削精加工
 12.4.8　创建顶面倒角加工	 12.4.9　创建侧面加工坐标系	 12.4.10　创建侧面挖槽粗加工	 12.4.11　创建侧面钻孔加工	 12.4.12　侧面刀路转换

第 13 章　典型车削综合零件加工实例——芯轴数控加工

 13.4.1～13.4.4 加工准备	 13.4.5　创建右端端面车削加工	 13.4.6　创建右端粗车加工	 13.4.7　创建右端精车加工	 13.4.8　创建右端轴向槽车削加工

13.4.9　工件调头	13.4.10　创建左端端面车削加工	13.4.11　创建左端粗车加工	13.4.12　创建左端精车加工	13.4.13　创建左端径向槽车削加工
13.4.14　创建左端螺纹车削加工				

实例素材源文件下载

Mastercam 造型与数控加工全实例教程

高长银　张永红　赵　程　主编

·北京·

内 容 提 要

本书以练习实例和应用范例为主，详细介绍了 Mastercam2017 在三维造型与数控加工方面的典型应用。本书结构严谨、内容丰富、条理清晰、实例典型，所选的每个范例中都注重实际应用和技巧性，是一本很好的 Mastercam 应用指导教程和参考手册。本书适合具备一定 Mastercam 应用基础的读者学习使用，也可供从事产品设计、模具设计和数控加工的工程技术人员参考。另外，本书也适合作为各职业培训机构、大中专院校相关专业 CAD/CAM 课程的培训教材。

图书在版编目（CIP）数据

Mastercam 造型与数控加工全实例教程/高长银，张永红，赵程主编. —北京：化学工业出版社，2020.4（2023.8 重印）
（快速入门与进阶）
ISBN 978-7-122-36121-9

Ⅰ.①M… Ⅱ.①高… ②张… ③赵… Ⅲ.①数控机床-加工-计算机辅助设计-应用软件-教材 Ⅳ.①TG659-39

中国版本图书馆 CIP 数据核字（2020）第 021894 号

责任编辑：王　烨　雷桐辉　　　　装帧设计：刘丽华
责任校对：盛　琦

出版发行：化学工业出版社（北京市东城区青年湖南街 13 号　邮政编码 100011）
印　　装：北京印刷集团有限责任公司
787mm×1092mm　1/16　印张 23½　字数 560 千字　2023 年 8 月北京第 1 版第 2 次印刷

购书咨询：010-64518888　　　　售后服务：010-64518899
网　　址：http://www.cip.com.cn
凡购买本书，如有缺损质量问题，本社销售中心负责调换。

定　　价：99.00 元

前言

Mastercam 是由美国 CNC Software NC 公司开发的基于 PC 平台的 CAD/CAM 一体化软件，集成了二维绘图、三维实体造型、曲面设计、体素拼合、数控编程、刀具路径模拟及真实感模拟等多种功能。Mastercam 是经济而有效的全方位软件系统，为工业界及广大学校所钟爱，并在通用机械、航空、船舶、军工等行业的设计与数控加工中广泛应用。

为了满足广大读者学习 Mastercam 需要，我们特编写了《Mastercam 造型与数控加工全实例教程》一书，全书分为基础造型、加工基础、加工应用三大部分，具体内容包括：第 1 章介绍 Mastercam 基本知识；第 2 章介绍 Mastercam 基本绘图工具、图形编辑工具、图形转换工具、图形标注工具等，并通过弯板实例讲解 Mastercam 二维图形绘制方法和过程；第 3 章介绍 Mastercam 设置绘图平面、设置 Z 深度、曲面创建和编辑，并通过凸模曲面实例来讲解 Mastercam 曲面绘制方法和过程；第 4 章介绍 Mastercam 实体设计与编辑，并通过传动轴实例来讲解 Mastercam 实体设计方法和过程；第 5 章介绍 Mastercam 启动加工模块、创建加工刀具、创建加工毛坯、刀路管理器等；第 6 章以凸台零件为例讲解 Mastercam 2D 铣削加工操作方法和步骤，包括面铣加工、挖槽加工、外形铣削加工等；第 7 章以眼镜盒曲面为例讲解 Mastercam 3D 铣削加工操作方法和步骤，包括挖槽铣削加工、混合铣削加工、环绕铣削加工、水平铣削加工、等高铣削加工等；第 8 章以机座凸模为例讲解 Mastercam 铣削加工操作方法和步骤，包括挖槽铣削加工、混合铣削加工、沿面多轴加工、多曲面多轴加工、沿边多轴加工等；第 9 章以螺纹轴零件为例讲解 Mastercam 车削加工技术，包括创建加工毛坯、端面车削加工、粗车加工、精车加工、沟槽加工、螺纹加工、截断加工等；第 10 章以槽轮板为例来讲解 Mastercam 2D 铣削数控加工在实际产品加工中的具体应用；第 11 章以玩具手枪为例来讲解 Mastercam 3D 铣削数控加工在实际产品加工中的具体应用；第 12 章以齿壳为例来讲解 Mastercam 多轴数控加工在实际产品加工中的具体应用；第 13 章以芯轴为例来讲解 Mastercam 车削数控加工在实际产品加工中的具体应用。

本书具有以下几方面特色：

1. 易学实用的入门教程，展现数字化设计与制造全过程。
2. 按照“基础功能＋实际应用”的模式组织内容，全面而深入。
3. 全书以实例贯穿，典型工程案例精讲，直击痛点、难点。
4. 分享设计思路与技巧，举一反三不再难。
5. 配置大量视频教学，同步精讲。读者学习过程中用手机扫文前二维码，随时可跟随视频讲解进行实际操作，即学即会。

本书由高长银、张永红、赵程主编，参加编写及资料收集整理工作的还有马龙梅、熊加栋、周天骥、高誉瑄、石书宇、范艺桥、马春梅、石铁峰、马玉梅、赵程、李菲、王亚杰、马子龙、朱冬萍等。

编者长期从事 Mastercam 实际加工、教学、培训以及研究工作，使得本书具有较强的实用性。本书既可作为高等院校、高职、高专等工科机械类相关专业学生的教材，也可作为工程技术人员的自学参考书。

由于时间和水平所限，书中难免存在不足之处，欢迎广大读者予以批评指正。

编　者

目录

第1章

Mastercam2017概述

第2章

Mastercam2017二维图形设计

第3章

Mastercam2017曲面设计

第4章

Mastercam2017实体设计

第5章

Mastercam2017数控加工基础

第6章

Mastercam2017铣削2D加工

第7章

Mastercam2017铣削3D加工

第8章

Mastercam2017铣削多轴加工

第9章

Mastercam2017车削加工

第10章

典型2D综合零件加工实例——槽轮板数控加工

第11章 典型3D综合零件加工实例——玩具手枪凸模数控加工

第12章

典型5X轴综合零件加工实例——齿壳零件数控加工

第13章

典型车削综合零件加工实例——芯轴数控加工

参考文献

第1章

Mastercam2017概述

Mastercam 是由美国 CNC Software，Inc. 公司开发的基于 PC 平台上的 CAD/CAM 一体化软件。Mastercam 主要包括 Design（设计）、Mill（铣削加工）、Lathe（车削加工）和 Wire（激光线切割加工）4 个功能模块，广泛应用于机械、电子、汽车等行业。本章介绍 Mastercam 软件的基本情况，包括 Mastercam 基本知识、用户操作界面、图素管理等。

本章内容

- ◆ Mastercam2017 简介
- ◆ Mastercam2017 图素管理
- ◆ Mastercam2017 用户操作界面

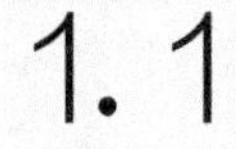

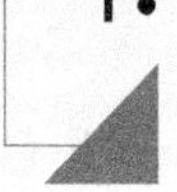

1.1 Mastercam2017 简介

1.1.1 Mastercam 基本情况

Mastercam 是由美国 CNC Software，Inc. 公司开发的基于 PC 平台上的 CAD/CAM 一体化软件。Mastercam 自问世以来，一直以其独有的特点在专业领域享有很高的声誉，主要应用于机械、电子、汽车等行业，特别在模具制造业中应用最广。

Mastercam 自 20 世纪 80 年代推出至今，经历了三次较为明显的界面与版本变化，首先是 V9.1 版之前的产品，国内市场可见的有 V6.0、V7.0、V8.0、V9.0 等版本，该类版本是左侧瀑布式菜单与上部布局工具栏形式的操作界面；其次是配套 Windows XP 版的 X 版风格界面，包括 X、X2、X3、…、X9 共九个版本，该类版本的操作界面类似 Office 2003 的界面风格，以上部布局的下拉菜单与丰富的工具栏及其工具按钮操作为主，配以鼠标右键快捷方式操作，这个时期的版本已开始与微软操作系统保持相似的风格，年轻一代的初学者能更好地适应；为了更好地适应 Windows 7 系统及其代表性的应用软件 Office 2010 的 Ribbon 风格功能区操作界面的出现，Mastercam 开始第三次操作界面风格的改款，从 Mastercam 2017 开始推出以年代标记软件版本，具有 Office 2010 的 Ribbon 风格功能区操作界面的风格，标志着 Mastercam 软件已进入一个新时代。

1.1.2 Mastercam 的功能模块

Mastercam 2017 是 Mastercam 软件的最新版本，主要包括 Design（设计）、Mill（铣削加工）、Lathe（车削加工）和 Wire（激光线切割加工）4 个功能模块。在新版本中，这 4 个功能模块被整合到一个平台上，操作更加方便。

Design 设计模块用于创建线框、曲面和实体模型，完成二维和三维图形的造型，它具有全特征化造型功能和强大的图形编辑、转换处理功能。

CAM 加工模块主要由 Mill、Lathe 和 Wire 三大模块来实现，并且各个模块本身都包含有完整的设计（CAD）系统。其中 Mill 模块可以用来生成铣削加工刀具路径，并可进行外形铣削、型腔加工、钻孔加工、平面加工、曲面加工以及多轴加工等的模拟；Lathe 模块可以用来生成车削加工刀具路径，并可进行粗/精车、切槽以及车螺纹的加工模拟；Wire 模块用来生成线切割激光加工路径，从而能高效地编制出任何线切割加工程序，可进行 2～4 轴上下异形加工模拟，并支持各种 CNC 控制器。

Mastercam 集设计与制造为一体，用户只要创建出所设计产品的几何模型，再选用不同的加工方法编制出刀具路径，即可将生成的数控加工代码输入到数控机床中完成加工，生产出理想的产品。

1.2 Mastercam2017 用户操作界面

1.2.1 Mastercam2017 用户界面介绍

从 Mastercam 2017 开始，告别了 X9 和之前 V 版本中常见的菜单及工具条，采用了全新的 Ribbon（功能区）界面。使用功能区界面的设计，是为了提升操作效率，让用户可以更方便快捷地找到所需要的功能，如图 1-1 所示。

1.2.2 功能区

Mastercam2017 将所有功能放置到界面上半部分的【功能区】中，并按照不同类别分到不同的选项卡中。每个选项卡内部继续以竖线分隔成多个板块，这些板块称作功能组，每个组中包括若干命令，如图 1-2 所示。

【功能区】由 3 个基本部分组成。

☑ 选项卡：在功能区的顶部，每一个选项卡都代表着在特定程序中执行的一组核心任务。

☑ 组：显示在选项卡上，是相关命令的集合。组将用户所需要执行某种类型任务的

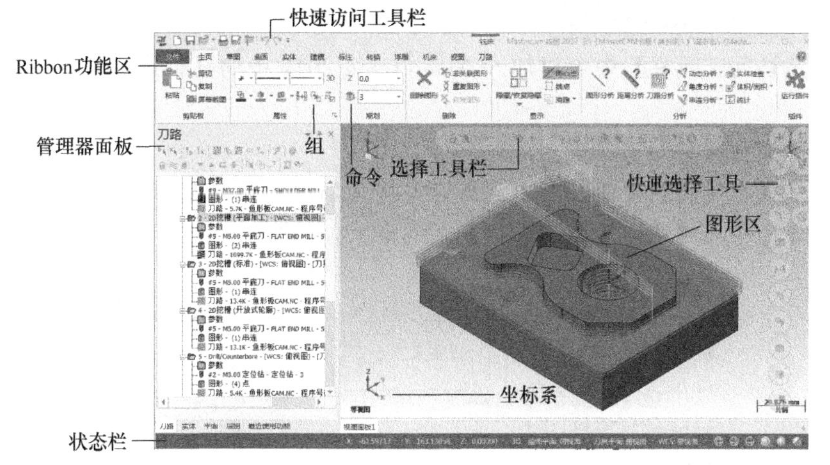

图 1-1　Mastercam2017 用户界面

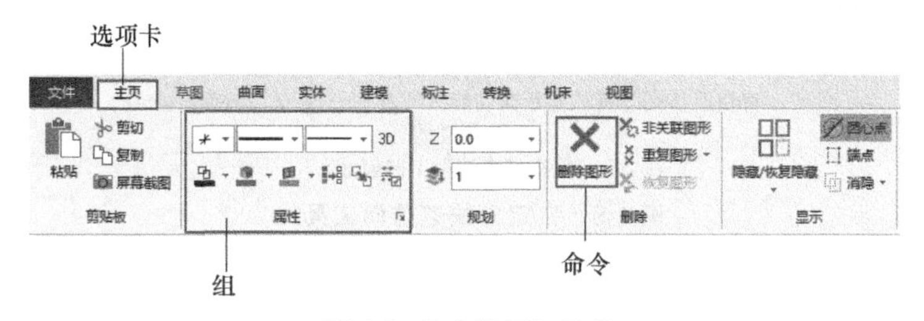

图 1-2　【功能区】组成

一组命令直观地汇集在一起，更加易于用户使用。

☑ 命令：按组来排列，命令可以是按钮。

1.2.3　快速访问工具栏

【快速访问工具栏】是 Ribbon 风格功能区操作界面的主要组成部分，如图 1-3 所示。

1.2.3.1 最近的文档

单击【打开】按钮右侧的下三角，显示【最近的文档】，直接点击可打开最近使用的文档，如图 1-4 所示。

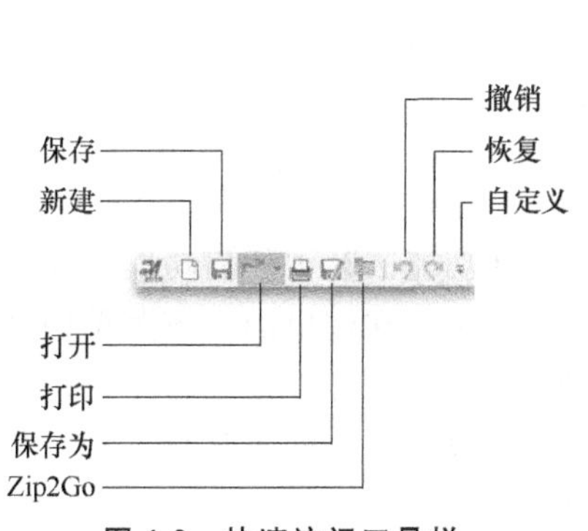

图 1-3　快速访问工具栏

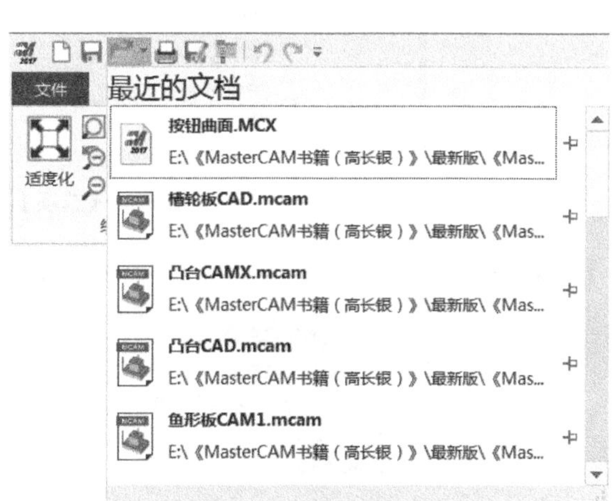

图 1-4　最近的文档

1.2.3.2 自定义快速访问工具栏

在【快速访问工具栏】中可以加入 Mastercam 2017 中的任何命令，以实现命令的快速访问。

（1）自定义快速访问工具栏

通过单击【自定义】按钮，弹出【自定义快速访问工具栏】，取消相关命令前面的对勾，可取消该命令在【快速访问工具栏】上的显示，如图 1-5 所示。

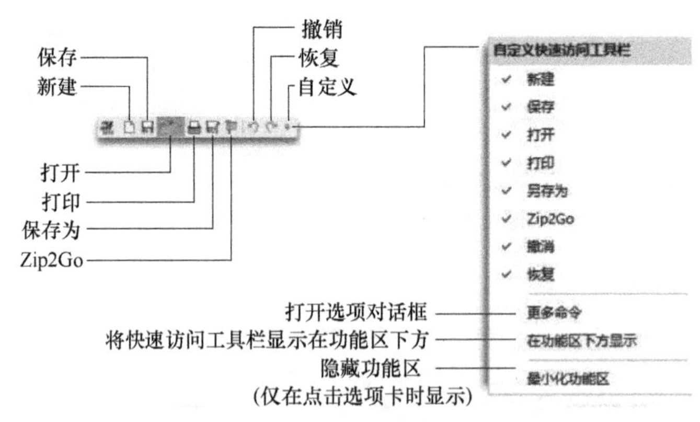

图 1-5　自定义快速访问工具栏

（2）更多命令

单击【更多命令】按钮，弹出【选项】对话框，利用该对话框可进行命令按钮的添加和排序，还可以设置【快速访问工具栏】在【功能区】的下部还是上部，如图 1-6 所示。

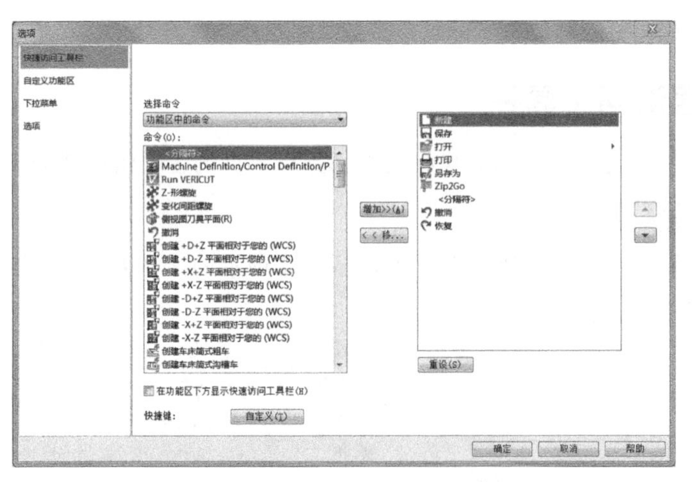

图 1-6　【选项】对话框

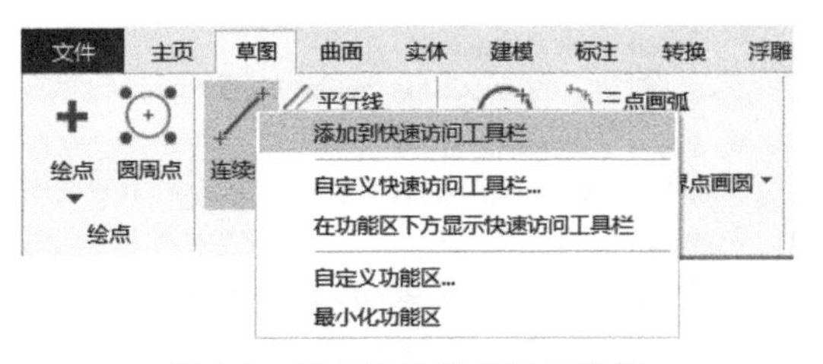

图 1-7　添加到快速访问工具栏

（3）添加到快速访问工具栏

在【功能区】中任何功能按钮上单击鼠标右键，在弹出的快捷菜单中选择【添加到快速访问工具栏】命令，可将其添加到【快速访问工具栏】中，如图 1-7 所示。

1.2.4 选择工具栏

【选择】工具栏位于图形区上方，利用【选择】工具栏中的工具，可快速选择图形界面中的各种图素，如图 1-8 所示。

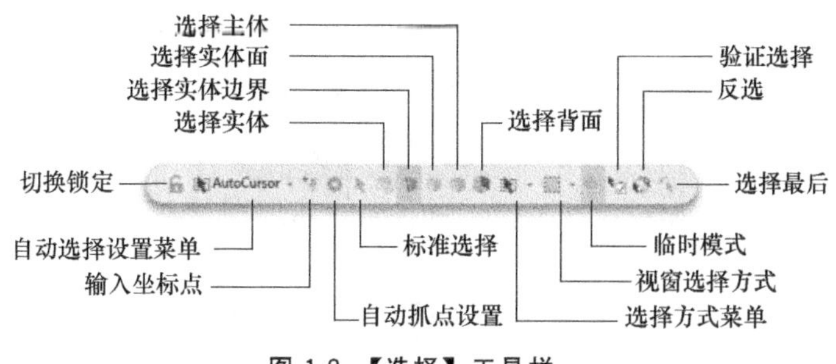

图 1-8 【选择】工具栏

1.2.4.1 自动选择设置菜单（手动捕捉设置）

除了自动捕捉功能外，系统还提供了手动捕捉功能，单击【选择】工具栏上的【光标】按钮 光标 右侧的▾按钮，弹出如图 1-9 所示的手动捕捉下拉列表，用于可以根据需要选择相应的捕捉选项。

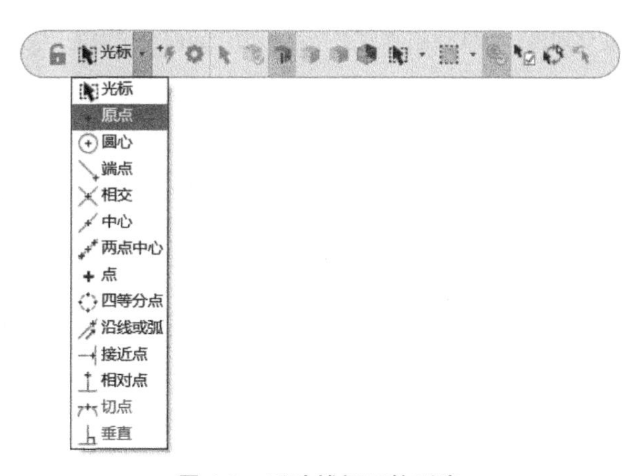

图 1-9 手动捕捉下拉列表

1.2.4.2 输入坐标点

单击【输入坐标点】按钮，系统弹出快速坐标输入框，如图 1-10 所示。用户可直接输入目标点的 x，y，z 坐标值，这样可避免在 3 个独立的坐标输入框内移动鼠标光标的麻烦，输入坐标值后按"Enter"键确认即可。

图 1-10 快速坐标输入框

1.2.4.3 自动抓点设置

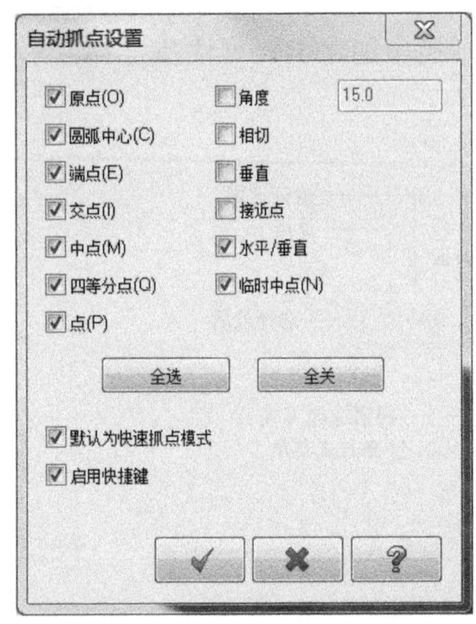

图 1-11 【自动抓点设置】对话框

单击【自动抓点设置】按钮，弹出【自动抓点设置】对话框，如图 1-11 所示。用于设置自动捕捉功能，单击【全选】按钮 全选 ，可一次设置所有的捕捉功能；单击【全关】按钮 全关 ，可关闭所有捕捉功能。

1.2.4.4 实体选择

当选择的几何图形对象为实体时，系统将激活实体选择选项，包括以下选项。

- 【选择主体】：选择整个实体。
- 【选择实体边界】：选择实体的边。
- 【选择实体面】：选择实体的面。
- 【选择背面】：选择实体的背面。

技术要点

如果在文件中没有实体对象，则实体选择方式变得无效，而仅仅可以使用标准选择方式。

1.2.4.5 选择方式

选择方式是指在图形窗口选择图素的方法，默认为【自动】方式，如图 1-12 所示。

（1） 自动

自动可实现窗选和单体的混合选择方式。

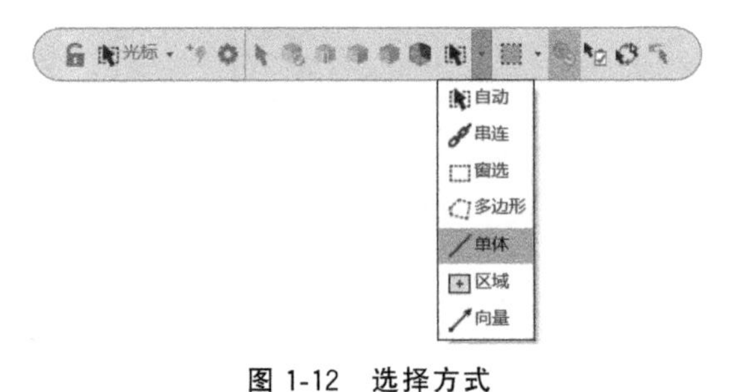

图 1-12 选择方式

（2） 串连

串连选择允许用户选择一组串连在一起的几何图形对象，并且可以对其进行统一的编辑。根据系统提示选择如图 1-13 所示的几何图形对象，依次选择“WEL”和“YOU”，在选择过程中系统会自动将与某线段串连在一起的其他线段选中。

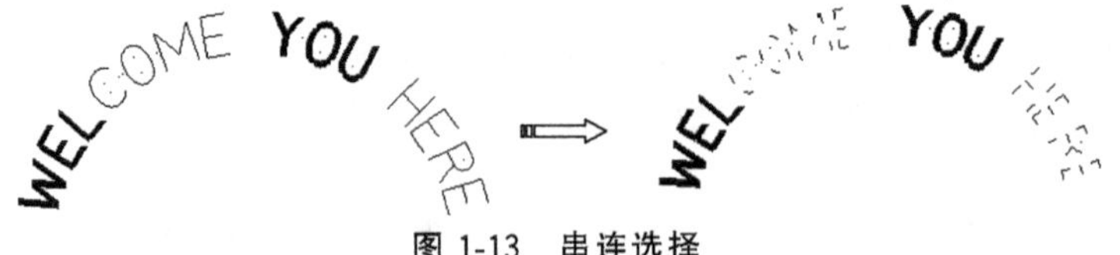

图 1-13 串连选择

（3） 窗选

窗选是按住鼠标左键拖动绘制一个矩形窗口，单击选择窗口内对象，如图 1-14 所示。

（4） 多边形

多边形方式允许用户采用多边形的方式选择一组几何图形对象，并且可以对其进行统

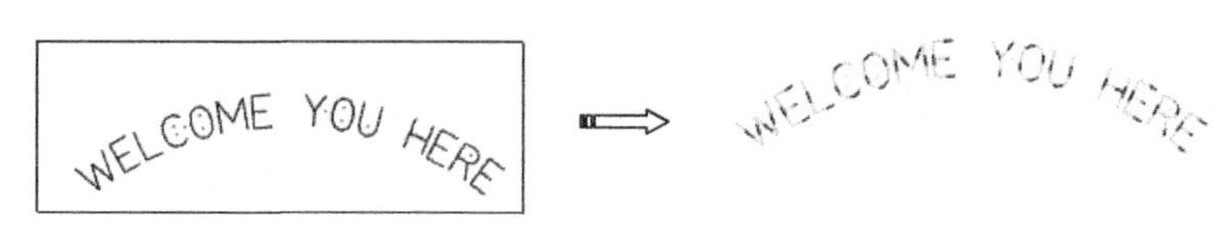

图 1-14　窗选

一的编辑。根据系统提示，选择 6 个点形成的多边形选中几何图形对象，双击或按“Enter”键完成选择，如图 1-15 所示。

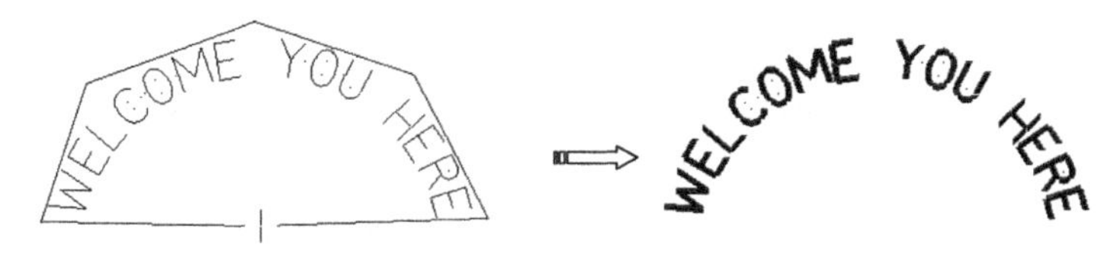

图 1-15　多边形选择

（5）单体

单体方式只允许用户选择某一个几何图形对象，也可以连续多次实现多个对象选择。

（6）区域

区域选择用于多个封闭图形的选择，只需在封闭图形内部单击即可将整个封闭图形选中，如图 1-16 所示。

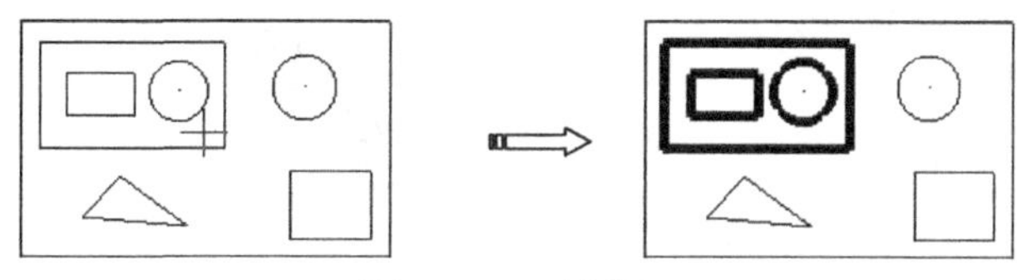

图 1-16　区域选择

（7）向量

向量方式是通过绘制一条连续多段的折线选择图素，所有与折线相交的图素将被选中，如图 1-17 所示。

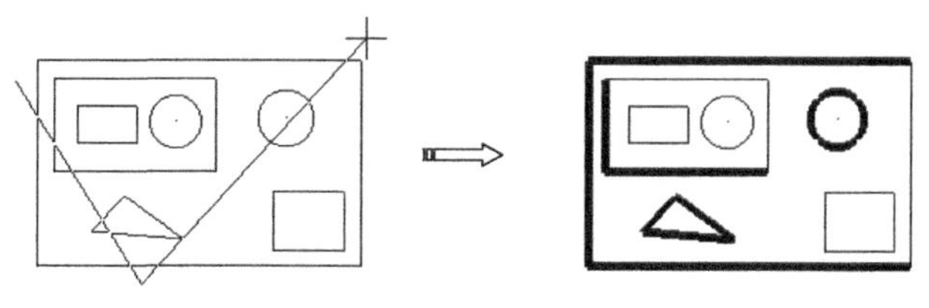

图 1-17　向量选择

1.2.4.6 视窗选择方式

视窗选择方式允许用户采用矩形方框的方式选择一组几何图形对象，如图 1-18 所示。

下面以“WELCOME YOU HERE”几何图形对象为例，说明视窗选择方式的含义。

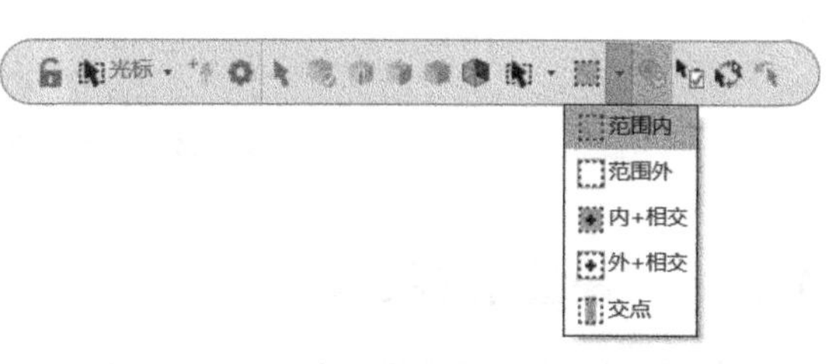

图 1-18　视窗选择方式

（1）范围内

“内＋相交”交叉选择方式，即视窗内的几何图形将被选择，效果如图 1-19 所示。

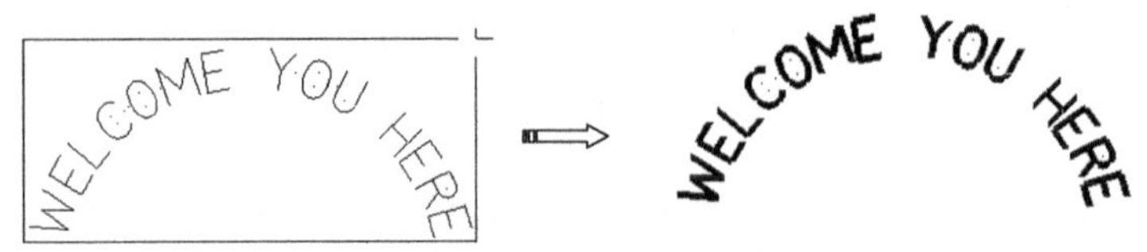

图 1-19 “内＋相交”交叉选择方式

（2）范围外

“范围外”交叉选择方式，即视窗外的几何图形将被选择，效果如图 1-20 所示。

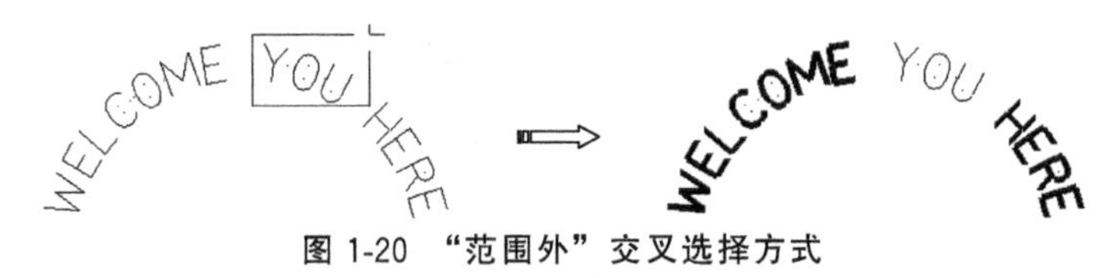

图 1-20 “范围外”交叉选择方式

（3）内＋相交

“内＋相交”交叉选择方式，即视窗内和视窗相交的几何图形都将被选择，效果如图 1-21 所示。

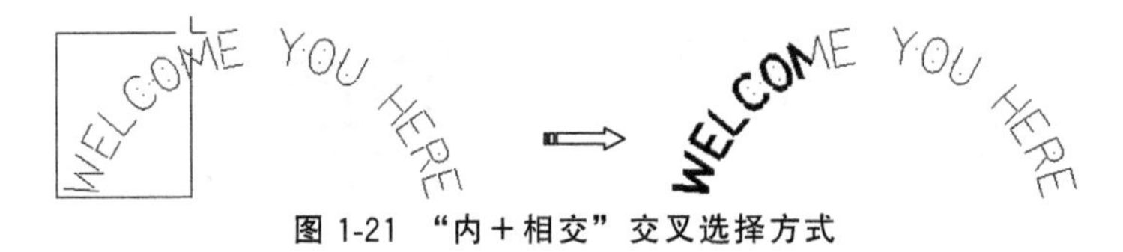

图 1-21 “内＋相交”交叉选择方式

（4）外＋相交

“外＋相交”交叉选择方式，即视窗外和视窗相交的几何图形都将被选择，效果如图 1-22 所示。

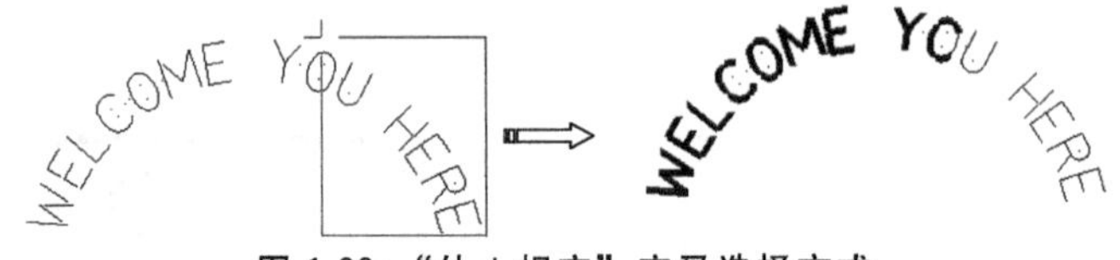

图 1-22 “外＋相交”交叉选择方式

（5）交点

“交点”交叉选择方式，即只有与视窗相交的几何图形才被选择，效果如图 1-23 所示。

图 1-23 “交点”交叉选择方式

1.2.5 快速选择工具

在图形界面中对某类图素进行快速选择，可以使用位于界面右边的快速选择工具，如

图 1-24 所示。

可进行快速选择的图素包括：点、线、圆弧、曲线、线框、标注、曲面、曲面曲线、多边形、实体等。每个按钮都是双功能按钮，用左斜杠“/”分割为左右两个半边，点击左半边按钮，可以直接全选图形界面中所有该图素；点击右半边按钮，可以框选图形界面中某个区域内所有该图素。

图 1-24　快速选择工具

1.2.6　管理器面板

管理器是 Mastercam 中非常重要和常用的控制工具，管理器位于 Mastercam 界面的左侧。管理器是设计与加工编程常用的操作管理区域，在之前的刀路和实体管理器机床上，增加了图层、平面、最近使用 3 个功能管理器，形成了现在安装默认的五个管理器。

在【视图】选项卡中打开或关闭刀路、实体、平面、层别等各种管理器面板，如图 1-25 所示。

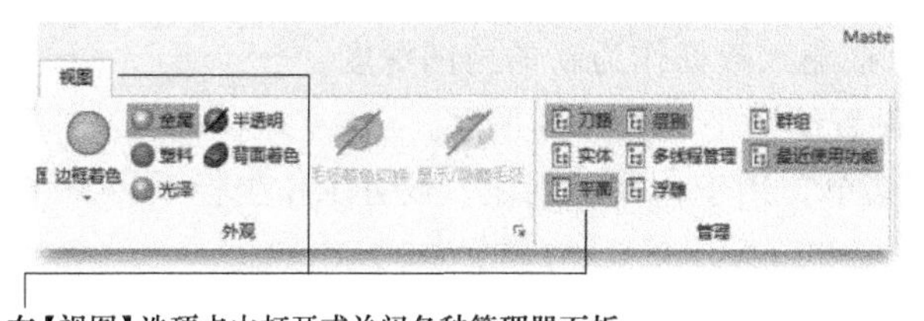

图 1-25　打开或关闭管理器面板

1.2.7　图形区

在 Mastercam 系统的工作界面上，最大的空白区域就是图形区，或者称为绘图区。在图形窗口中用户可以操作图形对象，所有的绘图操作都将在上面完成。

1.2.8　快捷菜单命令

在图形区任意位置点击鼠标右键，即可打开快捷菜单，可方便进行各种常用功能操作，如图 1-26 所示。

1.2.9　状态栏

用户界面底部的状态栏提供了线框及着色模式间的快速切换、调整透明度、设置平面的 Z 坐标等，如图 1-27 所示。

①【3D】：用于切换 2D/3D 构图模式。在 2D 构图模式下，所创建的图素都具有当前的构图深度（Z 深度），且平行于当前构图平面；而 3D 构图模式下，用户可以不受构图深度和构图平面的约束。

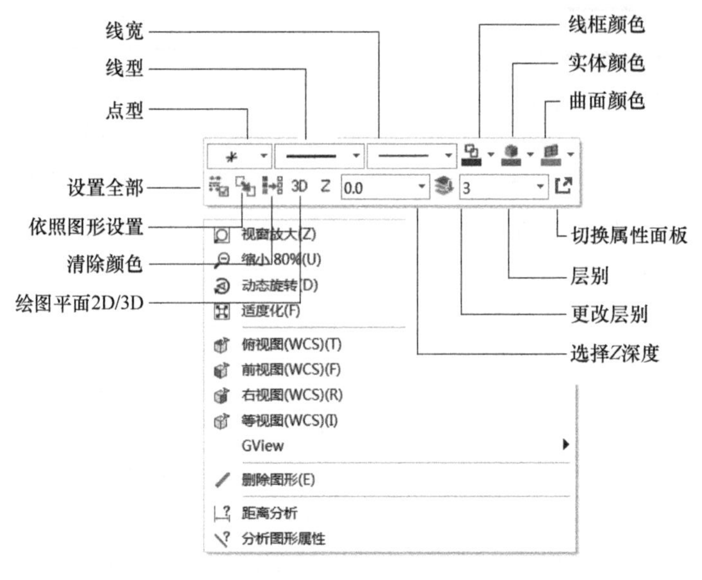

图 1-26 快捷菜单命令

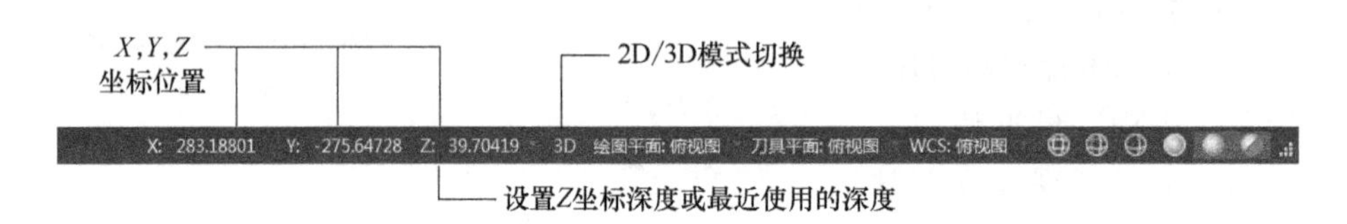

图 1-27 状态栏

②【Z】：设置构图深度，单击该区域可在绘图区选择一点，将其构图深度作为当前构图深度；也可在其右侧的文本框中直接输入数据作为新的构图深度。

③【绘图平面和刀具平面】：用于设置绘图平面和刀具平面。

④【WCS】：单击该区域弹出快捷菜单，用于选择、创建、设置工作坐标系。

1.3 Mastercam2017 图素管理

图素是构成图样的基本几何图形，主要包括点、直线、曲线、曲面以及实体等。在 Mastercam2017 中，每一个图素除了它本身包含的几何信息外，还具有其他一些属性，比如图素颜色、线型、线宽以及所在图层等，Mastercam2017 将【属性】设置放置在【主页】选项卡中，如图 1-28 所示。

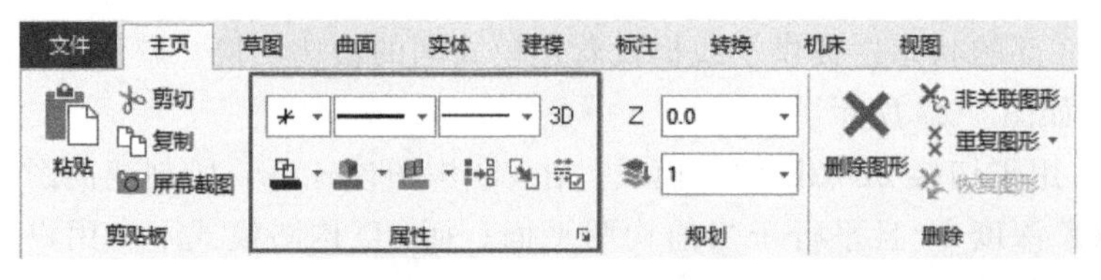

图 1-28 【主页】选项卡

1.3.1 颜色设置

1.3.1.1 线框颜色设置

单击【主页】选项卡上的【属性】组中的【线框颜色】按钮，弹出颜色设置窗口，用户可在其中选择合适的颜色，即可完成线框颜色设置，如图 1-29 所示。

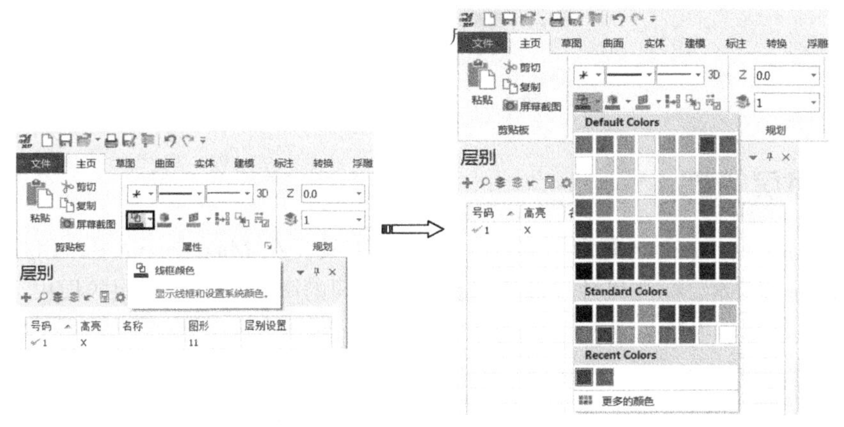

图 1-29　线框颜色设置

1.3.1.2 实体颜色

单击【主页】选项卡上的【属性】组中的【实体颜色】按钮右侧下三角，弹出颜色设置窗口，用户可在其中选择合适的颜色，然后选择实体，再次单击【实体颜色】按钮，即可完成实体颜色设置，如图 1-30 所示。

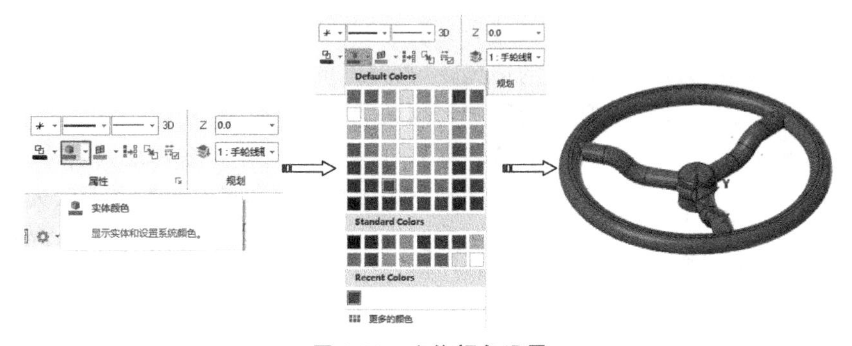

图 1-30　实体颜色设置

1.3.1.3 曲面颜色

单击【主页】选项卡上的【属性】组中的【曲面颜色】按钮右侧下三角，弹出颜色设置窗口，用户可在其中选择合适的颜色，然后选择曲面，再次单击【曲面颜色】按钮，即可完成曲面颜色设置，如图 1-31 所示。

1.3.1.4 清除颜色

单击【主页】选项卡上的【属性】组中的【清除颜色】按钮，可消除转换造成的颜色变化。

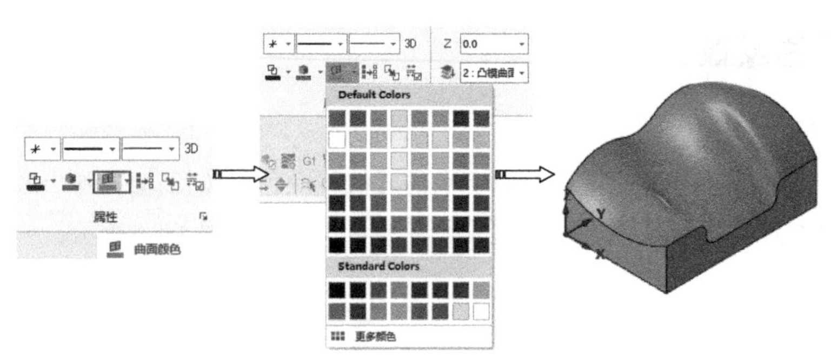

图 1-31　曲面颜色设置

1.3.2　图层管理

图层是 Mastercam2017 管理图素的一个主要工具。在 Mastercam 中，用户可以将线框模型、曲面、实体、标注尺寸以及刀具路径等不同的图素放置在不同的层中，这样可方便控制图素的选取以及图素的显示等操作。

1.3.2.1 【层别】管理器

系统图层操作管理非常简单，在管理器面板中单击【层别】标识，弹出【层别】管理器，如图 1-32 所示。

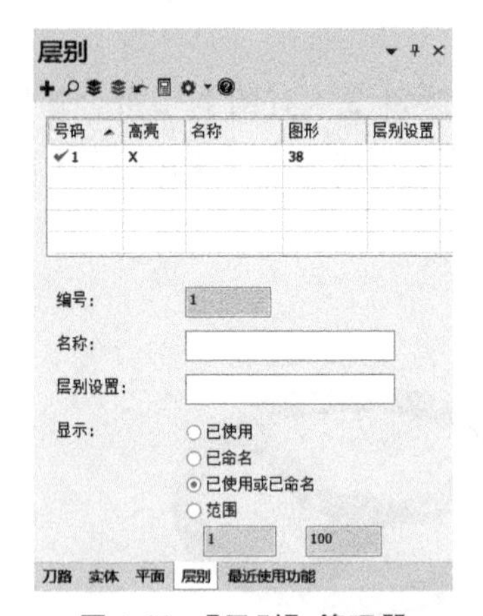

图 1-32　【层别】管理器

【层别】管理器中相关选项的简介如下。

(1) 图层列表

① 【号码】：此列下方显示了系统提供的图层列表，用户可以直接用鼠标左键选择某个图层作为当前使用图层，系统将选中的图层用高亮显示并在前面加“✔”标示。

② 【高亮】：此列下方显示了各图层“打开”或“关闭”的情况，“打开”的图层，系统用“X”标示，已“关闭”的图层，则无“X”标示。

③ 【名称】：此列下方显示了各图层的名称，图层的名称需要在【图层列表】下面的【名称】栏中输入。

④ 【图形】：此列下方显示了各图层内包含的几何图形数量。

⑤ 【层别设置】：此列下方显示了各图层组的名称，图层组的名称需要在【图层列表】下面的【层别设置】栏内输入。

(2) 当前层设置

用于设置当前的工作图层及该图层的属性，包括以下选项。

① 【编号】：用于输入当前图层的图层号。

② 【名称】：用于输入当前图层的图层名称。

③ 【层别设置】：用于输入当前图层组的名称。

(3) 显示

用于设置在图层列表中列出的图层类型，包括以下选项。

① 【已使用】：选择该项，只显示已使用的图层。

②【已命名】：选择该项，只显示已命名的图层。

③【已使用或已命名】：选择该项，显示已使用或已命名的图层。

④【范围】：用于显示指定范围的图层。

1.3.2.2 新建图层

在【层别】管理器的左上角点击【添加新图形】按钮，在图层列表窗口中即可新建一个图层，如图 1-33 所示。

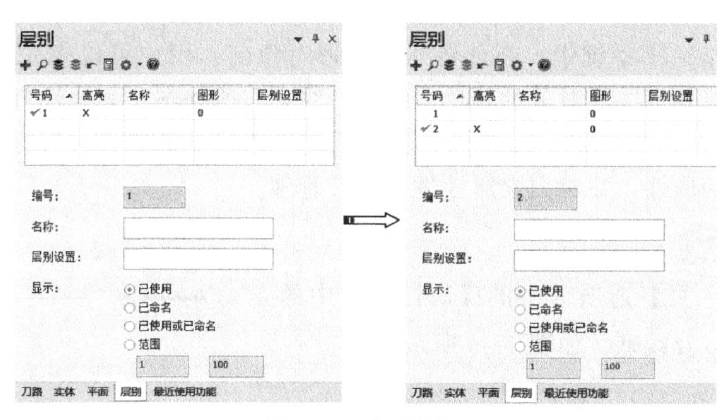

图 1-33　新建图层

技术要点

用户也可以直接在【编号】输入框中输入图层编号，在【名称】文本框中输入图层名称并单击“Enter”键确认，可快速建立新图层。

1.3.2.3 设置当前图层

当存在多个图层时，需要指定绘制的图形放置在哪一层，即当前层。指定了当前层，以后绘制的图素将会直接放置在该层上。在图层列表中选中某一个图层，该图层高亮显示并在前面加“✔”标示，表示其作为当前层，如图 1-34 所示。

技术要点

用户也可以直接在【编号】输入框中输入图层编号，按“Enter”键确认，可快速指定当前图层。

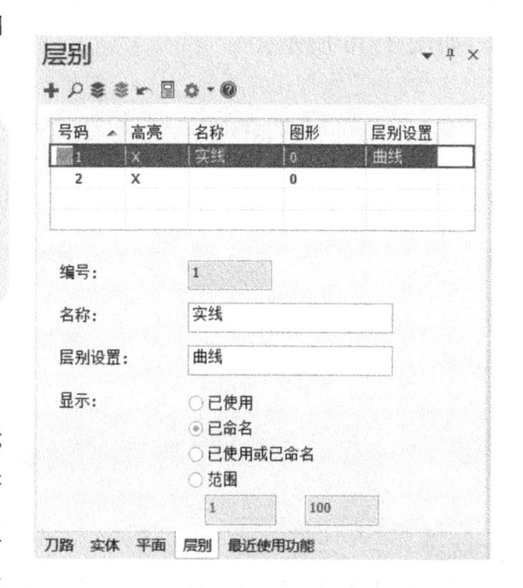

图 1-34　设置当前图层

1.3.2.4 显示/隐藏图层

在图层列表区中的【高亮】列单击“X”标记，该标记消失，即可关闭该图层，该层中的所有的图素都会被隐藏；当需要显示时，再在该单元格中单击一下，就可重新加入“X”标记，表示显示该图层。

一般情况下，当前图层不能被隐藏，但是当取消“始终显示系统层”复选框时，也可将当前图层隐藏。

1.3.3 属性设置

在 Mastercam2017 系统中，在创建几何图形对象前，用户可以事先采用状态栏中的属性功能对所创建几何图形对象的颜色、线型、线宽和所处图层等属性进行设定；也可以在设计产品图形后根据需要对产品图中的某些几何图形对象的属性进行修改。通过属性设置可以更改图素的属性，并对图素属性进行统一管理。

1.3.3.1 属性设置

用户使用【主页】选项卡中的【属性】组中的图标，快速更改点样式、线型以及线宽，如图 1-35 所示。

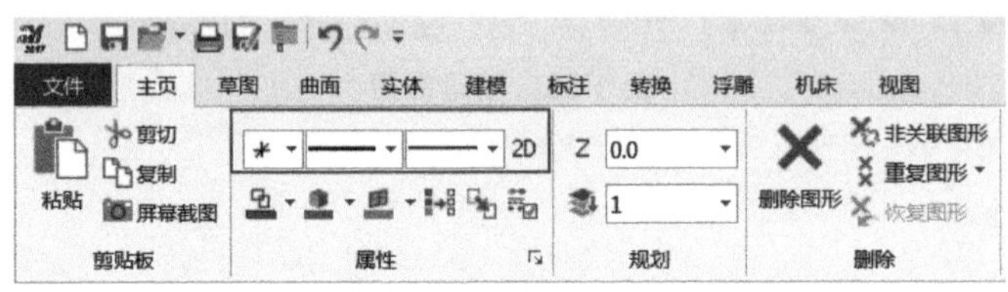

图 1-35 【属性】组

1.3.3.2 修改属性

设计时，常常需要修改一些图素的属性，比如将图素从一个图层移动到另外一个图层中，以便于执行某些特定的编辑操作。

单击【主页】选项卡上的【属性】组上的【设置全部】按钮，选择需要改变属性的图素，系统将会打开【属性】对话框，然后对图层、颜色、线型以及线宽等属性进行修改，如图 1-36 所示。

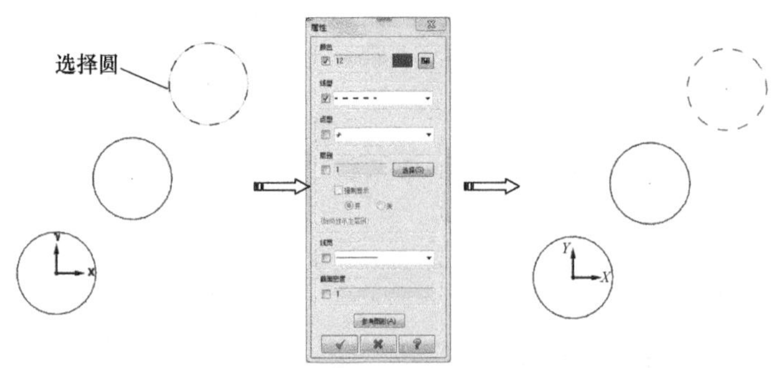

图 1-36 修改属性

1.3.3.3 2D/3D 切换

【2D/3D】是 2D 和 3D 绘图模式切换的按钮。在三维绘图时，只有切换到 2D 模式，才能在指定的构图深度平面上绘制二维图形。

02

第2章

Mastercam2017二维图形设计

二维图形绘制是图形绘制的基础，Mastercam 同其他 CAD 软件一样，具有强大的二维图形绘制功能，熟练地掌握这些命令就可以方便快捷地创建用户所需要的几何图形。本章将概述介绍 Mastercam2017 系统的基本绘图功能和方法，并通过实例来介绍二维图形具体绘制流程和用法。

本章内容

- ◆ 二维图形元素
- ◆ 二维草图界面
- ◆ 基本绘图工具
- ◆ 图形编辑工具
- ◆ 图形转换工具
- ◆ 图形标注工具
- ◆ 图形绘制范例

2.1 二维图形绘制简介

2.1.1 二维图形元素

Mastercam 二维图形元素，如图 2-1 所示。

（1）图形元素

图形元素指二维图形中的点、线要素。在 Mastercam 中通常采用图形绘制工具（包括点、线、弧、圆、椭圆、多边形、螺旋线和文字）绘制图形轮廓，然后利用基本的编辑（圆角、倒角、修剪/打断/延伸几何图形、恢复修剪曲线、封闭全圆和打断全圆、删除几何图形、修改曲线等）功能，精确地编辑图形达到设计要求。

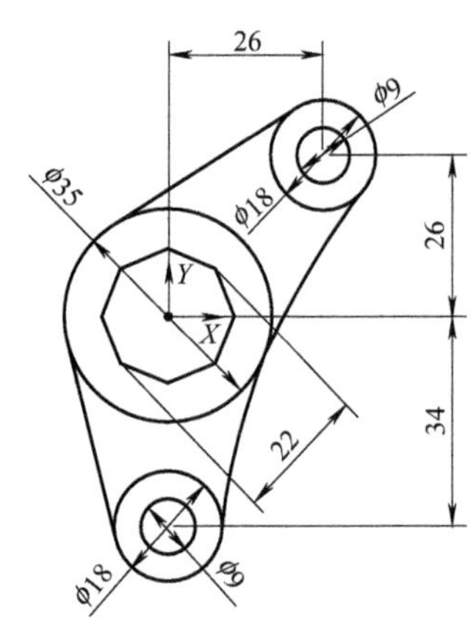

图 2-1　二维图形元素

（2）尺寸标注

尺寸标注可方便快捷地显示几何图形对象大小和位置关系，更好地表达设计的意图。

2.1.2　Mastercam 二维草图界面

Mastercam 二维草图界面如图 2-2 所示，相关二维图形绘制、编辑和标注等功能集中在【主页】、【草图】、【转换】、【标注】等选项卡中。

2.1.2.1 【主页】选项卡

【主页】选项卡主要包括图层、线型、颜色、删除、图形分析等工具，如图 2-3 所示。

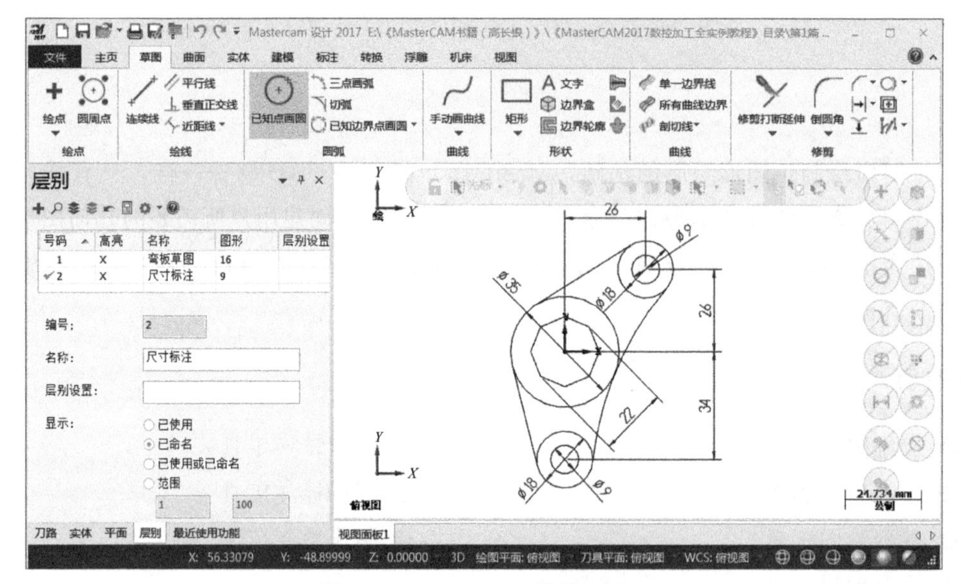

图 2-2　Mastercam 二维草图界面

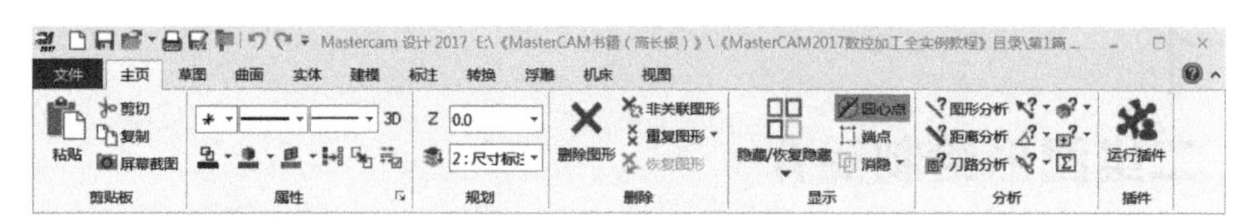

图 2-3　【主页】选项卡

2.1.2.2 【草图】选项卡

【草图】选项卡主要包括图形绘制工具和编辑工具，如图 2-4 所示。

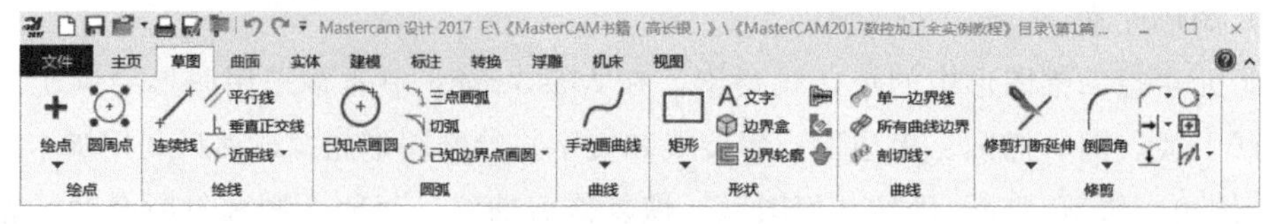

图 2-4　【草图】选项卡

2.1.2.3 【转换】选项卡

【转换】选项卡主要包括移动、复制、镜像、旋转、比例缩放、偏移和移动等工具，如图 2-5 所示。

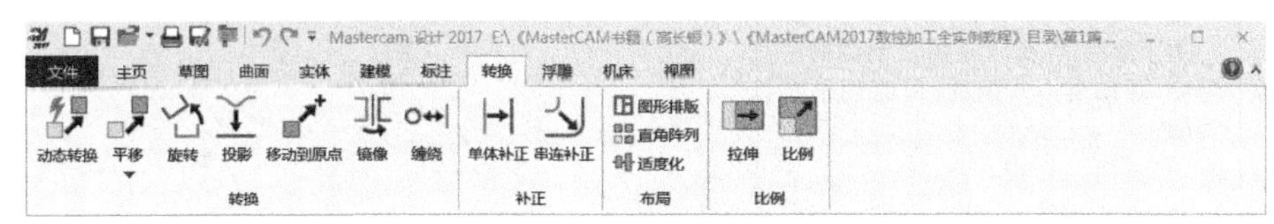

图 2-5 【转换】选项卡

2.1.2.4 【标注】选项卡

【标注】选项卡提供了尺寸标注、尺寸编辑、创建注解和图案填充等图形标注功能，可以很方便快捷地对几何图形对象进行标注，如图 2-6 所示。

图 2-6 【标注】选项卡

2.2 二维图形设计知识点概述

草图是绘制三维曲面和实体的基础，Mastercam 提供了基本绘图工具、图形编辑工具、图形转换工具、图形标注工具。

2.2.1 基本绘图工具

Mastercam2017 的【草图】选项卡提供的二维图形绘制工具，见表 2-1。

表 2-1 二维图形绘制工具

类型	说　明	示　例
点	点是几何图形的最基本图素，常用于定位图素，例如两个端点定位一条直线，圆心点可以定位圆或圆弧	端点　中点　圆心点　交点
直线	直线是构成几个图形的最基本图素，软件提供了大量灵活创建直线的方法	Y X

续表

类型	说　　明	示　　例
圆弧和圆	用于绘制圆，圆弧是指绘制圆的一部分，圆弧是不封闭的，而封闭的称为圆	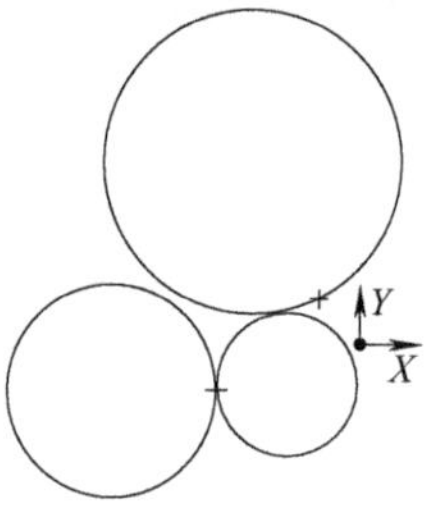 Y X
矩形	用于绘制标准矩形和变形矩形	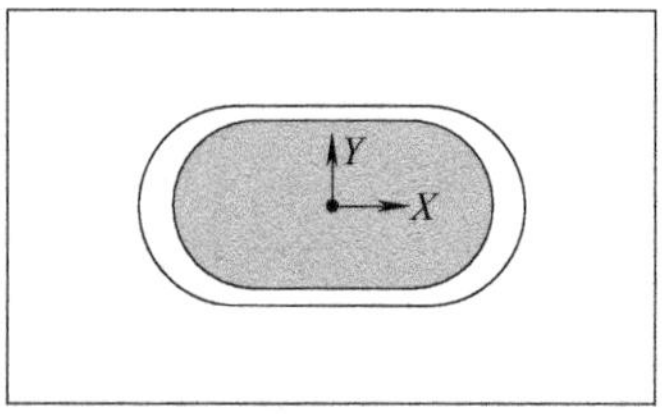 Y X
多边形	用于快速创建一个线框多边形，也可以在创建多边形的时候生成曲面	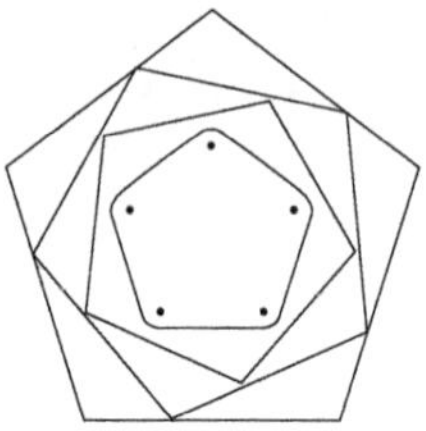
样条线	样条线用于通过一系列控制点来创建样条曲线	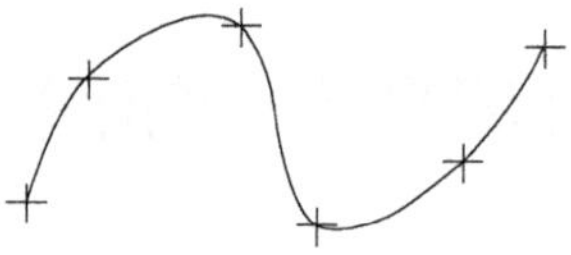
文字	用于创建由线段、圆弧和NURBS样条线组成的文字数字的字符	 CNC DESIGN CENTER MASTERCAM Y X 2017 WELCOME YOU

2.2.2 图形编辑工具

Mastercam2017的【草图】选项卡提供的二维图形编辑工具，见表2-2。

表2-2　二维图形编辑工具

类型	说　　明	示　　例
倒圆角	用于创建单个圆角，可以使用圆角操作工具栏定义圆角类型以及输入必要的半径值，同时也可以选择是否修剪圆角的线段	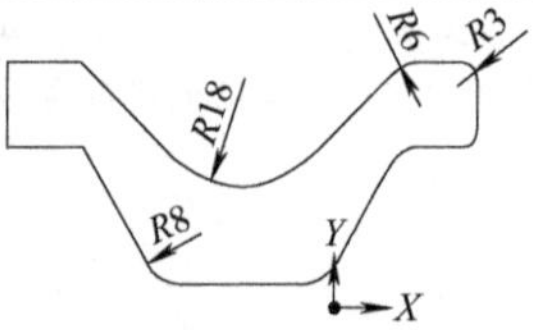 R6 R3 R18 R8 Y X

续表

类型	说　　明	示　　例
倒角	用于创建单个倒角，可以使用倒角操作工具栏定义倒角类型以及输入必要的距离值，同时也可以选择是否修剪倒角的线段	
修剪/打断/延伸	可以进行1、2或3个物体修剪/打断；修剪到指定的点或位置；修剪、打断或延伸到指定的长度；分割物体/分割打断等功能操作，系统默认首先启动修剪功能	
多物修剪	修剪多条线段、圆弧或样条曲线到某一选择的几何图形对象，而不会改变修剪的线	
打断若干段	根据指定的数目或者长度将几何图形对象打断成统一的段，包括线段、圆弧和样条曲线	
删除	用于将绘图区域内的几何图形进行删除	

2.2.3 图形转换工具

转换几何图形对象类似编辑，用户可以移动和随意地复制所选择的几何图形对象，通过镜像、旋转、比例缩放、偏移和移动等方式。利用转换功能，可加入复制的几何图形对象到原始对象中来快速而简易地创建更加复杂的几何图形对象。

Mastercam2017 的【转换】选项卡提供的二维图形转换工具，见表 2-3。

表 2-3　二维图形转换工具

类型	说　　明	示　　例	类型	说　　明	示　　例
平移	用于将选择的几何图形对象进行移动，拷贝或加入对象在同一个构图面（平面）中而不需要改变他们的定位，尺寸或外形		镜像	用于对称几何图形对象的创建，可以将几何图形对象以某一直线、两点间连线、X/Y坐标轴为对称轴进行镜像	

续表

类型	说明	示例	类型	说明	示例
旋转	用于将所选择的几何图形对象和草图对象围绕一个中心点进行移动、复制或添加，达到旋转阵列的目的		单体补正	用于将所选择的几何图形对象按照给定的方向移动或复制一定的距离，偏移后的对象和原图形对象保持平行	
比例缩放	用于将选择的几何图形对象基于选取的基准点按照一定比例系数或百分比放大或缩小，可以设置选择等比例或者不等比例缩放几何图形对象		阵列	用于将选择的几何图形对象进行阵列	

2.2.4 图形标注工具

在 Mastercam2017 系统中的图形标注包括了尺寸标注、尺寸编辑和创建注解等。利用系统提供的图形标注功能，可以很方便快捷地对几何图形对象进行各种各样的尺寸标注、尺寸编辑、创建注解和图案填充等。用户要熟练掌握和应用这些功能，可以更好地表达设计的意图。

Mastercam2017 的【标注】选项卡提供的二维图形标注工具，见表 2-4。

表 2-4 二维图形标注工具

类型	说明	示例	类型	说明	示例
快速标注	快速标注命令综合大部分的标注功能，无须单独选择某个标注命令，就可以直接进行水平标注、垂直标注、角度标注、尺寸编辑等操作		平行标注	平行标注用于标注任意两点间的距离，且尺寸线平行于两点间连线	
			角度标注	角度标注可以用于标注两直线间或圆弧的角度值	
水平标注	水平标注用于标注任意两个点间的水平距离		圆标注	圆标注可以用于标注圆的直径或圆弧的半径	
垂直标注	垂直标注命令可以用于标注任意两点间的垂直距离		点标注	点标注可以用于标注单个点、线段端点、圆弧端点或曲线端点的坐标值	

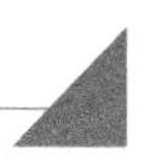

2.3 二维图形绘制范例——绘制弯板

下面通过绘制弯板平面图来讲解 Mastercam 二维图形绘制方法和过程。弯板二维图形如图 2-7 所示。

2.3.1 弯板平面图设计思路分析

（1）弯板二维图分析，拟定总体绘制思路

首先对弯板平面图进行整体分析，找到定位元素或者定位位置，将二维图形分解成对应的 Mastercam 绘制元素，如图 2-8 所示。

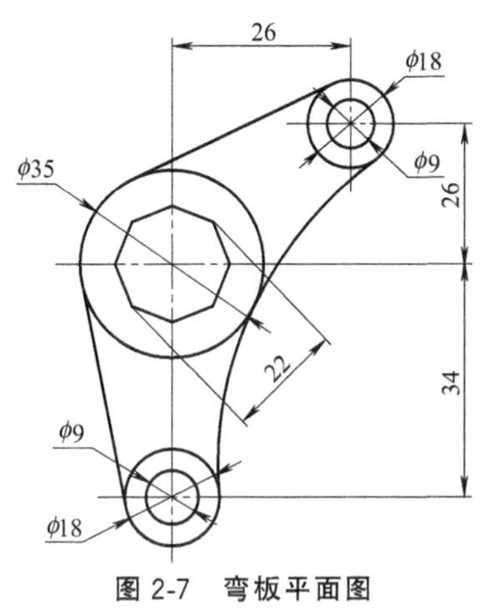

图 2-7 弯板平面图

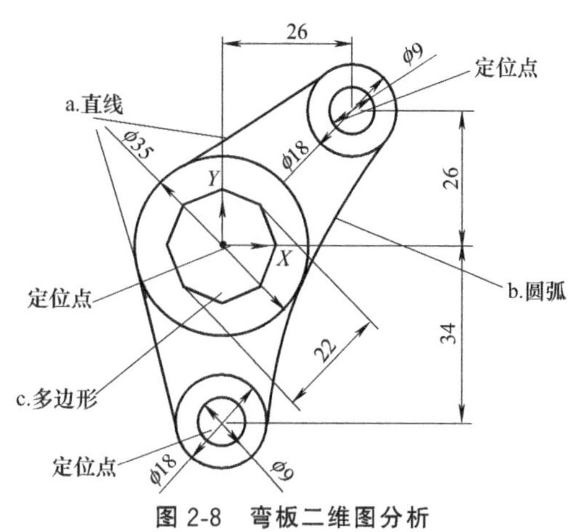

图 2-8 弯板二维图分析

（2）弯板平面设计流程

根据弯板平面图结构特点，按照定位位置的轮廓，将图形的位置确定后标注图形尺寸，如图 2-9 所示。

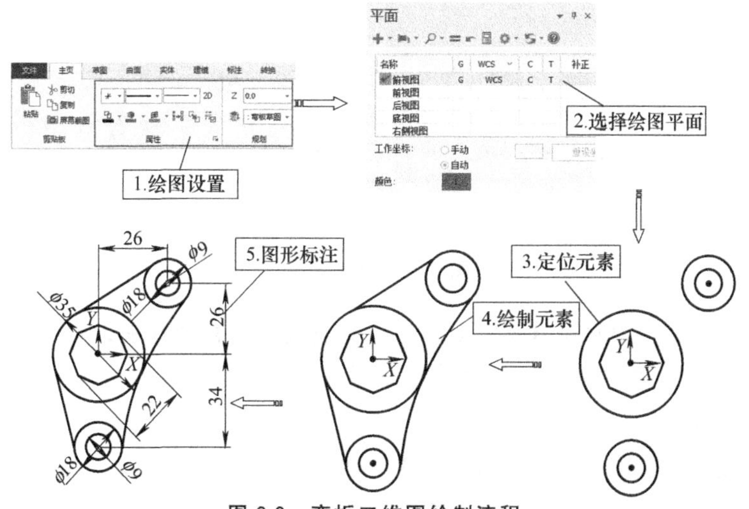

图 2-9 弯板二维图绘制流程

2.3.2 弯板平面图绘制操作过程

（1）绘图设置

01 启动Mastercam2017，单击【主页】选项卡上【属性】组中的【3D】图标，将构图模式设置为“2D”；然后在【规划】组中的【Z】框中输入“0”，设置构图深度为0，如图2-10所示。

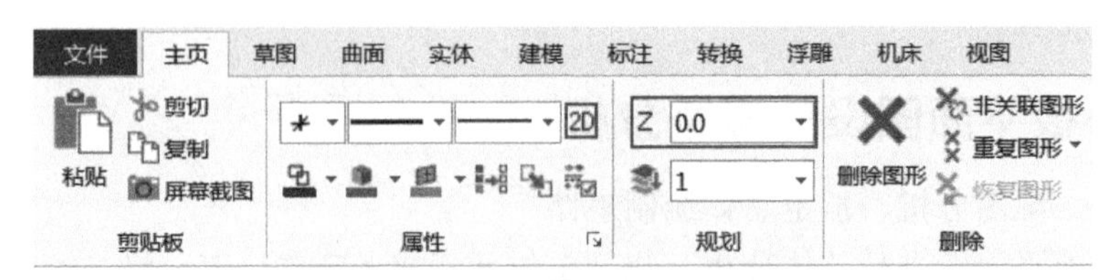

图2-10 设置构图模式和构图深度

02 单击【主页】选项卡上的【属性】组中的【线框颜色】按钮，弹出颜色设置窗口，选择黑色作为线框颜色，如图2-11所示。

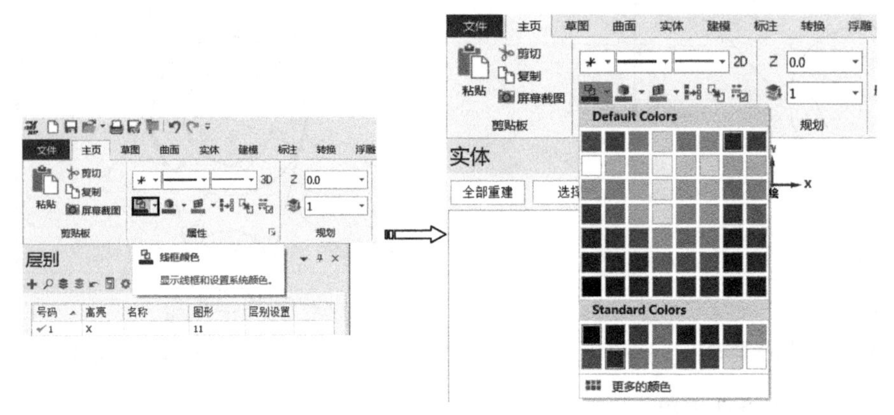

图2-11 更改线框颜色

03 单击【视图】选项卡中的【屏幕视图】组中的【俯视图】按钮，将视角设为“俯视图”，如图2-12所示。

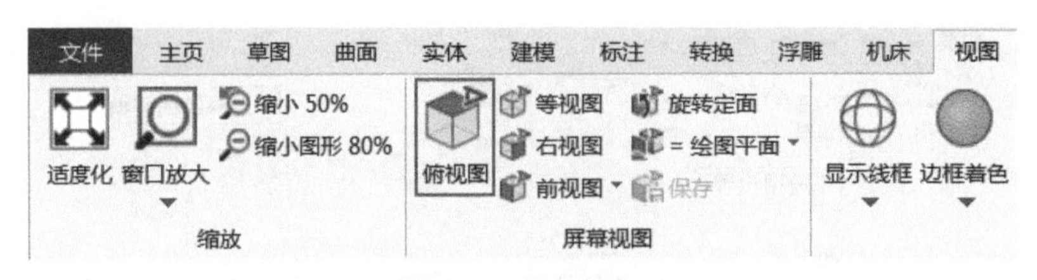

图2-12 更改视角

04 在管理器面板中单击【层别】标识，弹出【层别】管理器，在【名称】输入“弯板草图”，完成层别设置，如图2-13所示。

（2）绘制二维图形

05 单击【草图】选项卡中的【绘线】组中的【已知点画圆】按钮，弹出【已知点画圆】管理器，根据系统提示选择圆心位置，直接输入圆心（X，Y）=（0，0），按

“Enter”键确认；在【直径（D)】框中输入“35”，按“Enter”键确认；单击【确定并创建】按钮创建圆，如图 2-14 所示。

图 2-13 【层别】管理器　　　　图 2-14 创建圆（1）

06 根据系统提示选择圆心位置，直接输入圆心（X，Y)=(26，26)，按“Enter”键确认；在【直径（D)】框中输入“9”，按“Enter”键确认；单击【确定并创建】按钮创建圆，如图 2-15 所示。

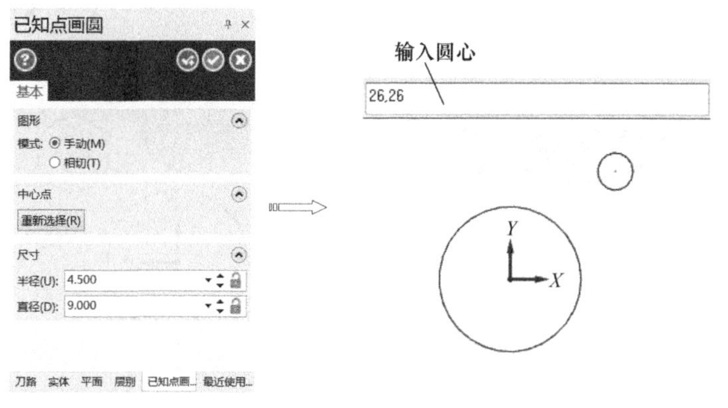

图 2-15 创建圆（2）

07 根据系统提示选择圆心位置，直接输入圆心（X，Y)=(26，26)，按“Enter”键确认；在【直径（D)】框中输入“18”，按“Enter”键确认；单击【确定并创建】按钮创建圆，如图 2-16 所示。

08 根据系统提示选择圆心位置，直接输入圆心（X，Y)=(0，−34)，按“Enter”键确认；在【直径（D)】框中输入“9”，按“Enter”键确认；单击【确定并创建】按钮创建圆，如图 2-17 所示。

09 根据系统提示选择圆心位置，直接输入圆心（X，Y)=(0，−34)，按“Enter”

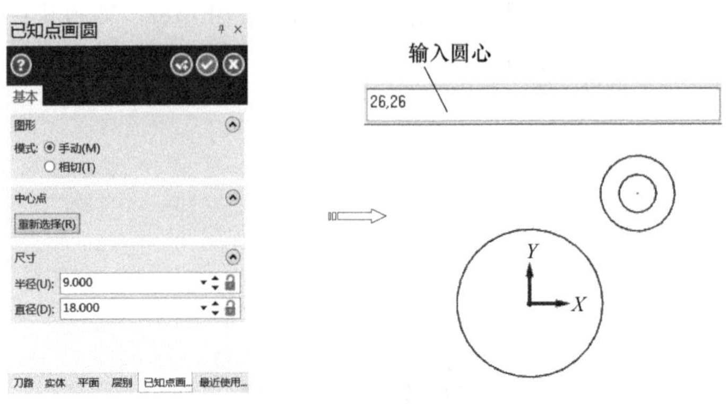

图 2-16 创建圆（3）

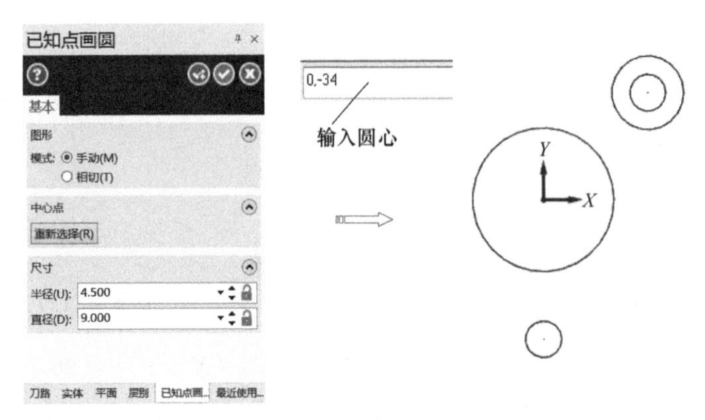

图 2-17 创建圆（4）

键确认；在【直径（D）】框中输入“18”，按“Enter”键确认；单击【确定】按钮创建圆，如图 2-18 所示。

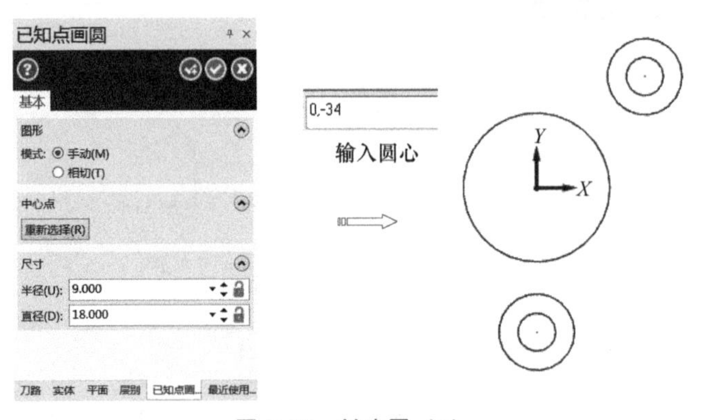

图 2-18 创建圆（5）

10 单击【草图】选项卡中的【形状】组中的【多边形】按钮，弹出【多边形】对话框，选择【外圆】创建方式，输入多边形边数为“8”，输入外接圆半径为“11”，在旋转角中输入“22.5”，系统提示选择多边形中心点，鼠标捕捉原点作为多边形中心点，单击【确认】按钮，如图 2-19 所示。

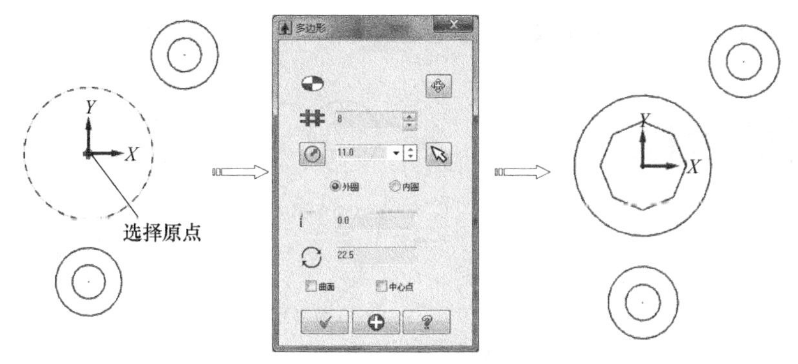

图 2-19 创建多边形

11 单击【草图】选项卡中的【绘线】组中的【连续线】按钮，弹出【连续线】管理器，选中【任意线】选项，选中【相切】复选框，按住“Alt”键同时选择两个圆创建相切线，如图 2-20 所示。

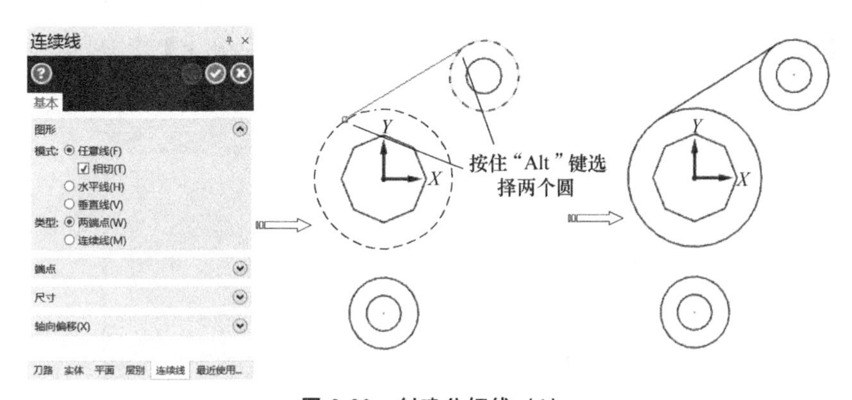

图 2-20 创建公切线（1）

12 单击【草图】选项卡中的【绘线】组中的【连续线】按钮，弹出【连续线】管理器，选中【任意线】选项，选中【相切】复选框，按住“Alt”键同时选择两个圆创建相切的线，如图 2-21 所示。

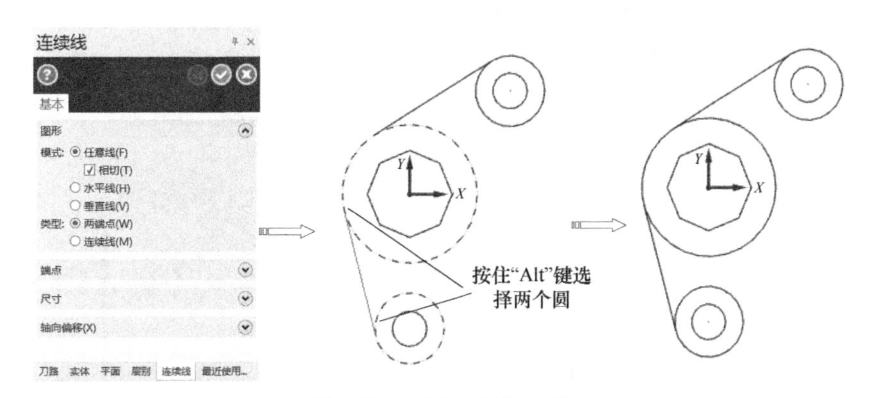

图 2-21 创建公切线（2）

13 单击【草图】选项卡上的【圆弧】组中的【切弧】按钮 切弧，弹出【切弧】管理器，在【模式】中选择“三物体切弧”，根据系统提示选择和圆弧相切的几何图形对象，选择与圆弧相切的三个圆，单击【确定】按钮结束命令，如图 2-22 所示。

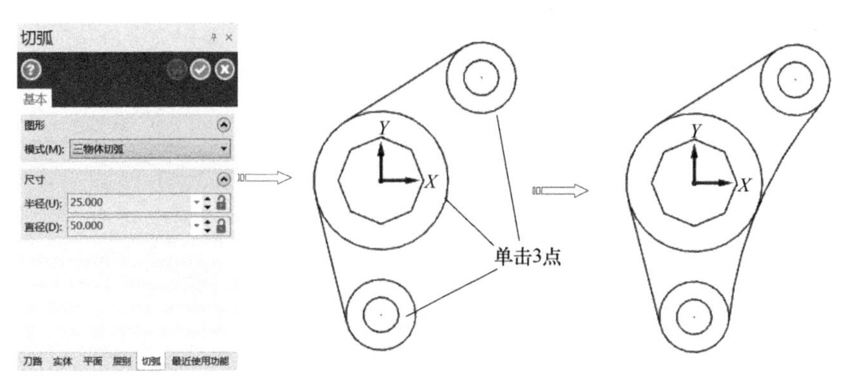

图 2-22 创建与三个圆相切的圆弧

（3）设置尺寸标注样式

14 尺寸属性。选择下拉菜单【文件】|【配置】命令，系统弹出【系统配置】对话框，单击【尺寸属性】选项，取消【小数不够位数时用“0”补上】复选框，取消【文字位于两箭头中间】选项，如图 2-23 所示。

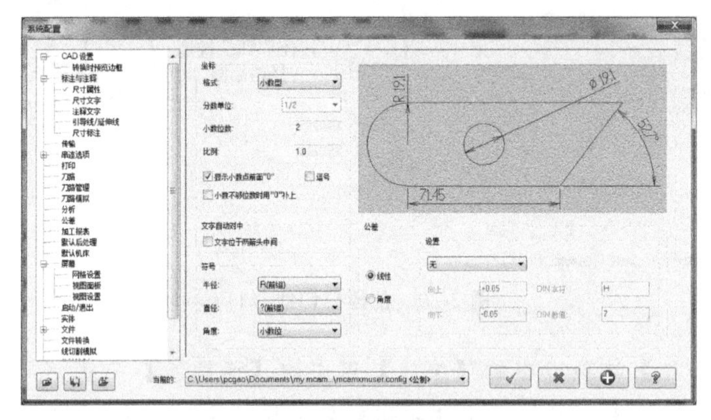

图 2-23 尺寸属性设置

15 尺寸文字设置。在【系统配置】对话框中单击【尺寸文字】选项，系统弹出【尺寸文字】页面，【文字高度】输入字体高度为“3.5”，如图 2-24 所示。

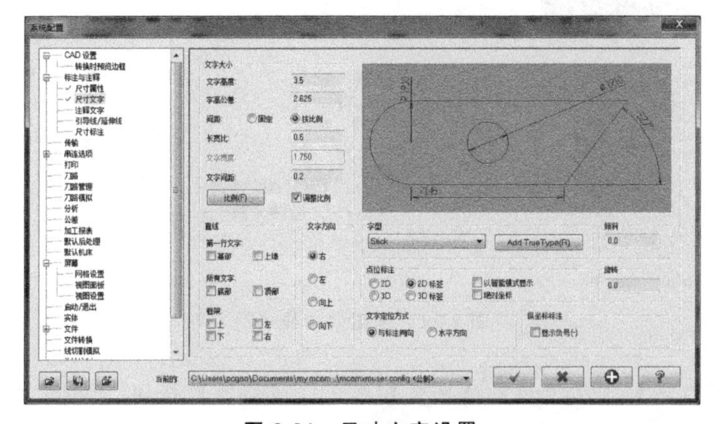

图 2-24 尺寸文字设置

16 注释文字设置。在【系统配置】对话框中单击【注释文字】选项，系统弹出【注释文字】页面。【文字高度】输入字体高度为“3.5”，如图 2-25 所示。

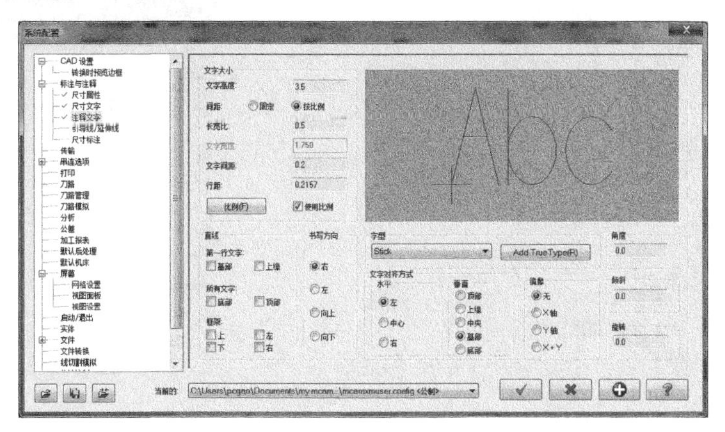

图 2-25 注释文字设置

17 引导线/延伸线设置。在【系统配置】对话框中单击【引导线/延伸线】选项，系统弹出【引导线/延伸线】页面，【线型】选择箭头形式的“三角形”，并选择【填充】复选框，【高度】为“2.5”，如图 2-26 所示。单击【确定】按钮完成。

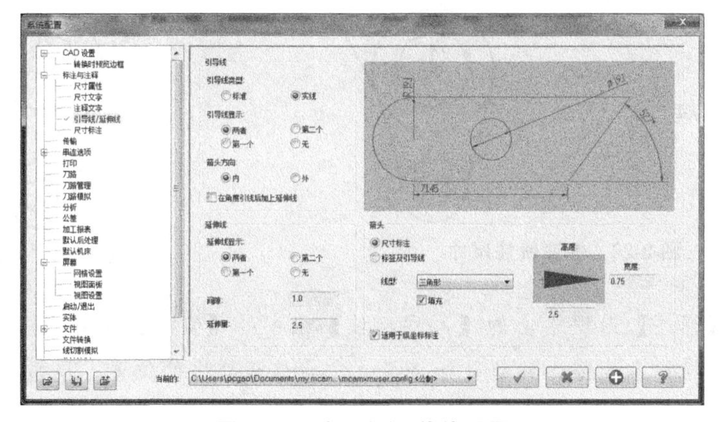

图 2-26 引导线/延伸线设置

(4) 设置尺寸标注图层

18 在管理器面板中单击【层别】标识，弹出【层别】管理器，在【编号】输入“2”，在【名称】输入“尺寸标注”，完成层别设置，如图 2-27 所示。

(5) 标注尺寸

19 单击【标注】选项卡上的【尺寸标注】组中的【快速标注】按钮，弹出【尺寸标注】管理器，如图 2-28 所示。

20 系统提示选择水平标注的第一个点，系统提示选择水平标注的第二个点，依次选择两个点后移动鼠标将尺寸文字放至恰当的位置，按住“Alt”键单击鼠标左键放置尺寸，如图 2-29 所示。

21 同理，重复上述尺寸标注过程，单击【标注】选项卡上的【尺寸标注】组中的【快速标注】按钮，弹出【尺寸标注】管理器，标注其他线性尺寸，如图 2-30 所示。

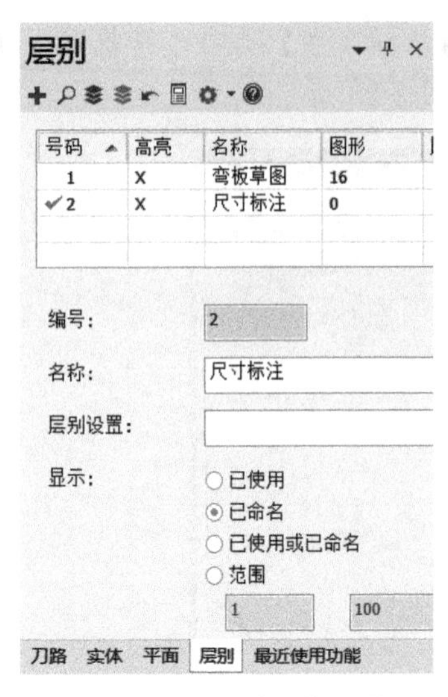

图 2-27 【层别】管理器

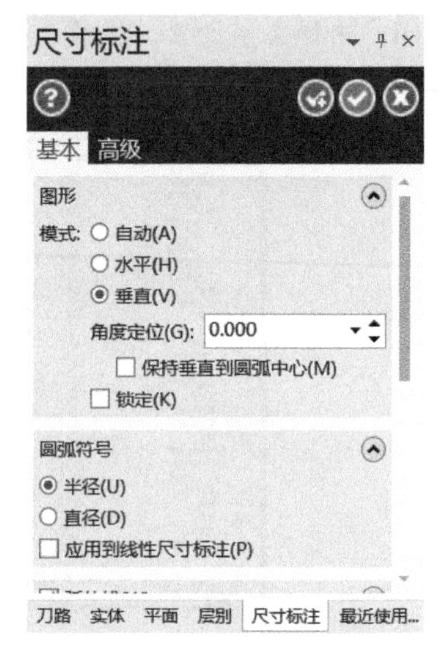

图 2-28 【尺寸标注】管理器

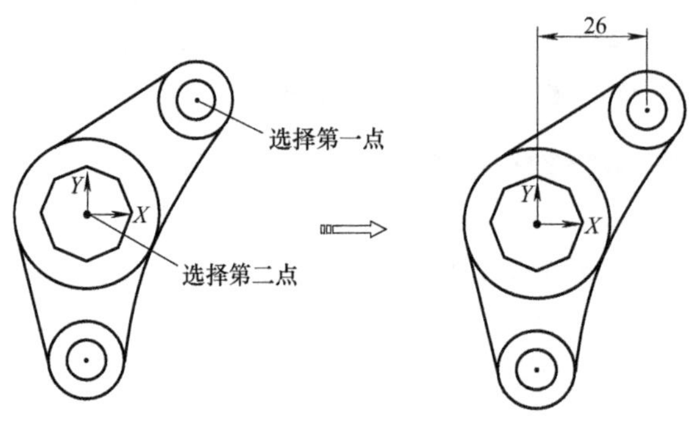

图 2-29 标注线性尺寸

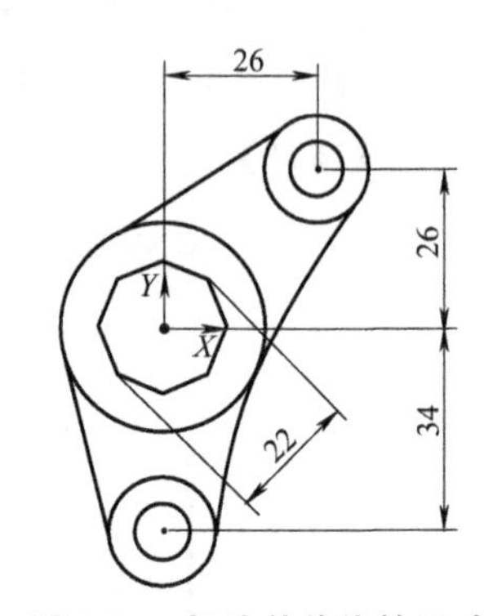

图 2-30 标注其他线性尺寸

22 单击【标注】选项卡上的【尺寸标注】组中的【直径】按钮，弹出【尺寸标注】管理器，选择标准的圆，移动鼠标将尺寸文字放至恰当的位置，单击鼠标左键放置尺寸，如图 2-31 所示。

23 同理，单击【标注】选项卡上的【尺寸标注】组中的【直径】按钮，弹出【尺寸标注】管理器，标注其他圆直径，如图 2-32 所示。

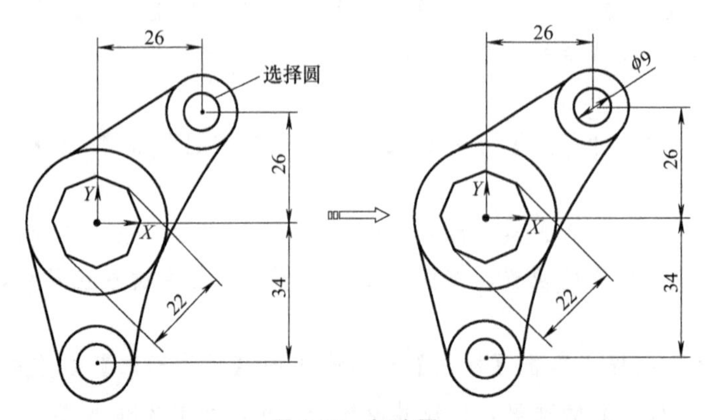

图 2-31 标注圆

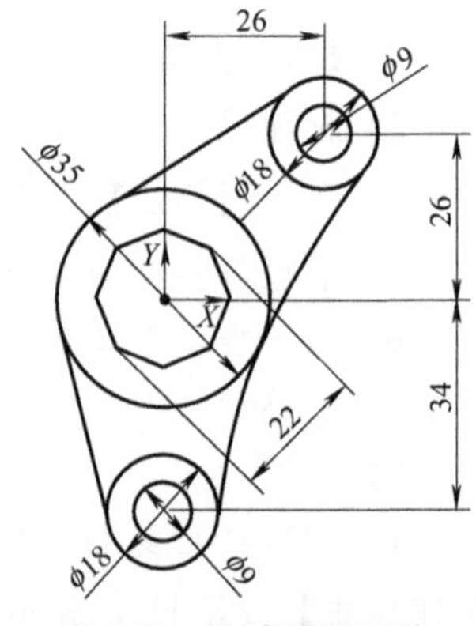

图 2-32 完成图形标注

03

第3章

Mastercam2017曲面设计

流畅外形设计离不开曲面，曲面模型由曲面组成，用来描述三维物体的表面形状，通常曲面是由线架模型经过处理得到的具有面特征的模型。曲面设计是 Mastercam2017 系统设计部分的重要内容，包括曲面创建、曲面编辑等。本章将概述介绍 Mastercam2017 系统的曲面设计方法，并通过实例来介绍三维曲面具体绘制流程和用法。

本章内容

- ◆ 线框与曲面设计概述
- ◆ 曲面知识点概述
- ◆ 曲面设计用户界面
- ◆ 曲线曲面设计范例

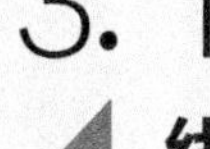

3.1 线框与曲面设计概述

曲面是物体外形的具体体现，一个曲面包含有多个断面和缀面，它们熔接在一起而形成一个图素。使用曲面造型可以很好地表达和描述物体形状，曲面造型广泛应用于汽车、轮船、飞机、电子产品以及各种模具设计中。

3.1.1 设置绘图平面

构图面是用户当前要使用的绘图平面，与工作坐标系平行。设置好构图平面后，则绘制的图形都在构图面上，如将构图平面设置为俯视图，则用户所绘制出的图形就产生在平行于水平面的构图面上。

3.1.1.1 创建平面

在管理器面板中单击【平面】标识，弹出【平面】管理器，在【平面】管理器的左上角单击【创建新平面】按钮 + ▾，弹出创建平面选项，如图 3-1 所示。

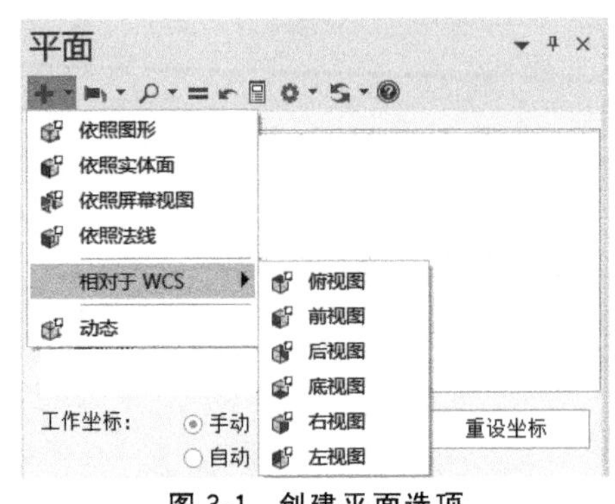

图 3-1　创建平面选项

（1）依照图形

选择该功能后，可以通过选择绘图区域的某一平面几何图形、两条线、3 个点来确定当前所使用的构图面。

在【平面】管理器的左上角单击【创建新平面】按钮，选择【依照图形】按钮，选择图形区的两条曲线，弹出【选择平面】对话框，选择合适的平面，单击【确定】按钮，如图 3-2 所示。

系统弹出【新建平面】对话框，单击【确定】按钮，新建平面如图 3-3 所示。

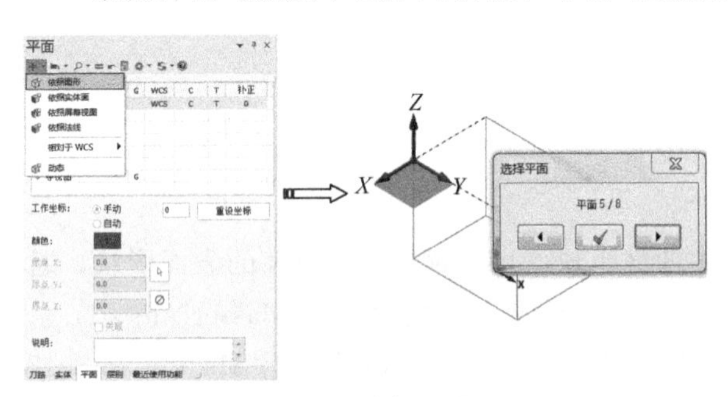

图 3-2　选择平面

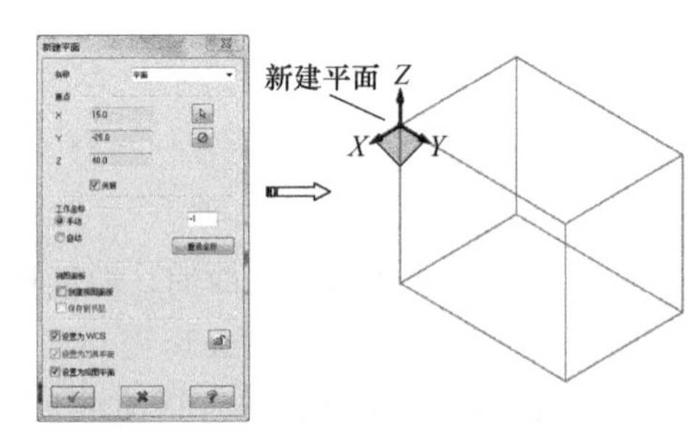

图 3-3　新建平面

（2）依照实体面

【依照实体面】可以通过选择实体表面来确定当前的构图面。

在【平面】管理器的左上角单击【创建新平面】按钮，选择【依照实体面】按钮，选择实体上表面，弹出【选择平面】对话框，直接单击【确定】按钮，系统弹出【新建平面】对话框，直接单击【确定】按钮，创建平面如图 3-4 所示。

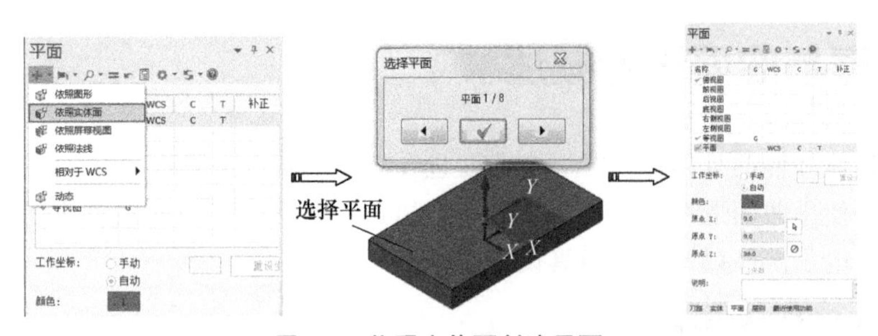

图 3-4　依照实体面创建平面

（3）依照屏幕视图

【依照屏幕视图】是指基于图形窗口中的当前视图创建新平面。在【平面】管理器的左上角单击【创建新平面】按钮，选择【依照屏幕视图】按钮，系统弹出【新建平面】对话框，直接单击【确定】按钮，创建平面如图 3-5 所示。

（4）依照法线

根据选择对象的法线方向创建平面。

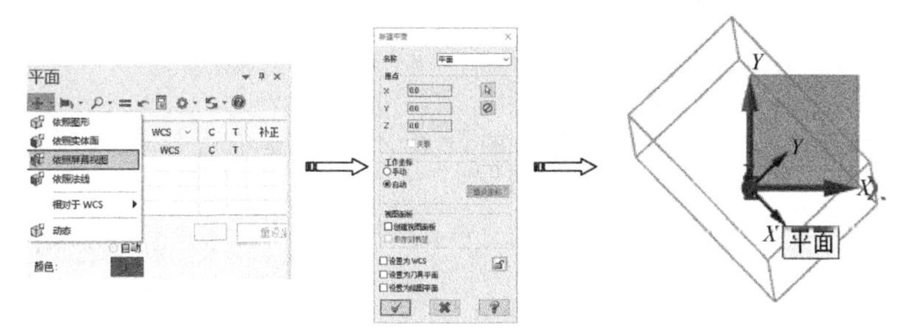

图 3-5　依照屏幕视图创建平面

在【平面】管理器的左上角单击【创建新平面】按钮，选择【依照法线】按钮，选择图形区的曲线为新平面的法线，弹出【选择平面】对话框，选择合适的平面，单击【确定】按钮，如图 3-6 所示。

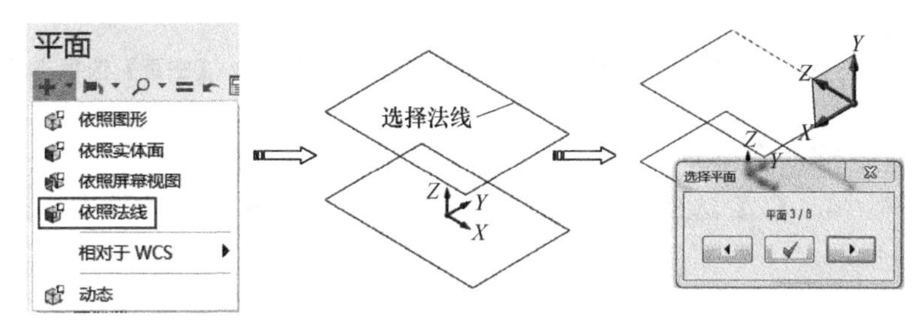

图 3-6　选择法线创建平面

系统弹出【新建平面】对话框，单击【确定】按钮，创建平面如图 3-7 所示。

3.1.1.2 设置当前平面

在【平面】管理器选择【前视图】作为视图平面、绘图平面、刀具平面和 WCS 平面，如图 3-8 所示。

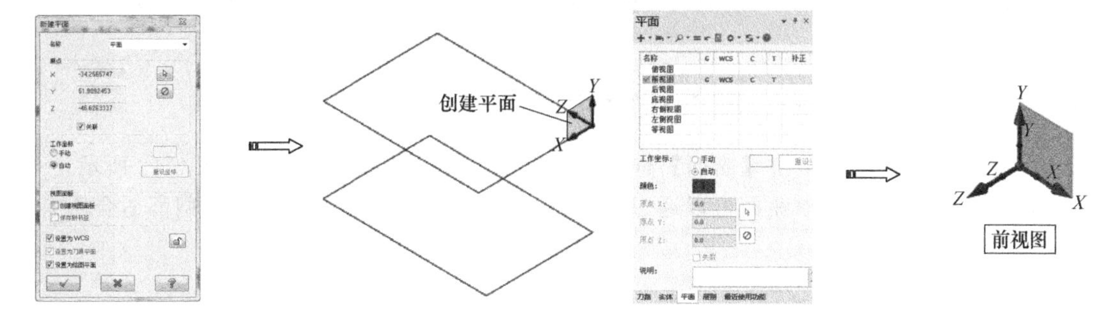

图 3-7　创建平面　　　　图 3-8　选择【前视图】作为绘图平面

3.1.1.3 状态栏选择绘图平面

单击状态栏中的【绘图平面】选项，弹出相关选择菜单，可以直接选择需要的平面作为绘图平面，如图 3-9 所示。

3.1.2　设置 Z 深度

在同一个绘图平面，由于构图面 Z 深度的不同，所创建的几何图形对象所处的空间位置也不相同。

3.1.2.1 【主页】选项卡设置 Z 深度

在【主页】选项卡上【规划】组中的设置 Z 深度框中直接输入所需要的值，如图 3-10 所示。

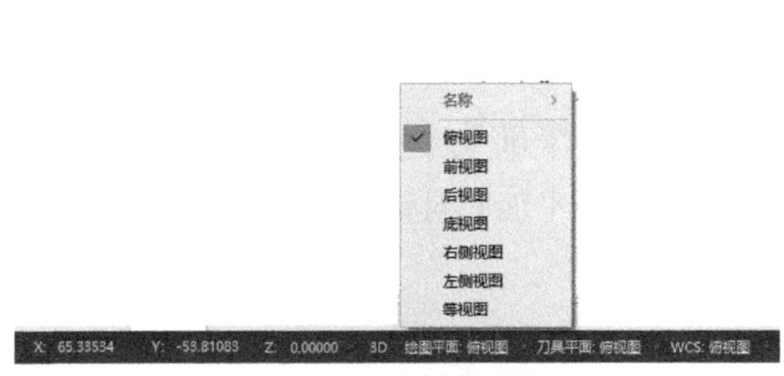

图 3-9 状态栏选择绘图平面

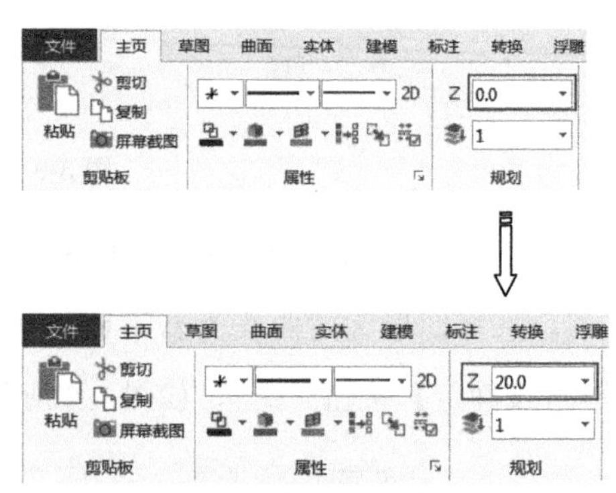

图 3-10 【主页】选项卡设置 Z 深度

3.1.2.2 状态栏设置 Z 深度

单击状态栏中的【Z】选项，弹出 Z 深度输入框，直接在 Z 深度输入栏输入所需要的值，如图 3-11 所示。

图 3-11 状态栏设置 Z 深度

（1）系统默认的构图面是俯视构图面 TOP，默认的构图 Z 深度是 0。（2）在创建几何图形对象时，如果捕捉到对象上的某点来创建几何图形，则所创建几何图形的 Z 深度为捕捉点的 Z 深度。

3.1.3 Mastercam 曲面设计用户界面

启动 Mastercam 后单击【曲面】选项卡，显示曲面设计用户界面，如图 3-12 所示。

在 Mastercam 系统中曲面可以通过3种方式表达，并不是每一种曲面类型都适合所有的曲面创建方式。

3.1.3.1 Parametirc：参数式曲面

类似于参数式样条曲线，参数式曲面在曲线节段基础上扩展成面片，一个面片是指由创建的曲线 4 节段产生的一个曲面区域。参数式曲面需要大量的数据存储。

3.1.3.2 NURBS（Non Uniform Rational B-Splines）： NURBS 曲面

类似于 NURBS 曲线或样条线。相比较于参数式曲面，NURBS 曲面需要较少空间，但是需要更长时间来处理。

3.1.3.3 curve generated：曲线构建曲面

该类曲面和创建的原始曲线保持相同的方向矢量，它比参数式曲面和 NURBS 曲面需

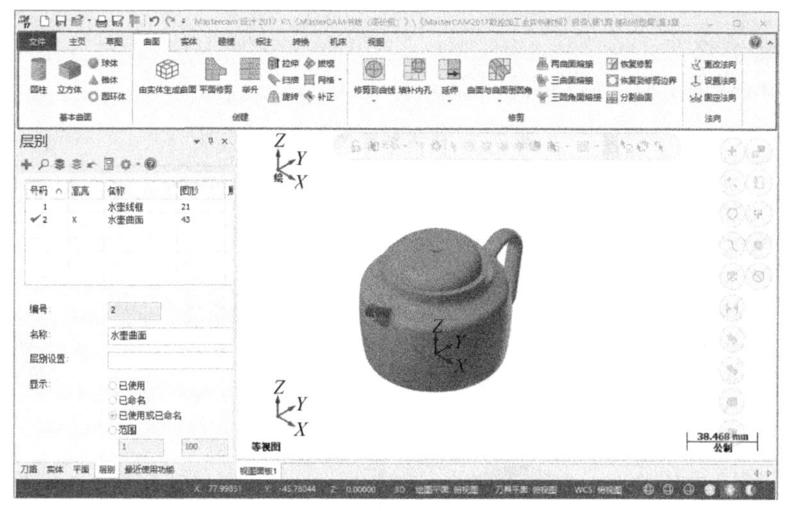

图 3-12　曲面设计用户界面

要的空间都要少。注意，扫描曲面、网格曲面和熔接曲面都不可以由曲线创建。

3.2 曲面知识点概述

3.2.1 创建曲面

绝大多数产品的设计都离不开曲面的构建，Mastercam 的曲面建模功能强大。

3.2.1.1 基本曲面

Mastercam 系统提供了一些基本曲面设计功能，见表 3-1。

表 3-1　基本曲面设计命令

类型	说　明	示　例
圆柱曲面	用于产生一个指定半径和高度的圆柱曲面	
圆锥曲面	用于产生一定半径和高度的圆锥体	
方体曲面	用于构造长方体曲面	
球面	用于构造球形曲面	
圆环体	圆环体命令可以创建一个指定轴心圆半径和截面圆半径的圆环体	

3.2.1.2 曲线曲面

Mastercam 提供了曲线创建曲面方法，见表 3-2。

表 3-2　曲线创建曲面命令

类型	说　明	示　例
拉伸曲面	一条基本封闭的线框，沿着与之垂直的轴线移动形成的曲面。拉伸曲面命令将生成多个曲面，组成封闭的图形	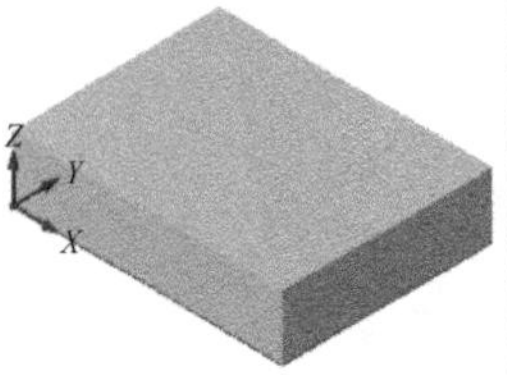
旋转曲面	旋转曲面用于将选择的几何图形对象绕某一轴线旋转而产生曲面，曲面的外形由选择的几何图形截面决定	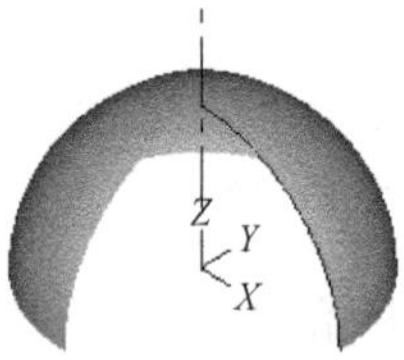
扫描曲面	令截面曲线沿所选的引导线进行扫描生成曲面	
直纹/举升曲面	用于将两个或两个以上的截面外形以直线熔接方式产生直纹曲面，或是以参数化熔接方式产生平滑举升曲面	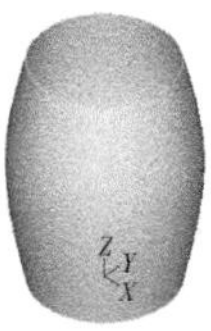
牵引曲面	从截面创建一个有拔模角度的拉伸曲面或直牵引曲面	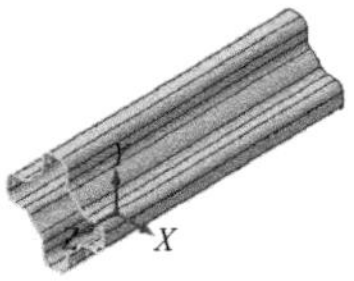
网格曲面	由网状线架构的曲线创建网格曲面，通常至少要求两条纵向和两条横向曲线	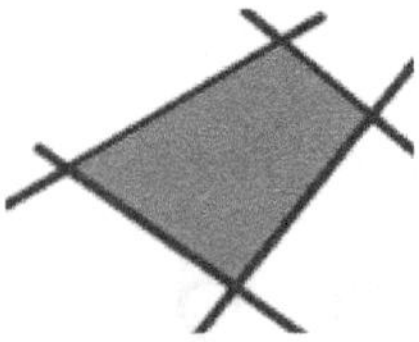
边界平面	利用首尾相接曲线的线串生成一个平面片体	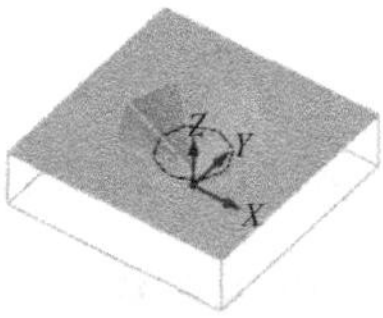

3.2.2　曲面编辑

Mastercam 除曲面构造命令外，还可以对创建的曲面进行编辑操作，见表 3-3。

表 3-3　曲面编辑命令

类型	说　明	示　例
曲面补正	用于将已经存在的曲面沿法线方向偏移产生有一定距离的新曲面	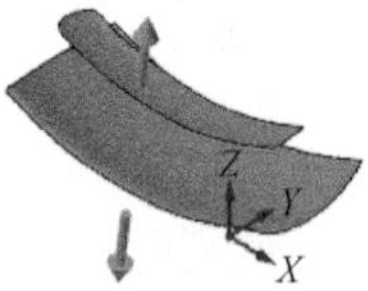
曲面圆角	曲面圆角将曲面和曲面、曲面和曲线、曲面与平面进行圆角	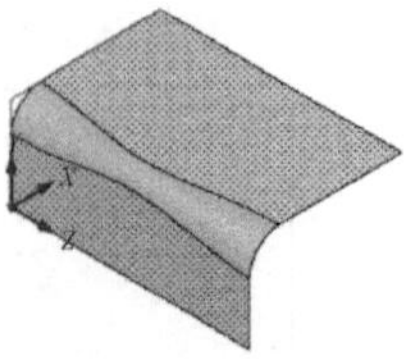
曲面修剪	用于将曲面和曲面、曲面和曲线、曲面和平面进行修剪	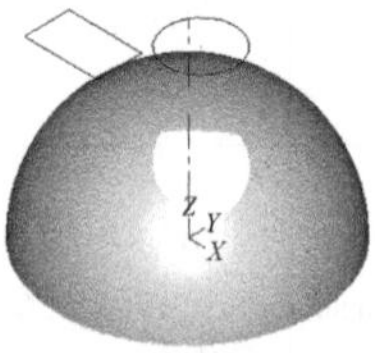
曲面延伸	用于将曲面顺着曲面的边界延伸到指定的距离或延伸到指定的平面	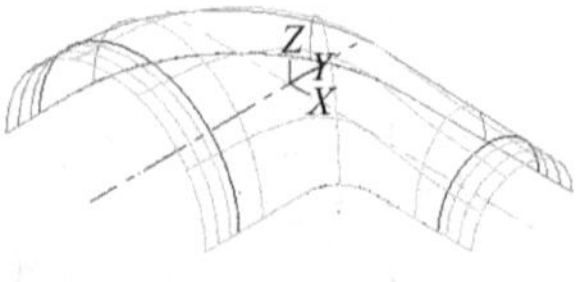

续表

类型	说明	示例	类型	说明	示例
填充曲面	用于将曲面或实体中的破孔进行填充		曲面熔接	在两个曲面之间产生一个熔接曲面，该熔接曲面和两个原曲面保持顺滑的相切状态	
曲面分割	用于将曲面从其纵向或横向进行分割，将产生两个修剪曲面				

3.3 曲线曲面设计范例——绘制凸模曲面

下面通过绘制凸模曲面来讲解 Mastercam 曲面曲线创建步骤和方法。凸模曲面结构如图 3-13 所示。

3.3.1 凸模曲面设计思路分析

凸模曲面外形结构流畅圆滑美观，建模流程如下。

（1）零件分析，拟定总体建模思路

按凸模曲面的曲面结构特点对曲面进行分解，可分解为顶曲面和侧平面，如图 3-14 所示。

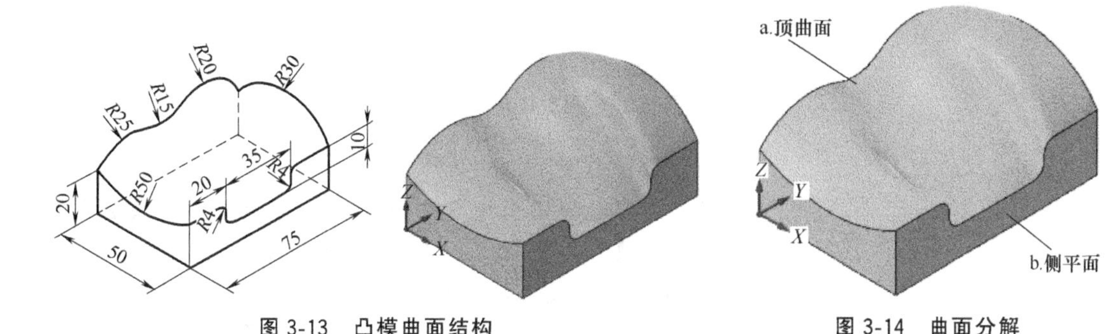

图 3-13　凸模曲面结构　　　　图 3-14　曲面分解

（2）凸模曲面设计步骤

根据曲面建模顺序，首先创建曲线，然后通过网格曲面建立顶曲面，边界平面创建侧平面，如图 3-15 所示。

3.3.2 凸模曲面设计操作过程

（1）绘图设置

01　启动 Mastercam，单击【主页】选项卡上【属性】组中的【3D】图标，将构图模式设置为“3D”，【曲面】颜色为绿色，如图 3-16 所示。

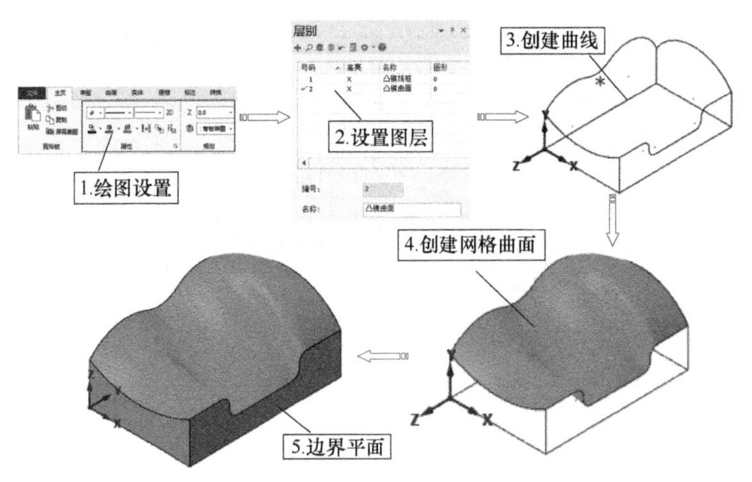

图 3-15 凸模曲面创建基本流程

图 3-16 设置构图模式

02 单击【视图】选项卡中的【屏幕视图】组中的【等视图】按钮，将视角设为“等视图”，如图 3-17 所示。

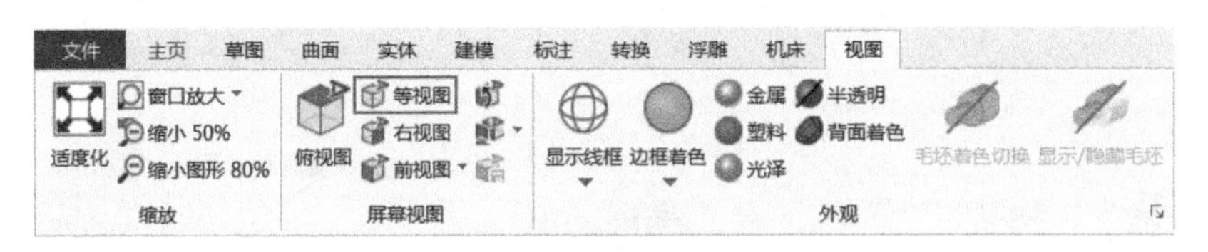

图 3-17 更改视角

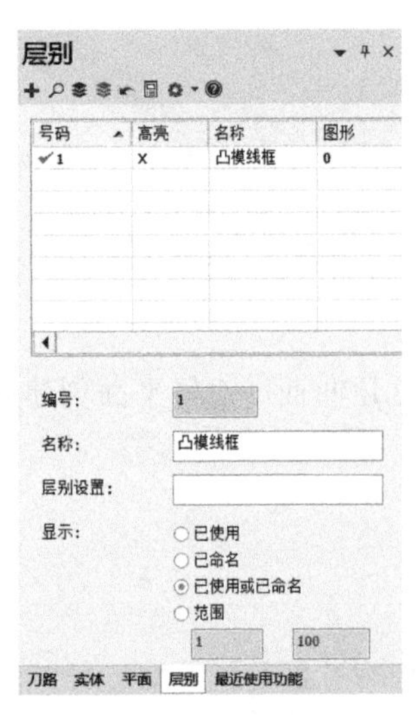

图 3-18 设置图层 1

（2）设置图层

03 在管理器面板中单击【层别】标识，弹出【层别】管理器，在【编号】输入“1”，在【名称】输入“凸模线框”，完成图层 1 设置，如图 3-18 所示。

04 在【编号】输入“2”，在【名称】输入“凸模曲面”，完成图层 2 设置，如图 3-19 所示。

（3）绘制线架构曲线

05 在管理器面板中单击【层别】标识，弹出【层别】管理器，选择图层 1 为当前图层。

06 单击【草图】选项卡中的【绘线】组中的【连续线】按钮，弹出【连续线】管理器，【类型】为“连续线”，在【模式】中选中【水平线】单选按钮，【长度】输入“50”，根据系统提示选择绘图区域中原点（0，0，0）为线段的第一端点，向右下单击作为直线①的方向，如图 3-20 所示。

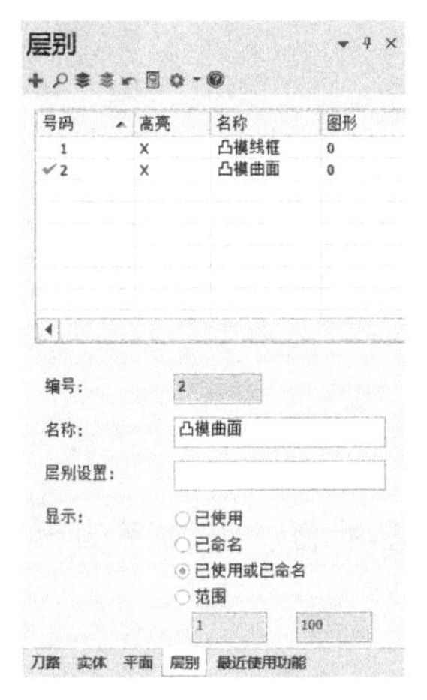

图 3-19　设置图层 2

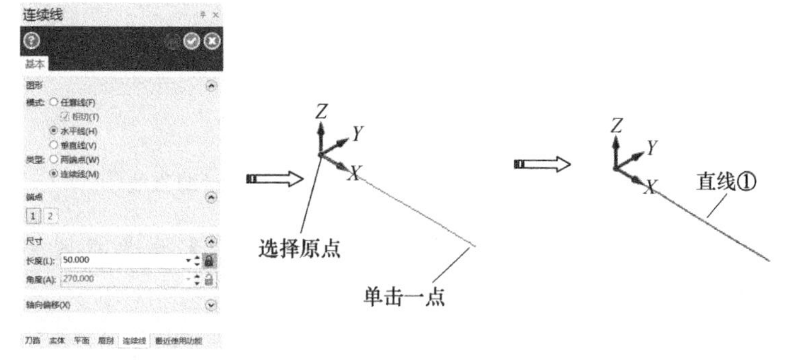

图 3-20　绘制直线①

07　继续在【模式】中选中【垂直线】单选按钮，【长度】输入“75”，向右上侧单击作为直线②的方向，如图 3-21 所示。

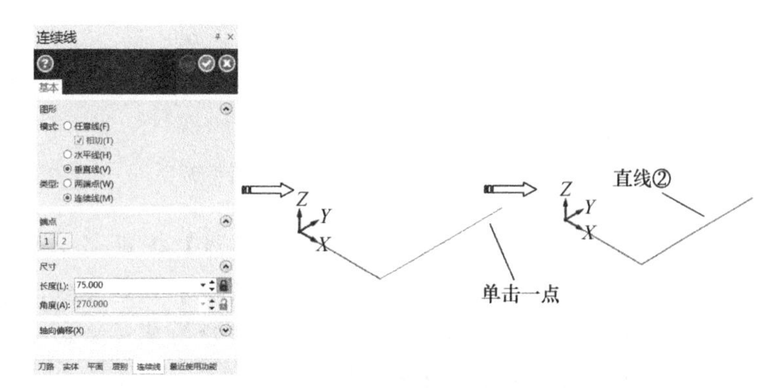

图 3-21　绘制直线②

08　继续在【模式】中选中【水平线】单选按钮，【长度】输入“50”，向左上侧单击作为直线③的方向，如图 3-22 所示。

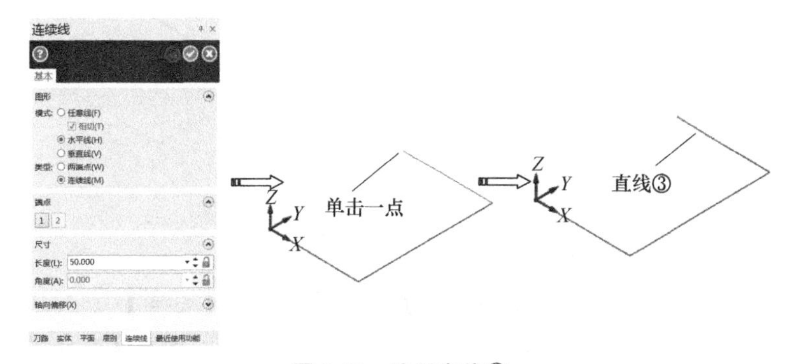

图 3-22　绘制直线③

09　继续在【模式】中选中【垂直线】单选按钮，【长度】输入“75”，向右上侧单击作为直线④的方向，单击【确定】按钮，如图 3-23 所示。

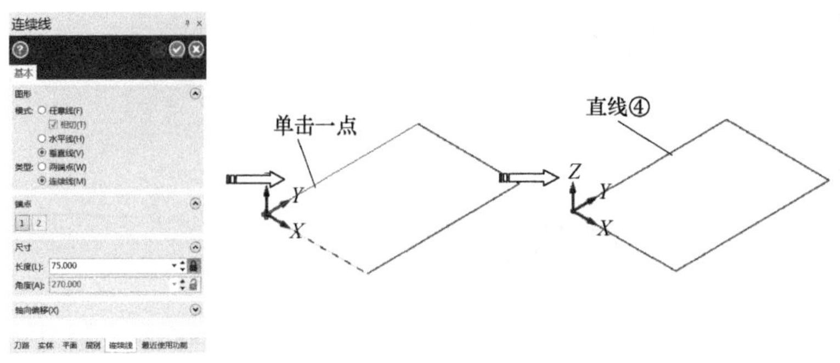

图 3-23　绘制直线④

10　在【平面】管理器选择【右侧视图】作为视图平面、绘图平面、刀具平面和WCS平面，如图3-24所示。

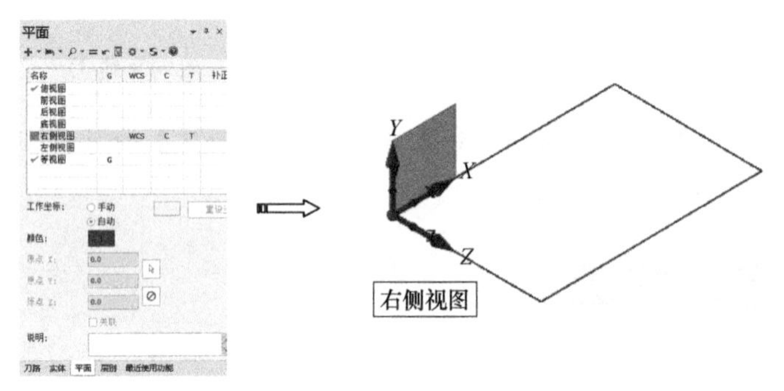

图 3-24　选择【右侧视图】作为绘图平面

11　单击【草图】选项卡中的【绘线】组中的【连续线】按钮，弹出【连续线】管理器，【类型】为"两端点"，在【模式】中选中【垂直线】单选按钮，【长度】输入"20"，根据系统提示选择绘图区域中原点（0，0，0）为线段的第一端点，向上单击作为直线⑤的方向，单击【确定并创建新操作】按钮，如图3-25所示。

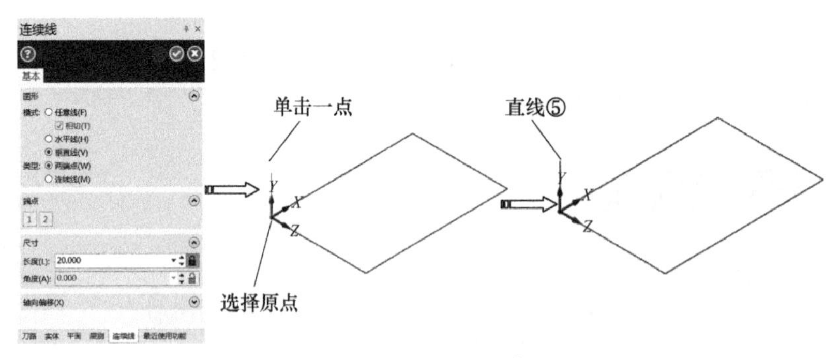

图 3-25　绘制直线⑤

12　继续在【模式】中选中【垂直线】单选按钮，【长度】输入"20"，选择如图3-26所示的端点作为起点，向上单击作为直线⑥的方向，单击【确定并创建新操作】按钮，如图3-26所示。

13　继续在【模式】中选中【垂直线】单选按钮，【长度】输入"20"，选择如图3-27所示的端点作为起点，向上单击作为直线⑦的方向，单击【确定并创建新操作】

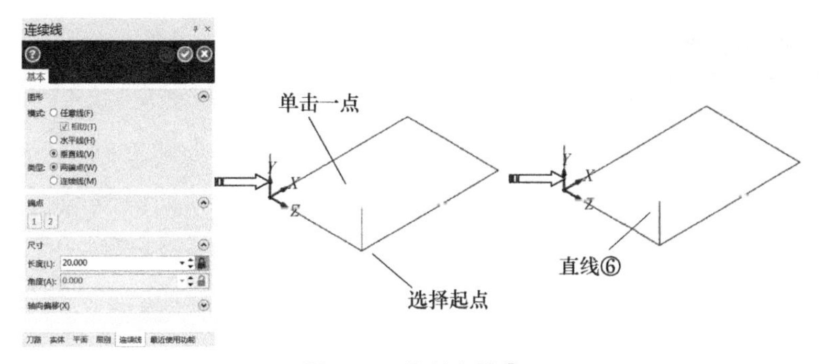

图 3-26　绘制直线⑥

按钮，如图 3-27 所示。

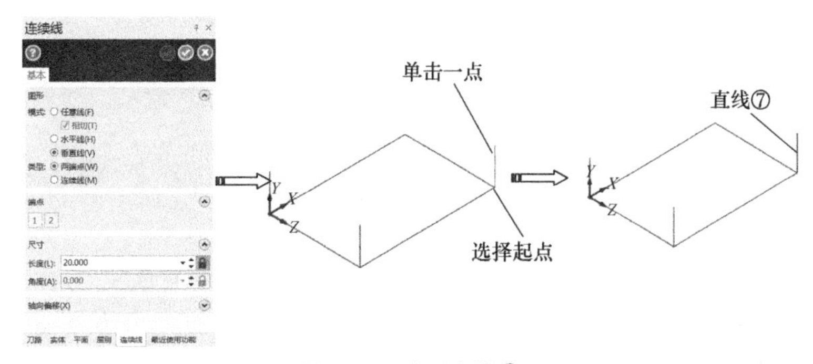

图 3-27　绘制直线⑦

14　继续在【模式】中选中【垂直线】单选按钮，【长度】输入“20”，选择如图 3-28 所示的端点作为起点，向上单击作为直线⑧的方向，单击【确定】按钮，如图 3-28 所示。

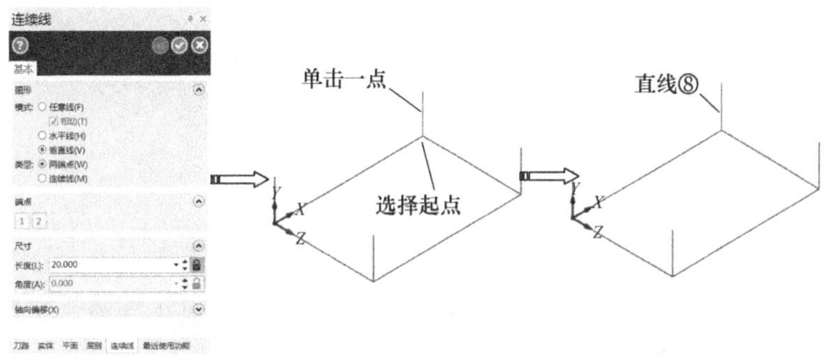

图 3-28　绘制直线⑧

15　单击【草图】选项卡上的【绘点】组中的【绘点】按钮，弹出【绘点】管理器，单击【选择】工具栏上的【输入坐标点】按钮，在弹出的坐标输入栏中输入坐标（37.5，20，0）如图 3-29 所示。

16　单击【草图】选项卡中的【圆弧】组中的【两点画弧】按钮，弹出【两点画弧】管理器，【半径】设为“25”，根据系统提示，在绘图区域选择如图 3-30 所示的点，系统提示选择圆弧，单击所需圆弧，创建结果如图 3-30 所示。

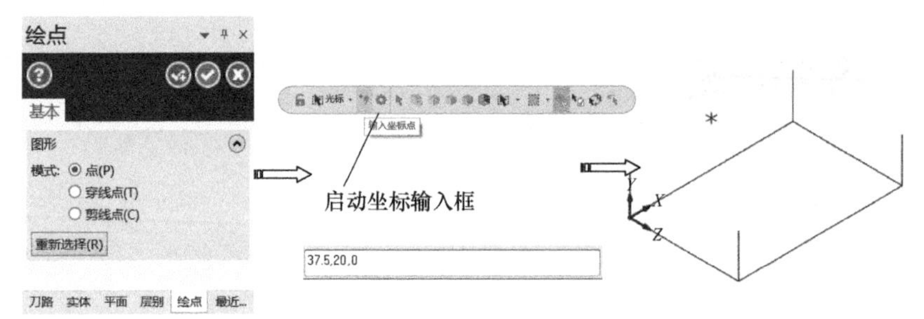

图 3-29　输入坐标点

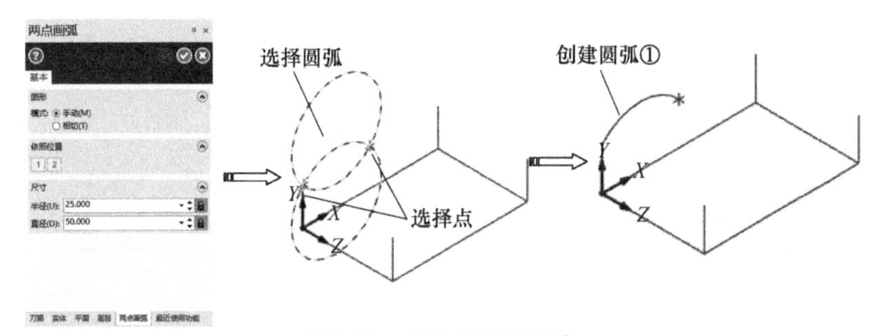

图 3-30　两点创建圆弧①

17　单击【草图】选项卡中的【圆弧】组中的【两点画弧】按钮，弹出【两点画弧】管理器，【半径】设为“20”，根据系统提示，在绘图区域选择如图 3-31 所示的点，系统提示选择圆弧，单击所需圆弧，创建结果如图 3-31 所示。

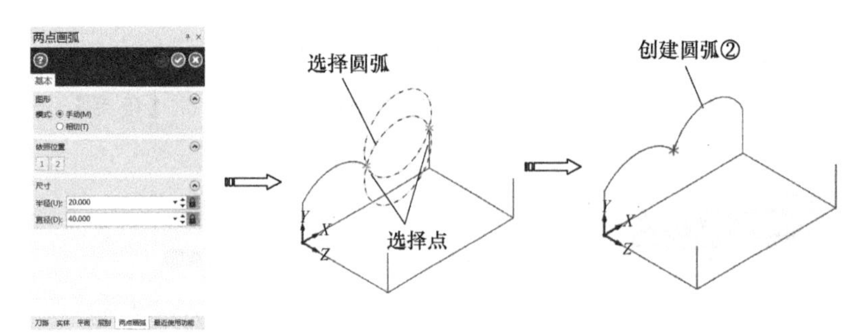

图 3-31　两点创建圆弧②

18　选择【草图】选项卡中的【修剪】组中的【倒圆角】按钮，弹出【倒圆角】管理器，选择【类型】为“圆角”，【半径】设为“15”，在绘图区域选择如图 3-32 所示要圆角的对象，单击【确定】按钮创建圆角，如图 3-32 所示。

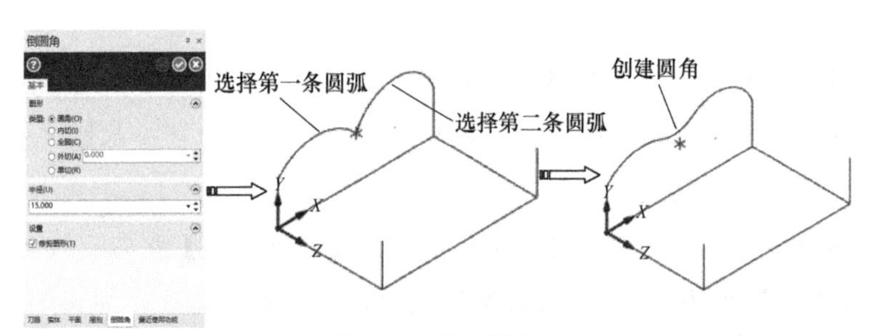

图 3-32　创建圆角

19 单击【草图】选项卡中的【绘线】组中的【连续线】按钮，弹出【连续线】管理器，【类型】为“两端点”，选择如图3-33所示直线的端点，单击【确定】按钮，如图3-33所示。

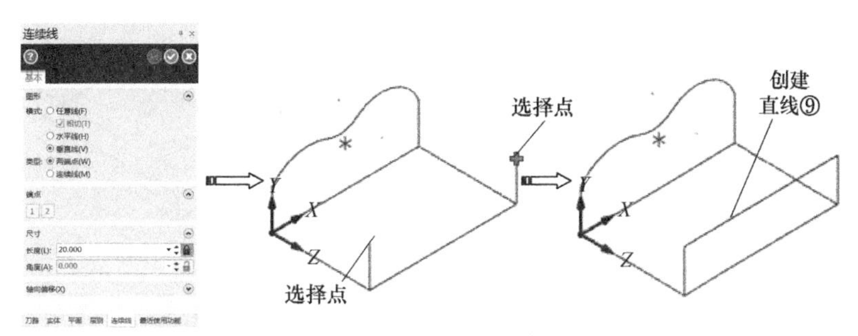

图3-33　绘制直线⑨

20 单击【转换】选项卡上的【补正】组中的【单体补正】按钮，系统弹出【补正】对话框，选择【复制】选项，输入偏移距离“10”，按“Enter”键确认，系统提示选择要偏移的几何图形对象，选择如图3-34所示线段，向下单击作为补正方向，单击【确定】按钮，如图3-34所示。

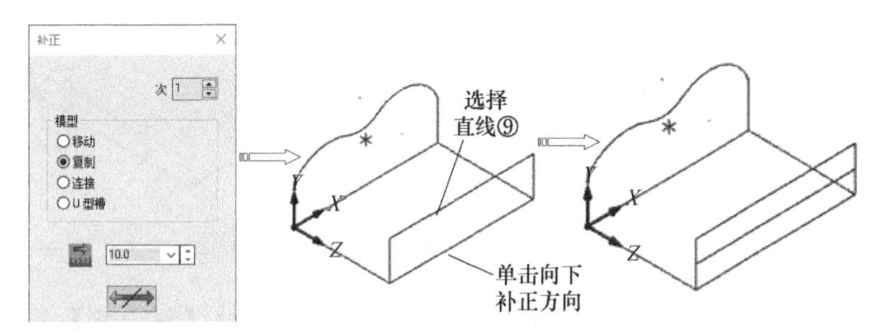

图3-34　偏置曲线（1）

21 单击【转换】选项卡上的【补正】组中的【单体补正】按钮，系统弹出【补正】对话框，选择【复制】选项，输入偏移距离“20”，按“Enter”键确认，系统提示选择要偏移的几何图形对象，选择如图3-35所示线段，向右单击作为补正方向，单击【确定】按钮，如图3-35所示。

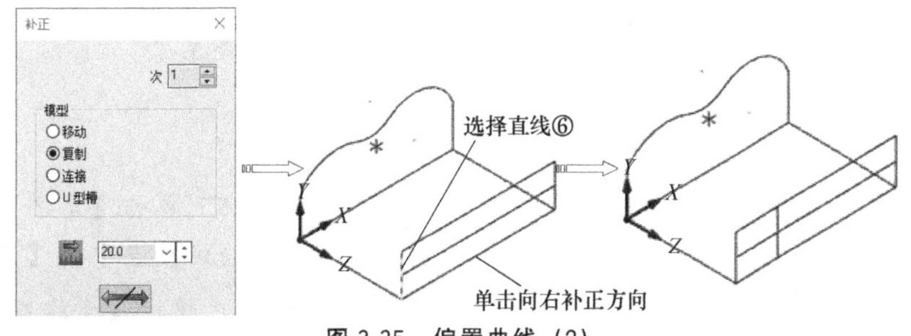

图3-35　偏置曲线（2）

22 单击【转换】选项卡上的【补正】组中的【单体补正】按钮，系统弹出【补正】对话框，选择【复制】选项，输入偏移距离“20”，按“Enter”键确认，系统提示选择要偏移的几何图形对象，选择如图 3-36 所示线段，选择向左单击作为补正方向，单击【确定】按钮，如图 3-36 所示。

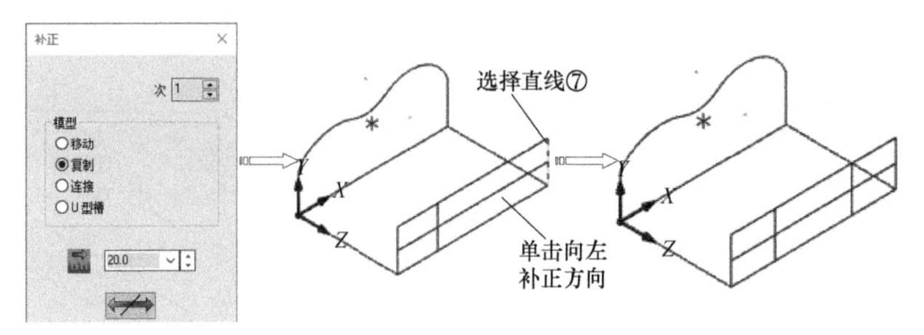

图 3-36 偏置曲线（3）

23 选择【草图】选项卡中的【修剪】组中的【倒圆角】按钮，弹出【倒圆角】管理器，选择【类型】为“圆角”，【半径】设为“4”，在绘图区域选择如图 3-37 所示要圆角的对象，单击【确定】按钮创建圆角，如图 3-37 所示。

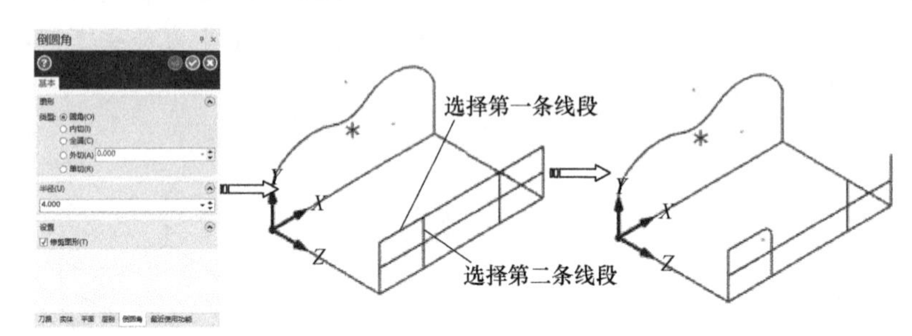

图 3-37 创建圆角（1）

24 同理，重复选择【草图】选项卡中的【修剪】组中的【倒圆角】按钮，创建其余 2 个半径为 4 的圆角，如图 3-38 所示。

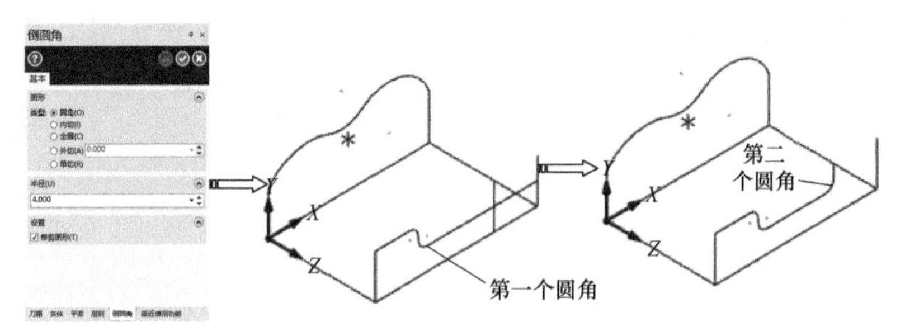

图 3-38 创建圆角（2）

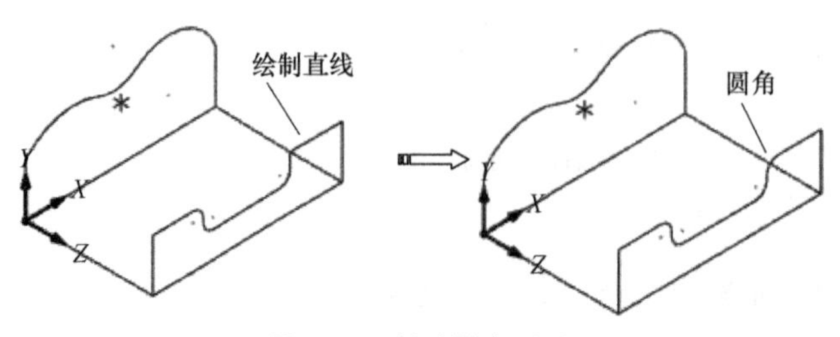

图 3-39 创建圆角（3）

25 单击【草图】选项卡中的【绘线】组中的【连续线】按钮，弹出【连续线】管理器，【类型】为“两端点”，选择如图 3-39 所示直线的端点创建直线，然后选择【草图】选项卡中的

【修剪】组中的【倒圆角】按钮，倒半径为 4 的圆角，如图 3-39 所示。

26 在【平面】管理器选择【前视图】作为视图平面、绘图平面、刀具平面和 WCS 平面，如图 3-40 所示。

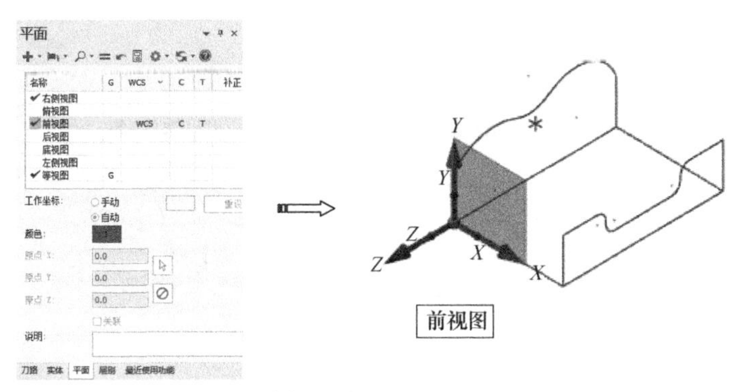

图 3-40 选择【前视图】作为绘图平面

27 单击【草图】选项卡中的【圆弧】组中的【两点画弧】按钮，弹出【两点画弧】管理器，【半径】设为“50”，根据系统提示，在绘图区域选择如图 3-41 所示的点，系统提示选择圆弧，单击所需圆弧，如图 3-41 所示。

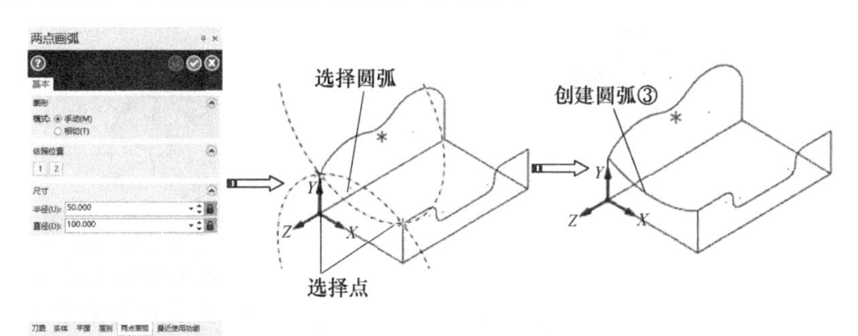

图 3-41 两点创建圆弧③

28 单击【草图】选项卡中的【圆弧】组中的【两点画弧】按钮，弹出【两点画弧】管理器，【半径】设为“30”，根据系统提示，在绘图区域选择如图 3-42 所示的点，系统提示选择圆弧，单击所需圆弧，如图 3-42 所示。

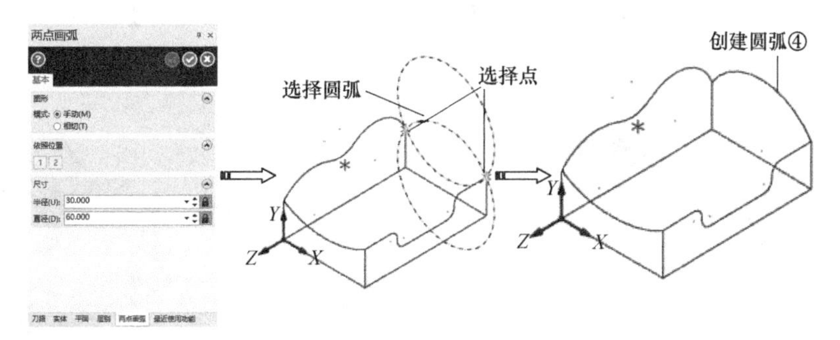

图 3-42 两点创建圆弧④

（4）绘制凸模曲面

29 在管理器面板中单击【层别】标识，弹出【层别】管理器，选择图层 2 为当前图层。

30 单击【曲面】选项卡上的【创建】组中【网格】命令，系统弹出【串连选项】对话框，依次选择4条曲线，每选一条曲线单击【应用】按钮，最后单击【应用】按钮完成，如图3-43所示。

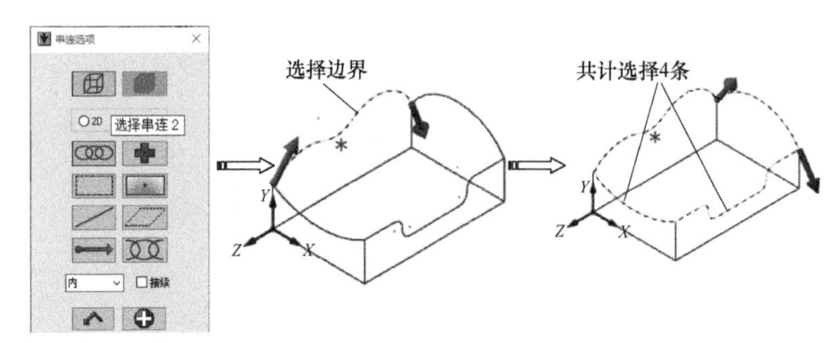

图 3-43　选择曲线

31 系统弹出【平面修剪】对话框，单击【确定】按钮创建网格曲面，如图3-44所示。

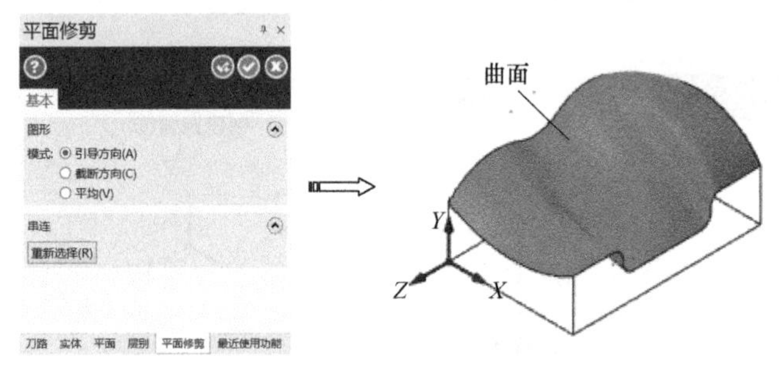

图 3-44　创建网格曲面

32 选择【曲面】选项卡上【创建】组中的【平面修剪】按钮，弹出【串连选项】对话框，选择如图3-45所示的封闭曲线，单击【确定】按钮，系统弹出【恢复到边界】管理器，单击【确定】按钮，如图3-45所示。

33 同理，选择【曲面】选项卡上【创建】组中的【平面修剪】按钮，创建其他平面，如图3-46所示。

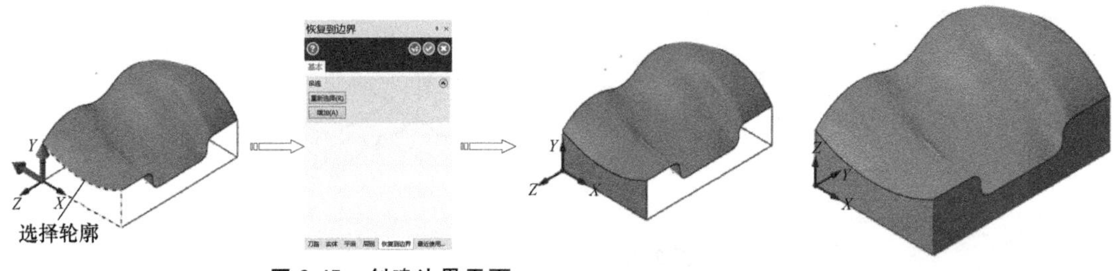

图 3-45　创建边界平面

图 3-46　创建其他边界平面

04 第4章 Mastercam2017实体设计

实体建模用于建立零件三维实体造型，包括拉伸、旋转、扫描、举升等创建命令，以及倒圆角、倒角、抽壳等实体编辑命令。熟练地掌握这些命令就可以方便快捷地创建用户所需要的实体。本章将概述介绍 Mastercam 2017 系统的实体创建方法，并通过实例来介绍三维实体具体绘制流程和用法。

本章内容

- ◆ 实体设计界面
- ◆ 实体编辑命令
- ◆ 实体设计命令
- ◆ 实体设计范例

4.1 实体设计简介

学习三维实体设计之前，先了解基本概念：实体模型是一个独立的几何图形对象。而一个三维实体是可以由几个实体模型组成。三维实体设计是 Mastercam 重要模块之一。

4.1.1 实体构造概述

常用实体创建方法有拉伸、旋转、扫描、放样。下面简单概述四种建模方法。

（1）拉伸实体特征

拉伸实体特征是指沿着与草绘截面垂直的方向添加或去除材料而创建的实体特征。如图 4-1 所示，将草绘截面沿着箭头方向拉伸后即可获得实体模型。

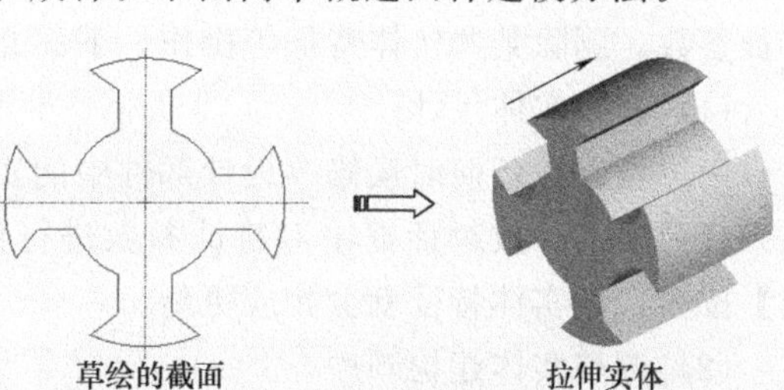

图 4-1 拉伸实体特征

（2）旋转实体特征

旋转实体特征是指将草绘截面绕指定

的旋转轴转一定的角度后所创建的实体特征。将截面绕轴线转任意角度即可生成三维实体图形，如图 4-2 所示。

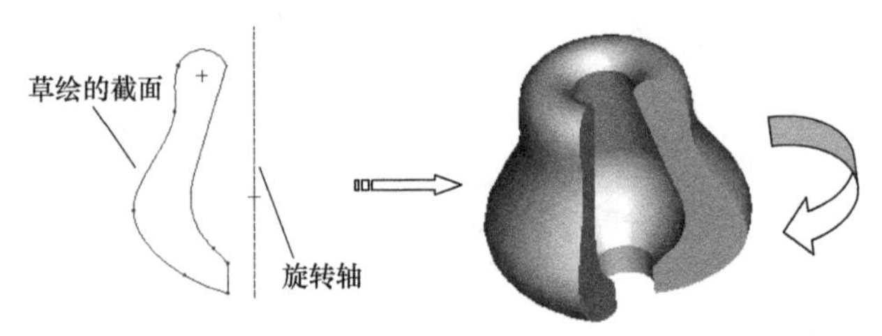

图 4-2 旋转实体特征

（3）扫描实体特征

扫描实体特征的创建原理比拉伸和旋转实体特征更具有一般性，它是通过将草绘截面沿着一定的轨迹（导引线）作扫描处理后，由其轨迹包络线所创建的自由实体特征。如图 4-3 所示，将草图绘制的轮廓沿着扫描轨迹创建出三维实体特征。

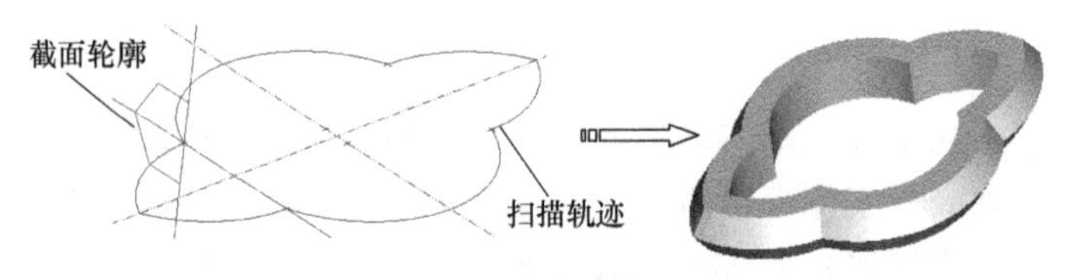

图 4-3 扫描实体特征

（4）放样实体特征

放样实体特征就是将一组草绘截面的顶点顺次相连进而创建的三维实体特征。如图 4-4 所示，依次连接截面 1、截面 2、截面 3 的相应顶点即可获得实体模型。

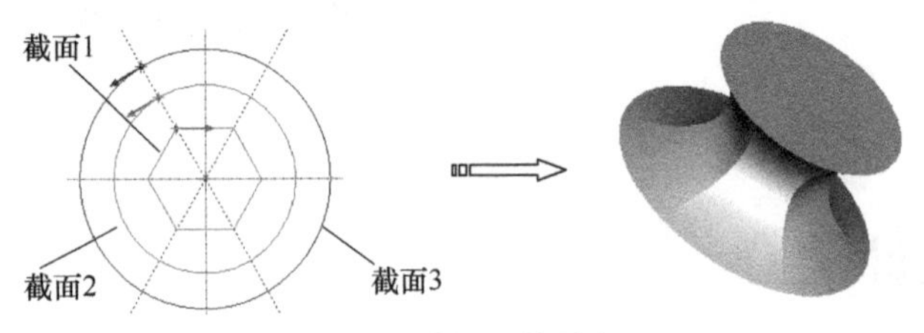

图 4-4 放样实体特征

4.1.2 Mastercam 三维实体设计界面

启动 Mastercam 后单击【实体】选项卡，显示实体设计用户界面，如图 4-5 所示。

【实体】管理器位于绘图区域的左侧，它显示了产品的实体创建流程，并能编辑实体特征参数、删除某些实体特征等操作，下面介绍【实体】管理器的几个主要功能作用。

（1）修改实体尺寸

用户可以在任何时候修改设计部件中的实体特征尺寸。用鼠标双击某个特征，就可以在系统弹出的参数对话框中对特征参数进行修改，然后再单击实体管理器中的【全部重建】按钮，则实体特征就会相应更新。

（2）调整实体建构顺序

用户可以在任何时候在不违背几何图形对象创建原理的情况下调整实体特征的创建顺

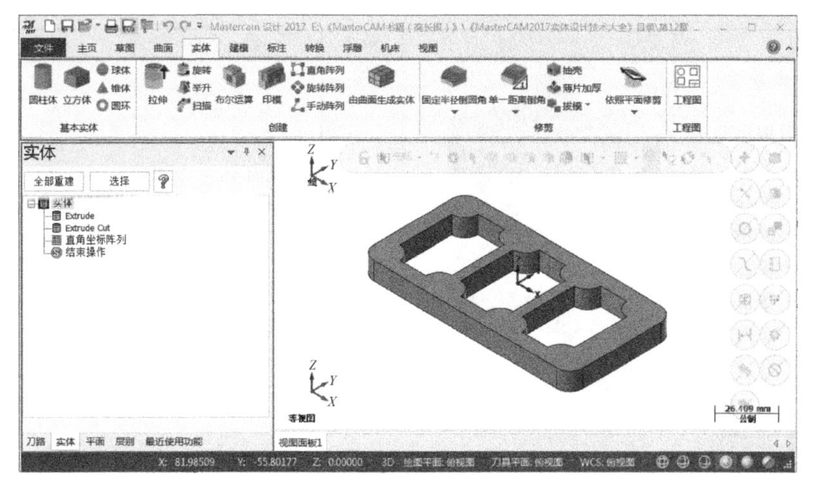

图 4-5 实体设计用户界面

序。用鼠标左键拾取某一特征，就可以将其移动到其他特征之前或之后，如果不可以移动，系统将显示禁止的符号。

（3）删除实体特征

用户可在任何时候删除不需要的实体特征。只要在相应特征图标上单击鼠标右键，在弹出的菜单中选择【删除】命令，然后再单击实体管理器中的【全部重建】按钮，则实体特征就会相应更新。

4.2 实体设计知识点概述

无论是产品的概念设计还是详细设计的各个阶段，都需要对模型不断地进行修改，因此实体建模过程包括实体设计、实体编辑两大部分。

4.2.1 实体设计

Mastercam 实体设计命令可分成 3 部分：基本实体、扫描实体、曲面生成实体。

4.2.1.1 基本实体

基本实体是三维建模的基础，主要包括圆柱体、圆锥体、方体、球体和圆环体等，其含义见表 4-1 所示。

表 4-1 基本实体

类型	说明	示例	类型	说明	示例
圆柱体	圆柱体命令用于产生一个指定半径和高度的圆柱体		圆锥体	圆锥体命令可以产生一定半径和高度的圆锥体	

续表

类型	说　明	示　例	类型	说　明	示　例
方体	用于构造长方形实体		圆环体	圆环体命令可以创建一个指定轴心圆半径和截面圆半径的圆环体	
球体	用于构造球形实体				

4.2.1.2 扫描实体

扫描实体特征是指将截面几何体沿导引线或一定的方向扫描生成特征的方法，是利用二维轮廓生成三维实体最为有效的方法，包括拉伸、旋转、扫描、举升等，见表4-2。

表4-2　扫描实体

类型	说　明	示　例	类型	说　明	示　例
拉伸	拉伸是将截面曲线沿指定方向拉伸指定距离建立实体		扫描	将选择的一个封闭的截面沿着指定的扫描路径(引导曲线,引导曲线可以是开放式曲线或封闭曲线)进行扫描产生扫描实体	
旋转	将选择的旋转截面绕指定的旋转中心轴旋转一定的角度产生旋转实体或薄壁体		举升	选择多个举升截面产生平滑举升实体,各个举升截面的起点要求保持一致	

4.2.1.3 曲面生成实体

在Mastercam中曲面生成实体主要有两类命令：曲面转换为实体、实体加厚（薄片加厚），见表4-3。

表4-3　曲面生成实体

类型	说　明	示　例	类型	说　明	示　例
曲面转换为实体	将开放或封闭的曲面转换为实体,若曲面为开放的,生成零厚度实体		实体加厚(薄片加厚)	可以将由曲面转换过来的实体进行加厚	

4.2.2 实体编辑

实体编辑的操作相对复杂一些，是在实体创建之后为了满足某些需要而进行的，见表 4-4。

表 4-4　实体编辑操作

类型	说　　明	示　　例	类型	说　　明	示　　例
实体圆角	实体圆角命令可以将选择的实体边、实体面或整个实体进行圆角		实体修剪（修剪到曲面/薄片）	利用曲面或薄壁体对实体进行修剪	
实体倒角	实体倒角命令可以将选择的实体边、实体面或整体实体进行倒角		拔模实体	将选择的实体面进行一定角度的倾斜，以方便脱模	
抽壳	将选择的实体面或整个实体进行抽壳		阵列实体	将指定的一个或者一组实体，按照一定的规律复制以建立阵列，避免重复性操作	

4.3 实体设计范例——绘制传动轴

下面通过绘制传动轴来讲解 Mastercam 实体造型创建步骤和方法。传动轴结构如图 4-6 所示。

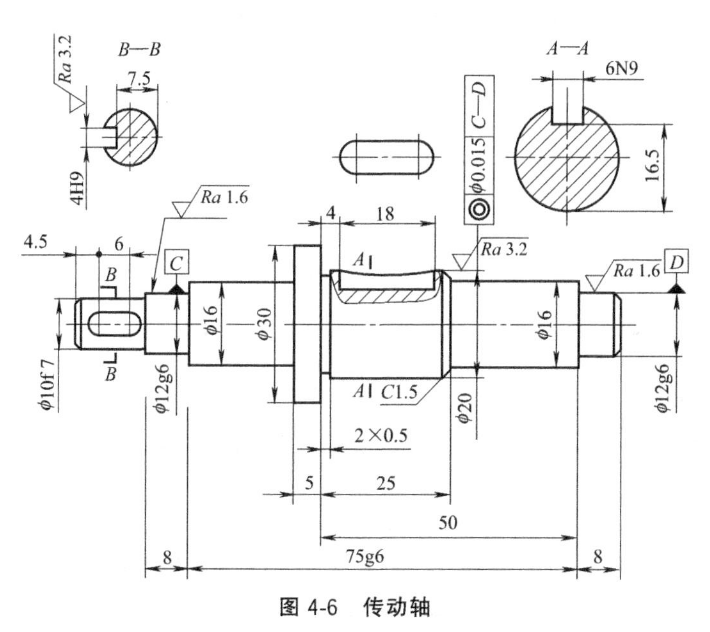

图 4-6　传动轴

4.3.1 传动轴设计思路分析

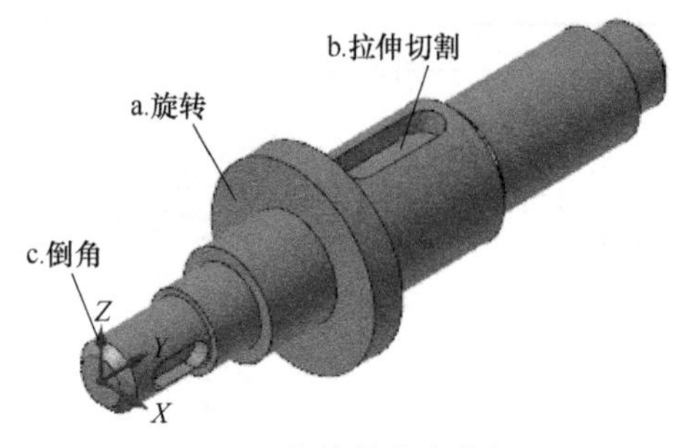

图 4-7 传动轴命令分解

（1）零件分析，拟定总体建模思路

首先对模型结构进行分析和分解，分解为相应 Mastercam 实体命令：旋转、拉伸切割、倒角等，如图 4-7 所示。

（2）传动轴实体造型

按照实体建模过程，首先利用旋转命令创建主体，然后通过拉伸切割命令创建键槽，最后进行倒角创建，如图 4-8 所示。

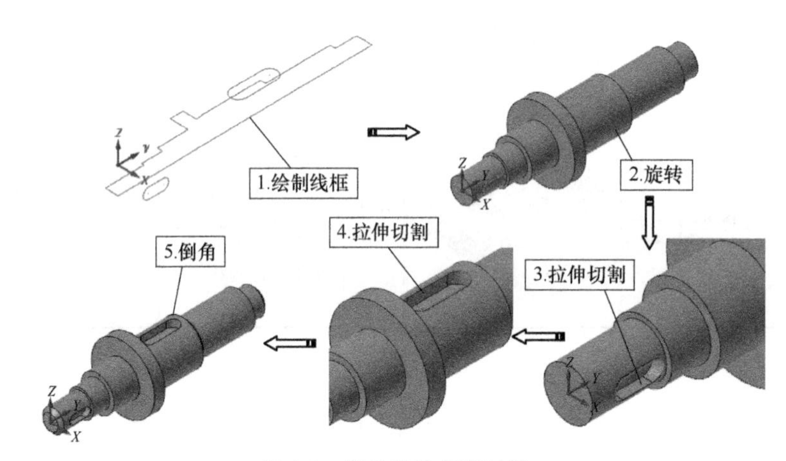

图 4-8 传动轴的创建过程

4.3.2 传动轴设计操作过程

（1）绘图设定

01 启动 Mastercam2017，单击【主页】选项卡上【属性】组中的【3D】图标，将构图模式设置为“3D”，如图 4-9 所示。

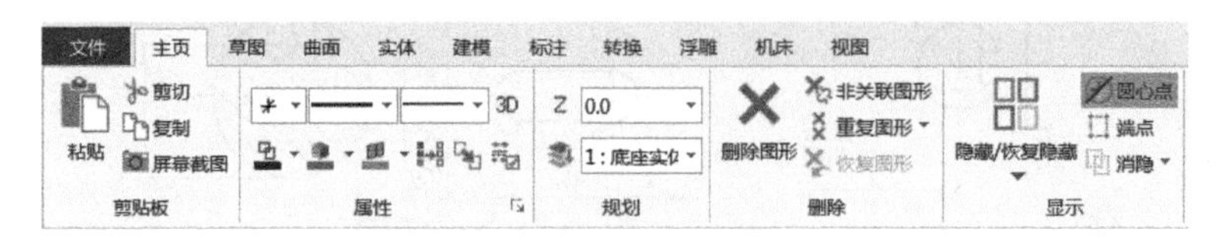

图 4-9 设置构图模式

02 单击【视图】选项卡中的【屏幕视图】组中的【等视图】按钮，将视角设为“等视图”，如图 4-10 所示。

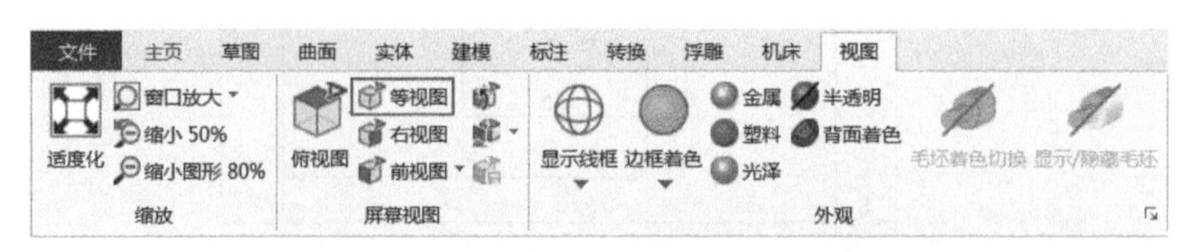

图 4-10 更改视角

（2）设置图层

03 在管理器面板中单击【层别】标识，弹出【层别】管理器，在【编号】输入“1”，在【名称】输入“轴线框”，完成图层 1 设置，如图 4-11 所示。

04 在【编号】输入“2”，在【名称】输入“轴实体”，完成图层 2 设置，如图 4-12 所示。

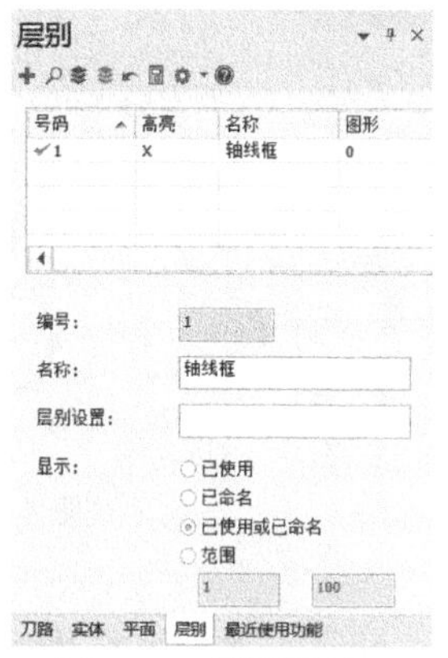

图 4-11 设置图层 1

（3）绘制线框

05 单击【草图】选项卡中的【绘线】组中的【连续线】按钮，弹出【连续线】管理器，选中【任意线】选项和【连续线】选项，输入坐标值（0，0）、（−5，0），绘制直线；然后连续输入坐标（−5，15）、（−6，15）、（−6，23）、（−8，23）、（−8，35）、（−15，35）、（−15，40）、（−9.75，40）、（−9.75，42）、（−10，42）、（−10，65）、（−8，65）、（−8，90）、（−6，90）、（−6，98）、（0，98）、（0，0），绘制连续线，单击【确定】按钮，如图 4-13 所示。

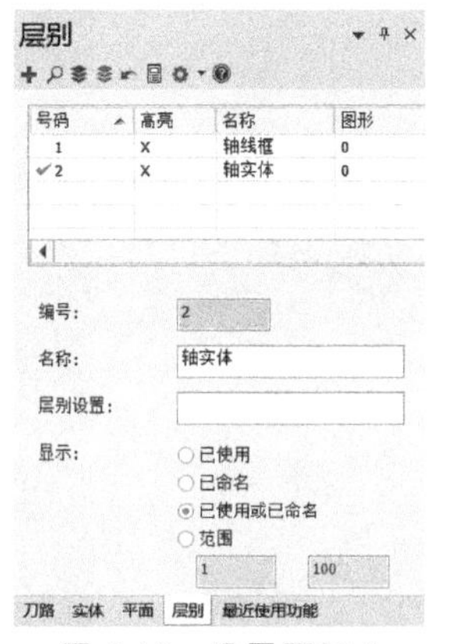

图 4-12 设置图层 2

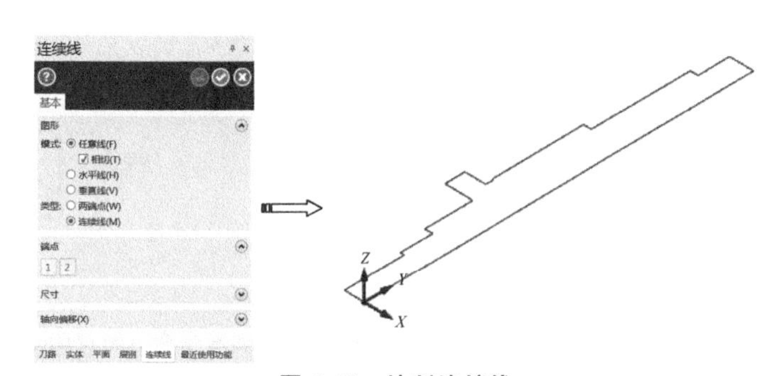

图 4-13 绘制连续线

06 在【平面】管理器的左上角点击【创建新平面】按钮，选择【相对于 WCS】|【右视图】按钮，弹出【新建平面】对话框，在【Z】框输入“5”，单击【确定】按钮，创建平面如图 4-14 所示。

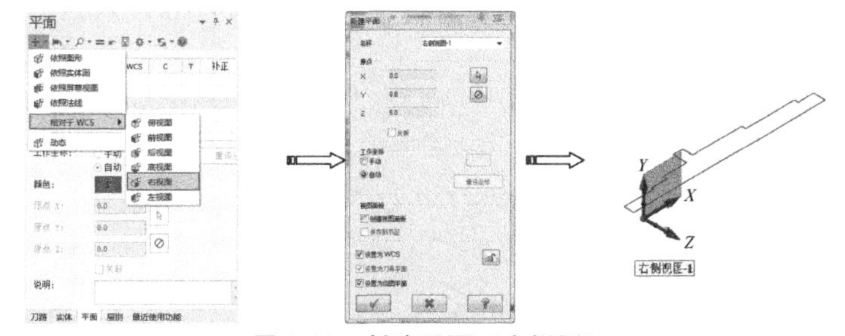

图 4-14 创建平面（右视图）

07 单击【草图】选项卡中的【形状】组中的【圆角矩形】按钮，弹出【矩形选项】对话框，在对话窗口上输入矩形宽度“10”，按“Enter”键确认，输入高度“4”，按“Enter”键确认，在【形状】栏选择两侧全圆角矩形方式，在【固定位置】栏选择中心点定位矩形方式，系统提示选择矩形中心点，在坐标输入栏输入矩形中心点坐标（9.5，0），按“Enter”键确认，单击【确定】按钮，如图 4-15 所示。

08 在【平面】管理器选择“俯视图”为绘图平面，如图 4-16 所示。

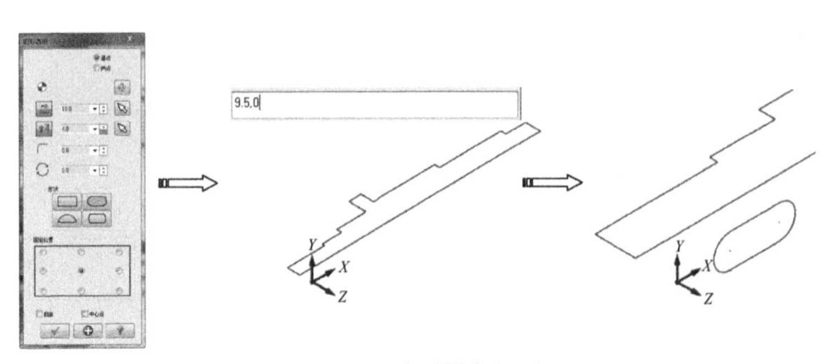

图 4-15 绘制圆角矩形

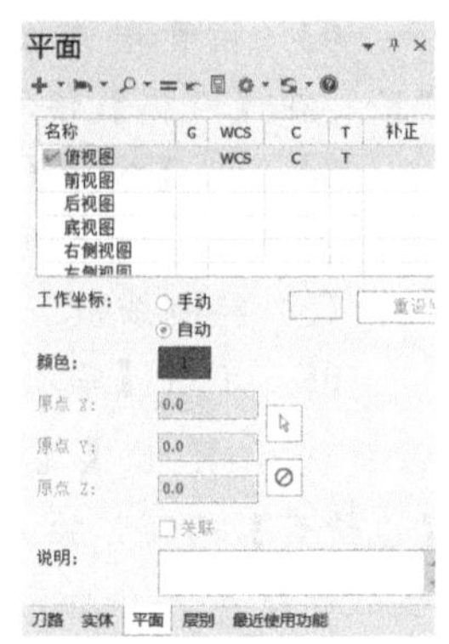

图 4-16 选择“俯视图”为绘图平面

09 在【平面】管理器的左上角点击【创建新平面】按钮，选择【相对于 WCS】|【俯视图】按钮，弹出【新建平面】对话框，在【Z】框输入“10”，单击【确定】按钮，创建平面如图 4-17 所示。

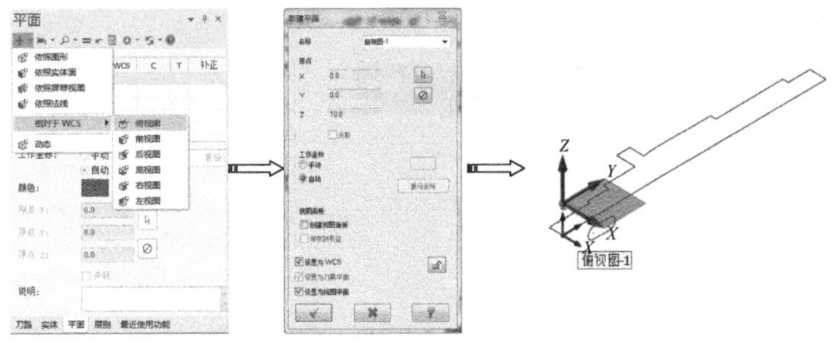

图 4-17 创建平面（俯视图）

10 单击【草图】选项卡中的【形状】组中的【圆角矩形】按钮，弹出【矩形选项】对话框，在对话窗口上输入矩形宽度“6”，按“Enter”键确认，输入高度“18”，按“Enter”键确认，在【形状】栏选择两侧全圆角矩形方式，在【固定位置】栏选择中心点定位矩形方式，系统提示选择矩形中心点，在如图 4-18 所示坐标输入栏输入矩形中心点坐标（0，52.5），按“Enter”键确认，单击【确定】按钮，如图 4-18 所示。

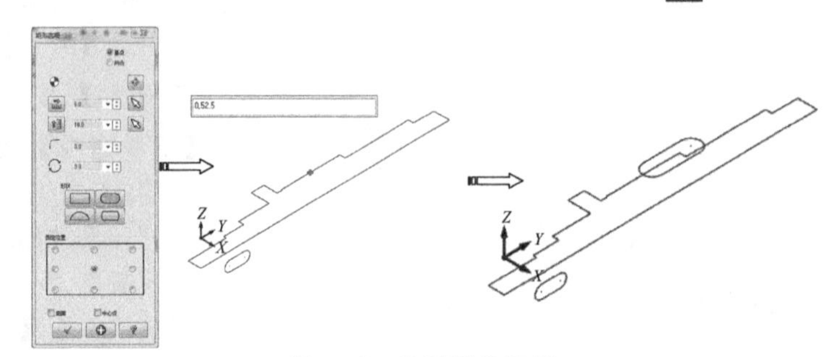

图 4-18 绘制圆角矩形

（4）绘制轴实体

11 在管理器面板中单击【层别】标识，弹出【层别】管理器，选择图层 2 为当前图层。

12 单击【实体】选项卡上的【创建】组中的【旋转】按钮，并选择旋转实体截面和旋转中心后，系统弹出【旋转实体】对话框，如图4-53所示。按“Enter”键或单击管理器【确定】按钮完成，如图4-19所示。

图 4-19 创建旋转实体

13 单击【实体】选项卡上的【创建】组中的【拉伸】按钮，弹出【串连选项】对话框，选择上一步创建的圆角矩形，单击【确定】按钮，系统弹出【实体拉伸】对话框，选中【切除主体】单选按钮，【距离】设为“2.5”，单击【确定】按钮，如图4-20所示。

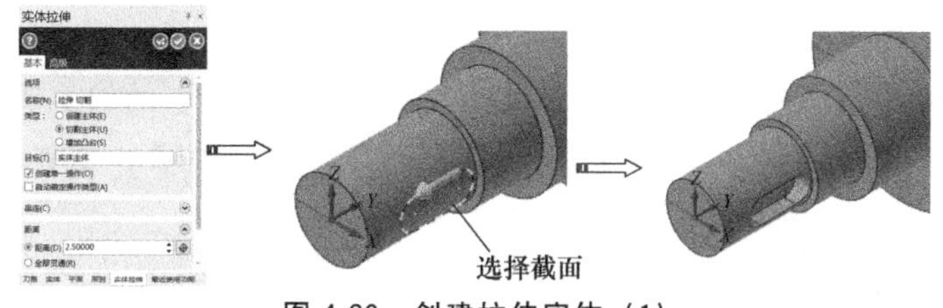

图 4-20 创建拉伸实体（1）

14 单击【实体】选项卡上的【创建】组中的【拉伸】按钮，弹出【串连选项】对话框，选择上一步创建的圆角矩形，单击【确定】按钮，系统弹出【实体拉伸】对话框，选中【切除主体】单选按钮，【距离】设为“2.5”，单击【确定】按钮，如图4-21所示。

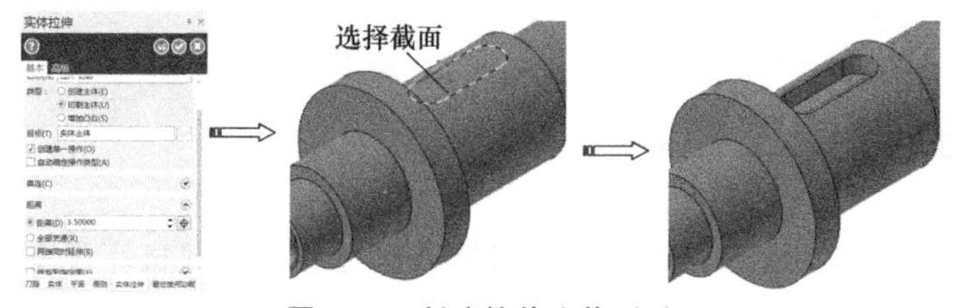

图 4-21 创建拉伸实体（2）

15 单击【实体】选项卡上【修剪】组中的【固定半径倒圆角】按钮，并选择3条实体边后，系统弹出【固定圆角半径】管理器，【距离】为1.5mm，单击【确定】按钮，如图4-22所示。

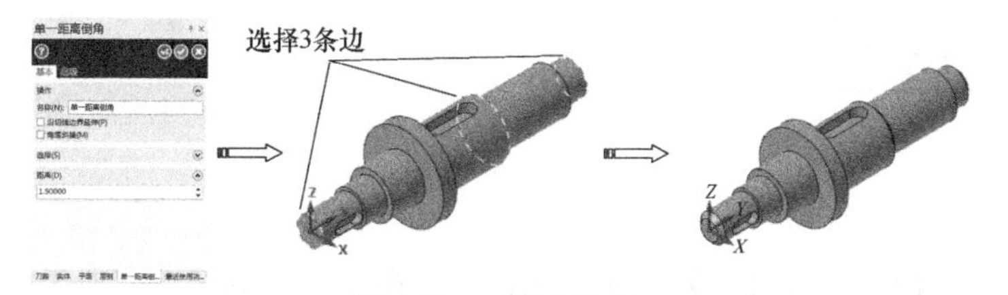

图 4-22 创建倒圆角

05

第5章

Mastercam2017数控加工基础

Mastercam2017 系统是在数控加工领域的先驱和佼佼者。它的加工功能强大，加工方式和参数也相当丰富。本章介绍启动加工模块、创建加工刀具、创建加工毛坯、刀路管理器。

本章内容

- ◆ 启动数控加工模块
- ◆ 创建加工刀具
- ◆ 创建加工毛坯
- ◆ 刀路管理器

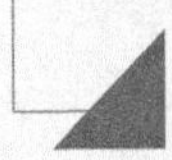

5.1 启动数控加工模块

启动 Mastercam 加工编程，需要选择【机床】选项卡上【机床类型】组中的相关机床按钮，如图 5-1 所示。

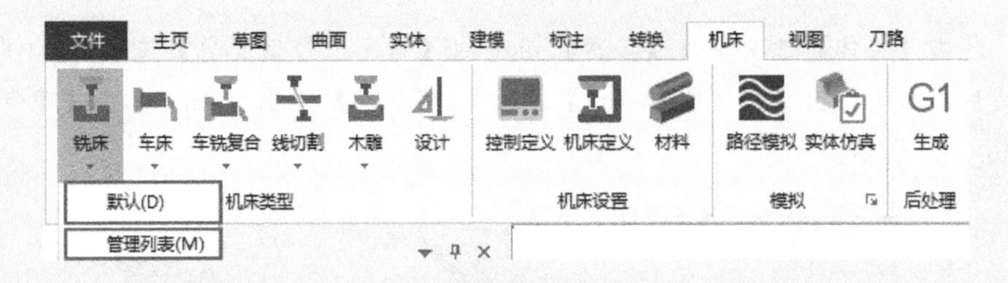

图 5-1 【机床】选项卡

以铣削加工为例，在【铣床】按钮下包括 2 个命令：默认和管理列表。

5.1.1 默认

默认是系统设置的一个基本机床类型，如无特殊需求，可直接单击该命令进入加工模块。

5.1.2 管理列表

选择【机床】选项卡上【机床类型】组中【铣床】下的【管理列表】按钮，弹出【自定义机床菜单管理】对话框，如图 5-2 所示。

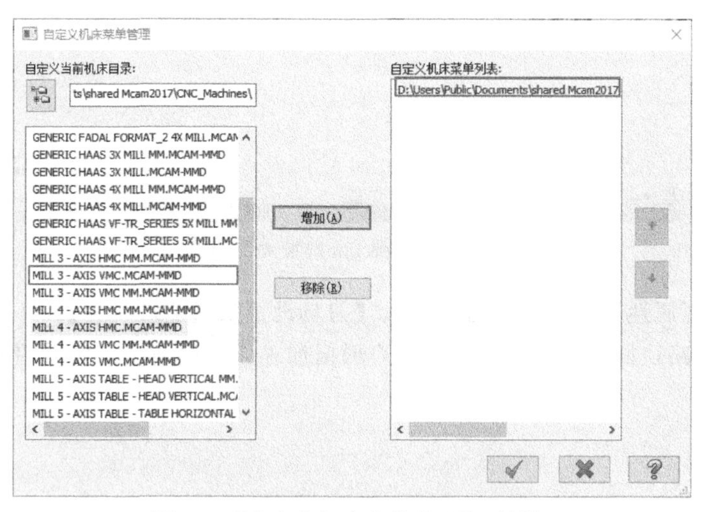

图 5-2 【自定义机床菜单管理】对话框

在左侧显示系统提供的可供选择的 CNC 机床列表与来源目录地址，选中左侧列表中的某机床类型（例如：MILL 3-AXIS VMC. MCAM-MMD），单击【增加】按钮 增加(A) ，可将选中的机床类型加入到右侧【自定义机床菜单列表】中，单击【自定义机床菜单管理】对话框中的【确定】按钮，完成自定义机床设置，此时在【铣床】下显示该机床，如图 5-3 所示。

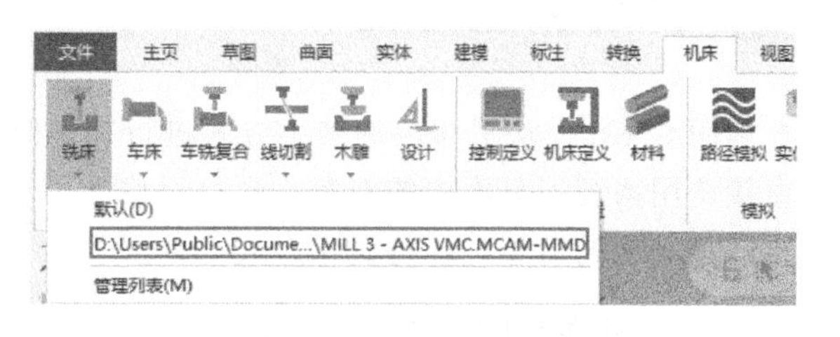

图 5-3 显示机床设置

5.1.3 数控加工界面

选择该机床可进入该机床的加工编程环境中，系统自动加载该模块的【刀路】选项卡和【刀路】管理器，如图 5-4 所示。

（1）【刀路】选项卡

【刀路】选项卡包括【2D】、【3D】和【多轴加工】共 3 个刀路功能选项列表区和 1 个刀路编辑的【工具】选项区。

（2）【刀路】管理器

【刀路】管理器中默认加载了一个加工群组（Machine Group-1），该加工群组下包含一个默认的铣削【属性】节点（属性-3-AXIS VMC）和一个【刀路路径群组（Toolpath

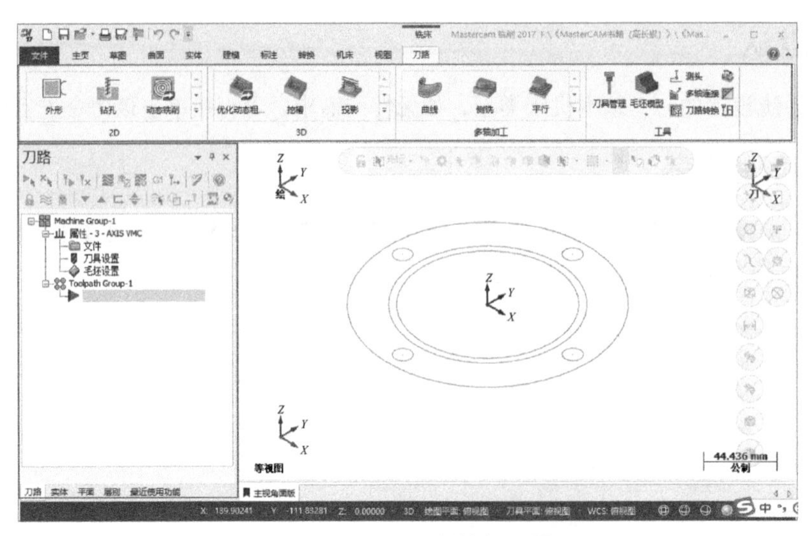

图 5-4　Mastercam 数控加工界面

Group-1)】，展开属性节点可显示【文件】、【刀具设置】、【毛坯设置】。

默认的刀具路径群组下是空的，由用户根据加工需要逐渐添加所需的刀路（又称为加工策略）。

5.2 创建加工刀具

利用 CAM 模块下相应的加工方式进行加工时，首先要对加工刀具进行设置，用户可以直接调用系统刀具库中的刀具，也可以修改刀具库中的刀具产生需要的刀具形式，还可以自己定义新的刀具，并将其保存起来。

5.2.1 创建加工刀具方法

5.2.1.1 【刀具管理】对话框定义刀具

单击【刀路】选项卡中【工具】组上的【刀具管理】按钮，弹出【刀具管理】对话框，如图 5-5 所示。

5.2.1.2 “加工策略”对话框定义刀具

当用户选择了加工类型和图形之后，系统会弹出相应类型的加工对话框，例如图 5-6 所示【2D 刀路-外形铣削】对话框，在左侧列表中选中【刀具】选项，然后在右侧空白处单击鼠标右键，弹出刀具相关菜单命令。

5.2.2 创建自定义新刀具

用户可以自己根据需要来定义新的刀具而产生加工刀具。在刀具栏空白区域单击鼠标右键，在弹出的快捷菜单中选择【创建新刀具】命令，弹出【定义刀具】对话框，如图 5-7 所示。

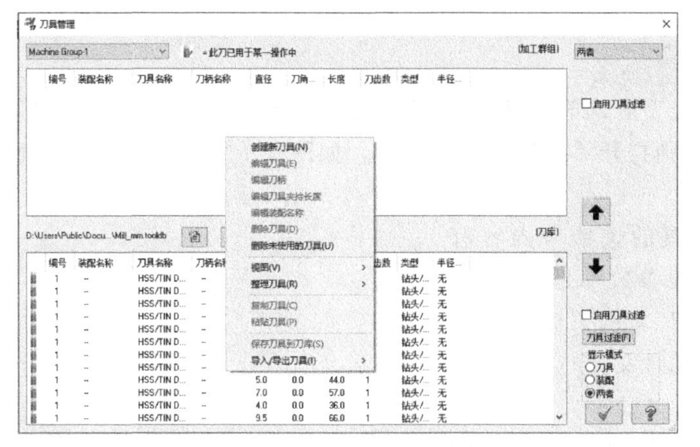

图 5-5 【刀具管理】对话框

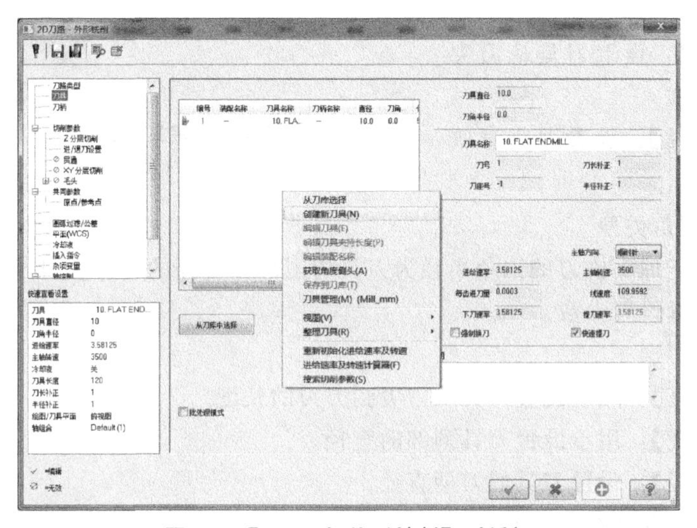

图 5-6 【2D 刀路-外形铣削】对话框

5.2.2.1 选择刀具类型

在【定义刀具】对话框中左侧列表中选择【选择刀具类型】选项，在右侧显示刀具类型，如图 5-7 所示。用户可根据需要选择合适的刀具类型，系统默认的刀具类型为“平底刀”。

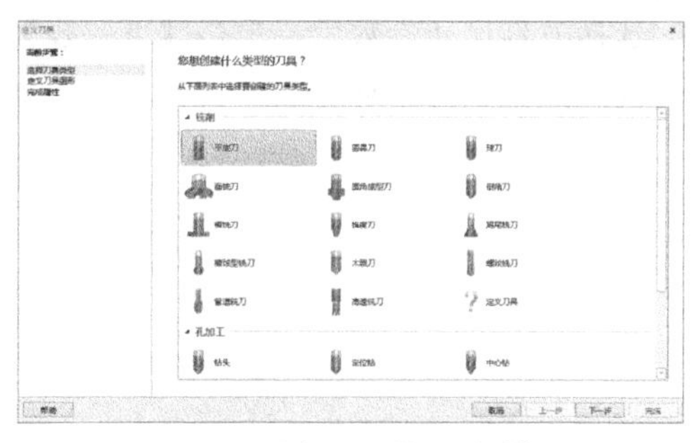

图 5-7 【定义刀具】对话框

在加工中常用的刀具主要有平底刀、圆鼻刀和球刀。平底刀对底部为平面的工件进行加工，因为平底刀的有效切削面积大，但它不能加工零部件的过渡圆角。圆鼻刀对比较平坦的大型自由曲面的零件进行粗加工，或对底部为平面但在转角处有过渡圆角的零部件进行粗、精加工。球刀对复杂自由曲面进行粗、精加工，如小型模具和型面粗加工、大小型面的精加工等。

5.2.2.2 定义刀具图形

选择了刀具类型后，单击【下一步】按钮，系统将自动打开该类型刀具尺寸参数。如选择“圆鼻刀”，则打开“圆鼻刀”选项卡，如图 5-8 所示。该选项卡用于定义刀具结构尺寸参数。

不同类型刀具的选项卡内容有所不同，但其主要参数都是一样的，下面以“圆鼻刀”为例来说明常用的刀具几何参数的含义。

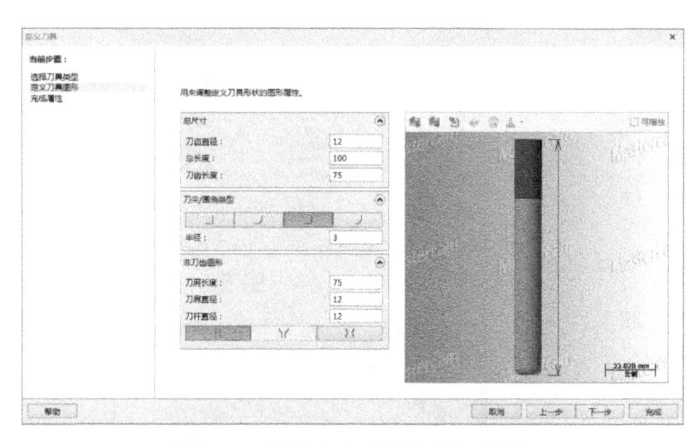

图 5-8 【定义刀具图形】参数

（1）总尺寸

①【刀齿直径】：设置刀具切削部分的直径。

②【总长度】：设置刀具从刀尖到夹头底端的长度。

③【刀齿长度】：设置刀具有效切削刃的长度。

（2）刀尖/圆角类型

【半径】：对于球头铣刀的刀角半径为刀具切削部分直径的一半；对于圆角刀设置要根据加工使用的刀具设置参数。

（3）非刀齿图形

①【刀肩长度】：用于设置刀具从刀尖到刀刃的长度。

②【刀肩直径】：用于设置刀具颈部的直径。

③【刀杆直径】：设置刀具的刀柄直径。

5.2.2.3 定义刀具属性

选择刀具尺寸参数后，单击【下一步】按钮，系统将自动打开该刀具属性参数，可设置刀具进给率、刀具材料和名称等参数，如图 5-9 所示。

图 5-9 刀具属性参数

常用的刀具属性参数含义如下。

（1）操作

①【刀号】：系统自动按照创建的顺序给出刀具编号，用户也可自行设置编号。

②【刀长补正】：刀具长度补偿号，在机床控制器补偿时，设置在数控机床中的刀具长度补偿器号码。

③【半径补正】：刀具半径补偿号，此号为使用 G41、G42 语句在机床控制器补偿时，设置在数控机床中的刀具半径补偿器号码。

④【刀座号】：系统自动按照创建的顺序给出刀座编号，用户也可自行设置编号。

⑤【线速度】：设置根据系统参数所预设的建议刀具的线速度。

⑥【每齿进刀量】：设置根据系统参数所预设的每齿进刀量。

⑦【刀齿数】：设置刀具的切削齿数。

⑧【进给速率】：设置刀具在 *XY* 平面的进给速度。机床的切削进给速率，主要依据零件的加工精度和表面粗糙度要求，以及所使用的刀具和工件材料来确定。零件的加工精度和表面粗糙度要求越高时，选择的进给量数值就越小。实际中，应综合考虑机床、刀具、夹具和被加工零件精度、材料的机械性能、曲率变化、结构刚性、工艺系统的刚性及断屑情况，选择合适的进给速度。

⑨【下刀速率】：用于设置刀具快速接近工件速度。下刀速率即主轴升降的进给速率，沿着加工面下刀时应选择较小的进给量，以免崩刀。刀具在工件外下刀时可选择较大值，但一般选为 *XY* 平面进给速度的三分之二。

⑩【提刀速率】：用于设置切削加工完后刀具快速退回速度。提刀速率即刀具回缩速率，刀具向上退离工件时的进给速度，一般为 200～5000mm/min。

⑪【主轴转速】：设置刀具的切削速度。机床加工时主轴的转速，应根据允许的切削速度、工件材料、刀具直径大小和刀具材料等因素进行设定。

⑫【主轴方向】：用于设置主轴的旋转方向，包括“顺时针”“逆时针”“静态”3 个选项。

⑬【材料】：材质列表框中列出了 6 种刀具材料：高速钢 HSS、硬质合金、涂层硬质合金、陶瓷、碳化硼和用户自定义。

⑭ 公制

选中该复选框时刀具参数的单位为公制，否则为英制，一般选择公制。

（2）标准

①【名称】：设置刀具名称。

②【制造商名称】：设置刀具制造商的名称。

③【制造商刀具代码】：设置制造者的刀具代码。

（3）铣削

①【粗切刀具】：选中【粗切刀具】复选框，只能用于粗加工。

②【精修刀具】：选中【精修刀具】复选框，只能用于精加工。同时选中【粗切刀具】和【精修刀具】复选框，在粗精加工中都可以使用。

③【*XY* 粗切步进量（%）】：设置在粗加工时，刀具在 *XY* 方向上的切削深度，该值等于刀具直径乘以粗加工的进刀量。

④【*Z* 粗切步进量（%）】：设置在粗加工时，刀具在 *Z* 方向上的切削深度，该值等

于刀具直径乘以粗加工的进刀量。

⑤【*XY* 精修步进量（%）】：设置在精加工时，刀具在 *XY* 方向上的切削深度，该值等于刀具直径乘以精加工的进刀量。

⑥【*Z* 精铣步进量（%）】：设置在精加工时，刀具在 *Z* 方向上的切削深度，该值等于刀具直径乘以精加工的进刀量。

5.2.3 从刀具库选择加工刀具

在该对话框的空白处单击鼠标右键，在弹出的快捷菜单中选择【刀具管理】命令，弹出【刀具管理】对话框，如图 5-10 所示。

从【刀具管理】对话框下部刀具列表中选择需要的刀具，单击【将选择的刀库刀具复制到机床群组】按钮，就可以将选择的刀具复制到机床群组中，如图 5-11 所示。

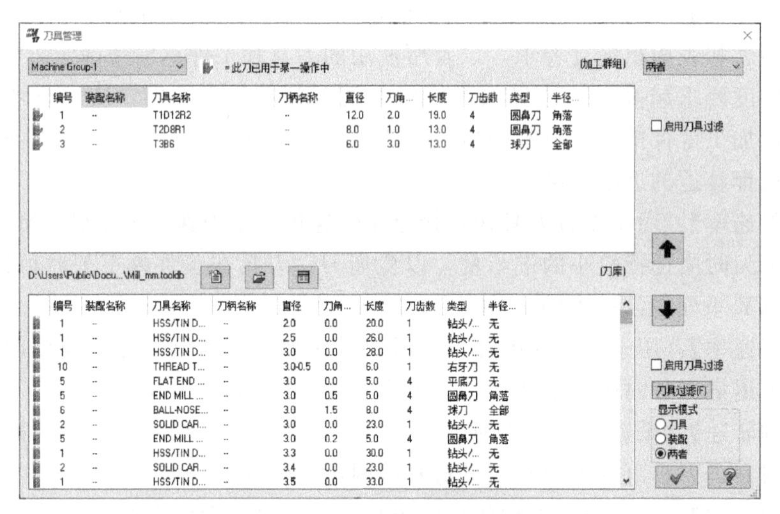

图 5-10 【刀具管理】对话框

图 5-11 从刀库中选择刀具

5.3 创建加工毛坯

加工毛坯设置就是在编制加工刀具路径之前，通过设置一个与实际工件大小相同的毛坯来模拟加工效果。加工工件的设置包括工件尺寸、原点、材料和显示等参数设置。

5.3.1 设置工件尺寸

要设置加工工件尺寸和原点，双击【刀路】管理器中的【属性】标识，展开【属性】节点后，单击其下的【毛坯设置】选项，如图 5-12 所示。

系统弹出【机床群组属性】管理器，选择【毛坯设置】选项卡，可进行毛坯参数设置，如图 5-13 所示。

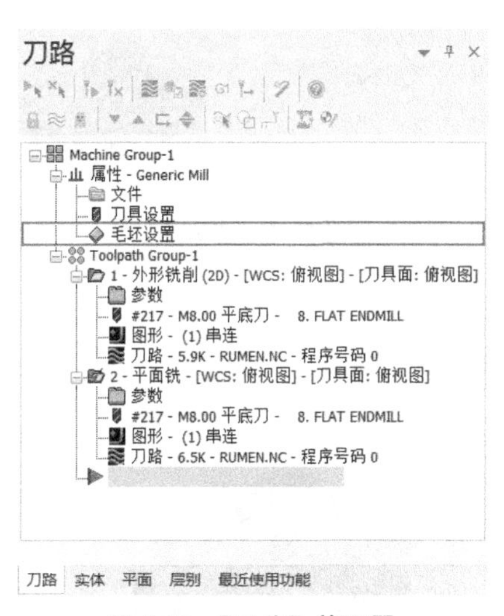

图 5-12 【刀路】管理器

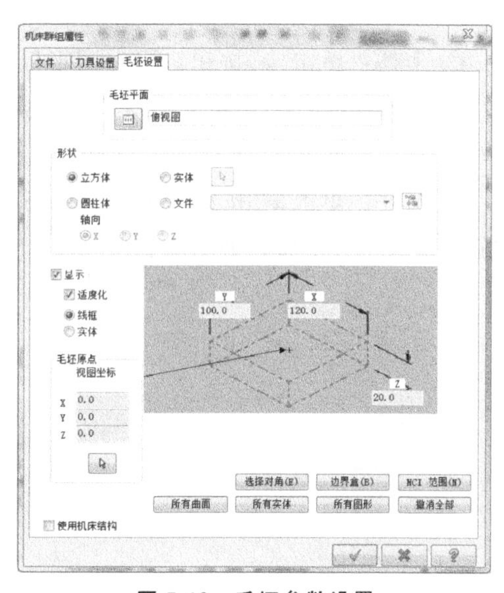

图 5-13 毛坯参数设置

【毛坯设置】选项卡中相关选项参数的含义如下。

(1) 毛坯平面

用于选择工件视图方向，用户可选择任何存储在零件文件中的视图作为素材视角。当选定一个视图后，所设置工件的边与所选视图平行。

一般情况下选择俯视图，这也是毛坯的默认状态。单击【毛坯平面】按钮，弹出【选择平面】对话框，选择“俯视图”，设置的毛坯视角如图 5-14 所示。

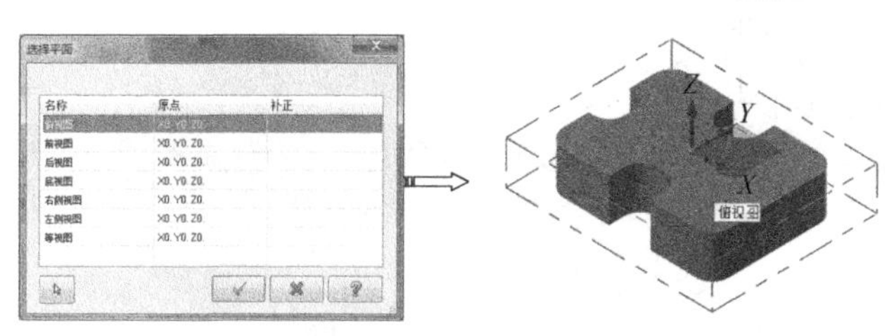

图 5-14 选择俯视图

单击【毛坯平面】按钮，弹出【选择平面】对话框，选择“前视图”，设置的毛坯视角如图

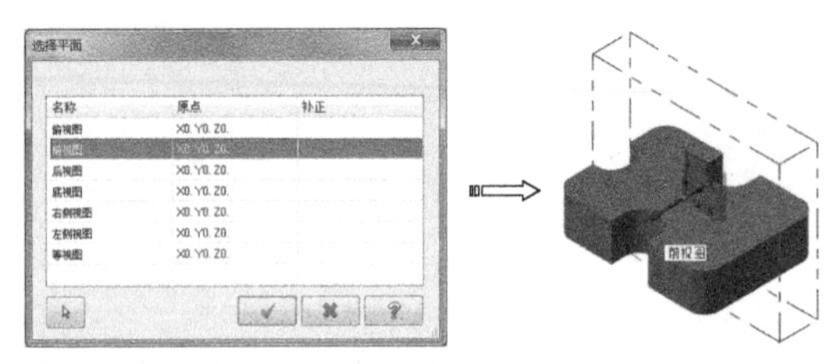

图 5-15　选择前视图

5-15 所示。

（2）形状

用于选择工件的形状，包括以下选项。

① 立方体：设置工件为立方体，截面为矩形，如图 5-16 所示。

② 圆柱体：设置工件为圆柱形，此时可选择 X，Y 和 Z 轴来指定圆柱摆放的方向，如图 5-17 所示。

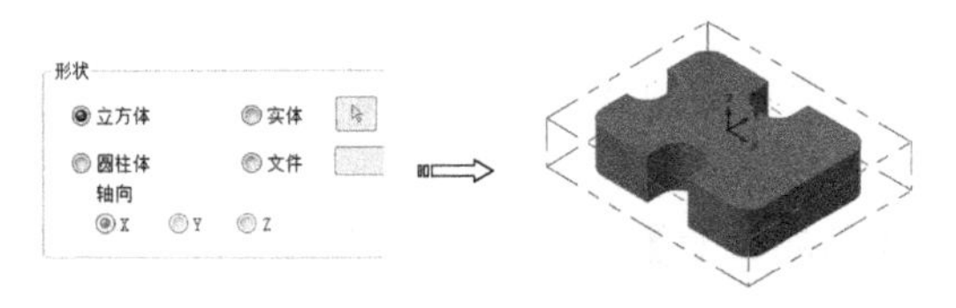

图 5-16　立方体

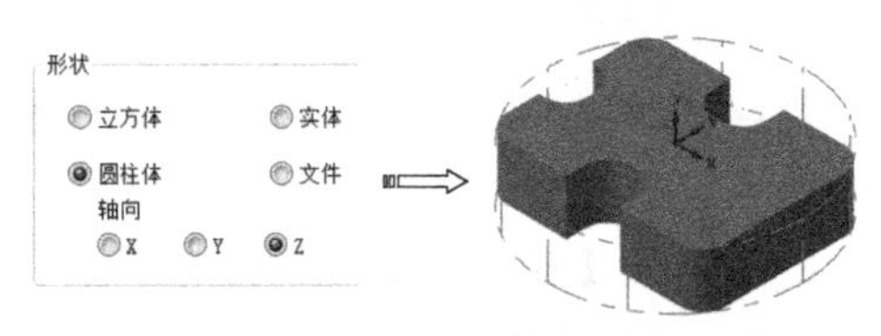

图 5-17　圆柱形

③ 实体：单击按钮，可在图形区选择一部分实体作为工件形状，如图 5-18 所示。

④ 文件：单击按钮，可从一个 STL 文件中输入工件形状，如图 5-19 所示。

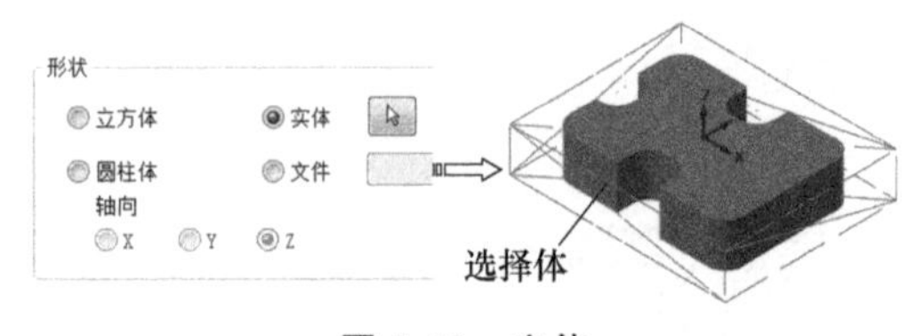

图 5-18　实体

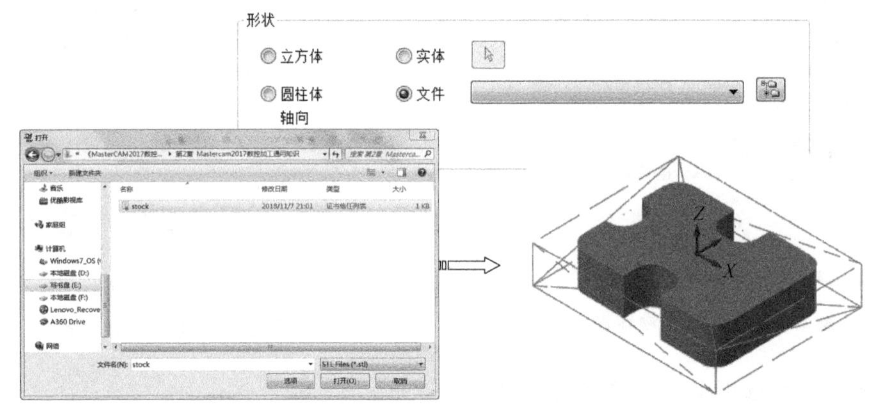

图 5-19　文件

（3）显示

用于设置工件在图形区的显示方式，包括“线框”和“实体”两种方式，如图 5-20 所示。勾选【显示】复选框，在屏幕上显示出设置的工件大小，勾选【适度化】复选框，工件将在最合适的状态满屏显示。

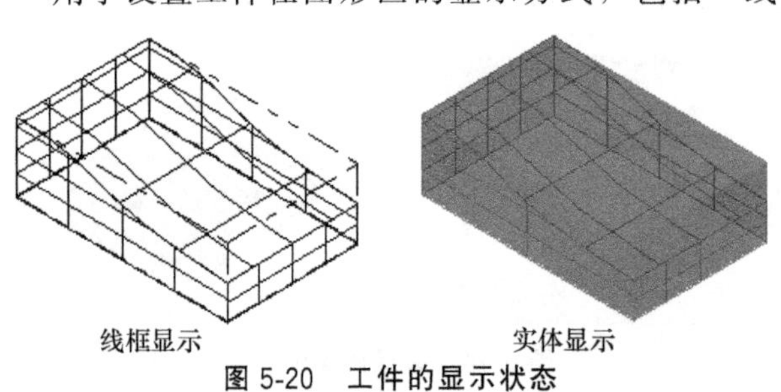

图 5-20　工件的显示状态

（4）设置工件尺寸

Mastercam 提供了以下几种设置工件尺寸大小的方法，如图 5-21 所示。

① 直接输入毛坯尺寸：直接在工件上的 X、Y、Z 输入框中输入毛坯尺寸，如图 5-22 所示。

②【选择对角】：单击【选择对角】按钮，返回图形区后选择图形对角的两个点以确定工件范围。根据选择的角重新计算毛坯原点，毛坯上的 X 和 Y 轴尺寸也随着改变。

③【边界盒】：单击该按钮，根据图形边界确定工件的尺寸，并自动改变 X 轴、Y 轴和原点坐标。

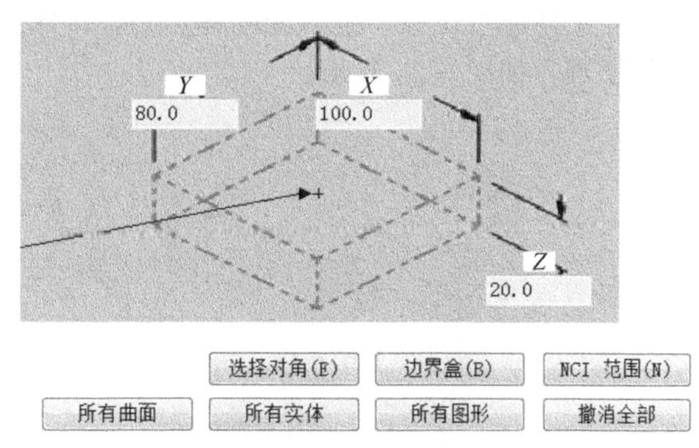

图 5-21　设置毛坯尺寸的方法

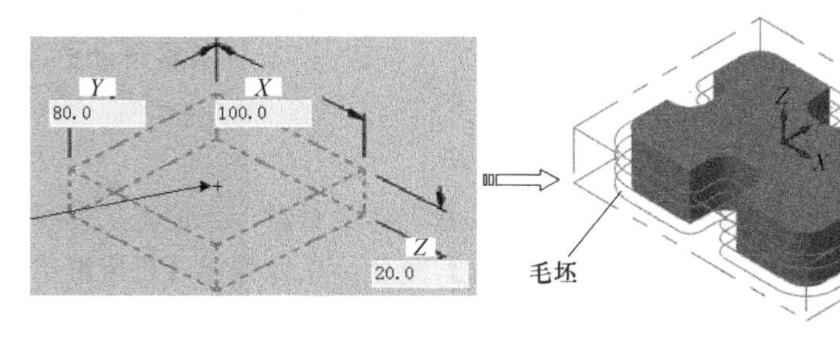

图 5-22　直接输入毛坯尺寸

技术要点

"边界盒"方法是系统自动根据绘图区的图素确定工件大小，但一般产生的工件大小不准确，较少使用。 建议采用选择工件原点以及选择工件范围确定毛坯工件大小。

④【NCI 范围】：单击此按钮，根据刀具在 NCI 文档中的移动范围确定工件尺寸，并自动求出 X 轴、Y 轴和原点坐标。系统自动计算出刀具路径的最大和最小坐标作为工件范围，并求出毛坯原点坐标。

⑤【所有曲面】：单击此按钮，系统选择所有曲面边界作为工件尺寸并自动求出 X 轴、Y 轴和原点坐标。

⑥【所有实体】：单击此按钮，系统选择所有实体边界作为工件尺寸并自动求出 X 轴、Y 轴和原点坐标。

⑦【所有图形】：单击此按钮，系统选择所有图素边界作为工件尺寸并自动求出 X 轴、Y 轴和原点坐标。

⑧【撤销全部】：单击此按钮，取消所有工件尺寸的设置。

5.3.2　工件原点设置

工件尺寸设置完毕后，应对工件原点进行设置，以便对工件进行定位。工件原点设置实际上就是求解毛坯上表面的中心点在绘图坐标系的坐标。

工件原点设置包括原点位置和原点坐标两个方面。工件原点可以设置在立方体工件的 10 个特殊位置上，包括立方体的 8 个角点和上下面的中心点，系统用一个小十字箭头表示。设置工件原点位置，可将光标移动到各特殊点位置上，单击鼠标左键即可将该点设置为工件原点，如图 5-23 所示。

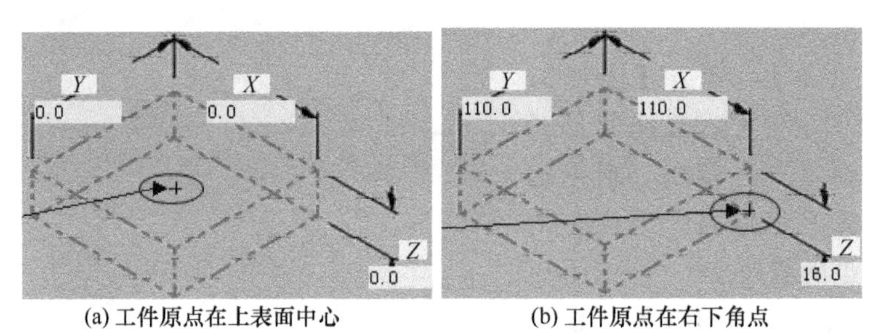

(a) 工件原点在上表面中心　　(b) 工件原点在右下角点

图 5-23　设置工件原点位置

工件原点的坐标可以在“素材原点”选项下的 X、Y、Z 输入栏内输入，也可以单击按钮返回绘图区选择一点作为工件原点，此时 X、Y、Z 坐标值将自动更改。

5.3.3　设置工件材料

除了设置工件尺寸及原点外，用户还可以设置工件的材料。要设置工件材料，在【刀路】管理器中选择【属性】选项下的【刀具设置】命令，系统弹出【机床群组属性】对话框中，点击【刀具设置】选项卡，如图 5-24 所示。

单击【刀具设置】选项卡中【材质】选项下的【选择】按钮，弹出【材料列表】对话框，在该对话框中列出了当前材料列表中的材料名称，如图 5-25 所示。在【材料列表】对话框单击鼠标右键，弹出快捷菜单，对材料列表的管理主要通过该快捷菜单来实现。该快捷菜单中主要选项如下。

（1）从材料中获取

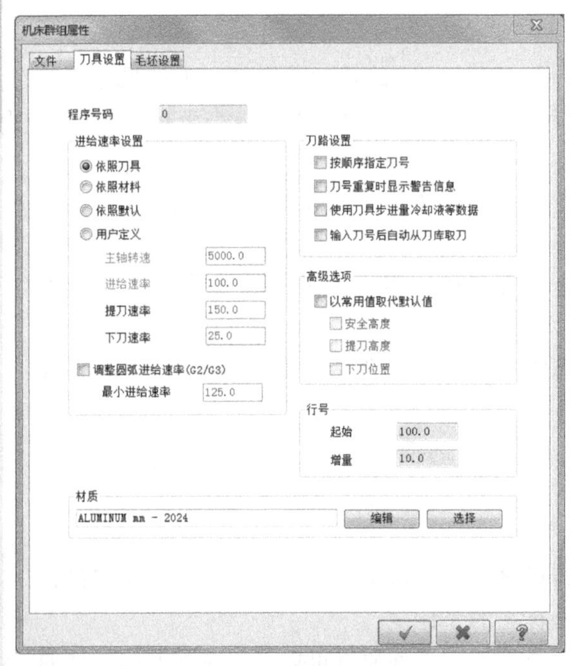

图 5-24　【刀具设置】选项卡

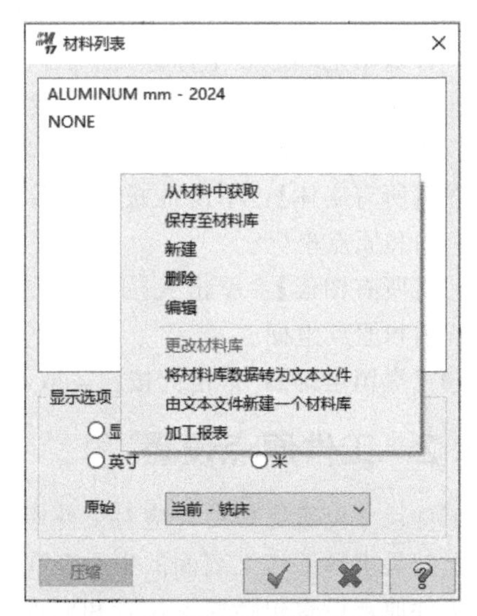

图 5-25　【材料列表】对话框

用于从系统材料库中选择要使用的材料添加到当前材料列表中。从材料库中选择材料过程如下：选择图 5-25 所示的对话框【原始】列表下的箭头，选择“铣床-数据库”选项，此时材料库中的所有材料即可显示于当前列表中，如图 5-26 所示。选择所需要的材料，然后单击【确定】按钮即可。

图 5-26　显示材料库中所有材料

（2）保存至材料库

用于将当前材料列表中选取的材料存储到材料库中。

（3）新建

用于创建新的材料。选择该选项后，打开【材料定义】对话框，如图 5-27 所示。

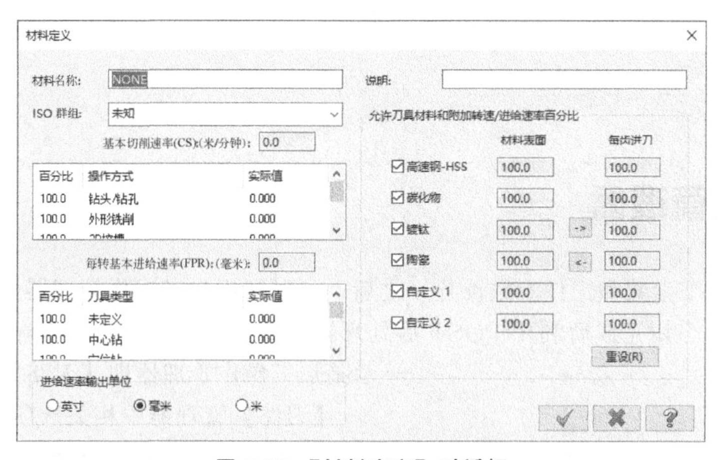

图 5-27　【材料定义】对话框

【材料定义】对话框中各选项的含义如下。

①【材料名称】：输入新建材料的名称。

②【基本切削速率】：用于设置材料的基本切削线速度。在下面的列表中可以设置不同加工操作类型时的切削线速度与基本切削速率的百分比。

③【每转基本进给速率】：用于设置材料的基本进刀量。在下面的列表中可以设置不同加工操作类型时的进刀量与基本进刀量的百分比。

④【允许刀具材料和附加转速/进给速率百分比】：用于设置可加工的该材料的刀具材料类型和附加转速与进给速率的百分比。

⑤【进给速率输出单位】：用于设置进刀量的单位。

⑥【说明】：用于输入任何操作的注释。

（4）删除

用于删除所选材料。

（5）编辑

用于编辑所选定的材料。选择该选项后，弹出【材料定义】对话框，用户可根据需要编辑相关参数，如图 5-28 所示。

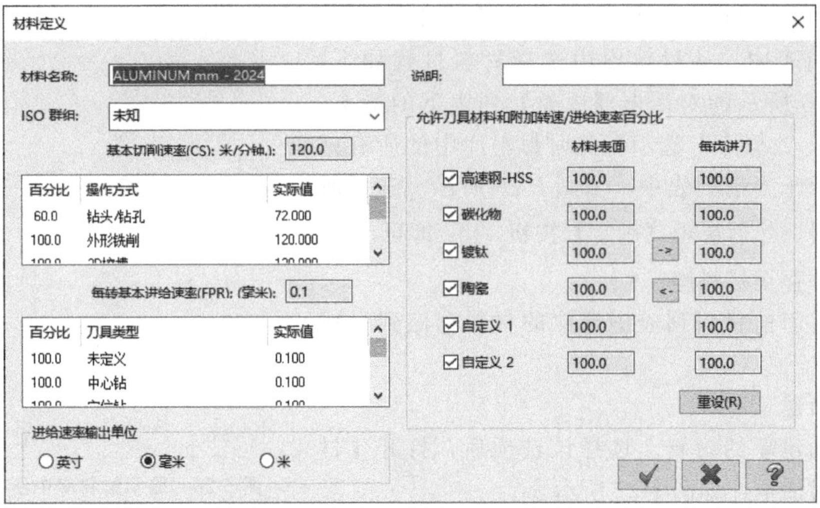

图 5-28 【材料定义】对话框

5.4 刀路管理器

当所有的加工参数和工件参数设置好之后，可以利用加工操作管理器进行实际加工前的切削模拟，当一切完成后利用 POST 后处理器输出正确的 NC 加工程序，如图 5-29 所示是加工操作管理器即【刀路】管理器。

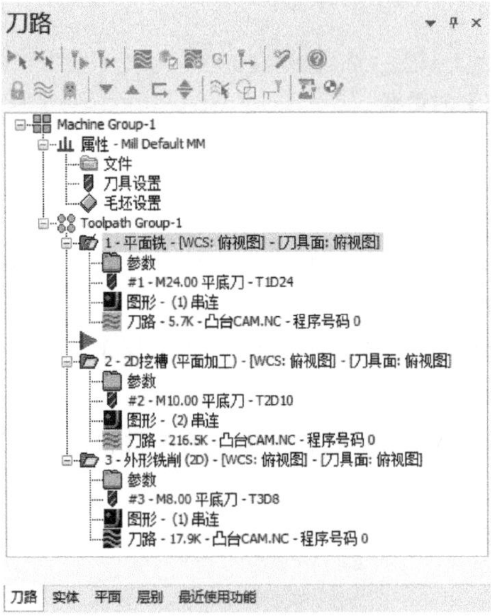

图 5-29 【刀路】管理器

【刀路】管理器中相关选项含义如下。

①【选择所有的操作】：用于选择操作管理器列表中的所有可用操作。

②【选择所有失败的操作】：用于选择操作管理器中的所有不可用操作（改变参数后，需要重新计算刀具路径的操作）。

③【重建所有已经选择的操作】：对于所选择的操作，当改变刀具路径中的一些参数时，刀具路径也随之改变，该刀具路径前显示为，单击该按钮，重新产生刀具路径。

④【重建所有已失败的操作】：对不可用操作重新产生刀具路径。

⑤【模拟已选择的操作】：执行刀具路径模拟。

⑥【验证已选择的操作】：执行实体切削验证。

⑦【后处理已选择的操作】G1：对所选择的操作执行后处理输出 NC 程序。

⑧【省时高效加工】：设置省时高效加工参数。

⑨【删除所有操作群组和刀具】：删除操作管理器中的一切刀具路径和操作。

⑩【帮助】：用于显示帮助文件。

⑪【切换已经锁定的操作】：锁定所选择的操作，不允许再对已锁定操作进行编辑。

⑫【切换刀具路径显示】：对于复杂工件的加工往往需要多个加工步骤，如果把所有加工步骤的刀具路径都显示出来，势必混乱。单击该按钮可关闭/显示相应的刀具路径。

⑬【切换已选取的后处理操作】：锁定选择的加工操作的NC程序输出，此时该加工操作无法利用后处理功能输出NC程序。

⑭【移动插入箭头到下一项】：将即将生成的刀具路径移动到目前位置的下一个操作的后面。

⑮【移动插入箭头到上一项】：将即将生成的刀具路径移动到目前位置的上一个操作的后面。

⑯【插入箭头位于指定的操作或群组之后】：将插入箭头移动到指定的加工操作后。

⑰【显示滚动窗口的插入箭头】：当加工操作很多，使插入箭头不在显示范围内时，单击该按钮可迅速显示插入箭头的位置。

5.4.1 刀具路径仿真

刀具路径仿真是通过刀具刀尖运动轨迹，在工件上形象地显示刀具的加工情况，用于检测刀具路径的正确性。

5.4.1.1 【路径模拟】对话框

在【刀路】管理器中选择一个或多个操作后，单击【刀路】管理器中的按钮，弹出如图5-30所示的【路径模拟】对话框，同时在图形区上方出现如图5-31所示类似视频播放器的【刀具路径模拟】工具栏。

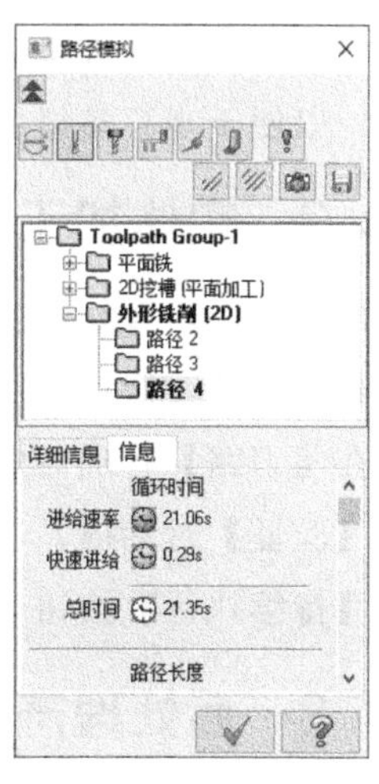

图5-30 【路径模拟】对话框

【路径模拟】对话框中相关选项按钮含义如下。

①【显示颜色切换】：当按钮处于按下状态时，将刀具所移动的路径着色显示。

②【显示刀具】：当按钮处于按下状态时，在模拟过程中显示刀具。

③【显示夹头】：当按钮处于按下状态时，在模拟过程中显示刀具的夹头，以便于检验加工中刀具和刀具夹头是否会与工件碰撞。

④【显示快速移动】：在加工时从一个加工点移至另一个加工点，需抬刀快速位移，此时并未切削，单击该按钮将显示快速位移路径。

⑤【显示端点】：当按钮处于按下状态时，显示刀具路径节点位置。

⑥【着色验证】：当按钮处于按下状态时，对刀具路径涂色进行验证。

⑦【选项】：单击该按钮，弹出【刀具路径模拟选项】对话框，可设置刀具和刀具路径的显示参数。

⑧【限制路径】：当按钮处于按下状态时，系统将只显示正在切削的刀具路径。

⑨【关闭路径限制】：当按钮处于按下状态时，将显示所有刀具路径。

⑩【将刀具保存为图形】：保存刀具及夹头在某处的显示状态。

⑪【将刀具路径保存为图形】：保存刀具路径为几何图形。

5.4.1.2 【刀具路径模拟】工具栏

图5-31 【刀具路径模拟】工具栏

【刀具路径模拟】工具栏上的按钮含义如下。

①【执行】：单击该按钮，系统自动运行刀具路径模拟。

②【暂停】：暂停正在进行的刀具路径模拟。

③【跳返】：直接返回到起始位置。

④【步退】：通过手动方式返回到上一节程序的移动轨迹。

⑤【步进】：通过手动方式前进到下一节程序的移动轨迹。

⑥【跳进】：直接跳到终止位置。

⑦【完全显示】：执行时显示全部的刀具路径。

⑧【执行显示】：执行时只显示执行段的刀具路径。

⑨【暂停设置】：设置刀具路径模拟停止时的参数。单击该按钮，弹出【暂停设定】对话框。用户可设置在某步加工、某步操作、刀具路径变化处或具体某坐标位置模拟停止，以便于观察模拟加工过程。

5.4.2 实体加工仿真

实体加工仿真就是对工件进行逼真的切削模拟来验证所编制的刀具路径是否正确，以便编程人员及时修正，避免工件报废，甚至可以省去试切环节。

在【刀路】管理器中选择一个或多个操作后，单击【刀路】管理器上方的按钮，弹出【验证】对话框，通过调整【速度质量滑动条】上滑块的位置设置好仿真速度，然后单击【持续执行】按钮，此时在图形区将显示实体切削过程，如图5-32所示。

5.4.3 后处理产生NC程序

进行实体加工模拟完毕后，若未发现任何问题，用户便可以POST后处理产生NC程序。要执行后处理功能，单击【刀路】管理器中的G1按钮，系统弹出如图5-33所示【后

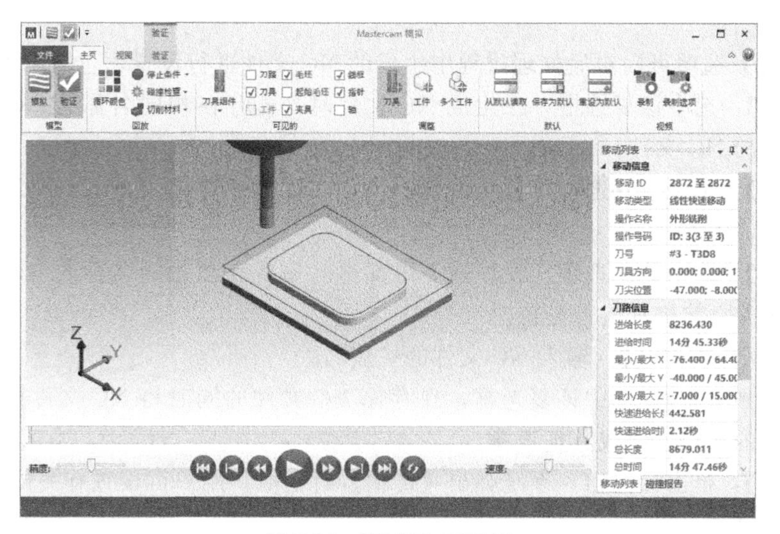

图 5-32 【验证】对话框

处理程序】对话框。

下面将该对话框中参数选项简单介绍。

（1）选择后处理程序

不同的数控系统所用的加工程序的语言格式不同，因此 NC 代码也有些差别。用户应该根据机床数控系统的类型选择相应的后处理器，系统默认的后处理器为 MPFAN. PST（日本 FANUC 数控系统控制器）。

若要使用其他的后处理器，单击【选择后处理】按钮来更改处理器类型，但该按钮只有未指定任何后处理器的情况下才能被激活。

若用户想更改后处理器类型，在【刀路】管理器中选择【属性】选项下的【文件】命令，系统弹出【机床群组属性】对话框，选择【文件】选项卡，如图 5-34 所示。单击【机床】选项下的【替换】按钮，在弹出的【打开】对话框选择合适的后处理器类型。

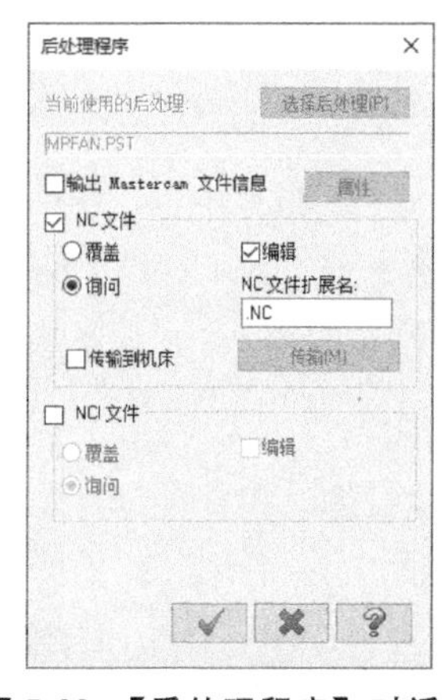

图 5-33 【后处理程序】对话框

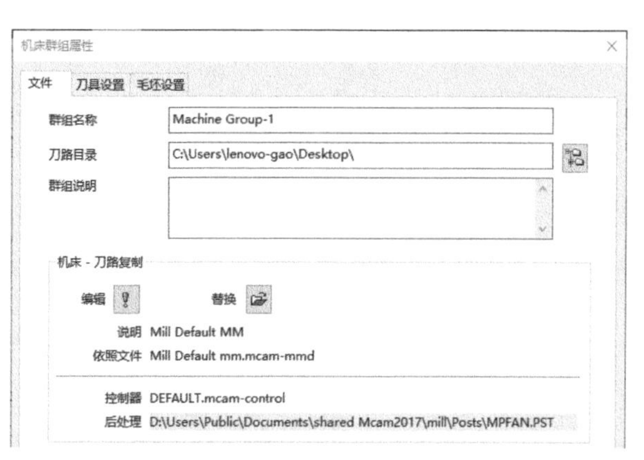

图 5-34 【文件】选项卡

（2）输出 Mastercam 文件信息

选中【输出 Mastercam 文件信息】复选框，用户可将 Mastercam 文件的注解描述写入 NC 程序中。单击其后的【属性】按钮，还可以对注解描述进行编辑。

（3）NC 文件

【NC 文件】选项可以对后处理过程中生成的 NC 文件进行设置，包括以下选项。

①【覆盖】：选中该复选框，在生成 NC 文件时，若存在相同名称的 NC 文件，系统直接覆盖前面的 NC 文件。

②【编辑】：选中该复选框，系统在保存 NC 文件后还将弹出 NC 文件编辑器供用户检查和编辑 NC 文件。

③【询问】：选中该复选框，在生成 NC 文件时，若存在相同名称的 NC 文件，系统在覆盖 NC 文件之前提示是否覆盖。

④【NC 文件扩展名】：输入 NC 文件的扩展名。

⑤【传输到机床】：选中该复选框，在存储 NC 文件的同时将 NC 文件通过串口或网络传送到机床的数控系统或其他设备。

⑥【传输】：单击该按钮，系统弹出【传输】对话框，用户可设置有关传输参数。

（4）NCI 文件

【NCI 文件】选项可以对后处理过程中生成的 NCI 文件（刀具路径文件）进行设置，包括以下选项。

①【覆盖】：选中该复选框，在生成 NCI 文件时，若存在相同名称的 NCI 文件，系统直接覆盖前面的 NCI 文件。

②【编辑】：选中该复选框，系统在保存 NCI 文件后还将弹出 NCI 文件编辑器供用户检查和编辑 NCI 文件。

③【询问】：选中该复选框，在生成 NCI 文件时，若存在相同名称的 NCI 文件，系统在覆盖 NCI 文件之前提示是否覆盖。

06

第6章 Mastercam2017铣削2D加工

铣削 2D 加工是一种 2.5 轴的加工方式，它能实现水平方向 XY 的 2 轴联动，而 Z 轴方向只在完成一层加工后进入下一层才做单独的动作，从而完成整个零件的加工，与 UG NX 中的平面铣功能相对应。本章介绍 Mastercam 铣削 2D 加工中的关键技术和操作方法。

本章内容

- 铣削 2D 加工简介
- 创建面铣加工
- 创建挖槽粗加工
- 创建外形铣削精加工

6.1 铣削 2D 加工简介

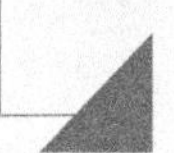

6.1.1 铣削 2D 加工特点和应用场合

6.1.1.1 铣削 2D 加工特点

铣削 2D 加工以两轴联动加工为主，加工侧壁与底面垂直，即与主轴平行，包括以下两种方式。

① 普通立式铣床：主运动为主轴旋转运动，进给运动为 X、Y 轴联动运动，Z 轴移动与 X、Y 轴不联动。

② 钻床：采用 X、Y 轴定位，Z 轴轴向进给进行加工的方法。

6.1.1.2 铣削 2D 加工应用场合

铣削 2D 加工适合加工整个形状由平面和与平面垂直的面构成的零件，即直壁的、水平底面为平面的零件，如产品的基准平面、内腔的底面、敞开的外形轮廓等，如图 6-1 所示。

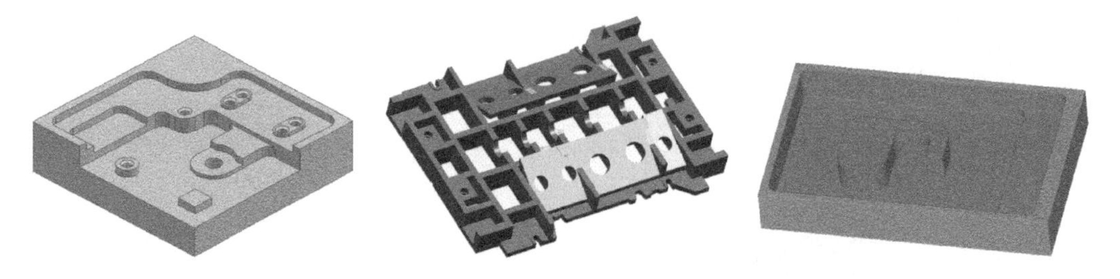

图 6-1　铣削 2D 加工零件

6.1.2　铣削 2D 加工方式

Mastercam 2017 中铣削 2D 加工功能集中在【刀路】选项卡的【2D】组，如图 6-2 所示。

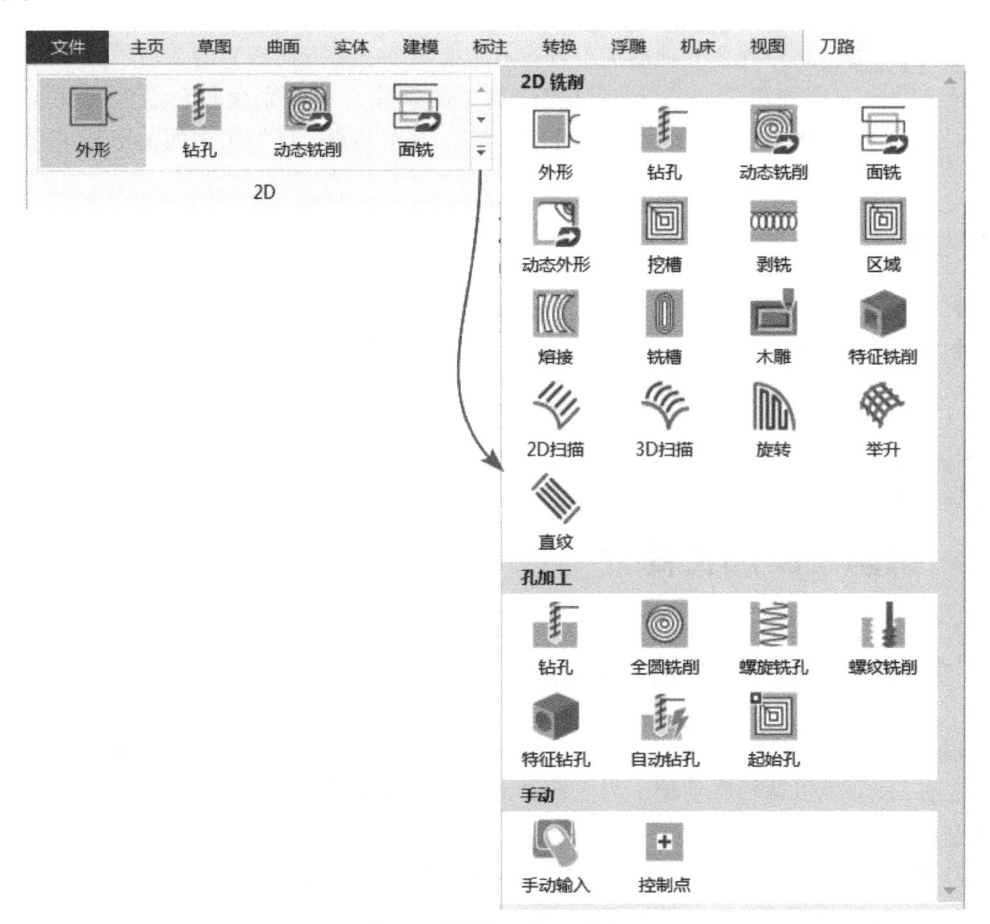

图 6-2　铣削 2D 加工命令

铣削 2D 加工可归纳分成 3 类：普通 2D 铣削、动态 2D 铣削（高速 2D 铣削）和孔加工，需要注意的是线架铣削加工现在已经不多用。

6.1.2.1 普通 2D 铣削

普通 2D 铣削加工相对于动态 2D 铣削（高速加工），通常为低转速、大切深、小进给，用于普通型数控铣床。Mastercam 提供了 5 种加工方式来适应不同的工件和加工场合，见表 6-1。

表 6-1 普通 2D 铣削加工方式、特点和应用

加工方式	特点和应用
外形铣削	刀具沿着指定二维轮廓线进行加工，用于形状简单、模型是二维的侧壁加工
挖槽加工	用于切除一个封闭外形所包围的材料，或切削一个侧面为直面或倾斜度一致的槽
面铣加工	用于对工件的坯料表面进行加工，以便后续的挖槽、钻孔等加工操作
键槽加工	用于加工平键键槽，可认为是挖槽的特例
雕刻加工	用于对文字及产品装饰图案进行雕刻加工，以提高产品的美观性

6.1.2.2 动态 2D 铣削

动态 2D 铣削用于高速铣削的加工策略，为了确保高速加工中切削力的稳定，采用高转速、小切深（包括背吃刀量 ap 和侧吃刀量 ae）、大进给，用于高速铣床加工。Mastercam 提供了 5 种加工方式来适应不同的工件和加工场合，见表 6-2。

表 6-2 动态 2D 铣削加工方式、特点和应用

加工方式	特点和应用
动态铣削	用于对 2D 凹槽挖槽、凸台外形切除、开放的部分串连曲线粗加工
动态外形铣削	用于 2D 轮廓曲线的粗、精铣削加工，其加工余量沿轮廓是均匀的
区域铣削	用于挖槽粗加工，适用于粗加工，与 2D 挖槽相比较增加了部分圆弧刀轨的过渡
剥落加工	用于通过选择两条加工串连曲线，以摆线刀路加工凹槽的加工策略
熔接铣削	用于基于熔接原理在两条边界串连曲线之间按截断方向或引导方向生成刀轨

6.1.2.3 孔加工

Mastercam 在钻孔加工刀路中集成了钻、铰、锪、镗、攻螺纹等数控加工常见的固定循环指令，见表 6-3。

表 6-3 孔加工方式、特点和应用

加工方式	特点和应用
钻孔	选择点或圆弧钻孔
全圆路径	基于圆弧插补指令进行孔加工，适用于长径比不大的大圆孔加工
螺旋铣孔	通过铣方式加工孔
螺纹铣削	通过铣螺纹方式创建螺纹孔

6.1.3 铣削 2D 加工基本流程

以图 6-3 为例来说明 Mastercam2017 铣削 2D 数控加工的基本流程。

（1）零件结构工艺性分析

从图 6-3 可知该凸台零件尺寸 100mm×80mm×15mm，中心有矩形凸台为直壁，凸台由 4 段直线和 4 段相切的圆弧组成，上表面与底面均为平面，形状较为简单。毛坯尺寸为 100mm×80mm×17mm，四周已经完成加工，需要进行上表面的精加工和凸台的粗加工、侧壁精加工。

（2）拟定工艺路线

按照加工要求，将工件底面固定安装在机床上，加工坐标系原点为毛坯上表面中心，

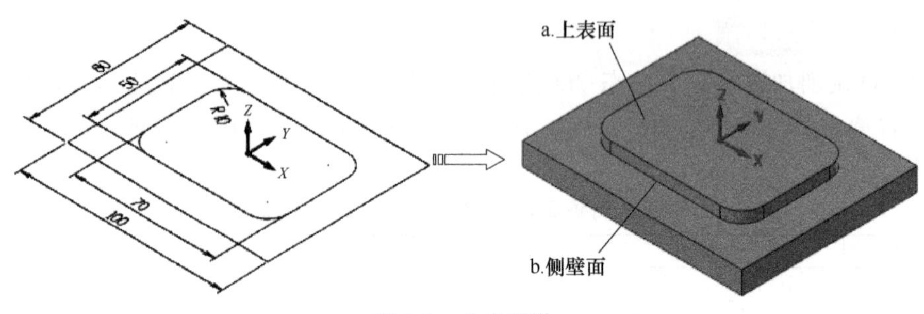

图 6-3 凸台零件

采用铣削 2D 加工。根据数控加工工艺原则，采用工艺路线为“粗加工”→“精加工”，并将加工工艺用 Mastercam 完成，具体内容如下。

① 面铣精加工：采用双向切削模式，利用刀具直径为 $\phi20$ 的平底刀进行上表面面铣精加工。

② 挖槽粗加工：首先采用较大直径的刀具进行粗加工以便去除大量多余留量，粗加工采用挖槽加工，选择依外形轮廓走刀，刀具为直径 $\phi10$ 的平底刀。

③ 外形铣削精加工：进行粗加工后，对局部区域加工余量进行精加工。采用外形铣削加工，刀具为直径 $\phi8$ 的平底刀。

粗精加工工序中所有的加工刀具和切削参数见表 6-4 所示。

表 6-4 加工刀具及切削参数

工步号	工步内容	刀具类型	切削参数设置		
			主轴转速/r·min^{-1}	进给速度/mm·min^{-1}	背吃刀量/mm
1	面铣精加工	$\phi20$ 平底刀	600	300	2
2	挖槽粗加工	$\phi10$ 平底刀	800	600	2
3	外形铣削精加工	$\phi8$ 平底刀	1200	800	0.5

（3）加工准备工作

在创建操作之前首先要打开模型文件，然后通过平移命令移动图形，将加工原点设置为绝对坐标的原点，选择铣床为加工机床，并指定加工毛坯，如图 6-4 所示。

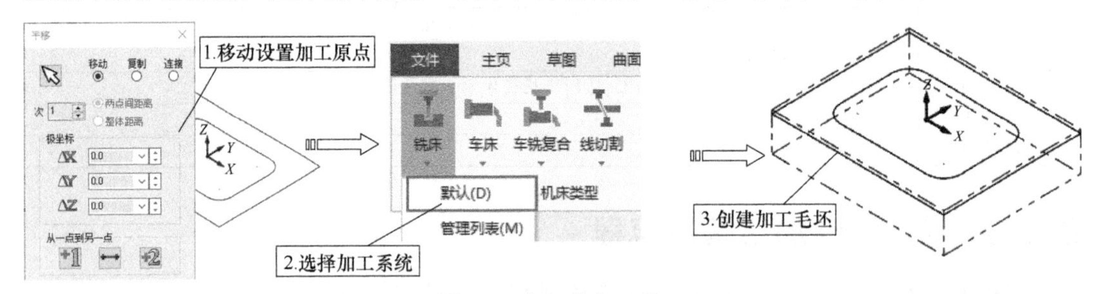

图 6-4 加工准备工作

（4）创建面铣精加工

启动面铣加工工序，选择面铣轮廓线，接着选择加工刀具，设置高度参数和切削参数，最后生成刀具路径和验证，如图 6-5 所示。

（5）创建挖槽粗加工

启动挖槽加工，选择加工轮廓线，接着选择刀具，设置高度参数、切削参数、粗切参数和 Z 分层参数，最后生成刀具路径和验证，如图 6-6 所示。

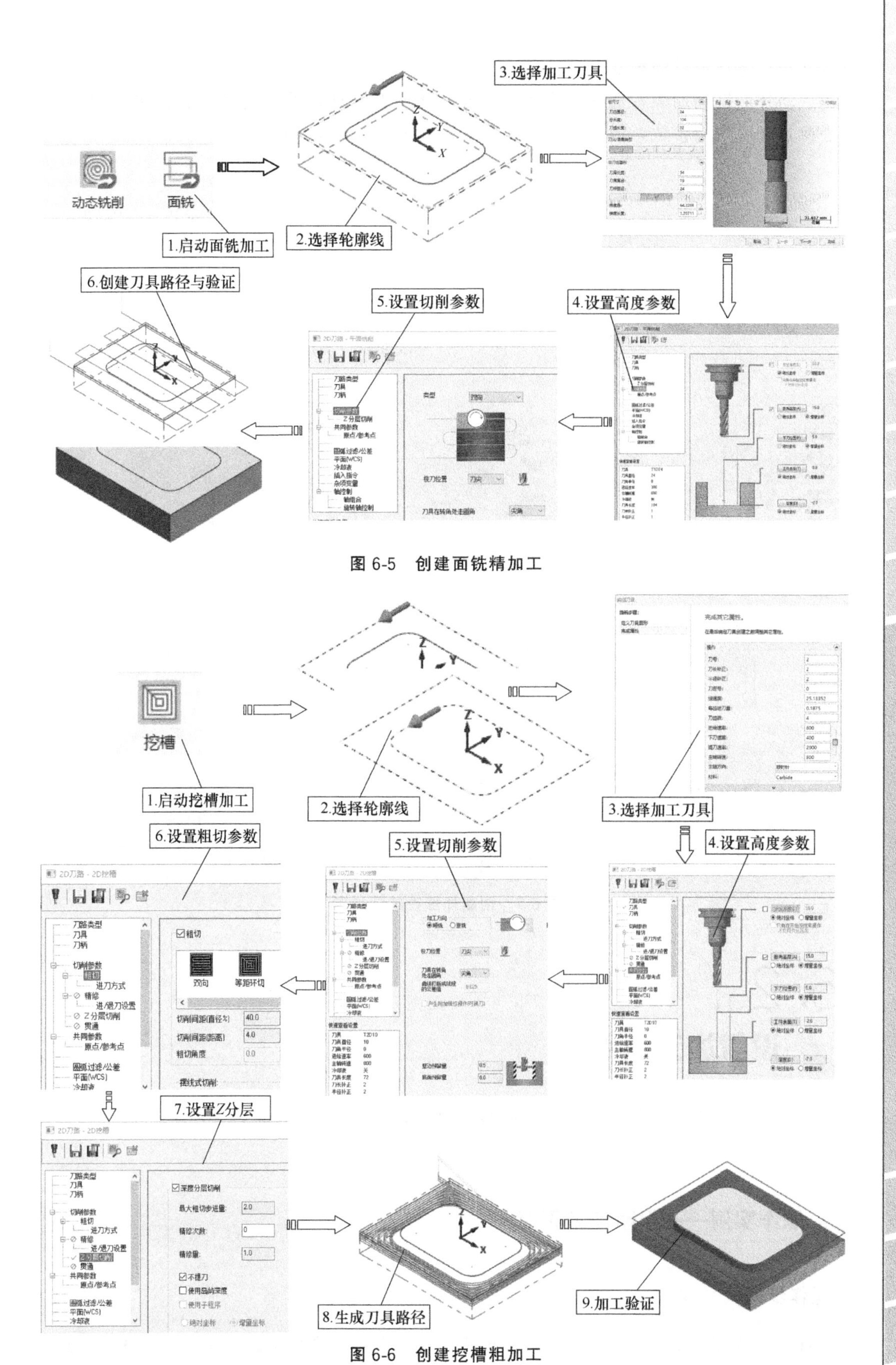

图 6-5　创建面铣精加工

图 6-6　创建挖槽粗加工

（6）创建外形铣削精加工

启动外形铣削加工，选择轮廓线，接着选择加工刀具，设置高度参数、切削参数、Z分层参数和进退刀参数，最后生成刀具路径和验证，如图 6-7 所示。

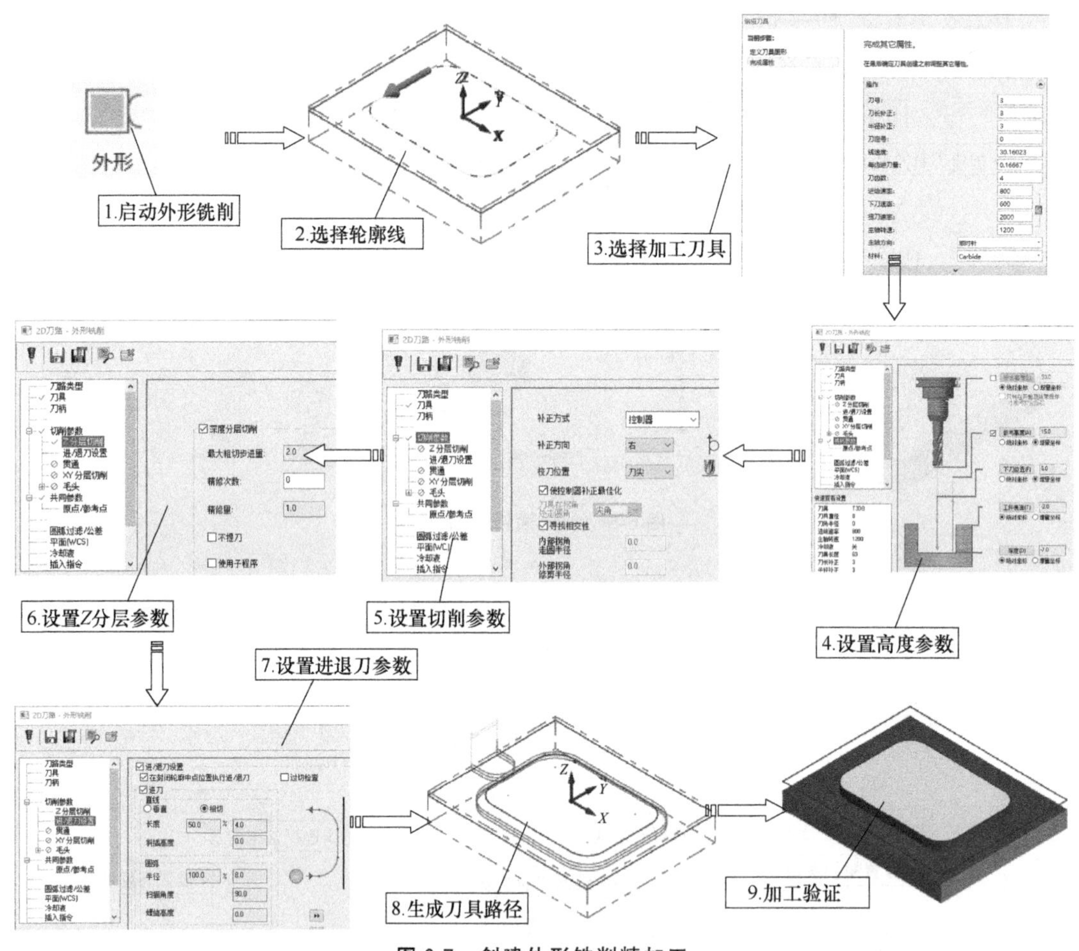

图 6-7　创建外形铣削精加工

6.2 设置加工原点

Mastercam 加工原点通过移动、旋转工件或图形方式来调整到编程坐标系所需要的位置。

操作实例——设置加工原点

操作步骤

01　启动 Mastercam2017，选择下拉菜单【文件】|【打开】命令，弹出【打开】对

话框，选择“凸台 CAD. mcam”(扫二维码下载素材文件：\第 6 章\凸台 CAD. mcam)，单击【打开】按钮，将该文件打开，如图 6-8 所示。

02 单击【转换】选项卡上的【转换】组中的【平移】按钮，根据系统提示选择如图 6-9 所示的曲线作为要平移图形，单击【结束选择】按钮，弹出【平移】对话框，选择【移动】选项，然后选择【从一点到另一点】方式，起点为原点，终点为（0，0，—2)，单击【确定】按钮，完成图形平移，如图 6-9 所示。

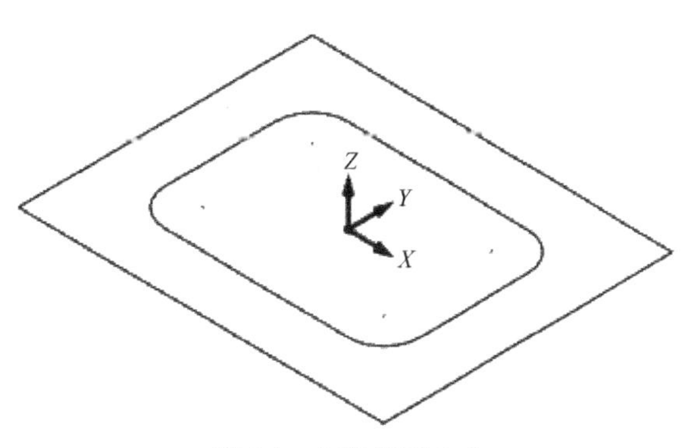

图 6-8 打开模型文件

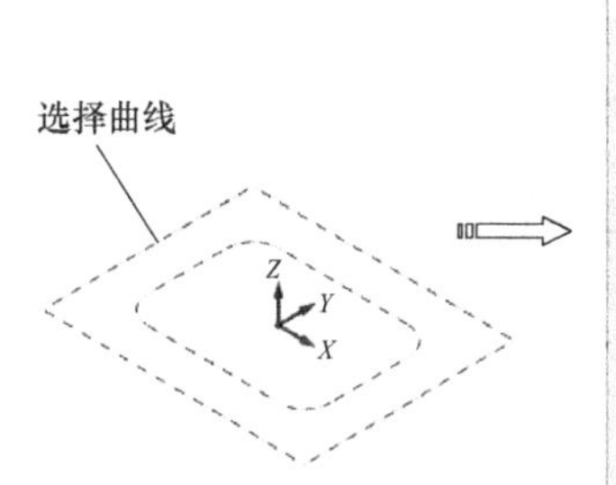

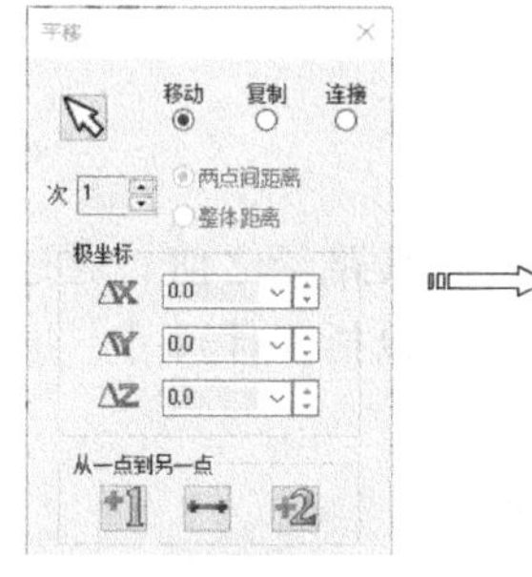

图 6-9 平移曲线

6.3 选择加工系统

Mastercam 能进行铣削、车削、车铣复合、线切割等加工，铣削 2D 加工一般选择【机床类型】为铣床。

操作实例——选择加工系统

操作步骤

03 选择【机床】选项卡上【机床类型】组中的【铣床】按钮下的【默认】命令，如图 6-10 所示。

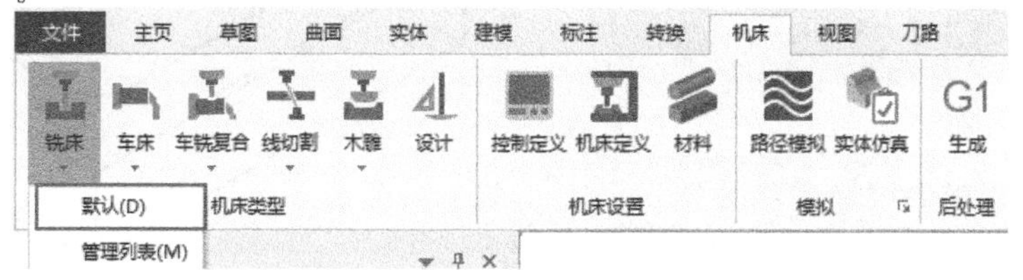

图 6-10 选择铣床

04 系统进入铣削加工模块，【刀路】管理器如图 6-11 所示。

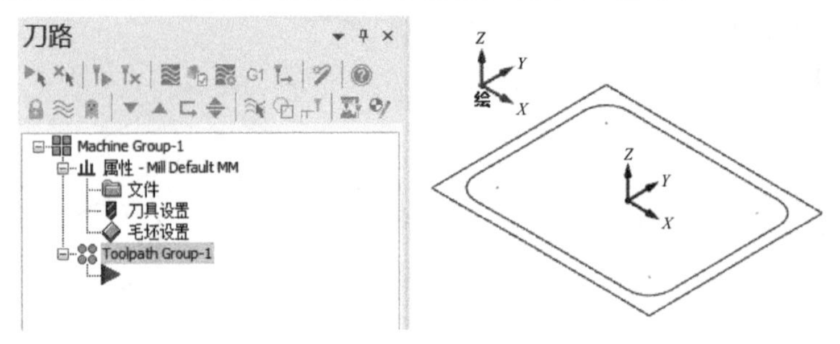

图 6-11　启动铣床加工环境

6.4 创建加工毛坯

加工毛坯设置就是在编制加工刀具路径之前，通过设置一个与实际工件大小相同的毛坯来模拟加工效果。加工工件的设置包括工件尺寸、原点、材料和显示设置等参数。

操作实例——创建加工毛坯

操作步骤

05 双击如图 6-11 所示【刀路】管理器中的【属性-Mill Default MM】选项。

06 单击【属性】选项下的【毛坯设置】选项，系统弹出【机床群组属性】对话框，点击【毛坯设置】选项卡，设置【形状】为“立方体”，选中【显示】中的【线框】选项，以在显示窗口中以线框形式显示毛坯，如图 6-12 所示。

07 【毛坯原点】为（0，0，0），长 100mm，宽 80mm，高 17mm，单击【机床群组属性】对话框中的【确定】按钮，完成加工工件设置，如图 6-13 所示。

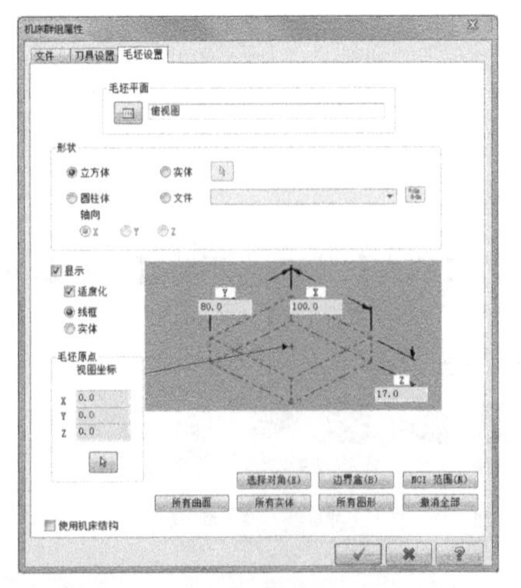

图 6-12　【毛坯设置】选项卡

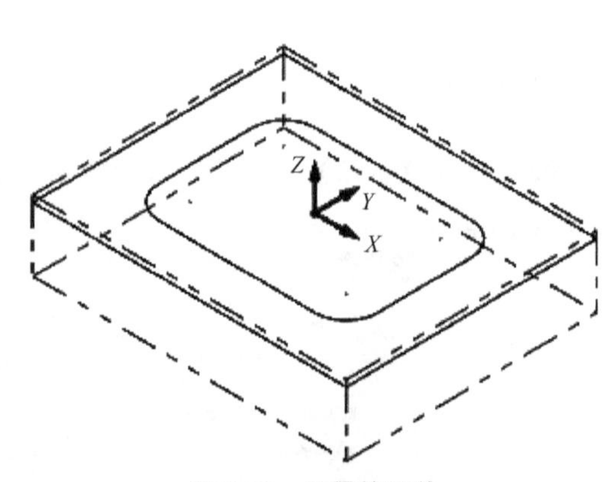

图 6-13　设置的工件

6.5 创建面铣加工

面铣加工主要用于对工件的坯料表面进行加工，以便后续的挖槽、钻孔等加工操作，如图 6-14 所示，特别是在对大的工件表面进行加工时其效率非常高。

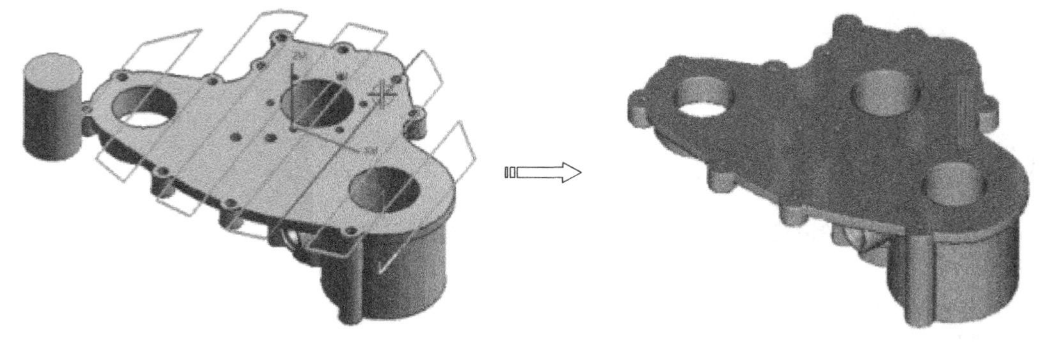

图 6-14　面铣加工

6.5.1 高度设置

高度设置包括【安全高度】、【参考高度】、【下刀位置】、【工件表面】、【深度】5 个方面，如图 6-15 所示。

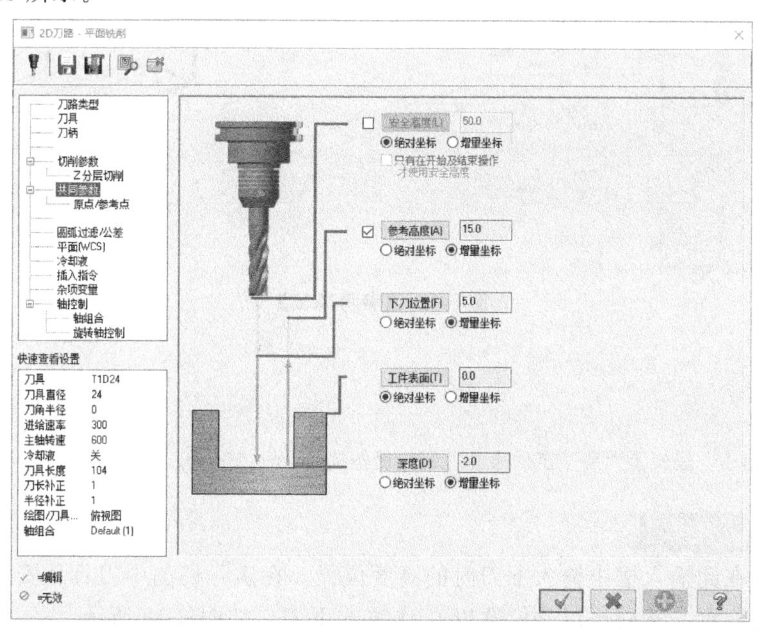

图 6-15　高度设置

6.5.1.1 【安全高度】

勾选该复选框，用于可以在输入框中输入安全高度值，安全高度是刀具开始加工和加工结束后返回机械原点前所停留的高度位置，如图 6-16 所示。

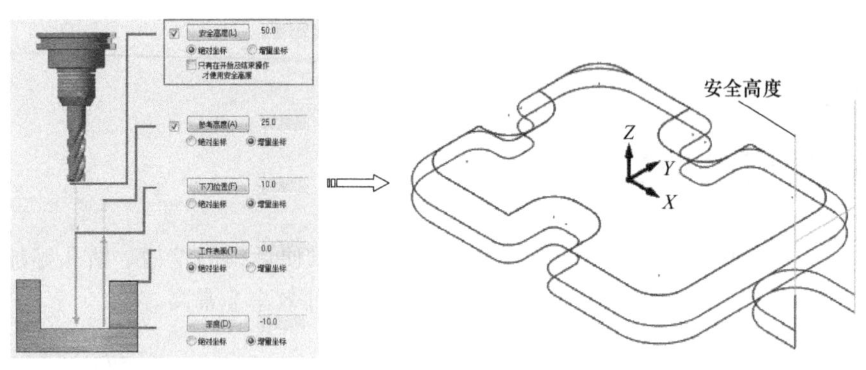

图 6-16 【安全高度】

技术要点

【安全高度】一般设置为工件最高表面位置高度再加 20mm ~ 30mm。

6. 5. 1. 2 【参考高度】

勾选此复选框，用户可以在输入框中输入参考高度值，如图 6-17 所示。参考高度是指刀具结束某一加工路径或避让岛屿，进入下一路径加工前在 Z 轴方向上刀具回升的高度，参考高度的设置应高于下刀位置。

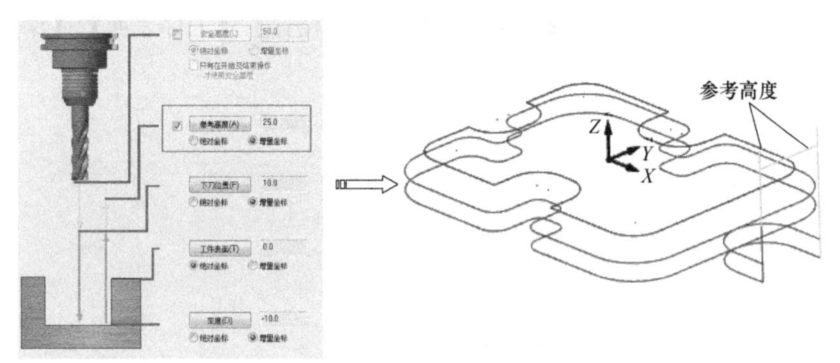

图 6-17 【参考高度】

技术要点

【参考高度】一般设置为高于工件表面位置高度再加 5mm ~ 10mm。

6. 5. 1. 3 【下刀位置】

用户可以在此输入框中输入下刀时的高度位置，在实际切削中刀具从安全高度以 G00 方式快速移到位置，然后再以此位置以 G01 方式下刀，如图 6-18 所示。

技术要点

【下刀位置】一般为工件表面位置高度再加 2mm ~ 5mm，以便于节省 G01 下刀时间，提高加工效率。

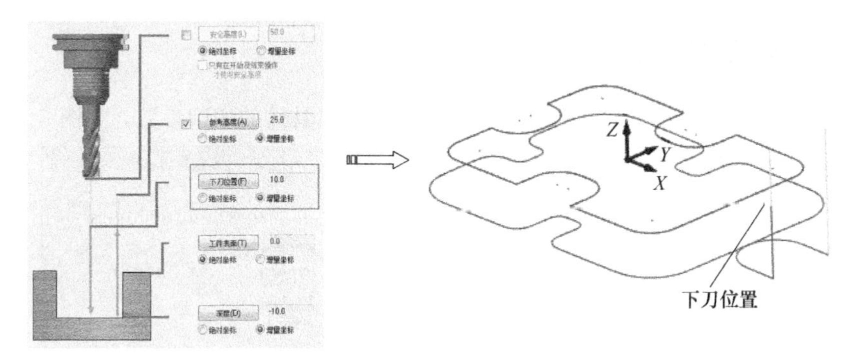

图 6-18 【下刀位置】

6.5.1.4 【工件表面】

用户可以在此输入【工件表面】的高度位置，如图 6-19 所示。

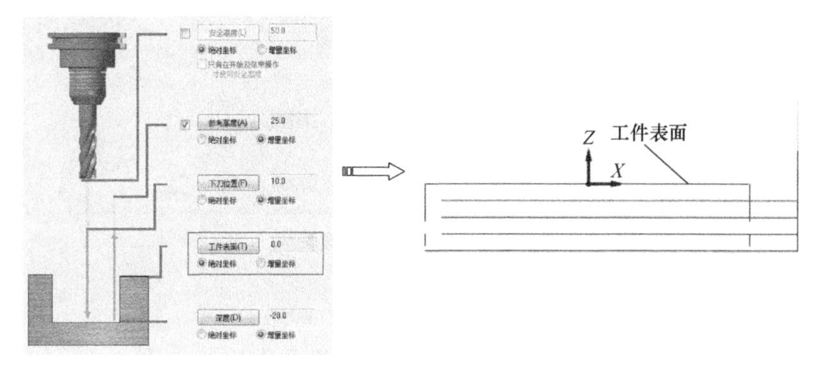

图 6-19 【工件表面】

6.5.1.5 【深度】

用于设置切削加工 Z 轴总的加工深度。【深度】是指工件要加工的深度，指的是距离系统零点 $Z=0$ 的坐标值。该值一般设置为实际加工的深度值（负值）。在 2D 刀路中深度值应该为负值，如图 6-20 所示。

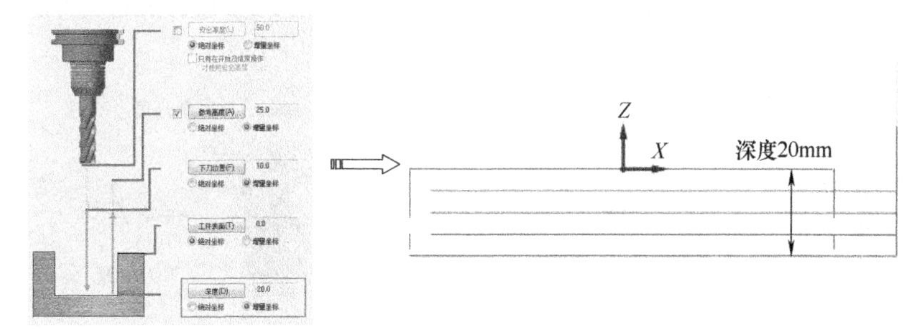

图 6-20 【深度】

技术要点

在切削加工过程当中，总切削量并不一定为设定的切削深度。总切削量由切削深度和 Z 向预留量来决定，即总切削量为切削深度减去 Z 向预留量。

6.5.2 切削参数

在左侧列表中选择【切削参数】选项，在右侧显示出具体的切削参数，如图 6-21 所示。

图 6-21 【切削参数】

6.5.2.1 类型（切削方式）

【类型】下拉列表共计有 4 种切削方式，下面仅介绍常用的 3 种。

（1）【双向】

双向走刀用于产生一系列平行连续的线性往复刀轨，是最经济省时的切削方法，但该方式会产生一系列的交替“顺铣”和“逆铣”，特别适合于粗铣加工，如图 6-22 所示，一般采用该方式以利于提高效率。

（2）【单向】

单向走刀用于产生一系列单向的平行线性刀轨，相邻两个刀具路径之间都是顺铣或逆铣，如图 6-23 所示。

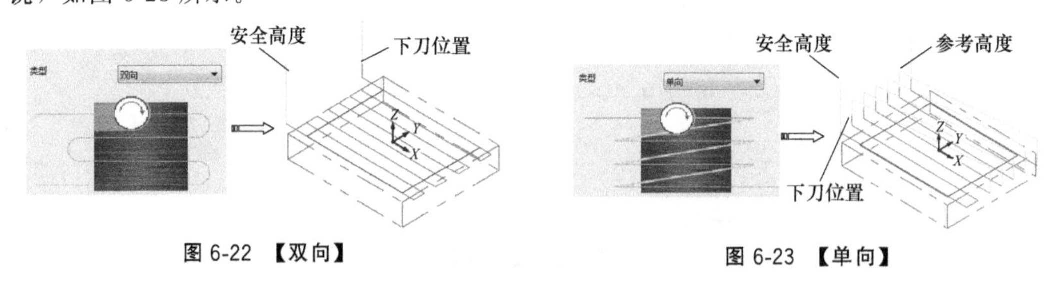

图 6-22 【双向】

图 6-23 【单向】

（3）【一刀式】

一刀切削要求刀具直径要大于工件宽度，如图 6-24 所示。

6.5.2.2 刀具超出量

（1）【截断方向超出量】

Y 方向切削刀具路径超出面铣削轮廓的量，以刀具直径百分比表示，如图 6-25 所示。

（2）【引导方向超出量】

X 方向切削刀具路径超出面铣削轮廓的量，以刀具直径百分比表示，如图 6-26 所示。

（3）【进刀引线长度】

进刀路径超出面铣削轮廓的量（在水平面内测量），以刀具直径百分比表示，如图 6-27 所示。

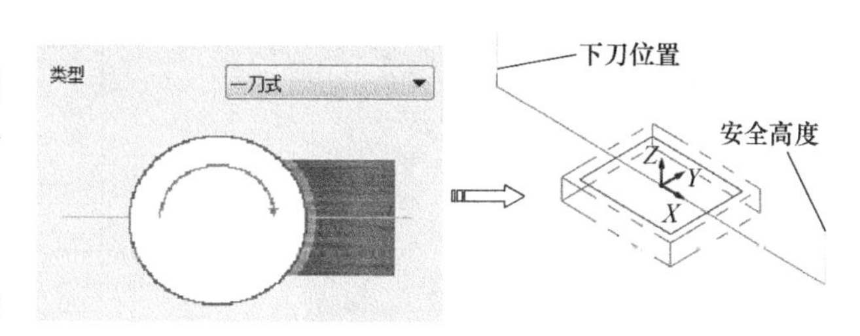

图 6-24 【一刀式】

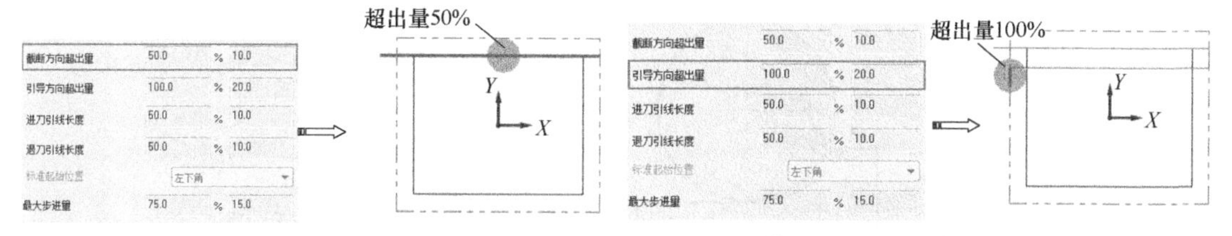

图 6-25 【截断方向超出量】　　图 6-26 【引导方向超出量】

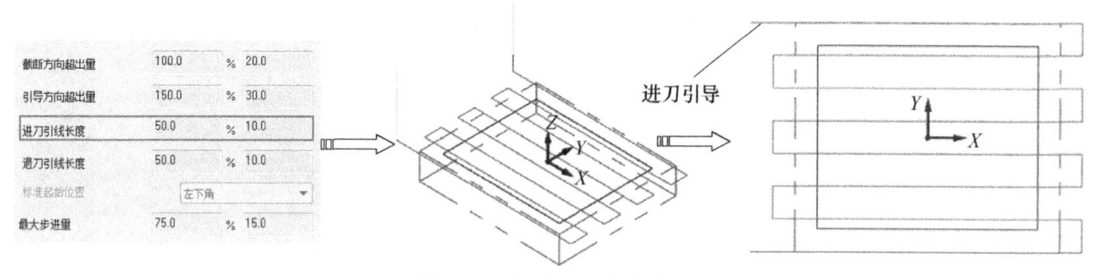

图 6-27 【进刀引线长度】

（4）【退刀引线长度】

退刀路径超出面铣削轮廓的量（在水平面内测量），以刀具直径百分比表示，如图 6-28 所示。

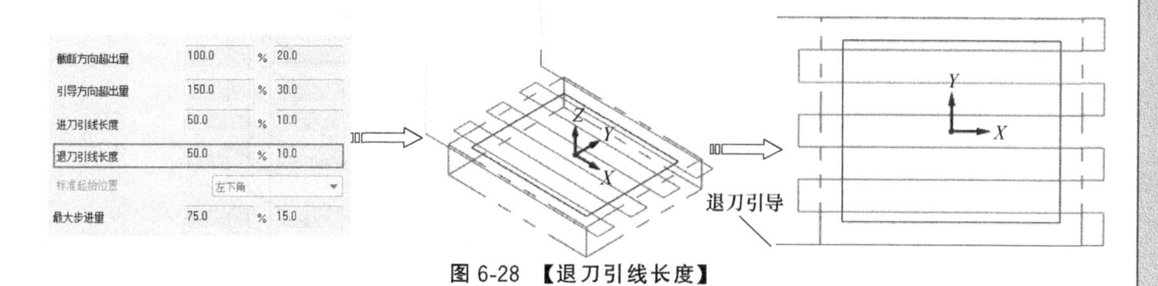

图 6-28 【退刀引线长度】

6.5.2.3 最大步进量

用于指定相邻两刀切削路径之间的横向距离，其为常量。如果指定的距离不能将切削区域均匀分开，系统将自动缩小指定的距离值，并保持恒定不变，如图 6-29 所示。

6.5.2.4 顺铣和逆铣

顺铣切削是指刀具进给方向与工件运动方向相同，而逆铣切削是指刀具进给方向与工件运动方向相反，如图 6-30 所示。

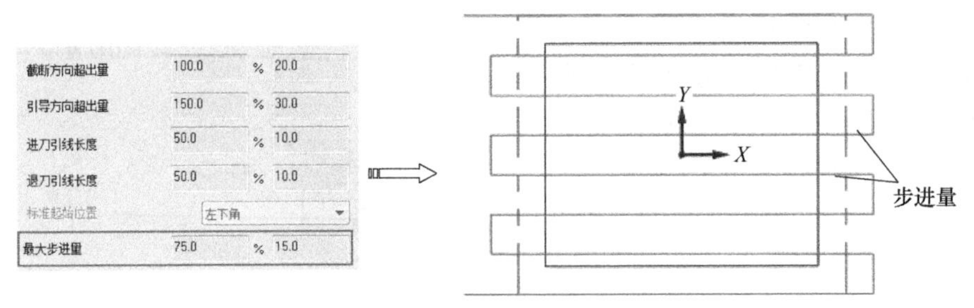

图 6-29 【最大步进量】

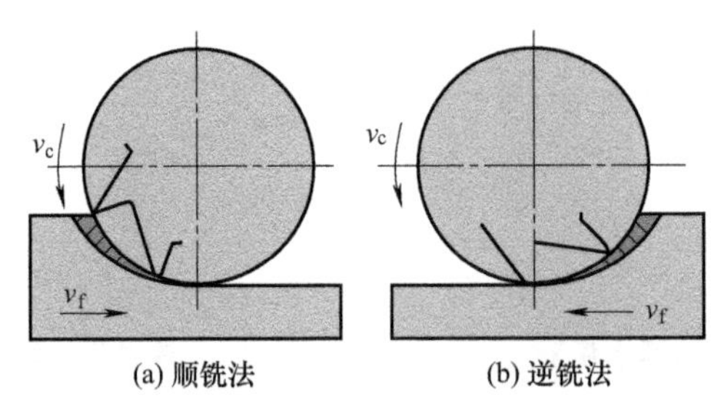

(a) 顺铣法　　(b) 逆铣法

图 6-30　顺铣和逆铣示意图

技术要点

数控加工一般多用顺铣，有利于延长刀具的寿命并获得较好的表面加工质量。

6.5.2.5 自动计算角度与粗切角度

(1) 取消【自动计算角】复选框

软件计算每个切削区域形状，并确定高效的切削角，以便在对区域进行切削时最小化内部进刀移动。

(2)【粗切角度】

用于指定切削角，该角是相对于 X 轴进行测量的，如图 6-31 所示。

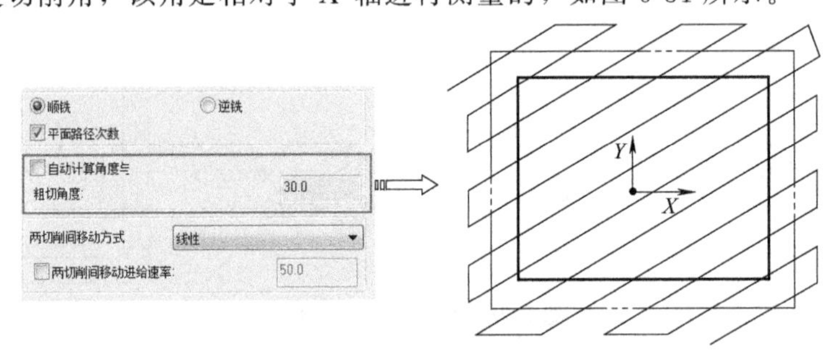

图 6-31 【粗切角度】

6.5.2.6 两切削间移动方式

共计有 3 种切削间移动方式，高速回圈、线性、快速进给。

(1)【高速回圈】

两切削间位移位置产生圆弧过渡的刀具路径，选中【两切削间移动进给速率】复选框可设置移刀速度，如图 6-32 所示。

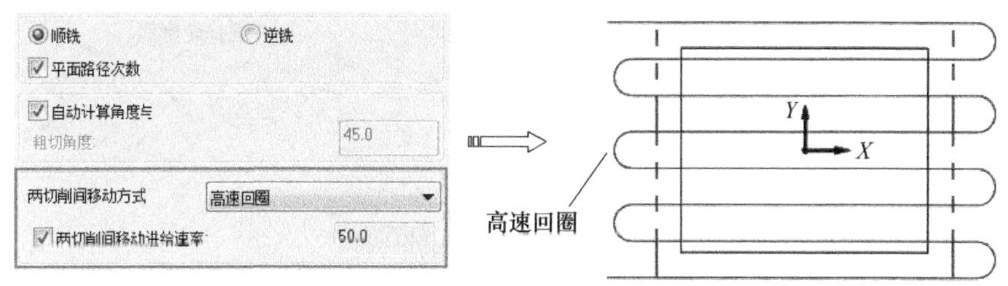

图 6-32 【高速回圈】

（2）【线性】

两切削间位移位置产生直线的刀具路径，选中【两切削间移动进给速率】复选框可设置移刀速度，如图 6-33 所示。

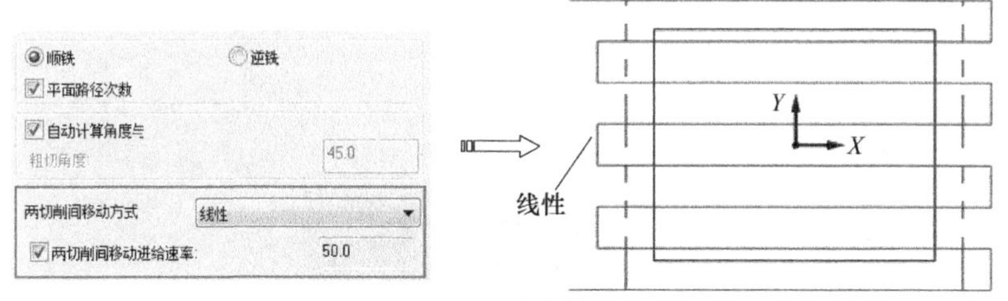

图 6-33 【线性】

（3）【快速进给】

两切削间位移位置以 G00 快速移动到下一切削位置，如图 6-34 所示。

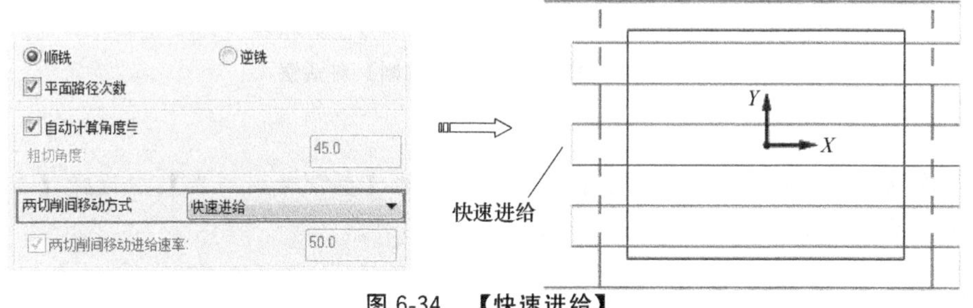

图 6-34 【快速进给】

操作实例——创建面铣加工 <<<

操作步骤

（1）启动面铣加工

08 选择【刀路】选项卡上【2D】组中的【面铣】按钮，弹出【输入新 NC 名称】对话框，默认名为“凸台 CAM”，如图 6-35 所示。单击【确定】按钮完成。

09 系统弹出【串连选项】对话框，选择【2D】选项和【串连选项】按钮，选择如图 6-36 所示的轮廓线。

10 单击【串连选项】对话框中的【确定】按钮，弹出【2D 刀路-平面铣削】对话框，如图 6-37 所示。

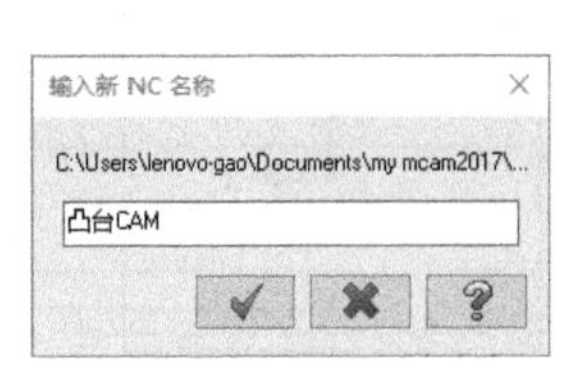

图 6-35 【输入新 NC 名称】对话框

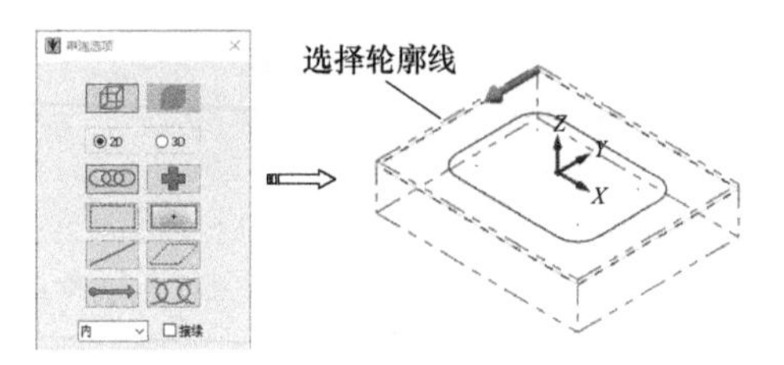

图 6-36 串连选择轮廓

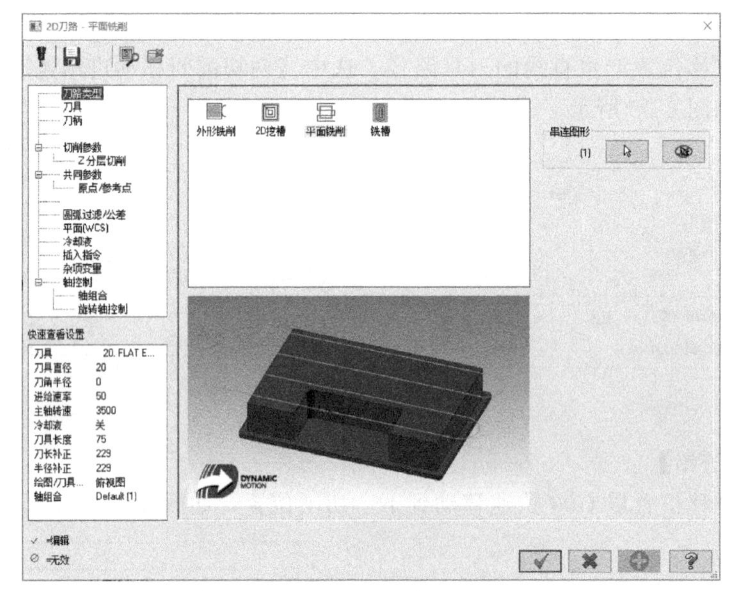

图 6-37 【2D 刀路-平面铣削】对话框

(2) 创建加工刀具

11 在【2D 刀具路经-平面铣削】对话框左侧的【参数类别列表】中选择【刀具】选项，出现刀具设置窗口，如图 6-38 所示。

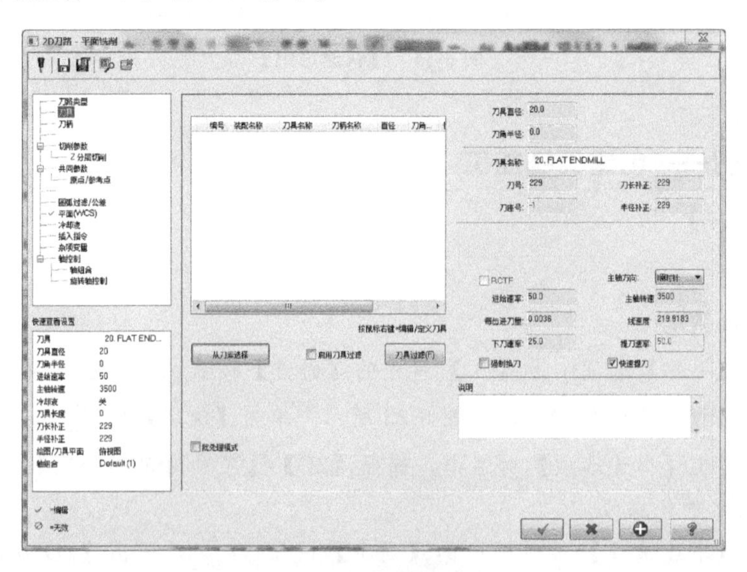

图 6-38 刀具设置窗口

12 单击【从刀库选择】按钮，弹出【选择刀具】对话框，选择刀库“mill_mm.tooldb”，选择【编号】为5，直径为20的“FLAT END MILL-20”的平底刀，如图6-39所示。

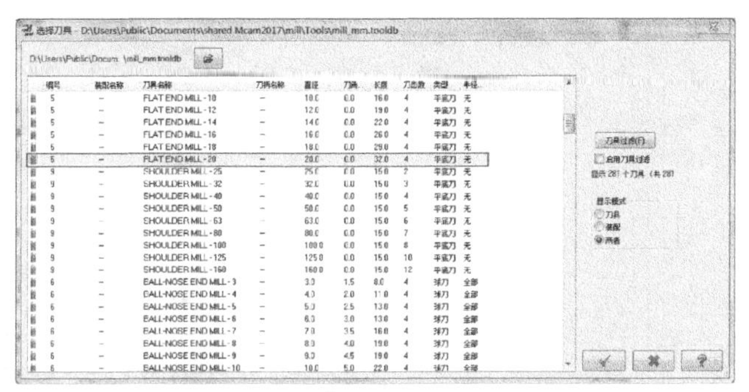

图6-39 【选择刀具】对话框

13 单击【确定】按钮 后，返回【2D刀路-平面铣削】对话框，双击窗口中创建的5号刀具，弹出【编辑刀具】对话框，在左侧列表中选择【定义刀具图形】，设置【直径】为“24”，如图6-40所示。

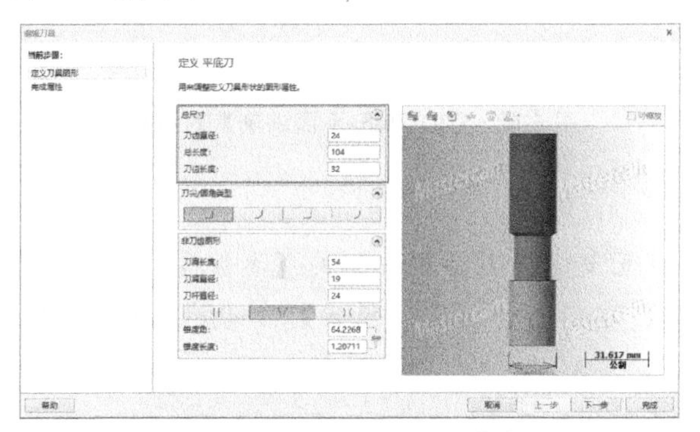

图6-40 【编辑刀具】对话框

14 在左侧列表中选择【完成属性】，设置【刀号】为“1”，【进给速率】为“300”，【下刀速率】为“200”，【主轴转速】为“600”，【名称】为“T1D24”，如图6-41所示。

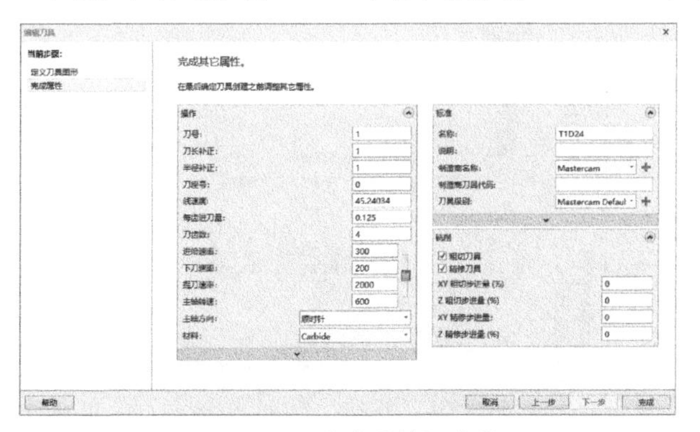

图6-41 【完成属性】选项

15 单击【确定】按钮 后，返回【2D刀路-平面铣削】对话框，如图6-42所示。

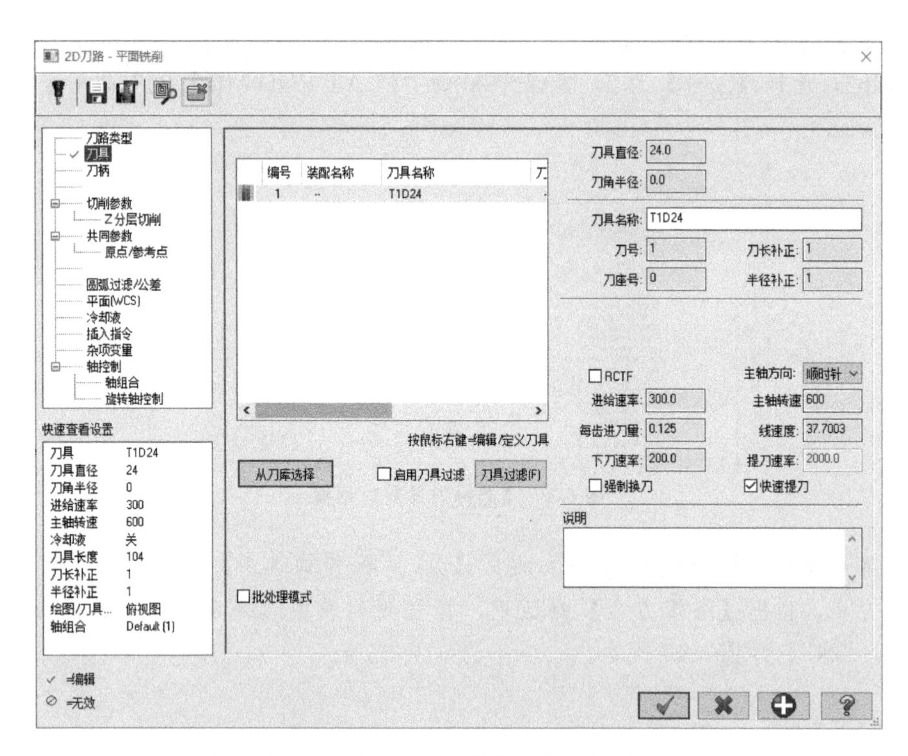

图 6-42 【2D 刀路-平面铣削】对话框

（3）设置共同参数

16 在【2D 刀路-平面铣削】对话框左侧的【参数类别列表】框中选中【共同参数】选项，设置【参考高度】为“15”，【下刀位置】为“5”，【深度】为“－2”，如图 6-43 所示。

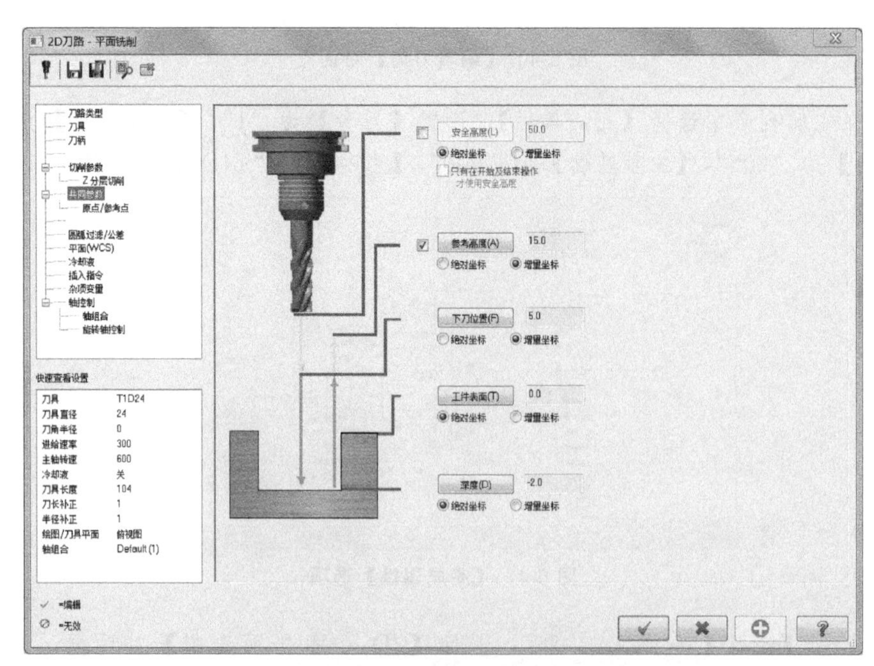

图 6-43 设置共同参数

（4）设置切削参数

17 在【2D 刀路-平面铣削】对话框左侧的【参数类别列表】框中选择【切削参数】节点，弹出【切削参数】选项，设置【类型】为“双向”，【两切削间移动方式】为“快速进给”，如图 6-44 所示。

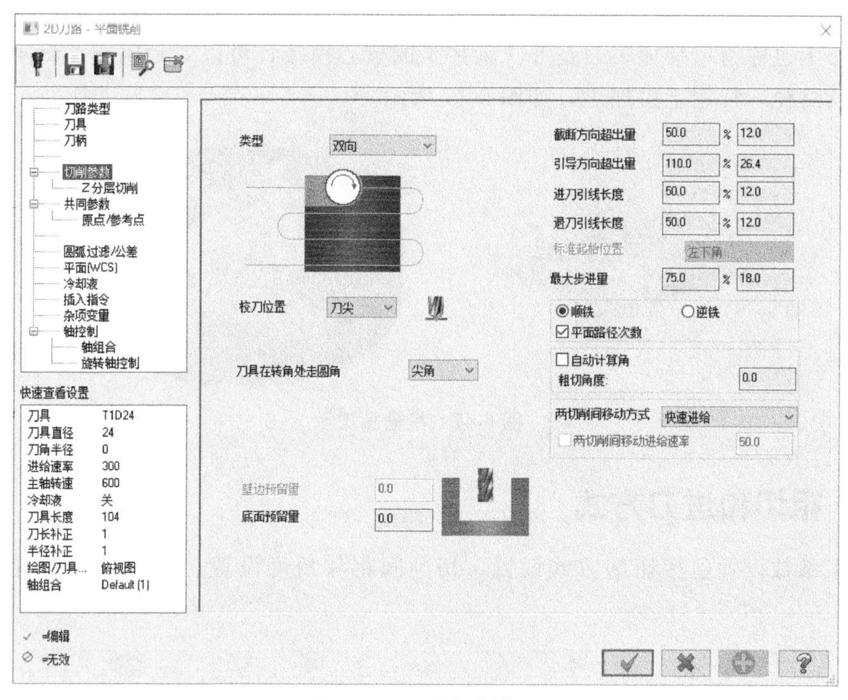

图 6-44　设置切削参数

（5）生成刀具路径并验证

18 单击【确定】按钮，完成加工参数设置，并生成刀具路径，如图 6-45 所示。

19 单击【刀路】管理器中的【验证已选择的操作】按钮，弹出【验证】对话框，单击【播放】按钮，验证加工工序，如图 6-46 所示。

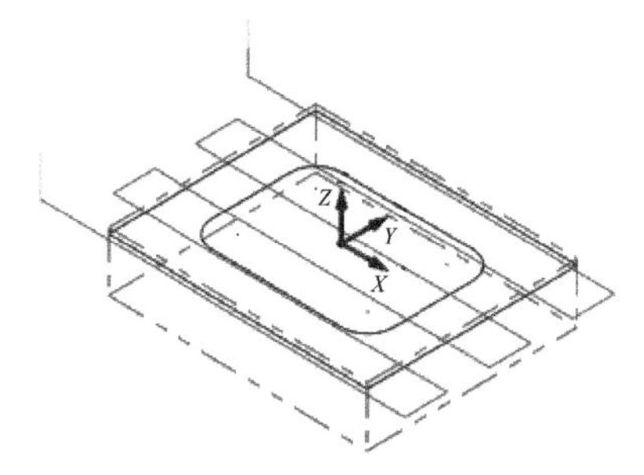

图 6-45　生成刀具路径

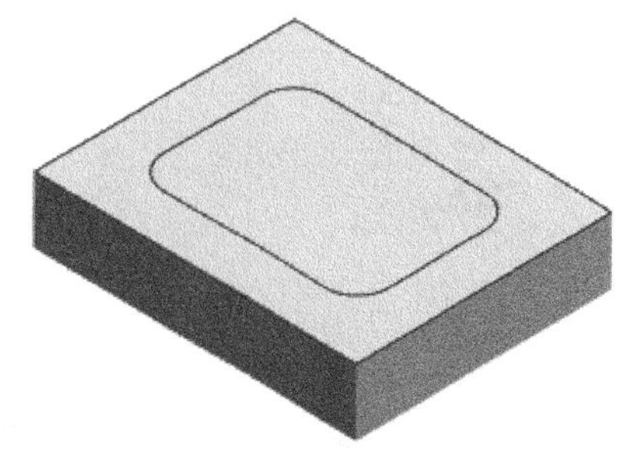

图 6-46　实体验证效果

20 单击【验证】对话框中的【关闭】按钮，结束验证操作。然后单击【刀路】管理器中的【切换刀具路径显示】按钮，关闭加工刀具路径的显示，为后续加工操作做好准备。

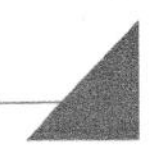

6.6 创建挖槽加工（粗加工）

挖槽加工也称为口袋加工，是 2.5 轴加工的核心模板，可以对封闭或非封闭的工件轮廓产生刀具路径，常用于粗加工，如图 6-47 所示。

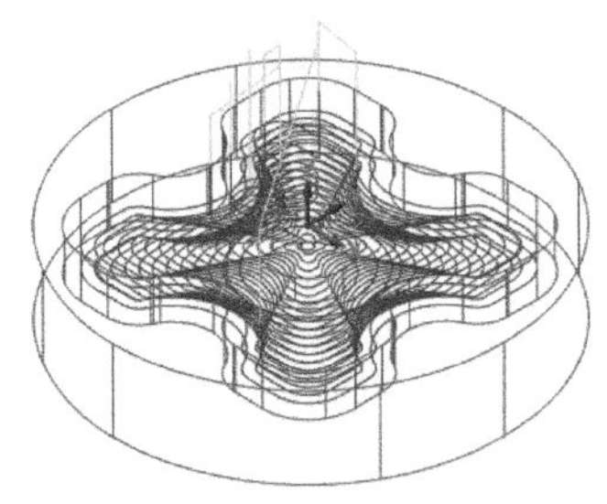

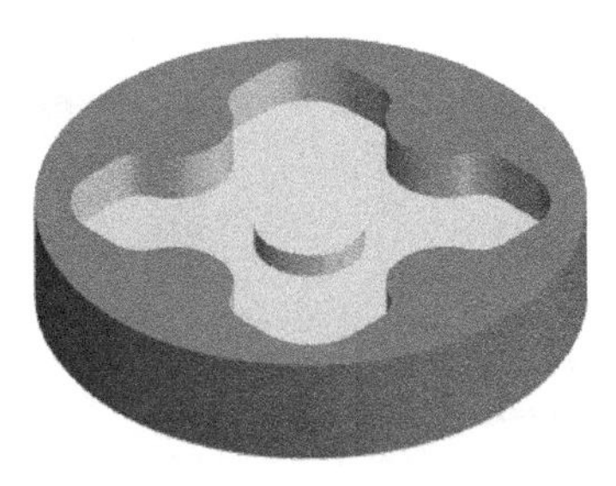

图 6-47 挖槽加工

6.6.1 粗切和进刀方式

粗加工参数设置包括切削方式设置、切削间距和角度设置、进刀方式设置等，如图 6-48 所示。

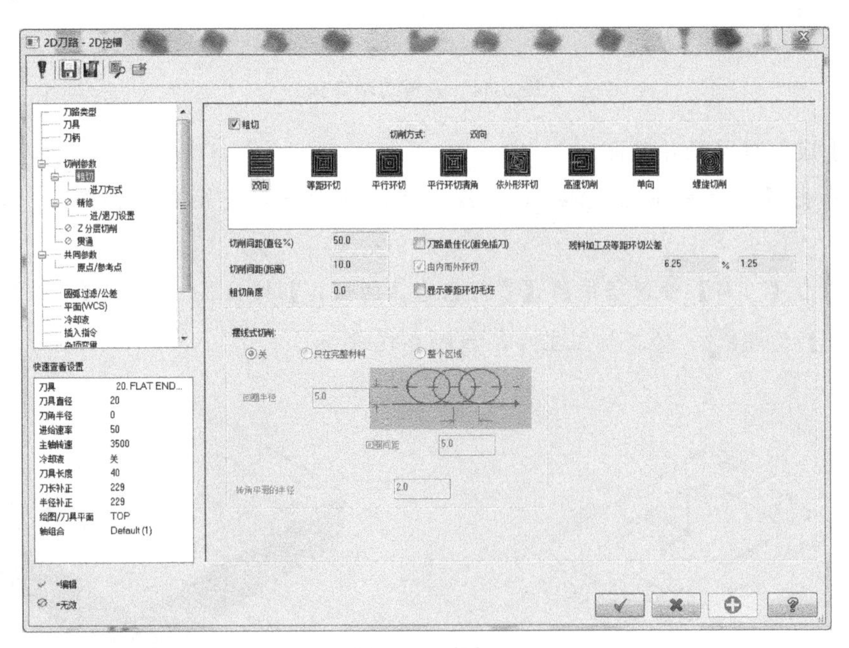

图 6-48 粗切

6.6.1.1 切削方式

粗加工系统提供了 8 种粗切削加工方式。

（1）【双向】

产生一组来回的直线刀具路径，其所构建的刀具路径将以相互平行且连续不提刀的方式产生，其走刀方式为最经济、省时的方式，适合于粗铣面加工，如图 6-49 所示。

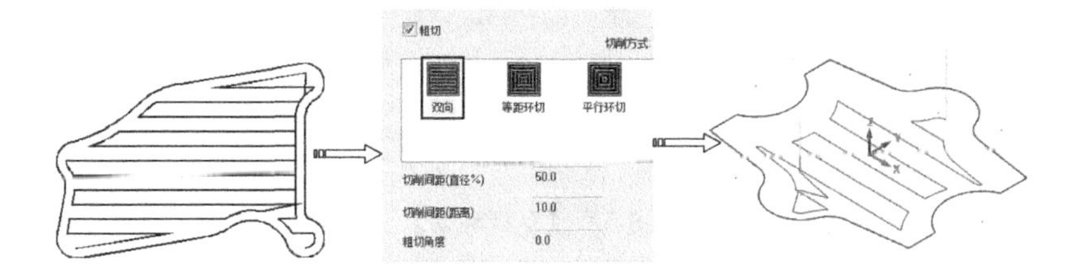

图 6-49 【双向】

（2）【单向】

所构建的刀具路径将相互平行，且在每段刀具路径的终点，提刀到安全高度后，以快速移动速度行进到下一段刀具路径的起点，再进行下一段铣削刀具路径的动作，如图 6-50 所示。

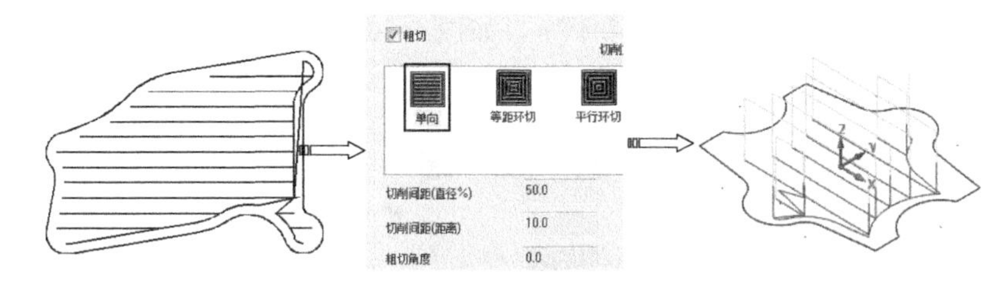

图 6-50 【单向】

（3）【等距环切】

产生一组粗加工刀具路径，确定以等距切除毛坯，并根据新的毛坯量重新计算，该选项构建较小的线性移动，可干净清除所有的毛坯，如图 6-51 所示。

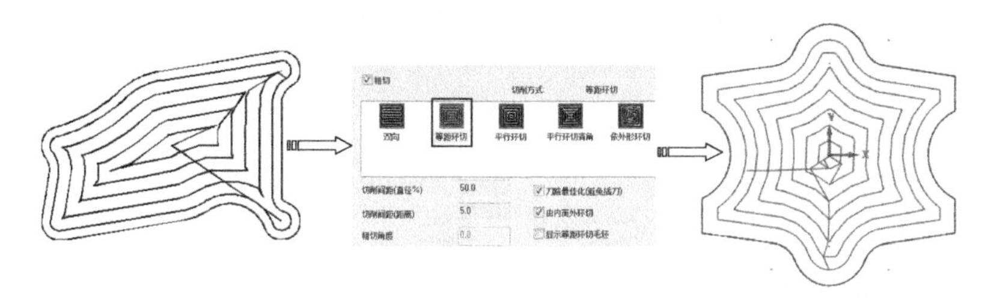

图 6-51 【等距环切】

最常用的切削方式，一般不选精修；产生一组以环切等距回圈的切削刀具路径，适用于加工规则的单型腔，加工后型腔的底部侧壁较好。

（4）【平行环切】

以平行螺旋方式粗加工内腔，每次用横跨步距补正轮廓边界，该选项加工时可能不能干净清除毛坯，如图 6-52 所示。

图 6-52 【平行环切】

技术要点

由于刀具进刀方向一致使刀具切削稳定，但不能干净地清除工件余量。

（5）【平行环切清角】

以平行环切的同一种方法粗加工内腔，但在内腔上增加角的清除加工，可切除更多的毛坯，但不能保证将所有的毛坯都清除干净，如图 6-53 所示。

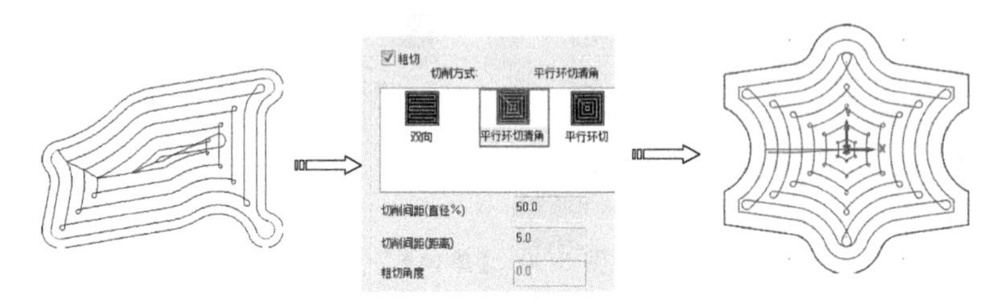

图 6-53 【平行环切清角】

（6）【依外形环切】

依外形螺旋方式产生挖槽刀具路径，以在外部边界和岛屿间逐渐过滤进行插补的方法粗加工内腔。该选项最多只能有一个岛屿，如图 6-54 所示。

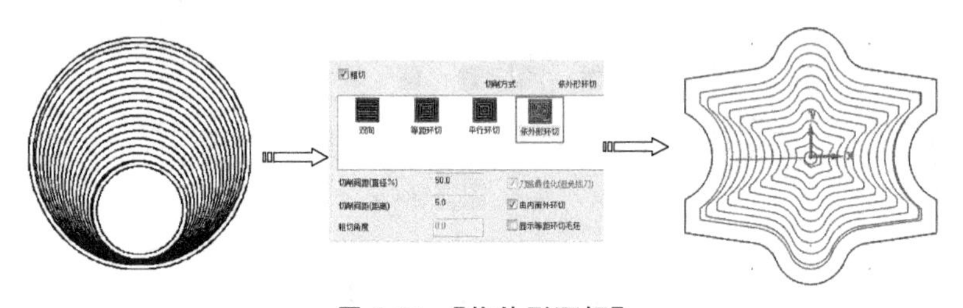

图 6-54 【依外形环切】

技术要点

适用于单个或多个岛屿。 使用根据加工轮廓的外形或以岛屿的轮廓外形产生环绕其形状的刀具路径，当型腔内部有单个或多个岛屿时选用。

（7）【高速切削】

以平行环切的同一种方法粗加工内腔，但其行间过渡时采用一种平滑过渡的方法，另外在转角处也以圆角过渡，保证刀具整个路径平稳而高速，如图 6-55 所示。

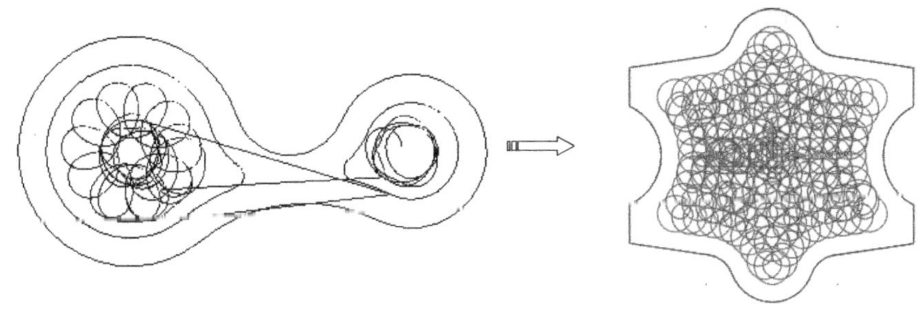

图 6-55 【高速切削】

(8)【螺旋切削】

以圆形螺旋方式产生挖槽刀具路径，用所有正切圆弧进行粗加工铣削，结果为刀具提供了一个平滑的运动、一个较短的 NC 程序和一个较好的全部清除毛坯余量的加工，如图 6-56 所示。

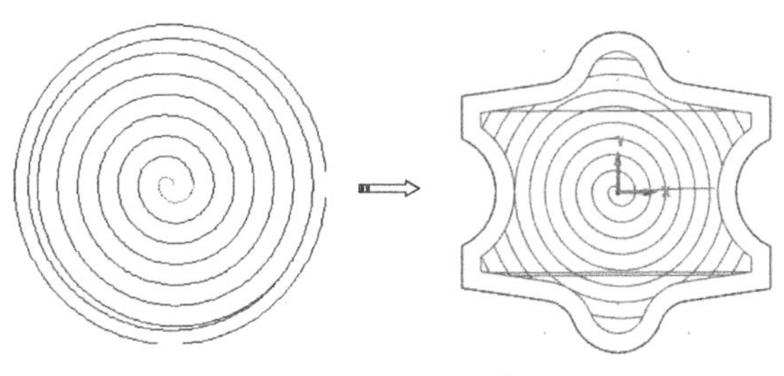

图 6-56 【螺旋切削】

6.6.1.2 切削间距和角度

(1)【切削间距（直径%)】

用于输入粗切削间距占刀具直径的百分比，一般为 60%～75%。

(2)【切削间距（距离)】

用于直接输入粗切削间距值，与【切削间距（直径%)】参数是互动关系，输入其中一个参数，另一个参数自动更新，如图 6-57 所示。

(3)【粗切角度】

用于输入粗切削刀具路径的切削角度，粗切角度是指切削方向与 *X* 轴的夹角，如图 6-58 所示。

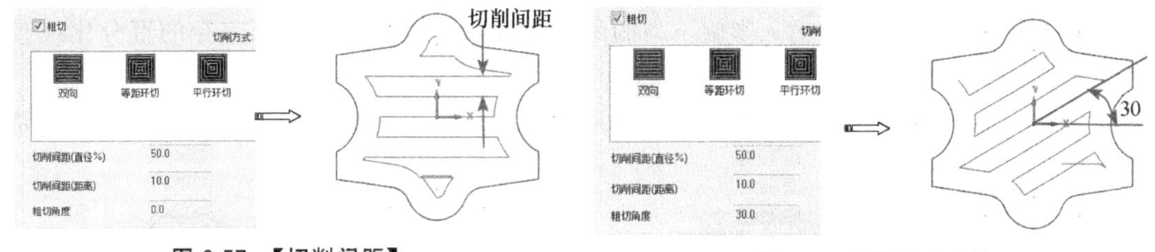

图 6-57 【切削间距】　　图 6-58 【粗切角度】

(4)【刀路最佳化（避免插刀)】

选择该项，能优化挖槽刀具路径，达到最佳铣削顺序。该命令仅为环绕切削内腔、岛屿提供优化刀具路径。

(5)【由内而外环切】

当用户选择的切削方式是旋转切削方式中的一种时，选择该项，系统从内到外逐圈切削，否则从外到内逐圈切削。

6.6.1.3 进刀方式

用于设置粗加工的 *Z* 方向下刀方式。挖槽粗加工一般用平底铣刀，这种刀具主要用侧面刀刃切削材料，其垂直方向的切削能力很弱，若采用直接垂直下刀（不选用下刀方式），容易导致刀具损坏。

（1）螺旋式下刀

在左侧列表中选中【进刀方式】选项，右侧选中【螺旋】单选按钮，显示螺旋式下刀参数，如图 6-59 所示。

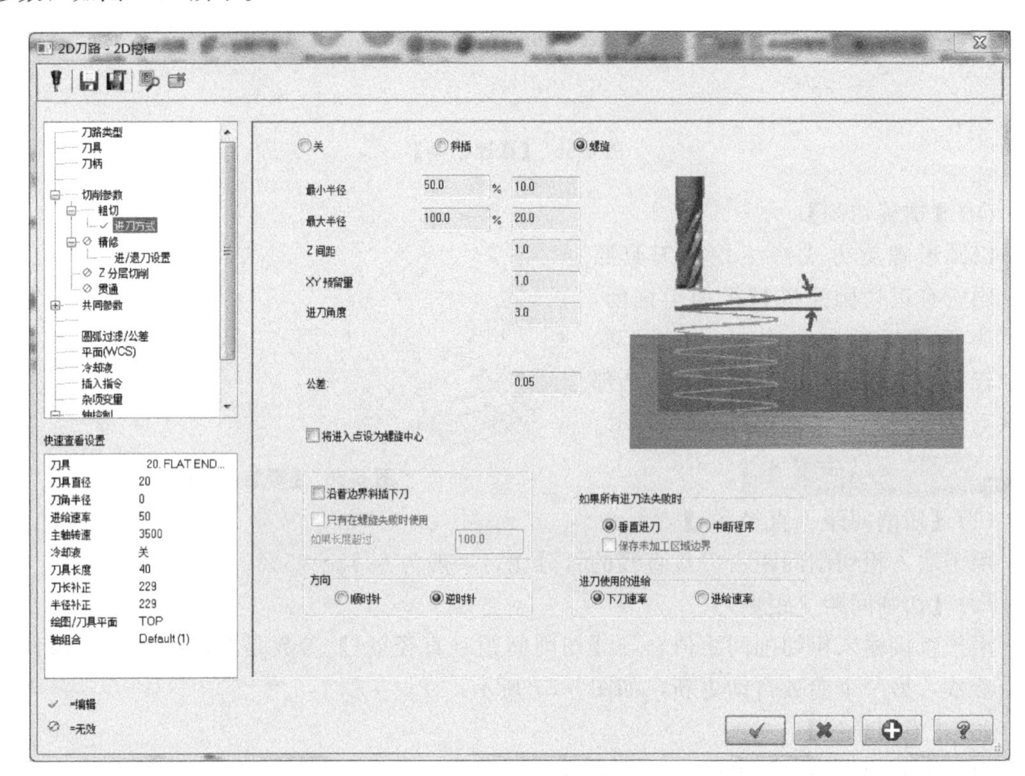

图 6-59　螺旋式下刀参数

①【最小半径】：用于输入螺旋下刀的最小半径，可以输入与刀具直径的百分比或直接输入半径值，如图 6-60 所示。

②【最大半径】：用于输入螺旋下刀的最大半径，一般螺旋半径越大，进刀的切削路径越长，如图 6-61 所示。

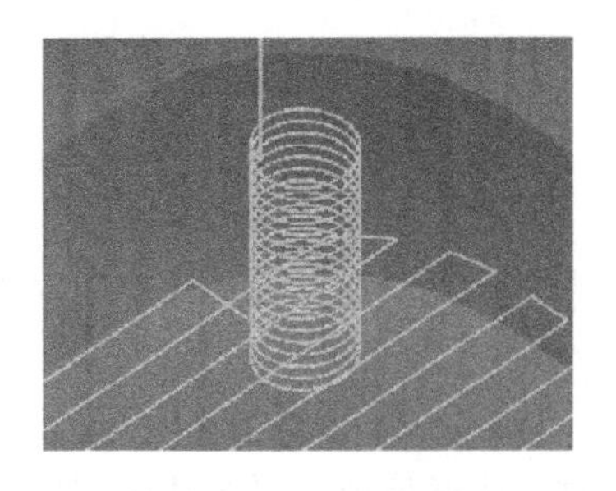

图 6-60　【最小半径】

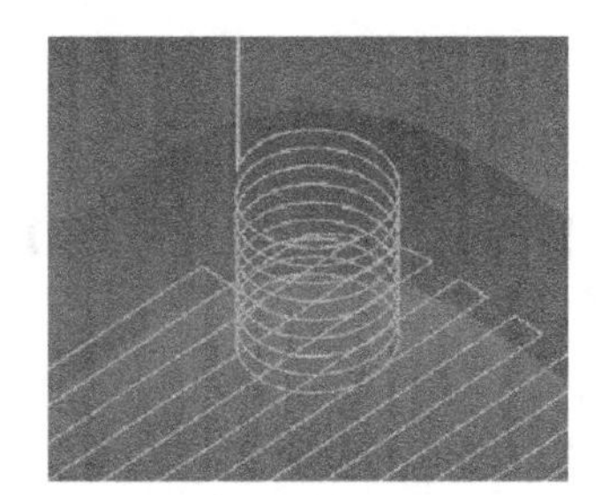

图 6-61　【最大半径】

③【Z 间距】：用于输入螺旋的下刀高度，如图 6-62 所示。此值越大，刀具在空中的螺旋时间越长，一般设置为粗切削每层的进刀深度即可，过于大会浪费加工时间。

④【XY 预留量】：下刀时刀具与工件内壁在 XY 方向上的预留量，如图 6-63 所示。

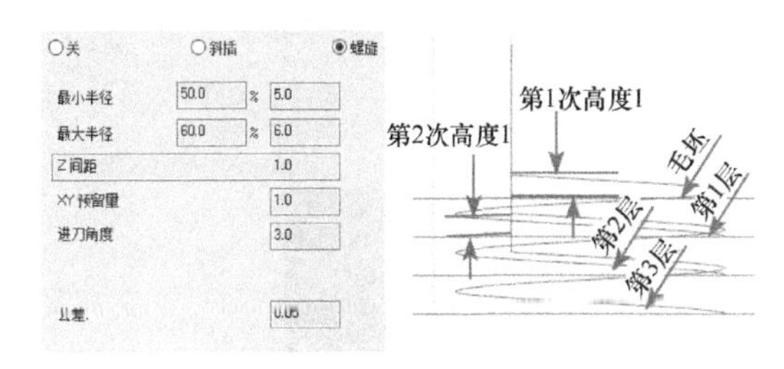

图 6-62 【*Z* 间距】

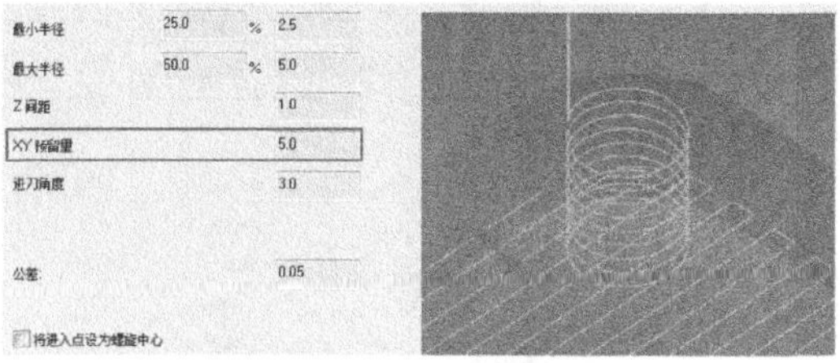

图 6-63 【*XY* 预留量】

⑤【进刀角度】：用于输入螺旋下刀的角度，如图 6-64 所示。对于相同的螺旋下刀高度而言，螺旋下刀角度越大，螺旋圈数越少，路径越短。

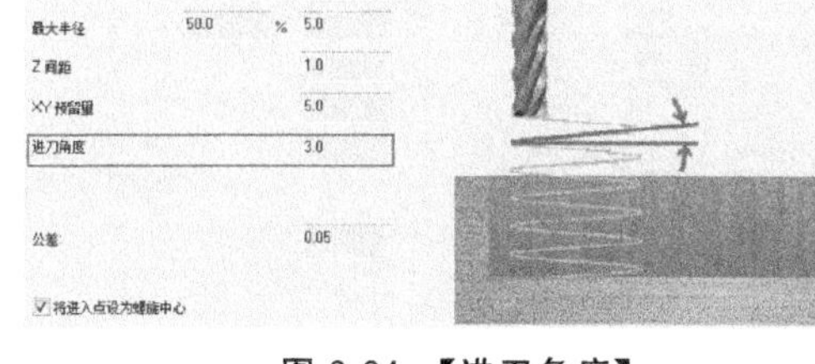

图 6-64 【进刀角度】

⑥【将进入点设为螺旋中心】：选择该项，将使用在选择挖槽轮廓前所选择的点作为螺旋下刀的中心点（即可以任意确定螺旋下刀点）。

⑦【沿着边界斜插下刀】：选择该项，系统将靠着粗加工边界斜线下刀。

⑧【只有在螺旋失败时使用】：选择该项，只有当无法螺旋下刀时，系统才靠着粗加工边界斜线下刀。

⑨【如果长度超过】：当粗加工边界的长度小于此栏输入的长度时，系统将无法采用靠着粗加工边界斜线下刀。

⑩【方向】：设置螺旋下刀的螺旋方向，选择【顺时针】选项，将以顺时针旋转方向螺旋下刀；选择【逆时针】选项，将以逆时针旋转方向螺旋下刀。

⑪【如果所有进刀法失败时】：设置当所有螺旋下刀尝试失败后，系统采用直线下刀或中断程序，还可以选择保留程序中断后的边界为几何图形。

⑫【进刀使用的进给】：设置螺旋下刀的速度为深度方向的【下刀速率】还是【进给速率】。

（2）斜插式下刀

在左侧列表中选中【进刀方式】选项，右侧选中【斜插】单选按钮，显示斜插式下刀参数，如图 6-65 所示。

①【最小长度】：指斜插式下刀时，允许刀具走的最小的斜线长度，前一个设置为刀具直径百分比，后一个数据为这个百分比与刀具直径的乘积，如图 6-66 所示。

②【最大长度】：指斜插式下刀时，允许刀具走的最大的斜线长度，一般是斜线越长，进刀的切削路程就越长，如图 6-67 所示。

③【*Z* 间距】：用于输入斜线的下刀高度。是指开始斜插运动时刀具离工件表面的 *Z* 向高度（以工件表面作为 *Z* 向零点），如图 6-68 所示。

④【*XY* 预留量】：用于设置下刀时刀具与工件内壁在 *X* 向和 *Y* 向上的预留量，如图 6-69 所示。

⑤【进刀角度】：用于输入刀具的斜线插入角度，即切入工件时与工件表面的夹角，如图 6-70 所示。该值选的太小，斜线数增多，切削路程加长；角度太大，也会产生不好的端刃切削的情况，一般选 5°～20°之间。

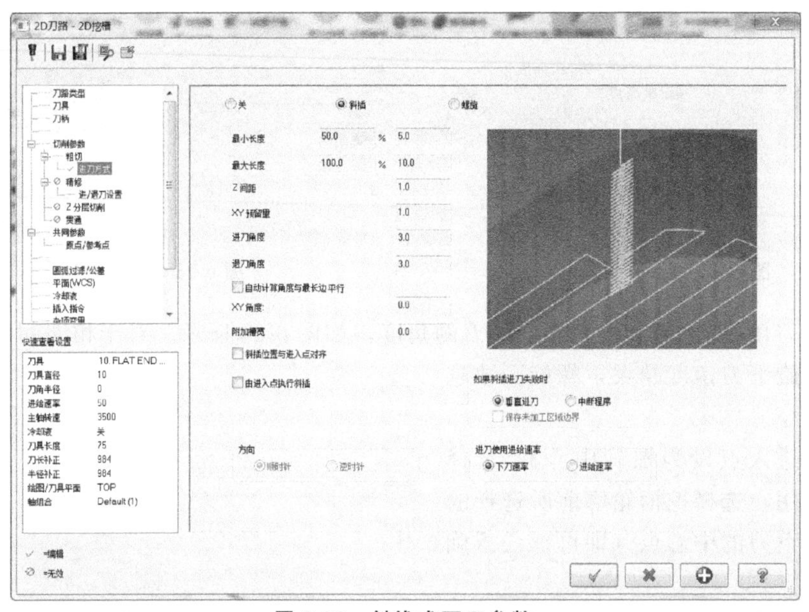

图 6-65 斜线式下刀参数

图 6-66 【最小长度】

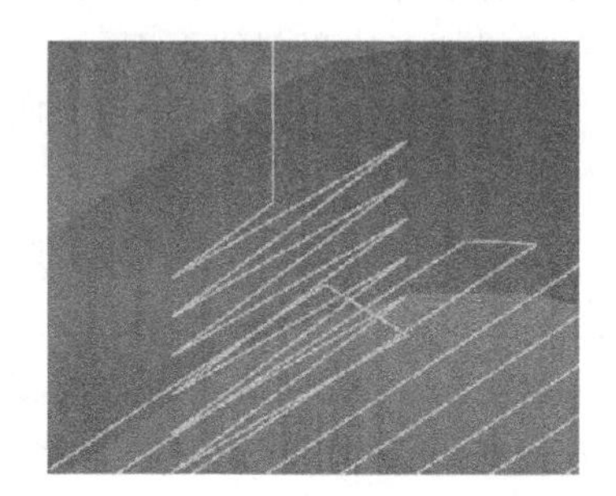

图 6-67 【最大长度】

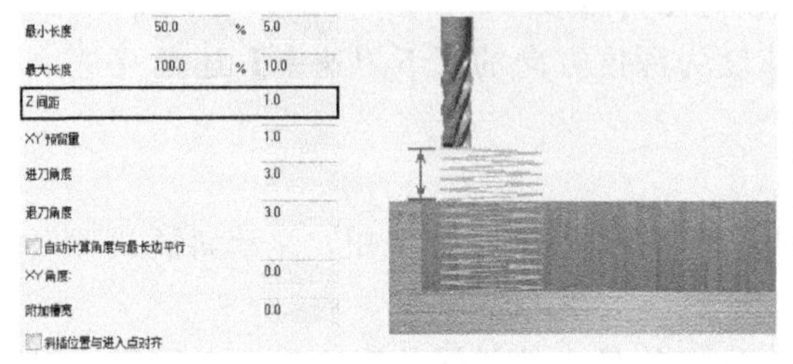

图 6-68 【*Z* 间距】

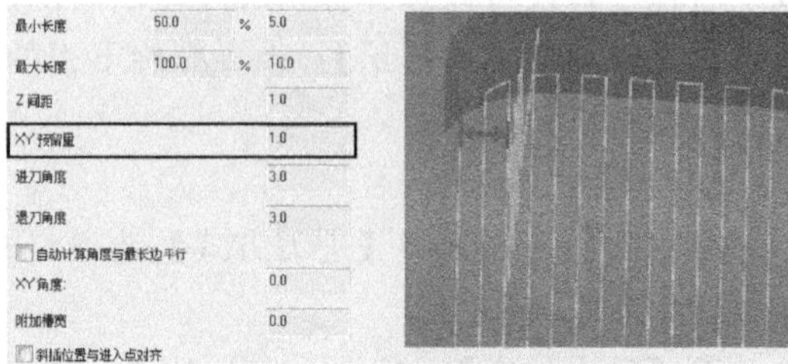

图 6-69 【*XY* 预留量】

⑥【退刀角度】：用于输入刀具的斜线切出角度，对于相同的螺旋下刀高度而言，斜线插入或切出角度越大，斜线下刀线段数越少，路径越短，下刀越陡，如图 6-71 所示。一般选 5°～20°之间，进刀角度与退刀角度可以相同，也可以不同。

⑦【自动计算角度与最长边平行】：选择该项，由系统自动决定斜线下刀刀具路径与 *XY* 轴的相对角度。

⑧【*XY* 角度】：未选择【自动计算角度与最长边平行】复选框时，斜线下刀刀具路径与 *XY* 轴的相对角度由此栏输入的角度决定，如图 6-72 所示。

⑨【附加槽宽】：可以在斜线下刀时产生一槽形结构，而槽形结构的宽度由此栏输入，如图 6-73 所示。

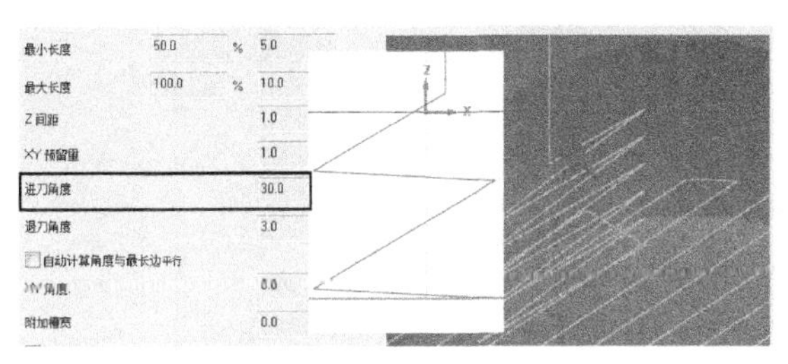

图 6-70 【进刀角度】

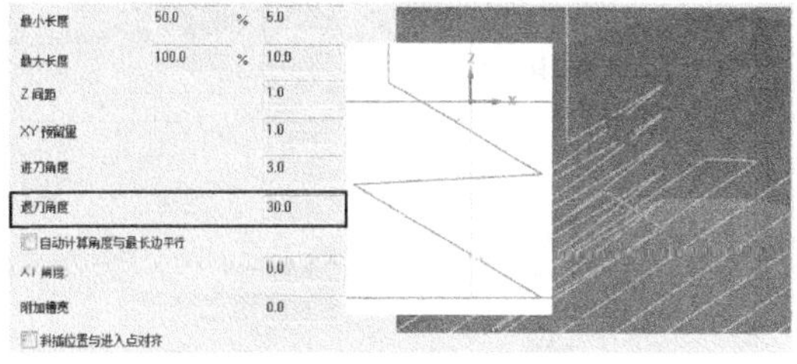

图 6-71 【退刀角度】

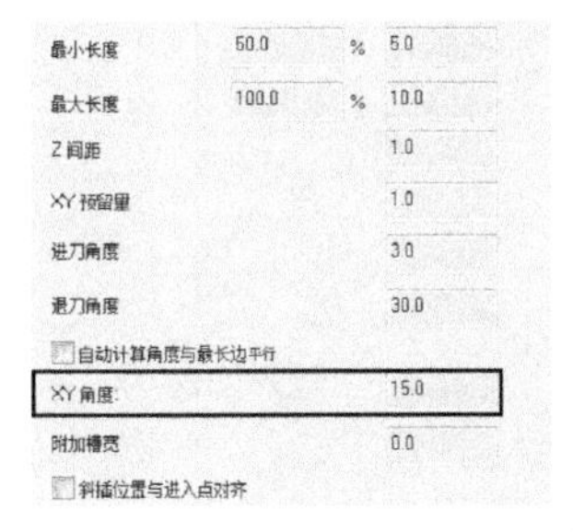

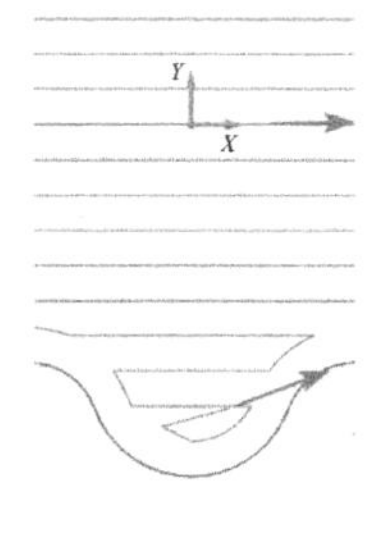

图 6-72 【*XY* 角度】

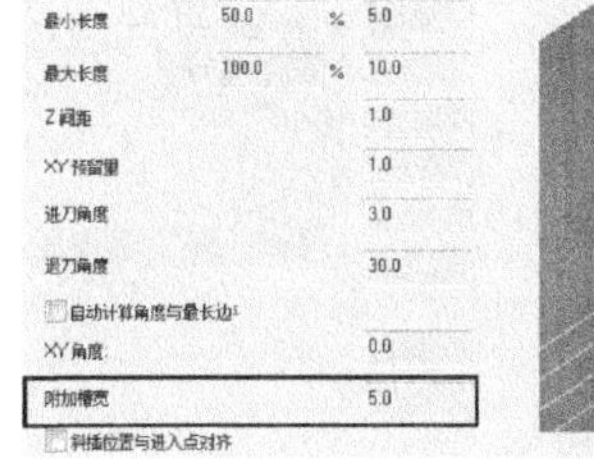

图 6-73 【附加槽宽】

⑩【斜插位置与进入点对齐】：选择该项，斜线下刀刀具路径与下刀点对齐。

⑪【由进入点执行斜插】：选择该项，将使用在选择挖槽轮廓前所选择的点作为斜线下刀的起点（即可以任意确定斜线下刀点），如图 6-74 所示。

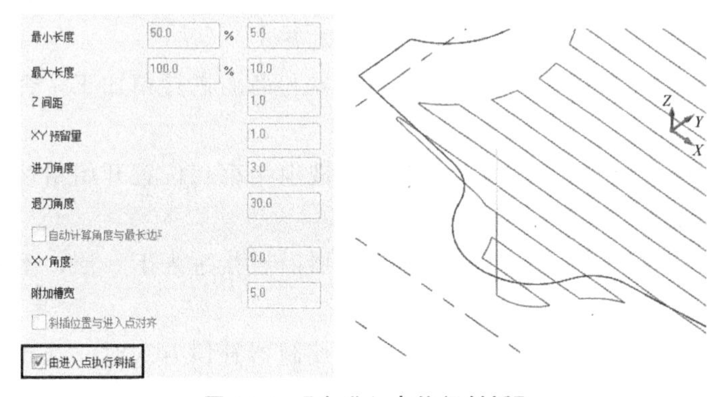

图 6-74 【由进入点执行斜插】

6.6.2 精切和进退刀设置

除了挖槽参数外，挖槽加工还要设置一组精加工参数，如图 6-75 所示。

精加工参数决定了切削加工的走刀方式、切削步距、进退刀选项等重要参数，下面分别介绍。

6.6.2.1 精加工参数

在挖槽加工中可以进行一次或数次精铣加工，让最后切削轮廓成形时最后一道的切削加工余量相对较小而且均匀，从而达到较高的加工精度和表面加工质量。

（1）【精修】

①【次】：用于输入精加工次数。

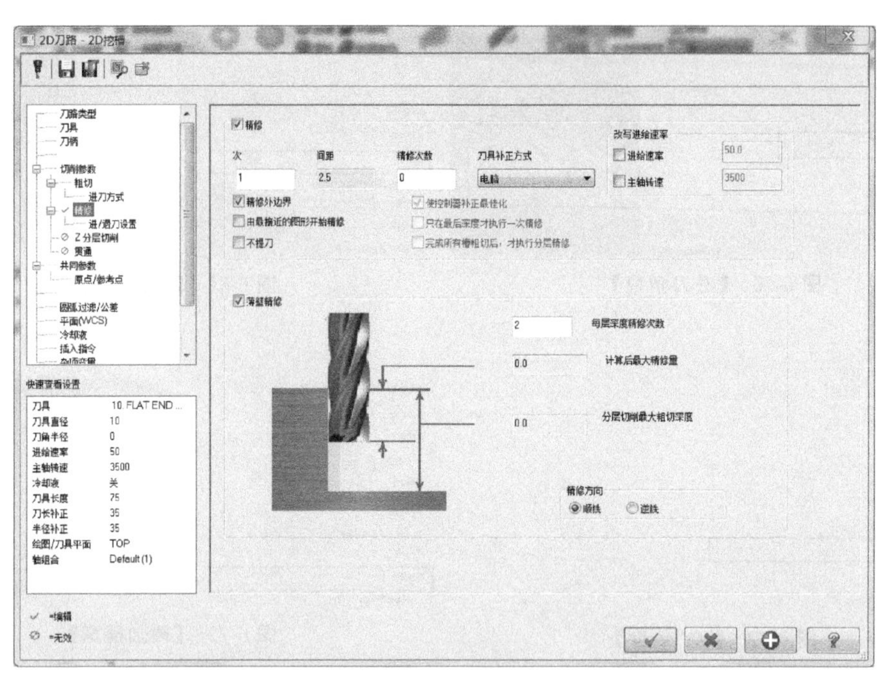

图 6-75　精加工参数

②【间距】：用于输入精加工量。

③【精修次数】：用于输入在精加工次数的基础上再增加的环切次数。

④【刀具补正方式】：用于选择精加工的补偿方式。

⑤【精修外边界】：选择该项，将对挖槽边界和岛屿进行精加工，否则仅对岛屿进行精加工。

⑥【由最接近的图形开始精修】：在靠近粗铣削结束点位置开始精铣削，否则按选取边界的顺序进行精铣削。

⑦【不提刀】：选择该项，刀具在切削完一层后直接进入下一层，不抬刀，否则回到参考高度再切削下一层。

⑧【使控制器补正最佳化】：当精加工采用控制器补偿方式时，选择该项，可以消除小于或等于刀具半径的圆弧精加工路径。

⑨【只在最后深度才执行一次精修】：当粗加工采用深度分层铣削时，选择该项，所有深度方向的粗加工完毕后才进行精加工，在最后的铣削深度进行精铣削，否则在所有深度进行精铣削。

⑩【完成所有槽粗切后，才执行分层精修】：在完成了所有粗切削后进行精铣削，否则在每一次粗切削后都进行精铣削，适用于多区域内腔加工。当粗加工采用深度分层铣削时，选择该项，粗加工完毕后再逐层进行精加工，否则粗加工一层后马上精加工一层。

（2）【改写进给速率】

①【进给速率】：选择该项，可以输入精加工的进给率，否则其进给速率与粗加工相同。

②【主轴转速】：选择该项，可以输入精加工的刀具转速，否则其转速与粗加工相同。

（3）薄壁精修

在铣削薄壁件时，选中该选项用户还可以设置更细致的薄壁件精加工参数，以保证薄壁件最后的精加工时刻不变形。

6.6.2.2 进/退刀设置

在左侧单击【进/退刀设置】选项，用户还可以设置精加工的导入/导出方式，如图6-76所示。相关选项参考“6.7.4节 进/退刀设置”一节。

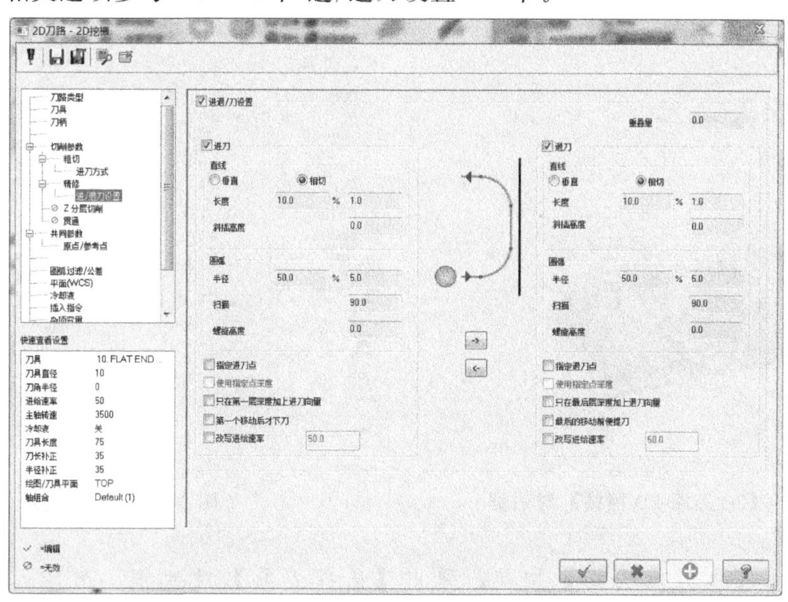

图 6-76 【进/退刀设置】选项

操作实例——创建挖槽粗加工

操作步骤

（1）启动挖槽加工

21 选择【刀路】选项卡上【2D】组中的【挖槽】按钮，系统弹出【串连选项】对话框，选择【2D】选项和【串连选项】按钮，连续选择如图6-77所示的2条轮廓线。

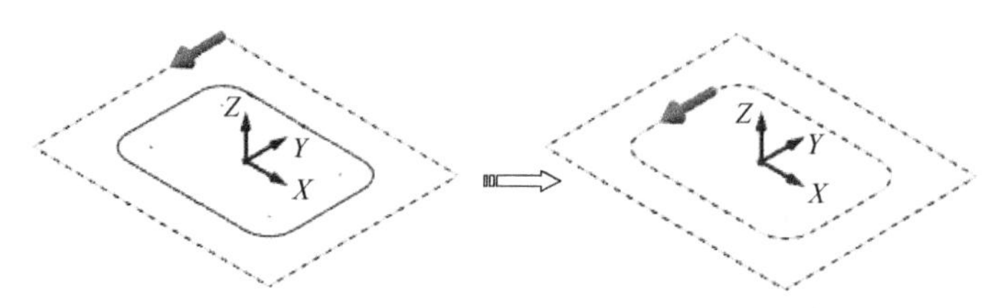

图 6-77 串连选择轮廓线

注意

选择两个轮廓时，要注意方向一定要相同。

22 单击【串连选项】对话框中的【确定】按钮，弹出【2D 刀路-2D 挖槽】对话框，如图 6-78 所示。

（2）创建加工刀具

23 在【2D 刀路-2D 挖槽】对话框左侧的【参数类别列表】中选择【刀具】选项，出现刀具设置窗口，如图 6-79 所示。

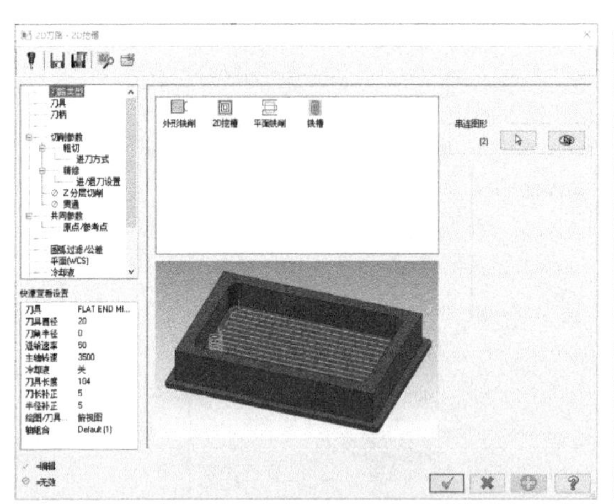

图 6-78 【2D 刀路-2D 挖槽】对话框

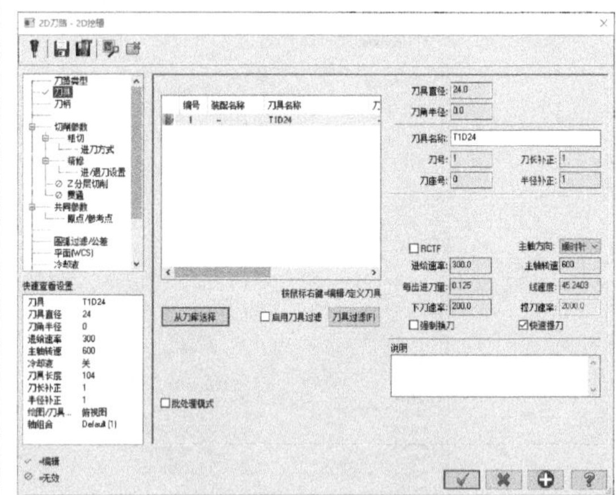

图 6-79 刀具参数

24 单击【从刀库选择】按钮，弹出【选择刀具】对话框，选择刀库“Mill _ mm. tooldb”，选择【编号】为 5，直径为 10 的“FLAT END MILL-10”的平底刀，如图 6-80 所示。

25 单击【确定】按钮后，返回【2D 刀路-2D 挖槽】对话框，双击窗口中创建的 5 号刀具，弹出【编辑刀具】对话框，在左侧列表中选择【完成属性】，设置【刀号】为“2”，【进给速率】为“600”，【下刀速率】为“400”，【主轴转速】为“800”，【名称】为“T2D10”，如图 6-81 所示。

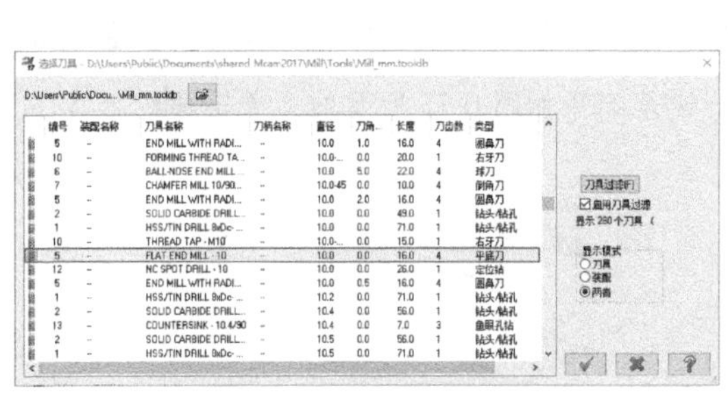

图 6-80 【选择刀具】对话框

图 6-81 【完成属性】选项

26 单击【确定】按钮后，返回【2D 刀路-2D 挖槽】对话框，如图 6-82 所示。

（3）设置共同参数

27 在【2D 刀路-2D 挖槽】对话框左侧的【参数类别列表】框中选中【共同参数】选项，设置【参考高度】为“15”，【下刀位置】为“5”，【深度】为“－7”，如图 6-83

所示。

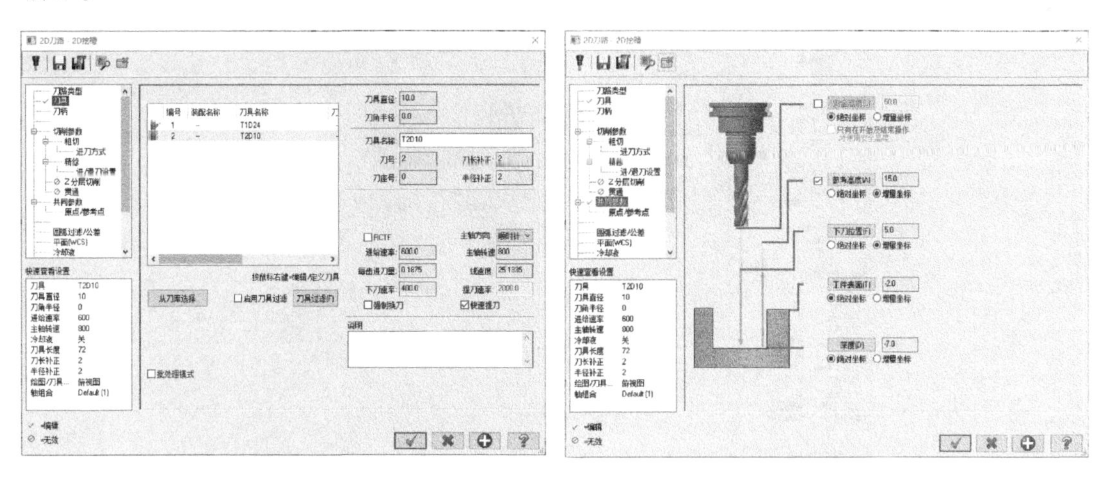

图 6-82 【2D 刀路-2D 挖槽】对话框

图 6-83 设置共同参数

（4）设置切削参数

28 在【2D 刀路-2D 挖槽】对话框左侧的【参数类别列表】框中选择【切削参数】选项，选择【挖槽加工方式】为“平面铣”，【重叠量】为“50%”，其他相关参数设置如图 6-84 所示。

（5）设置粗切参数

29 在【2D 刀路-2D 挖槽】对话框左侧的【参数类别列表】框中选择【粗切】选项，设置【切削方式】为“依外形环切”，【切削间距（直径%）】为“40”，取消【由内向外环切】复选框，如图 6-85 所示。

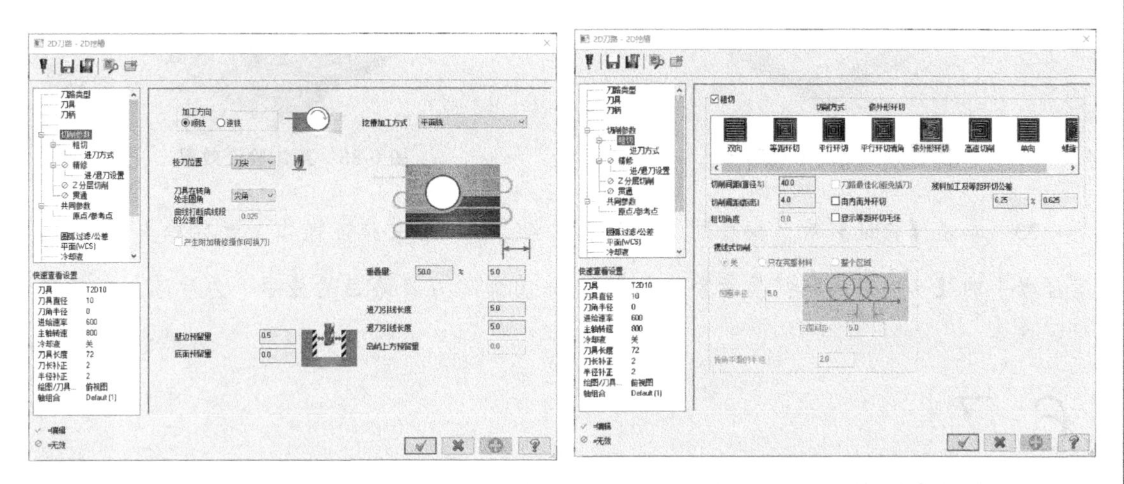

图 6-84 设置切削参数

图 6-85 设置粗切参数

（6）设置 *Z* 分层切削

30 在【2D 刀路-2D 挖槽】对话框左侧的【参数类别列表】框中选择【*Z* 分层切削】选项，设置【最大粗切步进量】为“2”，选择【依照区域】单选框，选中【不提刀】复选框，以减少提刀；其他选项设定如图 6-86 所示。

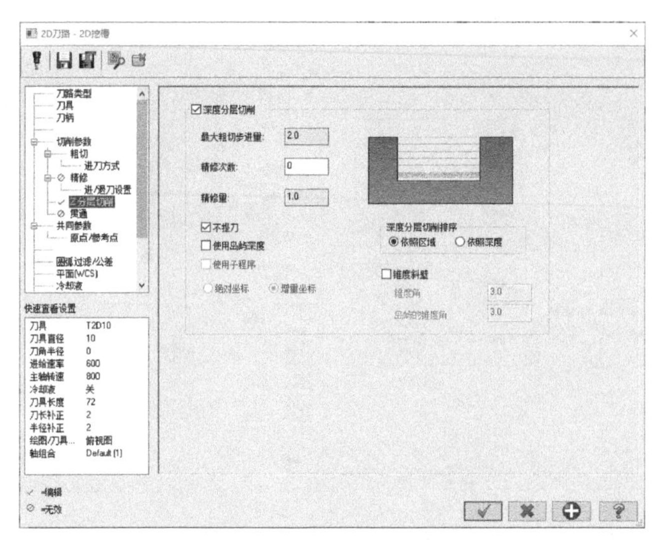

图 6-86　设置 Z 分层切削

（7）生成刀具路径并验证

31　单击【确定】按钮，完成加工参数设置，并生成刀具路径，如图 6-87 所示。

32　单击【刀路】管理器中的【验证已选择的操作】按钮，弹出【验证】对话框，单击【播放】按钮，验证加工工序，如图 6-88 所示。

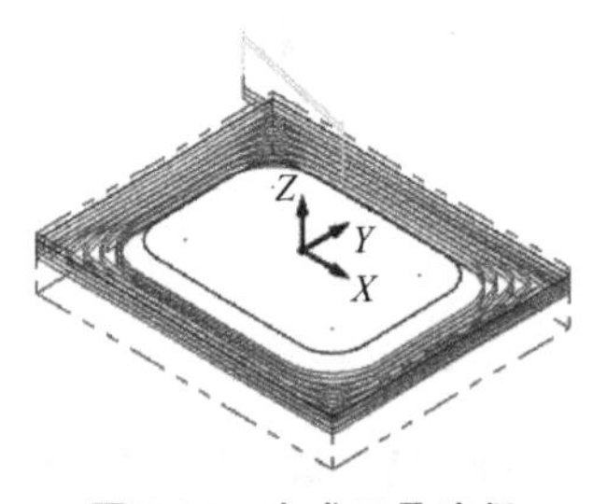

图 6-87　生成刀具路径

图 6-88　实体验证效果

33　单击【验证】对话框中的【关闭】按钮，结束验证操作。然后单击【刀路】管理器中的【切换刀具路径显示】按钮，关闭加工刀具路径的显示，为后续加工操作做好准备。

6.7 创建外形铣削加工（精加工）

外形铣削也称为轮廓铣削，是刀具沿着由一系列线段、圆弧或曲线等组成的工件轮廓来产生刀具路径。二维轮廓线外形铣削是一种 2.5 轴的铣床加工，它在加工中产生水平方向的 *XY* 两轴联动，而 *Z* 轴方向只在完成一层加工后进入下一层时才做单独的动作，如图 6-89 所示。

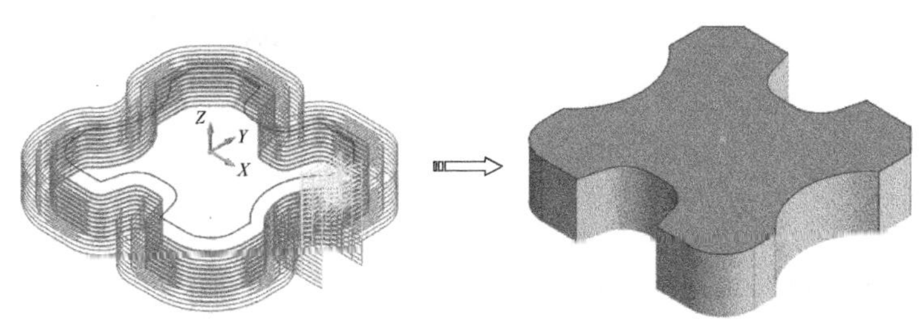

图 6-89　外形铣削加工

6.7.1　切削参数

在【2D 刀路-外形铣削】对话框左侧参数列表中选择【切削参数】选项，右侧显示外形铣削切削参数，如图 6-90 所示。

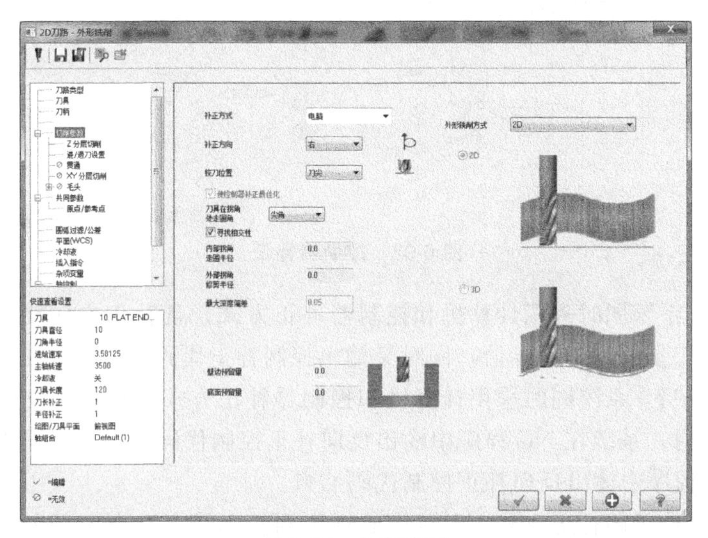

图 6-90　切削参数

6.7.1.1 补正设置

Mastercam 提供了非常丰富的补正方式和补正方向供用户进行组合，来实现实际加工需要，主要包括以下参数。

(1)【补正方式】(半径补偿)

在 Mastercam2017 系统中提供了 5 种补正方式，常用的是计算机（电脑）补正和控制器补正。

①【计算机（电脑）】：电脑补正由 Mastercam 软件实现，计算刀具路径时将刀具中心向指定方向移动一个补正量（一般为刀具的半径），产生的 NC 程序已经是补正后的坐标值，并且程序中不再含有刀具补正指令（G41、G42），如图 6-91 所示。补正可以根据加工要求设定为左补正、右补正。

技术要点

电脑补正形式不考虑刀具磨损，容易造成加工出的零件产生误差，外形尺寸变大，内孔尺寸变小。

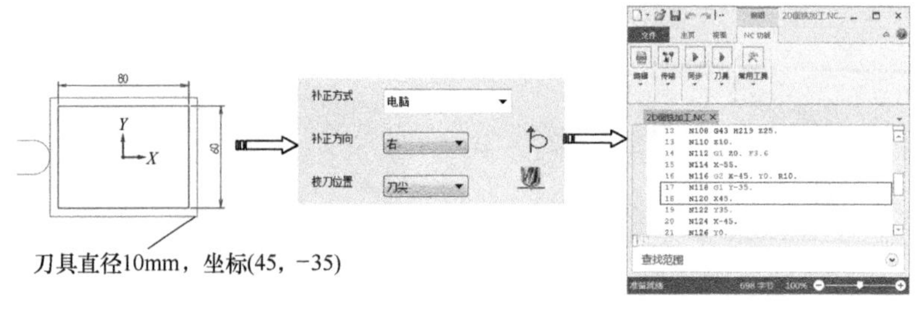

图 6-91　电脑补正

②【控制器】：选用控制器补正时，Mastercam 所产生的 NC 程序是以要加工零件图形的尺寸为依据来计算坐标，并会在程序的某些行中加入补正命令（如左补正 G41、右补正 G42）及补正代号，如图 6-92 所示。

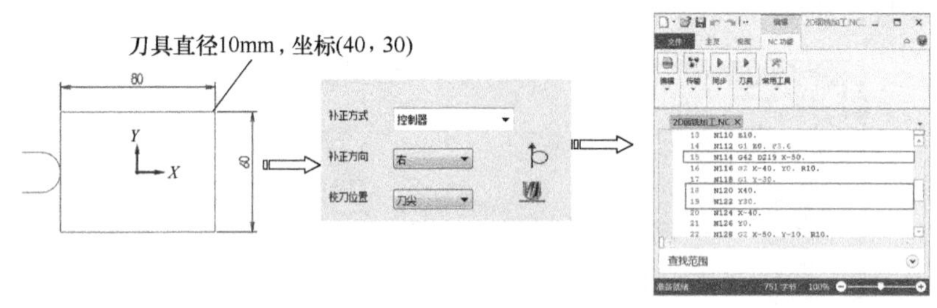

图 6-92　控制器补正

③【磨损】：系统同时采用计算机和控制器补正方式，且补正方向相同，并在 NC 程序中给出加入补正量的轨迹坐标值，同时又输出控制补正代码 G41 或 G42。

④【反向磨损】：系统同时采用计算机和控制器补正方式，且补正方向相反。即当采用计算机左补正时，系统在 NC 程序中输出反向补正控制代码 G42；当采用计算机右补正时，系统在 NC 程序中输出反向补正控制代码 G41。

⑤【关】：系统关闭补正方式，刀具中心铣削到轮廓线上。当加工余量为 0 时，刀具中心刚好与轮廓线重合，如图 6-93 所示。该补正形式常应用于加工对称形状的轮廓工件，如键槽、U 型槽等。

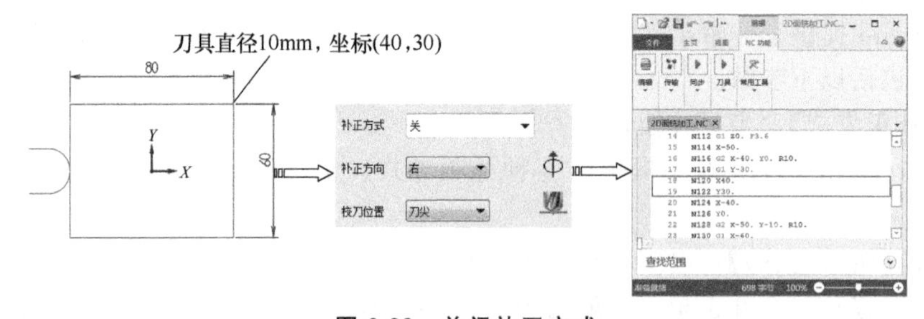

图 6-93　关闭补正方式

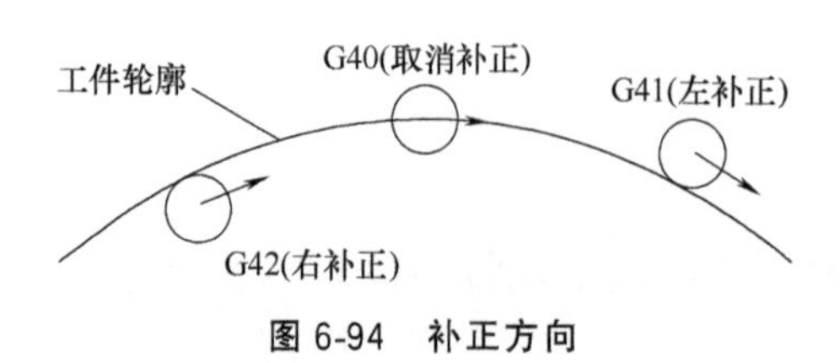

图 6-94　补正方向

（2）补正方向

刀具的补正方向有左补正、右补正两种，如图 6-94 所示。

① 左补正：当采用左补正，若补正方式为“计算机补正”，则按所选轮廓串联方向看

去，刀具中心往外形轮廓左侧方向移动一个补正量；若采用的补正方式为“控制器补正”，则在 NC 程序中输出左补正代码“G41”，如图 6-95 所示。

图 6-95　左补正

② 右补正：当采用右补正，若补偿方式为“计算机补正”，则按所选轮廓串联方向看去，刀具中心往外形轮廓右侧方向移动一个补正量；若采用的补正方式为“控制器补正”，则在 NC 程序中输出右补正代码“G42”，如图 6-96 所示。

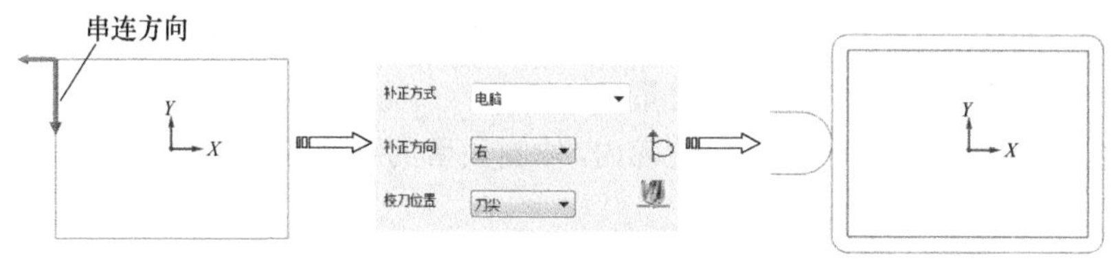

图 6-96　右补正

（3）【校刀位置】（长度补偿）

数控铣床上的刀具受 NC 程序的控制沿 NC 程序的刀轨移动实现对工件的切削，Mastercam 允许使用的如图 6-97 所示的位置作为刀具参考点，以确定刀具上沿刀轨移动的点的位置。

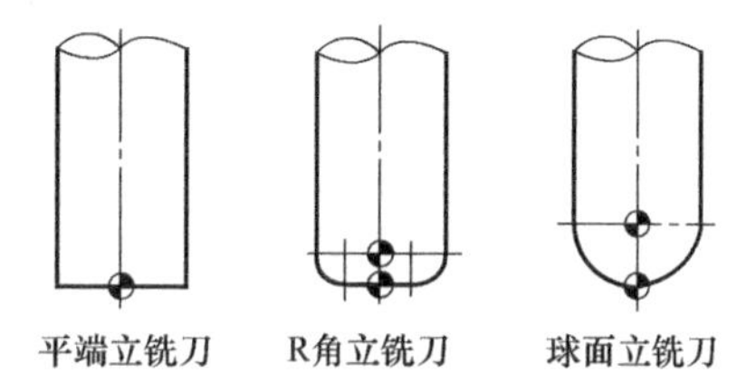

图 6-97　Mastercam 允许使用的刀具参考点

6.7.1.2 转角设置

【刀具在拐角处走圆角】用于设置刀具在转角处的刀具路径形式。机床的运动方向发生突变，产生切削负荷的大幅度变化，对刀具极其不利。Mastercam 可以设定在外形有尖角处是否要加入刀具路径圆角过渡。一般来说应优先使用角落圆角，可以有比较圆滑的过渡。

【刀具在拐角处走圆角】转角设置有以下 3 种方式。

（1）【无】

在图形转角处不插入圆弧切削轨迹，而是直接过渡，产生的刀具轨迹形状为尖角，如图 6-98 所示。

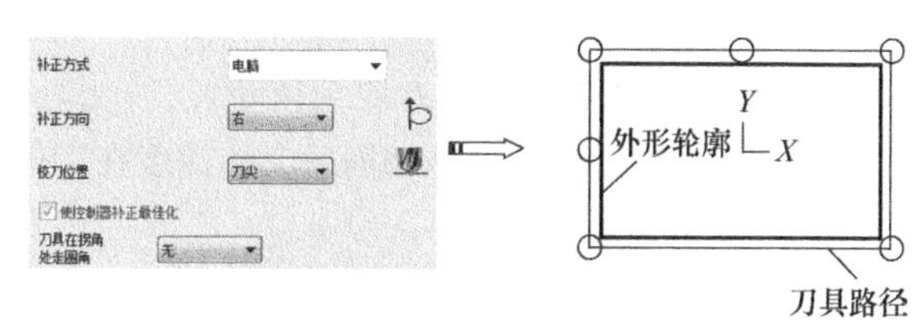

图 6-98　转角设置【无】

（2）【尖角】

对小于或等于 135°（工件一侧的角度）的几何图形转角处插入圆弧切削轨迹，大于 135°的转角不插入圆弧切削轨迹，如图 6-99 所示。

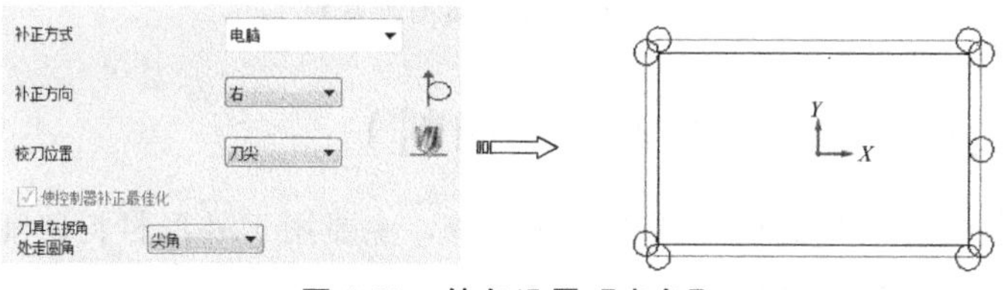

图 6-99　转角设置【尖角】

（3）【全部】

在几何图形的所有转角处均插入圆弧切削轨迹，如图 6-100 所示。

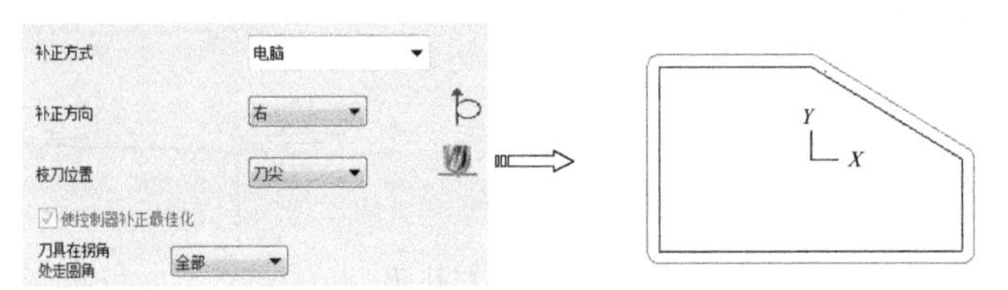

图 6-100 转角设置【全部】

6.7.1.3 预留量设置

在实际的加工中特别是粗加工中经常要碰到预留量的问题，预留量是指加工时预留一定厚度的材料在工件上以便于下一步的加工。预留量设置包括 *XY* 方向和 *Z* 方向的预留量。

（1）【壁边预留量】（*XY* 方向预留量）

XY 方向的预留量大小即在外形轮廓内/外侧预留的加工余量，如图 6-101 所示。

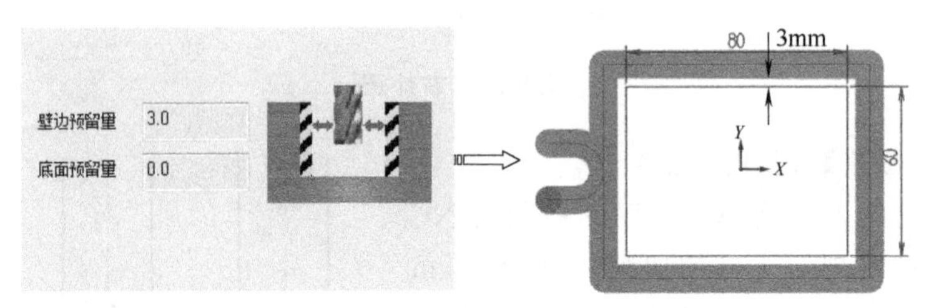

图 6-101 【壁边预留量】

技术要点

粗铣加工中一般要留一定的加工留量，一般为 0.1mm～0.5mm。 XY 方向预留量的值表示轮廓向切削侧边偏移的数值，偏移值为正，即铣削后得到的结果要远离实际轮廓所设计的要求；偏移值为负，即铣削后得到的结果要小于实际轮廓所设计的要求。

（2）【底面预留量】（*Z* 方向预留量）

Z 方向的预留量大小，即切削后实际深度在工件表面预留的加工余量，如图 6-102 所示。

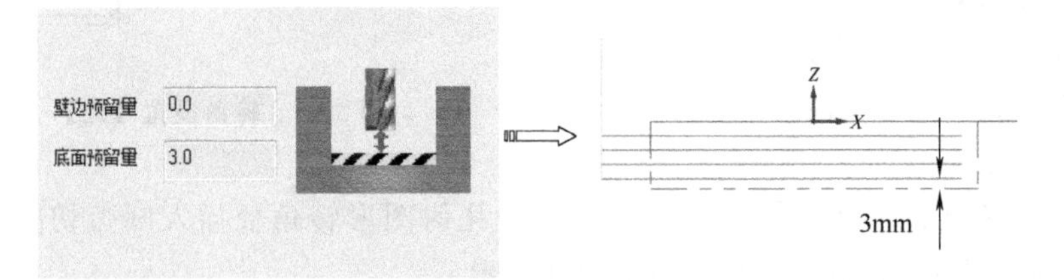

图 6-102 【底面预留量】

6.7.2 外形分层切削（XY 分层切削）

外形分层切削是在 *XY* 方向分层粗铣和精铣，主要用于外形材料切削量较大，刀具无法一次加工到定义的外形尺寸的情形。

单击【2D 刀路-外形铣削】对话框左侧列表中的【切削参数】|【XY 分层切削】选项，右侧弹出【XY 分层切削】参数，如图 6-103 所示。用于设置 XY 平面分层切削参数。

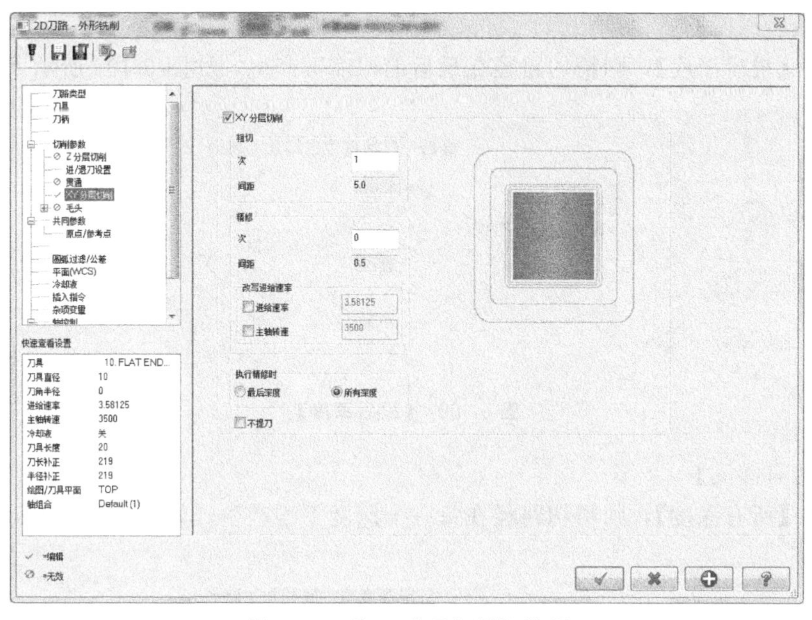

图 6-103 【*XY* 分层切削】选项

用于设置 *XY* 向分层切削参数，主要选项参数含义如下。

6.7.2.1 【粗切】

用于确定粗加工次数和切削间距。粗铣间距通常根据刀具的直径而定，一般为刀具直径的60%～75%，如图 6-104 所示。

6.7.2.2 【精修】

用于确定精加工次数和切削间距，如图 6-105 所示。

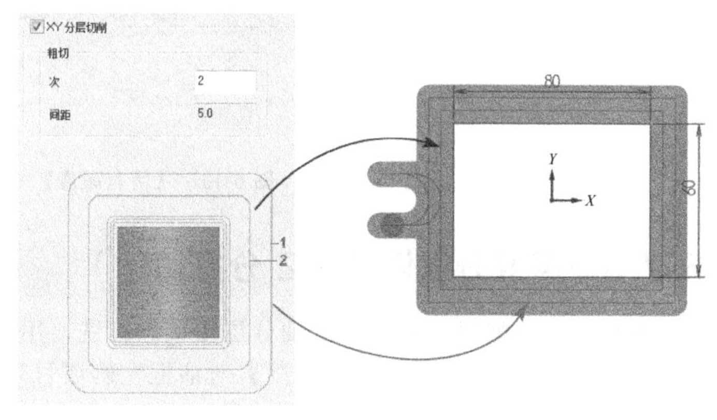

图 6-104 【粗切】

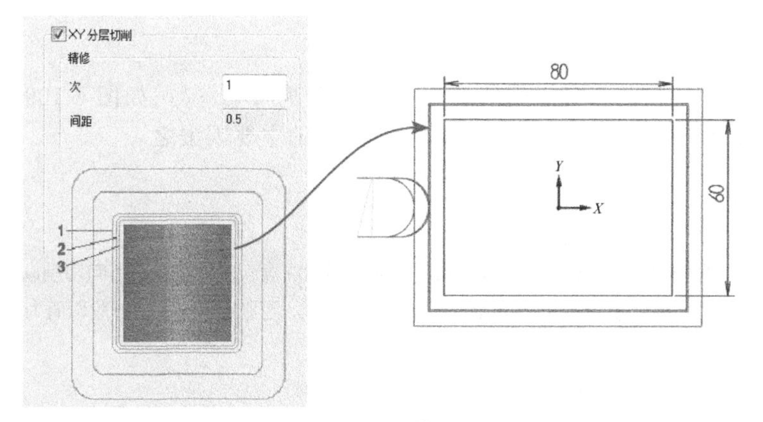

图 6-105 【精修】

6.7.2.3 【执行精修时】

用于选择是在最后深度进行精切还是在每层都进行精切。

（1）【最后深度】

当选择【最后深度】，则精切路径在最后的深度下产生，如图 6-106 所示。

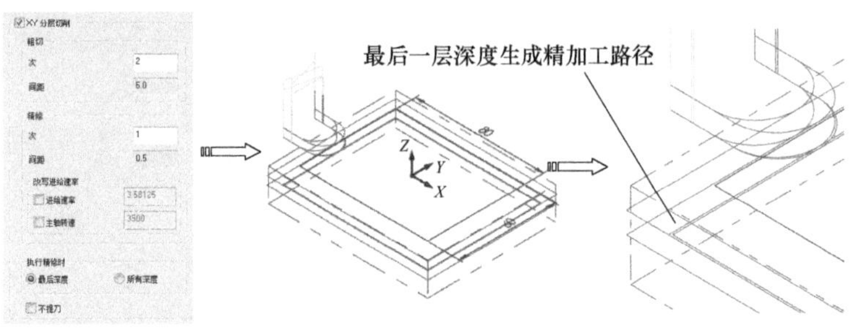

图 6-106 【最后深度】

（2）【所有深度】

当选择【所有深度】，则精切路径在每一个深度下均产生，如图 6-107 所示。

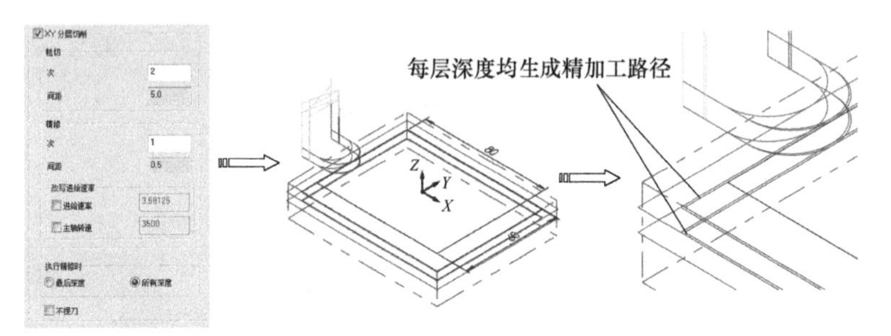

图 6-107 【所有深度】

6.7.3 深度分层切削（Z 分层切削）

深度分层切削用于指定在 Z 轴分层粗铣和精铣，用于材料较厚无法一次加工到最后深度的情形。在【2D 刀路-外形铣削】对话框左侧项目列表中单击【Z 分层切削】选项，右侧显示深度分层参数，如图 6-108 所示。

用于设置 Z 向分层切削参数，主要选项参数含义如下。

6.7.3.1 【最大粗切步进量】

用于设置两相邻切削路径层间的最大 Z 方向距离（切深），如图 6-109 所示。每次加工深度也称为切深或背吃刀量，它是影响加工效率的主要因素之一。

技术要点

最大粗切步进量为粗加工时 Z 轴方向每层允许的最大切削深度，刀具在 XY 方向切削间距为刀具直径的 60%～75%，间距较大，因而在 Z 轴方向切削深度取值不能太大，否则容易崩刀，一般取值为 1mm～1.5mm。

6.7.3.2 【精修次数】和【精修量】

①【精修次数】：切削深度方向的精加工次数。

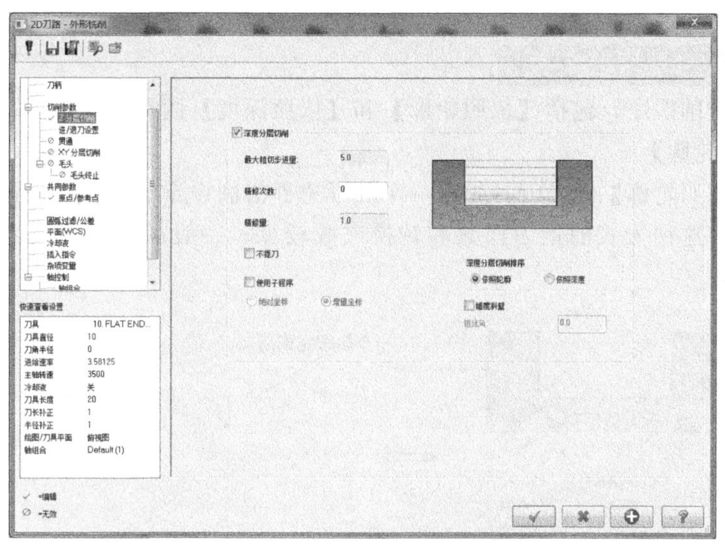

图 6-108 【Z 分层切削】选项

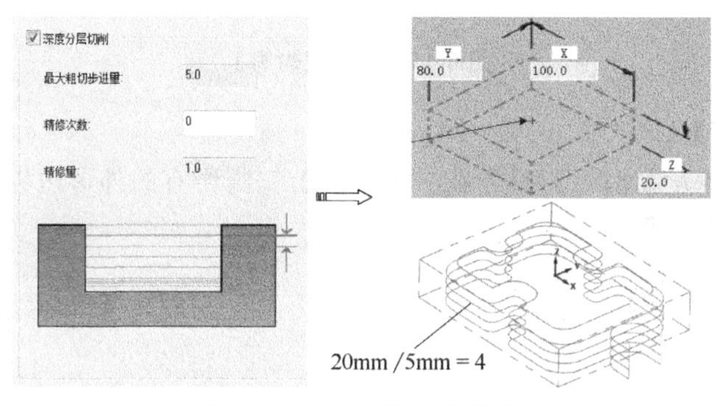

图 6-109 最大粗切步进量

②【精修量】：精加工时每层切削的深度，做 Z 方向精加工时两相邻切削路径在 Z 方向的距离，如图 6-110 所示。

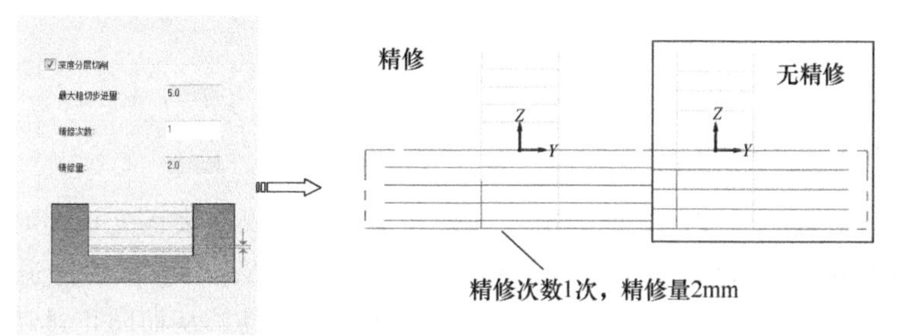

图 6-110 【精修次数】和【精修量】

技术要点

在实际加工中，总切削量等于最后切削深度减去 Z 向预留量，而实际粗切量往往小于最大粗切步进量，系统会按照下式调整。

$$粗切次数=\frac{(总切削量-精修量\times次数)-Z向预留量}{最大粗切量}$$

计算后取整。

6.7.3.3 【深度分层切削排序】

设置深度铣削次序，包括【依照轮廓】和【依照深度】两种方式。

(1)【依照轮廓】

当选择【依照轮廓】时，刀具先在一个外形边界铣削设定的深度后，再进行下一个外形边界的铣削，这种方式的抬刀次数和转换次数较少，一般加工优先选用【依照轮廓】，如图 6-111 所示。

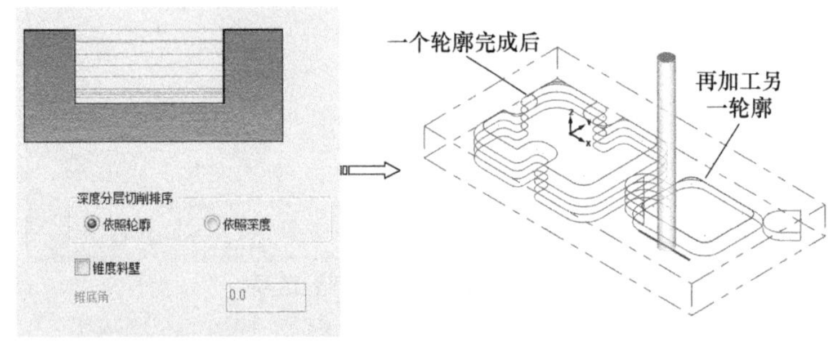

图 6-111 【依照轮廓】

(2)【依照深度】

当选择【依照深度】时，刀具先在一个深度上铣削所有的外形边界，再进行下一个深度的铣削，如图 6-112 所示。

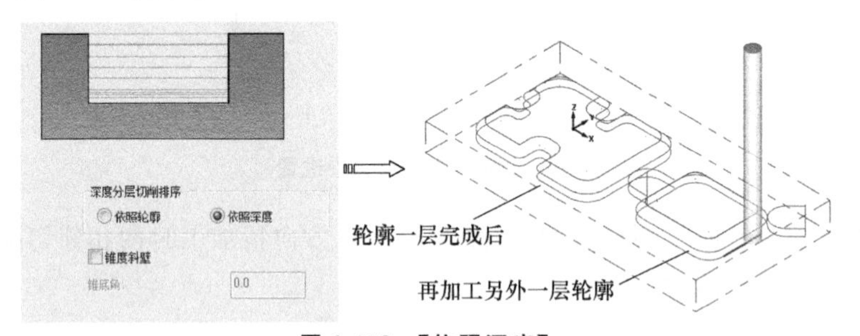

图 6-112 【依照深度】

6.7.4 进/退刀设置

轮廓铣削一般都要求加工表面光滑，如果在加工时刀具在表面处切削时间过长（如进刀、退刀、下刀和提刀时），就会在此处留下刀痕。Mastercam2017 的进退刀功能可在刀具切入和切出工件表面时加上进退引线使之与轮廓平滑连接，从而防止过切或产生毛边。

在左侧选项列表中选中【进/退刀设置】节点，右侧显示【进/退刀设置】对话框，如图 6-113 所示。

6.7.4.1 【在封闭轮廓中点位置执行进/退刀】

选中该复选框，将在选择的几何图形的中点处进行进退刀，如图 6-114 所示。

取消该复选框，将在选择的几何图形端点处进行进退刀，如图 6-115 所示。

6.7.4.2 【过切检查】

选中该复选框，将启动进退刀过切检查，确保进退刀路径不铣削轮廓外形内部材料。

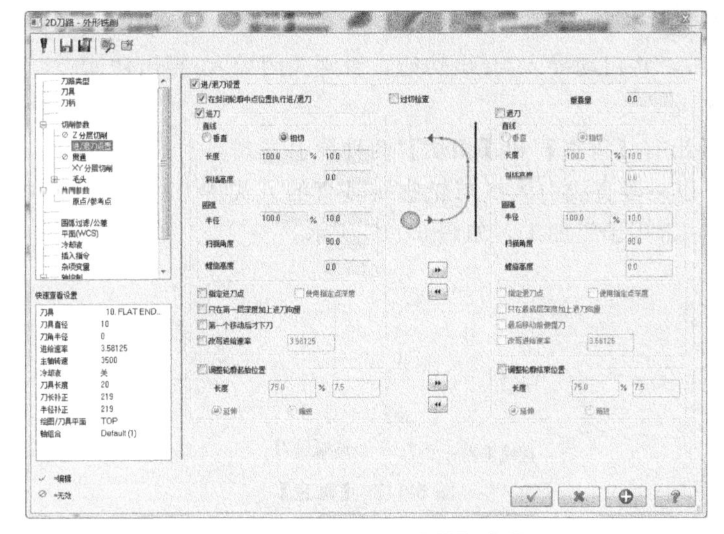

图 6-113 【进/退刀设置】选项

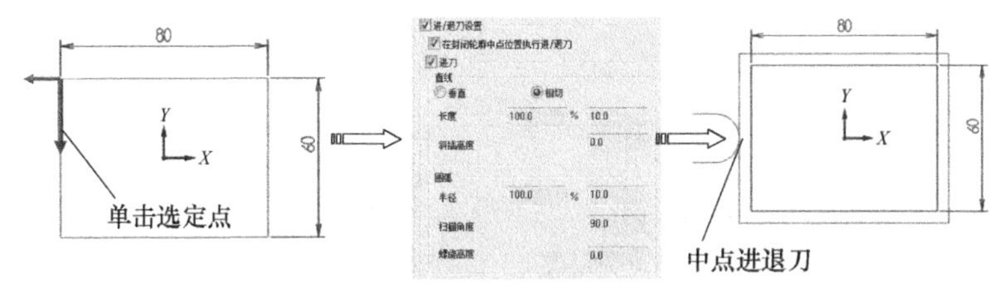

图 6-114 选中【在封闭轮廓中点位置执行进/退刀】复选框

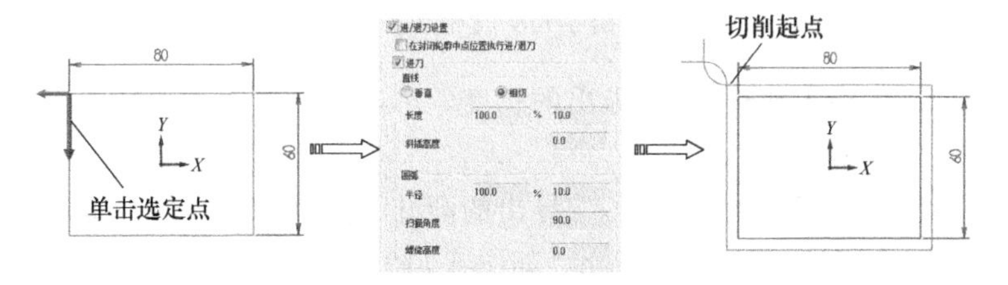

图 6-115 取消【在封闭轮廓中点位置执行进/退刀】复选框

6.7.4.3 【重叠量】

在退刀前刀具仍沿着刀具路径的中点向前切削一段距离，此距离即为退刀的重叠量。退刀重叠量可以减少甚至消除进刀痕，如图 6-116 所示。

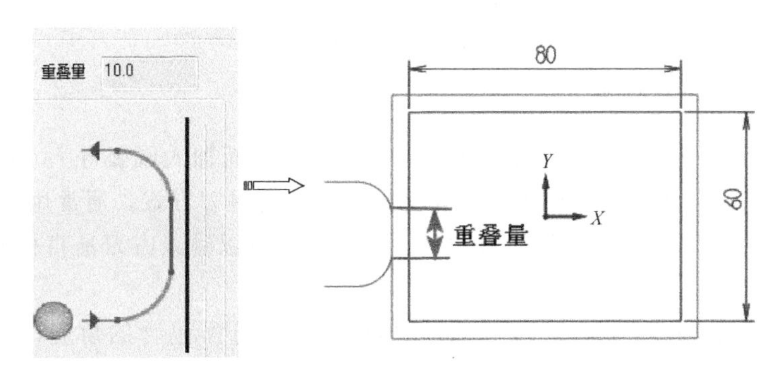

图 6-116 【重叠量】

6.7.4.4 进刀/退刀

选中该复选框，将启动导入/导出功能，否则关闭导入/导出功能。

(1)【直线】

线性导入/导出有【垂直】和【相切】两种导引方式。

①【垂直】：以一段直线引入线与轮廓线垂直的方式进刀/退刀，这种方式会在进刀/退刀处留下刀痕，常用于粗加工，如图 6-117 所示。

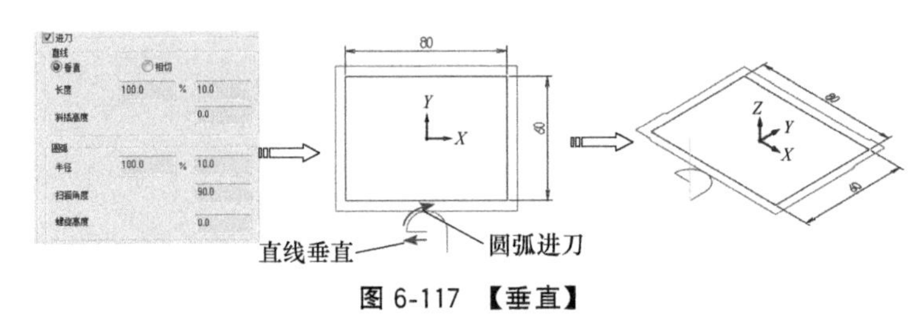

图 6-117 【垂直】

②【相切】：以一段直线引入线与轮廓线相切的方式进刀/退刀，这种方式常用于圆弧轮廓的加工进刀，如图 6-118 所示。

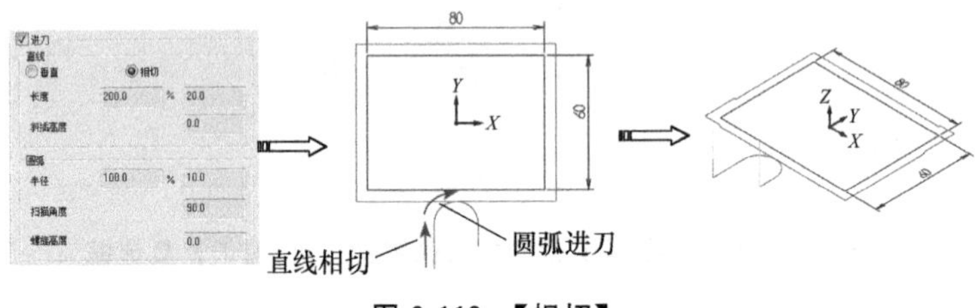

图 6-118 【相切】

③【长度】：用于输入线性导入/导出的长度，可以输入占刀具直径的百分比或直接输入长度。

④【斜插高度】：用于输入线性导入/导出的渐升/降高度，即进刀/退刀向量中直线部分的起点和终点的高度差，一般为 0mm，如图 6-119 所示。

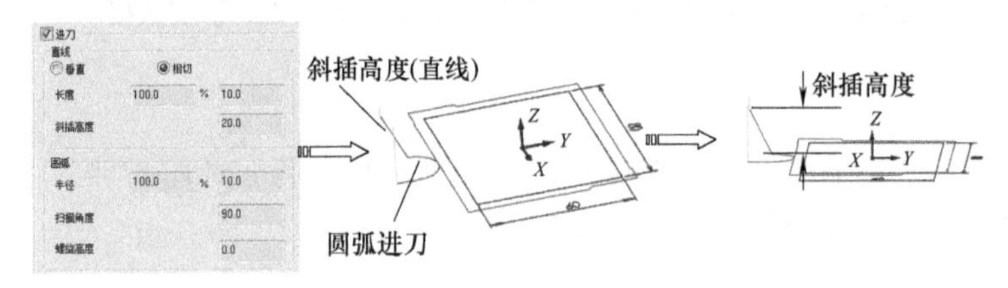

图 6-119 斜插高度

(2)【圆弧】

除了加入线性导入/导出刀具路径外，还可以在其后面加入圆弧导入/导出刀具路径。圆弧进刀/退刀是以一段圆弧作引入线与轮廓线相切的进退刀方式，通常用于精加工中。

①【半径】：用于输入圆弧导入/导出的圆弧半径，可以输入占刀具直径的百分比或直接输入半径。

②【扫描角度】：用于输入圆弧导入/导出的圆弧部分所包含的角度，一般为 90 度，如图 6-120 所示。

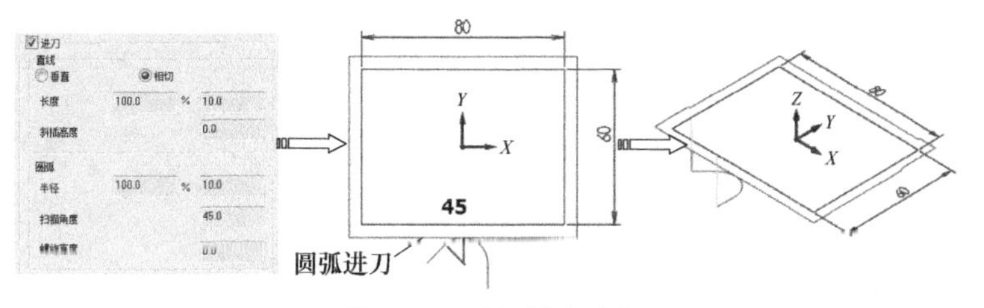

图 6-120 【扫描角度】

③【螺旋高度】：用于输入圆弧导入/导出的螺旋高度，即圆弧部分起点和终点的高度差，一般为 0，如图 6-121 所示。

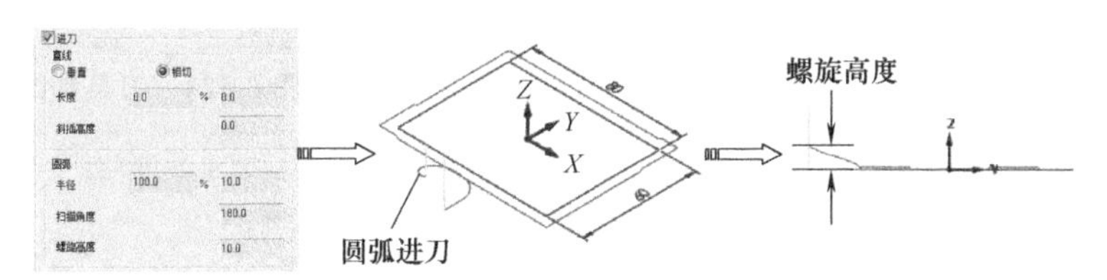

图 6-121 【螺旋高度】

操作实例——外形轮廓铣精加工

操作步骤

（1）启动外形轮廓加工

34 选择【刀路】选项卡上【2D】组中的【外形】按钮，系统弹出【串连选项】对话框，选择【2D】选项和【串连选项】按钮，连续选择如图 6-122 所示的轮廓线。

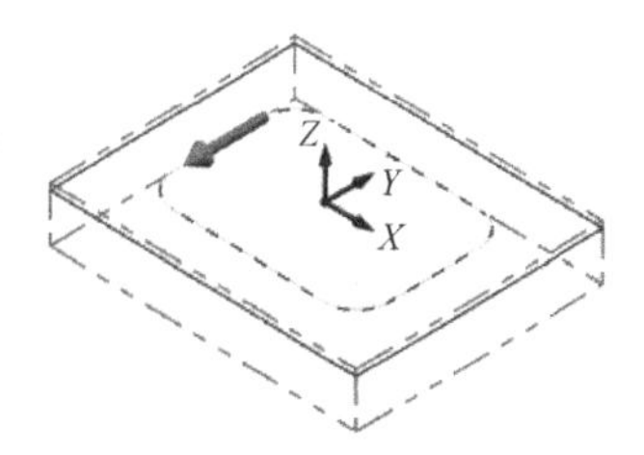

图 6-122 串连选择轮廓

35 单击【串连选项】对话框中的【确定】按钮，弹出【2D 刀路-外形铣削】对话框，如图 6-123 所示。

（2）创建加工刀具

36 在【2D 刀路-外形铣削】对话框左侧的【参数类别列表】中选择【刀具】选项，出现刀具设置窗口，如图 6-124 所示。

37 单击【从刀库选择】按钮，弹出【选择刀具】对话框，选择刀库“Mill_mm. tooldb”，选择【编号】为 5，直径为 8 的“FLAT END MILL-8”的平底刀，如图 6-125 所示。

38 单击【确定】按钮后，返回【2D 刀路-外形铣削】对话框，双击窗口中创建的 5 号刀具，弹出【编辑刀具】对话框，在左侧列表中选择【完成属性】，设置【刀号】为“3”，【进给速率】为“800”，【下刀速率】为“600”，【主轴转速】为“1200”，【名称】为“T3D8”，如图 6-126 所示。

39 单击【确定】按钮后，返回【2D 刀路-外形铣削】对话框，如图 6-127 所示。

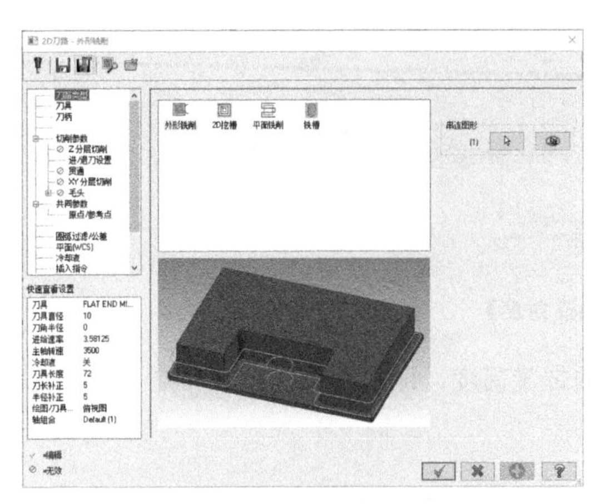

图 6-123 【2D 刀路-外形铣削】对话框

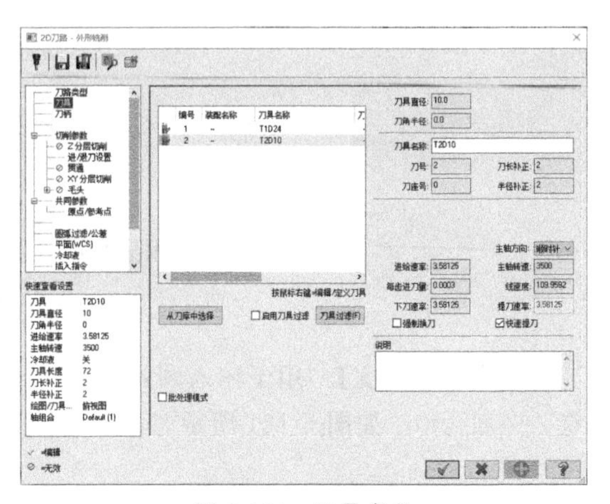

图 6-124 刀具参数

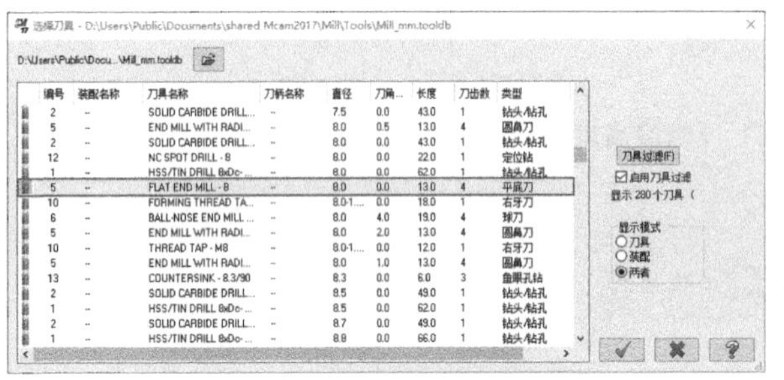

图 6-125 【选择刀具】对话框

图 6-126 【完成属性】选项

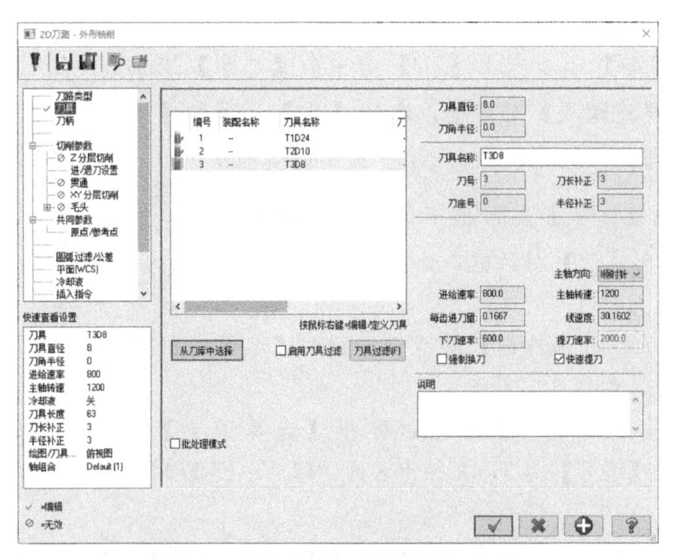

图 6-127 【2D 刀路-外形铣削】对话框

技术要点

下刀速率是指主轴的升降进给速率，沿着加工面下刀时应该选择较小的进给量，以免崩刀，一般选择进给速率的 2/3 左右。

(3) 设置共同参数

40 在【2D刀路-外形铣削】对话框左侧的【参数类别列表】框中选中【共同参数】选项，设置【参考高度】为“15”，【下刀位置】为“5”，【深度】为“−7”，如图6-128所示。

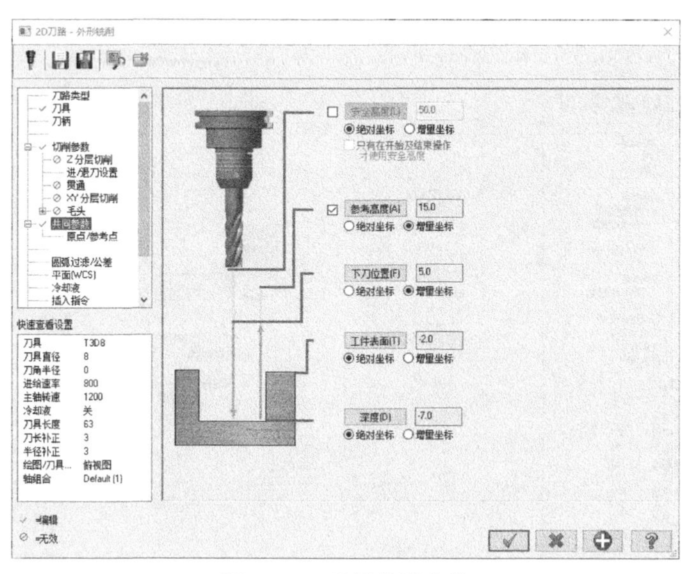

图 6-128　设置共同参数

(4) 设置切削参数

41 在【2D刀路-外形铣削】对话框左侧的【参数类别列表】框中选择【切削参数】选项，右侧显示切削参数，设置【外形铣削方式】为“2D”，如图6-129所示。

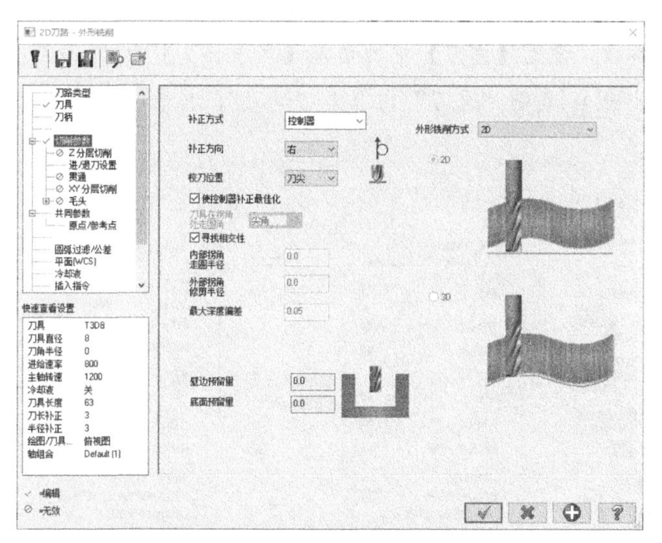

图 6-129　设置切削参数

补正方向到底是左还是右，一定要以用户选择串连轮廓上显示的箭头方向为准，要加工的材料在箭头左侧为“左”，反之亦然。

（5）设置 *Z* 分层切削

42 在【2D 刀路-外形铣削】对话框左侧的【参数类别列表】框中选择【*Z* 分层切削】选项，设置【最大粗切步进量】为“2”，选择【依照轮廓】单选框，其他选项设定如图 6-130 所示。

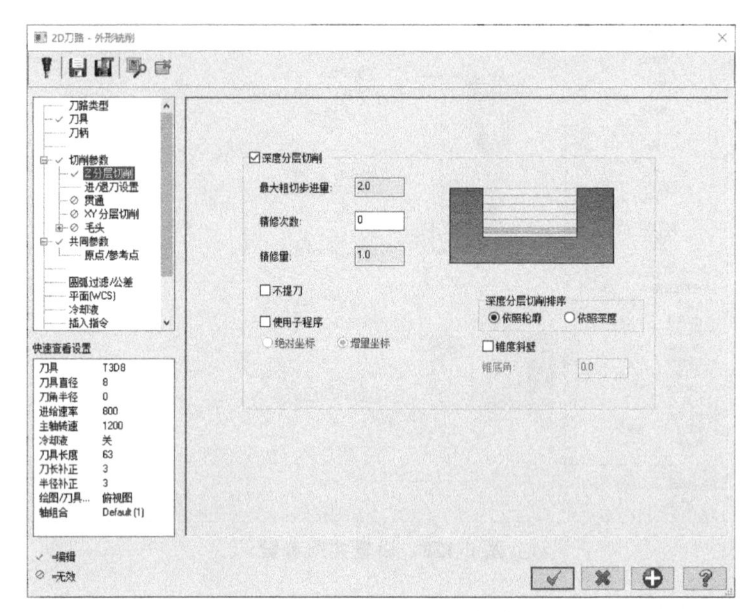

图 6-130　设置 *Z* 分层切削参数

（6）进/退刀设置

43 在【2D 刀路-外形铣削】对话框左侧的【参数类别列表】框中选择【进/退刀设置】选项，弹出进退刀参数，设置【进刀】中的切入【直线长度】为“50%”，切入【圆弧半径】为“100%”，点击按钮【▸▸】复制“进刀”内容至“退刀”，其余参数如图 6-131 所示。

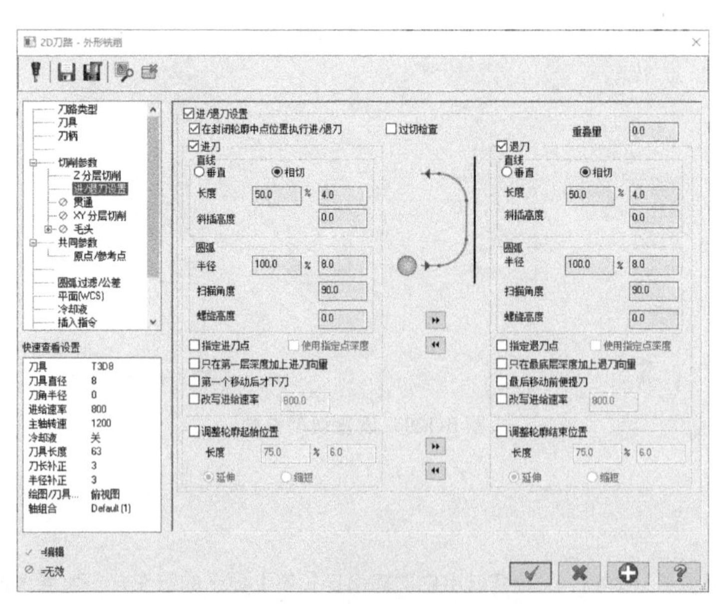

图 6-131　设置进/退刀参数

(7) 生成刀具路径并验证

44 单击【确定】按钮，完成加工参数设置，并生成刀具路径，如图 6-132 所示。

45 单击【刀路】管理器中的【验证已选择的操作】按钮，弹出【验证】对话框，单击【播放】按钮，验证加工工序，如图 6-133 所示。

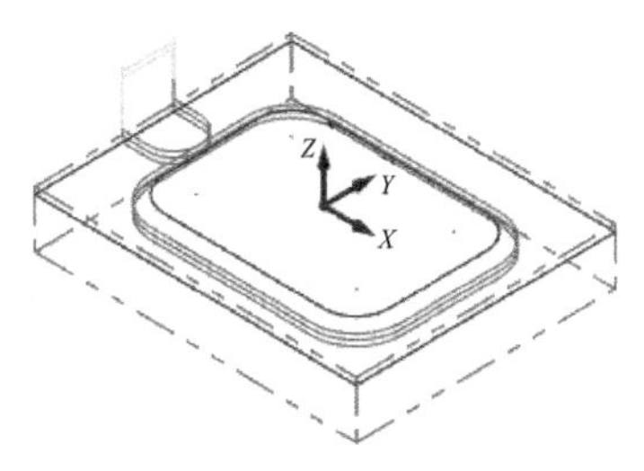

图 6-132 生成刀具路径

图 6-133 实体验证效果

46 单击【验证】对话框中的【关闭】按钮，结束验证操作。然后单击【刀路】管理器中的【切换刀具路径显示】按钮≋，关闭加工刀具路径的显示，为后续加工操作做好准备。

(8) 刀具路径后处理

47 在【刀路】管理器中选择所创建的操作后，单击上方的 G1 按钮，弹出【后处理程序】对话框，选择【NC 文件】选项下的【编辑】复选框，如图 6-134 所示。

48 单击【确定】按钮，弹出【另存为】对话框，选择合适的目录后，单击【确定】按钮，生成后处理并打开【Mastercam Code Expert】对话框，如图 6-135 所示。

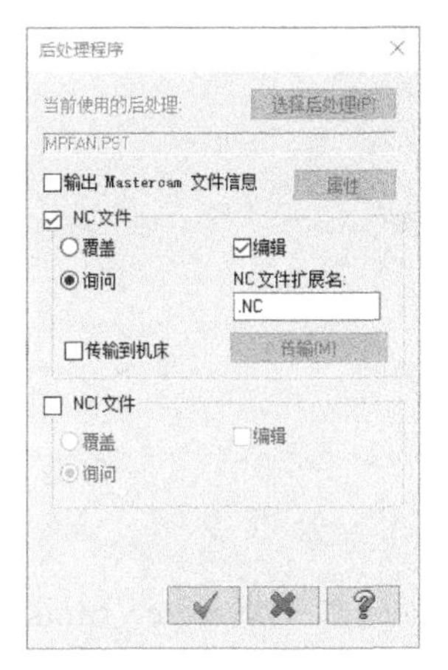

图 6-134 【后处理程序】对话框

图 6-135 【Mastercam Code Expert】对话框

07 第7章 Mastercam2017铣削3D加工

曲面加工是 Mastercam2017 系统加工模块中的核心部分，类似于 NX 中的型腔铣和固定轴曲面轮廓铣等加工。铣削 3D 加工模型一般为曲面，故又称为三维曲面加工。Mastercam2017 三维曲面加工方法和方式丰富，主要分成曲面粗、精加工两大类功能。本章介绍 Mastercam 铣削 3D 加工中的关键技术和操作方法。

本章内容

- 铣削 3D 加工简介
- 挖槽铣削粗加工
- 混合铣削（半）精加工
- 环绕铣削精加工
- 水平铣削精加工
- 等高铣削精加工

7.1 铣削 3D 加工简介

7.1.1 铣削 3D 加工

曲面加工方法包括了曲面粗加工 Surface Rough 和曲面精加工 Surface Finish 两大类型。

7.1.1.1 粗加工

曲面粗加工主要用于对坯料的大部分材料进行快速切除，方便后面的曲面精加工。曲面粗加工往往采用大直径圆角铣刀、小进给速度和大背吃刀量，有较大的加工误差。

7.1.1.2 精加工

曲面精加工为了保证加工精度与表面质量，为了更好地拟合加工曲面，一般选择球铣刀，采用大的进给速度和小的背吃刀量。

7.1.1.3 半精加工

有时根据需要在粗、精铣之间插入半精加工。半精加工是粗、精铣之间的过渡工序，目的是使粗、精铣之间的加工余量更加均匀，便于曲面精加工。半精加工刀具直径一般略小于粗铣，类型为圆柱平底铣刀或圆角铣刀。

7.1.2 铣削 3D 加工方式

Mastercam 2017 中铣削 3D 加工功能集中在【刀路】选项卡的【3D】组，如图 7-1 所示。

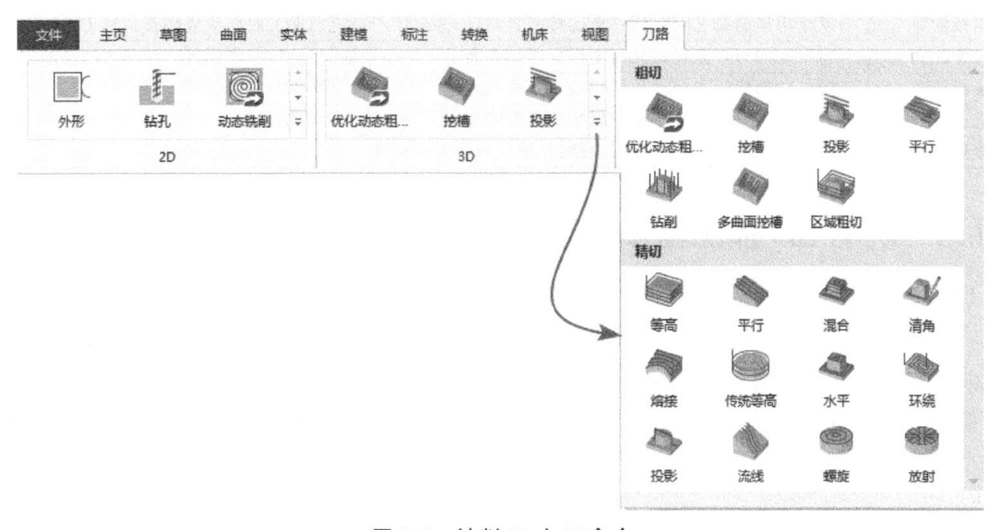

图 7-1 铣削 3D 加工命令

铣削 3D 加工可归纳分成两类：铣削 3D 粗加工和铣削 3D 精加工。

7.1.2.1 铣削 3D 粗加工

铣削 3D 粗加工主要用于高效、快速去除多余金属材料，为精加工做好准备。Mastercam 提供了 7 种加工方式来适应不同的工件和加工场合，见表 7-1 所示。

表 7-1 铣削 3D 粗加工方式、特点和应用

加工方式	特点和应用
平行加工	用于产生每行相互平行的粗切削刀具路径，适合较平坦的曲面加工
挖槽加工	依曲面形状，于 Z 方向下降产生逐层梯田状粗切削刀具路径，适合复杂形状的曲面加工
多曲面挖槽加工	多曲面挖槽是挖槽加工的典型应用，区别在于切削方式仅有单向和双向两种，可进行凹槽粗加工、凸台粗加工和平面加工
投影加工	将存在的刀具路径或几何图形投影到曲面上产生粗切削刀具路径，常用于产品的装饰品加工中
钻削加工	依曲面形态，在 Z 方向下降生成粗加工刀具路径
优化动态粗铣加工	优化动态粗铣加工是充分利用刀具圆柱切削刃去除材料的粗铣加工策略，而且是高速铣削加工策略
区域粗切加工	区域粗切可快速去除材料，是快速加工凹槽类与凸台类模型（型腔与型芯）的粗加工策略，也是高速铣削加工策略

7.1.2.2 铣削 3D 精加工

Mastercam 提供了 12 种铣削 3D 精加工方式来适应不同的工件和加工场合，见表 7-2 所示。

表 7-2 铣削 3D 精加工方式、特点和应用

加工方式	特点和应用
平行铣削	产生每行相互平行的精切削刀具路径，适合较大部分的曲面加工
等高铣削	等高铣削精加工也称为等高外形精加工，是指刀具沿着加工模型等高分层铣削出外形(水平剖切轮廓)，默认是自上而下等高分层铣削外形
传统等高铣削	围绕曲面外形产生逐层梯田状精切削刀具路径，适合具有较大坡度的曲面加工
环绕铣削	产生的精切削刀具路径以等距离环绕加工曲面，刀路均匀
水平铣削	用于对平面产生精加工刀具路径
混合铣削	混合铣削精加工两种刀轨的组合，陡峭区进行等高精加工，浅滩区则进行环绕精铣，集两者的优势于一体，对同时具有陡峭与浅滩的加工模型较为适合
清角铣削	在曲面交角处产生精切削刀具路径，适合曲面交角的清除
熔接铣削	基于串连曲线之间创建一个熔接刀具路径，并应用于指定的加工曲面生成熔接精加工刀轨
投影铣削	将存在的刀具路径或几何图形投影到曲面上产生精切削刀具路径，常用于产品的装饰品加工中
流线铣削	顺着曲面流线方向产生精切削刀具路径，适合曲面流线很明显的曲面加工
螺旋铣削	以指定的点为中心生成的螺旋线投影到加工曲面上生成刀轨精加工
放射铣削	产生圆周放射状精切削刀具路径，适合圆形曲面加工

7.1.3 铣削 3D 加工基本流程

以图 7-2 为例来说明 Mastercam 铣削 3D 加工的基本流程。

(1) 零件结构工艺性分析

从图 7-2 可知该零件尺寸为 200mm×120mm×19mm，由分型面、侧壁面、顶面曲面组成，侧壁面和顶面两个片体之间为圆角连接。毛坯尺寸为 200mm×120mm×40mm，四周已经完成加工，材料为高硬模具钢，表面加工粗糙度为 $Ra1.6\mu m$，工件底部安装在工作台上。

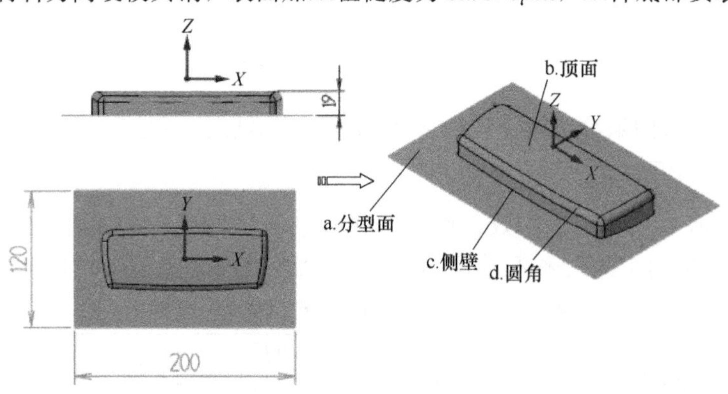

图 7-2 眼镜盒曲面

(2) 拟定工艺路线

按照加工要求，将工件底面固定安装在机床上，加工坐标系原点为毛坯上表面中心，采用三轴铣加工技术。根据数控加工工艺原则，采用工艺路线为“粗加工”→“半精加工”→“精加工”，并将加工工艺用 Mastercam 完成，具体内容如下。

① 粗加工：首先采用较大直径的刀具进行粗加工以便于去除大量多余留量，粗加工采用挖槽加工策略，刀具为直径 $\phi12$ 刀角为 $R2$ 的圆鼻刀。

② 半精加工：利用半精加工来获得较为均匀的加工余量，半精加工采用混合铣削加工方式，同时为了获得更好的表面质量，刀具为直径 $\phi8$ 刀角为 $R1$ 的圆鼻刀。

③ 精加工：数控精加工中要进行加工区域规划，加工区域规划是将加工对象分成不

同的加工区域，分别采用不同的加工工艺和加工方式进行加工。分型面精加工采用水平铣削加工；顶面和圆角面采用环绕铣削加工；侧壁采用等高铣削加工。

粗精加工工序中所有的加工刀具和切削参数见表 7-3 所示。

表 7-3　刀具及切削参数表

工步号	工步内容	刀具类型	切削参数设置		
			主轴转速/r·min^{-1}	进给速度/mm·min^{-1}	背吃刀量/mm
1	挖槽粗加工	$\phi 12R2$ 圆鼻刀	1500	800	1
2	混合铣半精加工	$\phi 8R1$ 圆鼻刀	1800	800	0.5
3	顶面和圆角面环绕精加工	$\phi 6$ 球刀	2000	1200	0.5
4	分型面水平精加工	$\phi 8R1$ 圆鼻刀	1800	800	0.5
5	侧壁等高铣削精加工	$\phi 8R1$ 圆鼻刀	1800	800	0.5

（3）加工准备工作

在创建操作之前首先要打开模型文件，然后通过平移命令移动图形，将加工原点设置为绝对坐标的原点，选择铣床为加工机床，并指定加工毛坯，如图 7-3 所示。

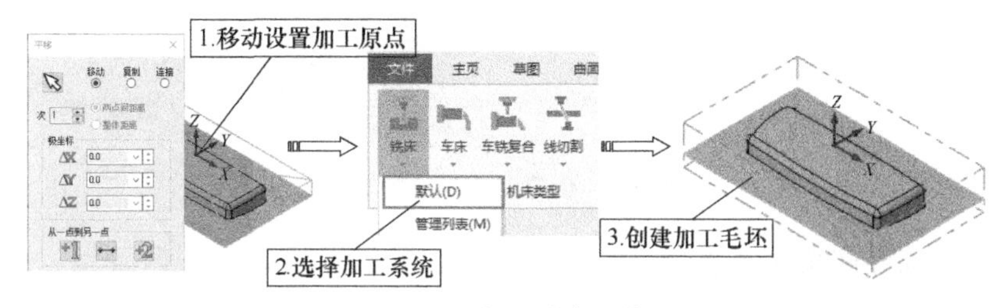

图 7-3　加工准备工作

（4）创建挖槽粗加工

启动挖槽加工，选择加工曲面，接着选择加工刀具，设置曲面参数和粗切参数，最后生成刀具路径和验证，如图 7-4 所示。

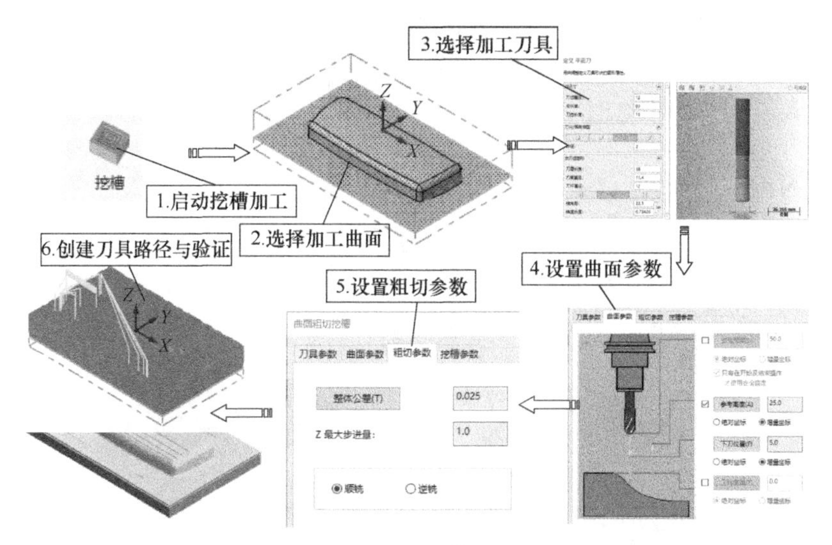

图 7-4　创建挖槽粗加工

（5）创建混合半精加工

启动混合铣削加工，选择加工曲面，接着选择加工刀具，设置预留量、切削参数、共同参数，最后生成刀具路径和验证，如图 7-5 所示。

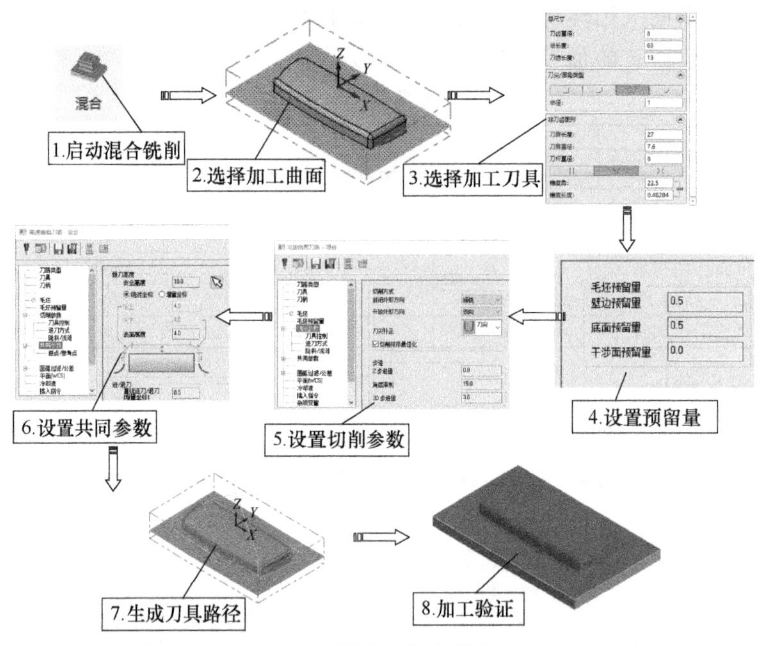

图 7-5　创建混合半精加工

（6）创建顶面和圆角面环绕铣削精加工

启动环绕铣削加工，选择加工曲面，接着选择加工刀具，设置预留量、切削参数、共同参数，最后生成刀具路径和验证，如图 7-6 所示。

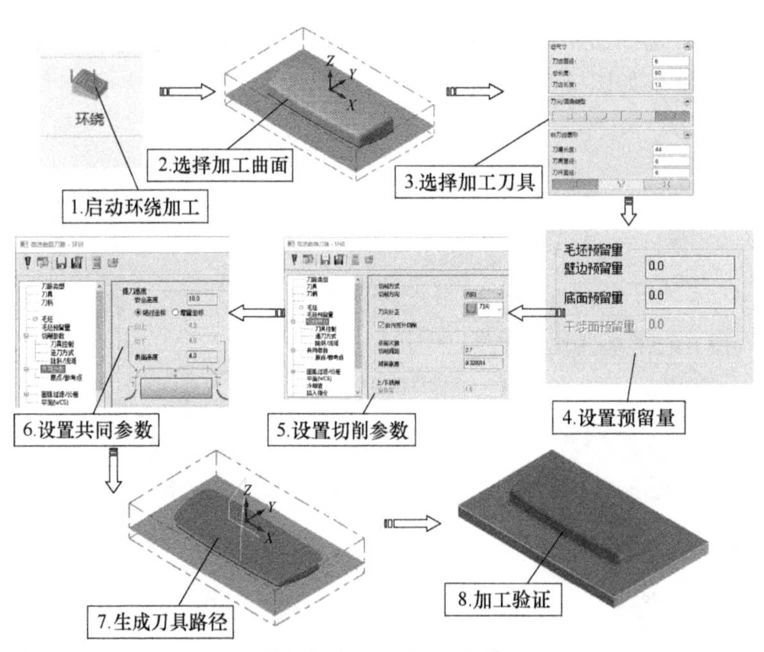

图 7-6　创建顶面和圆角面环绕铣削精加工

（7）创建分型面水平铣削精加工

启动水平铣削加工，选择加工曲面，接着选择加工刀具，设置预留量、切削参数、共同参数，最后生成刀具路径和验证，如图 7-7 所示。

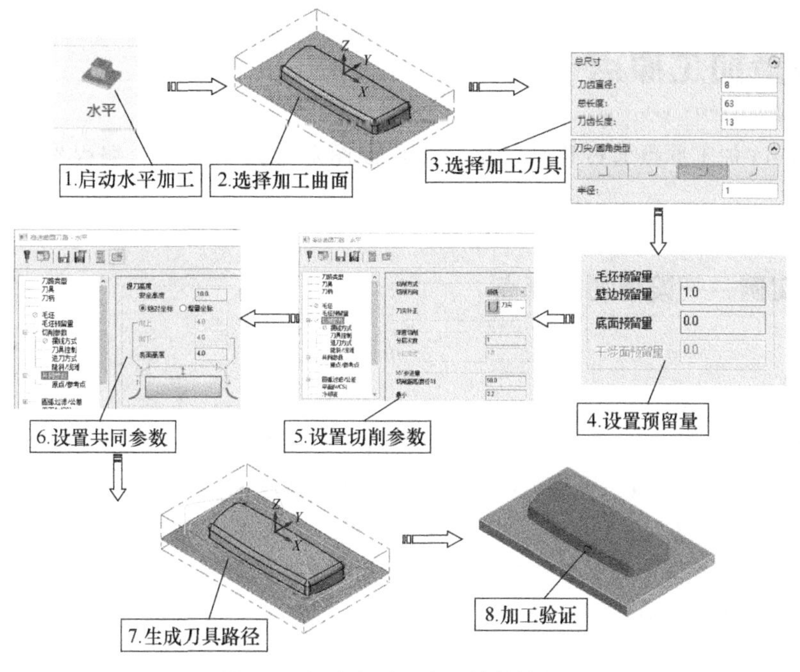

图 7-7　创建分型面水平铣削精加工

（8）创建侧壁等高铣削精加工

启动等高铣削加工，选择加工曲面，接着选择加工刀具，设置预留量、切削参数、共同参数，最后生成刀具路径和验证，如图 7-8 所示。

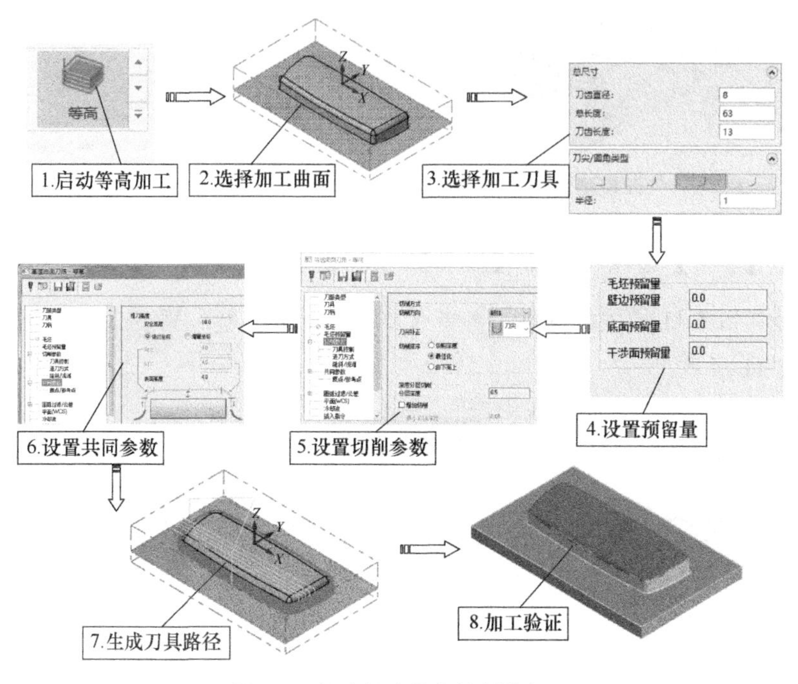

图 7-8　创建侧壁等高铣削精加工

7.2 设置加工原点

Mastercam 加工原点通过移动、旋转工件或图形方式来调整到编程坐标系所需要的位置。

操作实例——设置加工原点

操作步骤

01 启动 Mastercam2017，选择下拉菜单【文件】|【打开】命令，弹出【打开】对话框，选择“眼镜盒曲面 CAD. mcam”（扫二维码下载素材文件\第 7 章\眼镜盒曲面 CAD. mcam），单击【打开】按钮，将该文件打开，如图 7-9 所示。

02 设置当前图层为 3。在管理器面板中单击【层别】标识，弹出【层别】管理器，在【编号】输入“3”，完成层别设置，如图 7-10 所示。

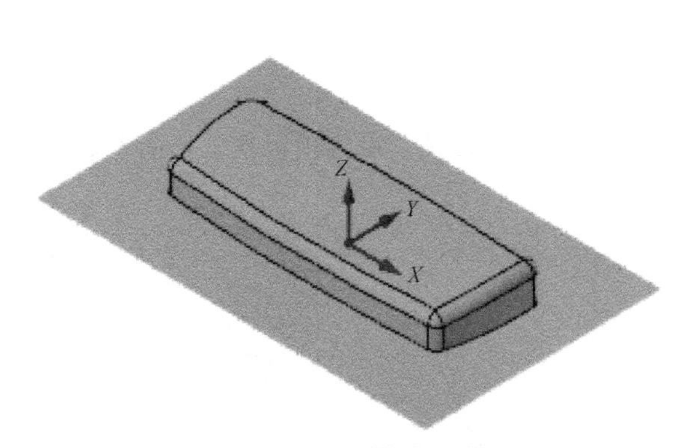

图 7-9　打开模型文件

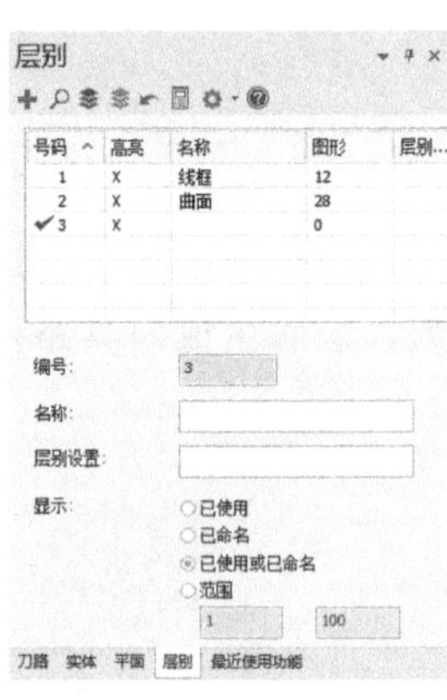

图 7-10　【层别】管理器

03 单击【草图】选项卡中的【形状】组中的【边界盒】按钮，弹出【边界盒】管理器，选择如图 7-11 所示的曲面，单击【结束选择】按钮，单击【确定】按钮创建边界盒如图 7-11 所示。

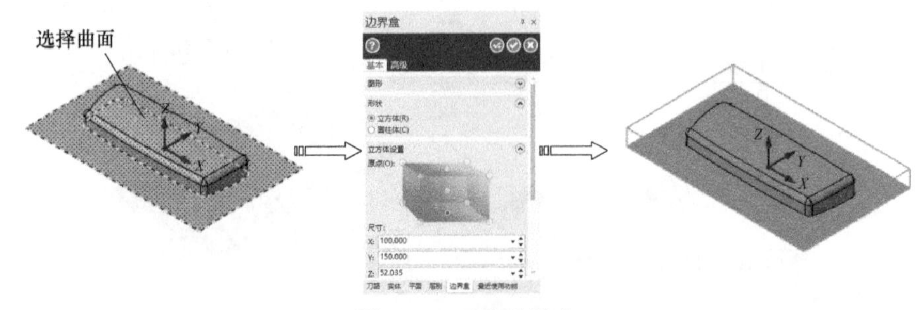

图 7-11　创建边界盒

04 单击【草图】选项卡中的【绘线】组中的【连续线】按钮，弹出【连续线】管理器，选中【任意线】和【两端点】选项，绘制边界框顶面的两条线段，单击【确定】按钮绘制直线，如图 7-12 所示。

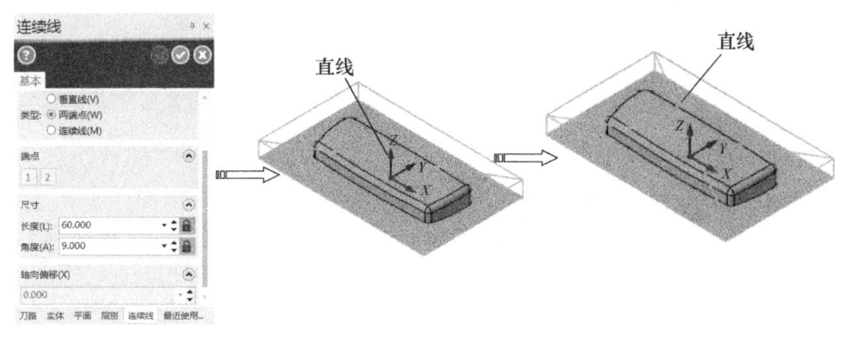

图 7-12　创建直线

05 单击【转换】选项卡上的【转换】组中的【平移】按钮，根据系统提示选择如图 7-13 所示的曲面作为要平移图形，单击【结束选择】按钮，弹出【平移】对话框，选择【移动】选项，然后选择【从一点到另一点】方式，起点为两条直线的交点，终点为(0，0，－10)，单击【确定】按钮，完成图形平移，如图 7-13 所示。

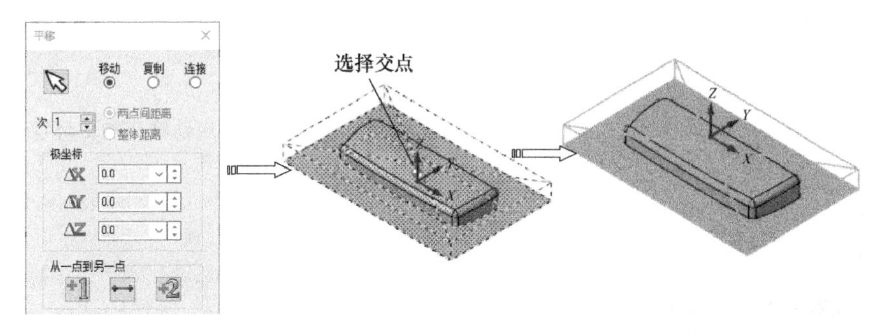

图 7-13　平移曲面

06 设置当前图层为 2 并关闭图层 3。在管理器面板中单击【层别】标识，弹出【层别】管理器，在【编号】输入“2”，完成层别设置，如图 7-14 所示。

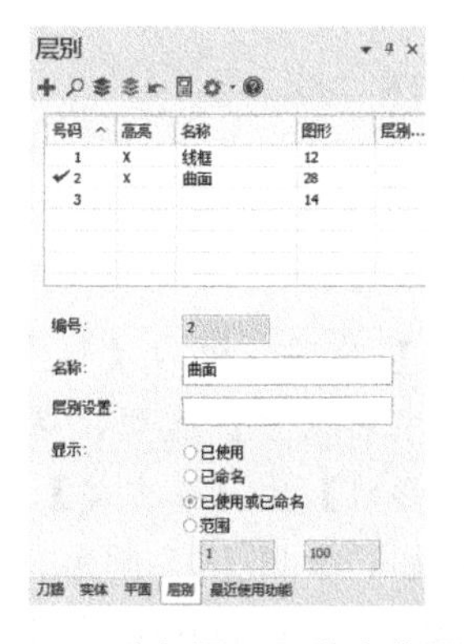

图 7-14　选择图层 2 为当前图层

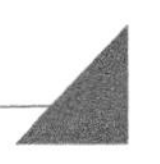

7.3 选择加工系统

Mastercam能进行铣削、车削、车铣复合、线切割等加工，铣削3D加工一般选择【机床类型】为铣床。

操作实例——选择加工系统

操作步骤

07 选择【机床】选项卡上【机床类型】组中的【铣床】按钮下的【默认】命令，如图7-15所示。

08 系统进入铣削加工模块，【刀路】管理器如图7-16所示。

图7-15 选择铣床

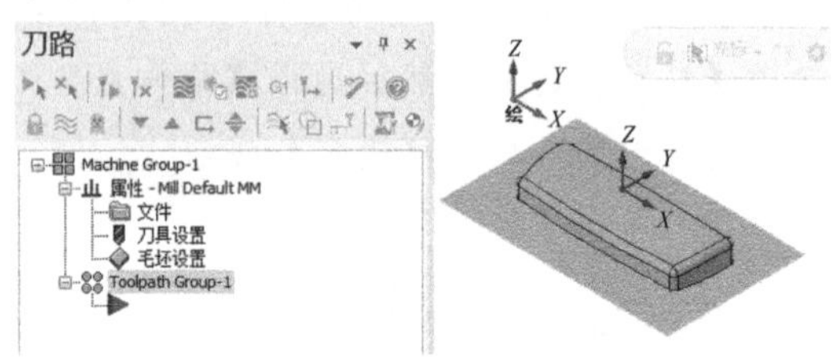

图7-16 启动铣床加工环境

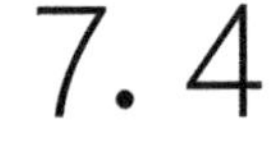

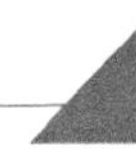

7.4 创建加工毛坯

加工毛坯设置就是在编制加工刀具路径之前，通过设置一个与实际工件大小相同的毛坯来模拟加工效果，创建方法见第5.3节。

操作实例——创建加工毛坯

操作步骤

09 双击如图7-16所示【刀路】管理器中的【属性-Mill Default MM】选项。

10 单击【属性】选项下的【毛坯设置】选项，系统弹出【机床群组属性】对话框，点击【毛坯设置】选项卡，设置【形状】为【立方体】，选中【显示】中的【线框】选项，以在显示窗口中以线框形式显示毛坯，如图7-17所示。

11 【毛坯原点】为（0，0，0），长200mm，宽120mm，高40mm，单击【机床群组属性】对话框中的【确定】按钮，完成加工工件设置，如图7-18所示。

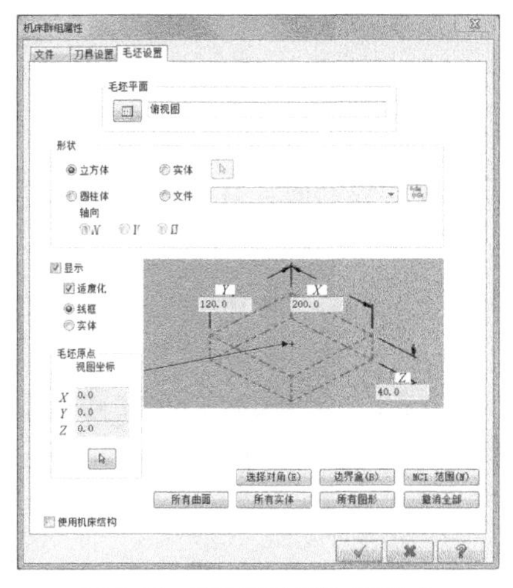

图 7-17 【毛坯设置】选项卡

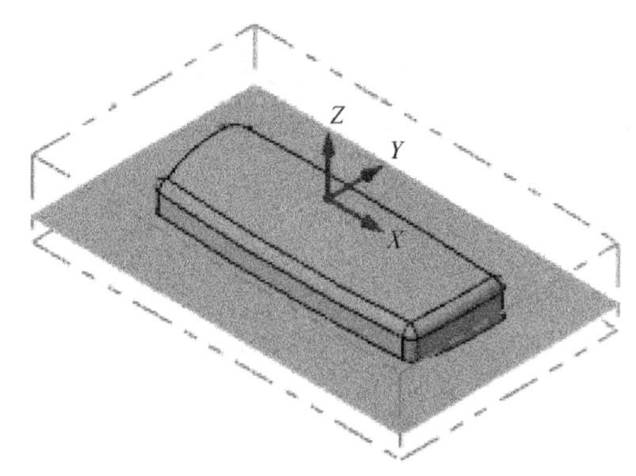

图 7-18 设置的工件

7.5 创建挖槽粗加工

挖槽粗加工也称为口袋粗加工，它是一种等高方式的加工，其特征是在刀具路径在同一高度内完成一层切削，遇到曲面或实体时将绕过，然后下降一个高度进行下一层的切削。挖槽加工实际上能对凹槽、凸台同时进行粗铣加工，对于复杂型面不便提取边线的模型可以自行绘制矩形的模型边界。

7.5.1 挖槽粗加工类型

（1）凹槽粗加工

凹槽粗铣加工要求选择切削范围，对于凹槽类模型一般选择凹槽边界，如图 7-19 所示。

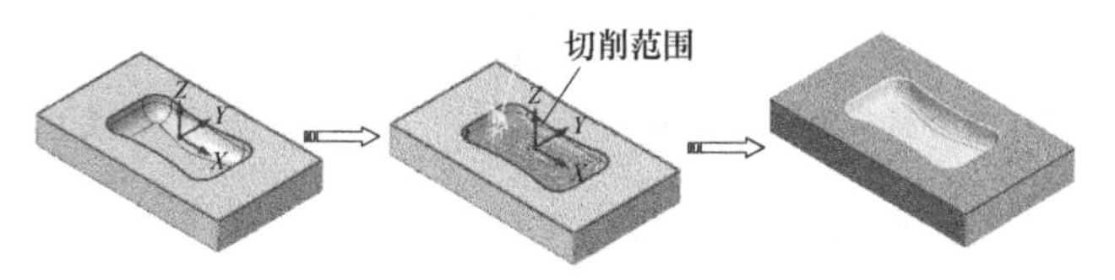

图 7-19 凹槽粗加工

（2）凸台粗加工

对于凸台模型则选择模型的最大边界，如图 7-20 所示。对于复杂型面不便提取边线的模型可以自行绘制矩形的模型边界。

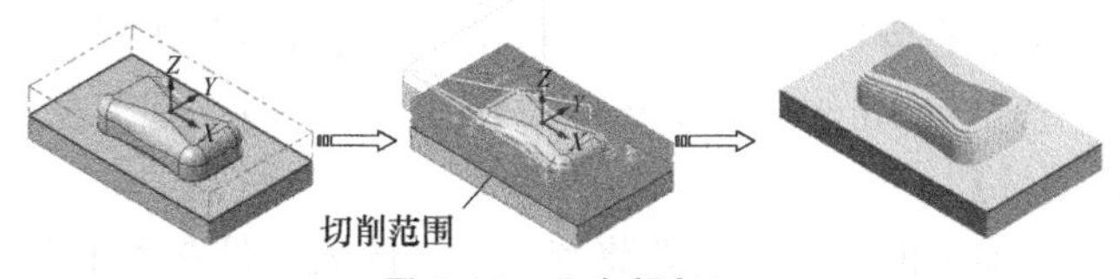

图 7-20 凸台粗加工

7.5.2 曲面参数

7.5.2.1 高度参数

高度设置包括【安全高度】、【参考高度】、【下刀位置】等方面，含义与二维加工基本相同，如图 7-21 所示。

技术要点

安全高度对于工件上表面以上无太多障碍物时，一般可以不设置；参考高度若不设置，则刀具返回高度与下刀位置相同；需要注意的是因为曲面加工的最后深度由曲面外形自动决定，故不需要设置。

7.5.2.2 刀路曲面选择

【曲面粗切挖槽】对话框中【曲面参数】选项卡中的 按钮用于设置加工面、干涉面和切削范围，单击此按钮，系统弹出【刀路曲面选择】对话框，用户可以修改加工曲面、干涉曲面及边界范围，如图 7-22 所示。

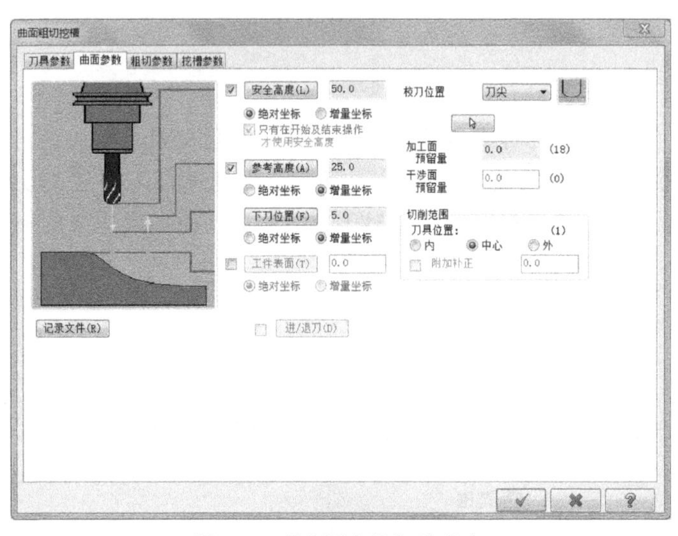

图 7-21 【曲面参数】选项卡

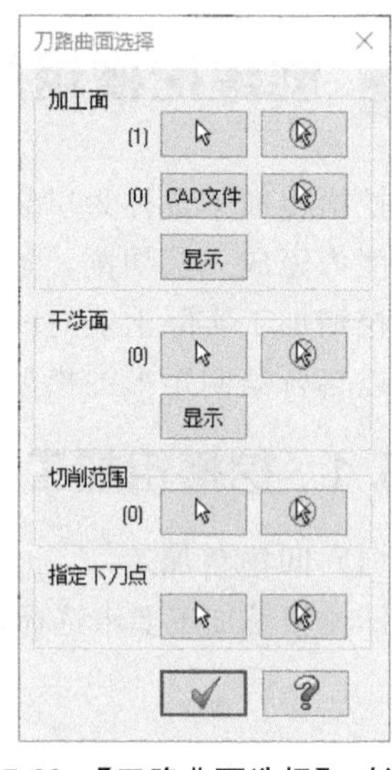

图 7-22 【刀路曲面选择】对话框

①【加工面】：指需要加工的曲面。

②【干涉面】：指不需要加工的曲面。

③【切削范围】：指在加工曲面的基础上再给出某个区域进行加工，目的是针对某个结构进行加工，减少空走刀提高加工效率。

7.5.2.3 预留量设置

（1）【加工面预留量】

用于设置要加工曲面的余量，如图 7-23 所示。在进行粗加工时一般需要设置加工曲面的预留量，此值一般为 0.3mm～0.5mm，一般在精加工时的预留量为 0。

（2）【干涉面预留量】

为了防止切到禁止加工的表面，就要将禁止加工的表面设置为干涉面加以保护。该选

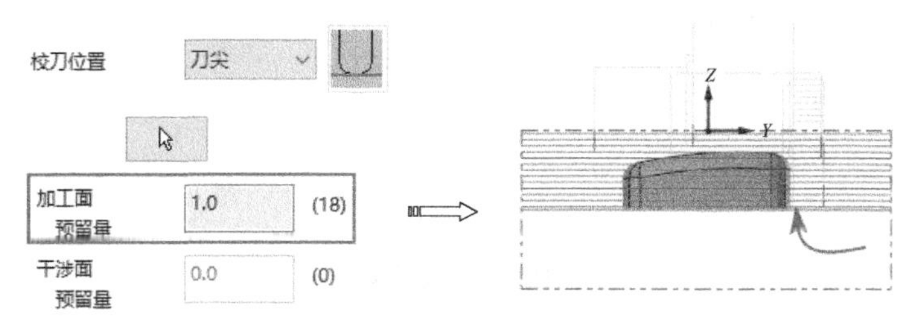

图 7-23 【加工面预留量】

项用于设置加工刀具避开干涉面的距离，以防止刀具碰撞干涉面。

技术要点

干涉检查曲面在实际加工中应用非常广泛，比如在加工过程中加工某一部位，但这部位跟已加工部位相连接或过渡，这时就可以应用干涉检查曲面将已经加工部分定义为干涉，在加工时就跳过已经加工部位。

7.5.2.4 切削范围

用于设置刀具补正范围，系统提供了 3 种补正范围方式。当用户选择【内】或【外】刀具补正范围方式时，还可以在【附加补正】栏增加具体尺寸设置。

(1)【内】

刀具在加工区域内侧切削，即切削范围比选择的加工区域少一个刀具半径，如图 7-24 所示。

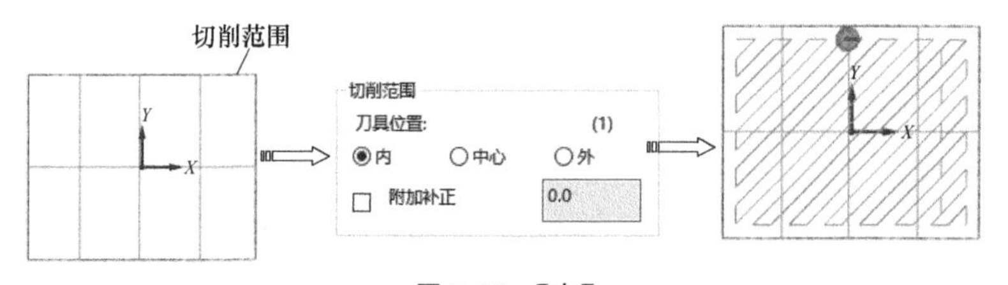

图 7-24 【内】

(2)【中心】

刀具中心走加工区域的边界，即切削范围就是选择的加工区域，如图 7-25 所示。

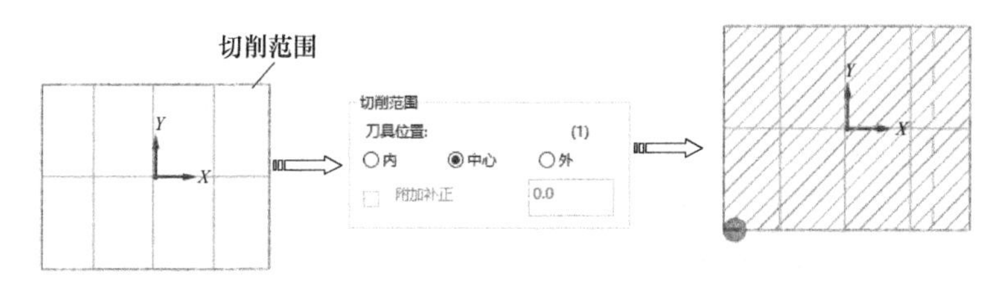

图 7-25 【中心】

(3)【外】

刀具在加工区域外侧切削，即切削范围比选择的加工区域多一个刀具直径，如图 7-26 所示。

(4)【附加补正】

用于输入额外的补正量，如图 7-27 所示。如果需要加工范围大一些，可以输入一个负的轮廓补正；反之要使加工范围小一些，可以输入一个正的轮廓补正。

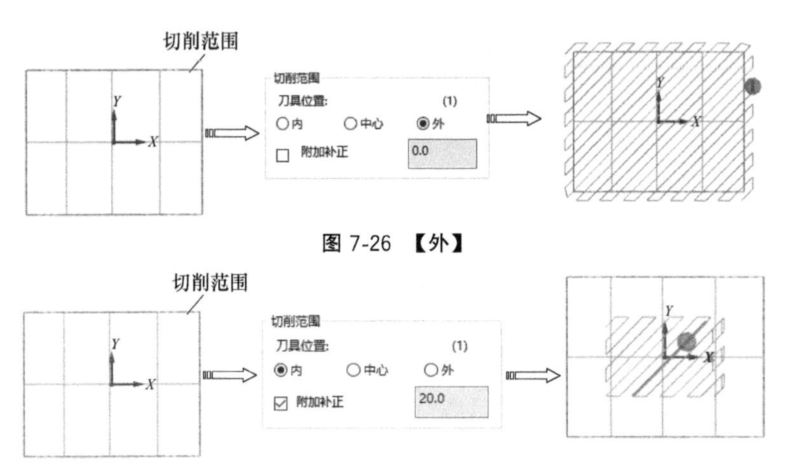

图 7-26 【外】

图 7-27 【附加补正】

7.5.3 粗切参数

单击【曲面粗切挖槽】中的【粗切参数】选项卡，可设置挖槽粗加工参数，如图 7-28 所示。

图 7-28 【粗切参数】选项卡

7.5.3.1 【整体公差】

用于设定刀具路径的精度误差，一般为 0.05mm～0.2mm。公差值越小，加工后的曲面就越接近于真实曲面，当然加工时间也就越长，如图 7-29 所示。

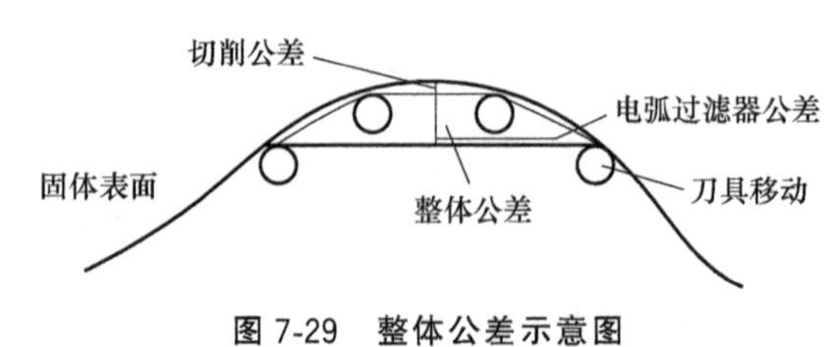

图 7-29 整体公差示意图

7.5.3.2 【Z 最大步进量】

用于输入 Z 轴方向的下刀量，即设置两相邻切削层间的最大 Z 方向距离。步进量设置越大，生成的刀路层次越少，加工越快，加工出来的工件就越粗糙，一般为 0.5mm～2mm，如图 7-30 所示。

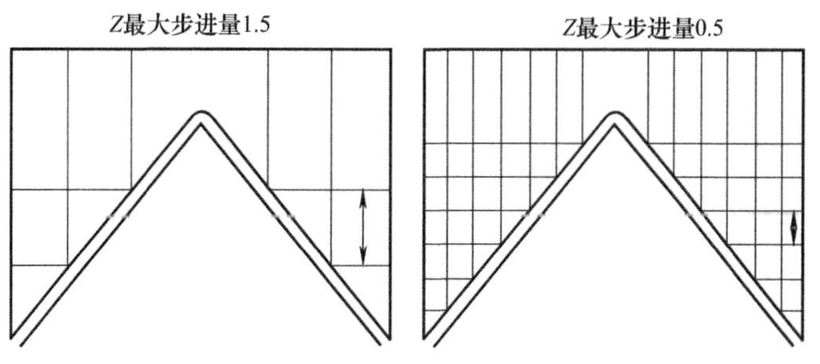

图 7-30 *Z* 最大步进量示意图

7.5.3.3 【切削深度】

单击【切削深度】按钮，弹出【切削深度设置】对话框，如图 7-31 所示。用户可以设置加工深度距曲面顶面及底面的距离。

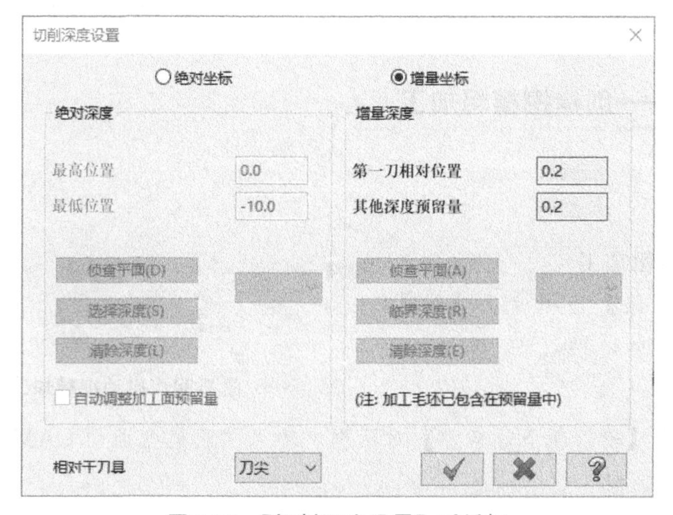

图 7-31 【切削深度设置】对话框

(1)【绝对坐标】

在绝对坐标表示下，用以下两个参数表示切削深度。

①【最高位置】：设置刀具在切削工件时，刀具上升的最高点。或者说刀具切削工件时，第一次落刀深度，如图 7-32 所示。

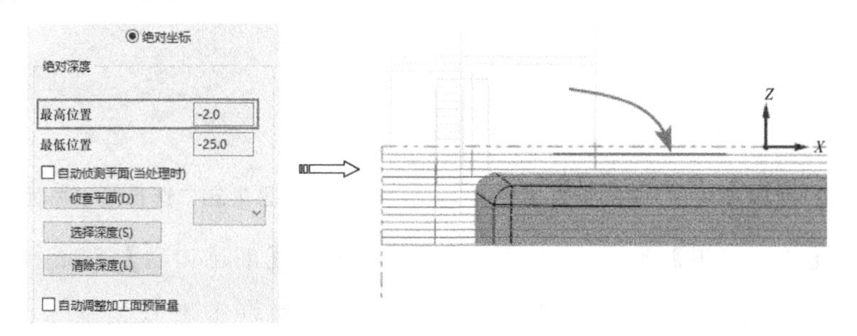

图 7-32 【最高位置】

②【最低位置】：设置刀具在切削过程中，或者说刀具切削工件时，最后一次落刀深度，如图 7-33 所示。

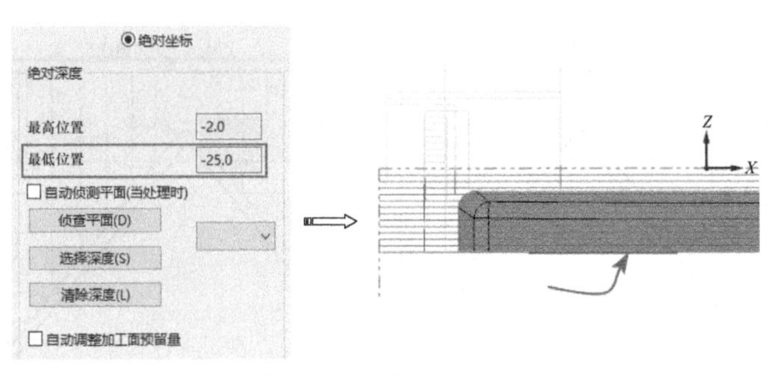

图 7-33 【最低位置】

（2）【增量坐标】

在增量坐标表示下，用以下两个参数表示切削深度。

①【第一刀相对位置】：用于设置刀具切削工件时，工件顶面的预留量。

②【其他深度预留量】：用于设置刀具切削工件时，工件底部的预留量。

操作实例——创建挖槽粗加工

操作步骤

（1）启动挖槽粗加工

12 单击【刀路】选项卡上【3D】组中的【挖槽】按钮，如图 7-34 所示。

图 7-34 启动挖槽加工命令

13 系统弹出【输入新 NC 名称】对话框，输入“眼镜盒曲面 CAM”，然后单击【确定】按钮，如图 7-35 所示。

14 系统提示选择加工曲面，拉框选择所有曲面作为加工表面，如图 7-36 所示。单击【结束选择】按钮，或直接按“Enter”键确定，系统弹出【刀路曲面选择】对话框，如图 7-37 所示。

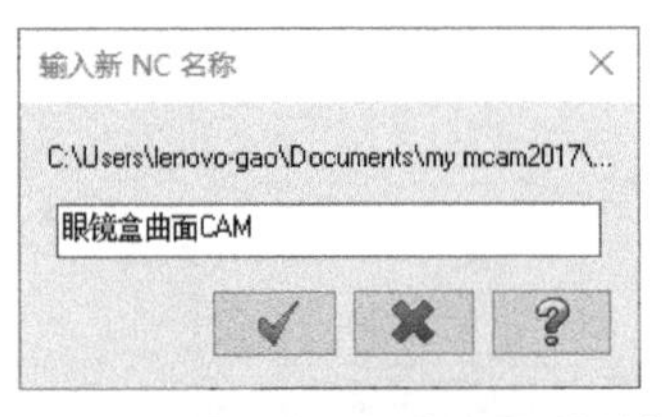

图 7-35 【输入新 NC 名称】对话框

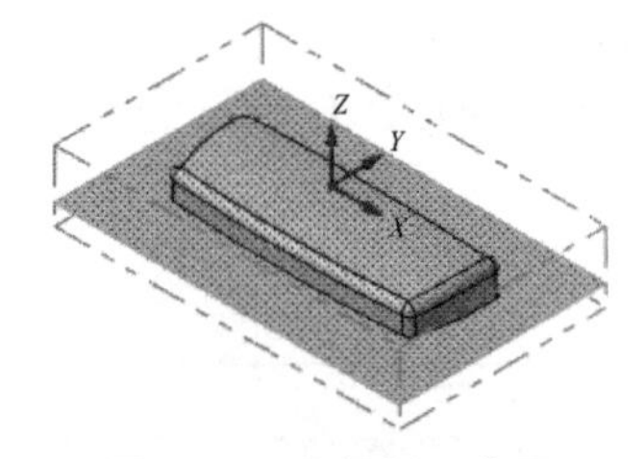

图 7-36 选择加工曲面

15 单击【切削范围】选项中的按钮，弹出【串连选项】对话框，选择【2D】选项和【串连选项】按钮，选择如图 7-38 所示的轮廓线。单击【确定】按钮，返回【刀路曲面选择】对话框。

16 单击【刀路曲面选择】对话框中的【确定】按钮，弹出【曲面粗切挖槽】对话框，如图 7-39 所示。

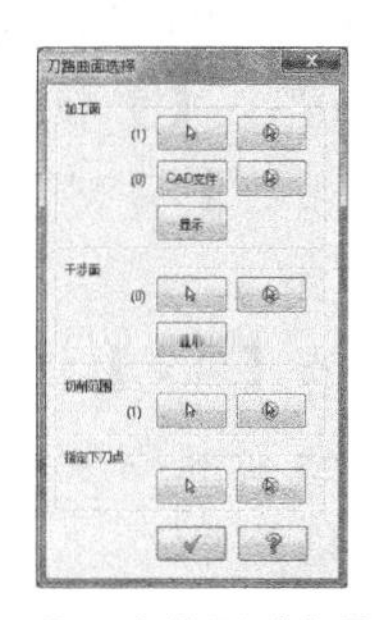

图 7-37 【刀路曲面选择】对话框

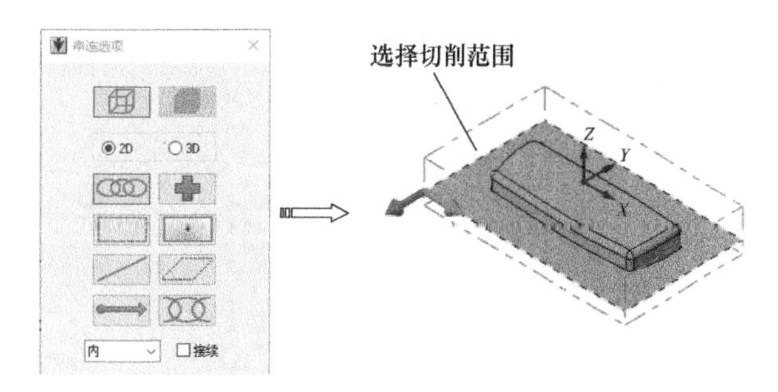

图 7-38 选择切削范围

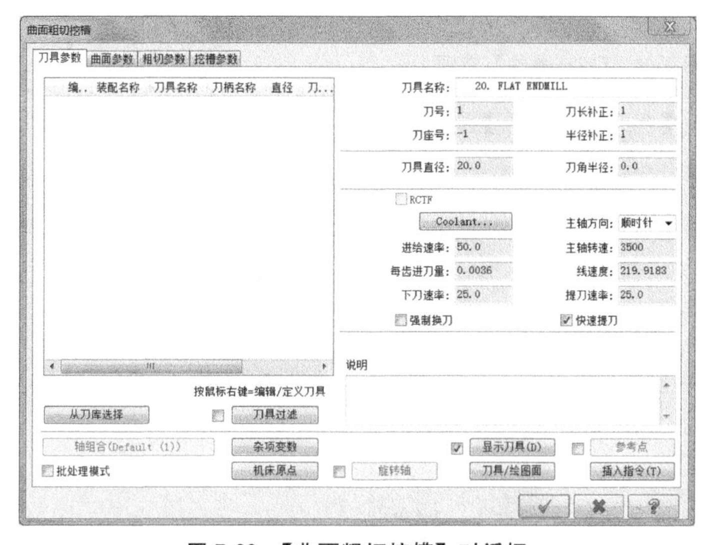

图 7-39 【曲面粗切挖槽】对话框

(2) 创建加工刀具

17 在【曲面粗切挖槽】对话框单击【从刀库选择】按钮，弹出【选择刀具】对话框，选择刀库“Mill_mm. tooldb”，选择【编号】为 5，直径为 12，刀角为 2 的“End Mill WITH RADIUS”的圆鼻刀，如图 7-40 所示。

选择刀具 - D:\Users\Public\Documents\shared Mcam2017\Mill\Tools\Mill_mm.tooldb

D:\Users\Publi...\Mill_mm. tooldb

编号	装配名称	刀具名称	刀柄名称	直径	刀...	长度	刀...	类型	半...
3	--	POINT DRILL 5xDc- 12	--	12.0	0.0	62.0	1	钻头/钻孔	无
7	--	CHAMFER MILL 12/90DEG	--	12....	0.0	10.0	4	倒角刀	无
10	--	FORMING THREAD TAP - M12	--	12....	0.0	23.0	1	右牙刀	无
6	--	BALL-NOSE END MILL - 12	--	12.0	6.0	26.0	4	球刀	全部
5	--	FLAT END MILL - 12	--	12.0	0.0	19.0	4	平底刀	无
12	--	THREAD MILL - 2MM	--	12.0	0.0	32.0	5	螺纹铣削	无
1	--	HSS/TIN DRILL 8xDc- 12.0	--	12.0	0.0	87.0	1	钻头/钻孔	无
2	--	SOLID CARBIDE DRILL 5xDc...	--	12.0	0.0	56.0	1	钻头/钻孔	无
5	--	END MILL WITH RADIUS - 1...	--	12.0	1.0	19.0	4	圆鼻刀	角落
12	--	NC SPOT DRILL - 12	--	12.0	0.0	30.0	1	定位钻	无
10	--	THREAD TAP - M12	--	12....	0.0	16.0	1	右牙刀	无
5	--	END MILL WITH RADIUS - 1...	--	12.0	2.0	19.0	4	圆鼻刀	角落
5	--	END MILL WITH RADIUS - 1...	--	12.0	0.5	19.0	4	圆鼻刀	角落
2	--	SOLID CARBIDE DRILL 5xDc...	--	12.1	0.0	60.0	1	钻头/钻孔	无
2	--	SOLID CARBIDE DRILL 5xDc...	--	12.2	0.0	60.0	1	钻头/钻孔	无
13	--	COUNTERSINK - 12.4/90	--	12.4	0.0	8.5	3	鱼眼孔钻	无
2	--	SOLID CARBIDE DRILL 5xDc...	--	12.5	0.0	60.0	1	钻头/钻孔	无
1	--	HSS/TIN DRILL 8xDc- 12.5	--	12.5	0.0	87.0	1	钻头/钻孔	无
2	--	SOLID CARBIDE DRILL 5xDc...	--	12.9	0.0	60.0	1	钻头/钻孔	无
1	--	HSS/TIN DRILL 8xDc- 13.0	--	13.0	0.0	87.0	1	钻头/钻孔	无
3	--	POINT DRILL 5xDc- 13	--	13.0	0.0	67.0	1	钻头/钻孔	无
2	--	SOLID CARBIDE DRILL 5xDc...	--	13.0	0.0	60.0	1	钻头/钻孔	无
10	--	FORMING THREAD TAP - G1/4	--	13....	0.0	21.0	1	右牙刀	无
10	--	THREAD TAP - G1/4	--	13....	0.0	15.0	1	右牙刀	无

刀具过滤(F)
启用刀具过滤
显示 281 个刀具
显示模式
刀具
装配
两者

图 7-40 【选择刀具】对话框

18 单击【确定】按钮后，返回【曲面粗切挖槽】对话框，双击窗口中创建的 5 号刀具，弹出【编辑刀具】对话框，在左侧列表中选择【完成属性】，设置【刀号】为“1”，

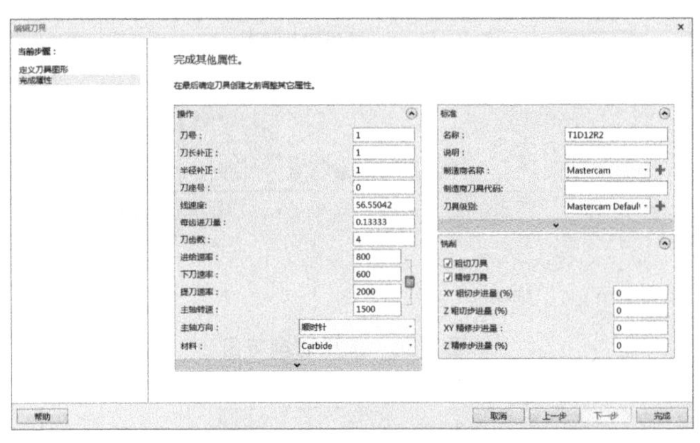

图 7-41 【完成属性】选项

【进给速率】为“800”，【下刀速率】为“600”，【主轴转速】为“1500”，【名称】为“T1D2R2”，如图 7-41 所示。

19 单击【确定】按钮 后，返回【曲面粗切挖槽】对话框，如图 7-42 所示。

（3）设置曲面参数

20 在【曲面粗切挖槽】对话框中单击【曲面参数】选项卡，设置【参考高度】为“25”，【下刀位置】为“5”，【加工面预留量】为“1”，如图 7-43 所示。

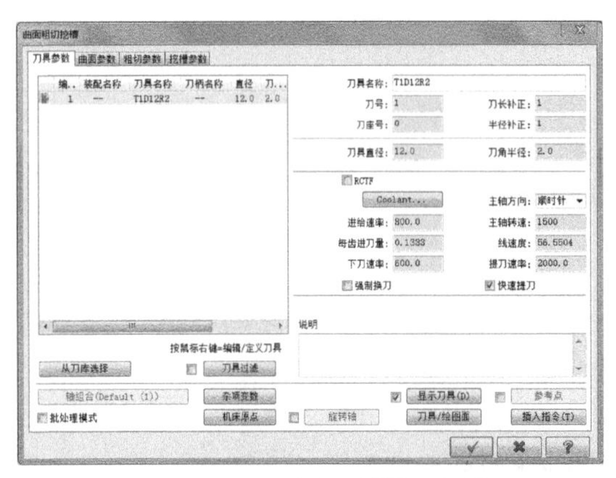

图 7-42 【曲面粗切挖槽】对话框

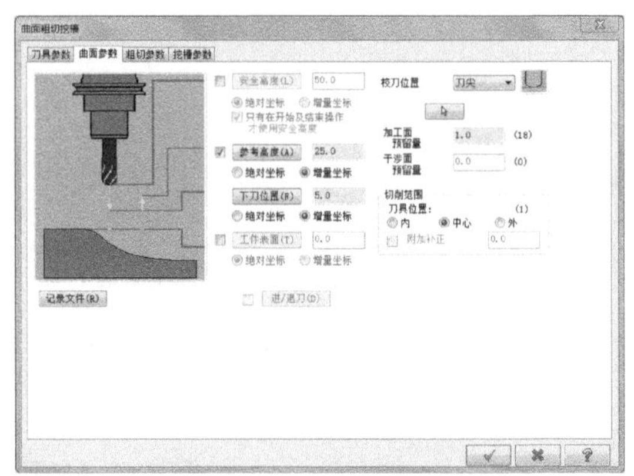

图 7-43 设置曲面参数

（4）设置粗切参数

21 在【曲面粗切挖槽】对话框中单击【粗切参数】选项卡，设置【Z 最大步进量】为“1”，取消【由切削范围外下刀】复选框，如图 7-44 所示。

22 选中【螺旋进刀】复选框，单击【螺旋进刀】按钮，弹出【螺旋/斜插下刀设置】对话框，如图 7-45 所示。单击【确定】按钮 完成。

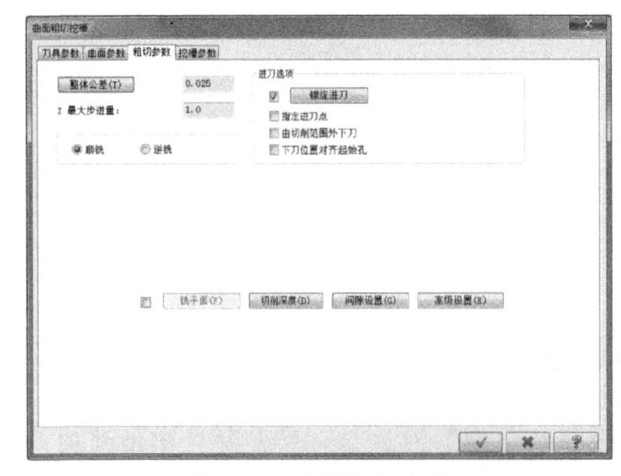

图 7-44 设置粗切参数

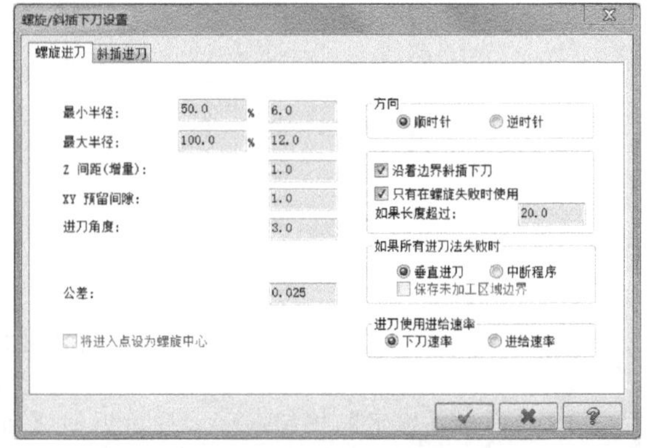

图 7-45 【螺旋/斜插下刀设置】对话框

23 单击【切削深度】按钮，弹出【切削深度设置】对话框，如图 7-46 所示。

（5）设置挖槽参数

24 在【曲面粗切挖槽】对话框中单击【挖槽参数】选项卡，设置【粗切】为“高速切削”，【切削间距（直径%）】为“75”，勾选【精修】复选框，如图 7-47 所示。

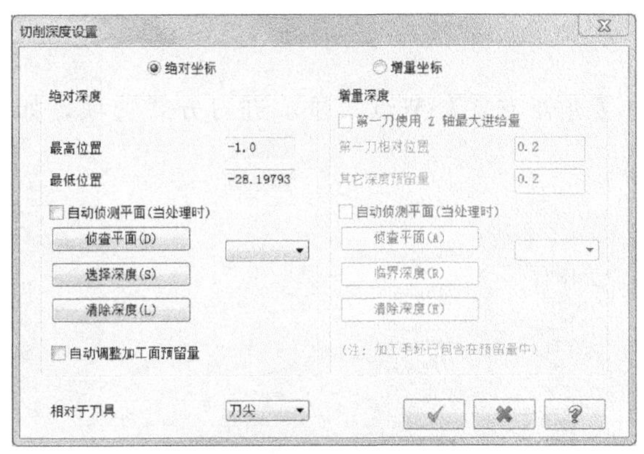

图 7-46 【切削深度设置】对话框

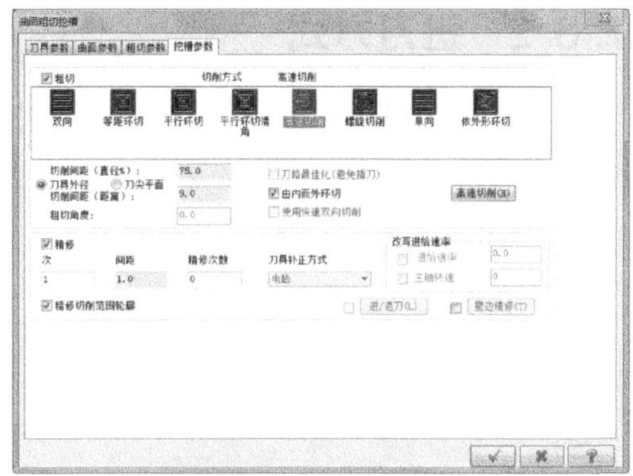

图 7-47 设置挖槽参数

（6）生成刀具路径并验证

25 单击【确定】按钮，完成加工参数设置，并生成刀具路径，如图 7-48 所示。

26 单击【刀路】管理器中的【验证已选择的操作】按钮，弹出【验证】对话框，单击【播放】按钮，验证加工工序，如图 7-49 所示。

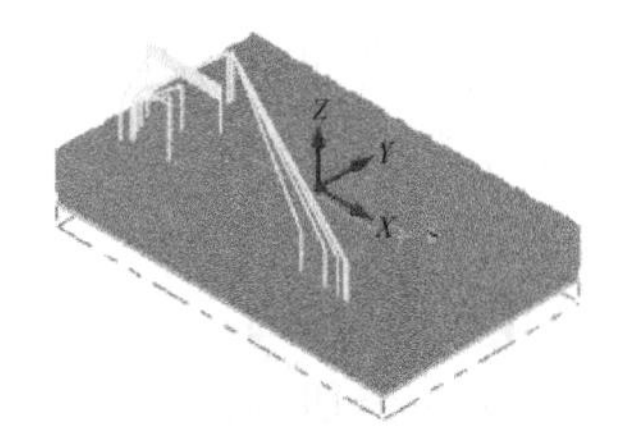

图 7-48 生成刀具路径

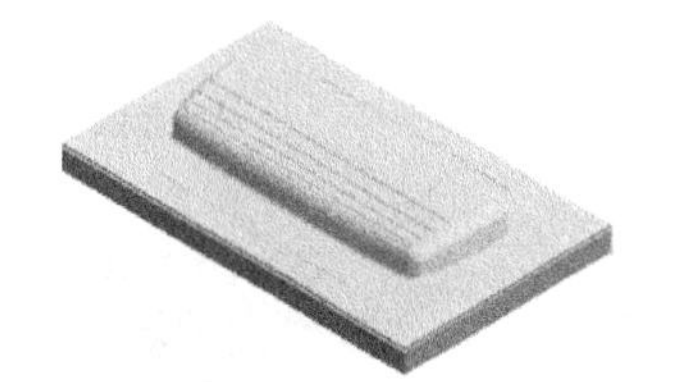

图 7-49 实体验证效果

27 单击【验证】对话框中的【关闭】按钮，结束验证操作。然后单击【刀路】管理器中的【切换刀具路径显示】按钮，关闭加工刀具路径的显示，为后续加工操作做好准备。

7.6 创建混合精加工（半精加工）

等高铣削精加工是基于高度分层加工的，对于浅滩曲面，这种刀轨的水平间距会变得较大；而环绕铣削精加工的刀轨在水平方向的间距相等，如碰到陡峭曲面，则分层深度会增加。混合铣削精加工是这两种刀轨的组合，通过设置一个角度分界，陡峭区进行等高精加工，浅滩区则进行环绕精铣，集两者的优势于一体，对同时具有陡峭与浅滩的加工模型较为适合。

7.6.1 切削参数

单击【高速曲面刀路-混合】对话框中的【切削参数】节点，显示切削参数，如图 7-50 所示。

7.6.2 进刀方式

单击【高速曲面刀路-混合】对话框中的【进刀方式】节点，显示进刀方式选项，如图 7-51 所示。

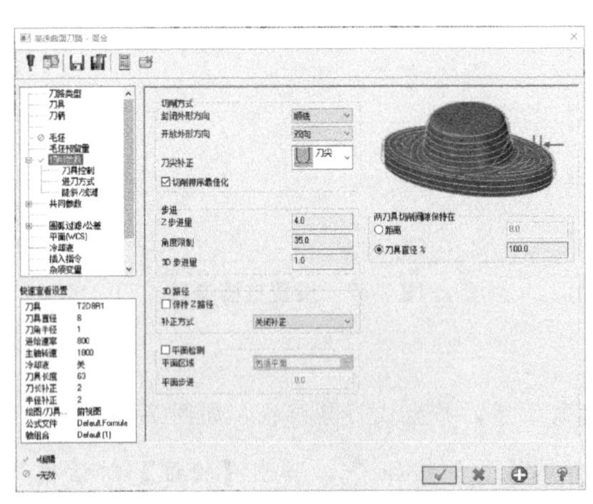

图 7-50 【切削参数】

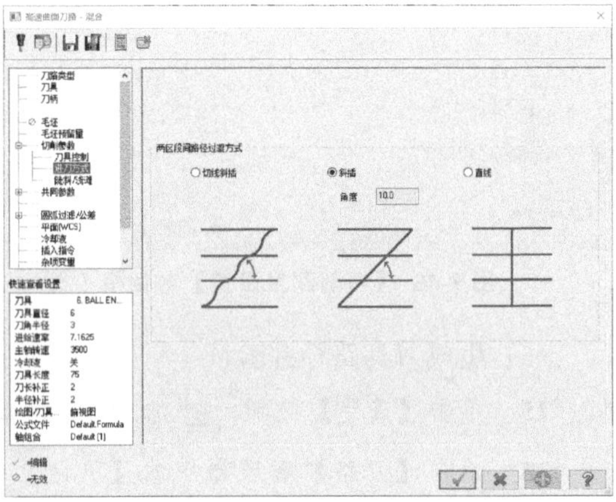

图 7-51 【进刀方式】

用于决定当前刀具从一个切削层进入下一个切削层的时候如何运动，包括以下选项。

(1)【切线斜插】

刀具从一个切削层到下一个切削层的运动是一个切线斜式运动，如图 7-52 所示。

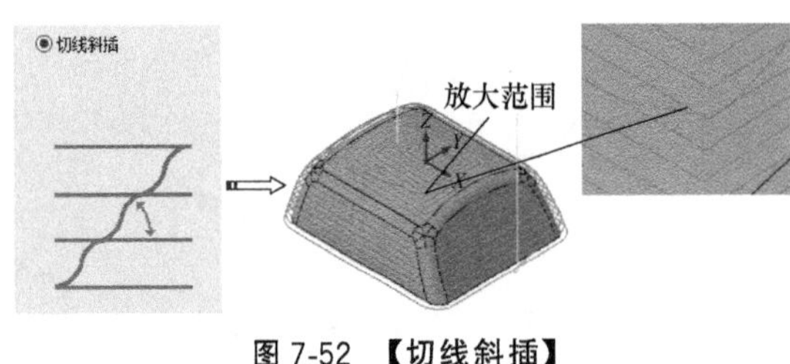

图 7-52 【切线斜插】

(2)【斜插】

刀具从一个切削层到下一个切削层的运动是一个斜式运动，可在【角度】中输入斜切角度值，如图 7-53 所示。

(3)【直线】

刀具从一个切削层进入下一个切削层执行直线步距运动，如图 7-54 所示。

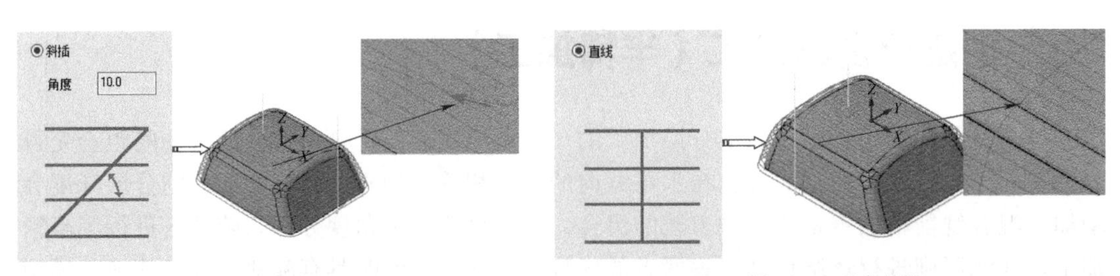

图 7-53 【斜插】

图 7-54 【直线】

操作实例——创建混合铣削半精加工

操作步骤

（1）启动混合铣削半精加工

28 单击【刀路】选项卡上【3D】组中的【混合】按钮，如图 7-55 所示。

图 7-55 启动混合铣削加工命令

29 系统提示选择加工曲面，拉框选择所有曲面作为加工表面，如图 7-56 所示。单击【结束选择】按钮，或直接按“Enter”键确定，系统弹出【刀路曲面选择】对话框，如图 7-57 所示。

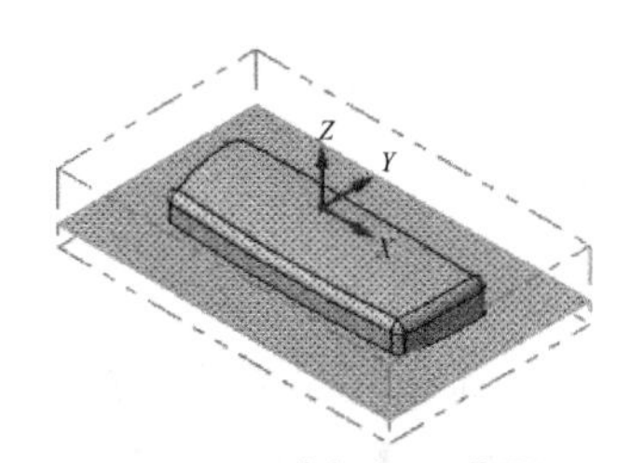

图 7-56 选择加工曲面

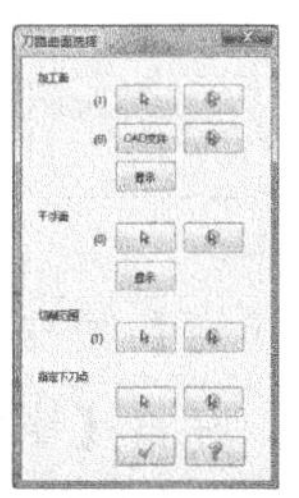

图 7-57 【刀路曲面选择】对话框

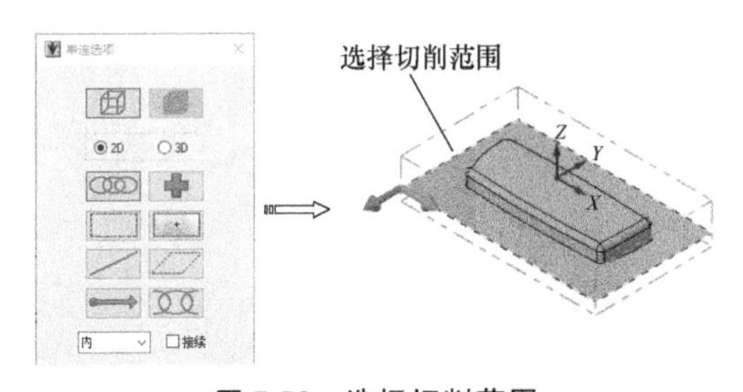

图 7-58 选择切削范围

30 单击【切削范围】选项中的按钮，弹出【串连选项】对话框，选择【2D】选项和【串连选项】按钮，选择如图 7-58 所示的轮廓线。单击【确定】按钮，返回【刀路曲面选择】对话框。

31 单击【刀路曲面选择】对话框中的【确定】按钮，弹出【高速曲面刀路-混合】对话框，如图 7-59 所示。

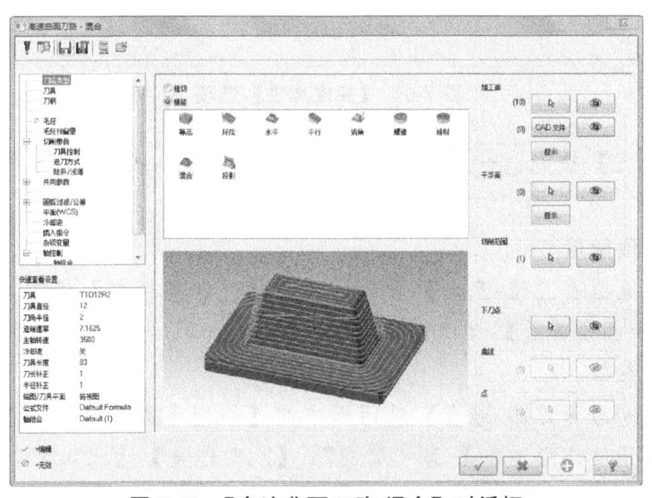

图 7-59 【高速曲面刀路-混合】对话框

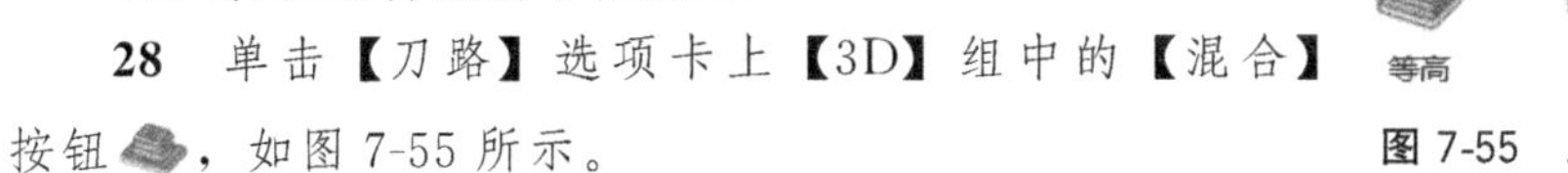

（2）创建加工刀具

32 在【高速曲面刀路-混合】对话框左侧的【参数类别列表】中选择【刀具】选项，出现刀具设置窗口，单击【从刀库选择】按钮，弹出【选择刀具】对话框，选择刀库“Mill_mm. tooldb”，选择【编号】为 5，直径为 8 的“END MILL WITH RADIUS”的圆鼻刀，如图 7-60 所示。

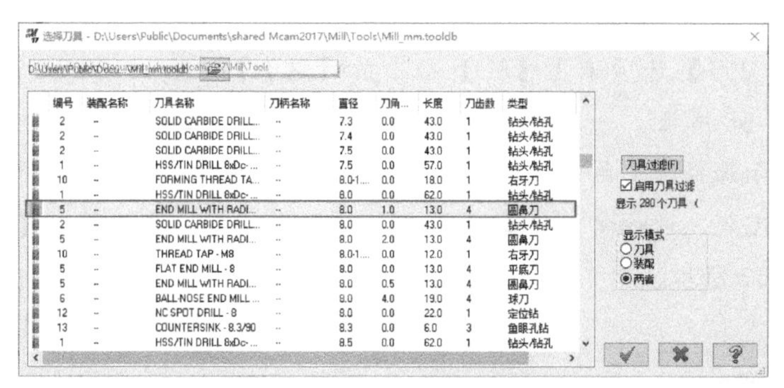

图 7-60 【选择刀具】对话框

33 单击【确定】按钮 后，返回【高速曲面刀路-混合】对话框，双击窗口中创建的 5 号刀具，弹出【编辑刀具】对话框，在左侧列表中选择【完成属性】，设置【刀号】为“2”，【进给速率】为“800”，【下刀速率】为“600”，【主轴转速】为“1800”，【名称】为“T2D8R1”，如图 7-61 所示。

图 7-61 【完成属性】选项

34 单击【确定】按钮 后，返回【高速曲面刀路-混合】对话框，如图 7-62 所示。

（3）设置毛坯预留量

35 选择【高速曲面刀路-混合】对话框中的【毛坯预留量】选项，设置【壁边预留量】为“0.5”，【底面预留量】为“0.5”，如图 7-63 所示。

（4）设置切削参数

36 选择【高速曲面刀路-混合】对话框中的【切削参数】选项，设置【封闭外形方向】为“顺铣”，【开放外形方向】为“双向”，【Z 步进量】为“0.5”，【3D 步进量】为“2.0”，如图 7-64 所示。

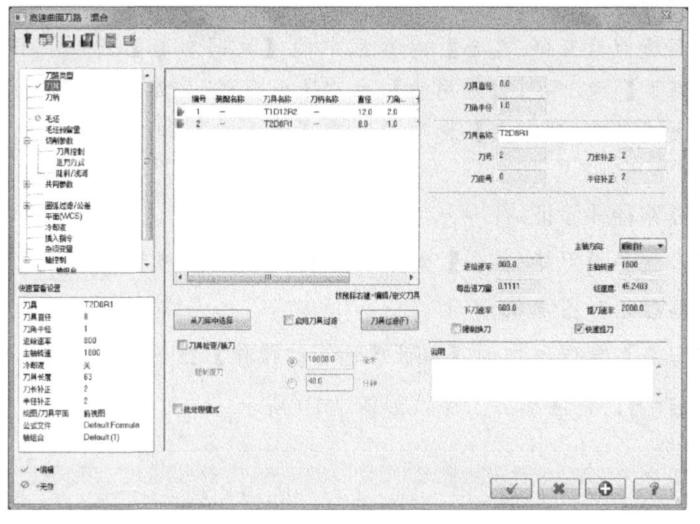

图 7-62 【高速曲面刀路-混合】对话框

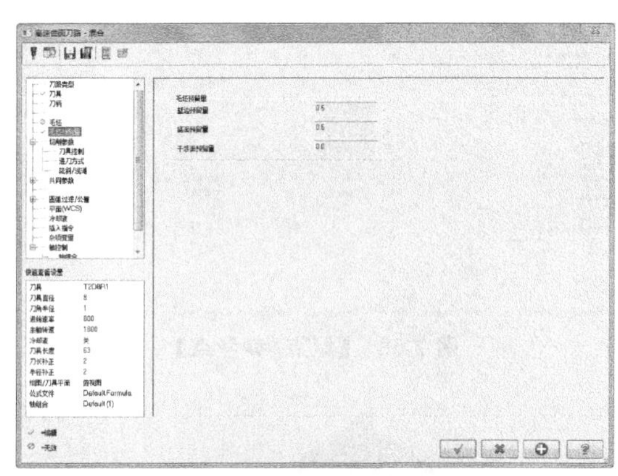

图 7-63 【毛坯预留量】

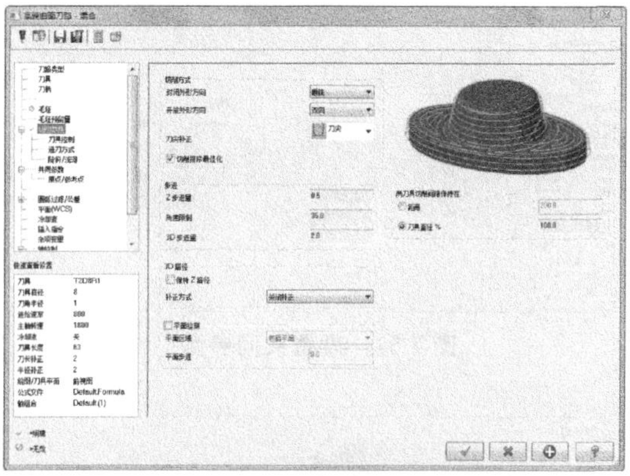

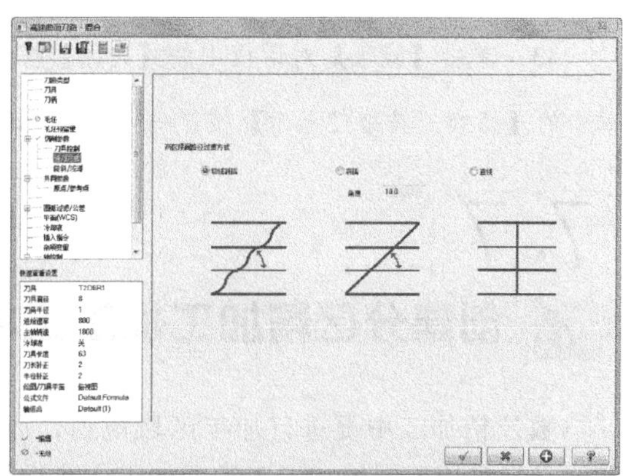

图 7-64 【切削参数】

37 单击左侧的【刀具控制】选项，设置【控制方式】为“刀尖”，【补正】为“中心”，如图 7-65 所示。

38 单击左侧的【进刀方式】选项，选中【切线斜插】复选框，如图 7-66 所示。

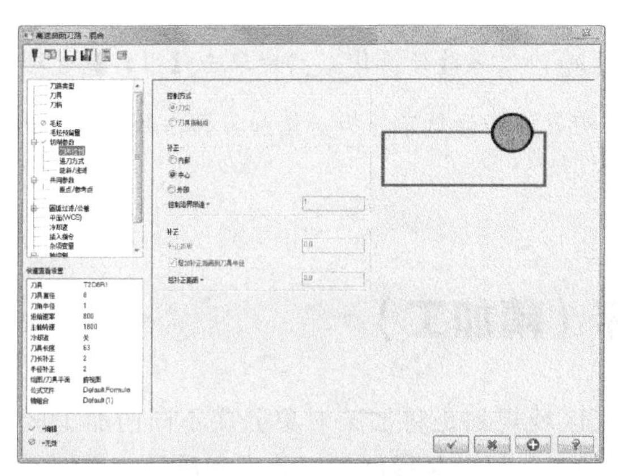

图 7-65 【刀具控制】

图 7-66 【进刀方式】

（5）设置共同参数

39 选择【高速曲面刀路-混合】对话框中的【共同参数】选项，设置【安全高度】为“10”，【表面高度】为“4”，【适用于】为“最小修剪”，如图 7-67 所示。

40 选择左侧【原点/参考点】选项，设置【进入点】和【退出点】为“0，0，50”，如图 7-68 所示。

（6）生成刀具路径并验证

41 单击【高速曲面刀路-混合】对话框中的【确定】按钮，完成加工参数设置，并生成刀具路径，如图 7-69 所示。

42 单击【刀路】管理器中的【验证已选择的操作】按钮，弹出【验证】对话框，单击【播放】按钮，验证加工工序，如图 7-70 所示。

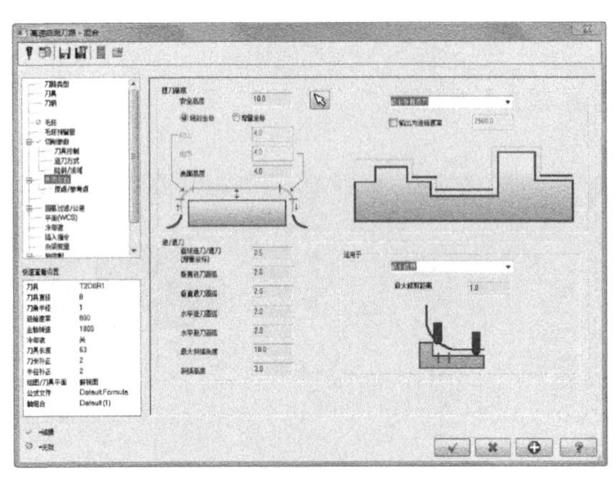

图 7-67 设置共同参数

图 7-68 【原点/参考点】

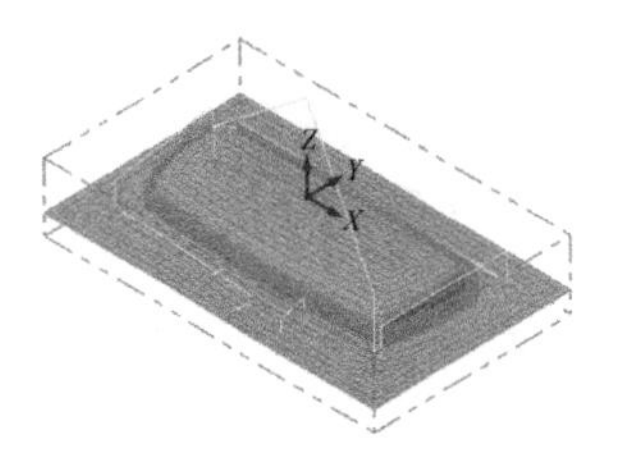

图 7-69 生成刀具路径

图 7-70 实体验证效果

43 单击【验证】对话框中的【关闭】按钮，结束验证操作。然后单击【刀路】管理器中的【切换刀具路径显示】按钮，关闭加工刀具路径的显示，为后续加工操作做好准备。

7.7 创建分区精加工加工工序（精加工）

数控精加工中要进行加工区域规划，加工区域规划是将加工对象分成不同的加工区域，分别采用不同的加工工艺和加工方式进行加工，目的是提高加工效率和质量。如加工表面由水平面和自由曲面组成，显然，对于这两种类型可采用不同的加工方式以提高加工效率和质量，即对水平面部分采用平底刀加工，而对曲面部分应使用球刀加工。

7.7.1 环绕铣削精加工

环绕铣削精加工也称为等距环绕精加工，在加工模型表面生成沿曲面环绕且水平面内等距的刀具轨迹，特别要注意的是在水平面内等距的刀具轨迹，在曲面内刀轨不均匀，如图 7-71 所示。

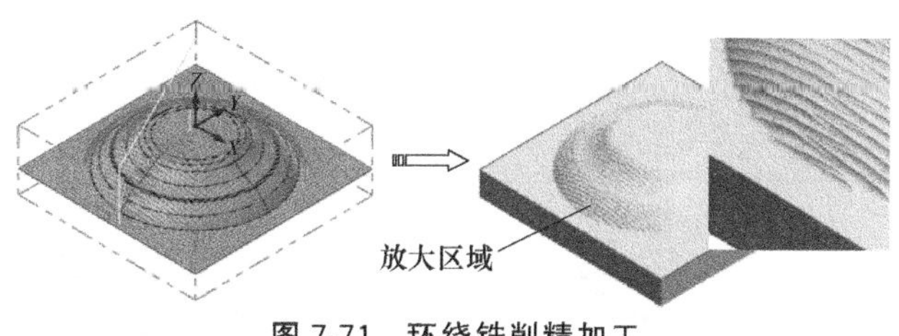

图 7-71 环绕铣削精加工

技术要点

等距环绕精加工将加工产生在平缓的曲面上及陡峭的曲面上，刀间距相对较为均匀的刀具路径，使用于曲面的斜度变化较多的零件精加工和半精加工。

操作实例——创建顶面和圆角面环绕铣削精加工

操作步骤

(1) 启动环绕铣削精加工

44 单击【刀路】选项卡上【3D】组中的【环绕】按钮，如图 7-72 所示。

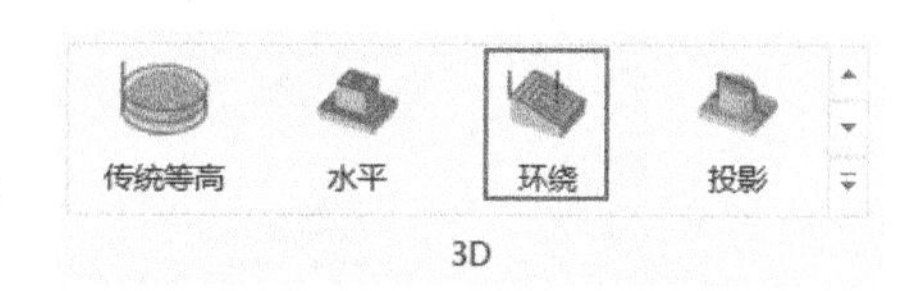

图 7-72 启动环绕铣削精加工命令

45 系统提示选择加工曲面，拉框选择所有曲面作为加工表面，如图 7-73 所示。单击【结束选择】按钮，或直接按“Enter”键确定，系统弹出【刀路曲面选择】对话框，如图 7-74 所示。

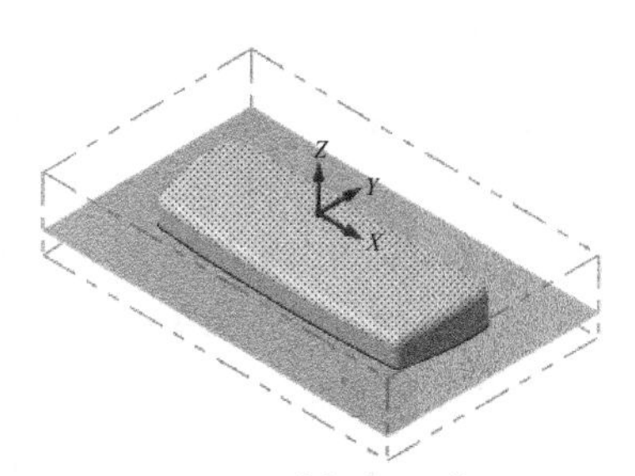
图 7-73 选择加工曲面

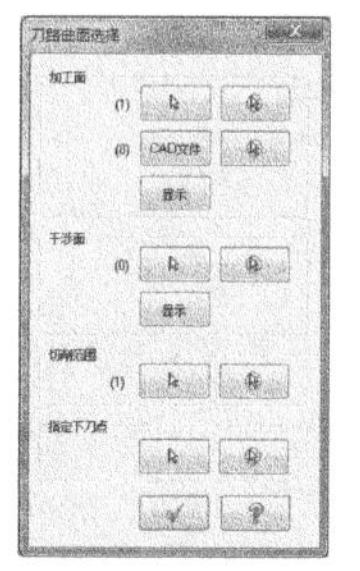
图 7-74 【刀路曲面选择】对话框

46 单击【刀路曲面选择】对话框中的【确定】按钮，弹出【高速曲面刀路-环绕】对话框，如图 7-75 所示。

(2) 创建加工刀具

47 在【高速曲面刀路-混合】对话框左侧的【参数类别列表】中选择【刀具】选项，出现刀具设置窗口，单击【从刀库选择】按钮，弹出【选择刀具】对话框，选择刀库“Mill_mm. tooldb”，选择【编号】为 6，直径为 6 的“BALL-NOSE END MILL”的球刀，如图 7-76 所示。

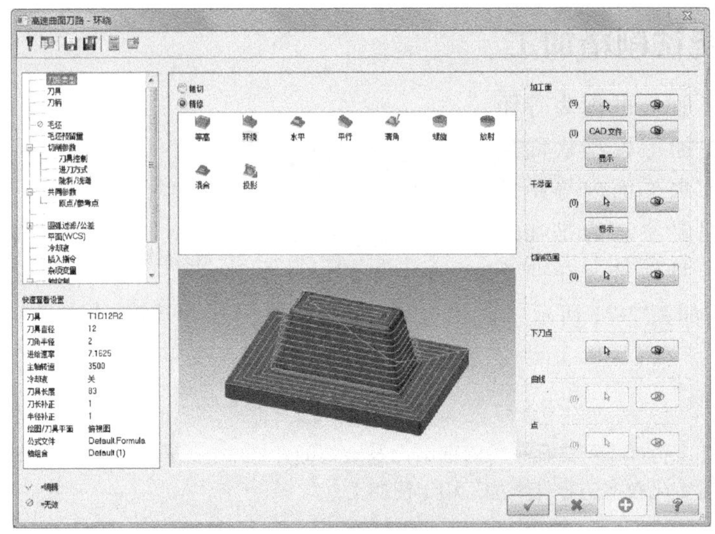

图 7-75 【高速曲面刀路-环绕】对话框

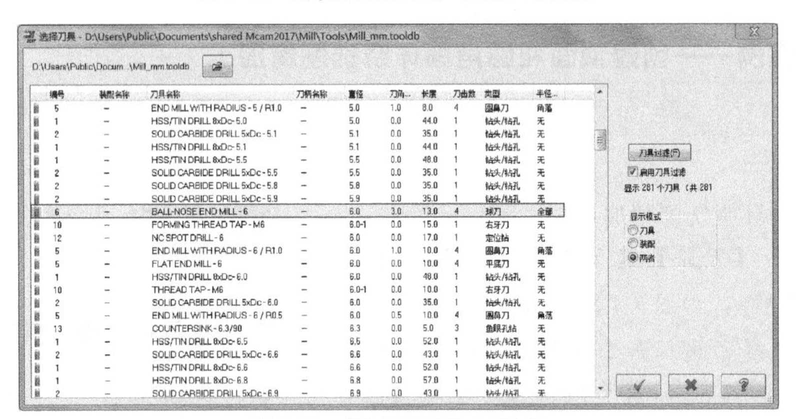

图 7-76 【选择刀具】对话框

图 7-77 【完成属性】选项

48 单击【确定】按钮 后，返回【高速曲面刀路-环绕】对话框，双击窗口中创建的 6 号刀具，弹出【编辑刀具】对话框，在左侧列表中选择【完成属性】，设置【刀号】为“3”，【进给速率】为“1200”，【下刀速率】为“1000”，【主轴转速】为“2000”，【名称】为“T3B6”，如图 7-77 所示。

49 单击【确定】按钮 后，返回【高速曲面刀路-环绕】对话框，如图 7-78 所示。

（3）设置毛坯预留量

50 选择【高速曲面刀路-环绕】对话框中的【毛坯预留量】选项，设置【壁边预留量】为“0”，【底面预留量】为“0”，如图 7-79 所示。

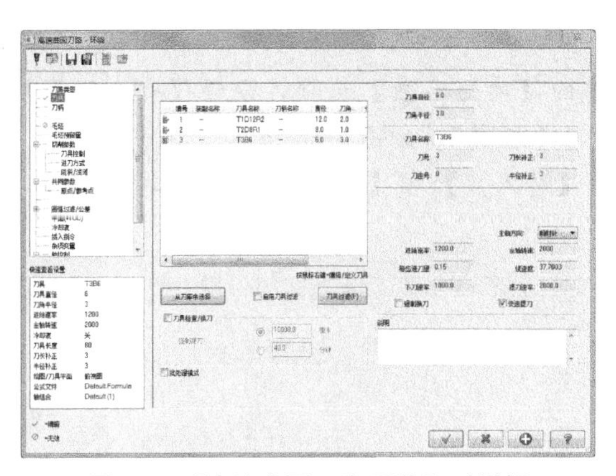

图 7-78 【高速曲面刀路-环绕】对话框

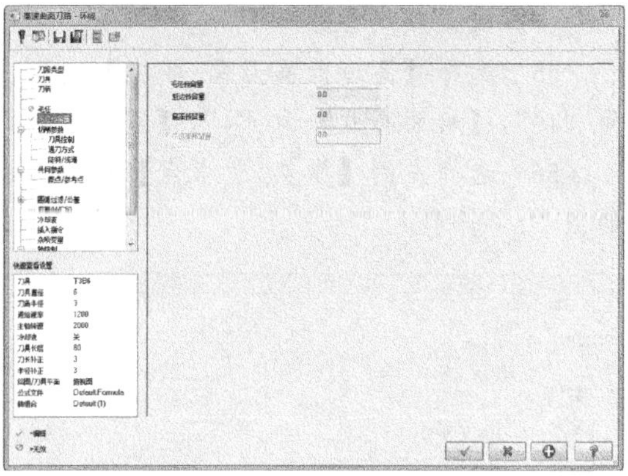

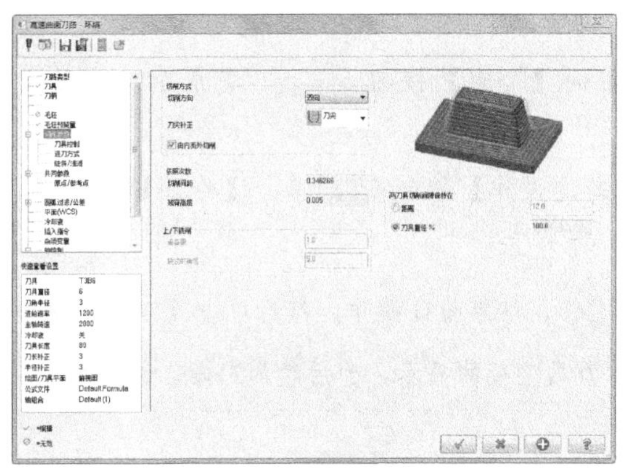

图 7-79 【毛坯预留量】

（4）设置切削参数

51 选择【高速曲面刀路-环绕】对话框中的【切削参数】选项，设置【切削方向】为“双向”，【残脊高度】为“0.005”，如图 7-80 所示。

52 单击左侧的【刀具控制】选项，设置【控制方式】为“刀尖”，【补正】为“中心”，如图 7-81 所示。

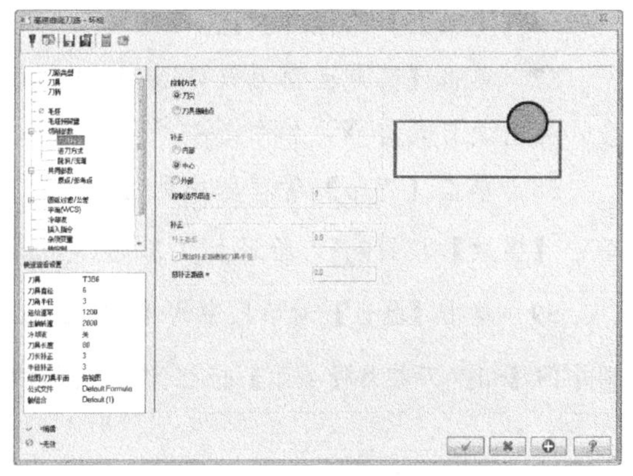

图 7-80 设置切削参数

图 7-81 【刀具控制】

53 单击左侧的【进刀方式】选项，选中【切线斜插】复选框，如图 7-82 所示。

54 单击左侧的【陡斜/浅滩】选项，选中【从】为“0”，【到】为“90”，如图 7-83 所示。

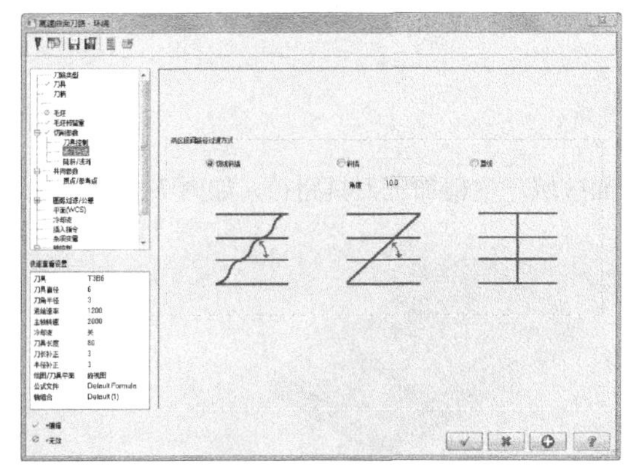

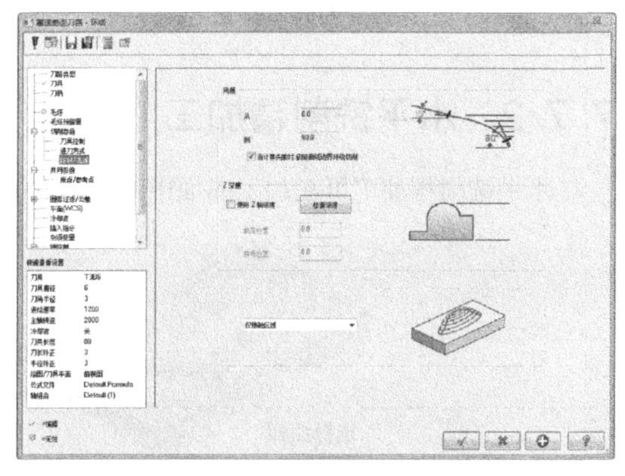

图 7-82 【进刀方式】

图 7-83 设置陡斜/浅滩

（5）设置共同参数

55 选择【高速曲面刀路-环绕】对话框中的【共同参数】选项，设置【安全高度】为“10”，【表面高度】为“4”，【适用于】为“最小修剪”，如图 7-84 所示。

56 选择左侧【原点/参考点】选项，设置【进入点】和【退出点】为“0，0，50”，如图 7-85 所示。

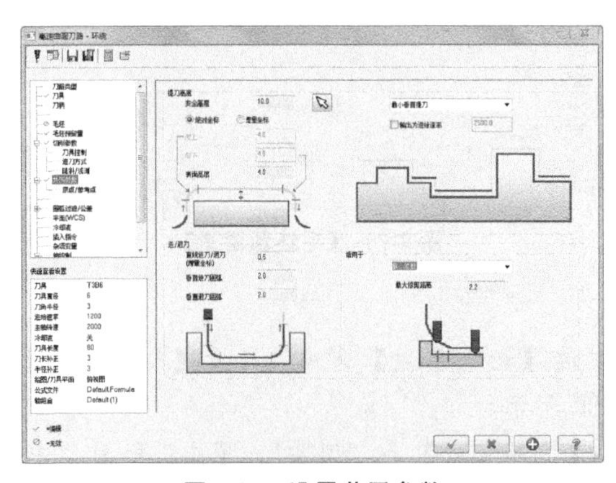

图 7-84 设置共同参数

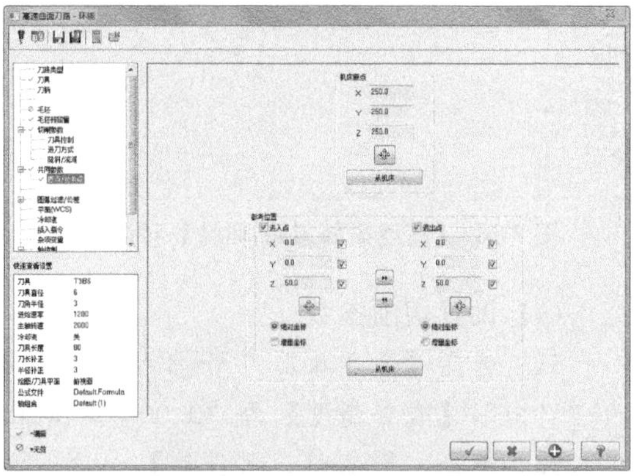

图 7-85 【原点/参考点】

（6）生成刀具路径并验证

57 单击【高速曲面刀路-环绕】对话框中的【确定】按钮，完成加工参数设置，并生成刀具路径，如图 7-86 所示。

58 单击【刀路】管理器中的【验证已选择的操作】按钮，弹出【验证】对话框，单击【播放】按钮，验证加工工序，如图 7-87 所示。

59 单击【验证】对话框中的【关闭】按钮，结束验证操作。然后单击【刀路】管理器中的【切换刀具路径显示】按钮，关闭加工刀具路径的显示，为后续加工操作做好准备。

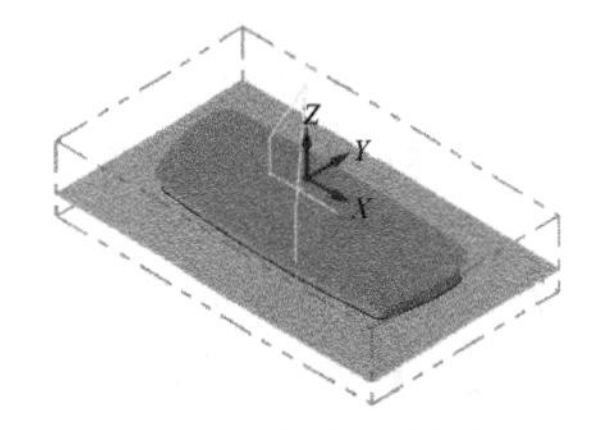

图 7-86 生成刀具路径

图 7-87 实体验证效果

7.7.2 水平铣削精加工

水平铣削精加工可在加工曲面中的每个水平平面区域产生精加工刀具路径，如图 7-88 所示。

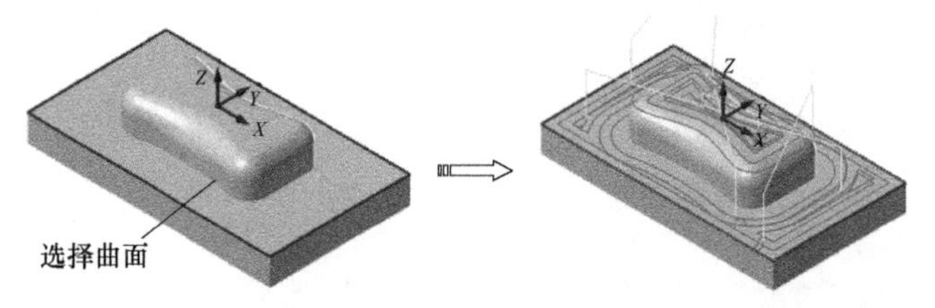

图 7-88 水平铣削精加工

操作实例——创建分型面水平铣削精加工

操作步骤

(1) 启动水平铣削精加工

60 单击【刀路】选项卡上【3D】组中的【水平】按钮，如图7-89所示。

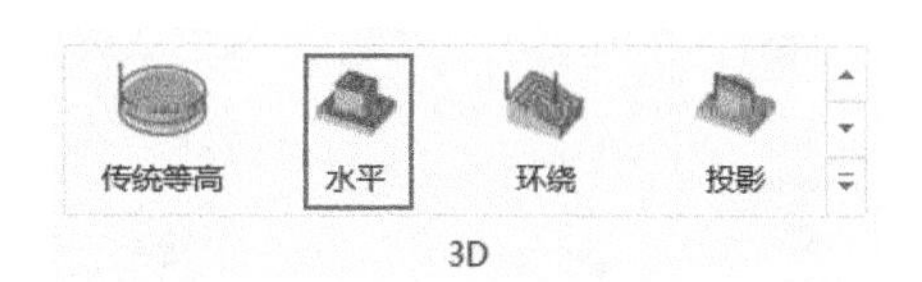

图7-89 启动水平铣削加工命令

61 系统提示选择加工曲面，拉框选择所有曲面作为加工表面，如图7-90所示。单击【结束选择】按钮，或直接按“Enter”键确定，系统弹出【刀路曲面选择】对话框，如图7-91所示。

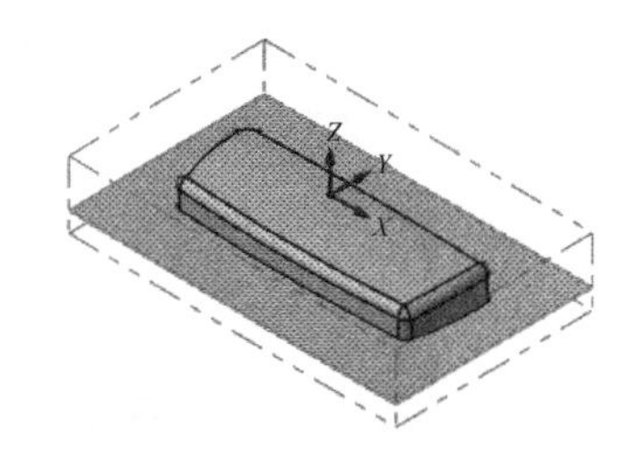

图7-90 选择加工曲面

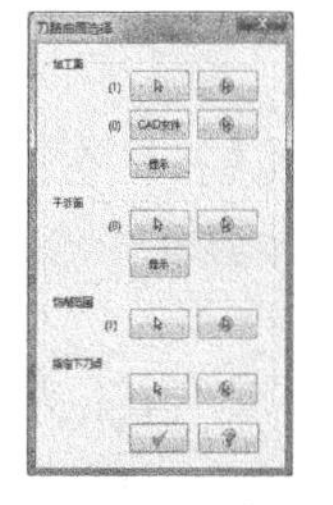

图7-91 【刀路曲面选择】对话框

62 单击【切削范围】选项中的按钮，弹出【串连选项】对话框，选择【2D】选项和【串连选项】按钮，选择如图7-92所示的轮廓线。单击【确定】按钮，返回【刀路曲面选择】对话框。

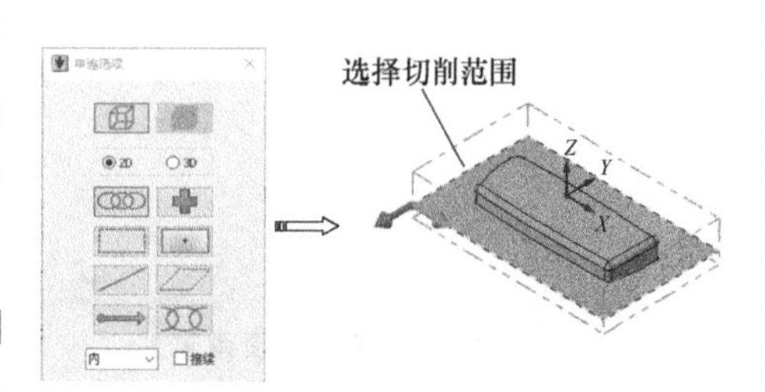

图7-92 选择切削范围

63 单击【刀路曲面选择】对话框中的【确定】按钮，弹出【高速曲面刀路-水平】对话框，如图7-93所示。

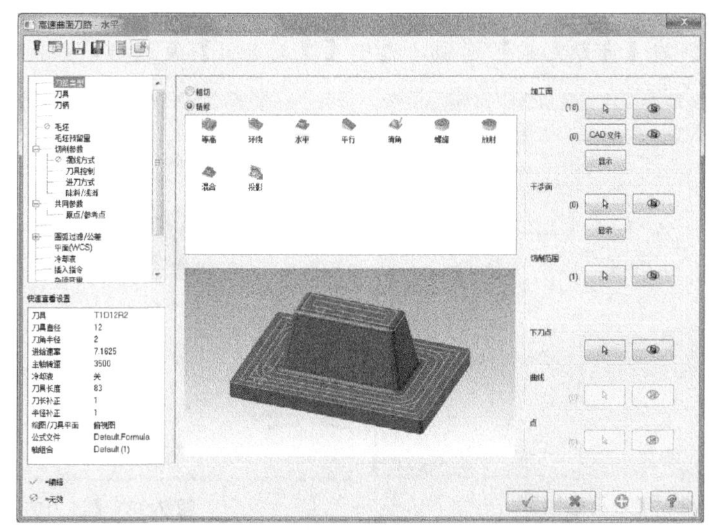

图7-93 【高速曲面刀路-水平】对话框

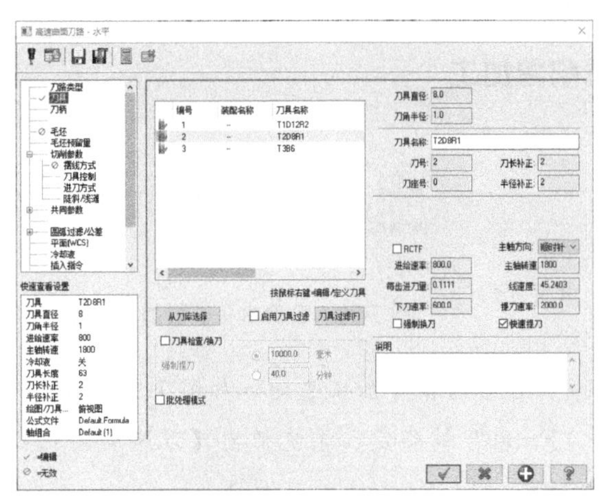

图 7-94 选择刀具

(2) 创建加工刀具

64 在【高速曲面刀路-水平】对话框左侧的【参数类别列表】中选择【刀具】选项，选择【编号】为 2 的 T2D8R1 圆鼻刀，如图 7-94 所示。

(3) 设置毛坯预留量

65 选择【高速曲面刀路-水平】对话框中的【毛坯预留量】选项，设置【壁边预留量】为“1”，【底面预留量】为“0”，如图 7-95 所示。

(4) 设置切削参数

66 选择【高速曲面刀路-水平】对话框中的【切削参数】选项，设置【切削方向】为“顺铣”，【分层次数】为“1”，【切削距离（直径%）】为“50”，如图 7-96 所示。

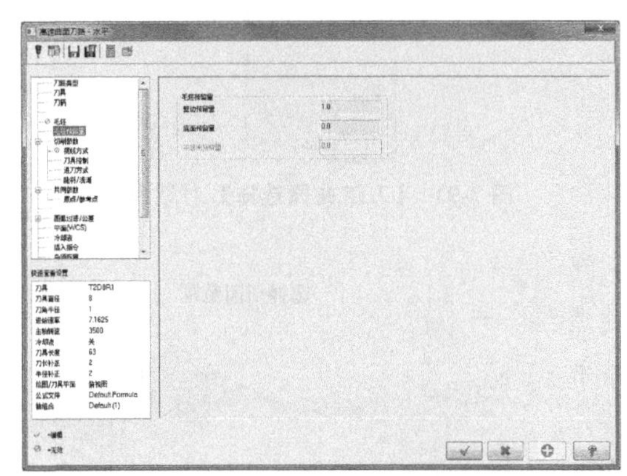

图 7-95 【毛坯预留量】

图 7-96 设置切削参数

67 单击左侧的【刀具控制】选项，设置【控制方式】为“刀尖”，【补正】为“中心”，如图 7-97 所示。

68 单击左侧的【进刀方式】选项，选中【螺旋进刀】复选框，如图 7-98 所示。

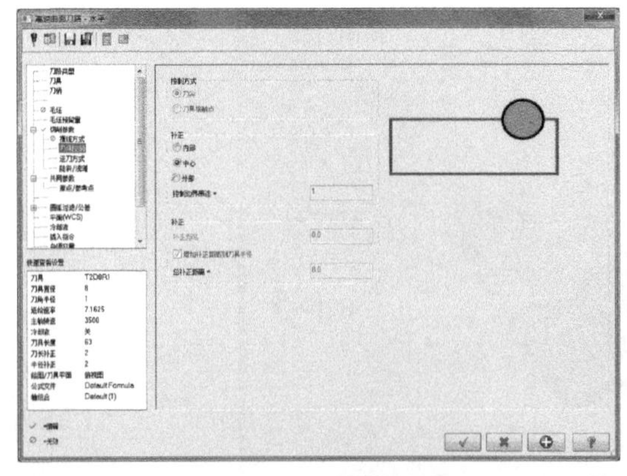

图 7-97 【刀具控制】

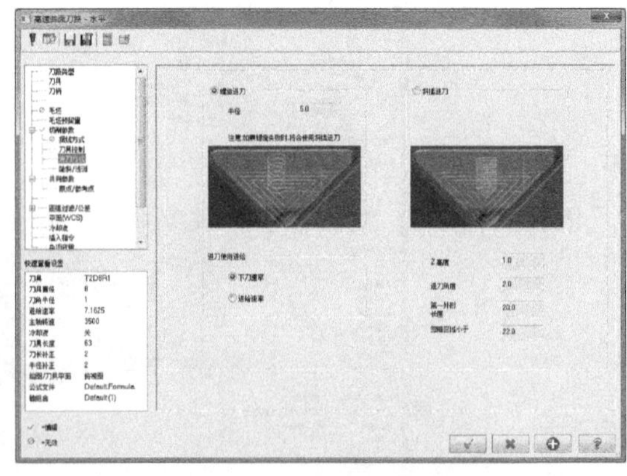

图 7-98 【进刀方式】

（5）设置共同参数

69 选择【高速曲面刀路-水平】对话框中的【共同参数】选项，设置【安全高度】为“10”，【表面高度】为“4”，【适用于】为“最小修剪”，如图7-99所示。

70 选择左侧【原点/参考点】选项，设置【进入点】和【退出点】为“0，0，50”，如图7-100所示。

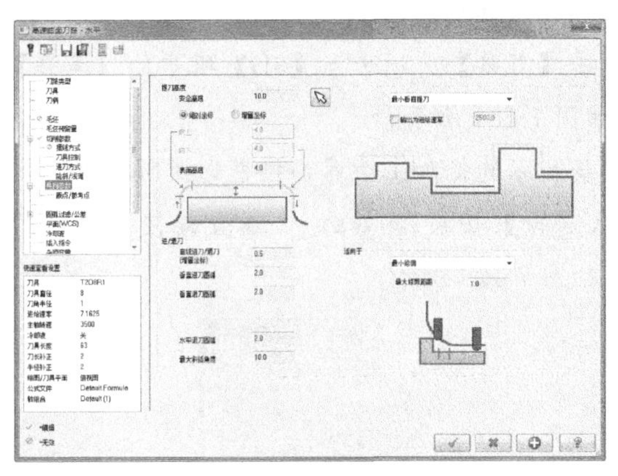

图7-99 设置共同参数

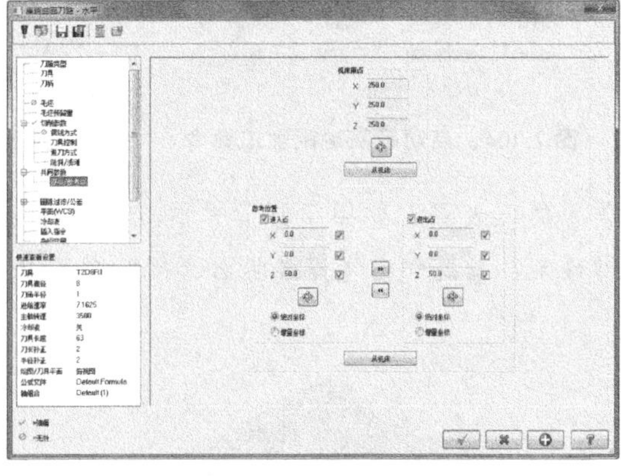

图7-100 【原点/参考点】

（6）生成刀具路径并验证

71 单击【高速曲面刀路-水平】对话框中的【确定】按钮，完成加工参数设置，并生成刀具路径，如图7-101所示。

72 单击【刀路】管理器中的【验证已选择的操作】按钮，弹出【验证】对话框，单击【播放】按钮，验证加工工序，如图7-102所示。

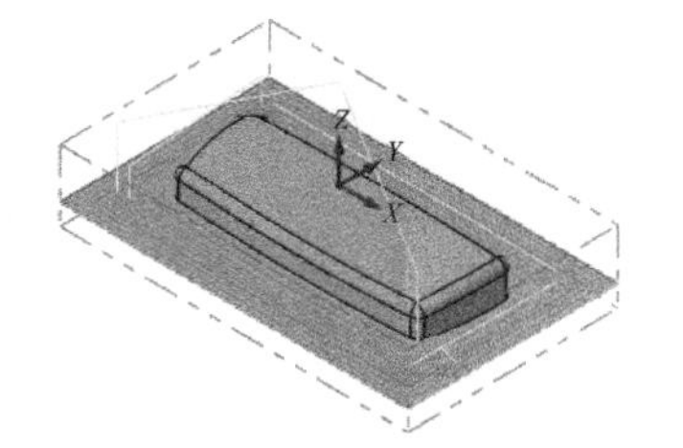

图7-101 生成刀具路径

图7-102 实体验证效果

73 单击【验证】对话框中的【关闭】按钮，结束验证操作。然后单击【刀路】管理器中的【切换刀具路径显示】按钮，关闭加工刀具路径的显示，为后续加工操作做好准备。

7.7.3 等高铣削精加工

等高铣削精加工的刀具路径在同一高度层内围绕曲面进行加工，逐渐降层进行加工，主要用于大部分直壁或者斜度不大的侧壁的精加工，但在曲面的顶部或坡度较小位置刀具路径比较平坦，如图7-103所示。

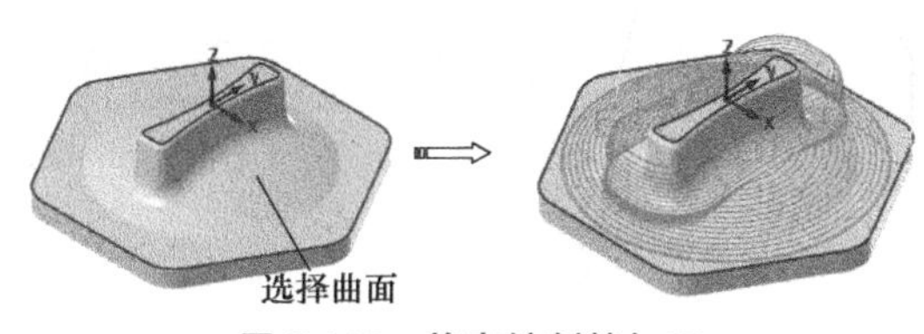

图7-103 等高铣削精加工

操作实例——创建侧壁等高铣削精加工

操作步骤

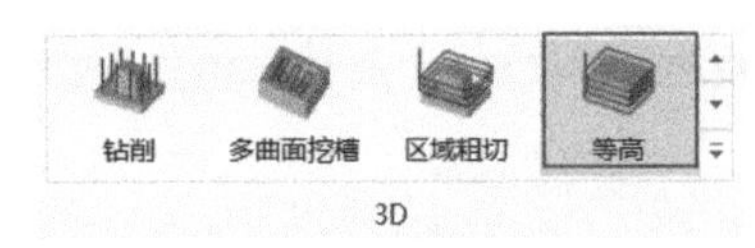

图 7-104　启动等高铣削加工命令

（1）启动等高铣削精加工

74　单击【刀路】选项卡上【3D】组中的【等高】按钮，如图 7-104 所示。

75　系统提示选择加工曲面，拉框选择所有曲面作为加工表面，如图 7-105 所示。单击【结束选择】按钮，或直接按“Enter”键确定，系统弹出【刀路曲面选择】对话框，如图 7-106 所示。

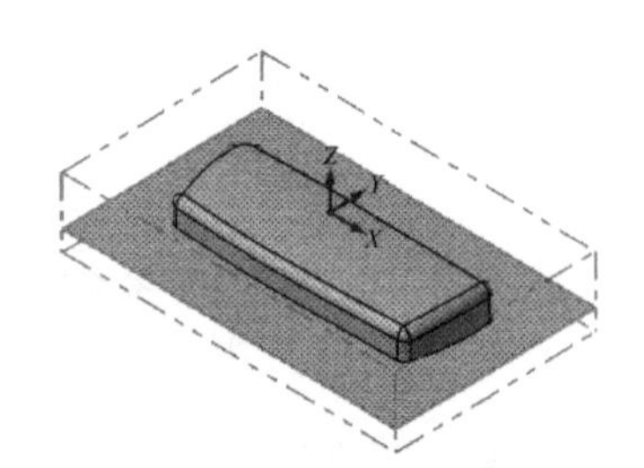

图 7-105　选择加工曲面

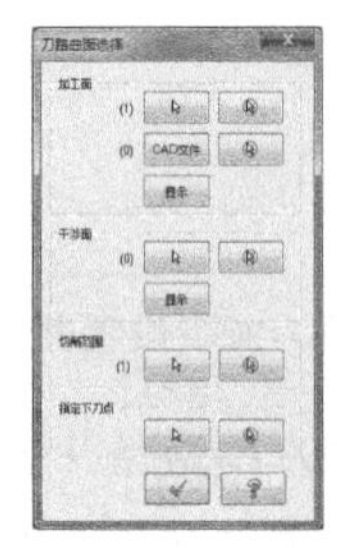

图 7-106　【刀路曲面选择】对话框

76　单击【切削范围】选项中的按钮，弹出【串连选项】对话框，选择【2D】选项和【串连选项】按钮，选择如图 7-107 所示的轮廓线。单击【确定】按钮，返回【刀路曲面选择】对话框。

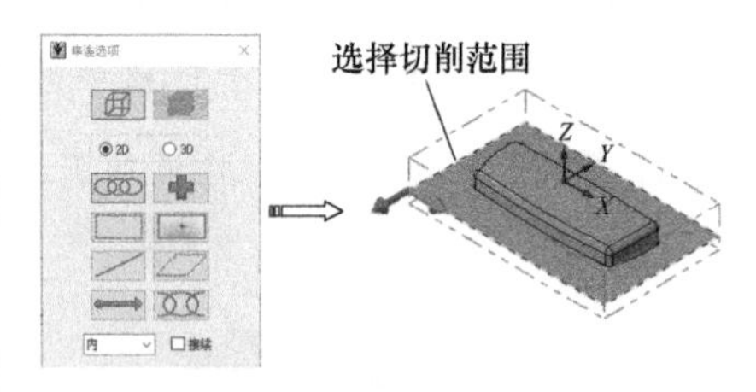

图 7-107　选择切削范围

77　单击【刀路曲面选择】对话框中的【确定】按钮，弹出【高速曲面刀路-等高】对话框，如图 7-108 所示。

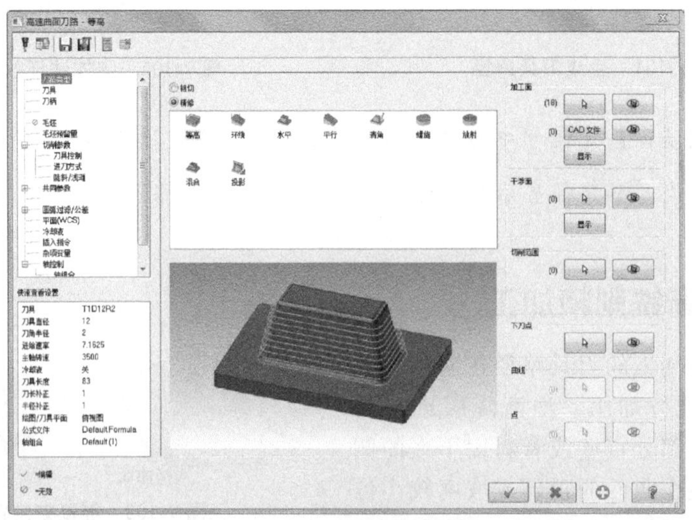

图 7-108　【高速曲面刀路-等高】对话框

（2）创建加工刀具

78 在【高速曲面刀路-等高】对话框左侧的【参数类别列表】中选择【刀具】选项，选择【编号】为 2 的 T2D8R1 圆鼻刀，如图 7-109 所示。

（3）设置毛坯预留量

79 选择【高速曲面刀路-等高】对话框中的【毛坯预留量】选项，设置【壁边预留量】为“0”，【底面预留量】为“0”，如图 7-110 所示。

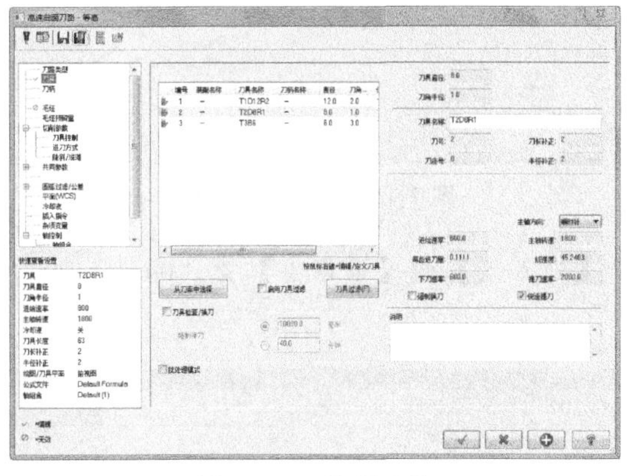

图 7-109 选择刀具

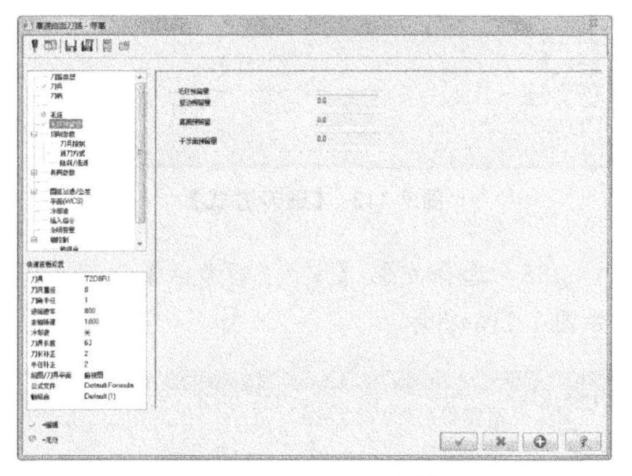

图7-110 【毛坯预留量】

（4）设置切削参数

80 选择【高速曲面刀路-等高】对话框中的【切削参数】选项，设置【切削方向】为“顺铣”，【分层深度】为“0.5”，如图 7-111 所示。

81 单击左侧的【刀具控制】选项，设置【控制方式】为“刀尖”，【补正】为“中心”，如图 7-112 所示。

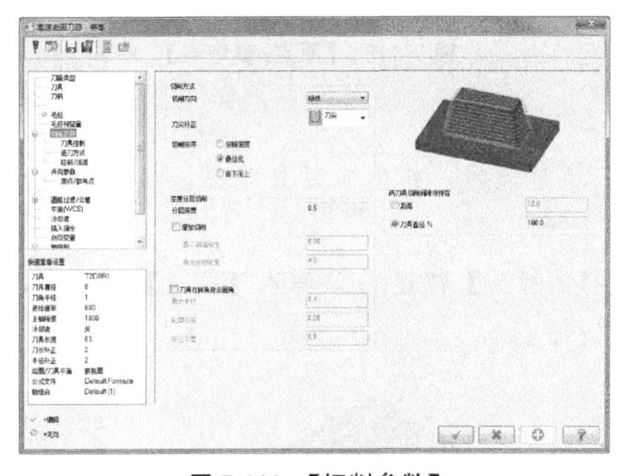

图 7-111 【切削参数】

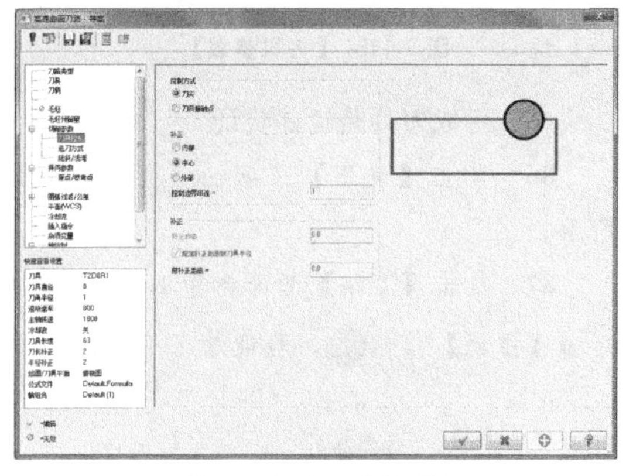

图 7-112 【刀具控制】

82 单击左侧的【进刀方式】选项，选中【切线斜插】复选框，如图 7-113 所示。

83 单击左侧的【陡斜/浅滩】选项，选中【从】为“60”，【到】为“90”，如图 7-114 所示。

（5）设置共同参数

84 选择【高速曲面刀路-等高】对话框中的【共同参数】选项，设置【安全高度】为“10”，【表面高度】为“4”，【适用于】为“最小修剪”，如图 7-115 所示。

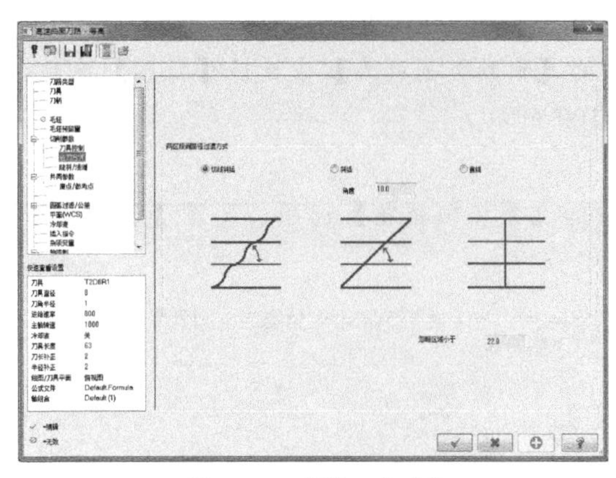

图 7-113 【进刀方式】

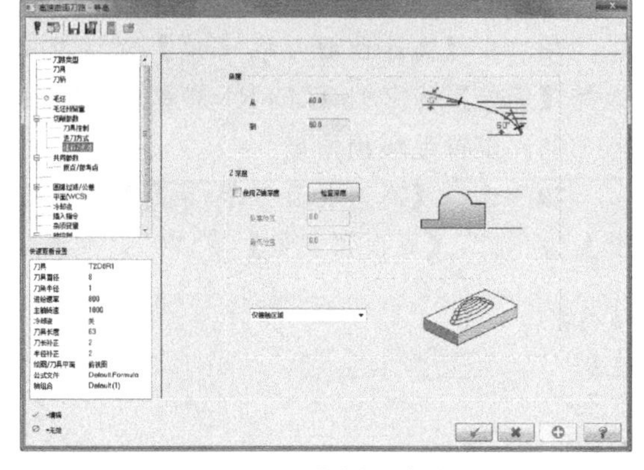

图 7-114 【陡斜/浅滩】

85 选择左侧【原点/参考点】选项，设置【进入点】和【退出点】为“0，0，50”，如图 7-116 所示。

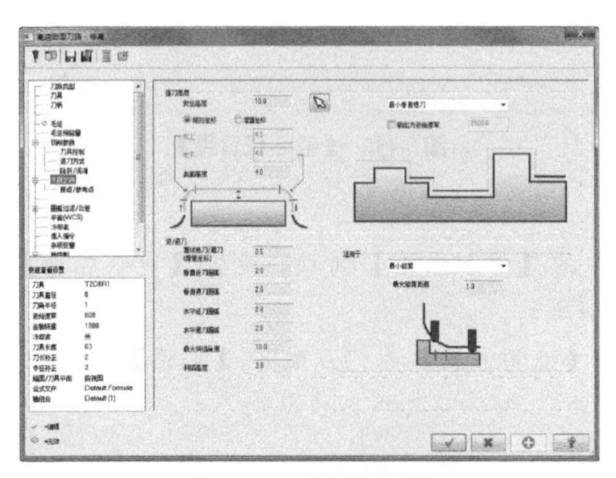

图 7-115 【共同参数】

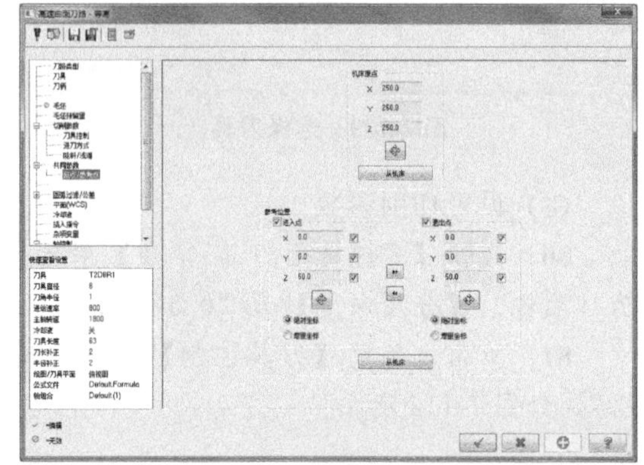

图 7-116 【原点/参考点】

（6）生成刀具路径并验证

86 单击【确定】按钮，完成加工参数设置，并生成刀具路径，如图 7-117 所示。

87 单击【刀路】管理器中的【验证已选择的操作】按钮，弹出【验证】对话框，单击【播放】按钮，验证加工工序，如图 7-118 所示。

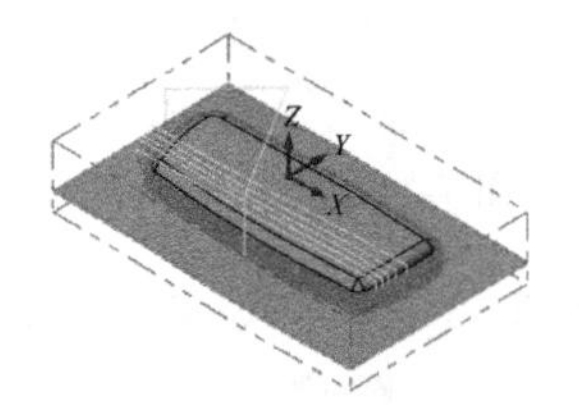

图 7-117 生成刀具路径

图 7-118 实体验证效果

88 单击【验证】对话框中的【关闭】按钮，结束验证操作。然后单击【刀路】管理器中的【切换刀具路径显示】按钮≋，关闭加工刀具路径的显示，为后续加工操作做好准备。

（7）刀具路径后处理

89 在【刀路】管理器中选择所创建的操作后，单击上方的 **G1** 按钮，弹出【后处理程序】对话框，选择【NC 文件】选项下的【编辑】复选框，如图 7-119 所示。

90 单击【确定】按钮，弹出【另存为】对话框，选择合适的目录后，单击【确定】按钮，生成后处理并打开【Mastercam Code Expert】对话框，如图 7-120 所示。

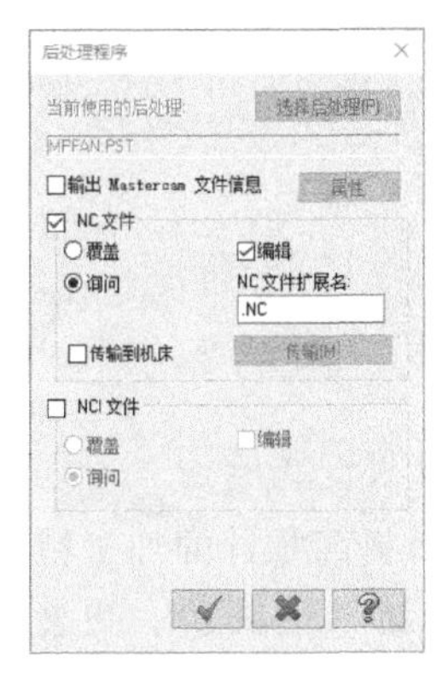

图 7-119 【后处理程序】对话框

图 7-120 【Mastercam Code Expert】对话框

08

第8章

Mastercam2017铣削多轴加工

多轴加工可以在一次装夹的条件下完成多面加工，从而提高零件的加工精度和加工效率，而且刀具或工件的姿态角可以随时调整，所以可以加工更高价、更复杂的零件。Mastercam2017 铣削多轴加工方法和方式丰富，主要分成基本加工和拓展加工两大类功能。本章介绍 Mastercam 铣削多轴加工中的关键技术和操作方法。

本章内容

- ◆ 铣削多轴加工简介
- ◆ 挖槽铣削粗加工
- ◆ 混合铣削（半）精加工
- ◆ 沿面五轴精加工
- ◆ 多曲面五轴加工
- ◆ 水平铣削精加工
- ◆ 沿边五轴加工

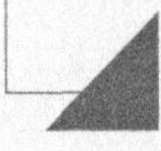

8.1 铣削多轴加工简介

多轴加工是指一个机床上具有三个或三个以上的轴，并且各个坐标轴能够在数控系统的控制下同时协调运动进行加工。

8.1.1 铣削多轴加工

Mastercam 2017 中铣削多轴加工功能集中在【刀路】选项卡的【多轴加工】组，如图 8-1 所示。

铣削多轴加工可归纳分成 2 类：基本模型多轴加工和扩展应用多轴加工。下面简述各种加工策略。

8.1.1.1 基本模型多轴加工

Mastercam 提供了 10 种基本模型多轴加工策略来适应不同的工件和加工场合，见表 8-1。

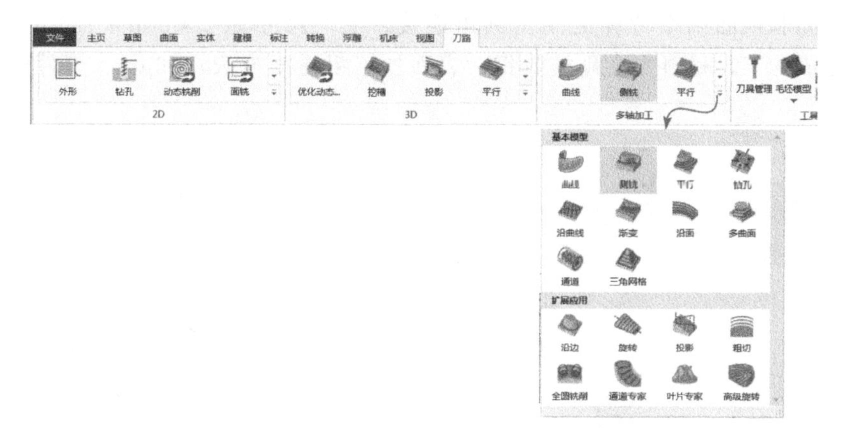

图 8-1 铣削多轴加工命令

表 8-1 基本模型多轴加工方式、特点和应用

加工方式	特点和应用
曲线加工	曲线 5 轴加工可以对 2D、3D 曲线或曲面边界产生 5 轴加工刀具路径
侧铣加工	使用刀具的侧刃进行切削，可得到更加光滑的加工表面，用于复合材料和钣金零件精加工
平行加工	创建在每层区域平行切削的刀轨
钻孔加工	用于产生 5 轴钻孔刀具路径
沿曲线加工	用于对正交于加工面的曲线产生 5 轴加工刀具路径
渐变加工	用于在两条引导曲线之间产生 5 轴加工刀具路径
沿面加工	沿面五轴加工能够顺着曲面产生 5 轴加工刀具路径，加工质量较好，故在多轴加工中应用较多
多曲面加工	多曲面五轴加工能够在多个曲面产生 5 轴加工刀具路径，用于高复杂、高质量和高精度要求的加工场合
通道加工	用于通道零件创建粗加工或精加工刀具路径
三角网格	三角网格所创建的刀具路径始终与加工面相连接

8.1.1.2 扩展应用多轴加工

Mastercam 提供了 8 种扩展应用多轴加工策略来适应不同的工件和加工场合，见表 8-2。

表 8-2 扩展应用多轴加工方式、特点和应用

加工方式	特点和应用
沿边加工	沿边 5 轴加工是利用刀具的侧刀刃顺着工件侧壁产生加工刀具路径
旋转加工	旋转 4 轴加工用于生成 4 轴旋转加工刀具路径，适合于加工近似圆柱体的工件，其刀具轴可在垂直设定轴的方向上旋转
投影加工	投影定义的曲线或图形到加工面上生成 5 轴加工刀具路径
粗切加工	根据零件的底面、壁边或顶部曲面自动生成区域的 5 轴粗加工刀具路径
全圆铣削	通过选择一个点或圆弧中心创建挖槽 5 轴加工刀具路径
通道专家	针对管道、管状型腔等封闭区域提供的专门 5 轴加工刀具路径
叶片专家	针对叶轮叶片、螺旋桨类零件提供的专门 5 轴加工刀具路径
高级旋转	通过选择壁边、轮毂和叶轮盖曲面等创建 4 轴旋转刀具路径

8.1.2 铣削多轴加工基本流程

以图 8-2 为例来说明 Mastercam 铣削多轴加工的基本流程。

(1) 零件结构工艺性分析

从图 8-2 可知该零件尺寸为 200mm×120mm×66mm，由分型面、侧壁面、顶面曲面

组成，侧壁面和顶面两个片体之间由圆角连接。毛坯尺寸为 200mm×120mm×70mm，四周已经完成加工，材料为高硬模具钢，表面加工粗糙度为 Ra1.6μm，工件底部安装在工作台上。

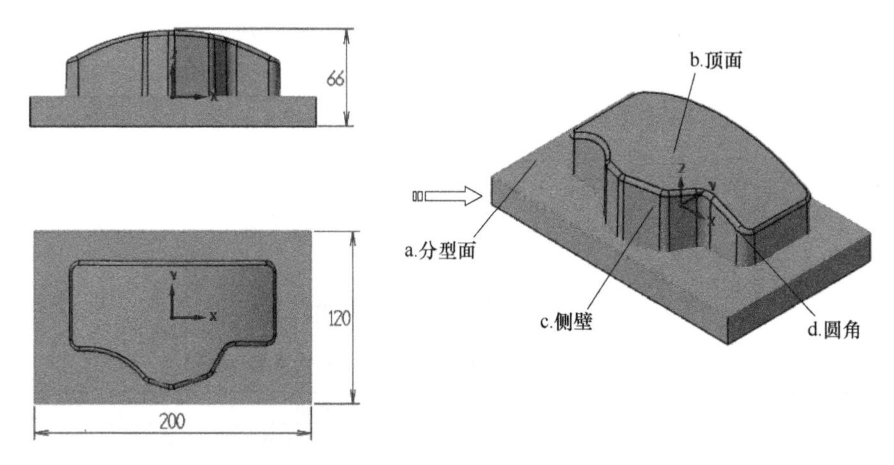

图 8-2　机座凸模曲面

（2）拟定工艺路线

按照加工要求，将工件底面固定安装在机床上，加工坐标系原点为毛坯上表面中心，采用多轴铣加工技术。根据数控加工工艺原则，采用工艺路线为“粗加工”→“半精加工”→“精加工”，并将加工工艺用 Mastercam 完成，具体内容如下：

① 粗加工：首先采用较大直径的刀具进行粗加工以便于去除大量多余留量，粗加工采用挖槽加工策略，刀具为直径 ϕ12 刀角为 R2 的圆鼻刀。

② 半精加工：利用半精加工来获得较为均匀的加工余量，半精加工采用混合铣削加工方式，同时为了获得更好的表面质量，刀具为直径 ϕ8 刀角为 R2 的圆鼻刀。

③ 精加工：数控精加工中要进行加工区域规划，加工区域规划是将加工对象分成不同的加工区域，分别采用不同的加工工艺和加工方式进行加工。分型面精加工采用水平铣削加工；顶面采用沿边多轴加工，圆角面采用多曲面多轴加工；侧壁采用沿边多轴加工。

粗精加工工序中所有的加工刀具和切削参数见表 8-3 所示。

表 8-3　加工刀具及切削参数表

工步号	工步内容	刀具类型	切削参数设置		
			主轴转速 /r·min^{-1}	进给速度 /mm·min^{-1}	背吃刀量 /mm
1	挖槽粗加工	ϕ12R2 圆鼻刀	1500	800	1
2	混合铣半精加工	ϕ8R2 圆鼻刀	1800	1000	0.5
3	顶面沿面多轴精加工	ϕ6 球刀	1200	1200	0.5
4	圆角多曲面精加工	ϕ6 球刀	1200	1200	0.5
5	分型面水平精加工	ϕ8R1 圆鼻刀	1800	800	0.5
6	侧壁沿边多轴加工	ϕ8R1 圆鼻刀	1800	800	0.5

（3）加工准备工作

在创建操作之前首先要打开模型文件，然后通过平移命令移动图形，将加工原点设置为绝对坐标的原点，选择加工机床类型，并指定加工毛坯，如图 8-3 所示。

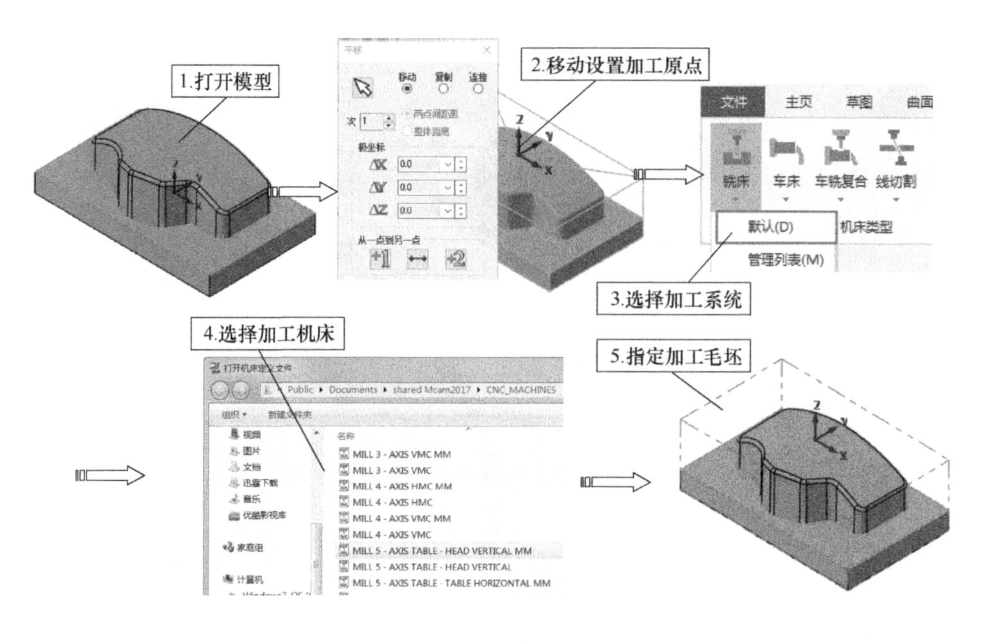

图 8-3　加工准备工作

（4）创建挖槽粗加工

启动挖槽加工，选择加工曲面，接着选择加工刀具，设置曲面参数和粗切参数，最后生成刀具路径和验证，如图 8-4 所示。

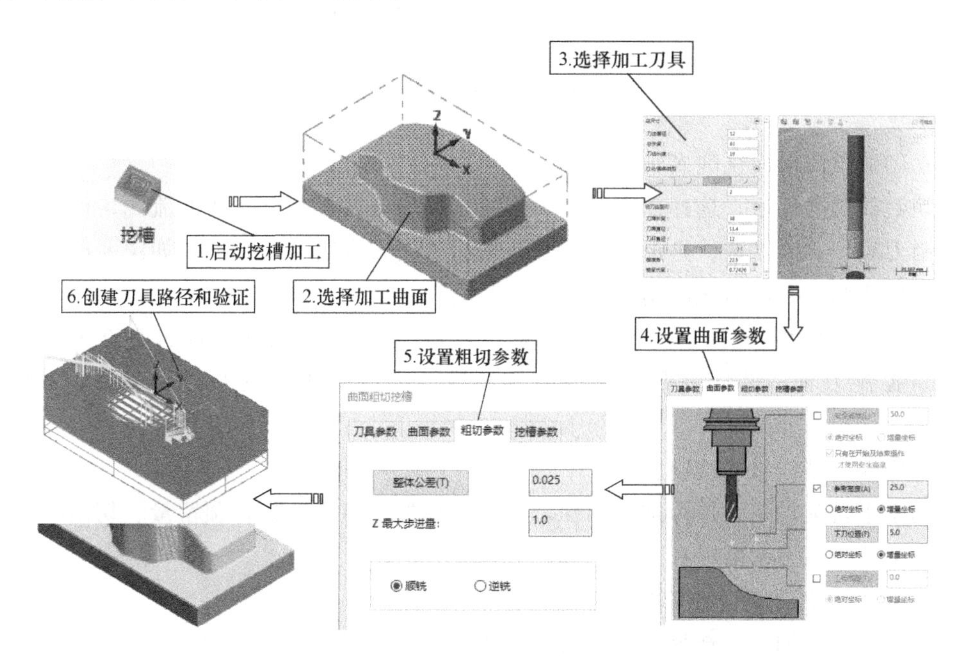

图 8-4　创建挖槽粗加工

（5）创建混合半精加工

启动混合铣削加工，选择加工曲面，接着选择加工刀具，设置预留量、切削参数、共同参数，最后生成刀具路径和验证，如图 8-5 所示。

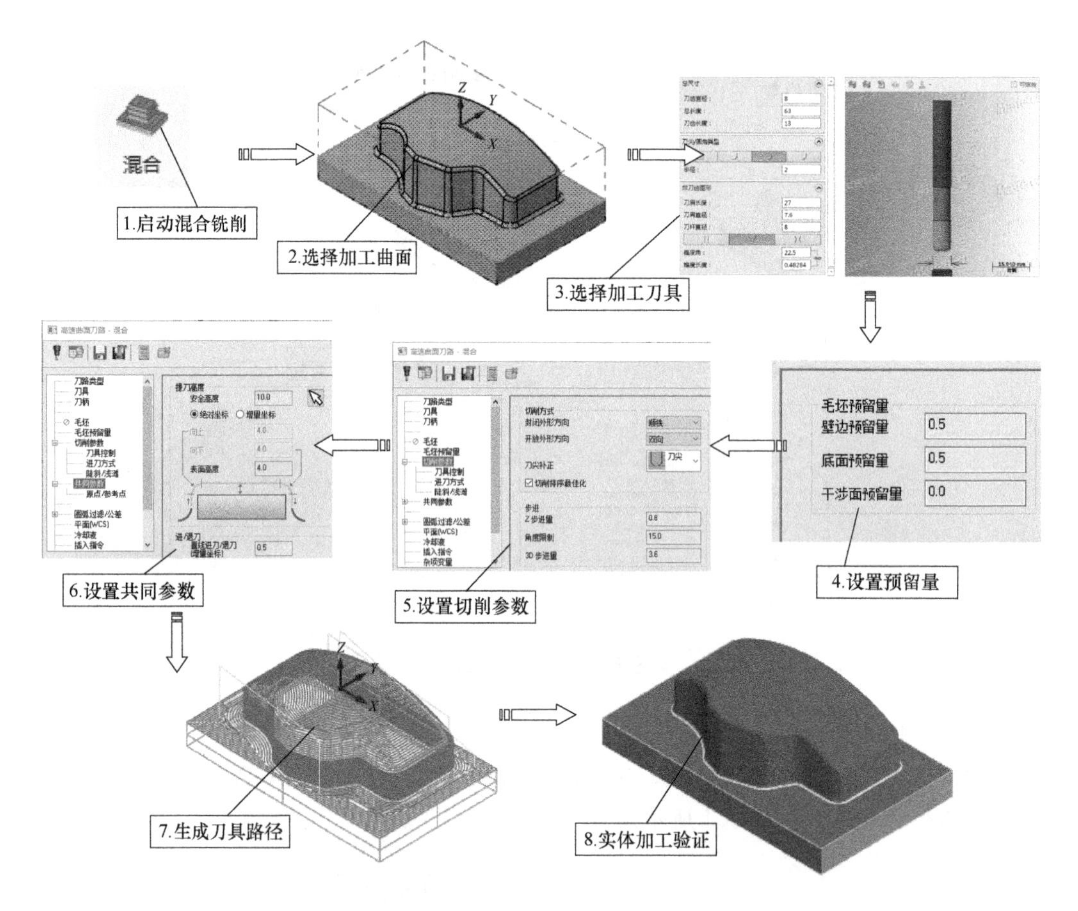

图 8-5　创建混合半精加工

（6）创建顶面沿面铣削多轴精加工

启动沿面铣削加工，选择加工刀具，接着选择加工曲面并设置曲面流线，设置切削方式、控制刀轴、共同参数、进退刀等参数，最后生成刀具路径和验证，如图 8-6 所示。

（7）创建圆角多曲面铣削精加工

启动多曲面铣削加工，选择加工刀具，接着选择加工曲面并设置曲面流线，设置切削方式、控制刀轴、共同参数、进退刀等参数，最后生成刀具路径和验证，如图 8-7 所示。

（8）创建分型面水平铣削精加工

启动水平铣削加工，选择加工曲面，接着选择加工刀具，设置预留量、切削参数、共同参数，最后生成刀具路径和验证，如图 8-8 所示。

（9）创建侧壁沿边铣削多轴精加工

启动沿边铣削加工，选择加工刀具，接着选择壁边曲面，设置切削方式、控制刀轴、碰撞控制、共同参数、进退刀等参数，最后生成刀具路径和验证，如图 8-9 所示。

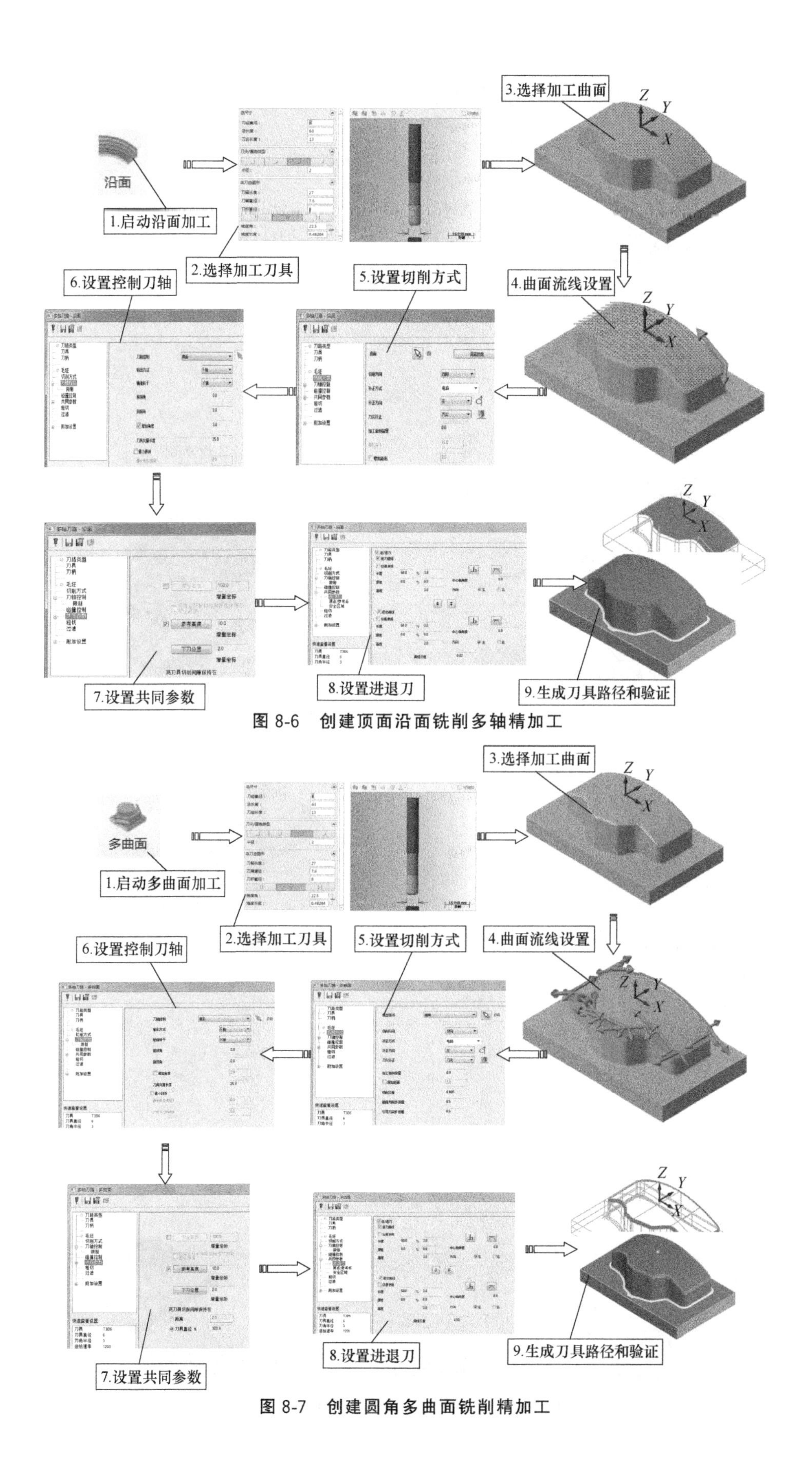

图 8-6　创建顶面沿面铣削多轴精加工

图 8-7　创建圆角多曲面铣削精加工

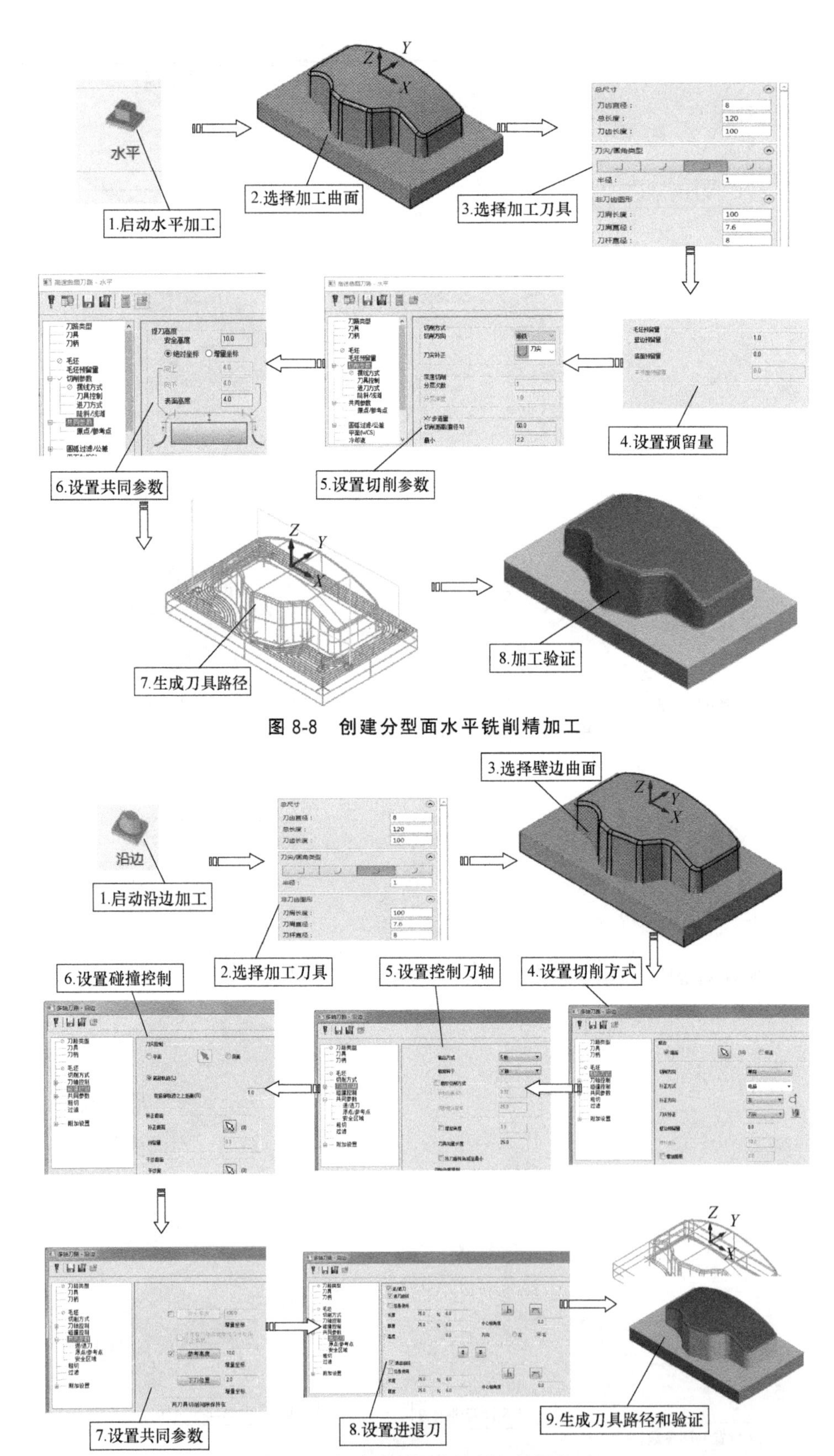

图 8-8　创建分型面水平铣削精加工

图 8-9　创建侧壁沿边铣削多轴精加工

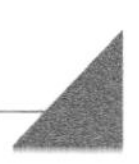

8.2 设置加工原点

Mastercam 加工原点通过移动、旋转工件或图形方式来调整到编程坐标系所需要的位置。

操作实例——设置加工原点

操作步骤

01 启动 Mastercam2017，选择下拉菜单【文件】|【打开】命令，弹出【打开】对话框，选择“机座凸模 CAD. mcam”（扫二维码下载素材文件\第 8 章\机座凸模 CAD. mcam），单击【打开】按钮，将该文件打开，如图 8-10 所示。

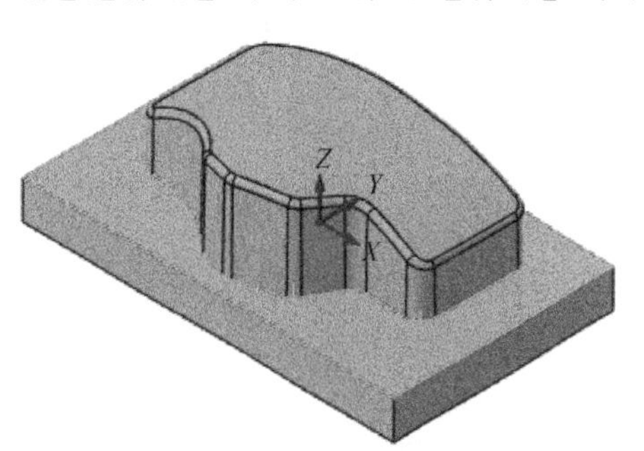

图 8-10 打开模型文件

02 设置当前图层为 6。在管理器面板中单击【层别】标识，弹出【层别】管理器，在【编号】输入“6”，完成层别设置，如图 8-11 所示。

03 单击【草图】选项卡中的【形状】组中的【边界盒】按钮，弹出【边界盒】管理器，选择如图 8-12 所示的曲面，单击【结束选择】按钮，单击【确定】按钮创建边界盒如图 8-12 所示。

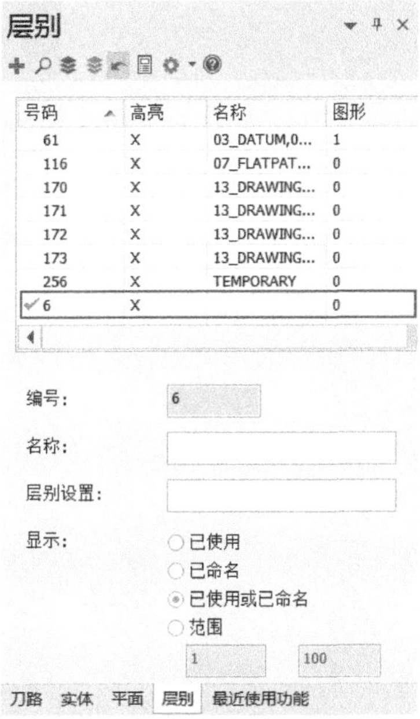

层别

号码	高亮	名称	图形
61	X	03_DATUM,0...	1
116	X	07_FLATPAT...	0
170	X	13_DRAWING...	0
171	X	13_DRAWING...	0
172	X	13_DRAWING...	0
173	X	13_DRAWING...	0
256	X	TEMPORARY	0
✓6	X		0

编号：6

名称：

层别设置：

显示：○已使用 ○已命名 ◉已使用或已命名 ○范围 1 100

刀路 实体 平面 层别 最近使用功能

图 8-11 【层别】管理器

04 单击【草图】选项卡中的【绘线】组中的【连续线】按钮，弹出【连续线】管理器，选中【任意线】和【两端点】选项，绘制边界框顶面的两条线段，单击【确定】按钮绘制直线，如图 8-13 所示。

05 单击【转换】选项卡上的【转换】组中的【平移】按钮，根据系统提示选择如图 8-14 所示的曲面作为要平移图形，单击【结束选择】按钮，弹出【平移】对话框，选择【移动】选项，然后选择【从一点到另一点】方式，起点为两条直线的交点，终点为（0，0，−5），单击【确定】按钮，完成图形平移，如图 8-14 所示。

06 设置当前图层为 7 并关闭图层 6。在管理器面板中单击【层别】标识，弹出【层别】管理器，在【编号】输入“7”，完成层别设置，如图 8-15 所示。

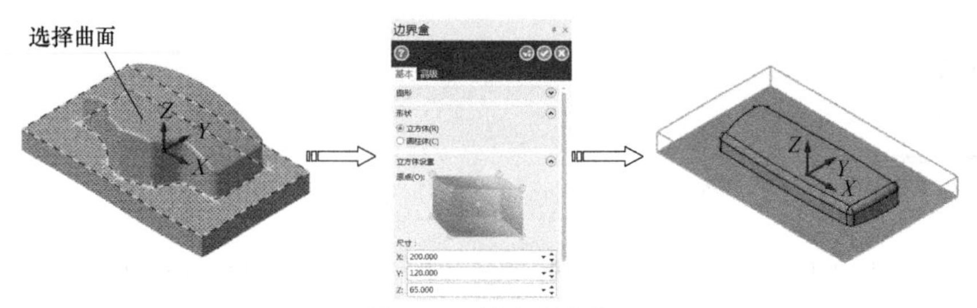

图 8-12　创建边界盒

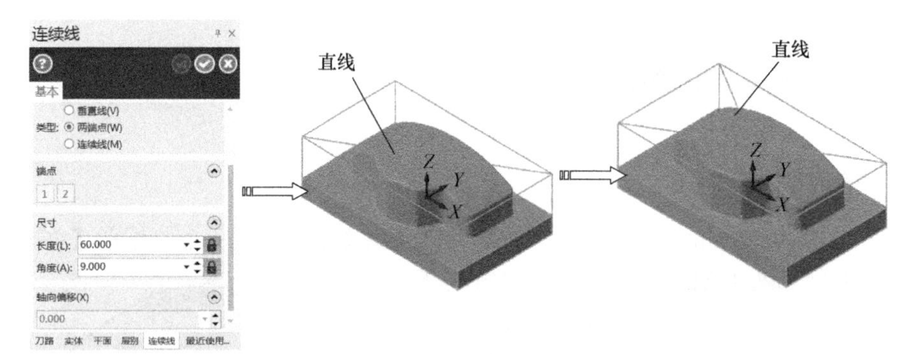

图 8-13　创建直线

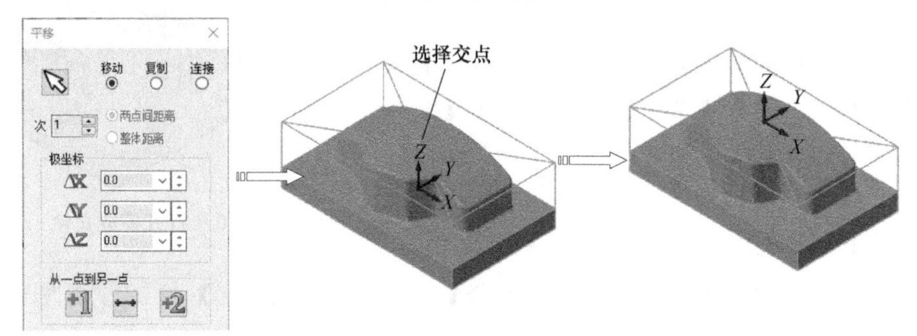

图 8-14　平移曲面

层别

号码	高亮	名称	图形
1	X	RESERVED	130
2		00_FINAL_DA...	1
3	X	00_FINAL_DA...	0
4	X	00_FINAL_DA...	0
5		00_FINAL_DA...	0
6			14
61		03_DATUM,0...	1
116		07_FLATPAT...	0

编号: 7

名称:

层别设置:

显示:
- 已使用
- 已命名
- 已使用或已命名
- 范围 1 100

刀路 实体 平面 层别 最近使用功能

图 8-15　选择图层 7 为当前图层

8.3 选择加工系统和机床

Mastercam 能进行铣削、车削、车铣复合、线切割等加工，铣削多轴加工一般选择【机床类型】为铣床。

8.3.1 选择加工系统

操作实例——选择加工系统

操作步骤

07 选择【机床】选项卡上【机床类型】组中的【铣床】按钮下的【默认】命令，如图 8-16 所示。

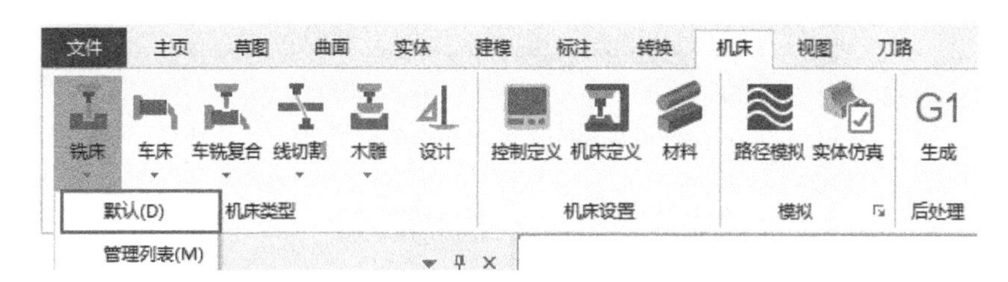

图 8-16　选择铣床

08 系统进入铣削加工模块，【刀路】管理器如图 8-17 所示。

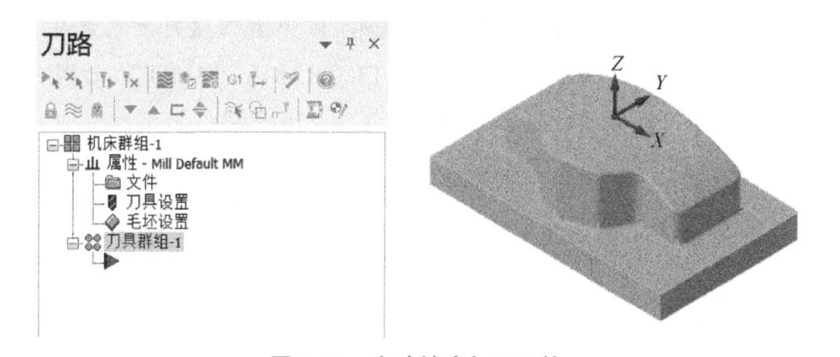

图 8-17　启动铣床加工环境

8.3.2 选择五轴加工机床

多轴数控机床是指一台机床上至少具备第四轴，例如四轴数控机床有 3 个直线坐标轴和一个旋转坐标轴，并且四个坐标可以在计算 CNC 数控系统控制的同时协调运动进行加工；五轴则是三个直线坐标轴和两个旋转轴。在 Mastercam 多轴加工编程中要选择机床类型。

操作实例——选择五轴加工机床

操作步骤

09 双击如图8-17所示【刀路】管理器中的【属性】选项下的【文件】选项，系统弹出【机床群组属性】对话框，单击【文件】选项卡，如图8-18所示。

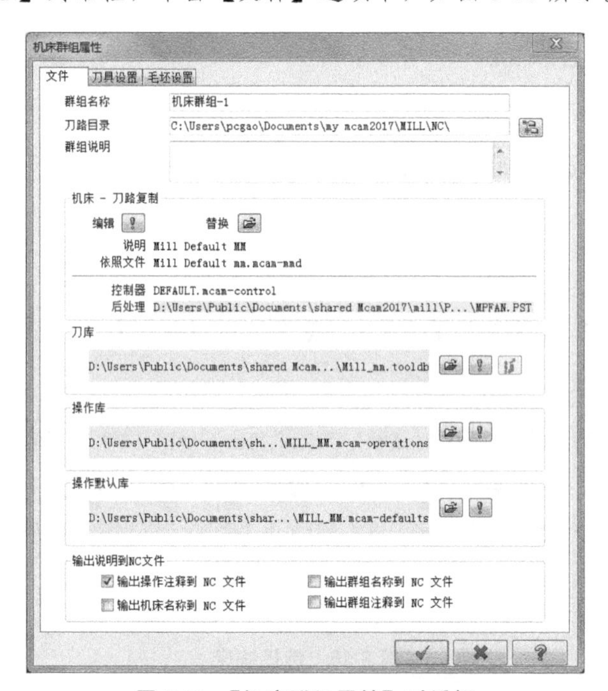

图8-18 【机床群组属性】对话框

10 单击【机床】选项下的【替换】按钮，在弹出的【打开机床定义文件】对话框中选择“MILL 5-AXIS TABLE-HEAD VERTICAL MM. MMD”，如图8-19所示。

11 连续单击【打开】按钮，再单击【确定】按钮完成。

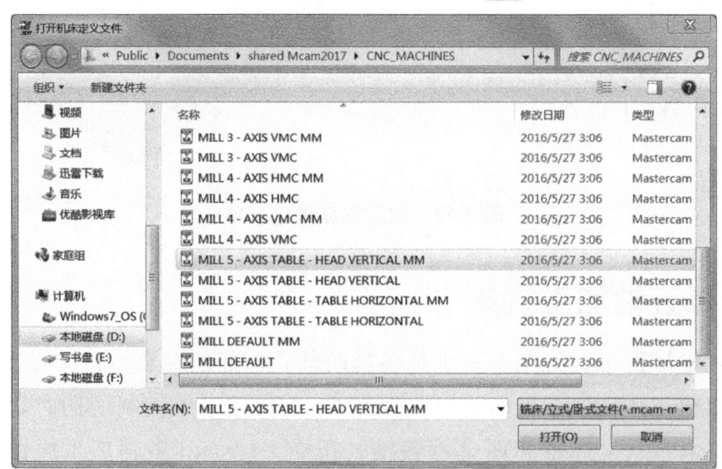

图8-19 选择机床

8.4 创建加工毛坯

加工毛坯设置就是在编制加工刀具路径之前，通过设置一个与实际工件大小相同的毛坯来模拟加工效果，创建方法与铣削 2D、3D 加工相同。

操作实例——创建加工毛坯

操作步骤

12 双击如图 8-17 所示【刀路】管理器中的【属性-Mill Default MM】选项。

13 单击【属性】选项下的【毛坯设置】选项，系统弹出【机床群组属性】对话框，点击【毛坯设置】选项卡，设置【形状】为【立方体】，选中【显示】中的【线框】选项，以在显示窗口中以线框形式显示毛坯，如图 8-20 所示。

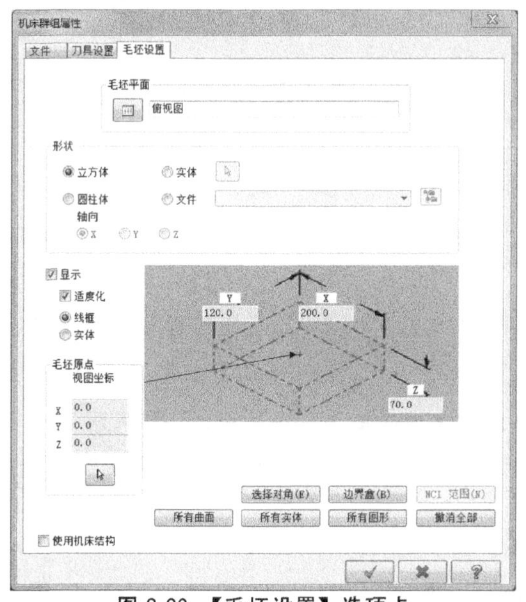

图 8-20 【毛坯设置】选项卡

14 【毛坯原点】为（0，0，0），长 200mm，宽 120mm，高 70mm，单击【机床群组属性】对话框中的【确定】按钮，完成加工工件设置，如图 8-21 所示。

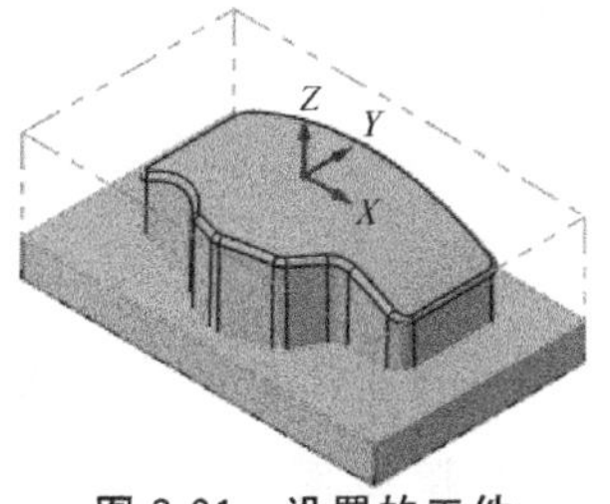

图 8-21 设置的工件

8.5 创建挖槽粗加工

多轴加工中采用三轴挖槽进行粗加工，下面通过实例介绍挖槽粗加工的加工过程。

操作实例——创建挖槽粗加工

操作步骤

（1）启动挖槽粗加工

15 单击【刀路】选项卡上【3D】组中的【挖槽】按钮，如图 8-22 所示。

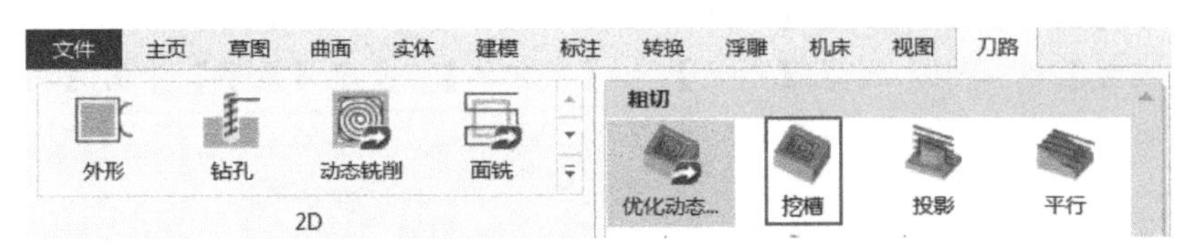

图 8-22 启动挖槽加工命令

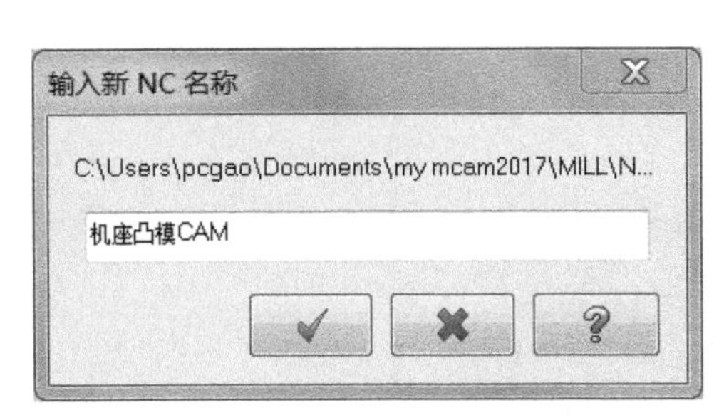

图 8-23 【输入新 NC 名称】对话框

16 系统弹出【输入新 NC 名称】对话框，输入“机座凸模 CAM”，然后单击【确定】按钮，如图 8-23 所示。

17 系统提示选择加工曲面，拉框选择所有曲面作为加工表面，如图 8-24 所示。单击【结束选择】按钮，或直接按“Enter”键确定，系统弹出【刀路曲面选择】对话框，如图 8-25 所示。

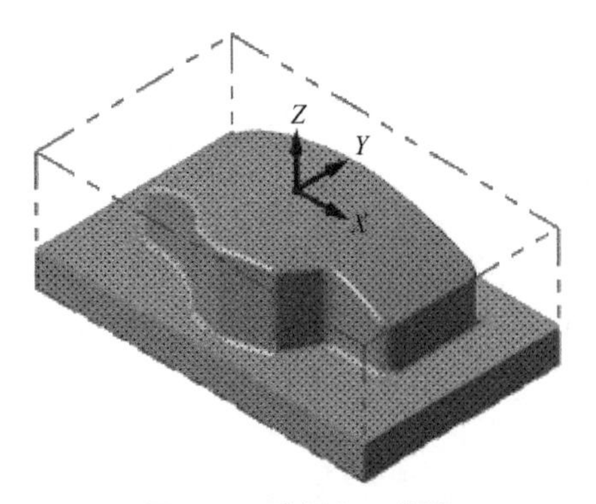

图 8-24 选择加工曲面

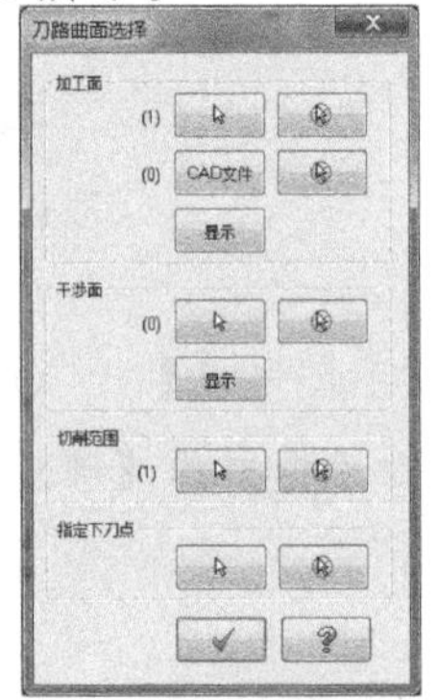

图 8-25 【刀路曲面选择】对话框

18 单击【切削范围】选项中的按钮，弹出【串连选项】对话框，选择【2D】选项和【串连选项】按钮，选择如图 8-26 所示的轮廓线。单击【确定】按钮

[✔]，返回【刀路曲面选择】对话框。

19 单击【刀路曲面选择】对话框中的【确定】按钮[✔]，弹出【曲面粗切挖槽】对话框，如图 8-27 所示。

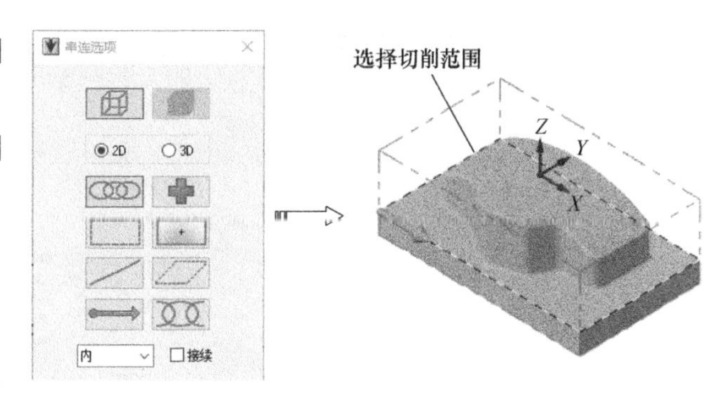

图 8-26 选择切削范围

(2) 创建加工刀具

20 在【曲面粗切挖槽】对话框单击【从刀库选择】按钮，弹出【选择刀具】对话框，选择刀库“Mill_mm.tooldb”，选择【编号】为 5，直径为 12，刀角为 2 的“End Mill WITH RADIUS”的圆鼻刀，如图 8-28 所示。

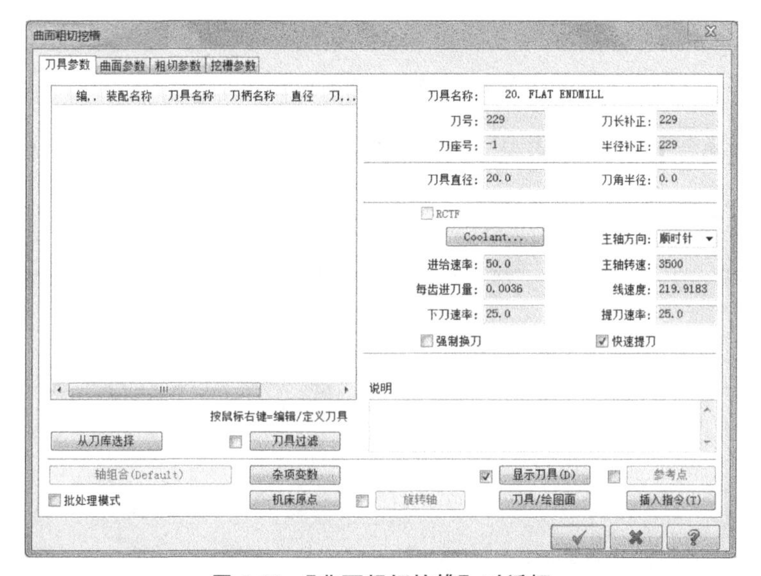

图 8-27 【曲面粗切挖槽】对话框

选择刀具 - D:\Users\Public\Documents\shared Mcam2017\Mill\Tools\Mill_mm.tooldb

D:\Users\Publi...\Mill_mm.tooldb

编号	装配名称	刀具名称	刀柄名称	直径	刀...	长度	刀...	类型	半...
3	--	POINT DRILL 5xDc- 12	--	12.0	0.0	62.0	1	钻头/钻孔	无
7	--	CHAMFER MILL 12/90DEG	--	12....	0.0	10.0	4	倒角刀	无
10	--	FORMING THREAD TAP - M12	--	12....	0.0	23.0	1	右牙刀	无
6	--	BALL-NOSE END MILL - 12	--	12.0	6.0	26.0	4	球刀	全部
5	--	FLAT END MILL - 12	--	12.0	0.0	19.0	4	平底刀	无
12	--	THREAD MILL - 2MM	--	12.0	0.0	32.0	5	螺纹铣削	无
1	--	HSS/TIN DRILL 8xDc- 12.0	--	12.0	0.0	87.0	1	钻头/钻孔	无
2	--	SOLID CARBIDE DRILL 5xDc...	--	12.0	0.0	56.0	1	钻头/钻孔	无
5	--	END MILL WITH RADIUS - 1...	--	12.0	1.0	19.0	4	圆鼻刀	角落
12	--	NC SPOT DRILL - 12	--	12.0	0.0	30.0	1	定位钻	无
10	--	THREAD TAP - M12	--	12....	0.0	16.0	1	右牙刀	无
5	--	END MILL WITH RADIUS - 1...	--	12.0	2.0	19.0	4	圆鼻刀	角落
5	--	END MILL WITH RADIUS - 1...	--	12.0	0.5	19.0	4	圆鼻刀	角落
2	--	SOLID CARBIDE DRILL 5xDc...	--	12.1	0.0	60.0	1	钻头/钻孔	无
2	--	SOLID CARBIDE DRILL 5xDc...	--	12.2	0.0	60.0	1	钻头/钻孔	无
13	--	COUNTERSINK - 12.4/90	--	12.4	0.0	8.5	3	鱼眼孔钻	无
2	--	SOLID CARBIDE DRILL 5xDc...	--	12.5	0.0	60.0	1	钻头/钻孔	无
1	--	HSS/TIN DRILL 8xDc- 12.5	--	12.5	0.0	87.0	1	钻头/钻孔	无
2	--	SOLID CARBIDE DRILL 5xDc...	--	12.9	0.0	60.0	1	钻头/钻孔	无
1	--	HSS/TIN DRILL 8xDc- 13.0	--	13.0	0.0	87.0	1	钻头/钻孔	无
3	--	POINT DRILL 5xDc- 13	--	13.0	0.0	67.0	1	钻头/钻孔	无
2	--	SOLID CARBIDE DRILL 5xDc...	--	13.0	0.0	60.0	1	钻头/钻孔	无
10	--	FORMING THREAD TAP - G1/4	--	13....	0.0	21.0	1	右牙刀	无
10	--	THREAD TAP - G1/4	--	13....	0.0	15.0	1	右牙刀	无

刀具过滤(F)

启用刀具过滤

显示 281 个刀具 (

显示模式

刀具

装配

两者

图 8-28 【选择刀具】对话框

21 单击【确定】按钮[✔]后，返回【曲面粗切挖槽】对话框，双击窗口中创建的 5 号刀具，弹出【编辑刀具】对话框，在左侧列表中选择【完成属性】，设置【刀号】为

"1",【进给速率】为"800",【下刀速率】为"600",【主轴转速】为"1500",【名称】为"T1D12R2",如图8-29所示。

图8-29 【完成属性】选项

22 单击【确定】按钮 ✓ 后,返回【曲面粗切挖槽】对话框,如图8-30所示。

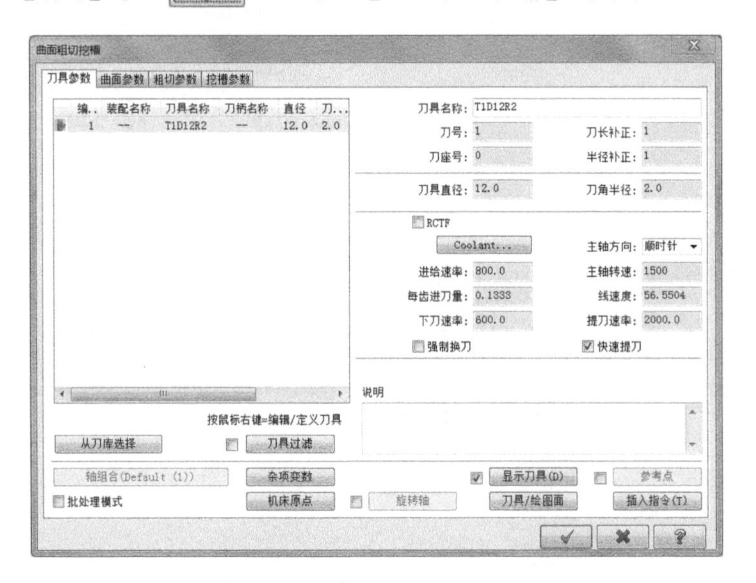

图8-30 【曲面粗切挖槽】对话框

(3)设置曲面参数

23 在【曲面粗切挖槽】对话框中单击【曲面参数】选项卡,设置【参考高度】为"25",【下刀位置】为"5",【加工面预留量】为"1",如图8-31所示。

(4)设置粗切参数

24 在【曲面粗切挖槽】对话框中单击【粗切参数】选项卡,设置【Z最大步进量】为"1",取消【由切削范围外下刀】复选框,如图8-32所示。

25 选中【螺旋进刀】复选框,单击【螺旋进刀】按钮,弹出【螺旋/斜插下刀设置】对话框,如图8-33所示。单击【确定】按钮 ✓ 完成。

26 单击【切削深度】按钮,弹出【切削深度设置】对话框,如图8-34所示。

曲面粗切挖槽
刀具参数
曲面参数
粗切参数
挖槽参数
安全高度(L)
50.0
绝对坐标
增量坐标
只有在开始及结束操作
才使用安全高度
参考高度(A)
25.0
绝对坐标
增量坐标
下刀位置(F)
5.0
绝对坐标
增量坐标
工件表面(T)
0.0
绝对坐标
增量坐标
校刀位置
刀尖
加工面
预留量
1.0
(18)
干涉面
预留量
0.0
(0)
切削范围
刀具位置：
(1)
内
中心
外
附加补正
0.0
记录文件(R)
进/退刀(D)

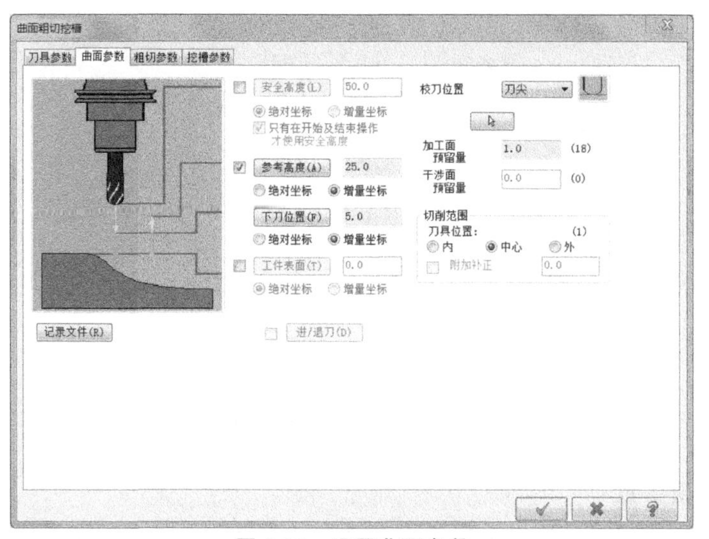

图 8-31　设置曲面参数

曲面粗切挖槽
刀具参数
曲面参数
粗切参数
挖槽参数
整体公差(T)
0.025
Z 最大步进量：
1.0
顺铣
逆铣
进刀选项
螺旋进刀
指定进刀点
由切削范围外下刀
下刀位置对齐起始孔
铣平面(F)
切削深度(D)
间隙设置(G)
高级设置(E)

图 8-32　设置粗切参数

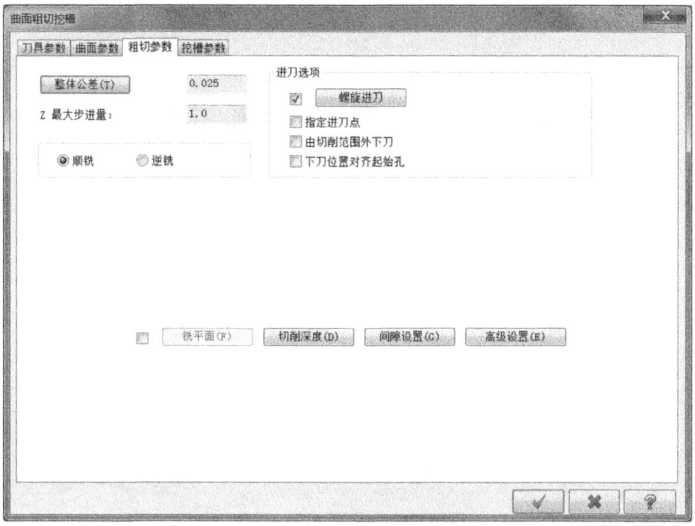

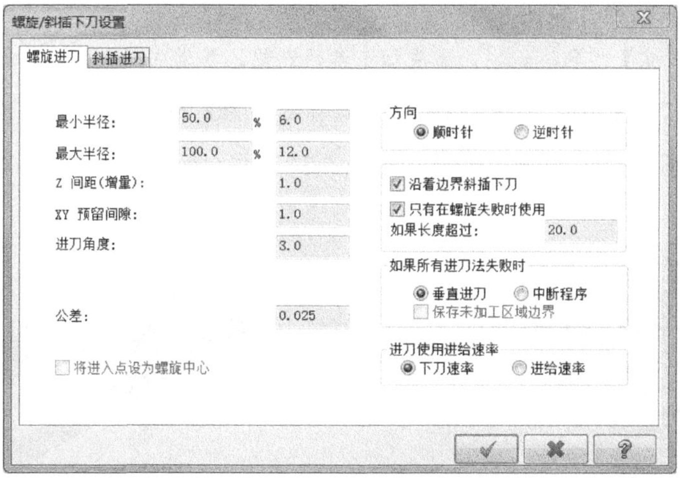

螺旋/斜插下刀设置
螺旋进刀
斜插进刀
最小半径：
50.0
%
6.0
最大半径：
100.0
%
12.0
Z 间距(增量)：
1.0
XY 预留间隙：
1.0
进刀角度：
3.0
公差：
0.025
将进入点设为螺旋中心
方向
顺时针
逆时针
沿着边界斜插下刀
只有在螺旋失败时使用
如果长度超过：
20.0
如果所有进刀法失败时
垂直进刀
中断程序
保存未加工区域边界
进刀使用进给速率
下刀速率
进给速率

图 8-33　【螺旋/斜插下刀设置】对话框

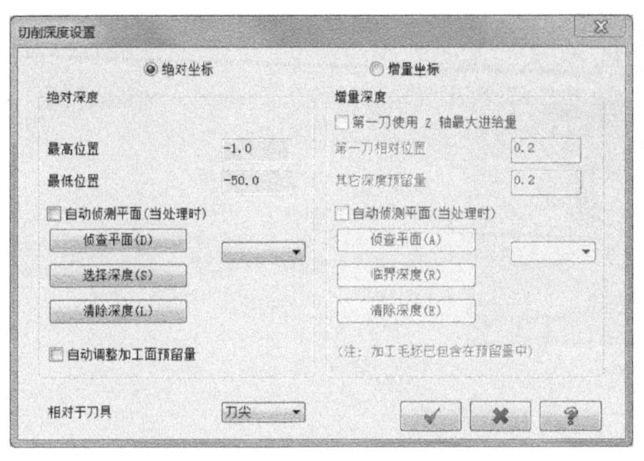

图 8-34 【切削深度设置】对话框

（5）设置挖槽参数

27 在【曲面粗切挖槽】对话框中单击【挖槽参数】选项卡，设置【粗切】为“平行环切”，【切削间距（直径%）】为“75”，如图 8-35 所示。

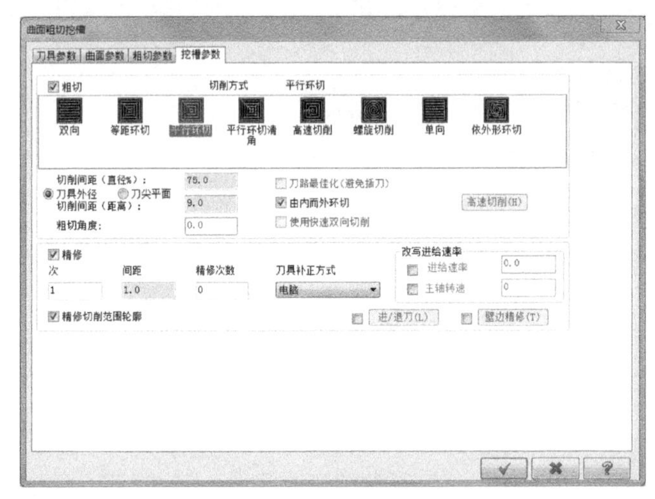

图 8-35 设置挖槽参数

（6）生成刀具路径并验证

28 单击【确定】按钮，完成加工参数设置，并生成刀具路径，如图 8-36 所示。

29 单击【刀路】管理器中的【验证已选择的操作】按钮，弹出【验证】对话框，单击【播放】按钮，验证加工工序，如图 8-37 所示。

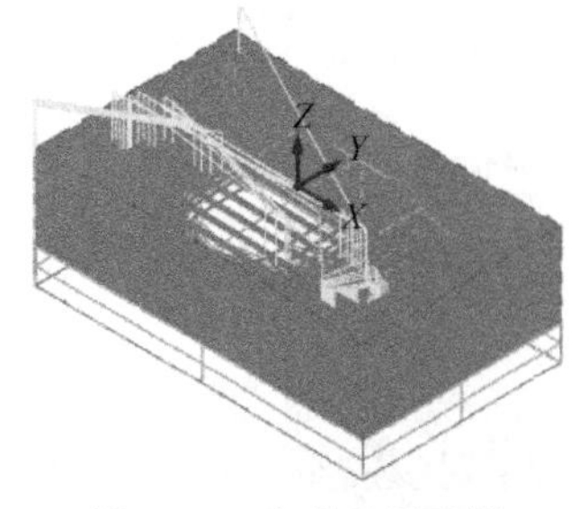

图 8-36 生成刀具路径

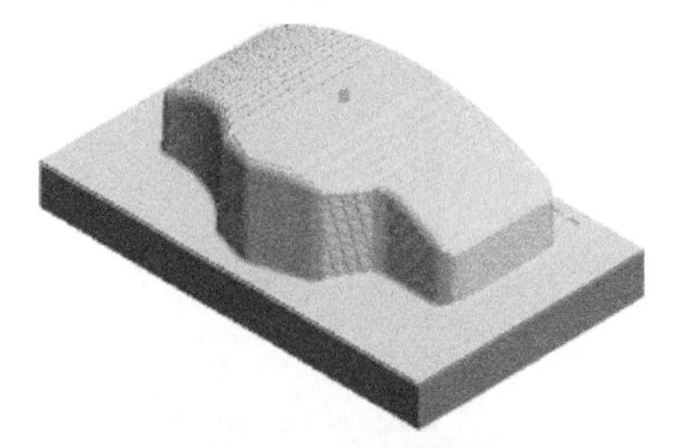

图 8-37 实体验证效果

30 单击【验证】对话框中的【关闭】按钮 ✖，结束验证操作。然后单击【刀路】管理器中的【切换刀具路径显示】按钮≋，关闭加工刀具路径的显示，为后续加工操作做好准备。

8.6 创建混合精加工（半精加工）

多轴加工中采用环绕精加工或混合精加工进行半精加工，为精加工留下均匀的余量，下面实例介绍混合精加工的加工过程。

操作实例——创建混合铣削半精加工

操作步骤

（1）启动混合铣削精加工

31 单击【刀路】选项卡上【3D】组中的【混合】按钮，如图 8-38 所示。

图 8-38　启动混合加工命令

32 系统提示选择加工曲面，拉框选择所有曲面作为加工表面，如图 8-39 所示。单击【结束选择】按钮 结束选择，或直接按“Enter”键确定，系统弹出【刀路曲面选择】对话框，如图 8-40 所示。

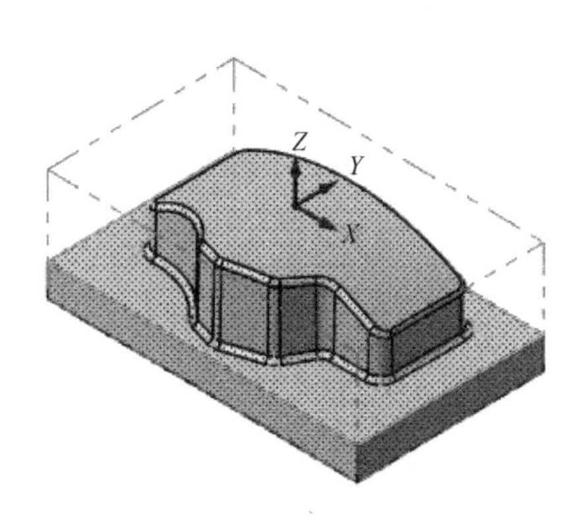

图 8-39　选择加工曲面

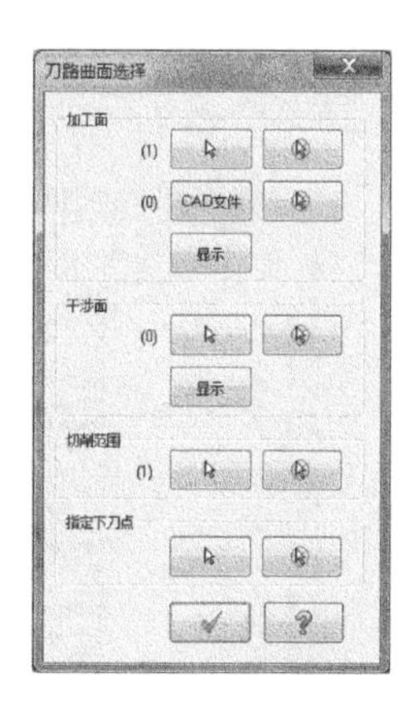

图 8-40　【刀路曲面选择】对话框

33 单击【切削范围】选项中的按钮，弹出【串连选项】对话框，选择【2D】选项和【串连选项】按钮，选择如图 8-41 所示的轮廓线。单击【确定】按钮 ✔，返回【刀路曲面选择】对话框。

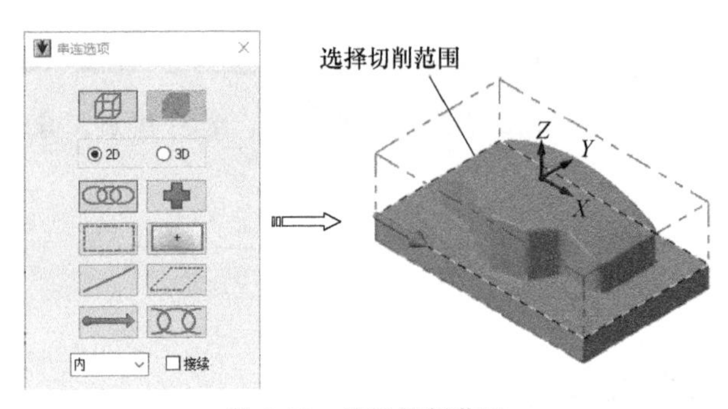

图 8-41　选择切削范围

34　单击【刀路曲面选择】对话框中的【确定】按钮，弹出【高速曲面刀路-混合】对话框，如图 8-42 所示。

（2）创建加工刀具

35　在【高速曲面刀路-混合】对话框左侧的【参数类别列表】中选择【刀具】选项，出现刀具设置窗口，单击【从刀库选择】按钮，弹出【选择刀具】对话框，选择刀库“Mill_mm. tooldb”，选择【编号】为 5，直径为 8 的“END MILL WITH RADIUS”的圆鼻刀，如图 8-43 所示。

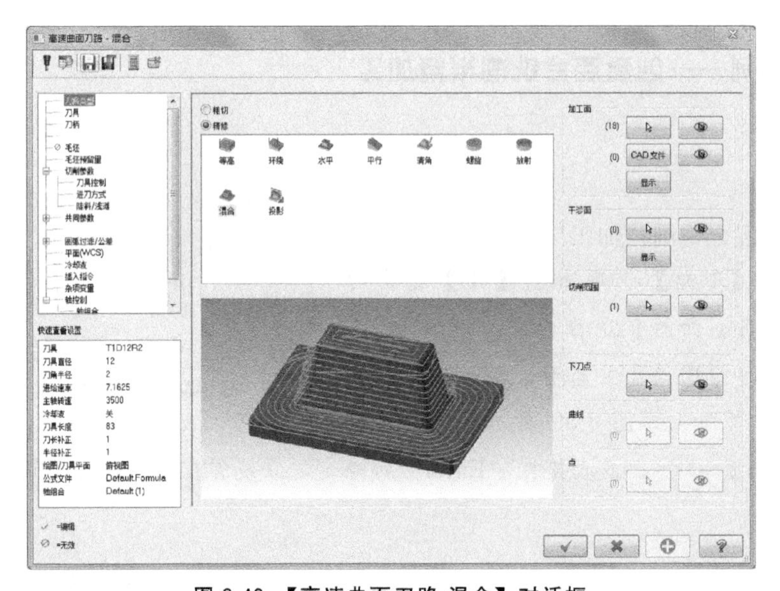

图 8-42　【高速曲面刀路-混合】对话框

图 8-43　【选择刀具】对话框

36　单击【确定】按钮后，返回【高速曲面刀路-混合】对话框，双击窗口中创建的 5 号刀具，弹出【编辑刀具】对话框，在左侧列表中选择【完成属性】，设置【刀号】为“2”，【进给速率】为“1000”，【下刀速率】为“800”，【主轴转速】为“1800”，【名称】为“T2D8R2”，如图 8-44 所示。

图 8-44 【完成属性】选项

37 单击【确定】按钮后，返回【高速曲面刀路-混合】对话框，如图 8-45 所示。

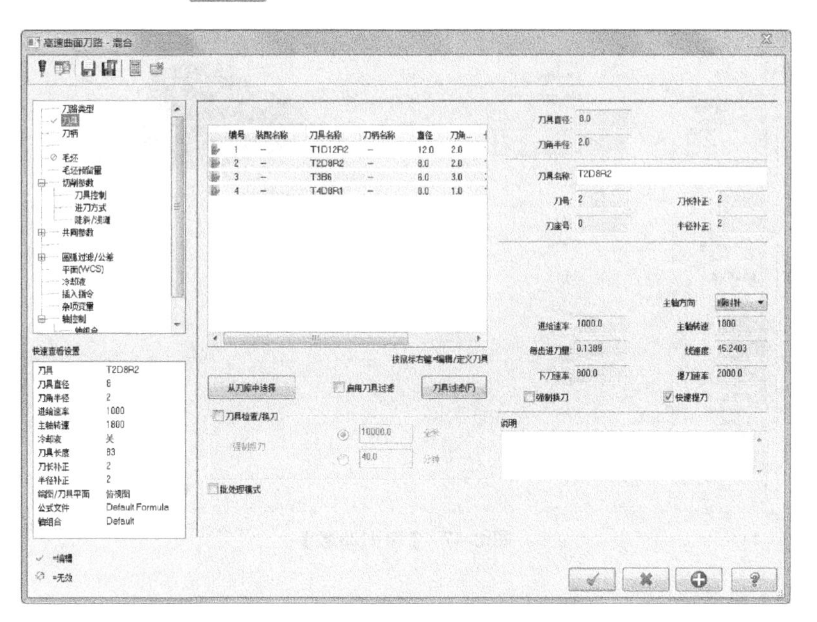

图 8-45 【高速曲面刀路-混合】对话框

（3）设置毛坯预留量

38 选择【高速曲面刀路-混合】对话框中的【毛坯预留量】选项，设置【壁边预留量】为“0.5”，【底面预留量】为“0.5”，如图 8-46 所示。

（4）设置切削参数

39 选择【高速曲面刀路-混合】对话框中的【切削参数】选项，设置【封闭外形方向】为“顺铣”，【开放外形方向】为“双向”，【Z 步进量】为“0.5”，【3D 步进量】为“2.0”，如图 8-47 所示。

40 单击左侧的【刀具控制】选项，设置【控制方式】为“刀尖”，【补正】为“中

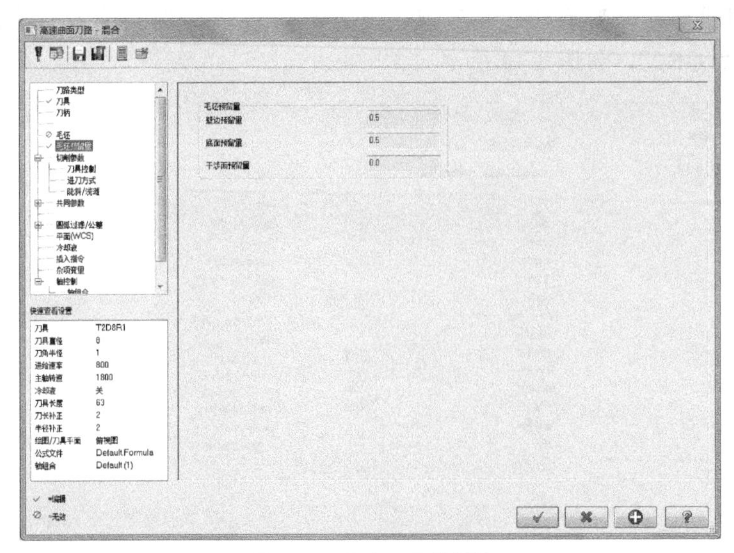

图 8-46 【毛坯预留量】

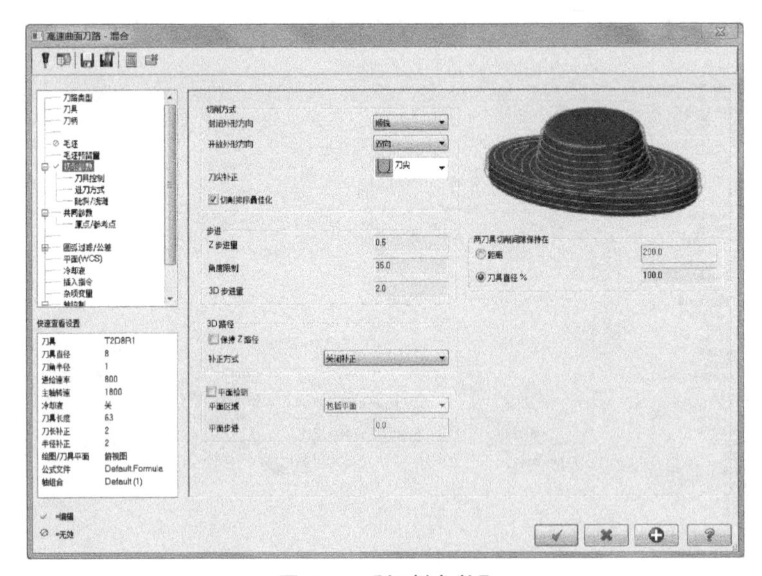

图 8-47 【切削参数】

心”，如图 8-48 所示。

41 单击左侧的【进刀方式】选项，选中【切线斜插】复选框，如图 8-49 所示。

（5）设置共同参数

42 选择【高速曲面刀路-混合】对话框中的【共同参数】选项，设置【安全高度】为“10”，【表面高度】为“4”，【适用于】为“最小修剪”，如图 8-50 所示。

43 选择左侧【原点/参考点】选项，设置【进入点】和【退出点】为“0，0，50”，如图 8-51 所示。

（6）生成刀具路径并验证

44 单击【高速曲面刀路-混合】对话框中的【确定】按钮 ✔，完成加工参数设置，并生成刀具路径，如图 8-52 所示。

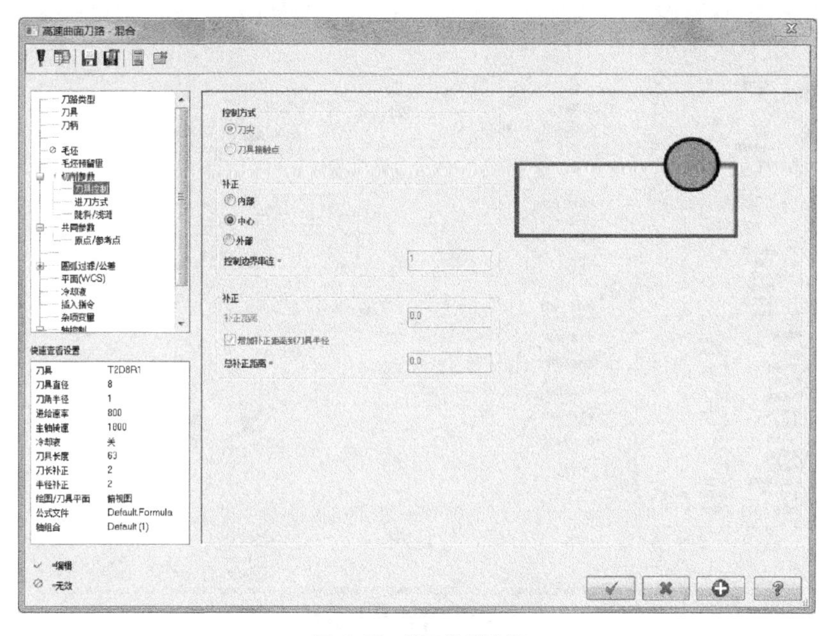

图 8-48 【刀具控制】

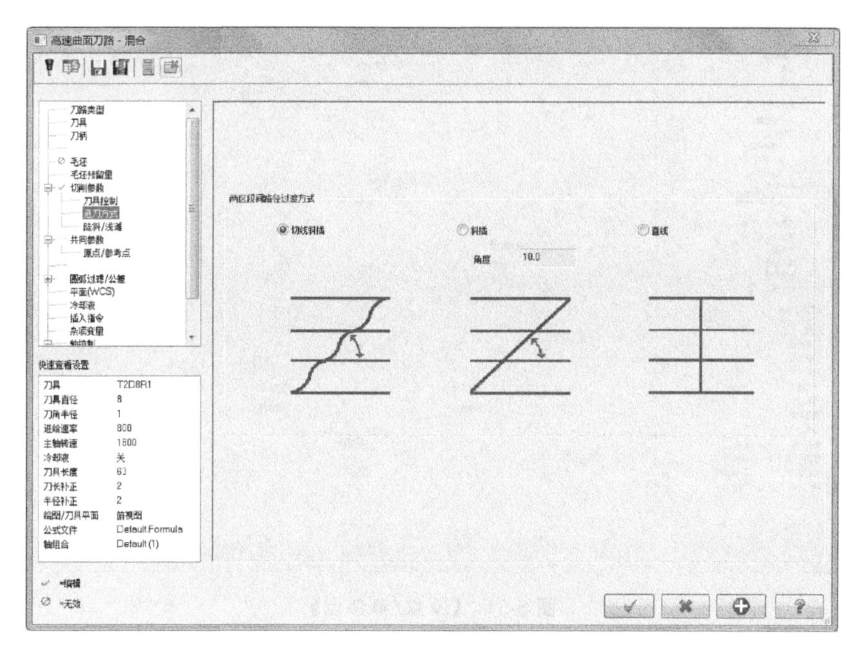

图 8-49 【进刀方式】

45 单击【刀路】管理器中的【验证已选择的操作】按钮，弹出【验证】对话框，单击【播放】按钮，验证加工工序，如图 8-53 所示。

46 单击【验证】对话框中的【关闭】按钮，结束验证操作。然后单击【刀路】管理器中的【切换刀具路径显示】按钮，关闭加工刀具路径的显示，为后续加工操作做好准备。

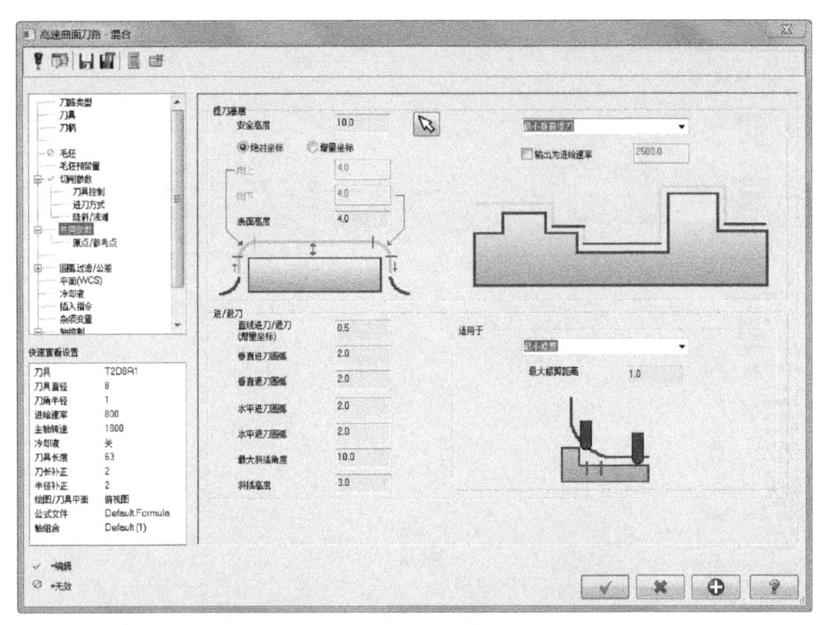

图 8-50 【共同参数】

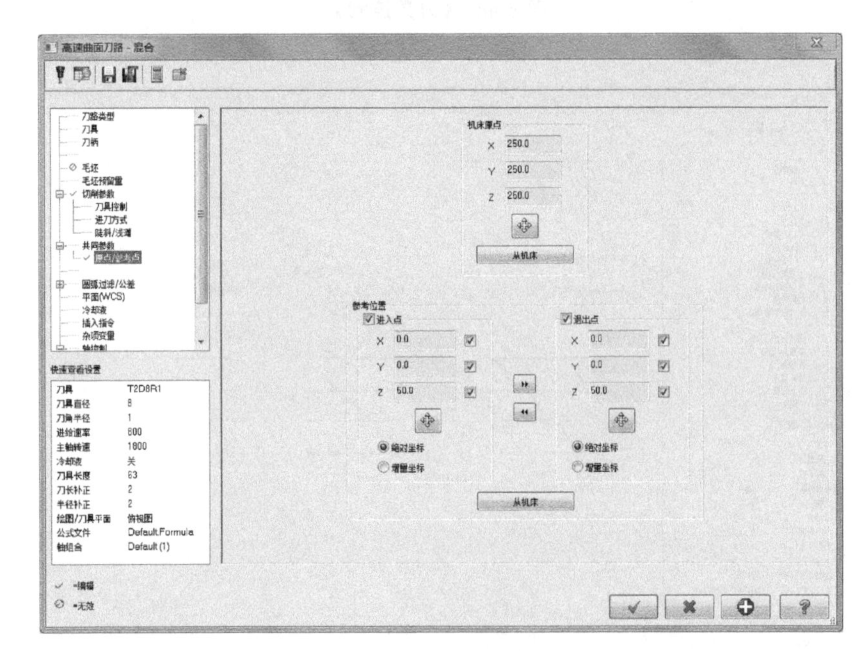

图 8-51 【原点/参考点】

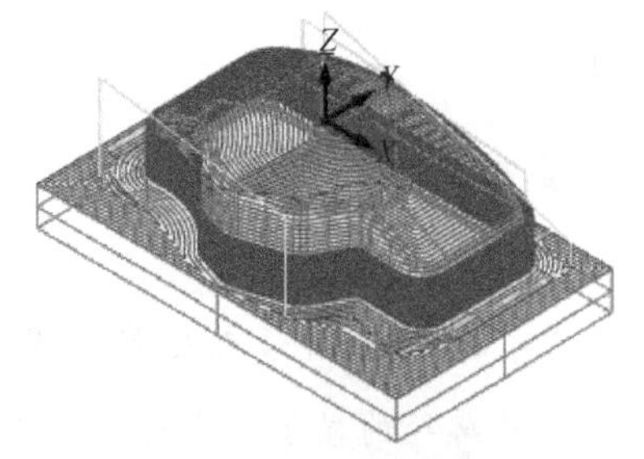

图 8-52 生成刀具路径

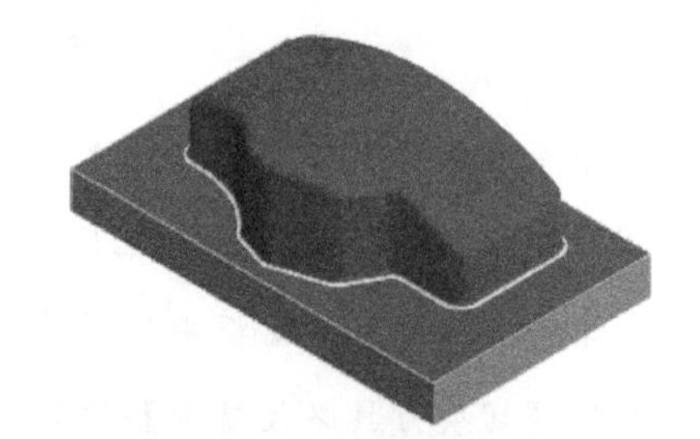

图 8-53 实体验证效果

8.7 创建分区精加工加工工序（精加工）

数控精加工中要进行加工区域规划，加工区域规划是将加工对象分成不同的加工区域，分别采用不同的加工工艺和加工方式进行加工，目的是提高加工效率和质量。如加工表面由水平面和自由曲面组成。显然，对于这两种类型可采用不同的加工方式以提高加工效率和质量，即对水平面部分采用平底刀三轴加工，而对曲面部分应使用球刀多轴加工。

8.7.1 沿面五轴精加工

沿面五轴精加工也称为流线五轴加工，能够顺着曲面产生 5 轴加工刀具路径，加工质量较好，故在多轴加工中应用较多，如图 8-54 所示。

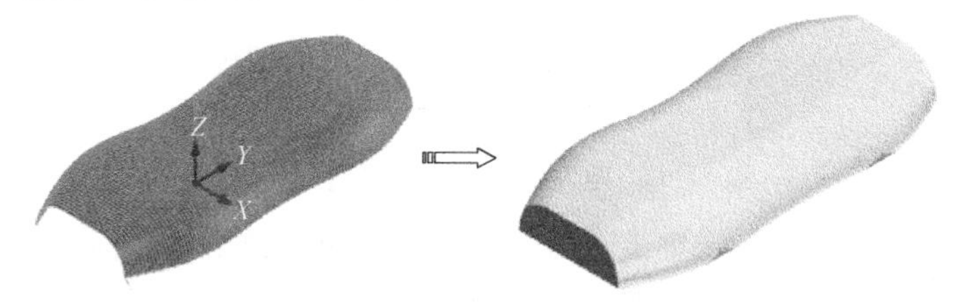

图 8-54 沿面五轴精加工

选择【刀路】选项卡上【多轴加工】组中的【沿面】按钮，系统弹出【多轴刀路-沿面】对话框，如图 8-55 所示。

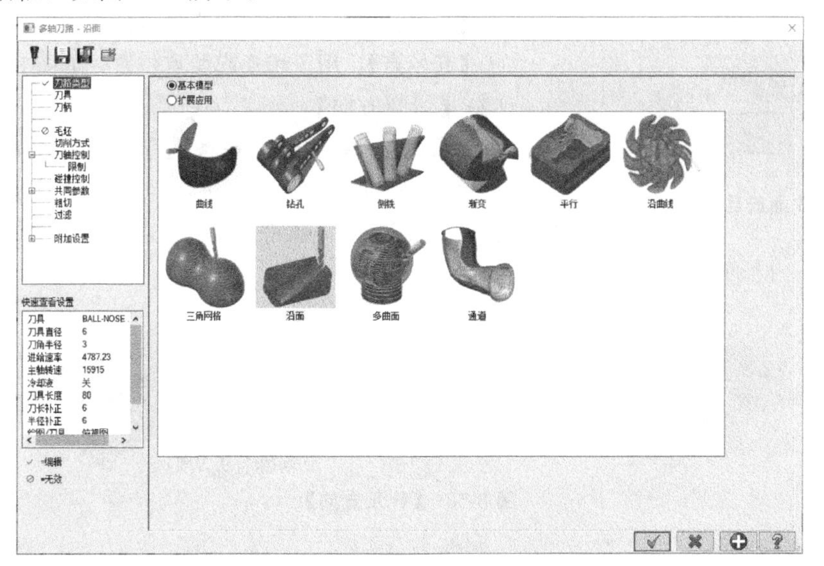

图 8-55 【多轴刀路-沿面】对话框

【多轴刀路-沿面】对话框中常用参数选项如下。

8.7.1.1 【切削方式】

在左侧列表中选择【切削方式】选项，在右侧显示出具体的参数，如图 8-56 所示。

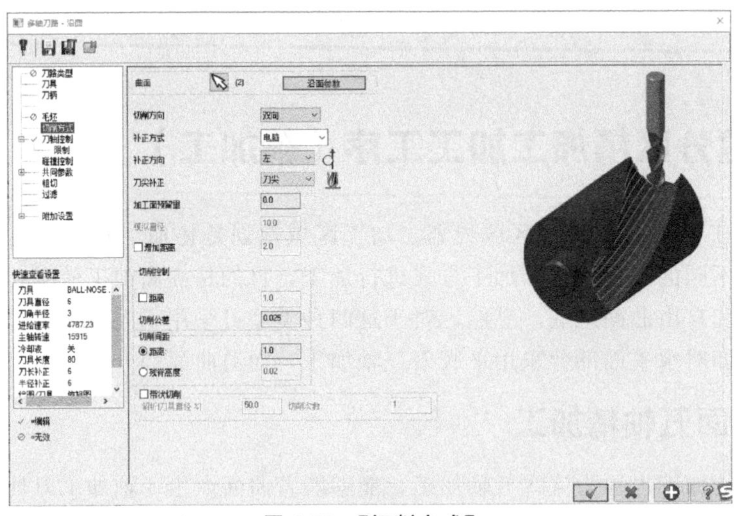

图 8-56 【切削方式】

图 8-57 【曲面流线设置】对话框

下面仅介绍最常用的切削方式参数。

（1）【曲面】

单击【选择曲面】按钮，可选择要加工的曲面。单击【沿面参数】按钮，弹出【曲面流线设置】对话框，如图 8-57 所示。

①【补正方向】：用于指定刀轨在曲面生成侧，单击该按钮可反转补正侧，如图 8-58 所示。

②【切削方向】：用于切换切削方向，如图 8-59 所示。

③【步进方向】：用于切换步进方向，如图 8-60 所示。

④【起始点】：用于切换起始点位置，如图 8-61 所示。

（2）【切削方向】

①【双向】：用于产生一系列平行连续的线性往复刀轨，是最经济省时的切削方法，但该方式会产生一系列的交替“顺铣”和“逆铣”，一般采用该方式以利于提高效率，如图 8-62 所示。

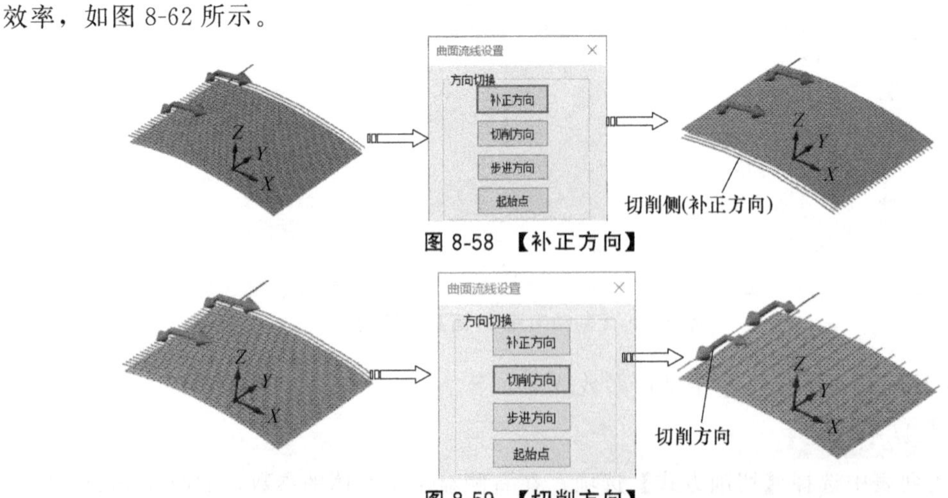

图 8-58 【补正方向】

图 8-59 【切削方向】

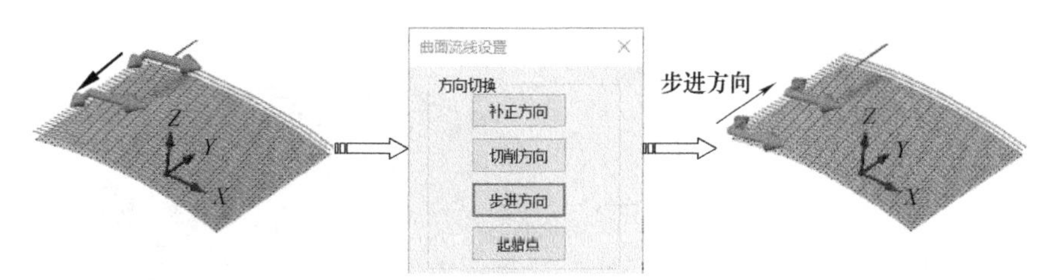

图 8-60 【步进方向】

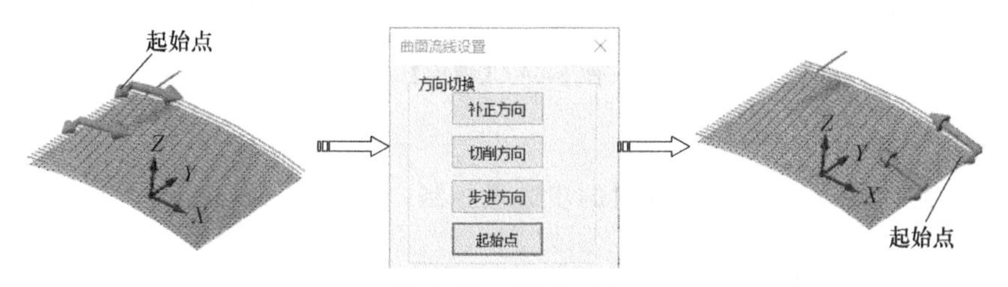

图 8-61 【起始点】

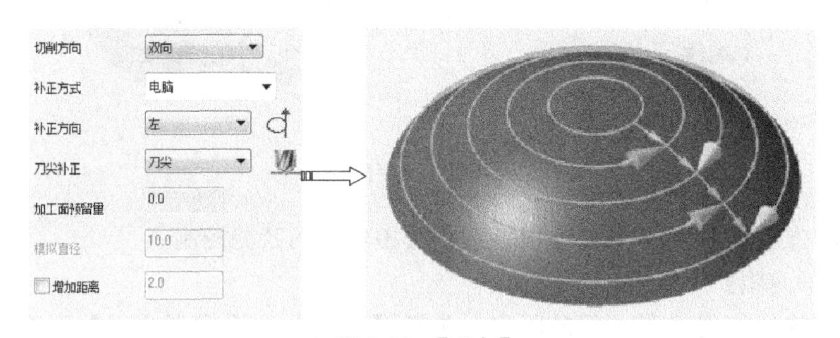

图 8-62 【双向】

②【单向】：用于产生一系列单向的平行线性刀轨，相邻两个刀具路径之间都是顺铣或逆铣，如图 8-63 所示。

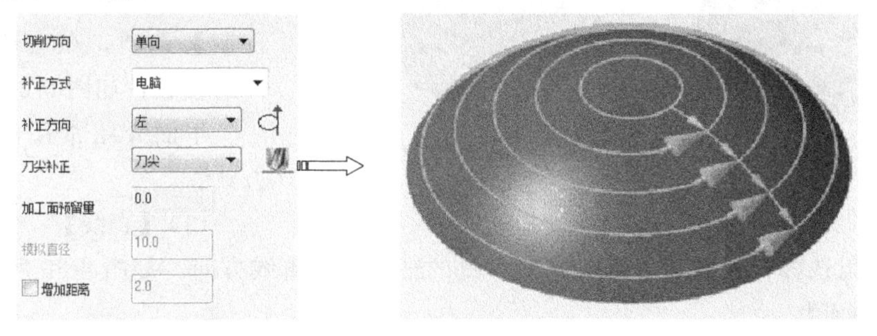

图 8-63 【单向】

③【螺旋】：用于产生螺旋状刀轨，螺旋式驱动方法创建的刀具路径，从上一刀切削路径向下一刀切削路径过渡时，没有横向进刀，也就不存在切削方向上的突变，而且光顺、稳定地向外过渡，特别适用于高速加工，如图 8-64 所示。

（3）【加工面预留量】

用于设置加工后加工表面的加工余量。

（4）【切削控制】

用于控制切削方向上，刀具在曲面上的相邻点之间的距离。距离越小，刀轨沿曲面轮

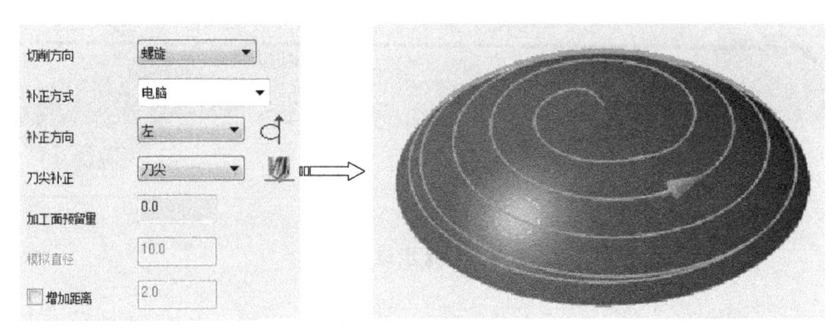

图 8-64 【螺旋】

廓的运动就越精确。

①【距离】：用于输入刀具移动时的步进量控制，如图 8-65 所示。

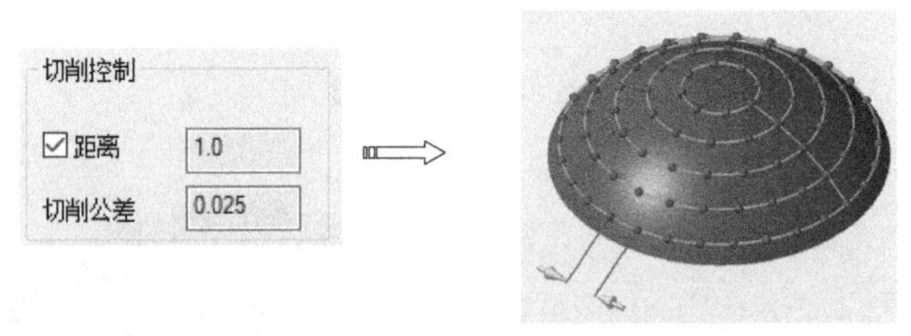

图 8-65 【距离】

②【切削公差】：刀具的移动量由该切削公差输入的弦差控制。

(5)【切削间距】

用于控制连续切削刀路之间的距离，包括【距离】和【残脊高度】两个选项，如图 8-66 所示。

(a)【距离】

(b)【残脊高度】

图 8-66 【切削间距】

8.7.1.2 【刀轴控制】

在左侧列表中选择【刀轴控制】选项，在右侧显示出具体的参数，如图 8-67 所示。

下面介绍常用的刀轴控制方式。

(1)【直线】

用户可以选择存在的某一线段，使刀具的轴线沿该直线方向，如图 8-68 所示。

(2)【曲面】

用户可以选择存在的某一曲面，使刀具的轴线总是垂直于选择的曲面，如图 8-69 所示。

(3)【平面】

用户可以选择存在的平面或创建平面，使刀具的轴线总是垂直于选择的平面，如图 8-70 所示。

(4)【从点】

用户可以选择存在的点，使刀具的起点均从该点出发，如图 8-71 所示。

(5)【到点】

用户可以选择存在的点，使刀具的终点均至该点结束，如图 8-72 所示。

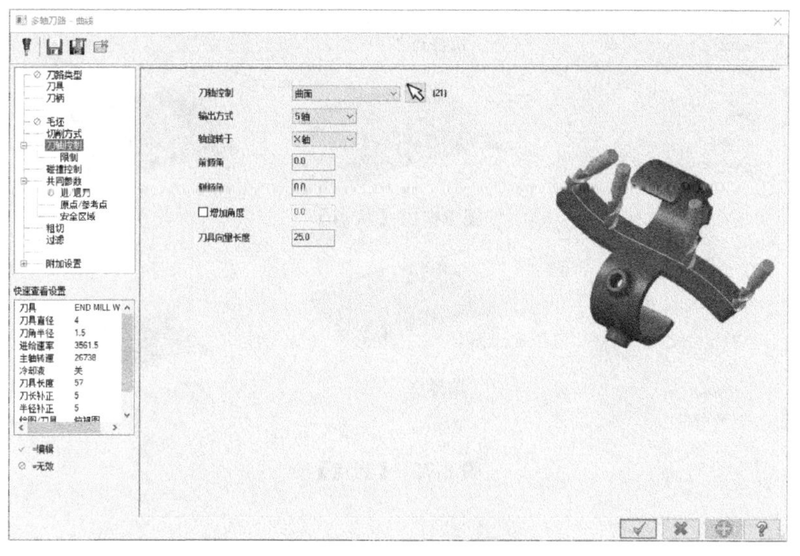

图 8-67 【刀轴控制】

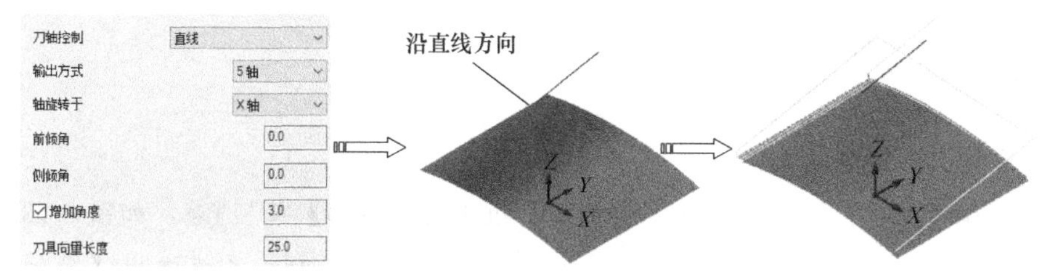

图 8-68 【直线】

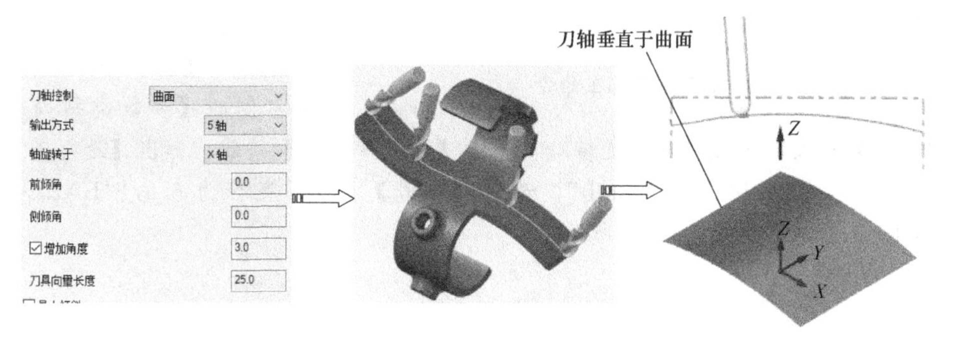

图 8-69 【曲面】

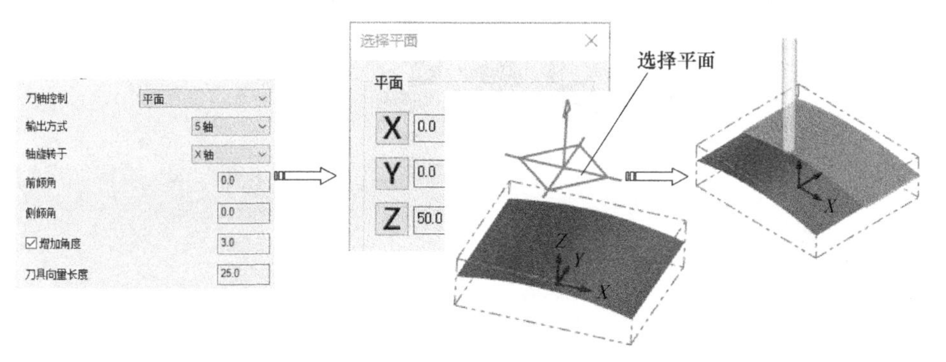

图 8-70 【平面】

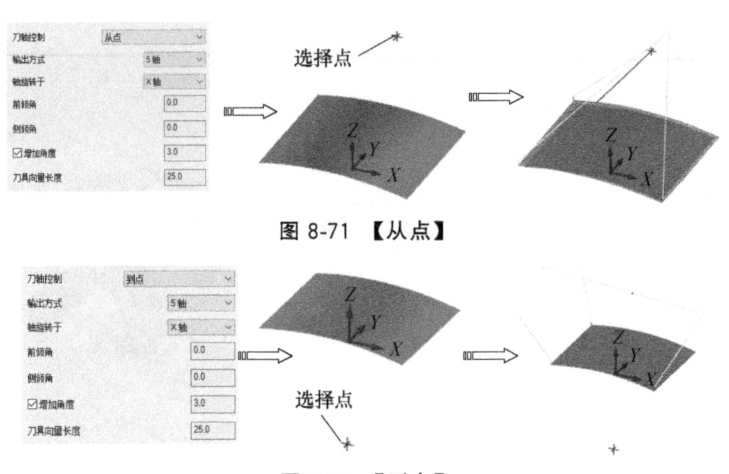

图 8-71 【从点】

图 8-72 【到点】

操作实例——创建顶面沿面五轴精加工

操作步骤

（1）启动沿面铣削精加工

47 选择【刀路】选项卡上【多轴加工】组中的【沿面】按钮，如图 8-73 所示。

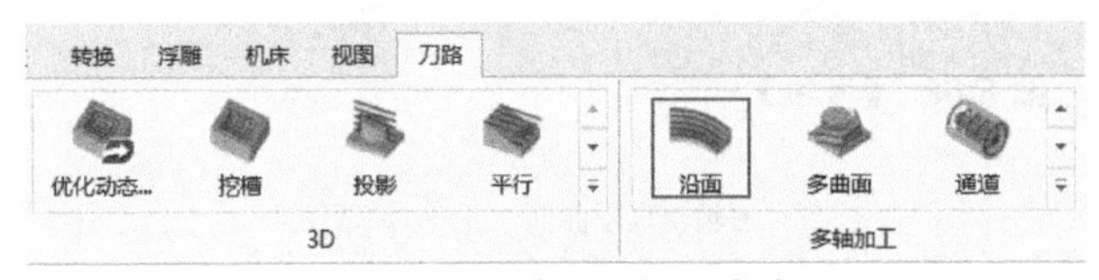

图 8-73 启动沿面加工命令

48 系统弹出【多轴刀路-沿面】对话框，如图 8-74 所示。

（2）选择加工刀具

49 在【多轴刀路-沿面】对话框左侧的【参数类别列表】中选择【刀具】选项，出现刀具设置窗口，单击【从刀库选择】按钮，弹出【选择刀具】对话框，选择刀库“Mill_mm.tooldb”，选择【编号】为 6，直径为 6 的“BALL-NOSE END MILL”的球刀，如图 8-75 所示。

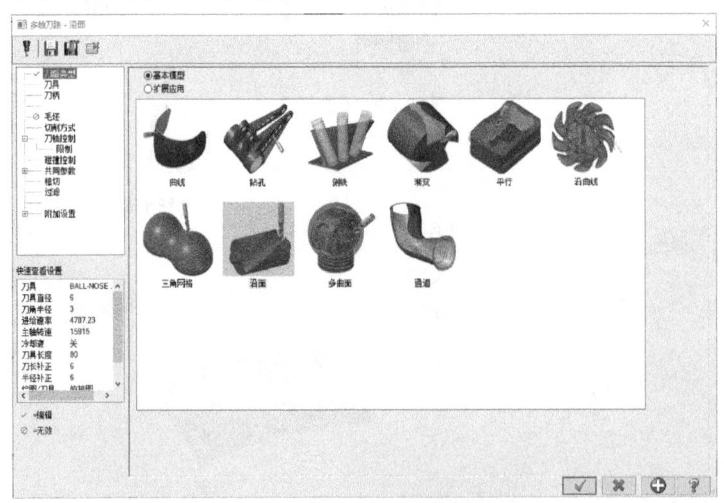

图 8-74 【多轴刀路-沿面】对话框

选择刀具 - D:\Users\Public\Documents\shared Mcam2017\Mill\Tools\Mill_mm.tooldb

D:\Users\Public\Docume...\Mill_mm.tooldb

编号	装配名称	刀具名称	刀柄名称	直径	刀角	长度	刀齿	类型	半径
2	--	SOLID CARBIDE DRILL 5xDc - 5.8	--	5.8	0.0	36.0	1	钻头/钻孔	无
2	--	SOLID CARBIDE DRILL 5xDc - 5.9	--	5.9	0.0	36.0	1	钻头/钻孔	无
1	--	HSS/TIN DRILL 8xDc - 6.0	--	6.0	0.0	48.0	1	钻头/钻孔	无
5	--	END MILL WITH RADIUS - 6 / R1.0	--	6.0	1.0	10.0	4	圆鼻刀	角落
2	--	SOLID CARBIDE DRILL 5xDc - 6.0	--	6.0	0.0	35.0	1	钻头/钻孔	无
10	--	THREAD TAP - M6	--	6.0-1	0.0	10.0	1	右牙刀	无
6	--	BALL-NOSE END MILL - 6	--	6.0	3.0	13.0	4	球刀	全部
5	--	FLAT END MILL - 6	--	6.0	0.0	10.0	4	平底刀	无
12	--	NC SPOT DRILL - 6	--	6.0	0.0	17.0	1	定位钻	无
5	--	END MILL WITH RADIUS - 6 / R0.5	--	6.0	0.5	10.0	4	圆鼻刀	角落
10	--	FORMING THREAD TAP - M6	--	6.0-1	0.0	16.0	1	右牙刀	无
13	--	COUNTERSINK - 6.3/90	--	6.3	0.0	5.0	3	鱼眼孔钻	无
1	--	HSS/TIN DRILL 8xDc - 6.5	--	6.5	0.0	52.0	1	钻头/钻孔	无
2	--	SOLID CARBIDE DRILL 5xDc - 6.6	--	6.6	0.0	43.0	1	钻头/钻孔	无
1	--	HSS/TIN DRILL 8xDc - 6.6	--	6.6	0.0	52.0	1	钻头/钻孔	无
1	--	HSS/TIN DRILL 8xDc - 6.8	--	6.8	0.0	57.0	1	钻头/钻孔	无
1	--	HSS/TIN DRILL 8xDc - 6.9	--	6.9	0.0	57.0	1	钻头/钻孔	无
2	--	SOLID CARBIDE DRILL 5xDc - 6.9	--	6.9	0.0	43.0	1	钻头/钻孔	无
6	--	BALL-NOSE END MILL - 7	--	7.0	3.5	16.0	4	球刀	全部
1	--	HSS/TIN DRILL 8xDc - 7.0	--	7.0	0.0	57.0	1	钻头/钻孔	无
2	--	SOLID CARBIDE DRILL 5xDc - 7.0	--	7.0	0.0	43.0	1	钻头/钻孔	无
2	--	SOLID CARBIDE DRILL 5xDc - 7.3	--	7.3	0.0	43.0	1	钻头/钻孔	无
2	--	SOLID CARBIDE DRILL 5xDc - 7.4	--	7.4	0.0	43.0	1	钻头/钻孔	无

刀具过滤(F)
☑ 启用刀具过滤
显示 281 个刀具（共
显示模式
○ 刀具
○ 装配
◉ 两者

图 8-75 【选择刀具】对话框

50 单击【确定】按钮 后，返回【多轴刀路-沿面】对话框，双击窗口中创建的 6 号刀具，弹出【编辑刀具】对话框，在左侧列表中选择【完成属性】，设置【刀号】为“3”，【进给速率】为“1200”，【下刀速率】为“1000”，【主轴转速】为“1200”，【名称】为“T3B6”，如图 8-76 所示。

图 8-76 【完成属性】选项

51 单击【确定】按钮 后，返回【多轴刀路-沿面】对话框，如图 8-77 所示。

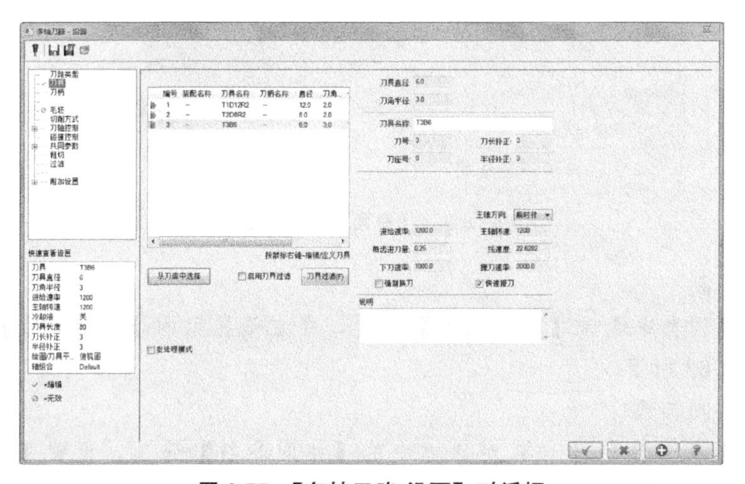
图 8-77 【多轴刀路-沿面】对话框

（3）设置切削方式

52 在左侧列表中选择【切削方式】选项，在右侧显示出切削方式参数，如图 8-78 所示。

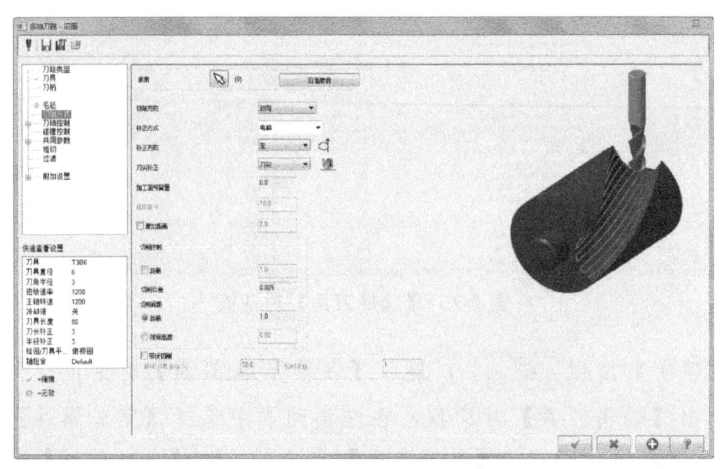

图 8-78 【切削方式】

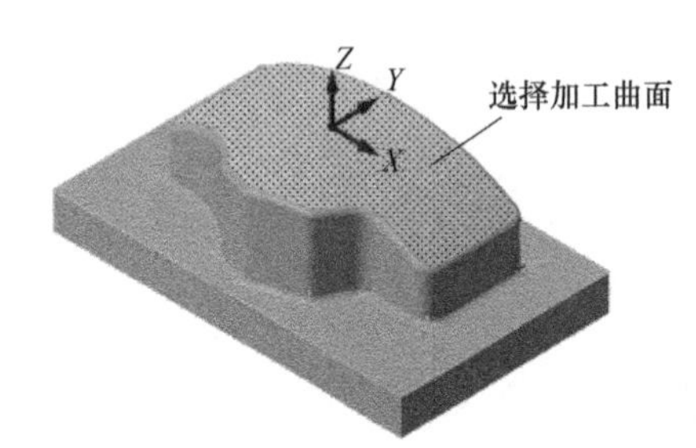

图 8-79 选择加工曲面

53 单击【选择曲面】按钮，可选择如图 8-79 所示的曲面作为要加工的曲面。单击【结束选择】按钮。

54 系统弹出【曲面流线设置】对话框，单击该对话框中的相关按钮，设置【补正方向】、【切削方向】、【步进方向】和【起始点】如图 8-80 所示。

55 单击 按钮，返回【多轴刀路-沿面】对话框，设置【加工面预留量】为“0”，【切削公差】为“0.005”，【残脊高度】为“0.005”，如图 8-81 所示。

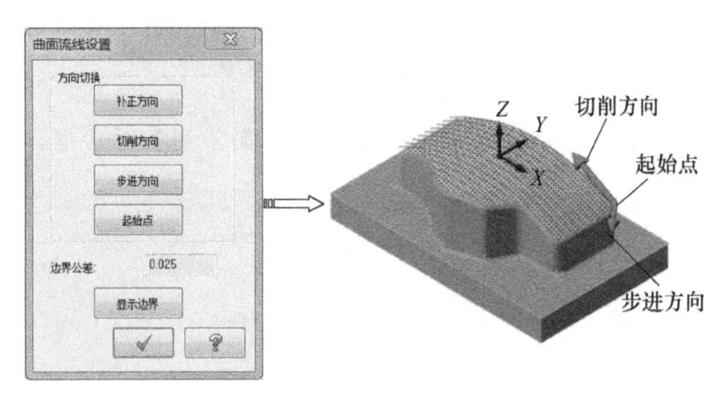

图 8-80 【曲面流线设置】

（4）刀轴控制

56 在左侧列表中选择【刀轴控制】选项，在右侧显示的【刀轴控制】选项中选择“曲面”，如图 8-82 所示。

（5）设置共同参数

57 选择【多轴刀路-沿面】对话框中的【共同参数】选项，设置【参考高度】为“10”，【下刀位置】为“2”，如图 8-83 所示。

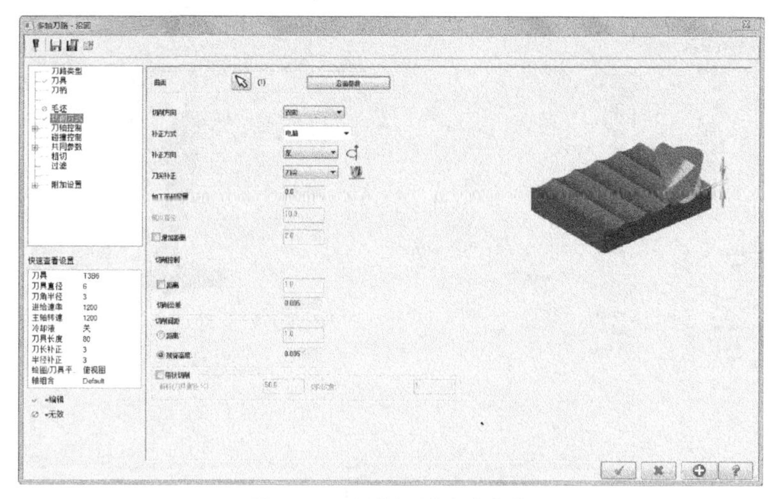

图 8-81　设置切削方式参数

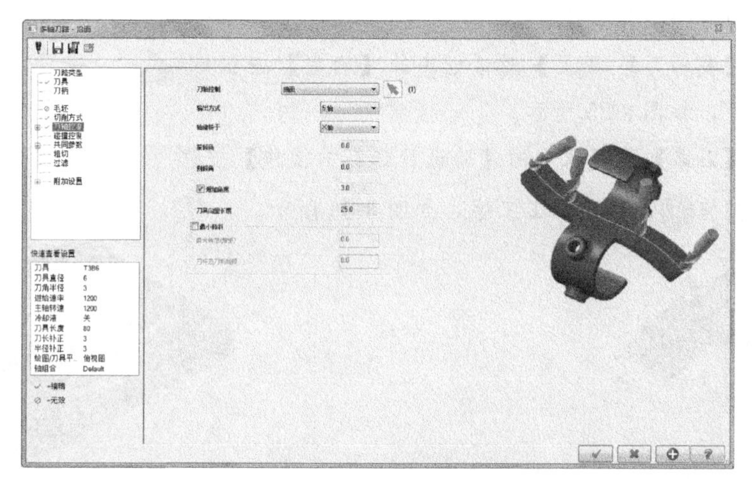

图 8-82　【刀轴控制】

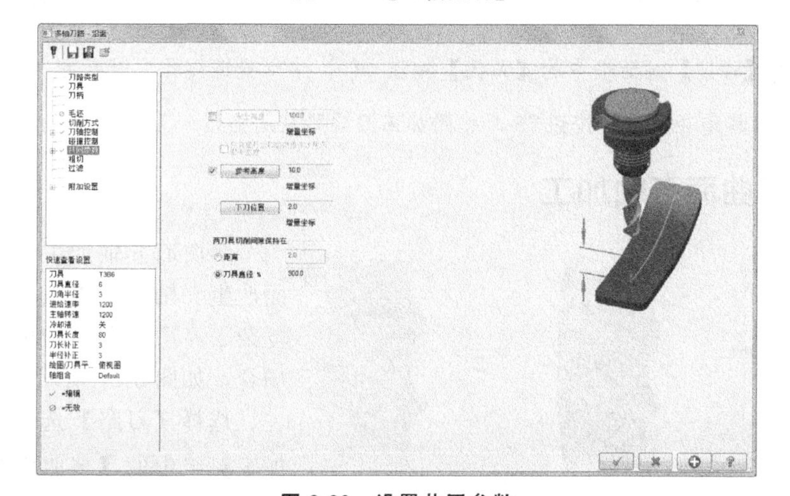

图 8-83　设置共同参数

58　选择【多轴刀路-沿面】对话框中的【进/退刀】选项，设置【长度】为“50%”，【高度】为“3”，如图 8-84 所示。

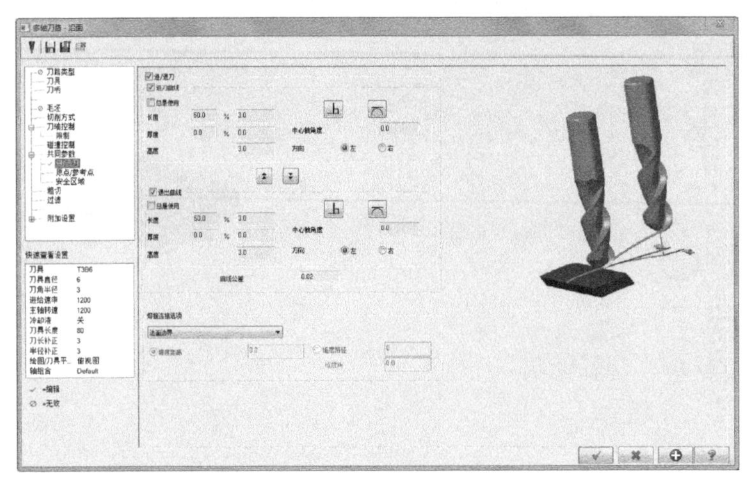

图 8-84　设置进/退刀

（6）生成刀具路径并验证

59　单击【多轴刀路-沿面】对话框中的【确定】按钮，完成加工参数设置，并生成刀具路径，如图 8-85 所示。

60　单击【刀路】管理器中的【验证已选择的操作】按钮，弹出【验证】对话框，单击【播放】按钮，验证加工工序，如图 8-86 所示。

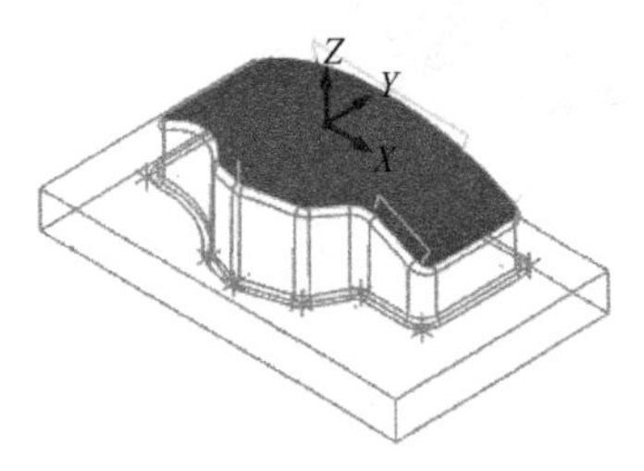

图 8-85　生成刀具路径

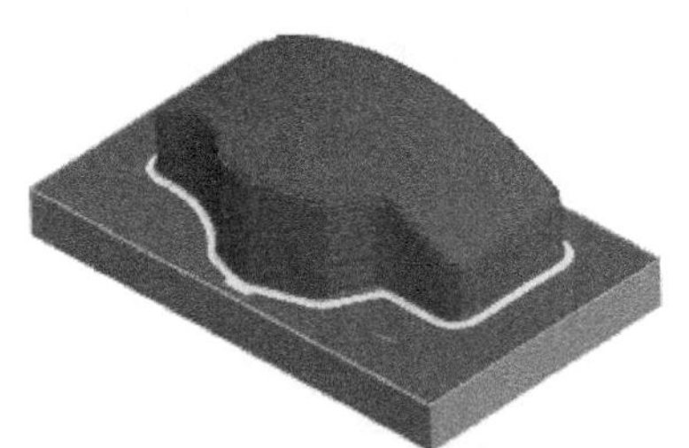

图 8-86　实体验证效果

61　单击【验证】对话框中的【关闭】按钮，结束验证操作。然后单击【刀路】管理器中的【切换刀具路径显示】按钮，关闭加工刀具路径的显示，为后续加工操作做好准备。

8.7.2　多曲面五轴加工

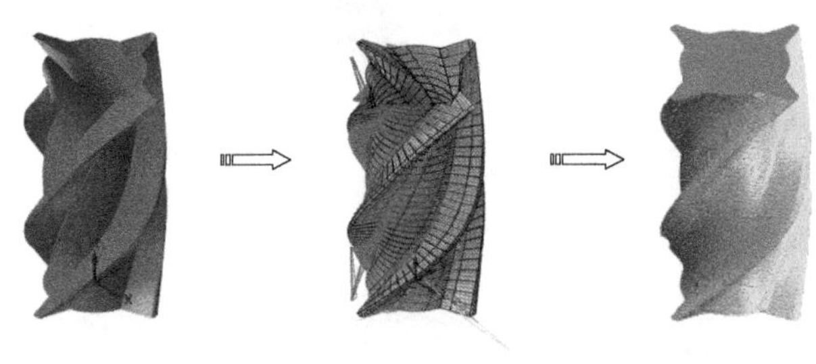

图 8-87　多曲面五轴加工

多曲面五轴加工能够在多个曲面产生 5 轴加工刀具路径，用于高复杂、高质量和高精度要求的加工场合，如图 8-87 所示。

选择【刀路】选项卡上【多轴加工】组中的【多曲面】按钮，系统弹出【多轴刀路-多曲面】对话框，如图 8-88 所示。

【多轴刀路-多曲面】对话框选项参数与沿面五轴加工相似，读者可参照进行学习。

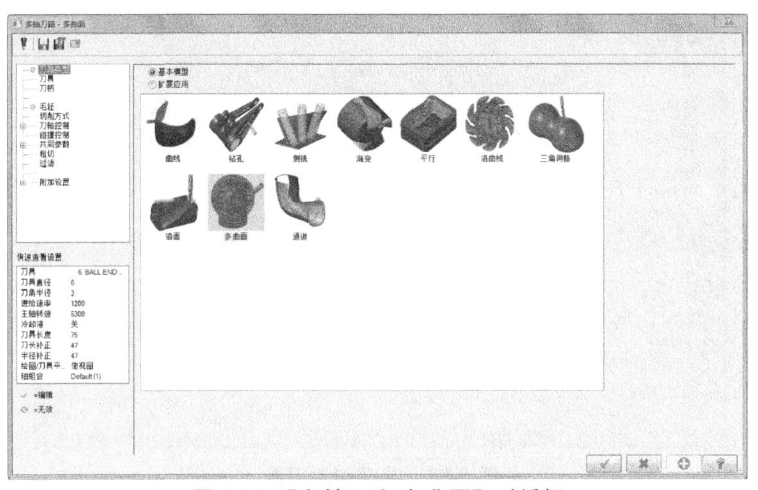

图 8-88 【多轴刀路-多曲面】对话框

操作实例——创建圆角多曲面五轴精加工

操作步骤

（1）启动多曲面加工

62 选择【刀路】选项卡上【多轴加工】组中的【多曲面】按钮，如图 8-89 所示。

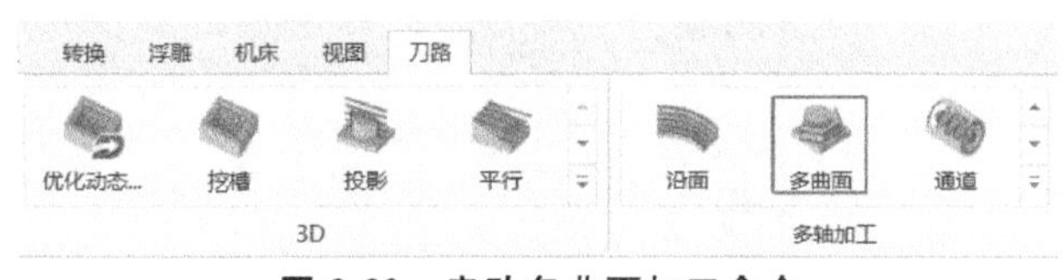

图 8-89 启动多曲面加工命令

63 系统弹出【多轴刀路-多曲面】界面，如图 8-90 所示。

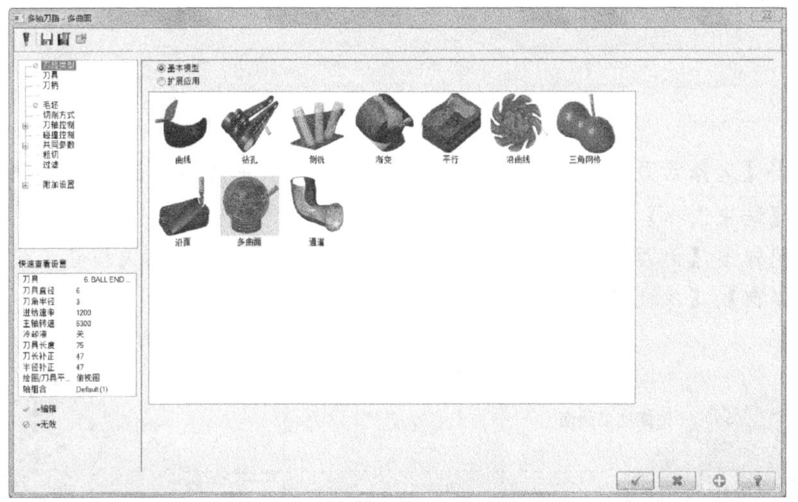

图 8-90 【多轴刀路-多曲面】界面

（2）选择加工刀具

64 在【多轴刀路-多曲面】对话框左侧的【参数类别列表】中选择【刀具】选项，选择直径为 6 的“BALL-NOSE END MILL”的球刀，如图 8-91 所示。

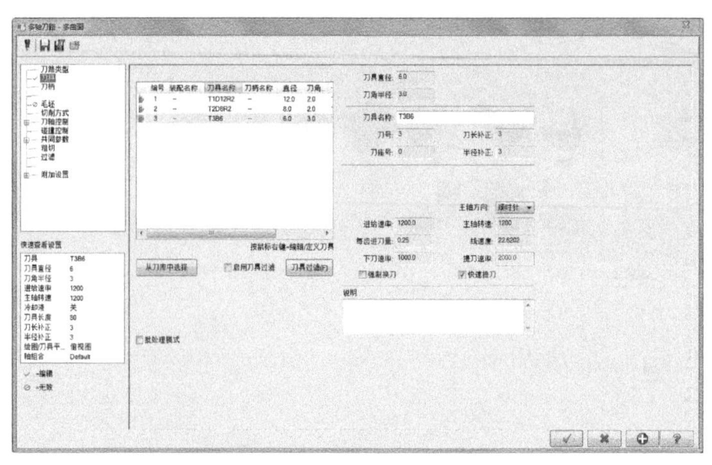

图 8-91 选择加工刀具

65 单击【确定】按钮 后，返回【多轴刀路-多曲面】对话框。

（3）设置切削方式

66 在【多轴刀路-多曲面】对话框左侧列表中选择【切削方式】选项，在右侧显示出切削方式参数，如图 8-92 所示。

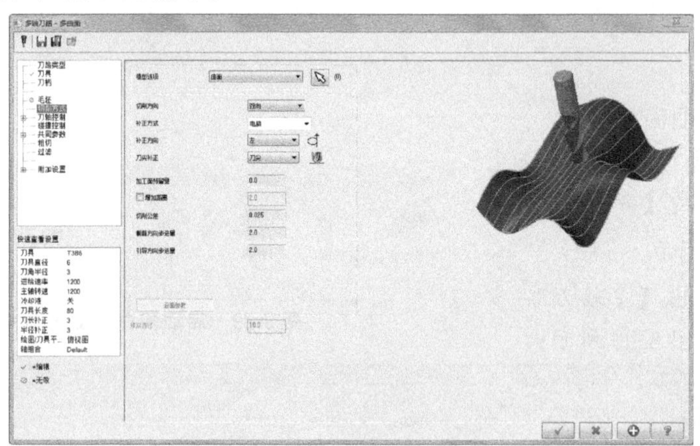

图 8-92 切削方式参数

67 单击【选择曲面】按钮，可选择如图 8-93 所示的所有圆角曲面作为要加工的曲面。单击【结束选择】按钮。

68 系统弹出【曲面流线设置】对话框，单击该对话框中的相关按钮，设置【补正方向】、【切削方向】、【步进方向】和【起始点】如图 8-94 所示。

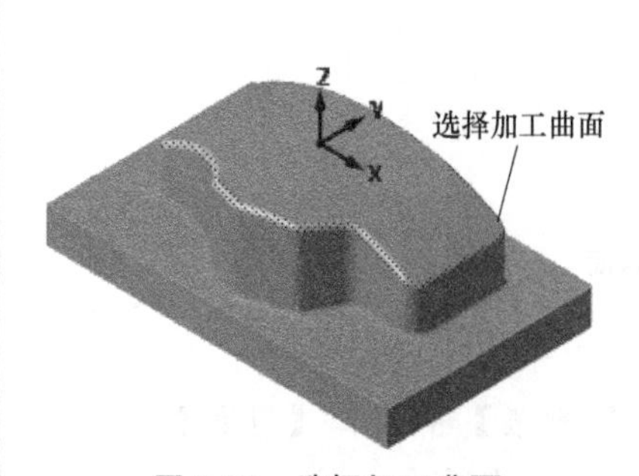

图 8-93 选择加工曲面

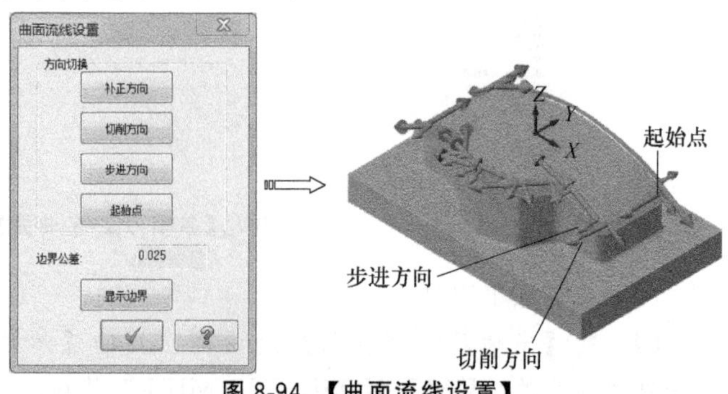

图 8-94 【曲面流线设置】

69 单击 按钮，返回【多轴刀路-多曲面】对话框，设置【加工面预留量】为“0”，【切削公差】为“0.005”，【截断方向步进量】和【引导方向步进量】为“0.5”，如图 8-95 所示。

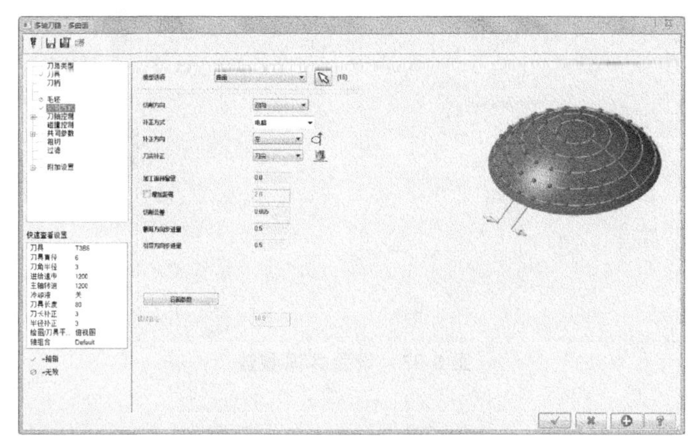

图 8-95 设置切削参数

（4）刀轴控制

70 在左侧列表中选择【刀轴控制】选项，在右侧显示的【刀轴控制】选项中选择“曲面”，如图 8-96 所示。

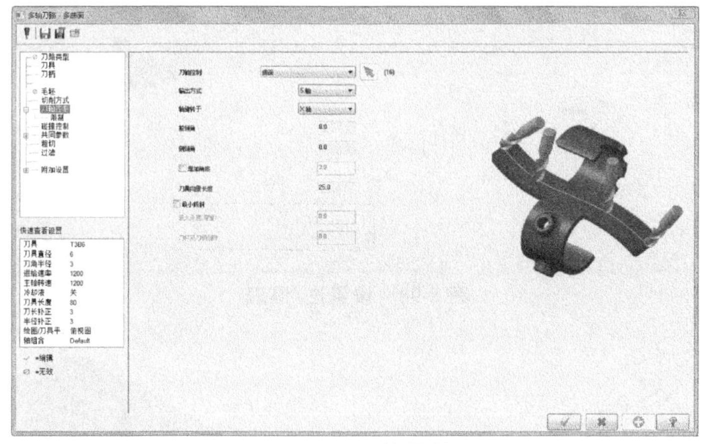

图 8-96 【刀轴控制】

（5）设置共同参数

71 选择【多轴刀路-多曲面】对话框中的【共同参数】选项，设置【参考高度】为“10”，【下刀位置】为“2”，如图 8-97 所示。

72 选择【多轴刀路-多曲面】对话框中的【进/退刀】选项，设置【长度】为“50%”，【高度】为“3”，如图 8-98 所示。

（6）生成刀具路径并验证

73 单击【多轴刀路-多曲面】对话框中的【确定】按钮 ，完成加工参数设置，并生成刀具路径，如图 8-99 所示。

74 单击【刀路】管理器中的【验证已选择的操作】按钮，弹出【验证】对话框，单击【播放】按钮，验证加工工序，如图 8-100 所示。

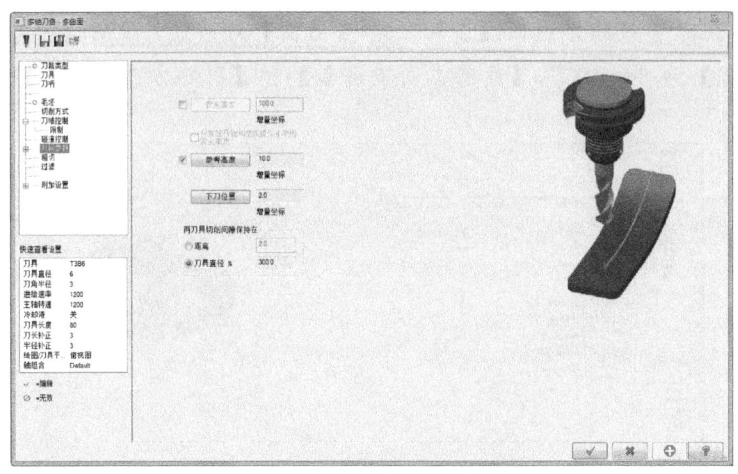

图 8-97　设置共同参数

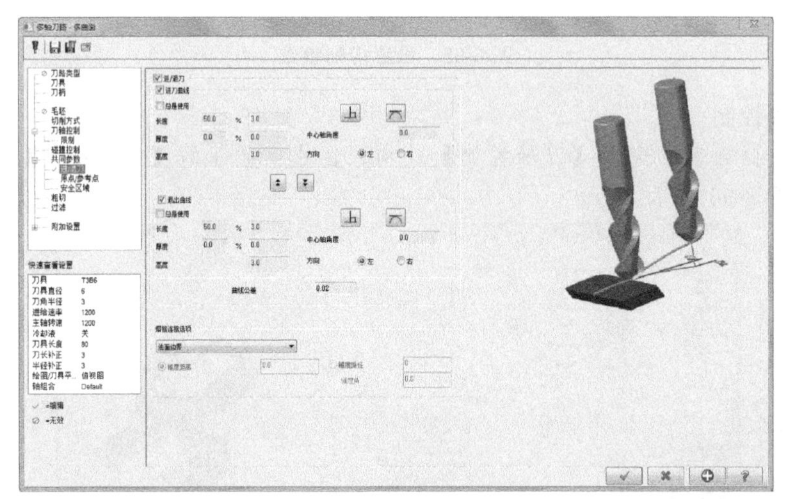

图 8-98　设置进/退刀

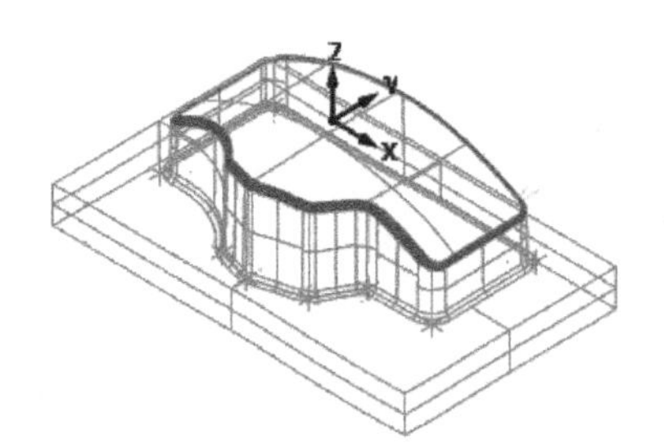

图 8-99　生成刀具路径

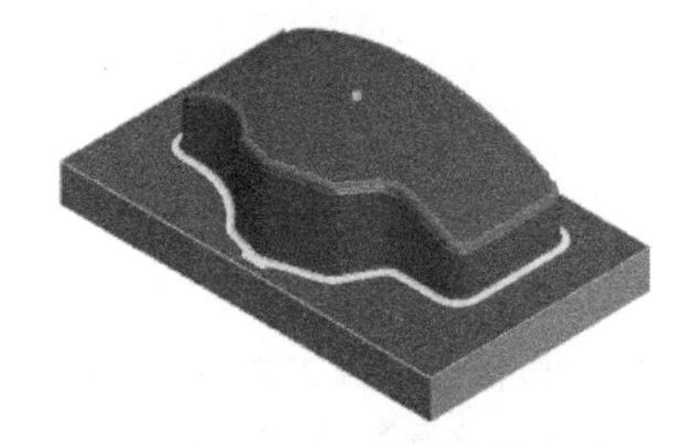

图 8-100　实体验证效果

75　单击【验证】对话框中的【关闭】按钮 ✖，结束验证操作。然后单击【刀路】管理器中的【切换刀具路径显示】按钮 ≋，关闭加工刀具路径的显示，为后续加工操作做好准备。

8. 7. 3　水平铣削精加工

水平铣削精加工可在加工曲面中的每个水平平面区域产生精加工刀具路径，如图 8-101 所示。

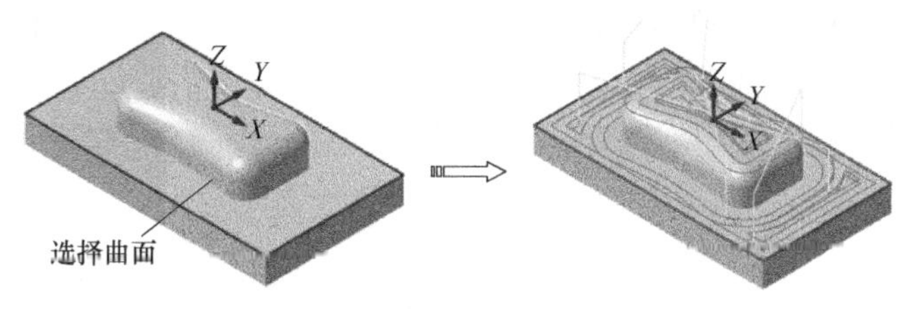

图 8-101 水平铣削精加工

操作实例——创建分型面水平铣削精加工

操作步骤

（1）启动水平铣削精加工

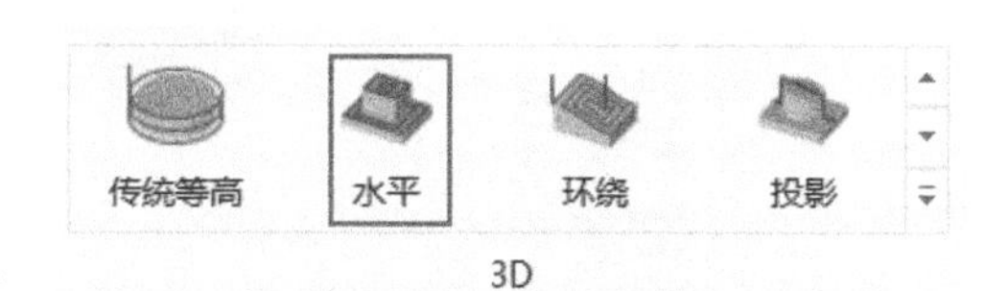

图 8-102 启动水平加工命令

76 单击【刀路】选项卡上【3D】组中的【水平】按钮，如图 8-102 所示。

77 系统提示选择加工曲面，拉框选择所有曲面作为加工表面，如图 8-103 所示。单击【结束选择】按钮，或直接按“Enter”键确定，系统弹出【刀路曲面选择】对话框，如图 8-104 所示。

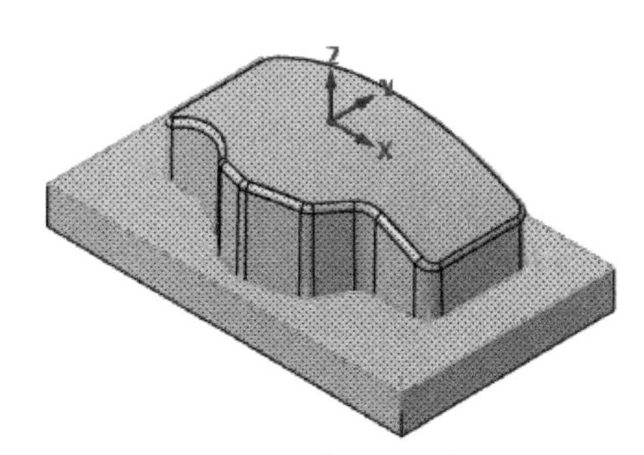

图 8-103 选择加工曲面

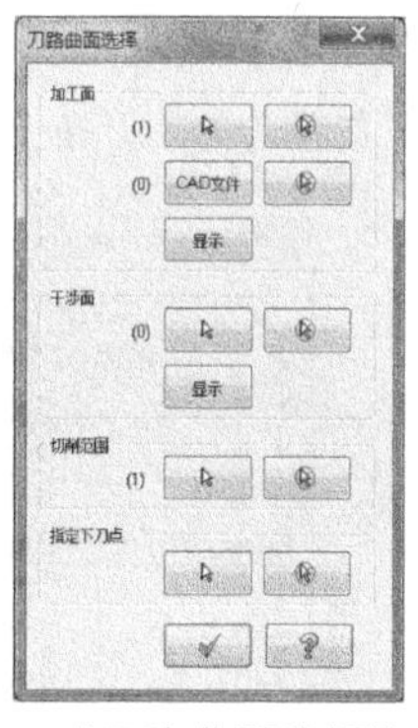

图 8-104 【刀路曲面选择】对话框

78 单击【切削范围】选项中的按钮，弹出【串连选项】对话框，选择【2D】选项和【串连选项】按钮，选择如图 8-105 所示的轮廓线。单击【确定】按钮，返回【刀路曲面选择】对话框。

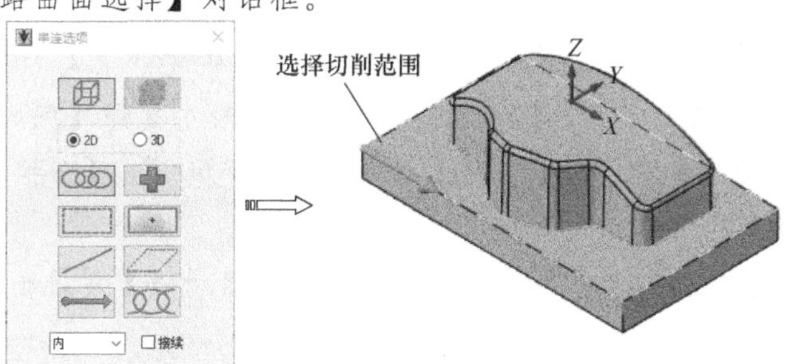

图 8-105 选择切削范围

79 单击【刀路曲面选择】对话框中的【确定】按钮，弹出【高速曲面刀路-水平】对话框，如图 8-106 所示。

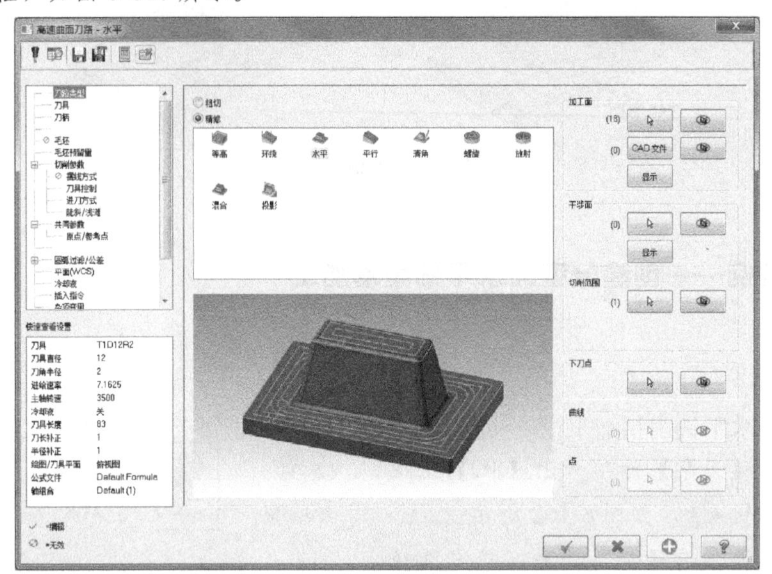

图 8-106 【高速曲面刀路-水平】对话框

（2）创建加工刀具

80 在【高速曲面刀路-水平】对话框左侧的【参数类别列表】中选择【刀具】选项，单击【从刀库选择】按钮，弹出【选择刀具】对话框，选择刀库“Mill_mm. tooldb”，选择【编号】为 5，直径为 8，刀角为 1 的“End Mill WITH RADIUS”的圆鼻刀，如图 8-107 所示。

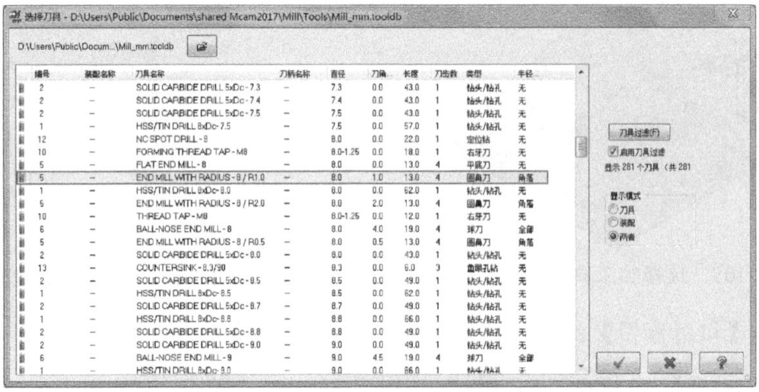

图 8-107 【选择刀具】对话框

81 单击【确定】按钮后，返回【高速曲面刀路-水平】对话框，双击窗口中创建的 5 号刀具，弹出【编辑刀具】对话框，在左侧列表中选择【完成属性】，设置【刀号】为“4”，【进给速率】为“800”，【下刀速率】为“600”，【主轴转速】为“1800”，【名称】为“T4D8R1”，如图 8-108 所示。

82 单击【确定】按钮后，返回【高速曲面刀路-水平】对话框，如图 8-109 所示。

（3）设置毛坯预留量

83 选择【高速曲面刀路-水平】对话框中的【毛坯预留量】选项，设置【壁边预留

图 8-108 【完成属性】选项

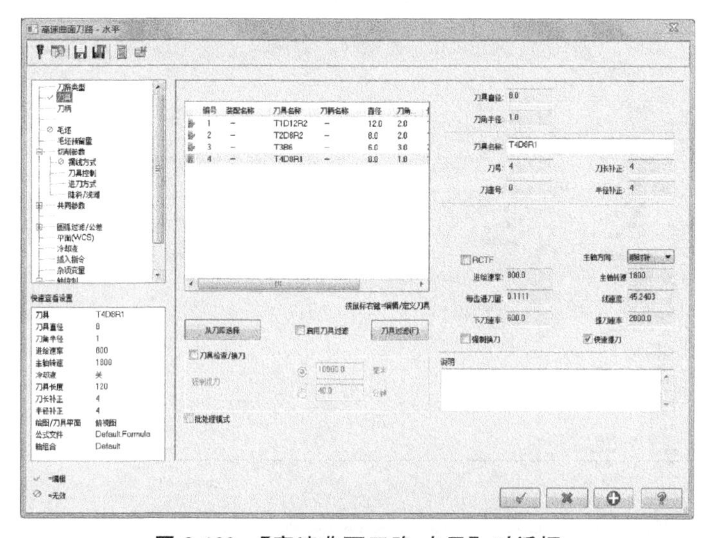

图 8-109 【高速曲面刀路-水平】对话框

量】为“1”，【底面预留量】为“0”，如图 8-110 所示。

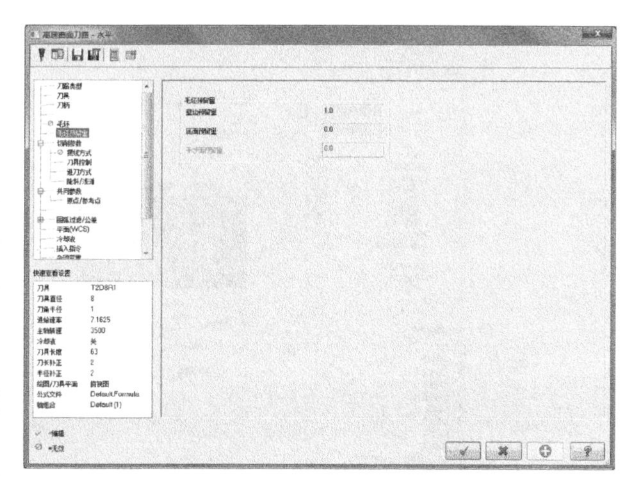

图 8-110 【毛坯预留量】

（4）设置切削参数

84 选择【高速曲面刀路-水平】对话框中的【切削参数】选项，设置【切削方向】为“顺铣”，【分层次数】为“1”，【切削距离（直径%）】为“50”，如图 8-111 所示。

85 单击左侧的【刀具控制】选项，设置【控制方式】为“刀尖”，【补正】为“中心”，如图 8-112 所示。

86 单击左侧的【进刀方式】选项，选中【螺旋进刀】复选框，如图 8-113 所示。

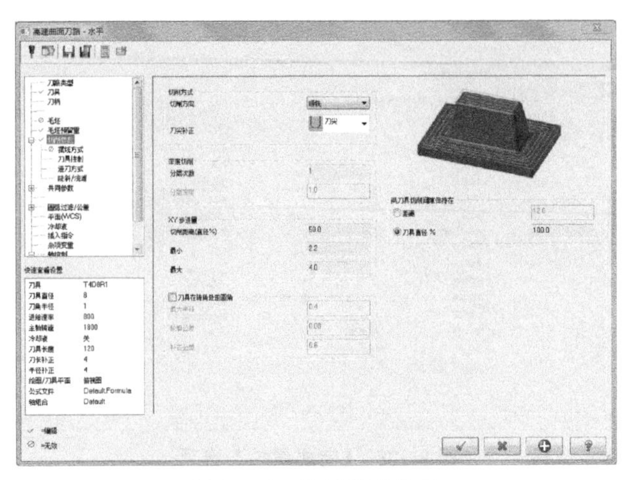

图 8-111　设置切削参数

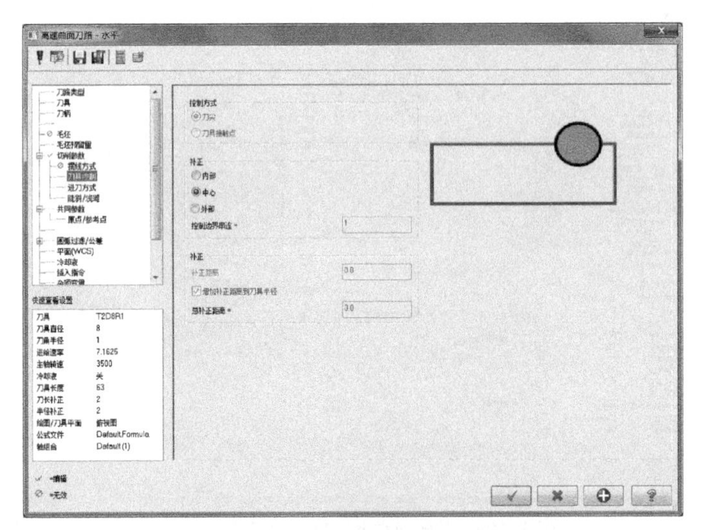

图 8-112　【刀具控制】

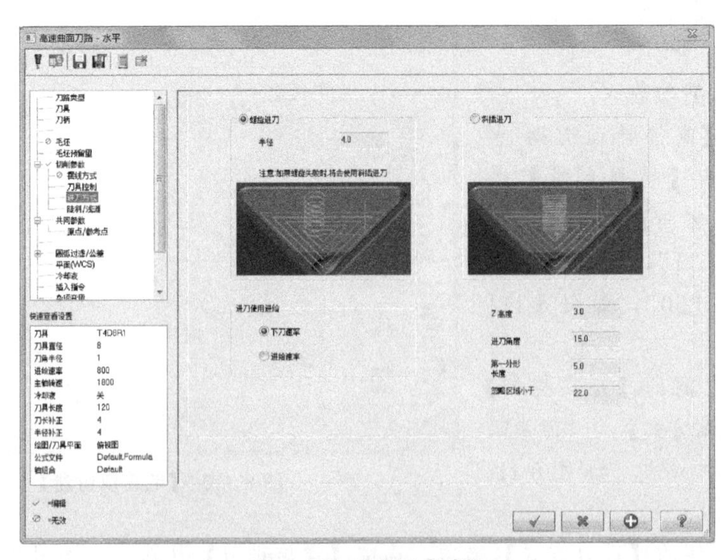

图 8-113　【进刀方式】

（5）设置共同参数

87 选择【高速曲面刀路-水平】对话框中的【共同参数】选项，设置【安全高度】为“10”，【表面高度】为“4”，【适用于】为“最小修剪”，如图 8-114 所示。

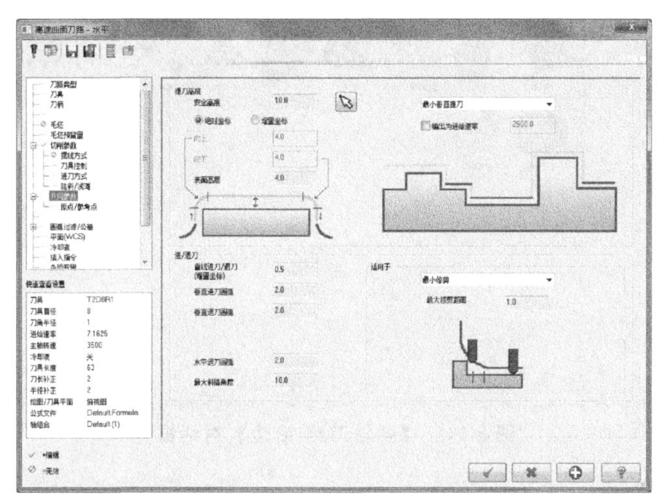

图 8-114　设置共同参数

（6）生成刀具路径并验证

88 单击【高速曲面刀路-水平】对话框中的【确定】按钮 ✓ ，完成加工参数设置，并生成刀具路径，如图 8-115 所示。

89 单击【刀路】管理器中的【验证已选择的操作】按钮，弹出【验证】对话框，单击【播放】按钮，验证加工工序，如图 8-116 所示。

90 单击【验证】对话框中的【关闭】按钮 ✕ ，结束验证操作。然后单击【刀路】管理器中的【切换刀具路径显示】按钮≋，关闭加工刀具路径的显示，为后续加工操作做好准备。

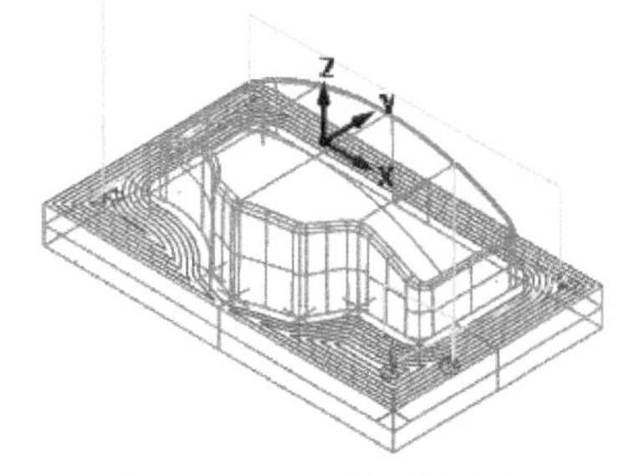

图 8-115　生成刀具路径

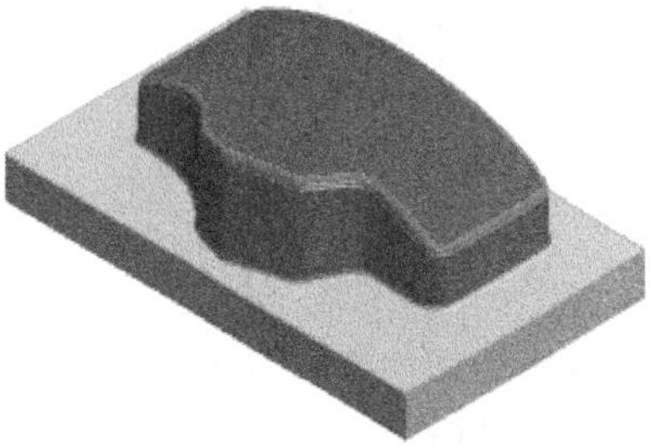

图 8-116　实体验证效果

8.7.4　沿边五轴加工

沿边五轴加工是利用刀具的侧刀刃顺着工件侧壁产生加工刀具路径，如图 8-117 所示。

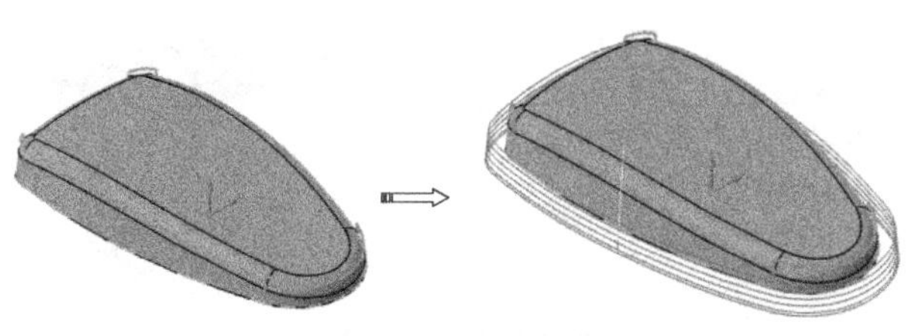

图 8-117　沿边五轴加工

选择【刀路】选项卡上【多轴

加工】组中的【沿边】按钮，系统弹出【多轴刀路-沿边】对话框，如图 8-118 所示。

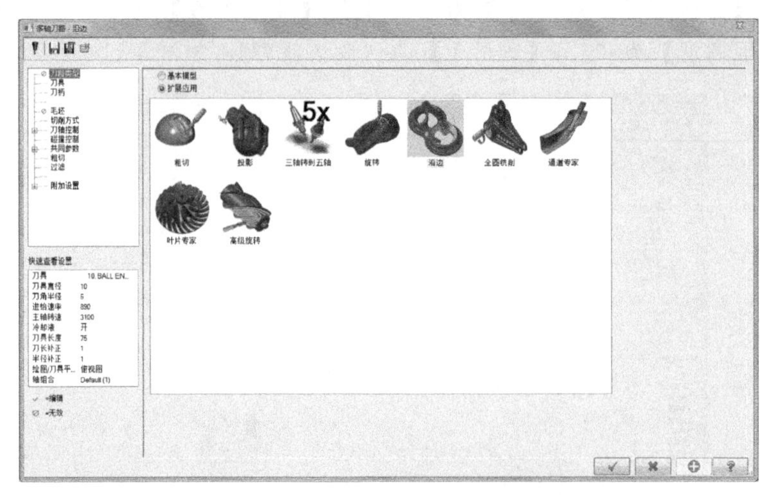

图 8-118 【多轴刀路-沿边】对话框

8.7.4.1 【切削方式】

在左侧列表中选择【切削方式】选项，在右侧显示出具体的参数，如图 8-119 所示。

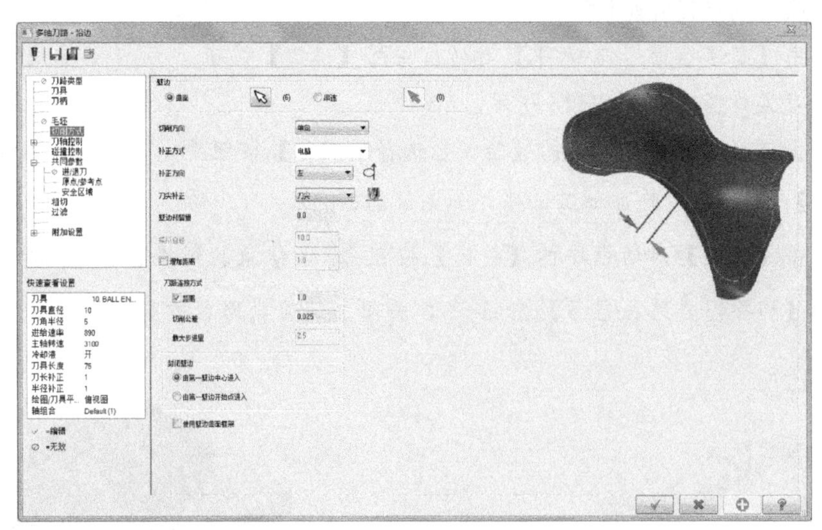

图 8-119 【切削方式】

常用的切削方式参数如下。

(1)【壁边】

①【曲面】：用户可以选择曲面作为侧壁铣削面。

②【串连】：用户可以选择两个串连几何图形来定义侧壁铣削面。

(2)【刀路连接方式】

①【距离】：用于输入刀具移动时的步进量控制，如图 8-120 所示。

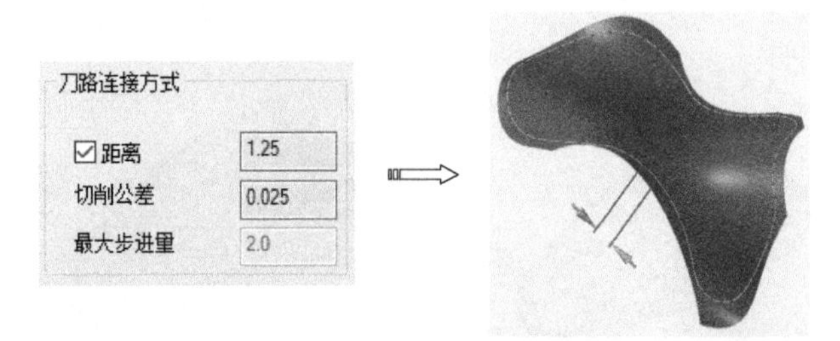

图 8-120 【距离】

②【切削公差】：刀具的移动量由该切削公差输入的弦差控制。

③【最大步进量】：用于输入刀具移动的最大步进量。

8.7.4.2 【刀轴控制】

在左侧列表中选择【刀轴控制】选项，在右侧显示出具体的参数，如图 8-121 所示。

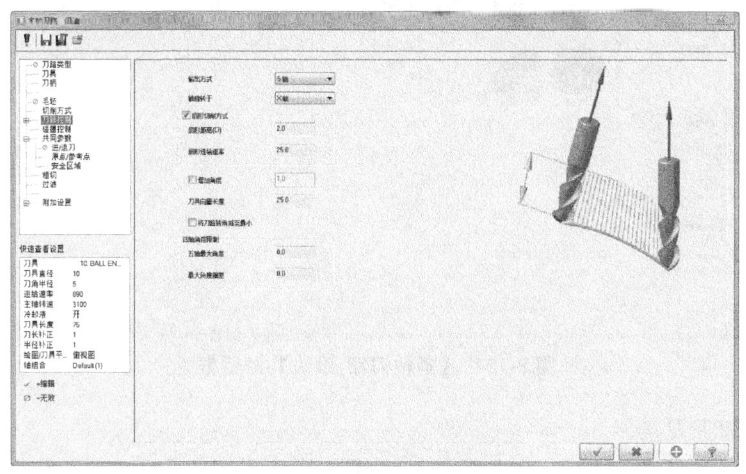

图 8-121 【刀轴控制】

（1）【输出方式】

①【4 轴】：将产生 4 轴侧壁铣削刀具路径。

②【5 轴】：将产生 5 轴侧壁铣削刀具路径。

（2）【扇形切削方式】

刀具轴向是由所选择的侧壁曲面来控制，当用户选择【扇形切削方式】时，可以在【扇形距离】栏输入一扇形距离来控制由于上下大小不对称而产生的刀具轴向变化，如图 8-122 所示。

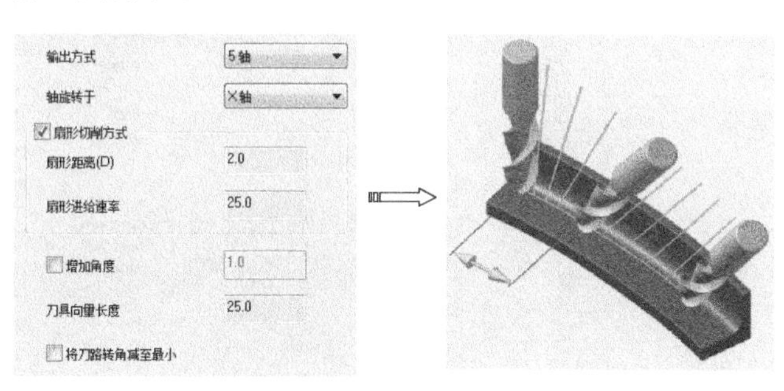

图 8-122 扇形距离

操作实例——创建侧壁沿边五轴精加工

操作步骤

（1）启动沿边五轴加工

91 选择【刀路】选项卡上【多轴加工】组中的【沿边】按钮，如图 8-123 所示。

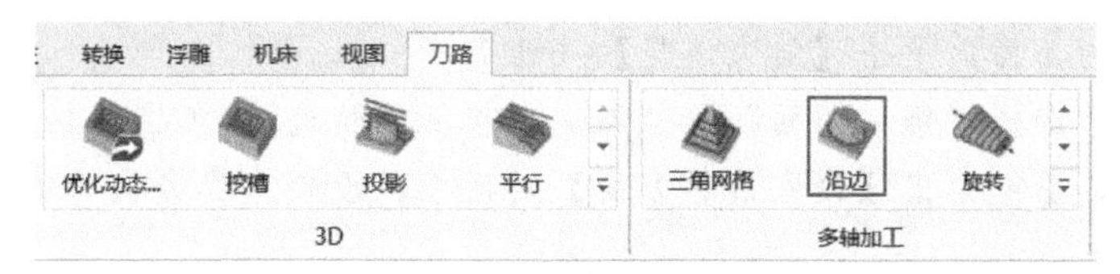

图 8-123 启动沿边加工命令

92 系统弹出【多轴刀路-沿边】对话框，如图 8-124 所示。

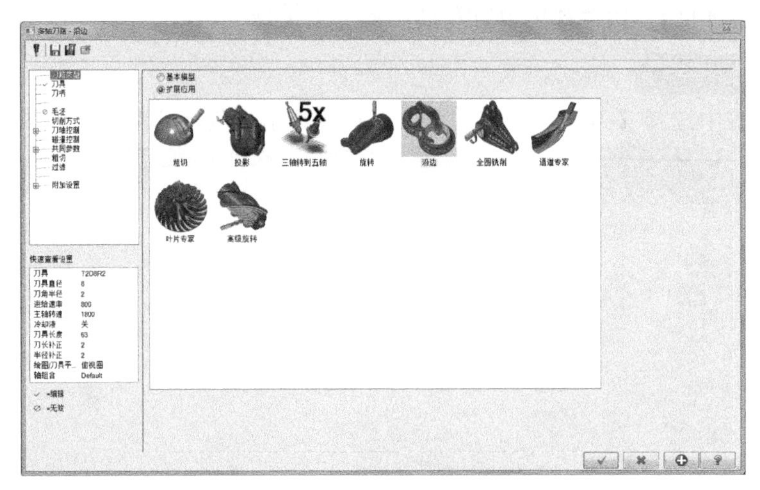

图 8-124 【多轴刀路-沿边】对话框

（2）选择加工刀具

93 在【多轴刀路-沿边】对话框左侧的【参数类别列表】中选择【刀具】选项，选择直径为 8，刀角为 1 的“End Mill WITH RADIUS”的圆鼻刀，如图 8-125 所示。

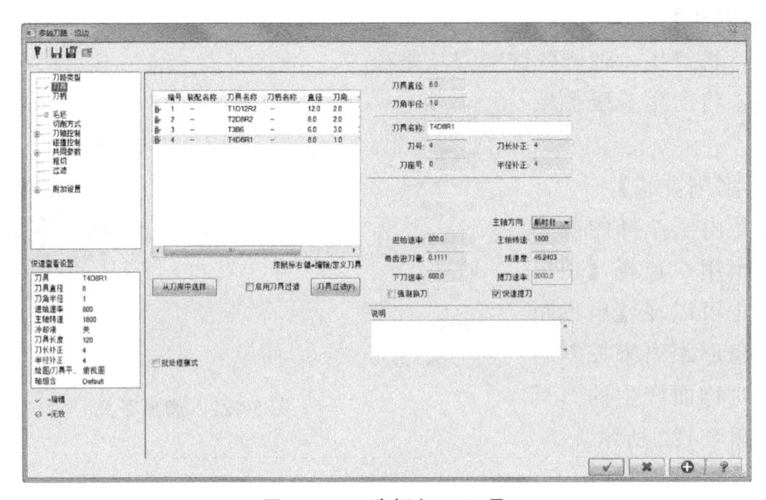

图 8-125 选择加工刀具

94 单击【确定】按钮 ✓ 后，返回【多轴刀路-沿边】对话框。

（3）设置切削方式

95 在【多轴刀路-沿边】对话框左侧列表中选择【切削方式】选项，在右侧显示出切削方式参数，如图 8-126 所示。

96 单击【壁边】选项中的【选择曲面】按钮，选择如图 8-127 所示的所有侧壁曲面作为要加工的曲面，单击【结束选择】按钮完成。

97 系统提示选择“第一曲面”和“第一个较低的轨迹”，如图 8-128 所示。

98 选择后，系统弹出【设置边界方向】对话框，设置边界方向为如图 8-129 所示的箭头方向。

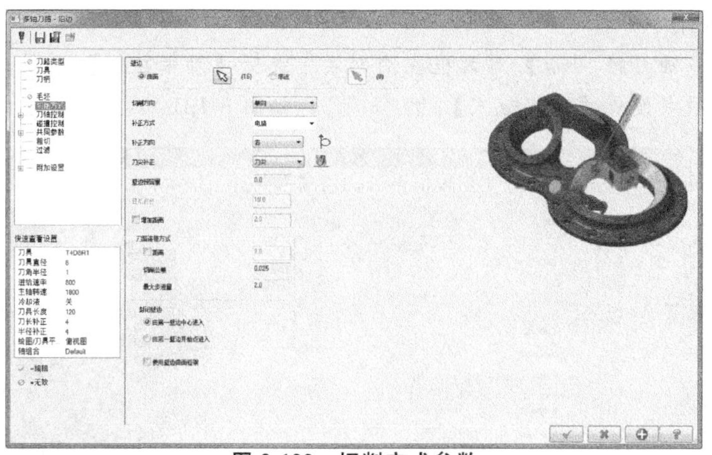

图 8-126　切削方式参数

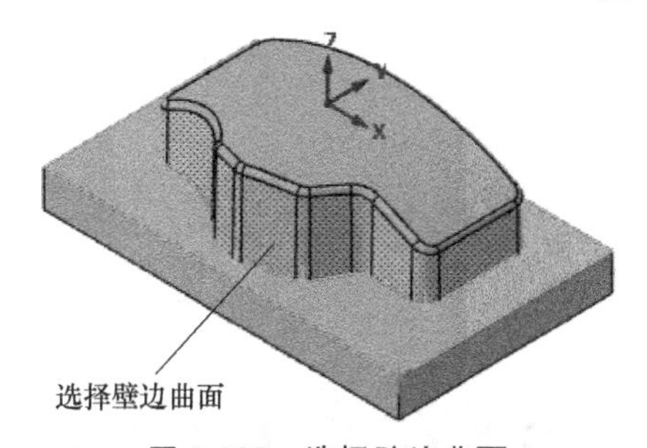

图 8-127　选择壁边曲面

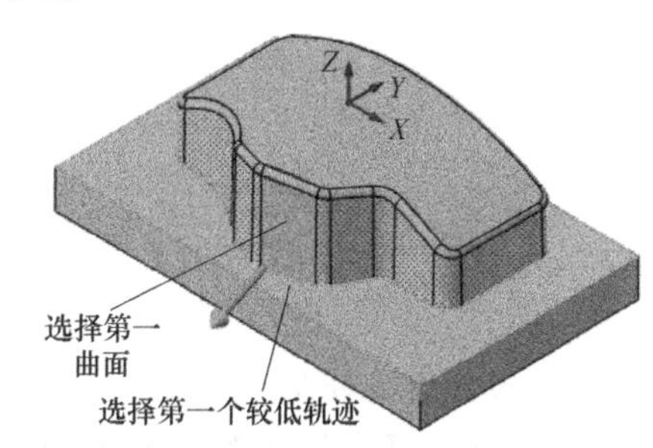

图 8-128　选择第一曲面和第一个较低的轨迹

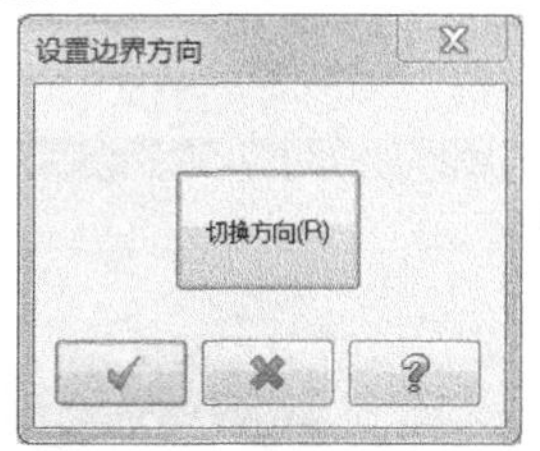

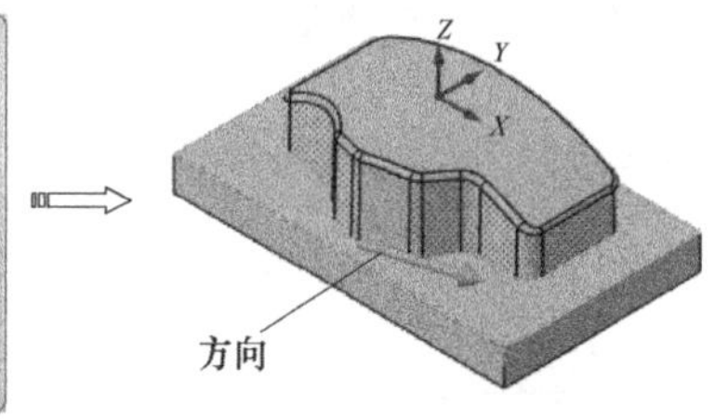

图 8-129　【设置边界方向】

99 单击 按钮，返回【多轴刀路-沿边】对话框，设置【壁边预留量】为“0”，【切削公差】为“0.025”，选中【由第一壁边中心进入】选项，如图 8-130 所示。

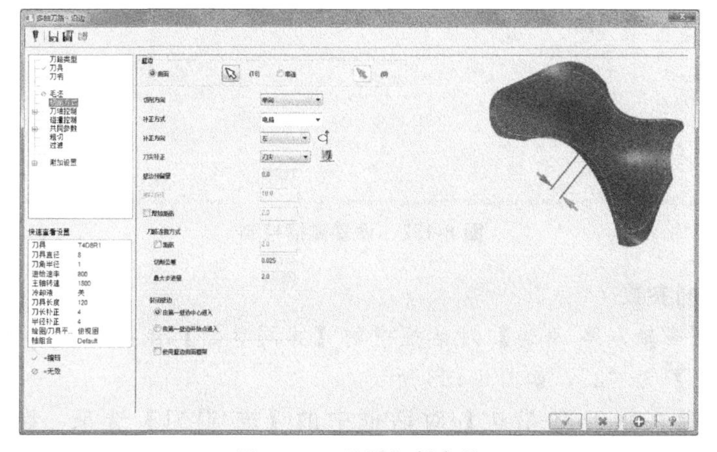

图 8-130　设置切削参数

（4）刀轴控制

100 在【多轴刀路-沿边】对话框左侧列表中选择【刀轴控制】选项，在右侧显示的【刀轴控制】选项中设置【输出方式】为“5 轴”，如图 8-131 所示。

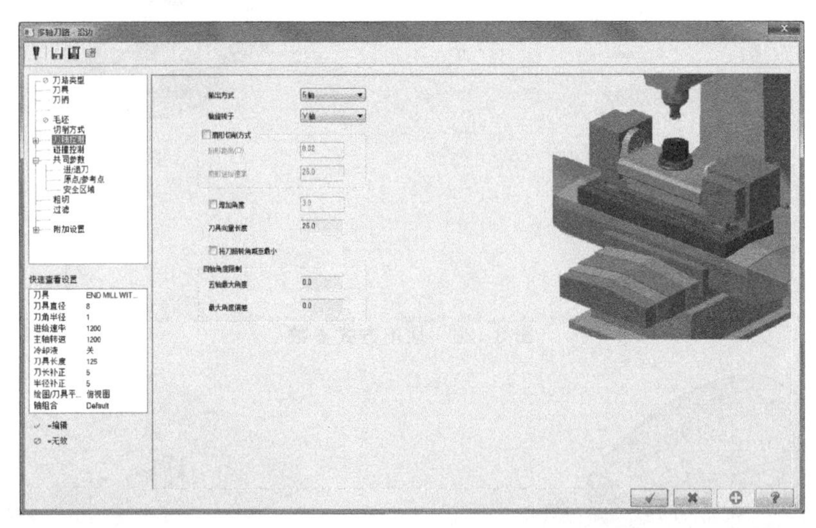

图 8-131 【刀轴控制】

（5）设置碰撞控制

101 选择【多轴刀路-沿边】对话框中的【碰撞控制】选项，设置【刀尖控制】为“底部轨迹”，【在底部轨迹之上距离】为“1”，如图 8-132 所示。

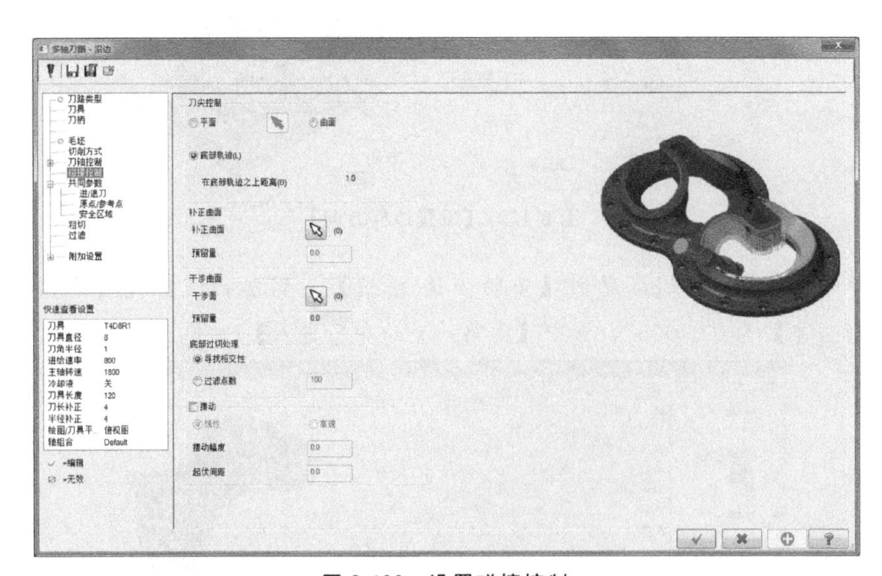

图 8-132 设置碰撞控制

（6）设置共同参数

102 选择【多轴刀路-沿边】对话框中的【共同参数】选项，设置【参考高度】为“10”，【下刀位置】为“2”，如图 8-133 所示。

103 选择【多轴刀路-沿边】对话框中的【进/退刀】选项，设置【长度】为“75%”，【厚度】为“75%”，如图 8-134 所示。

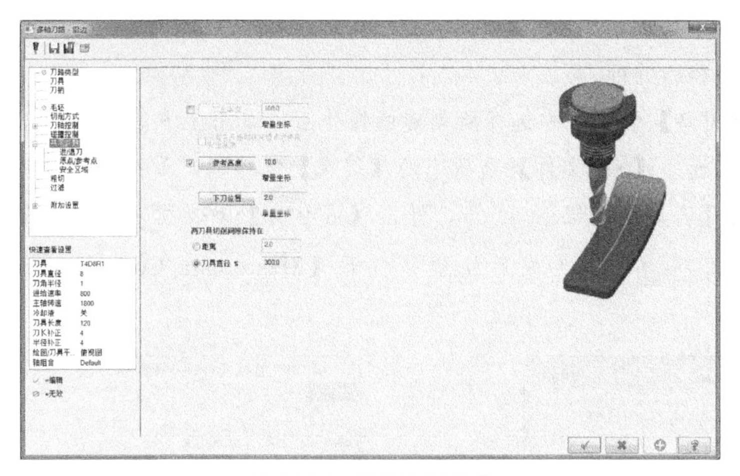

图 8-133 设置共同参数

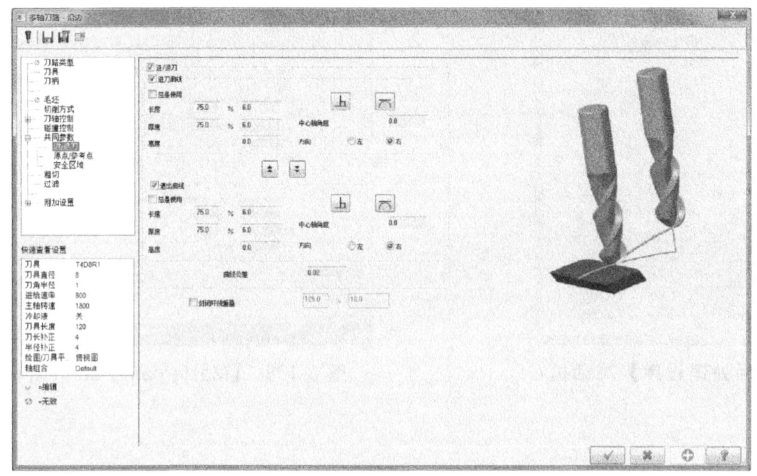

图 8-134 进退刀设置

（7）生成刀具路径并验证

104 单击【多轴刀路-沿边】对话框中的【确定】按钮，完成加工参数设置，并生成刀具路径，如图 8-135 所示。

105 单击【刀路】管理器中的【验证已选择的操作】按钮，弹出【验证】对话框，单击【播放】按钮，验证加工工序，如图 8-136 所示。

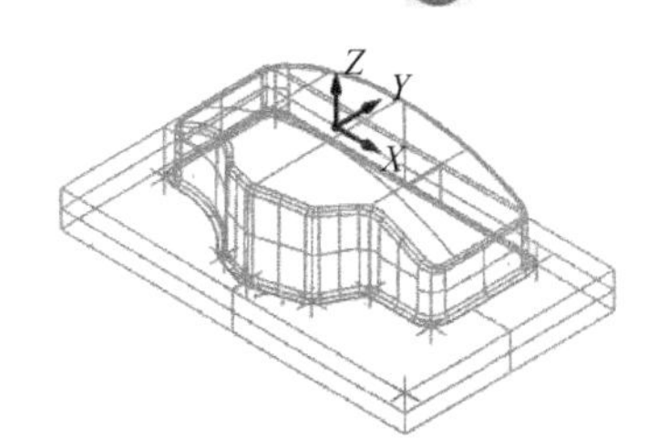

图 8-135 生成刀具路径

图 8-136 实体验证效果

106 单击【验证】对话框中的【关闭】按钮，结束验证操作。然后单击【刀路】管理器中的【切换刀具路径显示】按钮，关闭加工刀具路径的显示，为后续加工操作做好准备。

（8）刀具路径后处理

107 在【刀路】管理器中选择所创建的操作后，单击上方的 **G1** 按钮，弹出【后处理程序】对话框，选择【NC 文件】选项下的【编辑】复选框，如图 8-137 所示。

108 单击【确定】按钮 ✓，弹出【另存为】对话框，选择合适的目录后，单击【确定】按钮 ✓，生成后处理并打开【Mastercam Code Expert】对话框，如图 8-138 所示。

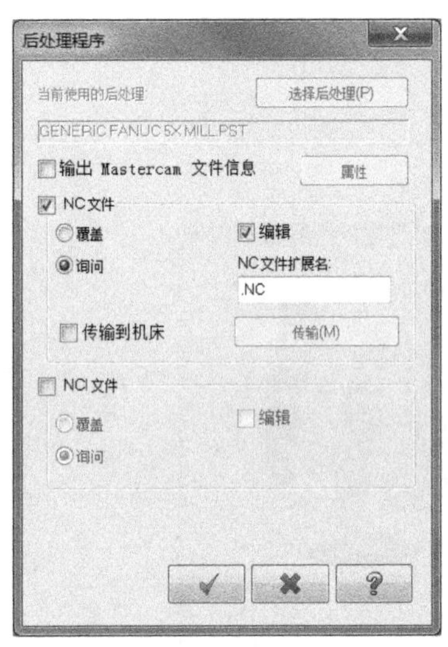

图 8-137 【后处理程序】对话框

图 8-138 【Mastercam Code Expert】对话框

09 第9章 Mastercam2017车削加工

数控车削加工是数控技术广泛应用的加工方法，Mastercam 提供了车削加工策略以满足实际生产的需要，包括粗车、精车、沟槽、螺纹、切断以及循环车削加工等。本章介绍 Mastercam 车削加工中的关键技术和操作方法。

本章内容

- 车削加工简介
- 创建加工毛坯
- 端面车削加工
- 粗车加工
- 精车加工
- 沟槽车削加工
- 螺纹车削加工
- 截断车削加工

9.1 车削加工简介

车削加工中心可以加工各种回转表面，如内外圆柱面、内外圆锥面、螺纹、沟槽、端面和成形面等，加工精度可达 IT8～IT7，表面粗糙度 Ra 值为 1.6～0.8μm，车削常用来加工单一轴线的零件。

9.1.1 数控车削加工

9.1.1.1 数控车削加工的编程特点

（1）加工坐标系

加工坐标系应与机床坐标系的坐标方向一致，X 轴对应径向，Z 轴对应轴向，C 轴（主轴）的运动方向则以从机床尾架向主轴看，逆时针为 $+C$ 向，顺时针为 $-C$ 向，加工坐标系的原点选在便于测量或对刀的基准位置，一般在工件的右端面或左端面上。

（2）直径编程方式

在车削加工的数控程序中，*X* 轴的坐标值取为零件图样上的直径值。采用直径尺寸编程与零件图样中的尺寸标注一致，这样可避免尺寸换算过程中可能造成的错误，给编程带来很大方便。

（3）进刀和退刀方式

对于车削加工，进刀时采用快速走刀接近工件切削起点附近的某个点，再改用切削进给，以减少空走刀的时间，提高加工效率。切削起点的确定与工件毛坯余量大小有关，应以刀具快速走到该点时刀尖不与工件发生碰撞为原则。

9.1.1.2 数控车削加工的应用

数控车削加工主要用于加工轴类、盘类等回转体零件。通过数控加工程序的运行，可自动完成内外圆柱面、圆锥面、成形表面、螺纹和端面等工序的切削加工，并能进行车槽、钻孔、扩孔、铰孔等工作，如图 9-1 所示。

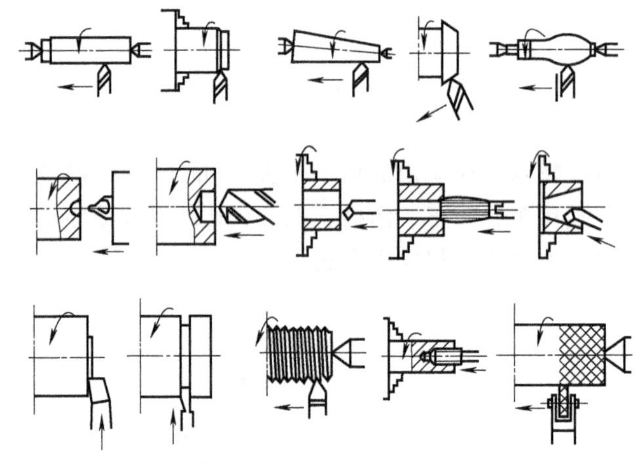

图 9-1　车削加工零件

9.1.2 Mastercam 车削加工方式

Mastercam2017 中车削加工功能集中于【车削】选项卡的【标准】组，如图 9-2 所示。

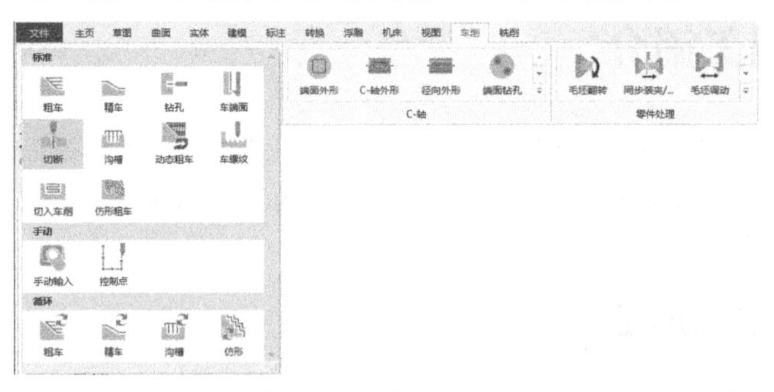

图 9-2　车削加工命令

常用的车削加工可归纳分成 2 类：标准车削加工、循环车削加工，下面分别加以介绍。

9.1.2.1 标准车削加工

Mastercam 提供了 10 种标准车削加工策略来适应不同加工场合，见表 9-1 所示。

表 9-1　标准车削加工方式、特点和应用

加工方式	特点和应用
粗车	根据零件图形特征及所设置粗车的步进量一层一层地车削，粗车轨迹与 Z 轴平行
精车	根据零件图形特征及所设置精车的步进量一层或多层地车削，一般根据零件的余量来设置精车次数
钻孔	用于回转体零件上的孔加工，回转体零件上的孔必须位于机床主轴轴线上
车端面	用于车削回转体零件的端面
切断	截断车削用于切断工件，用户可以选择一个点来定义界面的位置
沟槽	用于加工回转体零件的凹槽部分
车螺纹	用于加工零件图上的直螺纹或者锥螺纹，它可以是外螺纹、内螺纹
动态粗车	快速切削大量毛坯，而剩余未加工材料更有效地使用更小的刀具
切入车削	创建侧向沟槽方向移动的刀具路径，需要专用刀具
仿形粗车	从零件模型偏移中移除大量的零件毛坯，有效地使毛坯从初始形状到最终零件形状

9.1.2.2 循环车削加工

循环车削加工能生成循环指令 G71、G72 及 G73 等加工策略，Mastercam 提供了 4 种加工方式来适应不同的工件和加工场合，见表 9-2 所示。

表 9-2　循环车削加工方式、特点和应用

加工方式	特点和应用
粗车	产生外圆粗切复合循环指令 G71 来车削工件
精车	产生外圆精车复合循环指令 G70 来车削工件
沟槽	产生外圆车槽复合循环指令 G75 来车削工件上的凹槽
仿形	生成外形切削复合循环指令 G73 来车削工件

9.1.3 Mastercam 车削加工基本流程

以图 9-3 为例来说明车削数控加工的基本流程。

（1）零件结构工艺性分析

从图 9-3 可知该螺纹轴零件尺寸 ϕ50mm×70mm，上有螺纹和退刀槽，形状较为简单。毛坯尺寸为 ϕ60mm×120mm，需要加工所有外圆表面。

（2）拟定工艺路线

按照加工要求，以左端卡盘固定安装在机床上，加工坐标系原点为右侧毛坯中心，根据数控车削加工工艺的要求，采用工艺路线为“端面”→“粗车”→“精车”→“车槽”→“螺纹”的顺序依次加工右侧表面，逐步达到加工精度。

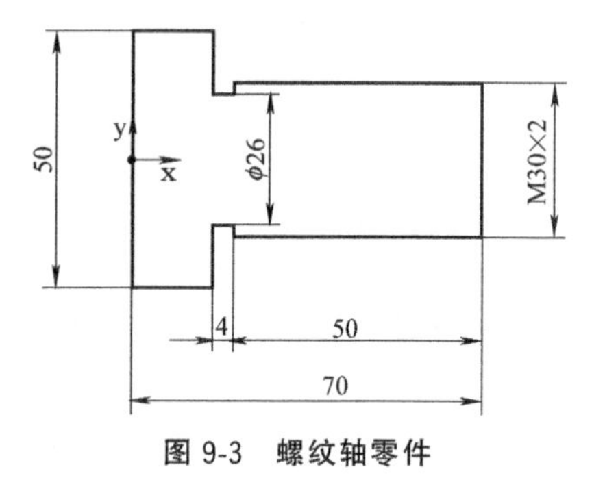

图 9-3　螺纹轴零件

车削加工工序中所有的加工刀具和切削参数见表 9-3 所示。

表 9-3　加工刀具及切削参数表

工步号	工步内容	刀具号	切削参数设置		
			主轴转速/r·min^{-1}	进给速度/mm·r^{-1}	背吃刀量/mm
1	车端面	T01	300	0.25	1-2
2	粗车外圆	T01	500	0.3	2
3	精车外圆	T21	600	0.2	0.2
4	车槽加工	T47	300	0.1	—
5	车螺纹	T95	300	—	—

（3）加工准备工作

在创建操作之前首先要打开模型文件，然后通过创建平面建立加工坐标系，选择车床为加工机床，并指定加工毛坯，如图 9-4 所示。

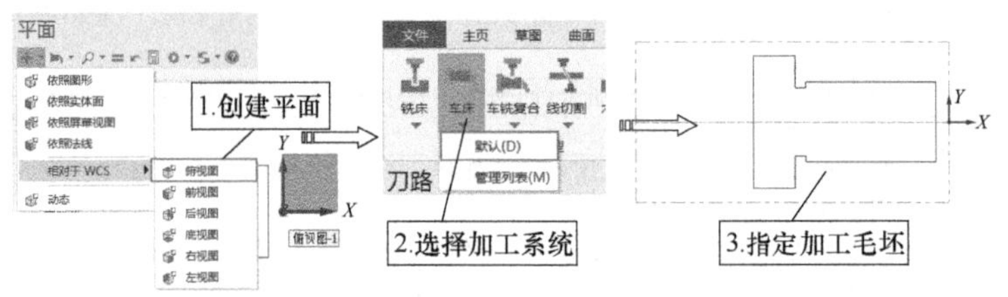

图 9-4　加工准备工作

（4）创建端面车削加工

启动端面车削加工工序，选择加工刀具，设置参考点和端面车削参数，最后生成刀具路径和验证，如图 9-5 所示。

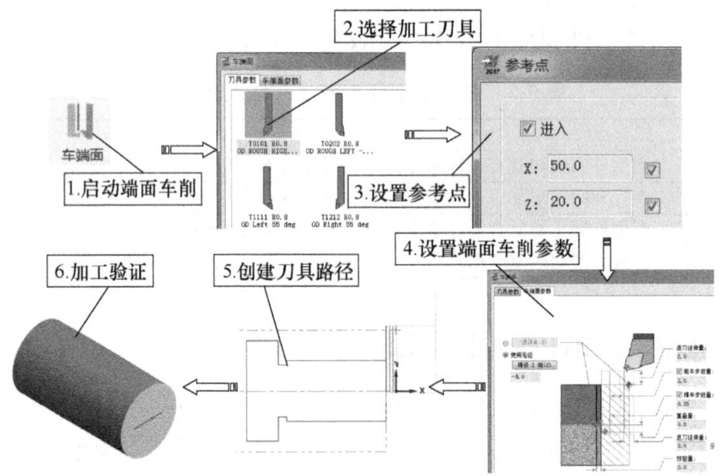

图 9-5　创建端面车削加工

（5）创建粗车加工

启动粗车加工工序，选择加工轮廓，接着选择加工刀具，设置粗车参数和切入切出参数，最后生成刀具路径和验证，如图 9-6 所示。

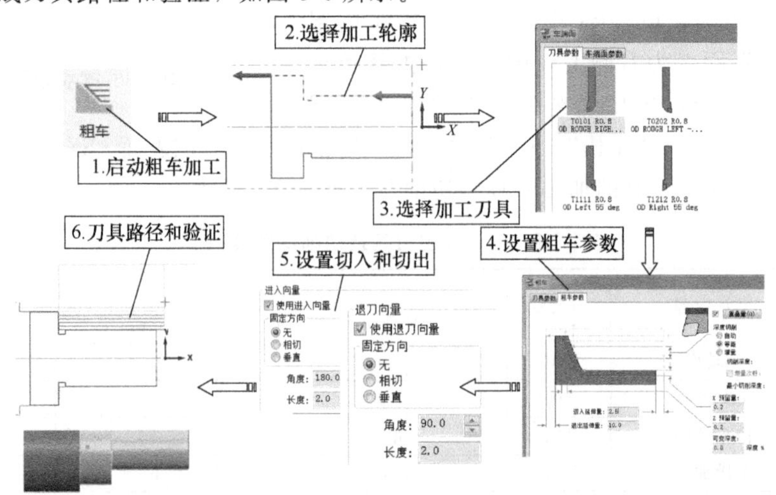

图 9-6　创建粗车加工

（6）创建精车加工

启动精车加工工序，选择加工轮廓，接着选择加工刀具，设置精车参数和切入切出参数，最后生成刀具路径和验证，如图 9-7 所示。

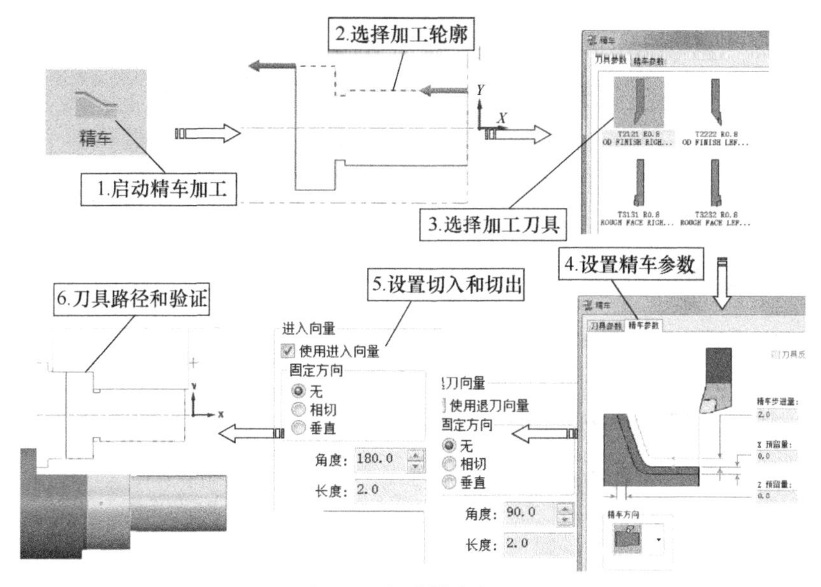

图 9-7　创建精车加工

（7）创建沟槽车削加工

启动沟槽车削加工工序，选择加工轮廓，接着选择加工刀具，设置沟槽形状参数和切削参数，最后生成刀具路径和验证，如图 9-8 所示。

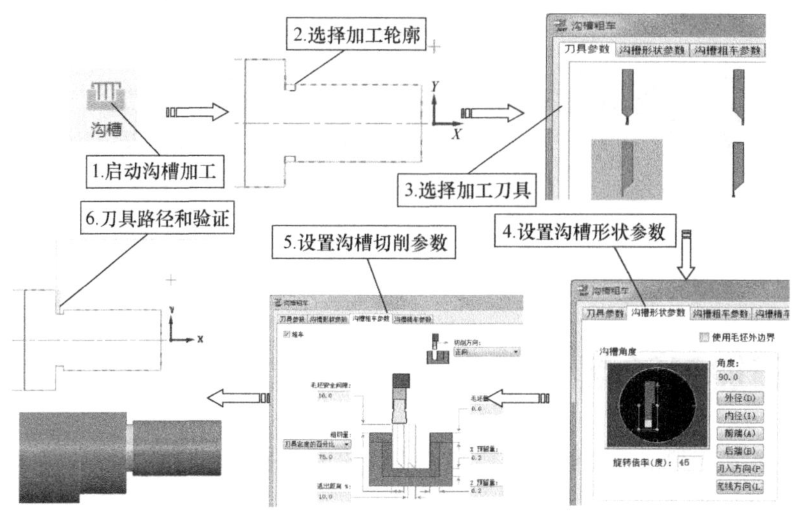

图 9-8　创建沟槽车削加工

（8）创建螺纹车削加工

启动螺纹车削加工工序，选择加工刀具，设置螺纹外形参数和切削参数，最后生成刀具路径和验证，如图 9-9 所示。

（9）创建切断车削加工

启动切断车削加工工序，选择截断点，接着选择加工刀具，设置切断参数和切入切出

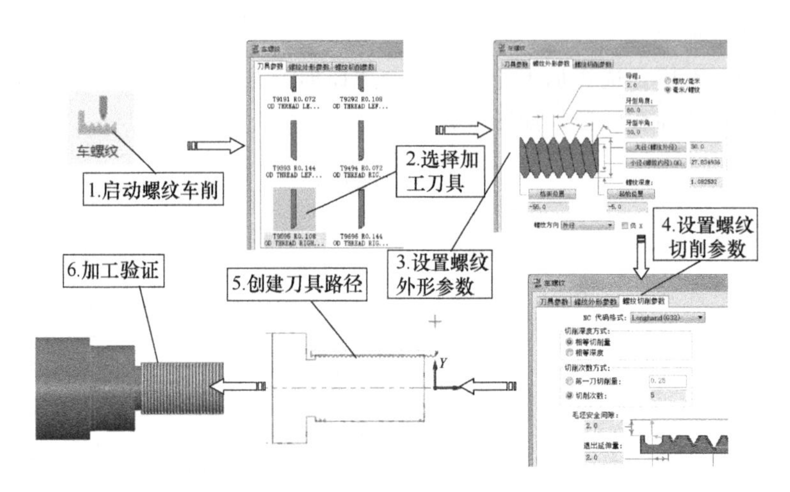

图 9-9　创建螺纹车削加工

参数，最后生成刀具路径和验证，如图 9-10 所示。

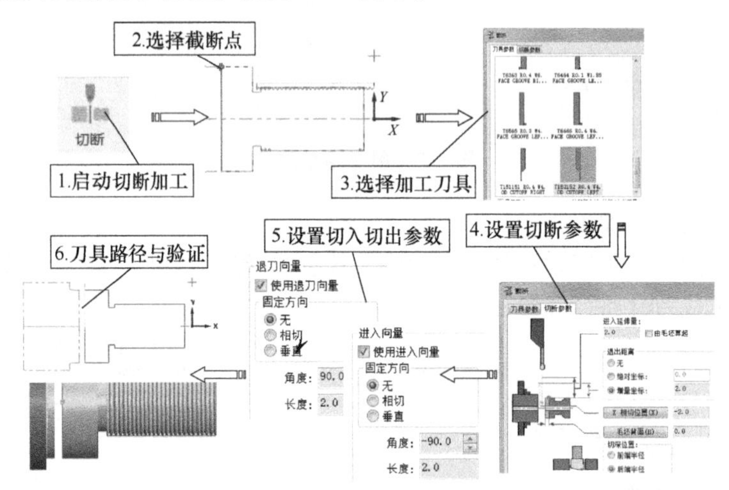

图 9-10　创建切断车削加工

9.2 设置加工原点

Mastercam 加工原点通过移动、旋转工件或图形方式、创建平面方式等来调整到编程坐标系所需要的位置。

操作实例——设置加工原点

操作步骤

01 启动 Mastercam2017，选择下拉菜单【文件】|【打开】命令，弹出【打开】对话框，选择“螺纹轴 CAD. mcam”（扫二维码下载素材文件\第 9 章\螺纹轴 CAD. mcam），

单击【打开】按钮，将该文件打开，如图 9-11 所示。

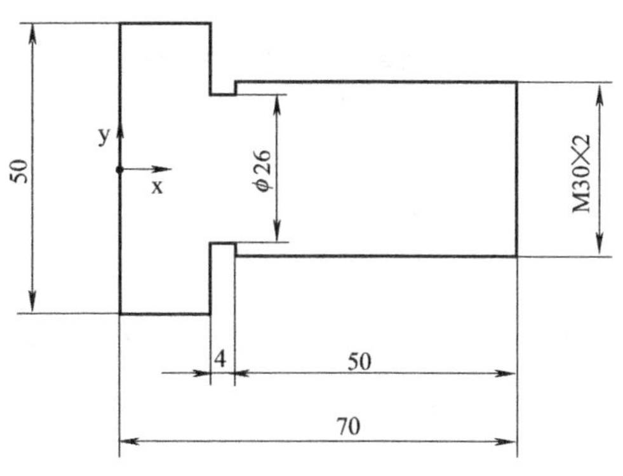

图9-11　打开模型文件

02　在【平面】管理器的左上角点击【创建新平面】按钮 ，选择【相对于 WCS】|【俯视图】按钮 ，弹出【新建平面】对话框，输入【X】为“75”，单击【确定】按钮 ，如图 9-12 所示。

03　在【平面】管理器中设置新建的平面为当前 WCS 平面和刀具平面，如图 9-13 所示。

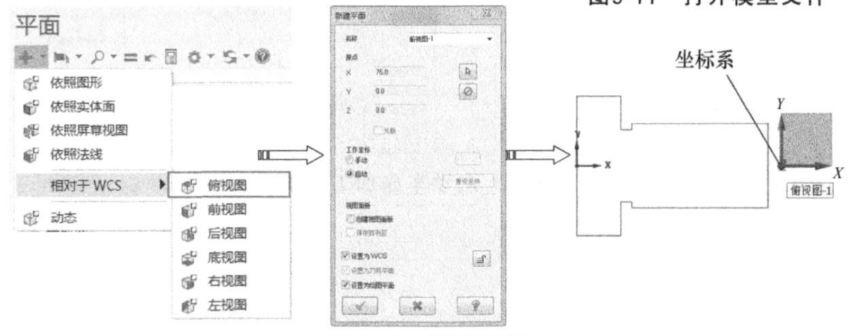

图 9-12　新建平面

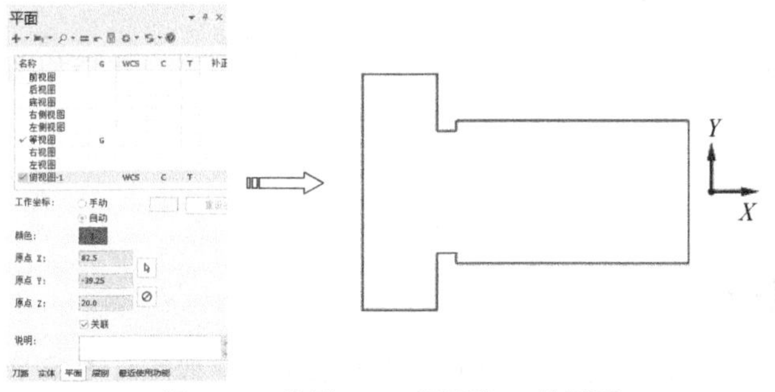

图 9-13　设置 WCS 平面和刀具平面

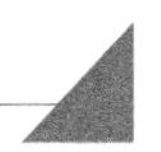

9.3 选择加工系统

Mastercam 能进行铣削、车削、车铣复合、线切割等加工，车削加工一般选择【机床类型】为车床。

操作实例——选择加工系统

操作步骤

04　选择【机床】选项卡上【机床类型】组中的【车床】按钮 下的【默认】命令，如图 9-14 所示。

图 9-14 选择车床

05 系统进入车削加工模块，【刀路】管理器如图 9-15 所示。

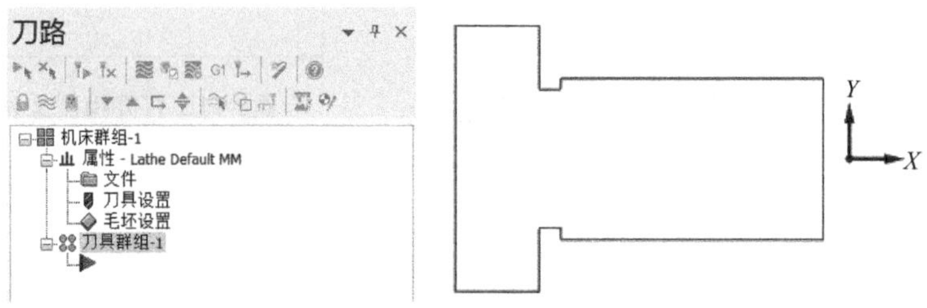

图 9-15 启动车床加工环境

9.4 创建加工毛坯

车削加工中毛坯设置与铣削加工工件设置方法基本相同。选择如图 9-15 所示【刀路】管理器中【毛坯设置】选项，系统弹出【机床群组属性】对话框，单击【毛坯设置】选项卡，如图 9-16 所示。

【毛坯设置】选项卡中相关选项参数的含义如下。

9.4.1 设置毛坯

用于确定毛坯的外形和位置。对于车削加工来说，一般工件要求是一个旋转体。

(1) 工件主轴位置

设置素材时，首先要选择工件主轴位置，包括【左侧主轴】和【右侧主轴】两个选项：

①【左侧主轴】：用于设置工件主轴在左侧。

②【右侧主轴】：用于设置工件主轴在右侧。

(2)【参数】

单击【参数】按钮，弹出【机床组件管理-毛坯】对话框，如图 9-17 所示。

【机床组件管理-毛坯】对话框【图形】选项用于设置毛坯类型，包括以下选项。

①【没有图形】：不设置工件毛坯。

②【实体图素】：设置毛坯形状为所选实体。

③【立方体】：设置毛坯的形状为立方体。

④【圆柱体】：设置毛坯形状为圆柱体。

a.【外径】：用于输入圆柱体的直径。

b.【长度】：用于输入圆柱体的长度。

c.【轴向位置】：用于设置工件坐标系的原点相对于系统坐标系原点的 Z 向坐标。

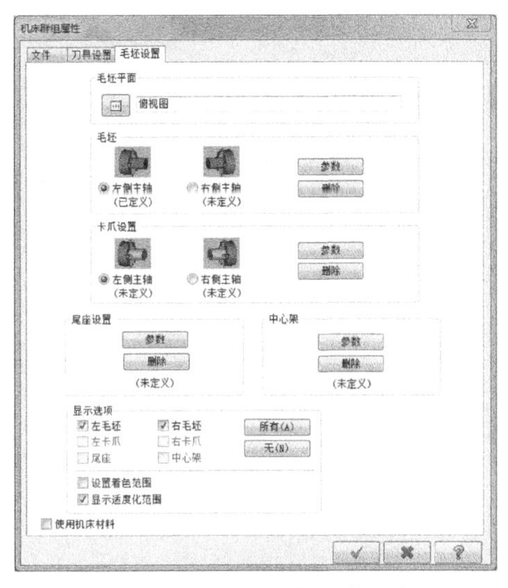

图 9-16 【毛坯设置】选项卡

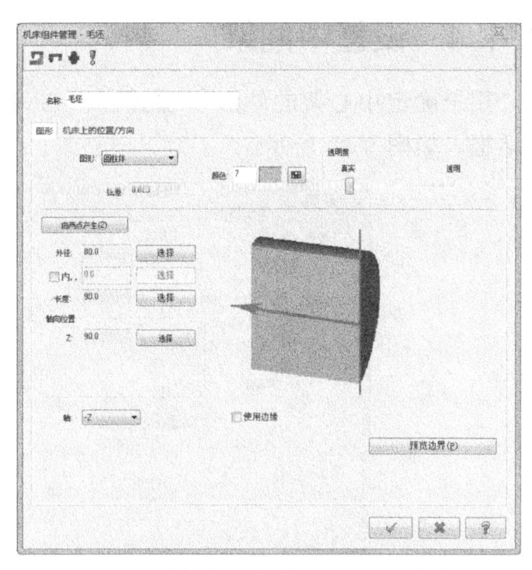

图 9-17 【机床组件管理-毛坯】对话框

d. 【轴】：用于设置 Z 轴的方向。

(3)【删除】

单击【删除】按钮，可移除毛坯设置。

9.4.2 设置卡爪

用于确定卡盘的外形和位置。单击【参数】按钮，弹出【机床组件管理-卡盘】对话框，如图 9-18 所示。利用该对话框用户可设置卡爪的尺寸和位置。

9.4.3 设置尾座

用于确定尾座的外形和位置。单击【参数】按钮，弹出【机床组件管理-中心】对话框，如图 9-19 所示。

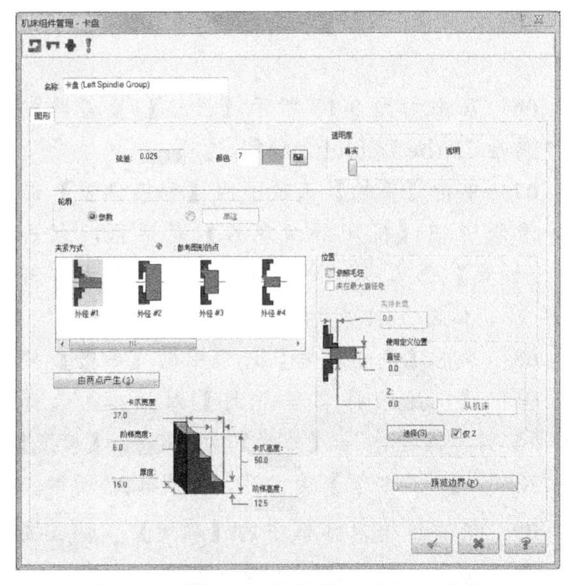

图 9-18 【机床组件管理-卡盘】对话框

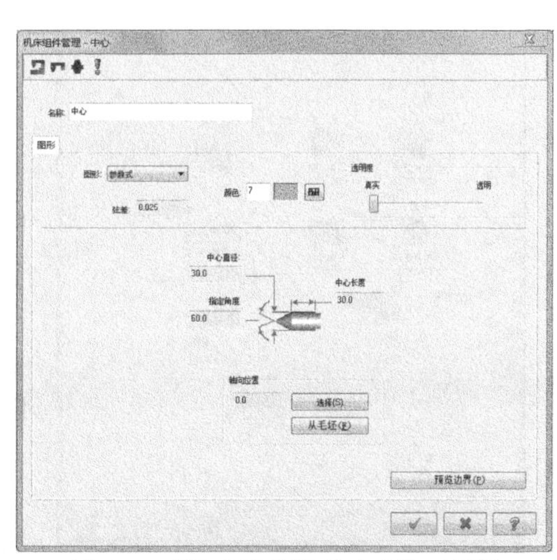

图 9-19 【机床组件管理-中心】对话框

9.4.4 设置中间架

用于确定中心架的外形和位置。单击【参数】按钮，弹出【机床组件管理-中心架】对话框，如图 9-20 所示。

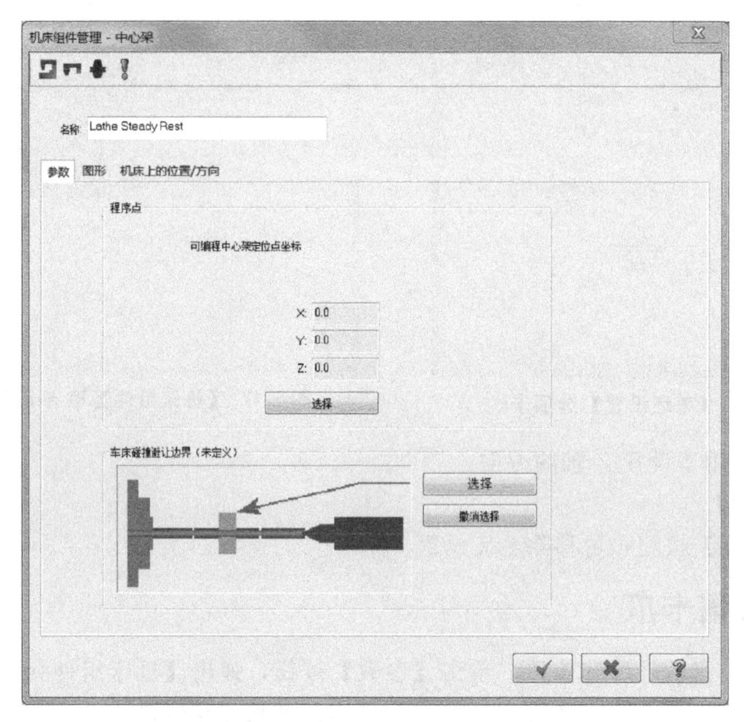

图 9-20 【机床组件管理-中心架】对话框

操作实例——创建加工毛坯

操作步骤

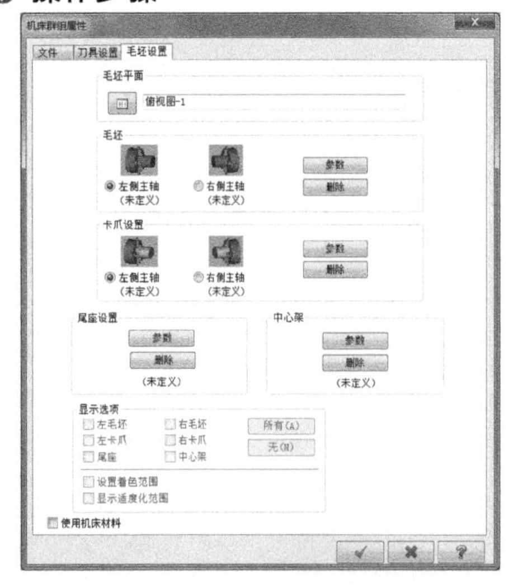

图 9-21 【毛坯设置】选项卡

06 双击如图 9-15 所示【刀路】管理器中的“属性-Lathe Default MM”选项。

07 单击【属性】选项下的【毛坯设置】选项，系统弹出【机床群组属性】对话框，点击【毛坯设置】选项卡，设置【毛坯平面】为“俯视图-1”，如图 9-21 所示。

08 单击【毛坯设置】选项中的【参数】按钮，弹出【机床组件管理-毛坯】对话框。选择【图形】为“圆柱体”，【外径】为“60”，【长度】为“120”，【轴向位置】为“0”，如图 9-22 所示。

09 依次单击对话框中的【确定】按钮，完成加工工件设置，如图 9-23 所示。

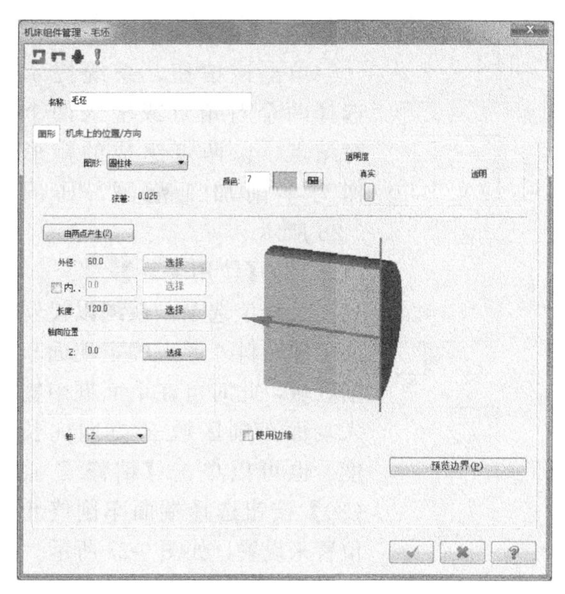

图 9-22 【机床组件管理-毛坯】对话框

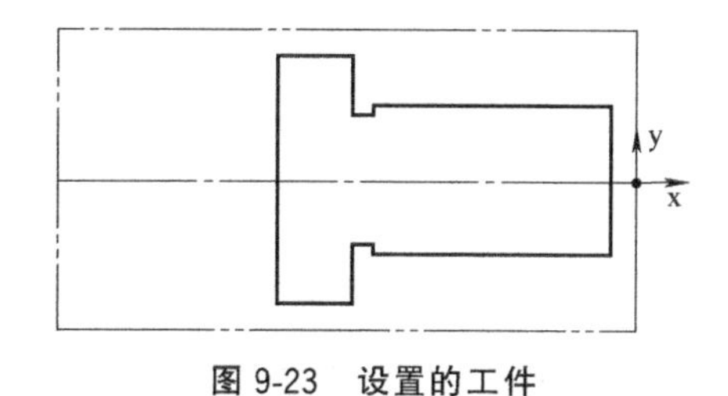

图 9-23 设置的工件

9.5 创建端面车削加工

端面车削用于车削回转体零件的端面，如图 9-24 所示。

单击【车削】选项卡中的【标准】组中的【车端面】按钮，系统弹出【车端面】对话框，如图 9-25 所示。

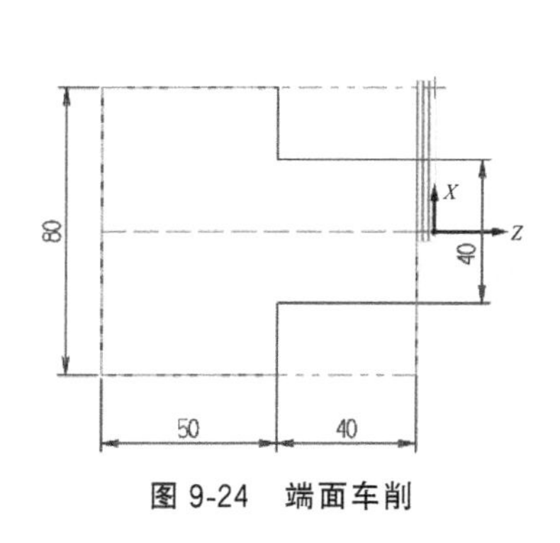

图 9-24 端面车削

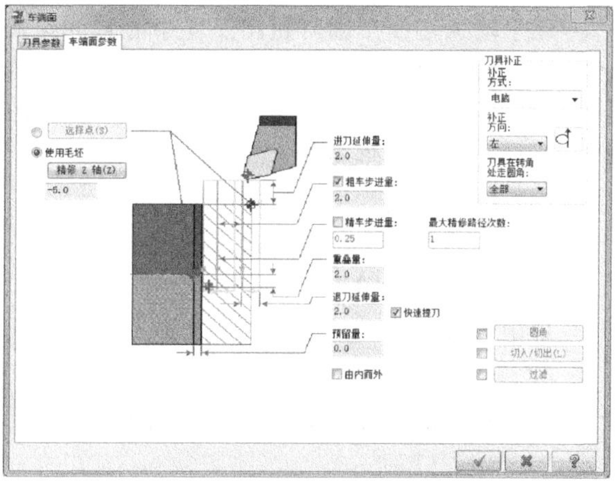

图 9-25 【车端面参数】

9.5.1 端面车削区域设置

端面车削时，系统允许用户不绘制端面车削几何形状，而由【车端面参数】设置对话框中的以下两种方式来设置端面车削区域。

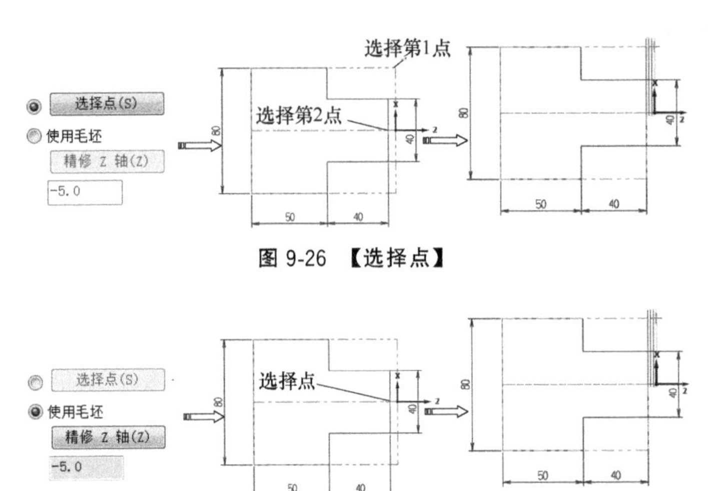

图 9-26 【选择点】

图 9-27 【使用毛坯】

(1)【选择点】

单击该按钮，系统提示选择两个对角点或输入两个对角点，以两点组成的矩形作为车削加工范围，如图9-26 所示。

(2)【使用毛坯】

选择该选项，系统以设置的工件坯料外形来确定端面车削区域，此时可在下面框中输入端面车削区域 Z 方向的长度，也可以单击【精修 Z 轴 (Z)】按钮选择端面车削终止位置来设置，如图 9-27 所示。

9.5.2 端面车削参数

(1)【进刀延伸量】

用于输入端面车削前车刀高于工件外形的距离。

(2)【粗车步进量】

选择该复选框，系统启动端面粗车削，用户可以在其下方的输入栏中输入每次粗车削的厚度。

(3)【精车步进量】

选择该复选框，系统启动端面精车削，用户可在其下方的输入栏中输入每次精车的厚度，并在【最大精修路径次数】框中输入精车的次数。

(4)【重叠量】

用于输入端面车削时超出工件中心轴的距离。

(5)【退刀延伸量】

用于输入每次端面车削后，在进行下一次端面车削前在 Z 方向的回刀距离，选择【快速提刀】，系统将采用 G00 快速回刀。

(6)【预留量】

用于输入端面车削后的端面预留量。

(7)【由内向外】

选中该复选框，从回转轴线中心开始向外车削加工，否则从外向轴线方向加工。

操作实例——创建端面车削加工 <<<

操作步骤

(1) 启动端面车削加工

10 单击【车削】选项卡中的【标准】组中的【车端面】按钮，弹出【输入新 NC 名称】对话框，默认名为“螺纹轴 CAM”，如图 9-28 所示。单击【确定】按钮完成。

11 单击【确定】按钮 ，弹出【车端面】对话框。

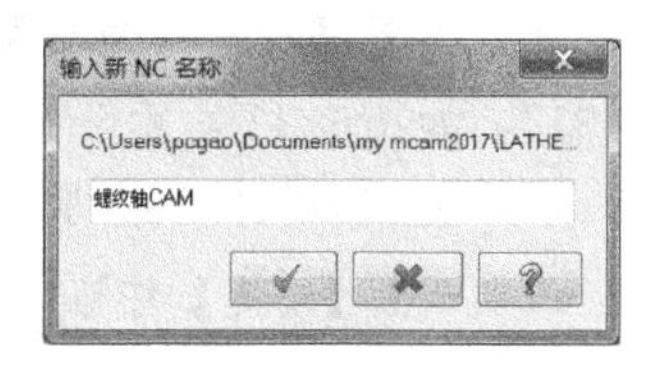

图 9-28 【输入新 NC 名称】对话框

(2) 设置加工刀具

12 在【车端面】对话框中【刀具参数】选项卡中选择 T0101 号刀具，设置【刀号】为“1”，【进给速率】为“0.25”，【主轴转速】为“300”，如图 9-29 所示。

13 选中【参考点】复选框，并单击该按钮，弹出【参考点】对话框，设置【进入】和【退出】为“(50, 20)”，如图 9-30 所示。单击【确定】按钮 返回。

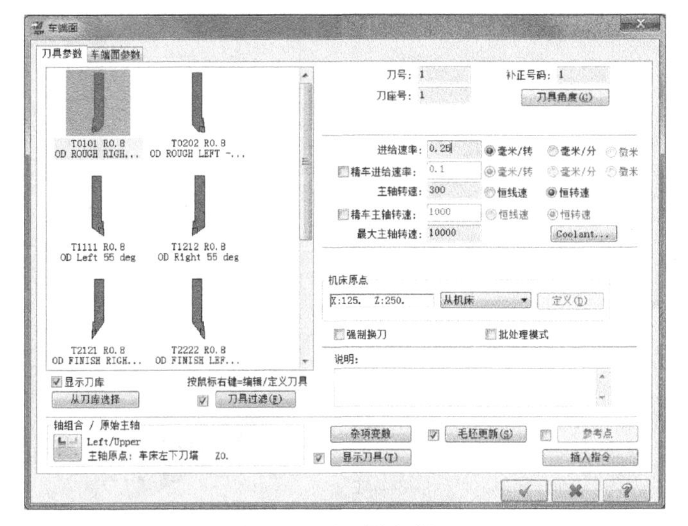

图 9-29 【刀具参数】

图 9-30 【参考点】对话框

(3) 设置车端面参数

14 单击【车端面】对话框中【车端面参数】选项卡，显示端面车削参数，如图 9-31 所示。

15 选择【使用毛坯】单选按钮，单击【精修 *Z* 轴 (*Z*)】按钮，选择如图 9-32 所示的点作为端面车削位置。

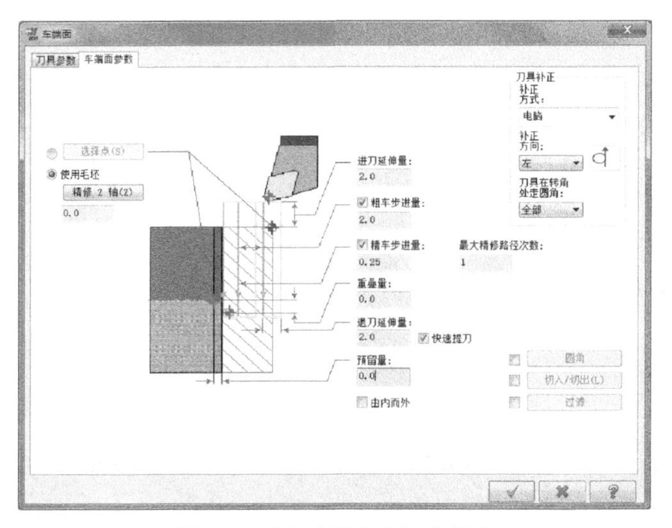

图 9-31 【车端面参数】选项卡

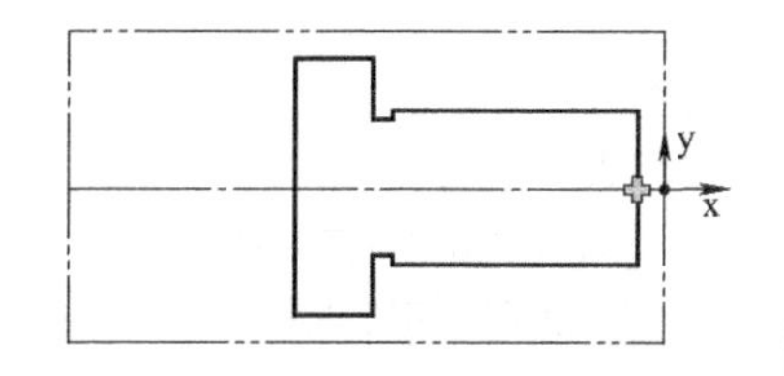

图 9-32 选择端面车削位置

16 设置【粗车步进量】为“2”，【精车步进量】为“0.25”，【最大精修路径次数】为“1”，如图 9-33 所示。

（4）生成刀具路径并验证

17 单击【确定】按钮，完成加工参数设置，并生成刀具路径，如图 9-34 所示。

18 单击【刀路】管理器中的【验证已选择的操作】按钮，弹出【验证】对话框，单击【播放】按钮，验证加工工序，如图 9-35 所示。

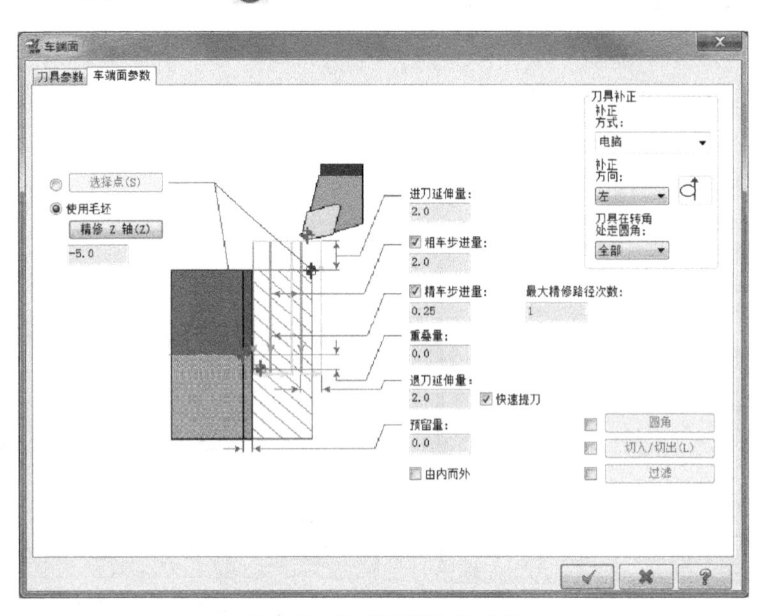

图 9-33 设置端面车削参数

图 9-34 生成刀具路径

图 9-35 实体验证效果

19 单击【验证】对话框中的【关闭】按钮，结束验证操作。然后单击【刀路】管理器中的【切换刀具路径显示】按钮，关闭加工刀具路径的显示，为后续加工操作做好准备。

9.6 创建粗车加工

粗车是根据零件图形特征及所设置粗车的步进量一层一层地车削，粗车轨迹与 Z 轴平行，如图 9-36 所示。粗车加工用于切除工件外侧、内侧或端面的多余材料，为精加工做好准备。

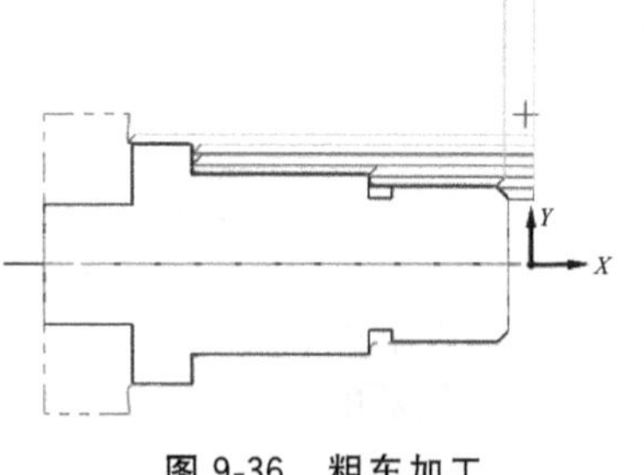

图 9-36 粗车加工

技术要点

切削用量选择原则是低转速、大切深、大走刀，与精车相比，其转速低于精车，切深和进给量大于精车，以恒转速切削为主。

单击【车削】选项卡中的【标准】组中的【粗车】按钮，并串连选择完工件轮廓后，系统弹出【粗车】对话框，如图 9-37 所示。

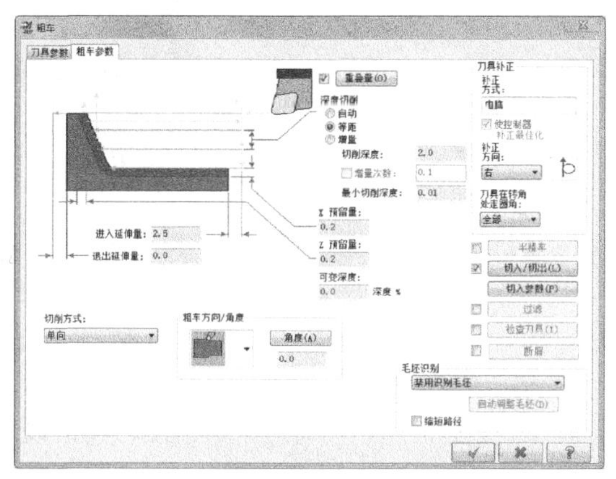

图 9-37 【粗车参数】

9.6.1 常用参数

9.6.1.1 背吃刀量与预留量

（1）【深度切削】

①【自动】：用于设置切削深度为常数，在切削过程中，系统将按照这个值进行走刀，但如果剩余的切削深度值小于给定的切削深度，则系统将会一次性去除剩余材料，如图 9-38 所示。

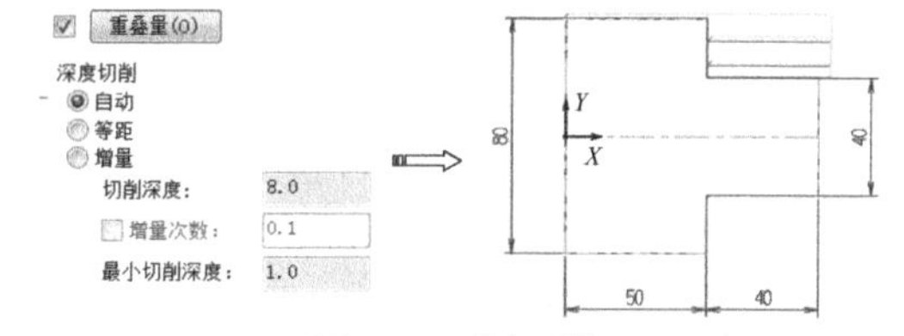

图 9-38 【自动】

②【等距】：系统根据输入的【切削深度】值，自动计算切削层数，然后用总余量除以切削层数自动计算出每层的平均深度值进行加工，如图 9-39 所示。

③【增量】：用于设置递增的切削深度，可设置【首次切削深度】和【最终切削深度】，如图 9-40 所示。

图 9-39 【等距】

图 9-40 【增量】

（2）【最小切削深度】

用于设置车削加工时的最小车削深度值。

（3）【X 预留量】

用于设置粗车后在 X 轴方向（直径方向）上的加工预留量，如图 9-41 所示。

（4）【Z 预留量】

用于设置粗车后在 Z 轴方向上的加工预留量，如图 9-42 所示。

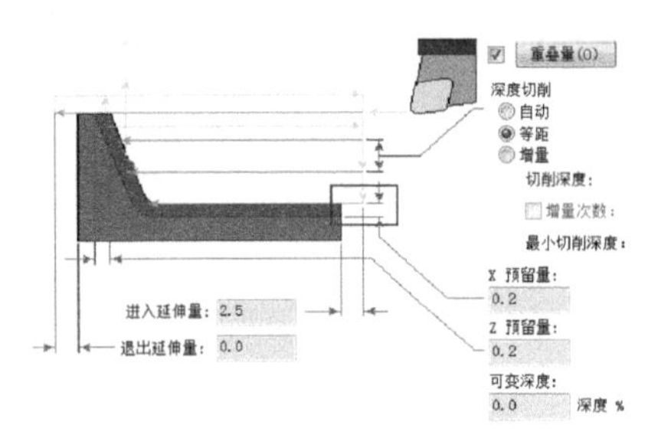

图 9-41 【*X* 预留量】

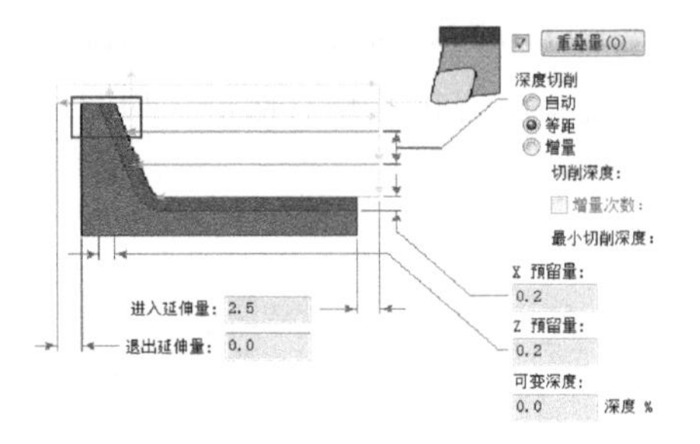

图 9-42 【*Z* 预留量】

9.6.1.2 【切削方式】

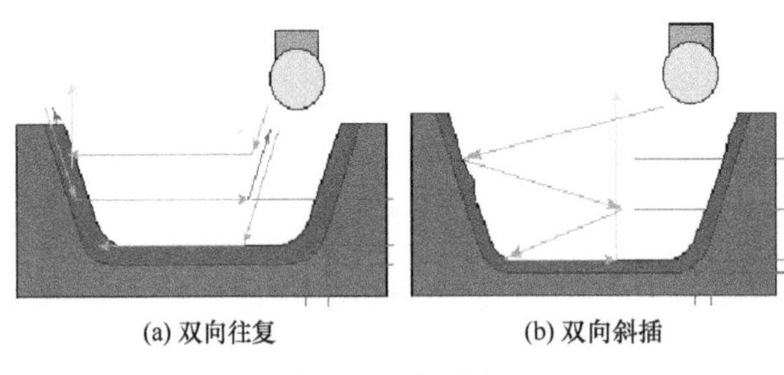

(a) 双向往复　　(b) 双向斜插

图 9-43 【双向】

用于设置切削加工的走刀方式，包括以下 2 种选项。

①【单向】：刀具按照一个方向进行车削加工。

②【双向】：刀具可在两个方向上来回车削加工，包括“双向往复”和“双向斜插”，如图 9-43 所示。

技术要点

只有采用双向车刀进行粗车加工时，才能选择双向走刀方式。

9.6.1.3 【粗车方向/角度】

用于设置粗切方向和角度值，包括以下选项。

(1)【方向】

①【外径】：在工件的外部直径上车削。

②【内径】：在工件的内部直径上切削。

③【2D】：在工件前端面方向进行切削。

④【背面】：在工件后端面方向进行切削。

(2)【角度】

单击【角度】按钮，弹出【角度】对话框，用于设置粗车路径的车削角度，当角度为 0 时，产生的粗车路径平行于 *Z* 轴，当角度为 5 时，产生 *Z* 轴正方向夹角成 5 度的刀具路径，如图 9-44 所示。

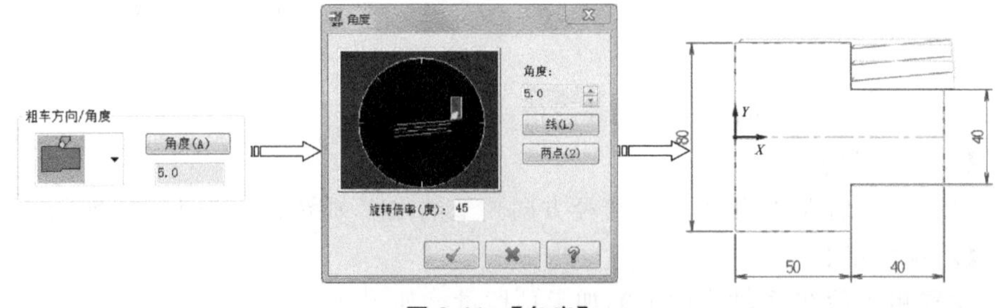

图 9-44 【角度】

9.6.2 切入/切出设置

选中【切入/切出】复选框，并单击该按钮，弹出【切入/切出设置】对话框，如图 9-45 所示。

其中，【切入】选项卡用于设置进刀刀具路径，【切出】选项卡用于设置退刀刀具路径。【切入】与【切出】参数含义基本相似，下面仅介绍【切入】选项卡上的参数。

图 9-45 【切入/切出设置】对话框

9.6.2.1 【调整外形线】

通过调整串连外形来设置进刀，包括以下方式。

(1)【延长/缩短起始外形线】

选中该复选框，可以延长或缩回串连外形起点。

①【延伸】：用于输入车削刀具路径串连起点延长量，如图 9-46 所示。

②【缩短】：用于输入车削刀具路径串连起点缩短量，如图 9-47 所示。

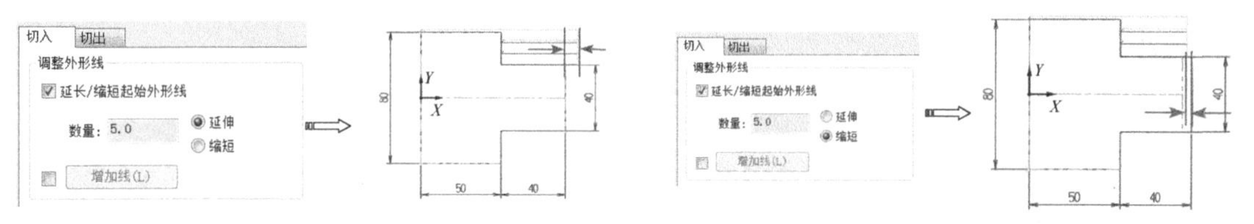

图 9-46 【延伸】

图 9-47 【缩短】

(2)【增加线】

选中该复选框，单击该按钮，系统弹出【新建轮廓线】对话框，可在串连外形的起点处添加一条过渡直线，以避免车刀在进刀时急速移动发生碰刀，如图 9-48 所示。

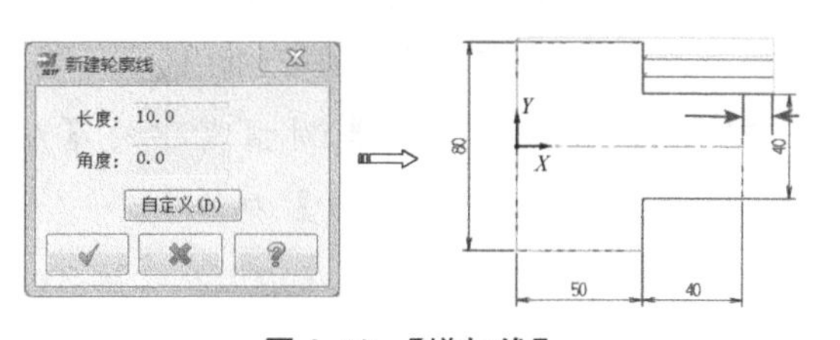

图 9-48 【增加线】

9.6.2.2 【切入圆弧】

选中该复选框，单击该按钮，系统弹出【切入/切出圆弧】对话框，可在串连外形的起点处添加与刀具路径起始处相切的圆弧段，如图 9-49 所示。常用于车削圆形工件的场合。

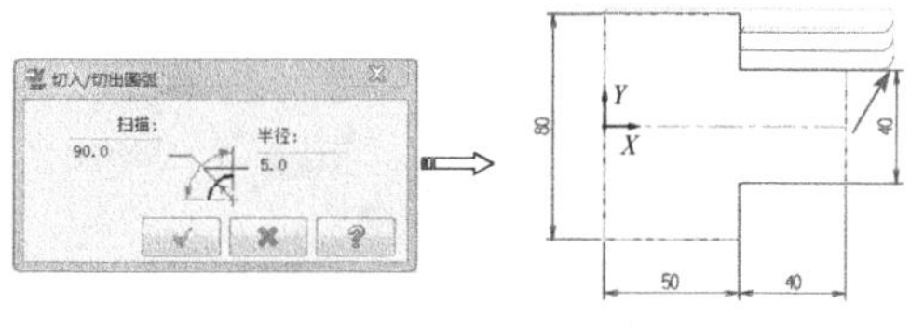

图 9-49 【切入圆弧】

9.6.2.3 【进给速率】

①【与路径相同】：选中该选项，切入刀具路径的切削进给速度与工件轮廓切削进给速度相同。

②【进给速率】：取消【与路径相同】复选框，可在【进给速率】中输入切入刀具路

径的切削进给速度。

③【向量移动时使用快速进给】：选中该选项，采用快速移动 G00 作为导引入刀具路径的切削进给速度。

9.6.2.4 【进入向量】

用于通过一定参数来控制每次车削加工时刀具如何靠近工件，其中【固定方向】选项中包括以下方式。

①【无】：通过添加一定角度和长度的线段来指定进刀刀具路径。

②【相切】：指定进刀相切于车削刀具路径，可通过添加一定长度的线段来确定。

③【垂直】：指定进刀垂直于车削刀具路径，可通过添加一定长度的线段来确定。

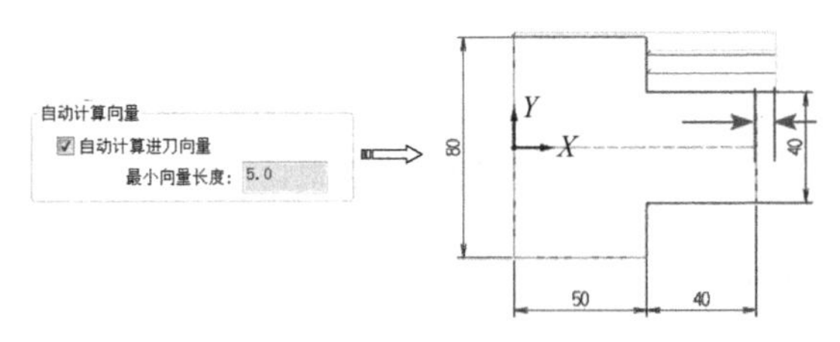

图 9-50 【自动计算向量】

9.6.2.5 【自动计算向量】

选择【自动计算进刀向量】复选框，系统自动计算进刀线的合适角度，如图 9-50 所示。

操作实例——创建粗车加工

操作步骤

（1）启动粗车加工

20 单击【车削】选项卡中的【标准】组中的【粗车】按钮，系统弹出【串连选项】对话框，选择【2D】选项和【部分串连】，选择如图 9-51 所示的 P1 和 P2 点。

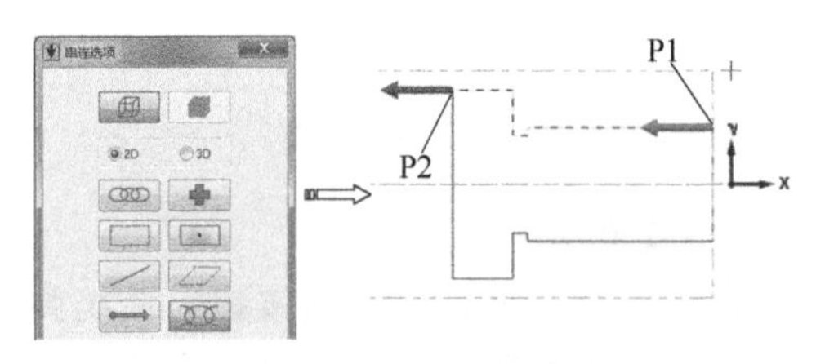

图 9-51 选择加工轮廓

21 单击【串连选项】对话框中的【确定】按钮，弹出【粗车】对话框。

（2）设置加工刀具

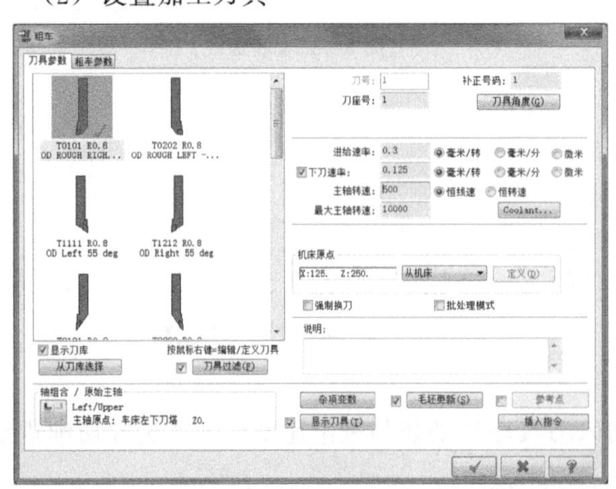

图 9-52 【粗车】对话框

22 在【粗车】对话框的【刀具参数】选项卡中选择 T0101 号刀具，设置【刀号】为“1”，【进给速率】为“0.3”，【主轴转速】为“500”，如图 9-52 所示。

23 选中【参考点】复选框，并单击该按钮，弹出【参考点】对话框，设置【进入】和【退出】为“(50，20)”，如图 9-53 所示。单击【确定】按钮返回。

（3）设置粗车参数

24 在【粗车】对话框中单击【粗车参数】选项卡，设置【深度切削】为“等距”，【切削深度】为“2”，【进入延伸量】为“2.5”，【退出延伸量】为“10”，如图 9-54 所示。

图 9-53 【参考点】对话框

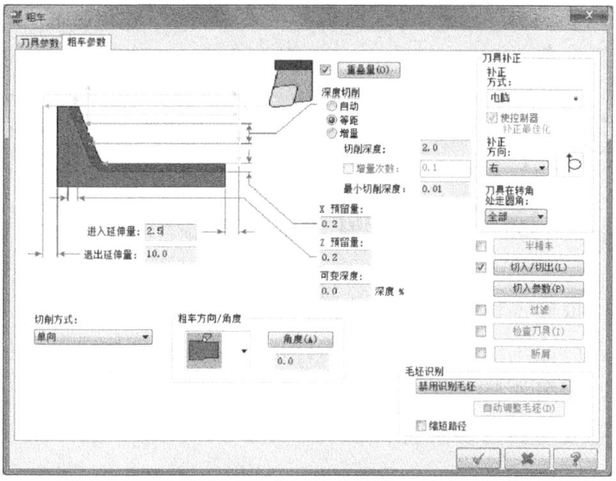

图 9-54 设置粗车参数

(4) 设置切入/切出参数

25 在【粗车】对话框的【粗车参数】选项卡中单击【切入/切出】按钮，弹出【切入/切出设置】对话框，单击【切入】选项卡，设置【角度】为“180”，【长度】为“2”，如图 9-55 所示。

26 单击【切出】选项卡，设置【角度】为“90”，【长度】为“2”，如图 9-56 所示。

图 9-55 设置切入参数

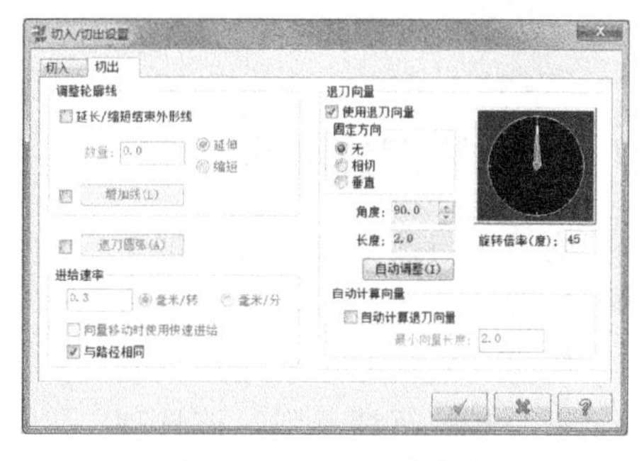

图 9-56 设置切出参数

(5) 生成刀具路径并验证

27 单击【确定】按钮，完成加工参数设置，并生成刀具路径，如图 9-57 所示。

28 单击【刀路】管理器中的【验证已选择的操作】按钮，弹出【验证】对话框，单击【播放】按钮，验证加工工序，如图 9-58 所示。

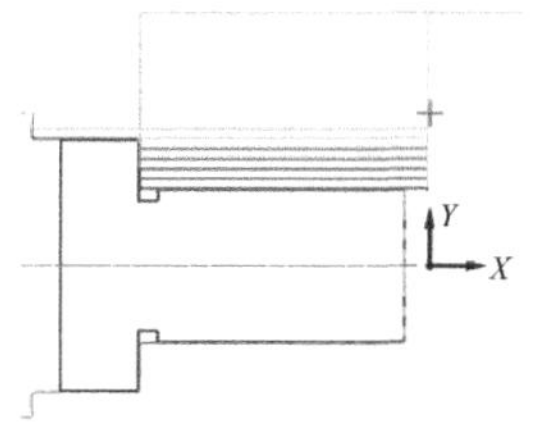

图 9-57 生成刀具路径

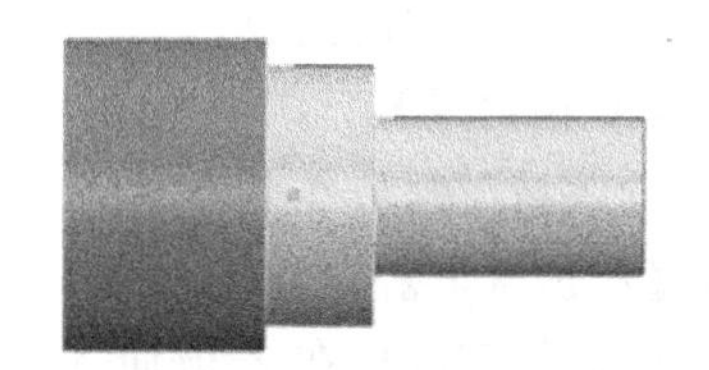

图 9-58 实体验证效果

29 单击【验证】对话框中的【关闭】按钮 ✖，结束验证操作。然后单击【刀路】管理器中的【切换刀具路径显示】按钮 ≋，关闭加工刀具路径的显示，为后续加工操作做好准备。

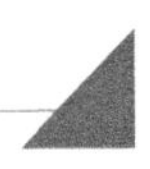

9.7 创建精车加工

根据零件图形特征及所设置精车的步进量一层或多层地车削，一般根据零件的余量来设置精车次数，如图 9-59 所示。精车加工用于切除工件外侧、内侧或端面的多余材料。

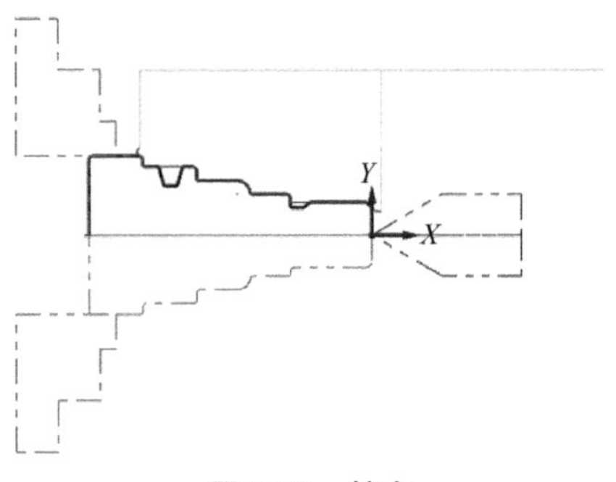

图 9-59 精车

技术要点

精车加工一般仅车削一刀，切削用量选择是高转速、小切深、小进给，必要时采用恒线速度切削。

单击【车削】选项卡中的【标准】组中的【精车】按钮，系统弹出【精车】对话框，如图 9-60 所示。

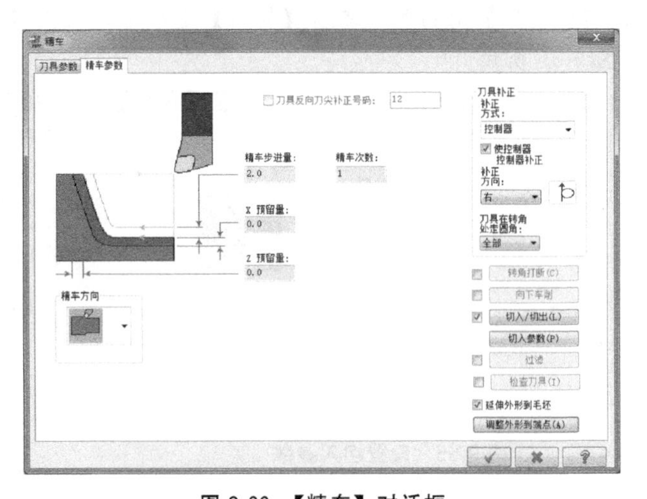

图 9-60 【精车】对话框

9.7.1 背吃刀量和预留量

背吃刀量与预留量设置是精车削参数设置的重要环节，精车的背吃刀量较小，精车削预留量的设置是为了下一步的超精车削，该选项一般用在精度及表面粗糙度要求非常高的零件中，一般的零件可以直接精车削到位，不需要再设置精车预留量。

（1）【精车步进量】

用于输入精车削时每层车削的背吃刀量。

（2）【精车次数】

用于输入精车削的次数。

（3）【*X* 预留量】

用于输入精车削后在 *X* 方向（即直径方向）的预留量。

（4）【*Z* 预留量】

用于输入精车削后在 *Z* 方向（即轴线方向）的预留量。

9.7.2 角落打断参数

Mastercam 允许用户在精车削时对工件的凸角进行圆角或倒角处理。选中【转角打断】复选框，并单击该按钮，弹出【角落打断参数】对话框，如图 9-61 所示。

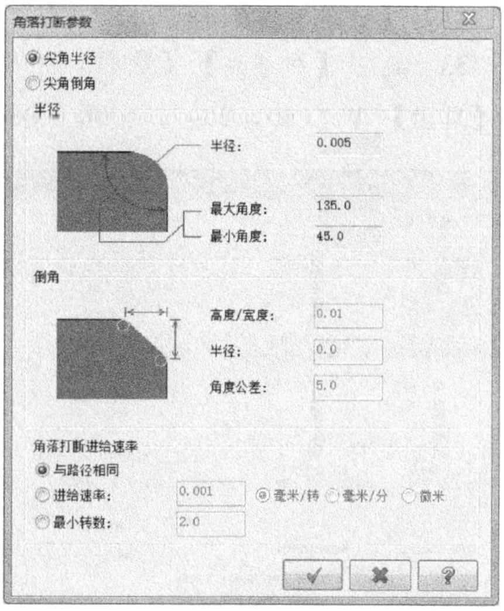

图 9-61 【角落打断参数】对话框

【角落打断参数】对话框相关选项参数含义。

(1) 圆角

选中【尖角半径】单选按钮，设置圆角的相关参数，如图 9-62 所示。

①【半径】：用于输入圆角的半径。

②【最大角度】：用于输入凸角的最大角度，大于此角度的凸角将不进行圆角操作。

③【最小角度】：用于输入凸角的最小角度，小于此角度的凸角将不进行圆角操作。

(2) 倒角

选择【尖角倒角】单选按钮，用户可设置倒角的相关参数，如图 9-63 所示。

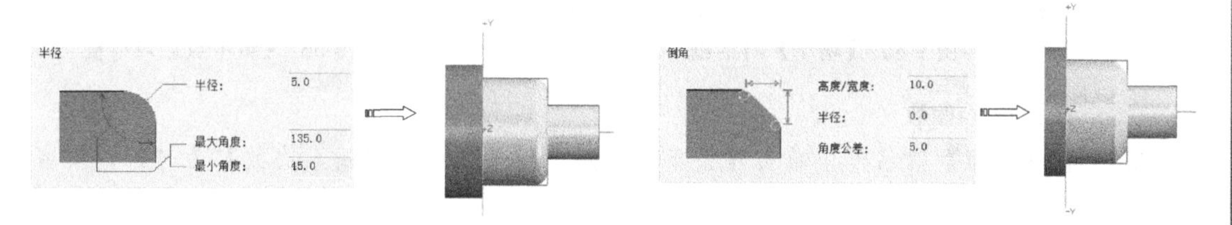

图 9-62 圆角　　图 9-63 倒角

①【高度/宽度】：用于设置倒角的长度和宽度。

②【半径】：用于输入倒角尾端的圆角半径。

③【角度公差】：用于输入倒角误差。

操作实例——创建精车加工

操作步骤

(1) 启动精车加工

30 单击【车削】选项卡中的【标准】组中的【精车】按钮，系统弹出【串连选项】对话框，选择【2D】选项和【部分串连】，选择如图 9-64 所示的 P1 和 P2 点。

31 单击【串连选项】对话框中的【确定】按钮，弹出【精车】对话框。

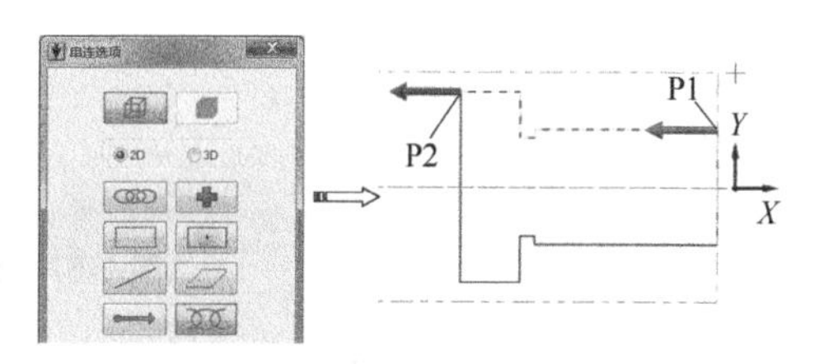

图 9-64 选择加工轮廓

（2）设置加工刀具

32 在【精车】对话框的【刀具参数】选项卡中选择 T2121 号刀具，设置【刀号】为“21”，【进给速率】为“0.2”，【主轴转速】为“600”，如图 9-65 所示。

33 选中【参考点】复选框，并单击该按钮，弹出【参考点】对话框，设置【进入】和【退出】为“(50，20)”，如图 9-66 所示。单击【确定】按钮 ✓ 返回。

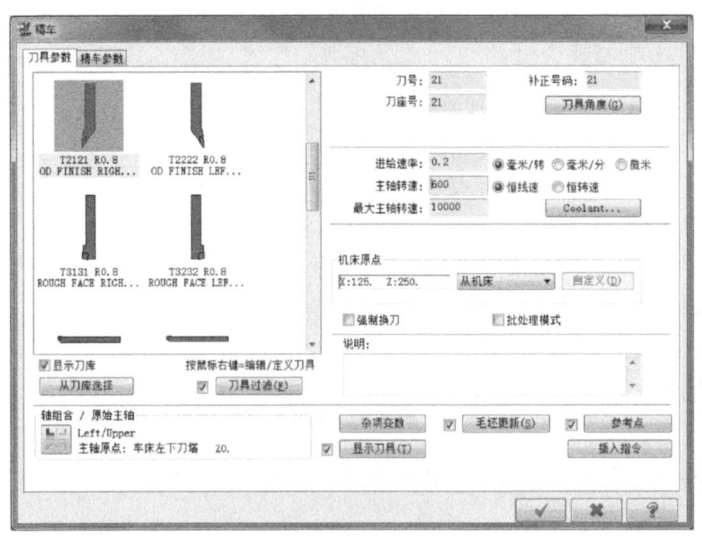

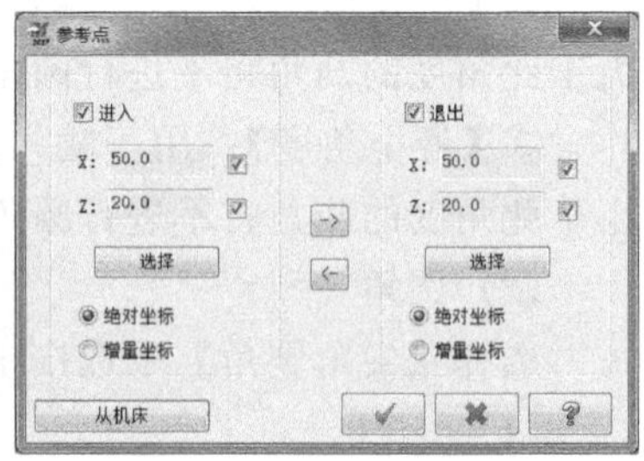

图 9-65 【精车】对话框　　　　图 9-66 【参考点】对话框

（3）设置精车参数

34 在【精车】对话框中单击【精车参数】选项卡，设置【精车次数】为“1”，预留量为“0”，如图 9-67 所示。

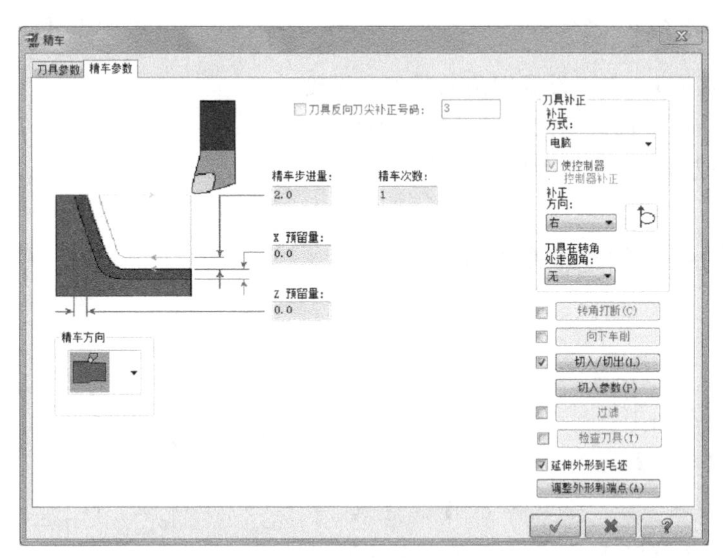

图 9-67 设置精车参数

（4）设置切入/切出参数

35 在【精车】对话框的【精车参数】选项卡中单击【切入/切出】按钮，弹出【切入/切出设置】对话框，单击【切入】选项卡，设置【角度】为“180”，【长度】为“2”，如图 9-68 所示。

36 单击【切出】选项卡，设置【延伸】为“8”，【角度】为“90”，【长度】为“2”，如图 9-69 所示。

图 9-68 设置切入参数

图 9-69 设置切出参数

（5）生成刀具路径并验证

37 单击【确定】按钮，完成加工参数设置，并生成刀具路径，如图 9-70 所示。

38 单击【刀路】管理器中的【验证已选择的操作】按钮，弹出【验证】对话框，单击【播放】按钮，验证加工工序，如图 9-71 所示。

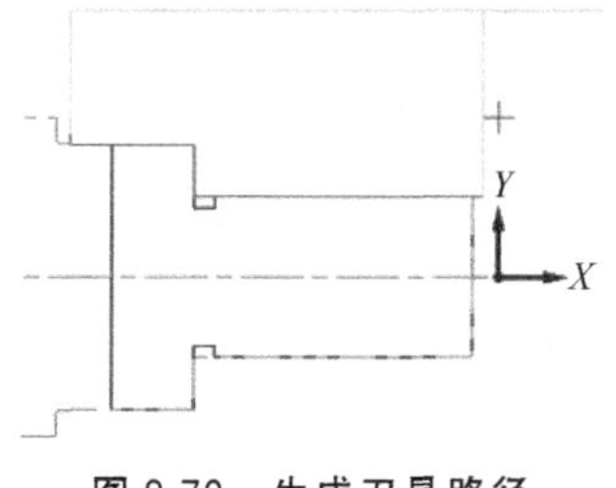

图 9-70 生成刀具路径

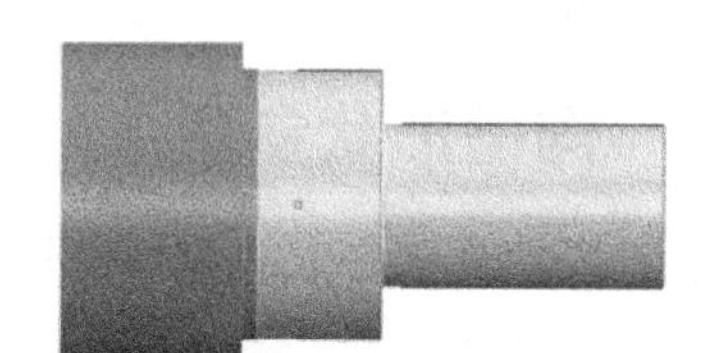

图 9-71 实体验证效果

39 单击【验证】对话框中的【关闭】按钮，结束验证操作。然后单击【刀路】管理器中的【切换刀具路径显示】按钮≋，关闭加工刀具路径的显示，为后续加工操作做好准备。

9.8 创建沟槽车削加工

径向车削加工用于加工回转体零件的凹槽部分，如图 9-72 所示。加工凹槽时，刀具是在垂直于回转体轴线方向进刀，切到规定的深度后再垂直于主轴回转轴线方向退刀。径向车削所用的刀具两侧都有切削刃，且刀具

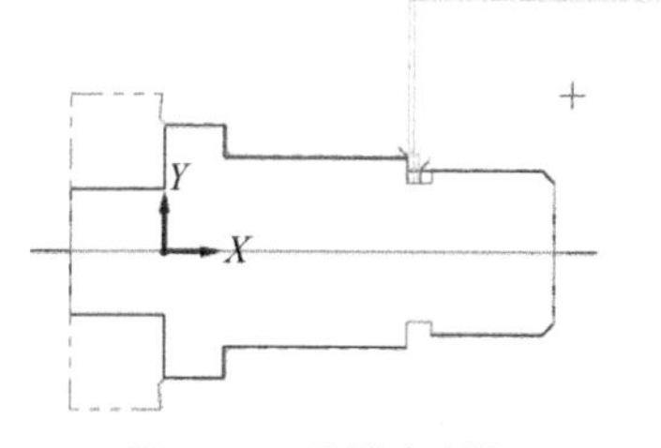

图 9-72 沟槽车削加工

控制点在左侧刀尖半径的中心。

9.8.1 定义沟槽方式

单击【车削】选项卡中的【标准】组中的【沟槽】按钮，系统弹出【沟槽选项】对话框，如图 9-73 所示。

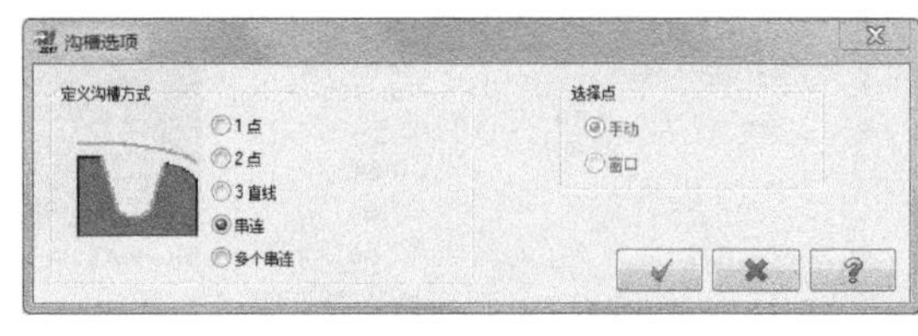

图 9-73 【沟槽选项】对话框

利用该对话框用户可选择沟槽车削的加工范围，包括以下 4 个选项。

（1）【1 点】

选择该选项，用户可采用【手动】或【窗选】方式选择点。当选择【手动】选取点时，用户可在绘图区选取凹槽右上角点定义凹槽的位置，凹槽大小可通过【沟槽形状参数】选项卡来设置。

（2）【2 点】

选择该选项，用户首先在绘图区选择作为切槽上角点的那个参考点，接着选择作为切槽下角点的参考点，由这两个点来定义切槽的高度和宽度。

（3）【3 直线】

选择该选项，用户在绘图区选择三条直线来确定切槽区域的尺寸。需要注意的是，所选的第一条直线和第三条直线必须平行且长度相等。

（4）【串连】

前面几种方式所创建的都是矩形切槽，如果想要得到非矩形形状的切槽，用户可以选择该选项，由用户在绘图区选择两个外形串连作为切槽加工区域。

9.8.2 沟槽形状参数

用于设置切槽开口方向和切槽外形两部分，如图 9-74 所示。

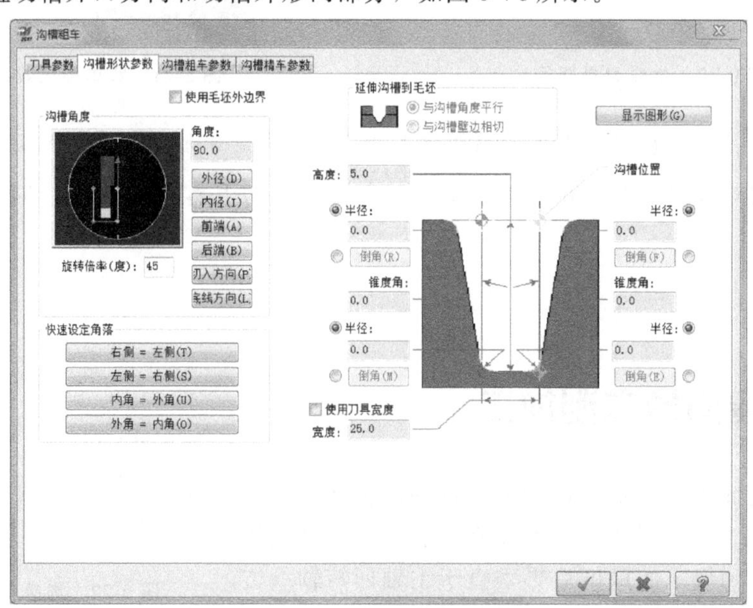

图 9-74 【沟槽形状参数】

9.8.2.1 沟槽边界设置

（1）【使用毛坯外边界】

选择该复选框，凹槽边界延伸到设置的毛坯边界上。

（2）【延伸沟槽到毛坯】

①【与沟槽角度平行】：选择该选项，延伸的凹槽边界与凹槽几何图形边界平行。

②【与沟槽壁边相切】：选择该选项，延伸的凹槽边界与凹槽几何图形边界相切。

9.8.2.2 切槽角度

用于设置切槽的角度，即切槽面的方向。用户可直接在【角度】文本框中输入切槽角度值，或通过拨动转盘到一定角度。此外也可单击【外径】、【内径】、【前端】、【后端】等相关按钮设置角度值。

①【外径】：切割外表面的凹槽，系统自动设置切割角度为 90°。

②【内径】：切割内表面的凹槽，系统自动设置切割角度为−90°。

③【前端】：切割端面的凹槽，系统自动设置切割角度为 0°。

④【后端】：切割背面的凹槽，系统自动设置切割角度为 180°。

⑤【切入方向】：单击该按钮，选择一条直线作为切槽的进刀方向。

⑥【底线方向】：单击该按钮，选择一条直线作为端面位置方向。

9.8.2.3 快速设定角落

用于快速设置切槽的形状，包括以下选项。

①【右侧=左侧】：切槽右侧的角点及斜度参数等于左边的参数。

②【左侧=右侧】：切槽左侧的角点及斜度参数等于右侧的参数。

③【内角=外角】：切槽内角的角点及斜度参数等于外角的参数。

④【外角=内角】：切槽外角的角点及斜度参数等于内角的参数。

9.8.2.4 切槽形状参数

用户可以设定切槽的高度、底部宽度、切槽锥底角、切槽圆角半径等参数，包括以下选项。

①【高度】：用于输入凹槽的深度。

②【半径】：用户可输入凹槽上下左右 4 个角点的圆角半径值。

③【倒角】：单击该按钮，弹出【槽倒角】对话框，设置凹槽上下左右 4 个角点的倒角尺寸，如图 9-75 所示。

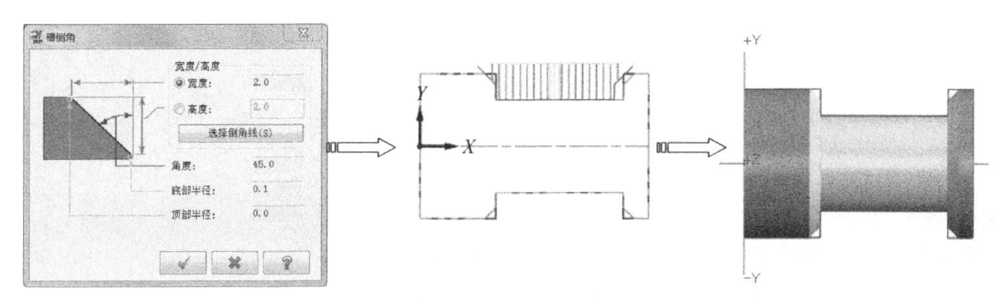

图 9-75 【倒角】

④【锥度角】：用于输入凹槽的斜度，如图 9-76 所示。

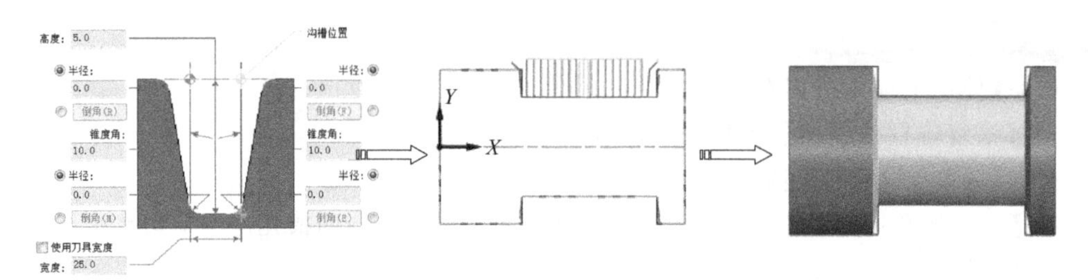

图 9-76 【锥度角】

⑤【使用刀具宽度】：选择该复选框，凹槽的宽度与车刀宽度相同。

⑥【宽度】：用于输入凹槽的宽度。

9.8.3 沟槽粗车参数

【沟槽粗车参数】包括车削方向、进刀量、提刀速度、槽底暂停时间、槽壁加工方式等参数，如图 9-77 所示。

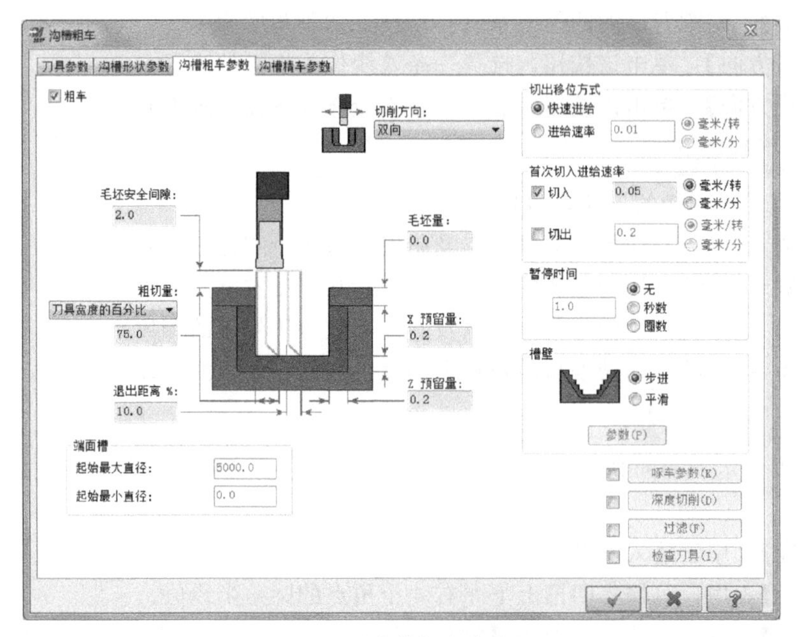

图 9-77 【沟槽粗车参数】

技术要点

选中“粗车”复选框可以首先进行粗加工，否则将直接进行精加工。

9.8.3.1 【切削方向】

用于设置粗车加工时的走刀方向，包括以下选项。

①【正】：刀具从切槽的左侧开始沿着 $+Z$ 方向移动切削。

②【负】：刀具从切槽的右侧开始沿着 $-Z$ 方向移动切削。

③【双向】：刀具从切槽的中间开始并双向移动切削。

9.8.3.2 切削参数

（1）【毛坯安全间隙】

用于输入凹槽车削时车刀起点高于工件的尺寸。

（2）【粗切量】

用于设置切槽粗加工的进刀量，包括以下选项。

①【切削次数】：通过设置进刀次数来确定每次进刀量。

②【步进量】：直接设置每次加工的进刀量。

③【刀具宽度的百分比】：将每次进刀量设置为刀具宽度的一定百分比。

（3）【退出距离%】

用于设置每车完一刀后，车刀往后面的回刀量。

（4）【预留量】

用于输入工件粗车后在 X 方向和 Z 方向的预留量。

9.8.3.3 【切出移位方式】

用于设置加工过程中退刀速度，包括以下选项：

①【快速进给】：采用快速退刀方式，建议切槽加工采用。

②【进给速率】：直接输入退刀的进给速率。

9.8.3.4 【暂停时间】

用于设置每次切槽粗加工时刀具的停留时间，包括以下选项。

①【无】：刀具在槽底不停留。

②【秒数】：设置输入刀具在槽底停留的时间。

③【圈数】：设置输入刀具在槽底停留指定的转数。

9.8.3.5 【槽壁】

用于设置当切槽侧壁为斜壁时的加工方式，包括以下选项。

①【步进】：按设置的进刀量进行加工，此时侧壁形成台阶。

②【平滑】：采用【平滑】方式，加工出来的切槽内壁将更加光滑。

9.8.3.6 【深度切削】

选中【深度切削】复选框，单击该按钮，弹出【沟槽分层切深设定】对话框，如图 9-78 所示。

①【每次切削深度】：用于设置每次切槽加工时的深度。

②【切削次数】：用于设置切槽加工次数。

③【深度间的移动方式】：用于设定在每个切槽加工厚度之间时切槽刀具的运动方式，包括【双向】和【单向】两种方式。

④【退刀至毛坯安全间隙】：用于设置切槽刀具的退刀方式，包括【绝对坐标】和【增量坐标】两种方式。

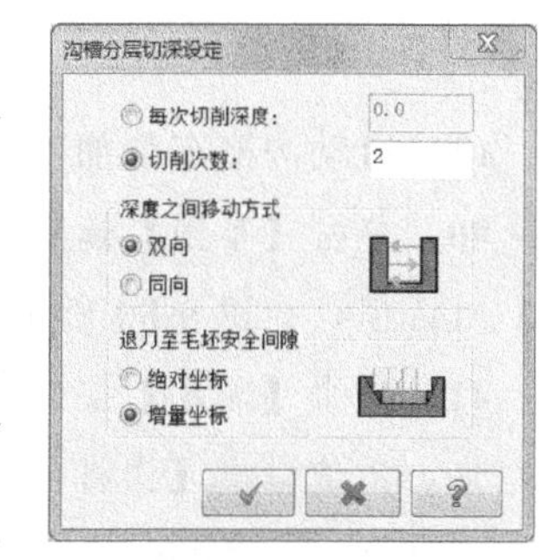

图 9-78 【沟槽分层切深设定】对话框

9.8.4 沟槽精车参数

【沟槽精车参数】包括第一刀切削方向、精车用量参数、重叠量参数等，如图 9-79 所示。

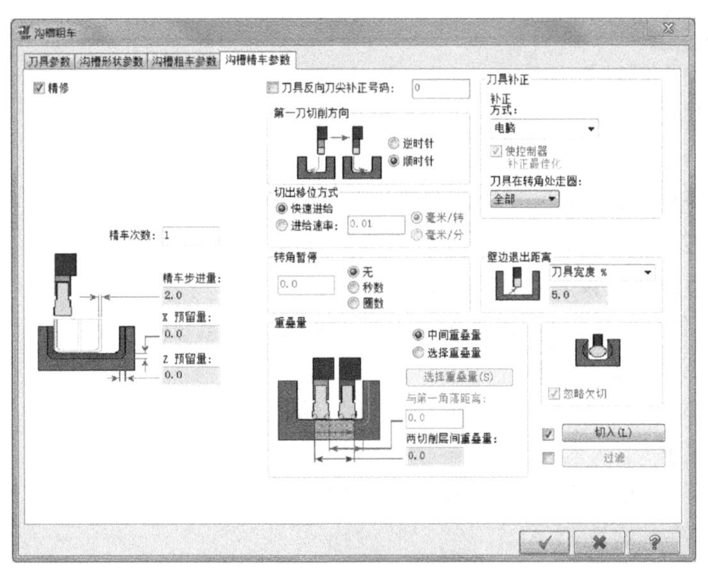

图 9-79 【沟槽精车参数】

①【精车次数】：用于输入精车削次数。

②【精车步进量】：用于输入精车削的间距。

③【预留量】：用于输入精车削完毕后 X 方向和 Z 方向的预留量。

④【第一刀切削方向】：用于设置切槽加工第一次走刀方向，包括【逆时针】和【顺时针】两种方式。

⑤【重叠量】：用于设置每次精车削的重叠量。

⑥【切入】：单击该按钮，弹出【切入】对话框，用户可以在每次精加工刀具路径前添加一段进刀刀具路径。

操作实例——创建沟槽车削加工

操作步骤

（1）启动沟槽车削加工

40 单击【车削】选项卡中的【标准】组中的【沟槽】按钮，系统弹出【沟槽选项】对话框，如图 9-80 所示。

41 单击【确定】按钮，依次选择如图 9-81 所示的 P1 和 P2 点，按“Enter”键结束，系统弹出【沟槽粗车】对话框。

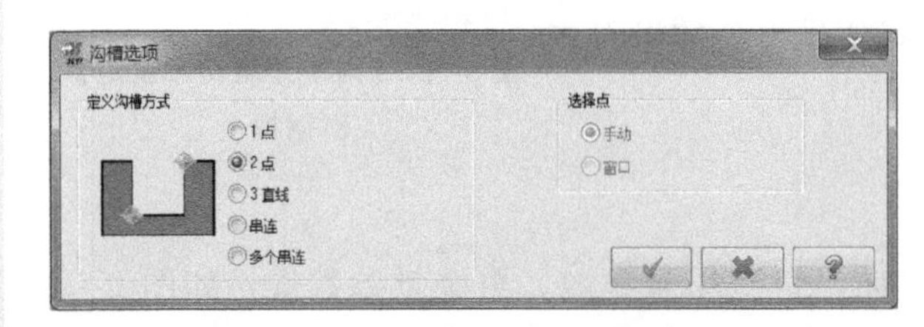

图 9-80 【沟槽选项】对话框

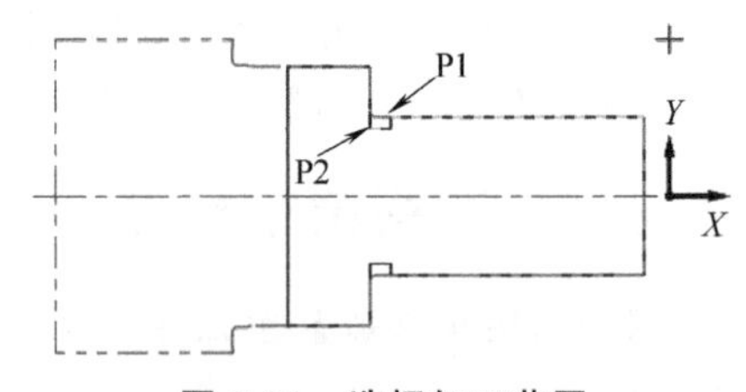

图 9-81 选择加工范围

（2）设置加工刀具

42 在【沟槽粗车】对话框的【刀具参数】选项卡中选择 T4747 号刀具，设置【刀号】为“47”，【进给速率】为“0.1”，【主轴转速】为“300”，如图 9-82 所示。

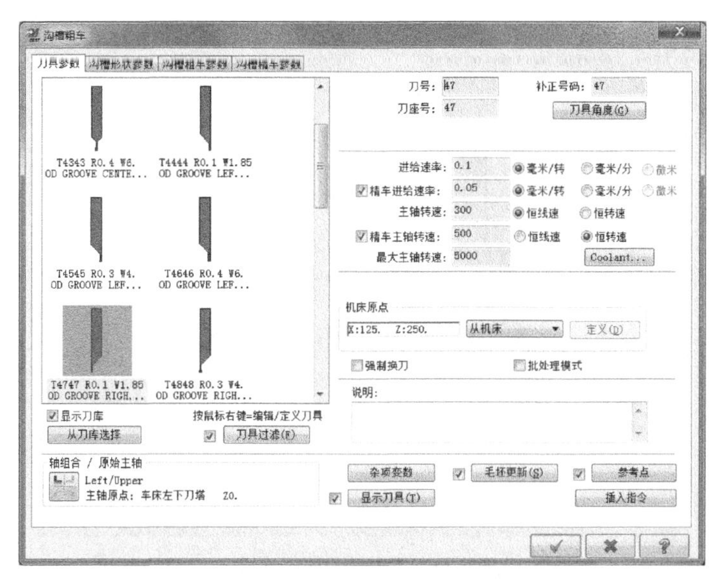

图 9-82 【刀具参数】选项卡

43 选中【参考点】复选框，并单击该按钮，弹出【参考点】对话框，设置【进入】和【退出】为“(50，20)”，如图 9-83 所示。单击【确定】按钮 返回。

图 9-83 【参考点】对话框

（3）设置沟槽形状参数

44 在【沟槽粗车】对话框中单击【沟槽形状参数】选项卡，单击【外径（D）】按钮，设置外径切槽，如图 9-84 所示。

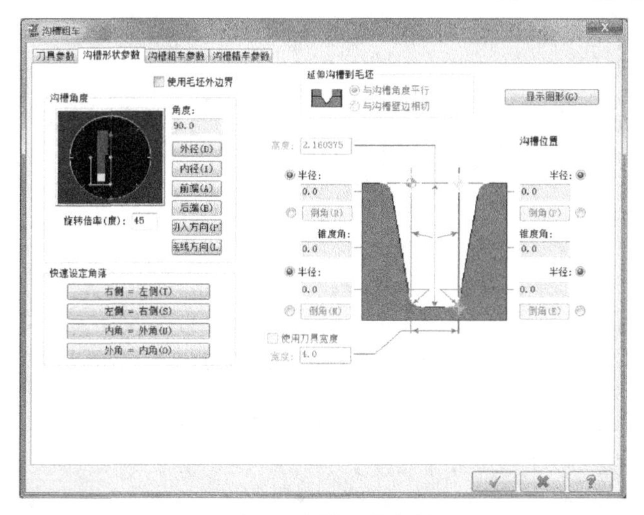

图 9-84 【沟槽形状参数】

(4) 设置沟槽粗车参数

45 在【沟槽粗车】对话框中单击【沟槽粗车参数】选项卡，设置【毛坯安全间隙】为“10”，【粗切量】为“75%”，【预留量】为“0.2”，【切削方向】为“正向”，如图 9-85 所示。

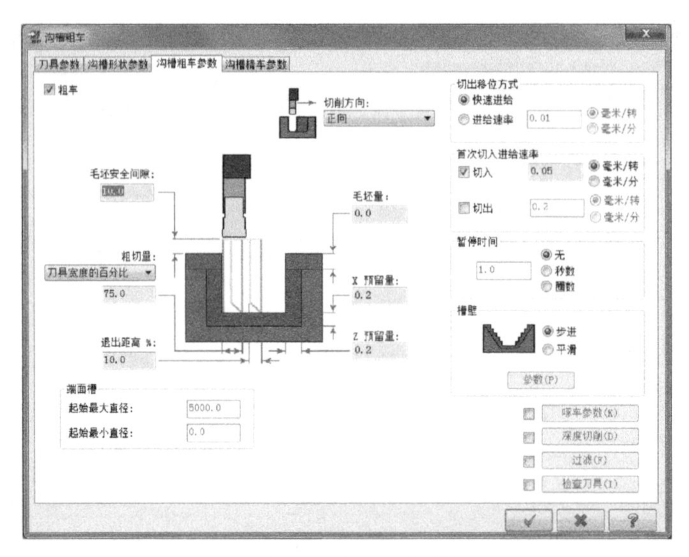

图 9-85 【沟槽粗车参数】

(5) 设置沟槽精车参数

46 在【沟槽粗车】对话框中单击【沟槽精车参数】选项卡，设置【精车次数】为“1”，如图 9-86 所示。

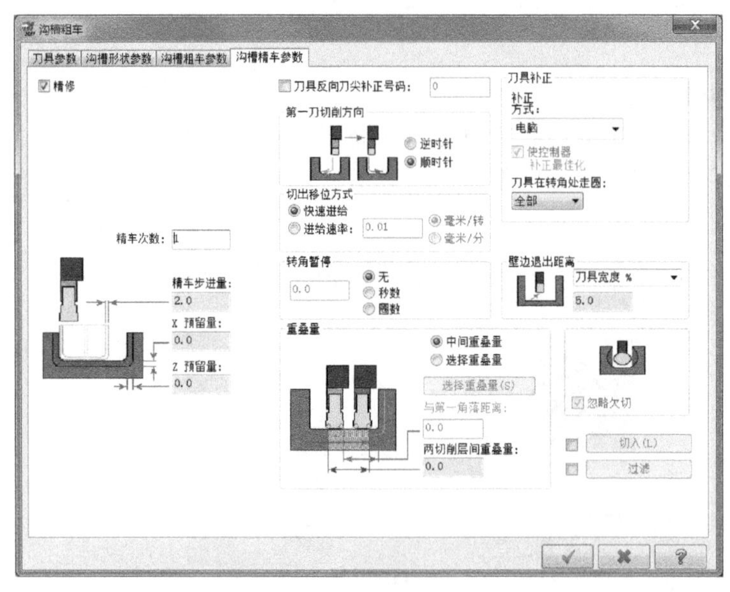

图 9-86 【沟槽精车参数】

47 选中【切入】选项，单击该按钮，弹出【切入】对话框，设置【第一个路径切入】选项卡中【角度】为“−90”，【长度】为“2”，如图 9-87 所示。

48 单击【第二个路径切入】选项卡，【角度】为“−90”，【长度】为“2”，如图 9-88 所示。

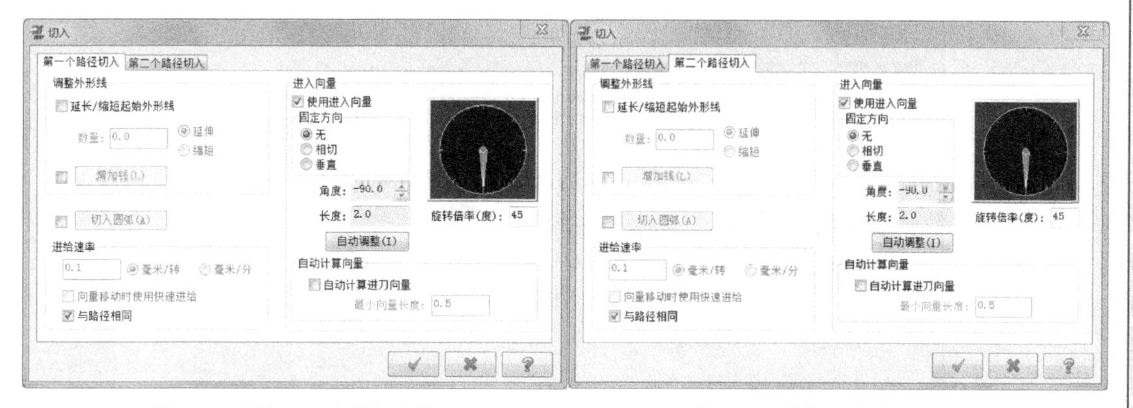

图 9-87 【第一个路径切入】　　图 9-88 【第二个路径切入】

(6) 生成刀具路径并验证

49 单击【确定】按钮，完成加工参数设置，并生成刀具路径，如图 9-89 所示。

50 单击【刀路】管理器中的【验证已选择的操作】按钮，弹出【验证】对话框，单击【播放】按钮，验证加工工序，如图 9-90 所示。

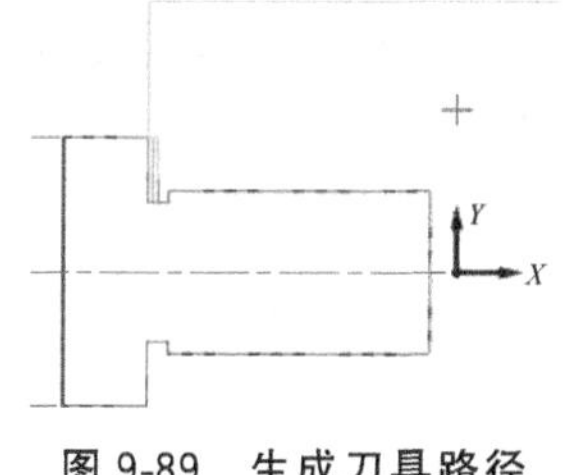

图 9-89 生成刀具路径

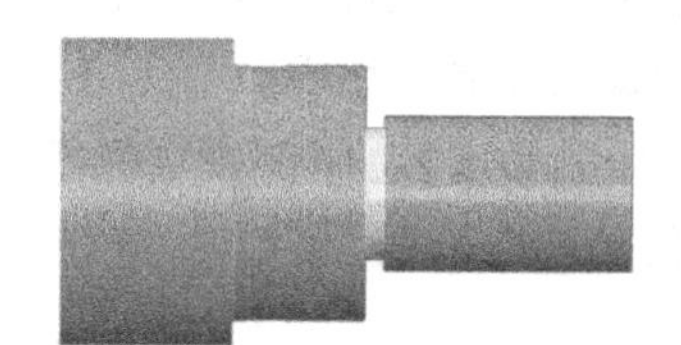

图 9-90 实体验证效果

51 单击【验证】对话框中的【关闭】按钮，结束验证操作。然后单击【刀路】管理器中的【切换刀具路径显示】按钮，关闭加工刀具路径的显示，为后续加工操作做好准备。

9.9 创建螺纹车削加工

螺纹车削主要用于加工零件图上的直螺纹或者锥螺纹，它可以是外螺纹、内螺纹，如图 9-91 所示。

9.9.1 螺纹外形参数

单击【车削】选项卡中的【标准】组中的【车螺纹】按钮，系统弹出【车螺纹】对话框，单击【螺纹外形参数】选项卡，用于设置螺纹的样式和参数，如图 9-92 所示。

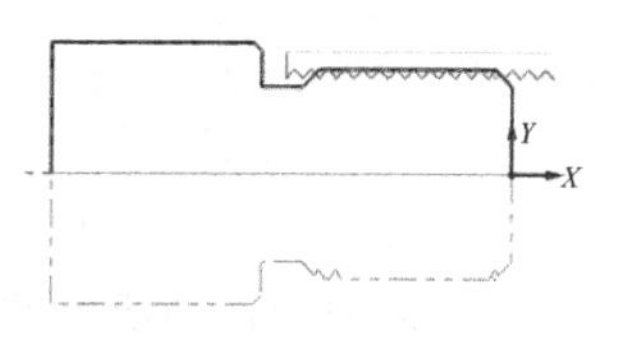

图 9-91 螺纹车削加工

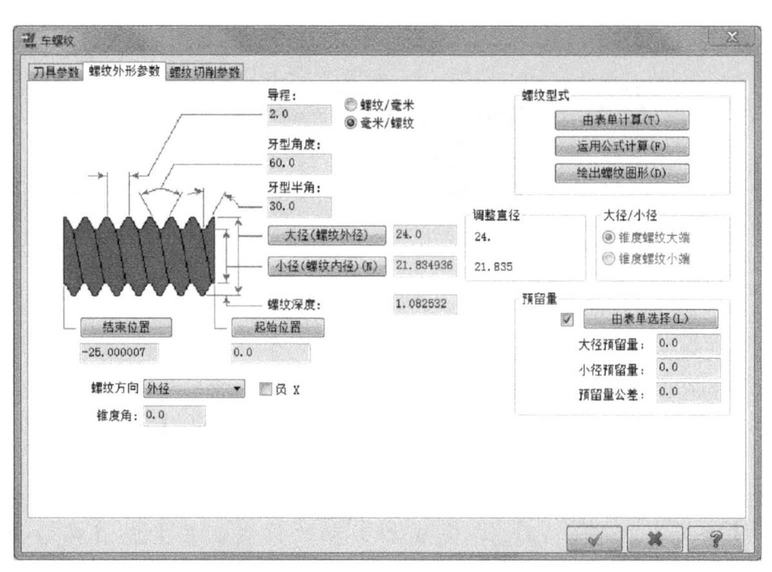

图 9-92 【螺纹外形参数】选项卡

9.9.1.1 手动设置螺纹外形参数

（1） 螺纹参数

①【导程】：用于输入螺距值，用户可采用 2 种输入方法。【螺纹/毫米】表示每毫米距离上的螺纹个数；【毫米/螺纹】表示即为通常所说的螺距。

②【牙型角度】：用于设定螺纹内含的角度值，即螺纹两边的夹角，一般为 60°。

③【牙型半角】：用于设定螺纹第一条边与螺纹轴垂线的夹角，常见螺纹的半角为 30°。

④【大径】：用于设置螺纹大径，即螺纹牙顶的直径。也可单击该按钮，直接从绘图区选择。

⑤【小径】：用于设置螺纹小径，即螺纹牙底的直径。也可单击该按钮，直接从绘图区选择。

⑥【螺纹深度】：用于设置螺纹螺牙的高度。螺纹大径、螺纹小径、螺纹深度 3 个参数是相关联的，输入其中任意两个参数，第三个参数自动产生。

（2） 螺纹方向和位置

①【螺纹方向】：用于设置螺纹的类型，包括【外径】（外螺纹）、【内径】（内螺纹）、【端面/背面】（螺纹槽口）。

②【起始位置】：设置螺纹起点的 Z 坐标。也可单击该按钮，直接从绘图区选择。

③【结束位置】：设置螺纹终点的 Z 坐标。也可单击该按钮，直接从绘图区选择。

④【负 X】：加工的螺纹在 $-X$ 方向。

9.9.1.2 从螺纹库选择螺纹外形参数

（1）【由表单计算】

单击【由表单计算】按钮，系统弹出【螺纹表单】对话框，如图 9-93 所示。用户可以从该对话框中选择所需的螺纹样式并将其参数设置为当前加工的螺纹参数。

（2）【运用公式计算】

单击【运用公式计算】按钮，弹出【运用公式计算螺纹】对话框，如图 9-94 所示。输入导程和基础的大径后，系统在【计算结果】中显示根据计算公式自动计算出的螺纹参数，并将所计算的参数值作为所加工的螺纹参数。

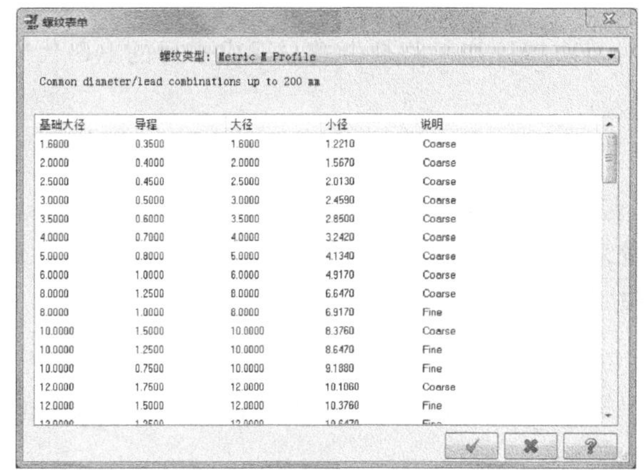
螺纹表单

螺纹类型：Metric M Profile

Common diameter/lead combinations up to 200 mm

基础大径	导程	大径	小径	说明
1.6000	0.3500	1.6000	1.2210	Coarse
2.0000	0.4000	2.0000	1.5670	Coarse
2.5000	0.4500	2.5000	2.0130	Coarse
3.0000	0.5000	3.0000	2.4590	Coarse
3.5000	0.6000	3.5000	2.8500	Coarse
4.0000	0.7000	4.0000	3.2420	Coarse
5.0000	0.8000	5.0000	4.1340	Coarse
6.0000	1.0000	6.0000	4.9170	Coarse
8.0000	1.2500	8.0000	6.6470	Coarse
8.0000	1.0000	8.0000	6.9170	Fine
10.0000	1.5000	10.0000	8.3760	Coarse
10.0000	1.2500	10.0000	8.6470	Fine
10.0000	0.7500	10.0000	9.1880	Fine
12.0000	1.7500	12.0000	10.1060	Coarse
12.0000	1.5000	12.0000	10.3760	Fine

图 9-93 【螺纹表单】对话框

图 9-94 【运用公式计算螺纹】对话框

(3)【绘出螺纹图形】

单击该按钮，在图形区绘制出螺纹的形状。

9.9.2 螺纹切削参数

在【车螺纹】对话框中单击【螺纹切削参数】选项卡，用户可设置螺纹加工 NC 代码格式、车削深度、车削次数等参数，如图 9-95 所示。

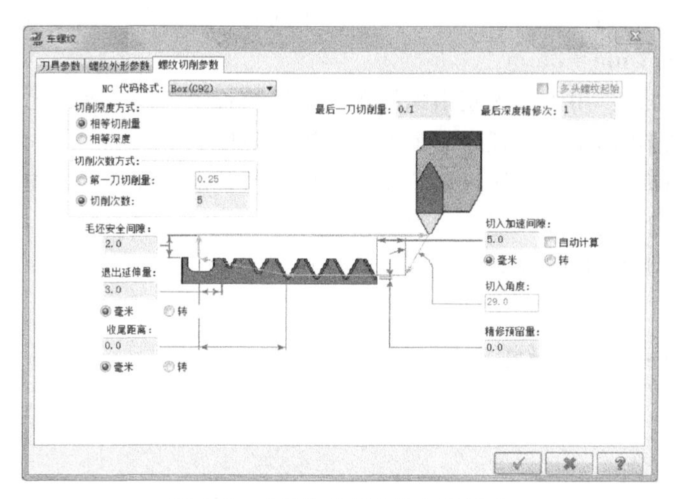

图 9-95 【螺纹切削参数】选项卡

9.9.2.1 【NC 代码格式】

用于设置 NC 代码格式，NC 代码格式不但影响加工螺纹时车削工件的方式，同时也决定 NC 文件 G 代码显示形式。

①【Longhand（G32）】：系统将会对每次螺纹加工路径生成一行或多行的 NC 代码，后处理器 NC 代码为 G32。

②【Canned（G76）】：系统将会对每次螺纹加工路径生成一行或多行的 NC 代码，后处理器 NC 代码为 G76。

③【Box（G92）】：系统将会对每次螺纹加工路径生成一行或多行的 NC 代码，后处理器 NC 代码为 G92。

④【Alternating（G32）】：系统将会对每次螺纹加工路径生成一行或多行的 NC 代码，后处理器 NC 代码为 G32。

9.9.2.2 【切削深度方式】

用于设置每次车削时车削深度方式，包括以下选项。

①【相等切削量】：按照相等的材料量来设置每次车削的深度。

②【相等深度】：按照相等的深度来决定每次车削的深度。

9.9.2.3 【切削次数方式】

①【第一刀切削量】：用于输入第一层螺纹车削的车削量，系统根据第一刀的切削量、最后一刀的切削量和螺纹深度来计算车削的次数。

②【切削次数】：用于输入切削次数，系统根据切削次数、最后一刀的切削量和螺纹深度来计算切削深度。

③【最后一刀切削量】：用于输入最后一层螺纹车削的车削量。

④【最后深度精修次】：用于输入螺纹清根车削的次数。所谓螺纹清根车削，就是在执行完最后一层螺纹车削的基础上再增加的车削次数，螺纹清根车削有利于保证螺纹的精度和粗糙度。

9.9.2.4 常用参数

①【毛坯安全间隙】：用于输入每一层螺纹车削后再进入下一层螺纹车削前的 X 方向的退刀量，一般为 1mm～2mm。

②【退出延伸量】：用于输入超出螺纹车削末尾的长度（即减速进刀段的长度）。

③【收尾距离】：用于输入螺纹车削的斜度退刀长度。

④【切入加速间隙】：用于输入螺纹车削前的缓冲长度（即升速进刀段的长度）。

⑤【切入角度】：用于输入螺纹进刀的角度。

⑥【精修预留量】：用于输入螺纹车削的精加工余量。

操作实例——创建螺纹车削加工

操作步骤

（1）启动螺纹车削加工

52 单击【车削】选项卡中的【标准】组中的【车螺纹】按钮，系统弹出【车螺纹】对话框。

（2）设置加工刀具

53 在【车螺纹】对话框的【刀具参数】选项卡中选择 T9595 号刀具，设置【刀号】为“95”，【主轴转速】为“300”，如图 9-96 所示。

54 选中【参考点】复选框，并单击该按钮，弹出【参考点】对话框，设置【进入】

和【退出】为“(50，20)”，如图 9-97 所示。单击【确定】按钮返回。

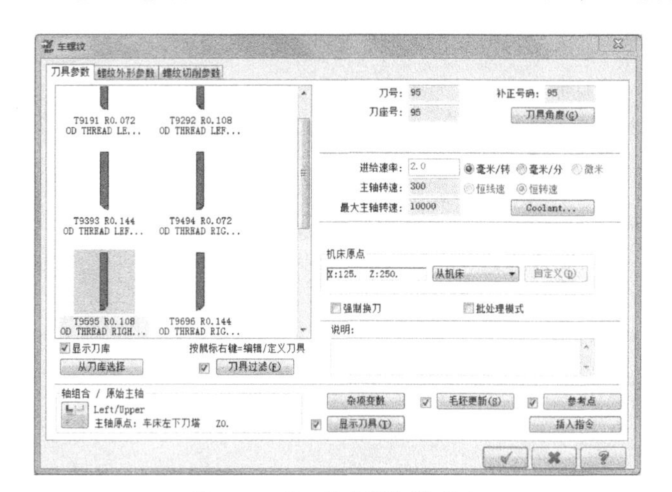

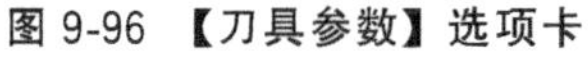
图 9-96 【刀具参数】选项卡

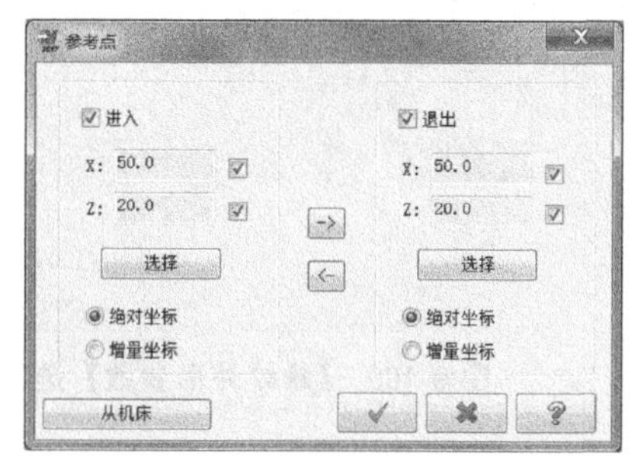

图 9-97 【参考点】对话框

（3）设置螺纹外形参数

55 在【车螺纹】对话框中单击【螺纹外形参数】选项卡，设置【螺纹方向】为“外径”，如图 9-98 所示。

56 单击【运用公式计算】按钮，弹出【运用公式计算螺纹】对话框，设置【导程】为“2”，【基础大径】为“30”，如图 9-99 所示。单击【确定】按钮返回。

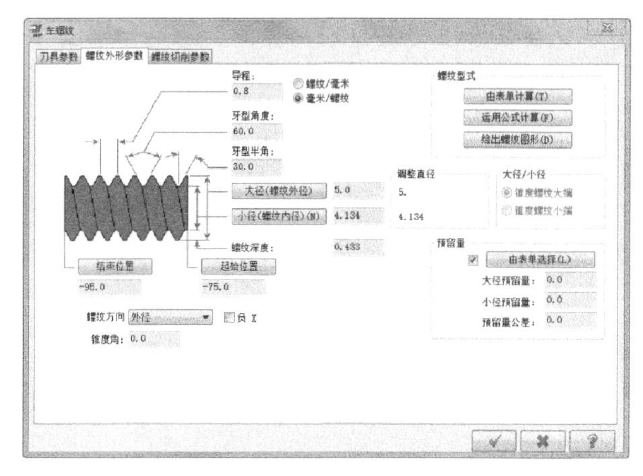

图 9-98 【螺纹外形参数】选项卡

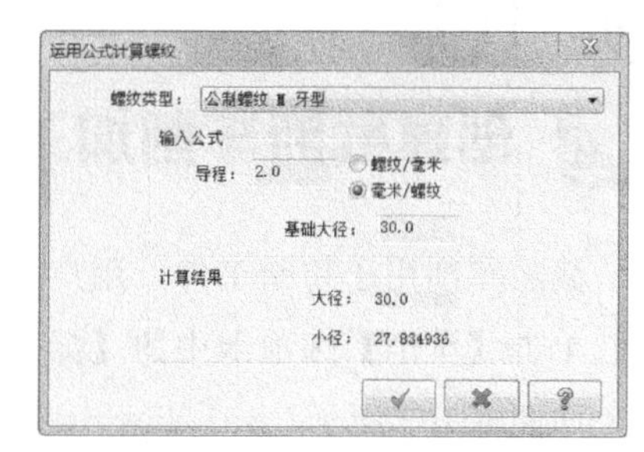

图 9-99 【运用公式计算螺纹】对话框

57 在【螺纹外形参数】选项卡上设置螺纹【起始位置】为“－5”，【结束位置】为“－55”，如图 9-100 所示。

（4）设置螺纹切削参数

58 在【车螺纹】对话框中单击【螺纹切削参数】选项卡，设置【NC 代码格式】为“Longhand (G32)”，【切削次数】为“5”，【最后一刀切削量】为“0.1”，如图 9-101 所示。

（5）生成刀具路径并验证

59 单击【确定】按钮，完成加工参数设置，并生成刀具路径，如图 9-102 所示。

60 单击 【刀路】管理器中的【验证已选择的操作】按钮，弹出【验证】对话框，单击【播放】按钮，验证加工工序，如图 9-103 所示。

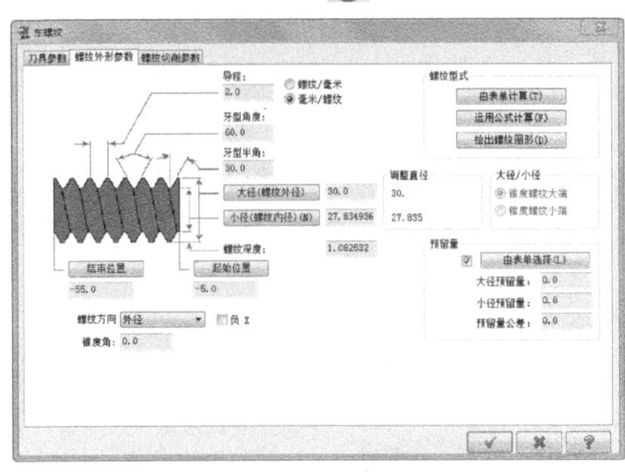

图 9-100 【螺纹外形参数】选项卡

图 9-101 【螺纹切削参数】选项卡

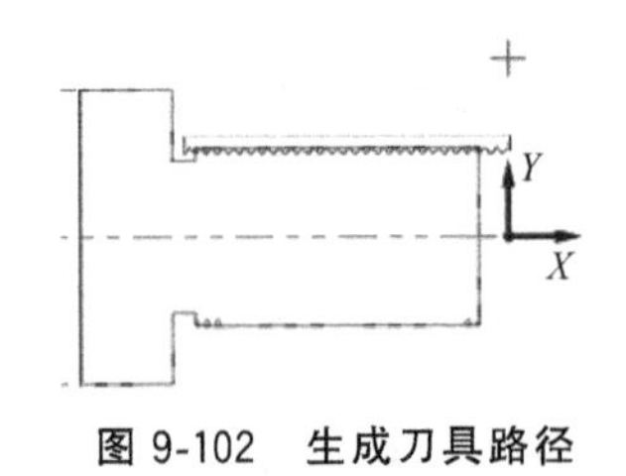

图 9-102 生成刀具路径

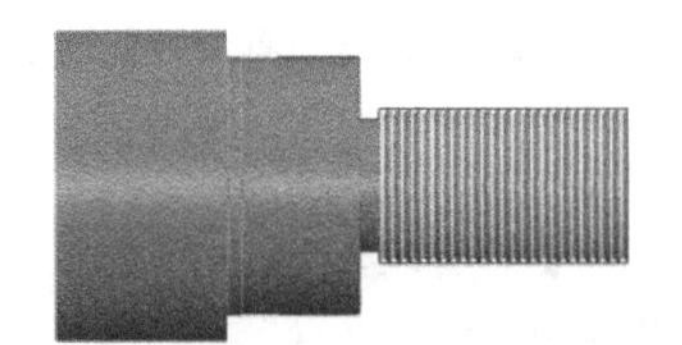

图 9-103 实体验证效果

61 单击【验证】对话框中的【关闭】按钮，结束验证操作。然后单击【刀路】管理器中的【切换刀具路径显示】按钮，关闭加工刀具路径的显示，为后续加工操作做好准备。

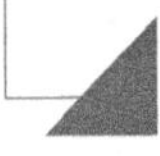

9.10 创建截断车削加工

截断车削用于切断工件，用户可以选择一个点来定义界面的位置，如图 9-104 所示。

单击【车削】选项卡中的【标准】组中的【切断】按钮，系统弹出【截断】对话框，如图 9-105 所示。

【截断】对话框相关选项参数含义如下。

(1)【进入延伸量】

用于输入截断进刀前刀具高于工件表面的距离，选择【由毛坯算起】复选框，该距离从毛坯边界开始计算。

(2)【退出距离】

用于设置截断车削完毕后刀具退回高于工件表面的距离，包括以下 3 种方式。

①【无】：截断车削完毕后刀具退回到工件表面。

②【绝对坐标】：以绝对坐标方式输入截断车削完毕后刀具退回在 X 方向的距离。

③【增量坐标】：以相对坐标方式输入截断车削完毕后刀具退回在 X 方向高于工件的距离。

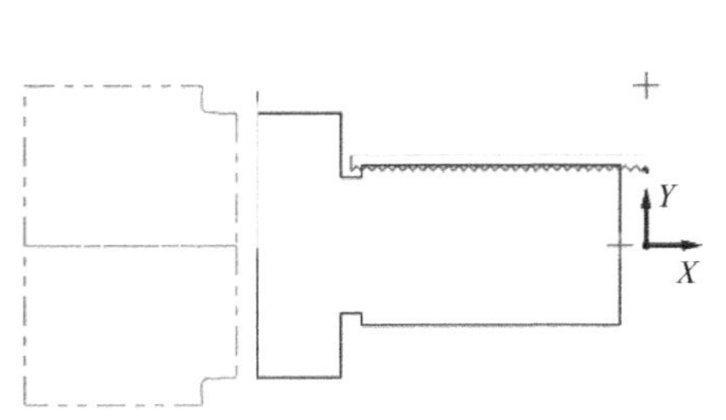

图 9-104　截断车削加工

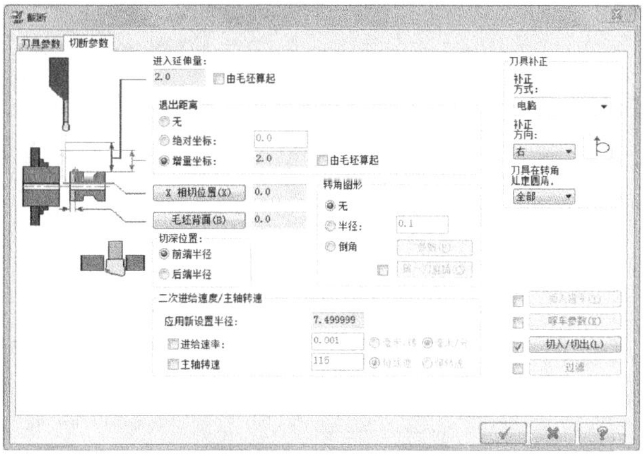

图 9-105　【截断】对话框

（3）【*X* 相切位置】

用于输入截断车削的超出量，即用于设置截断车削终止点的 *X* 坐标，系统默认为 0，即将工件截断，当 *X* 大于 0 时即为切槽。

（4）【切深位置】

用于设置截断车削时的截断点是刀具的前角点还是后角点，包括以下方式。

①【前端半径】：选择该选项，截断车削的截断点是刀具的前角点。当选择【前端半径】时，即刀具的前角点切入到指定的终止点 *X* 坐标位置。

②【后端半径】：选择该选项，截断车削的截断点是刀具的后角点。当选择【后端半径】时，即刀具的后角点切入至指定的终止点 *X* 坐标位置。

操作实例——创建截断车削加工

操作步骤

（1）启动截断车削加工

62 单击【车削】选项卡中的【标准】组中的【切断】按钮，系统提示选择截断边界点，选择如图 9-106 所示的点。

63 按“Enter”键，弹出【截断】对话框。

（2）设置加工刀具

64 在【截断】对话框的【刀具参数】选项卡中选择 T5252 号刀具，设置【刀号】为“52”，【进给速率】为“0.1”，【主轴转速】为“200”，如图 9-107 所示。

65 选中【参考点】复选框，并单击该按钮，弹出【参考点】对话框，设置【进入】和【退出】为“(50，20)”，如图 9-108 所示。单击【确定】按钮返回。

（3）设置切断参数

66 在【截断】对话框中单击【切断参数】选项卡，设置【进入延伸量】为“2”，【*X* 相切位置】为“－2”，如图 9-109 所示。

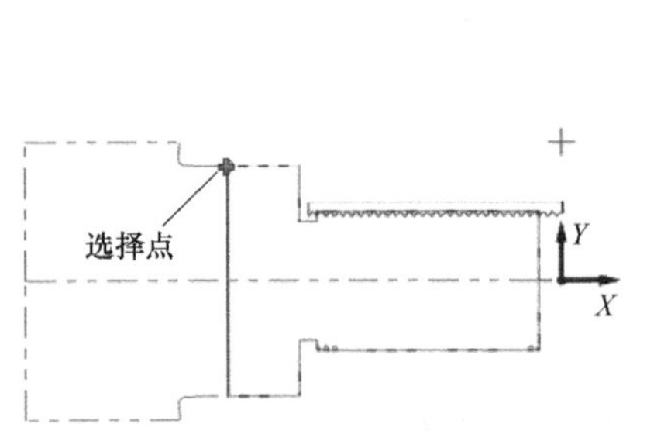

图 9-106　选择点

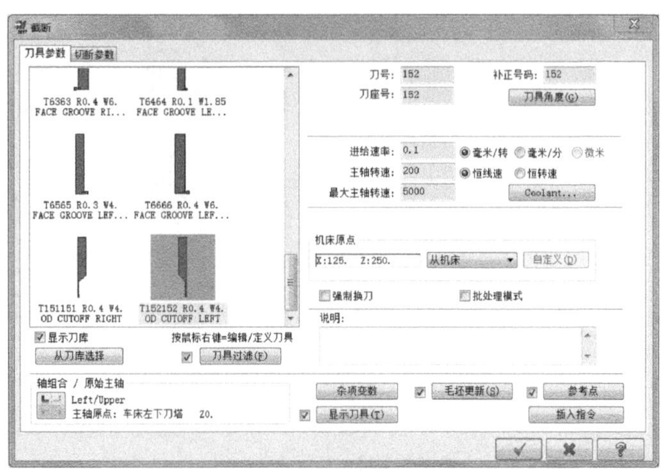

图 9-107　设置加工刀具

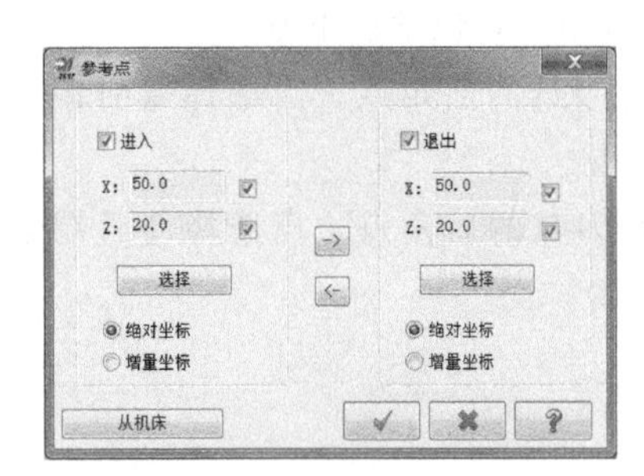

图 9-108　【参考点】对话框

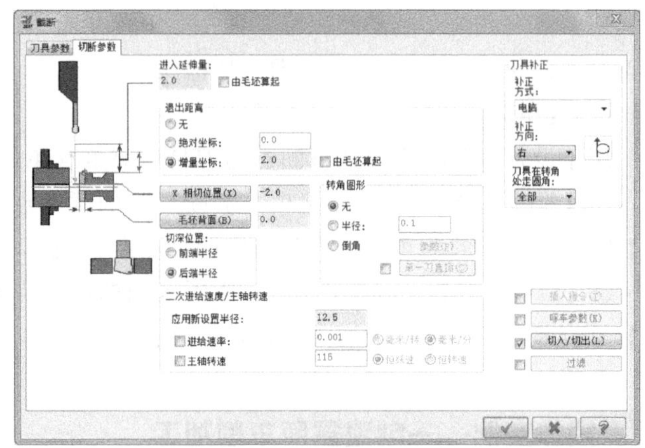

图 9-109　设置切断参数

67　单击【切入/切出】按钮，弹出【切入/切出设置】对话框，单击【切入】选项卡，设置【角度】为“—90”，【长度】为“2”，如图 9-110 所示。

68　单击【切出】选项卡，设置【角度】为“90”，【长度】为“2”，如图 9-111 所示。

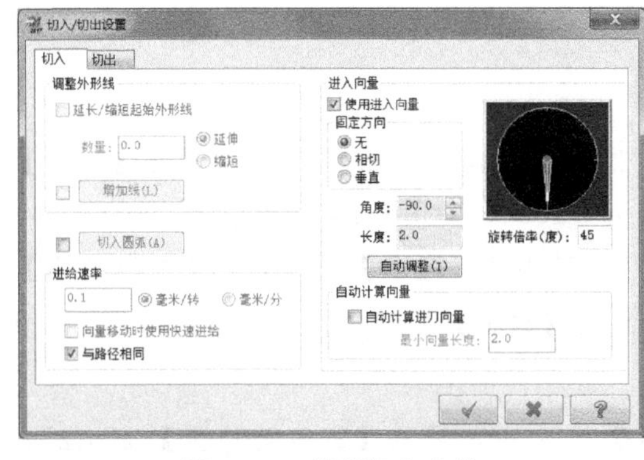

图 9-110　设置切入参数

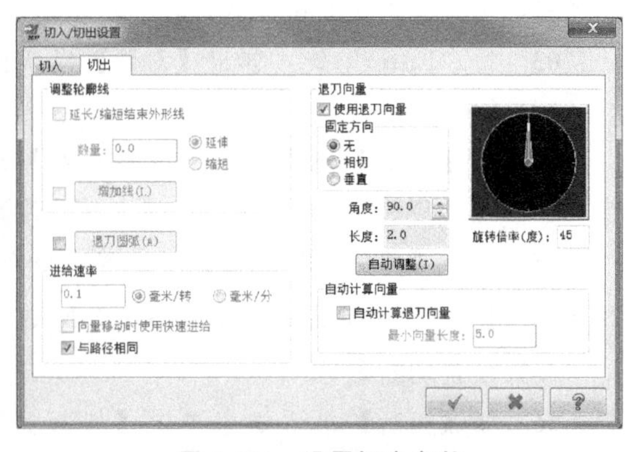

图 9-111　设置切出参数

（4）生成刀具路径并验证

69 单击【确定】按钮，完成加工参数设置，并生成刀具路径，如图 9-112 所示。

70 单击【刀路】管理器中的【验证已选择的操作】按钮，弹出【验证】对话框，单击【播放】按钮，验证加工工序，如图 9-113 所示。

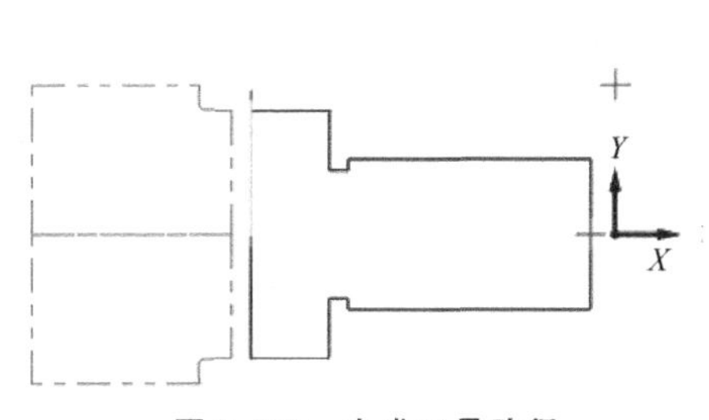

图 9-112 生成刀具路径

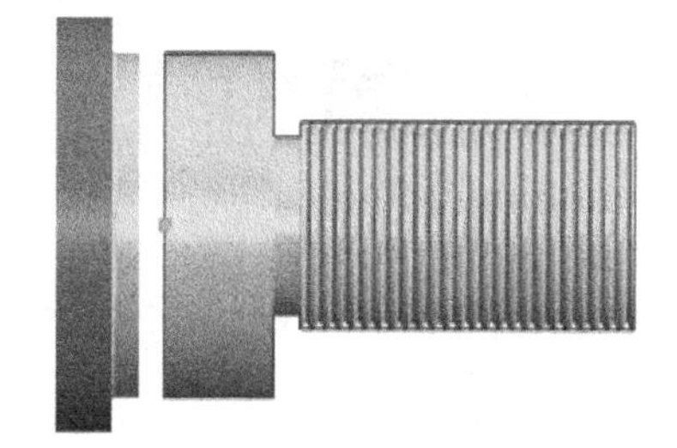

图 9-113 实体验证效果

71 单击【验证】对话框中的【关闭】按钮，结束验证操作。然后单击【刀路】管理器中的【切换刀具路径显示】按钮，关闭加工刀具路径的显示，为后续加工操作做好准备。

（5）刀具路径后处理

72 在【刀路】管理器中选择所创建的操作后，单击上方的 G1 按钮，弹出【后处理程序】对话框，选择【NC 文件】选项下的【编辑】复选框，如图 9-114 所示。

73 单击【确定】按钮，弹出【另存为】对话框，选择合适的目录后，单击【确定】按钮，生成后处理并打开【Mastercam Code Expert】对话框，如图 9-115 所示。

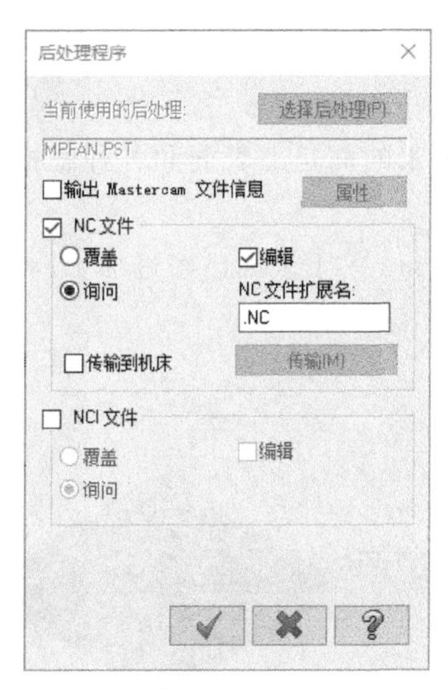

图 9-114 【后处理程序】对话框

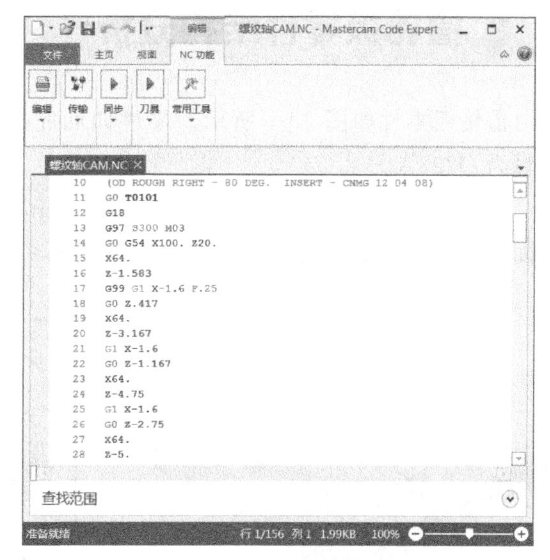

图 9-115 【Mastercam Code Expert】对话框

10

第10章

典型2D综合零件加工实例——槽轮板数控加工

铣削 2D 加工是 Mastercam 数控加工的主要方式之一，本章以槽轮板为例来介绍 2D 数控在实际产品数控加工中的方法和步骤。

本章内容

- ◆ 槽轮板零件结构分析
- ◆ 槽轮板零件数控工艺分析与加工方案
- ◆ 槽轮板零件数控加工流程
- ◆ 槽轮板零件数控加工操作过程

10.1

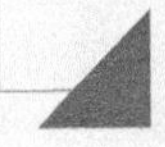

槽轮板零件结构分析

槽轮板零件如图 10-1 所示，零件四面完成加工，要加工的面是上表面和各种腔槽，材料为 Q235A。

从图 10-2 可知该槽轮板整体尺寸为 80mm×80mm×20mm，下表面已经过加工，上表面、凸台、凹槽均需要加工，如图 10-2 所示。

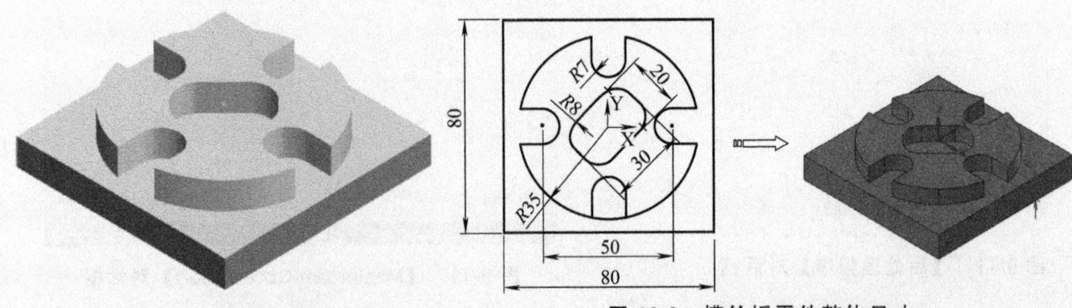

图 10-1 槽轮板零件

图 10-2 槽轮板零件整体尺寸

10.2 槽轮板零件数控工艺分析与加工方案

10.2.1 分析零件工艺性能

如图 10-2 所示，该零件属于小零件。加工表面为上表面、凸台、凹槽，加工精度为 $Ra1.6\mu m$。加工尺寸精度要求较高，要通过粗、精加工来完成。

10.2.2 选用毛坯

毛坯为六方形，材料为 Q235 钢，外形尺寸为 80mm×80mm×22mm，六面全部经过初步加工。

10.2.3 确定加工方案

根据零件形状及加工精度要求，按照先粗后精、先面后孔的原则，按照“面铣”→“挖槽粗加工”→“外形精加工”的顺序逐步达到加工精度。该零件的数控加工方案见表 10-1 所示。

表 10-1 槽轮板零件的数控加工方案

工步号	工步内容	刀具	刀具类型	切削参数设置		
				主轴转速 /r·min^{-1}	进给速度 /mm·min^{-1}	背吃刀量 /mm
1	精铣上表面	T01	ϕ20 平底刀	800	500	2
2	外腔挖槽粗加工	T02	ϕ10 平底刀	1200	800	2
3	内腔挖槽粗加工	T02	ϕ10 平底刀	1200	800	2
4	外腔外形精加工	T03	ϕ8 平底刀	1500	1000	0.5
5	内腔外形精加工	T03	ϕ8 平底刀	1500	1000	0.5

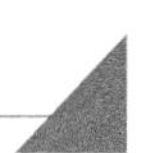

10.3 槽轮板零件数控加工流程

根据拟定的加工工艺路线，采用 Mastercam 铣削 2D 加工实现槽轮板的加工。

10.3.1 加工准备工作

在创建加工之前首先要打开模型文件，然后通过创建平面方式设置加工坐标系，选择铣床为加工机床，并指定加工毛坯，最后利用刀具管理功能创建加工刀具，如图 10-3 所示。

10.3.2 创建面铣精加工

启动面铣加工，选择面铣轮廓线，接着选择加工刀具，设置高度参数和切削参数，最后生成刀具路径和验证，如图 10-4 所示。

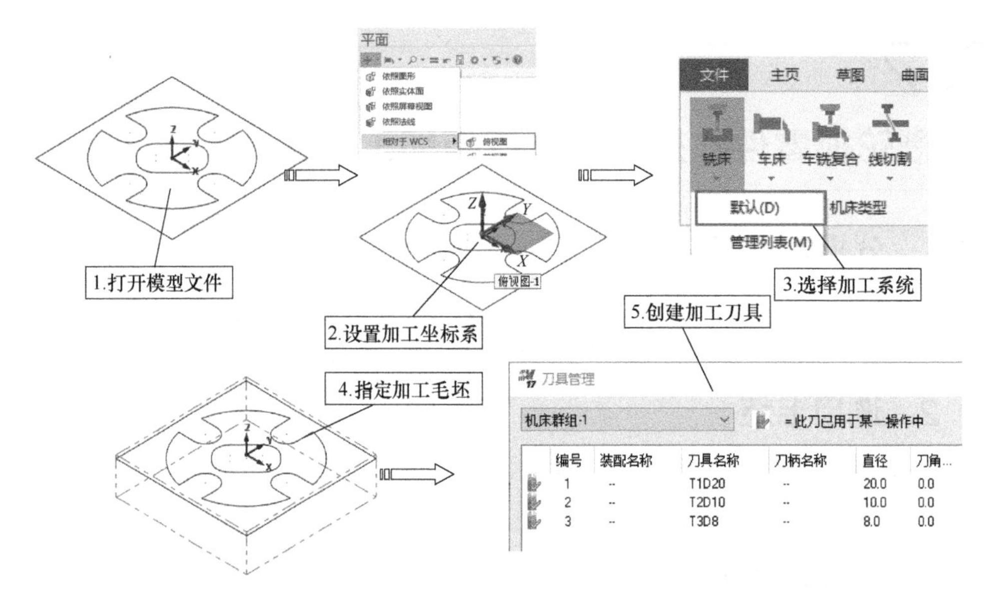

图 10-3　加工准备工作

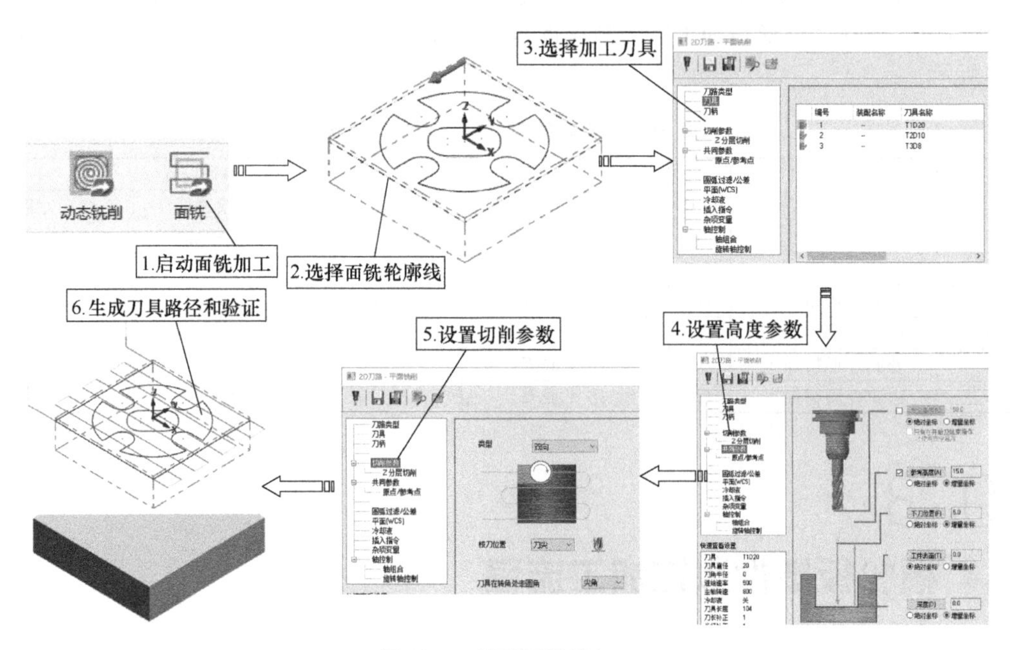

图 10-4　创建面铣精加工

10.3.3　创建外腔挖槽粗加工

启动挖槽加工，选择加工轮廓线，接着选择刀具，设置高度参数、切削参数、粗切参数，再设置 Z 分层最后生成刀具路径和验证，如图 10-5 所示。

10.3.4　创建内腔挖槽粗加工

复制挖槽加工，重新选择加工轮廓线，更换挖槽类型设置粗切参数，最后生成刀具路径和验证，如图 10-6 所示。

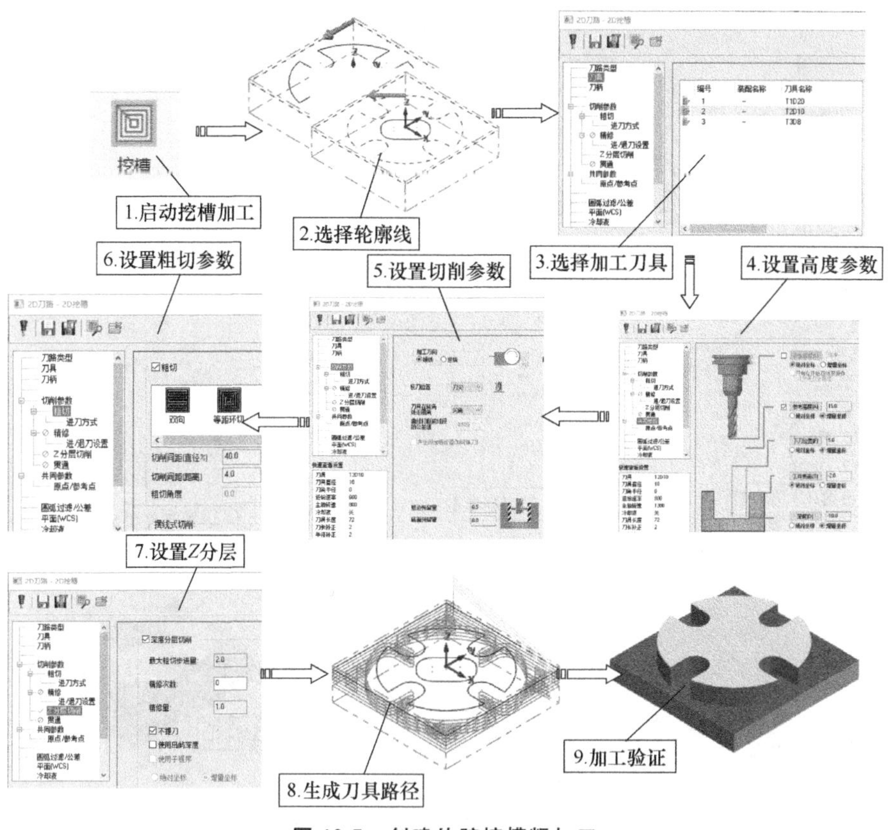

图 10-5　创建外腔挖槽粗加工

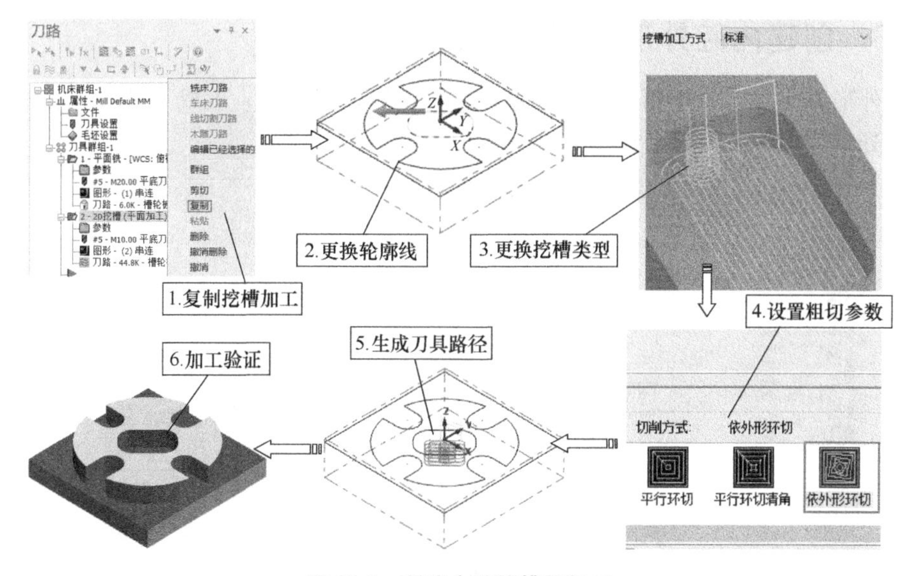

图 10-6　创建内腔挖槽粗加工

10.3.5　创建外腔外形铣削精加工

启动外形铣削加工，选择轮廓线，接着选择加工刀具，设置高度参数、切削参数、Z分层参数和进退刀参数，最后生成刀具路径和验证，如图 10-7 所示。

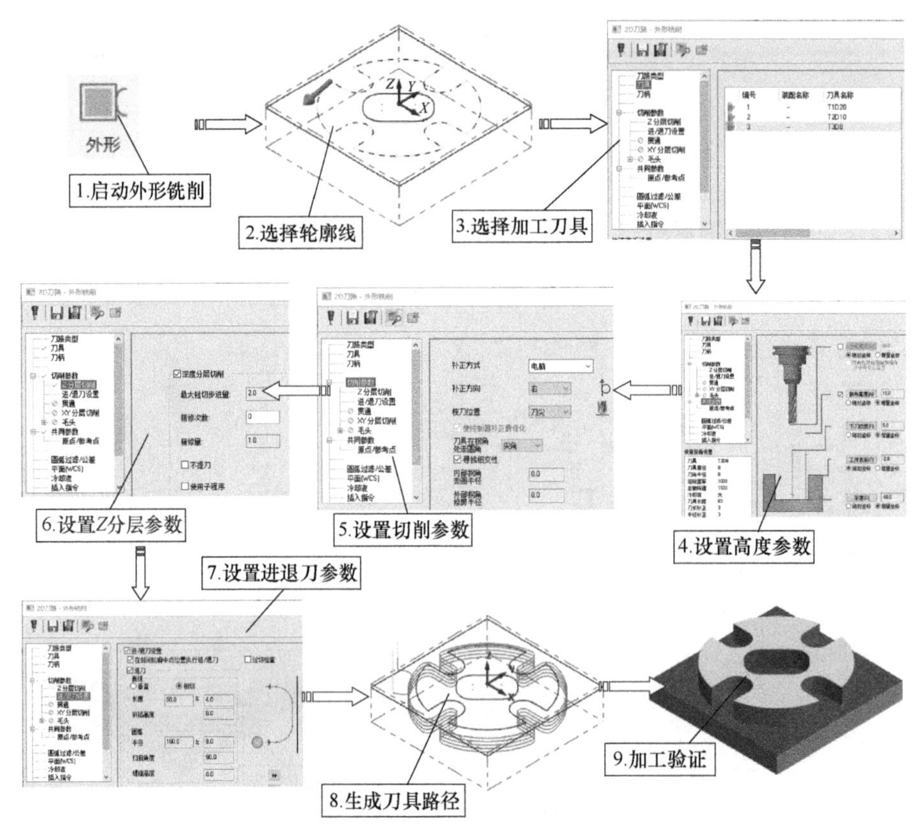

图 10-7　创建外腔外形铣削精加工

10.3.6　创建内腔外形铣削精加工

复制外形铣削加工，重新选择加工轮廓线，设置切削参数，生成刀具路径和验证，最后通过后处理生成 NC 代码，如图 10-8 所示。

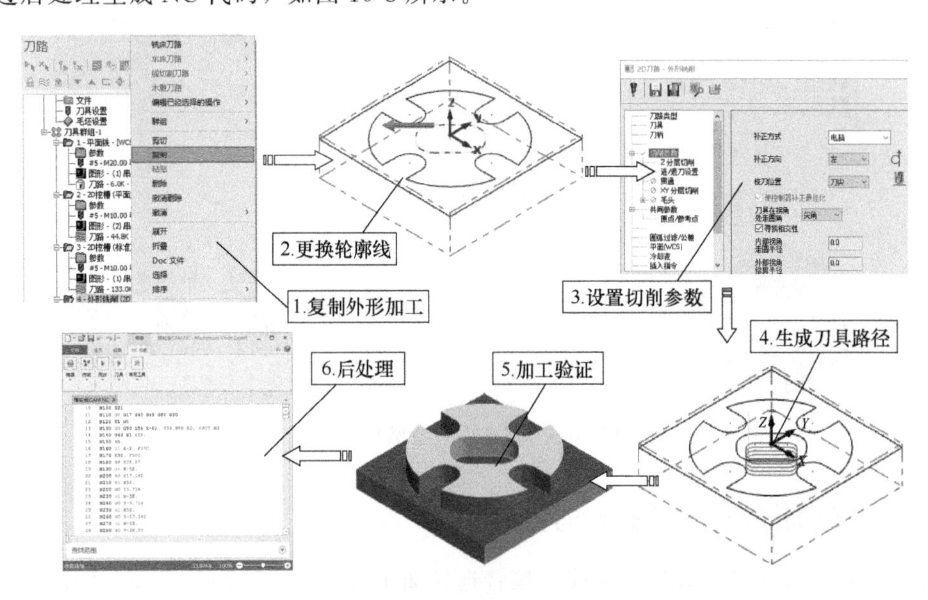

图 10-8　创建内腔外形铣削精加工

10.4 槽轮板零件数控加工操作过程

10.4.1 打开模型文件

01 启动 Mastercam2017，选择下拉菜单【文件】|【打开】命令，弹出【打开】对话框，选择“槽轮板CAD.mcam”（扫二维码下载素材文件\第10章\槽轮板CAD.mcam），单击【打开】按钮，将该文件打开，如图10-9所示。

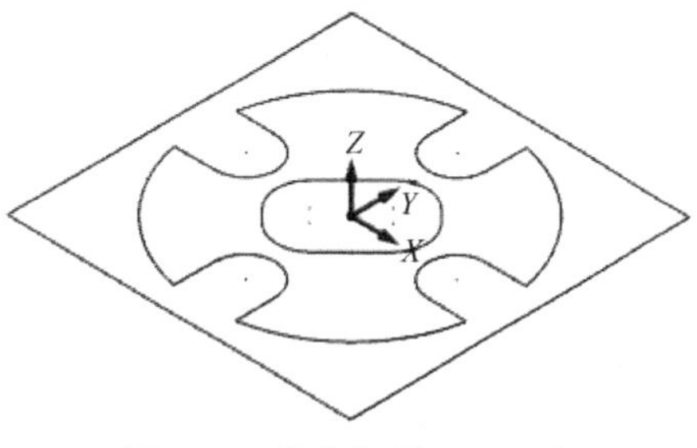

图 10-9 等角视图显示文件

10.4.2 设置加工原点

02 在【平面】管理器的左上角点击【创建新平面】按钮，选择【相对于 WCS】|【俯视图】按钮，弹出【新建平面】对话框，设置【Z】为“2”，单击【确定】按钮，如图10-10所示。

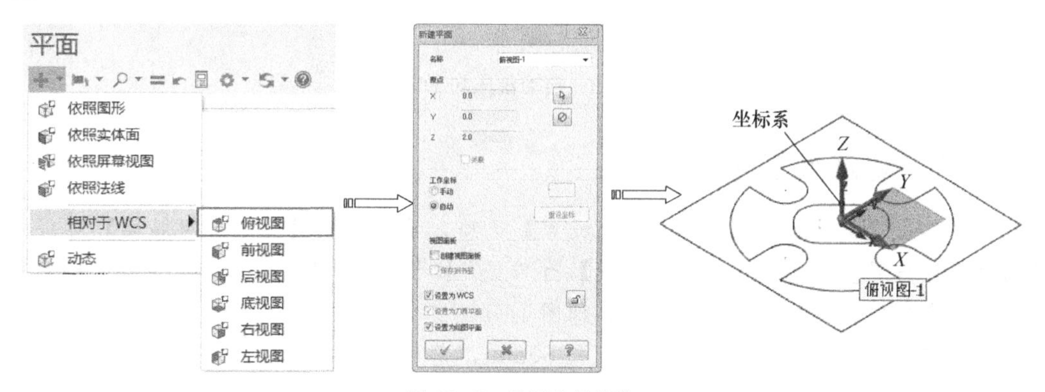

图 10-10 【新建平面】

03 在【平面】管理器中设置新建的平面为当前WCS平面和刀具平面，如图10-11所示。

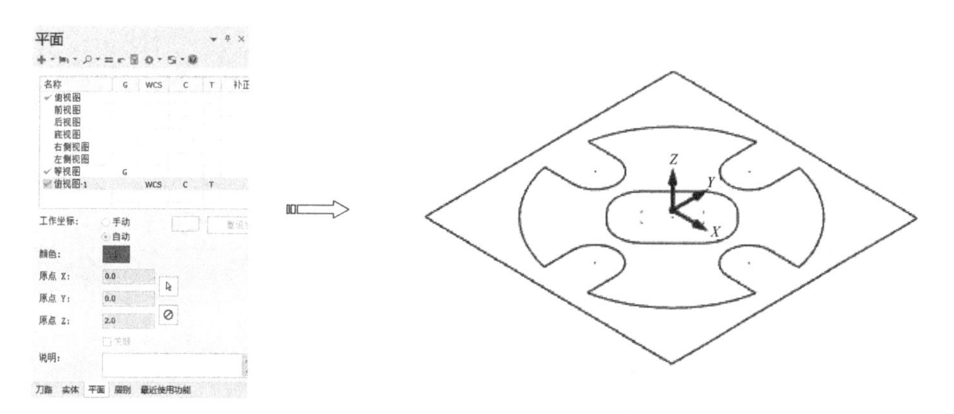

图 10-11 设置 WCS 平面和刀具平面

10.4.3 选择加工系统

04 选择【机床】选项卡上【机床类型】组中的【铣床】按钮下的【默认】命令，如图10-12所示。

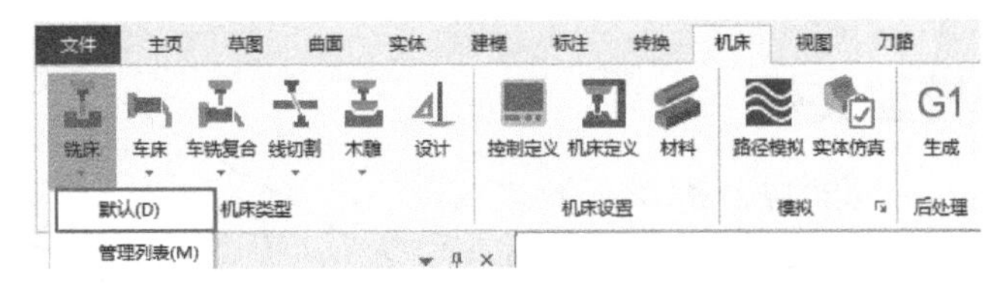

图10-12 选择铣床

05 系统进入铣削加工模块，双击【刀路】管理器中的【属性-Mill Default MM】选项，展开【刀路】管理器，如图10-13所示。

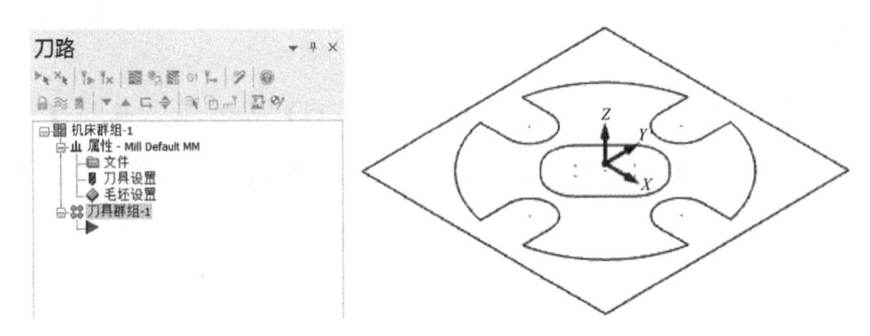

图10-13 启动铣床加工环境

10.4.4 创建加工毛坯

06 单击【属性】选项下的【毛坯设置】选项，系统弹出【机床群组属性】对话框，单击【毛坯设置】选项卡，设置【形状】为“立方体”，选中【显示】中的【线框】选项，以在显示窗口中以线框形式显示毛坯，如图10-14所示。

07 【毛坯原点】为（0，0，0），长80mm，宽80mm，高22mm，单击【机床群组属性】对话框中的【确定】按钮，完成加工工件设置，如图10-15所示。

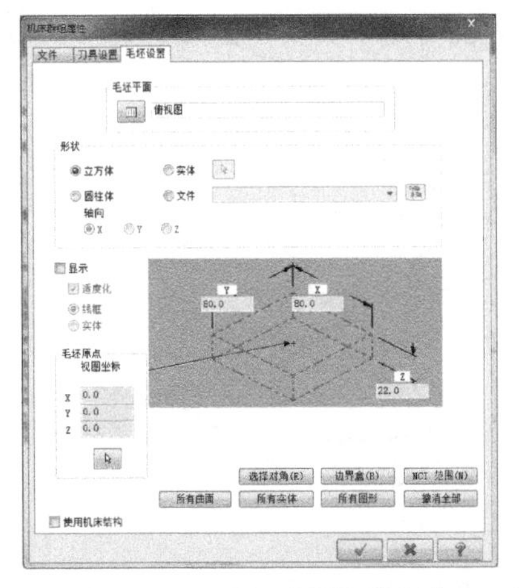

图10-14 【毛坯设置】选项卡

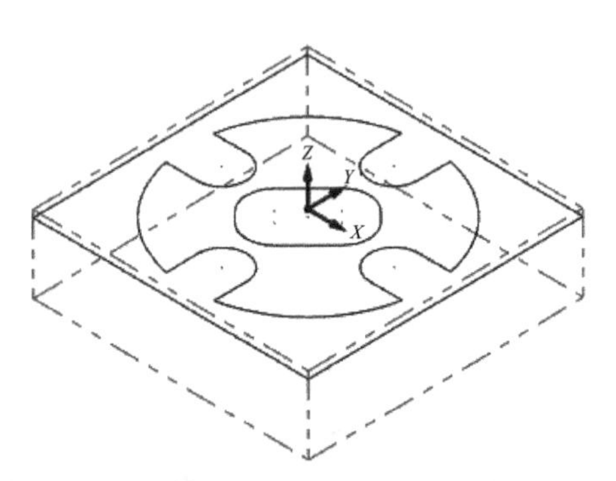

图10-15 创建工件

10.4.5 创建加工刀具

08 单击【刀路】选项卡中【工具】组上的【刀具管理】按钮，弹出【刀具管理】对话框，如图 10-16 所示。

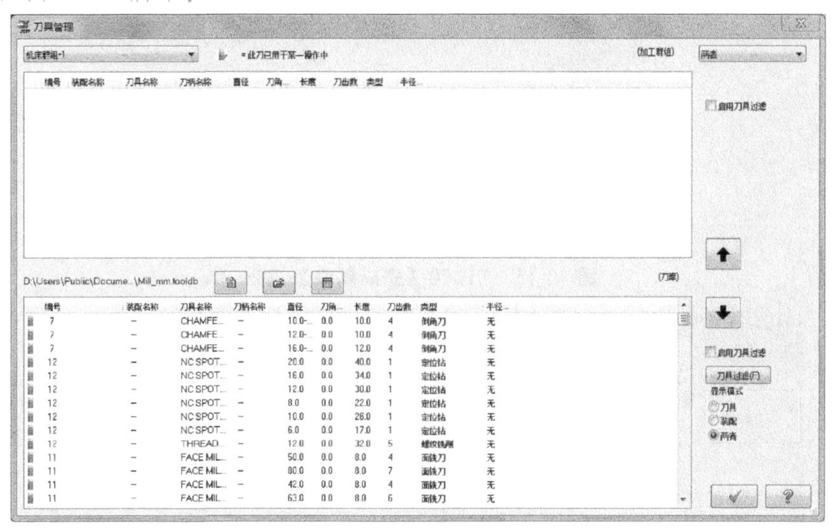

图 10-16 【刀具管理】对话框

09 在下面刀路列表中选择【编号】为 5，直径为 20 的“FLAT END MILL-20”的平底刀，单击 按钮，如图 10-17 所示。

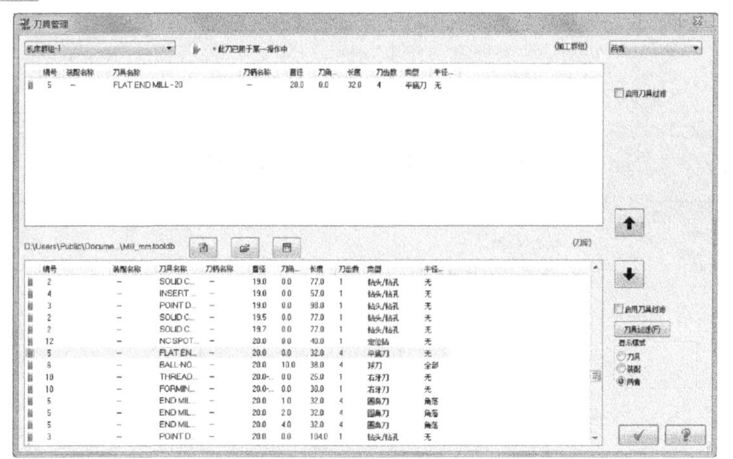

图 10-17 选择直径为 20 的刀具

10 双击窗口中选择的 5 号刀具，弹出【编辑刀具】对话框，在左侧列表中选择【完成属性】，设置【刀号】为“1”，【进给速率】为“500”，【下刀速率】为“300”，【主轴转速】为“800”，【名称】为“T1D20”，如图 10-18 所示。单击【完成】按钮返回。

11 在刀路列表中选择【编号】为 5，直径为 10 的“FLAT END MILL-10”的平底刀，单击 按钮，如图 10-19 所示。

12 双击窗口中选择的 5 号刀具，弹出【编辑刀具】对话框，在左侧列表中选择【完成属性】，设置【刀号】为“2”，【进给速率】为“800”，【下刀速率】为“600”，【主轴转速】为“1200”，【名称】为“T2D10”，如图 10-20 所示。单击【完成】按钮返回。

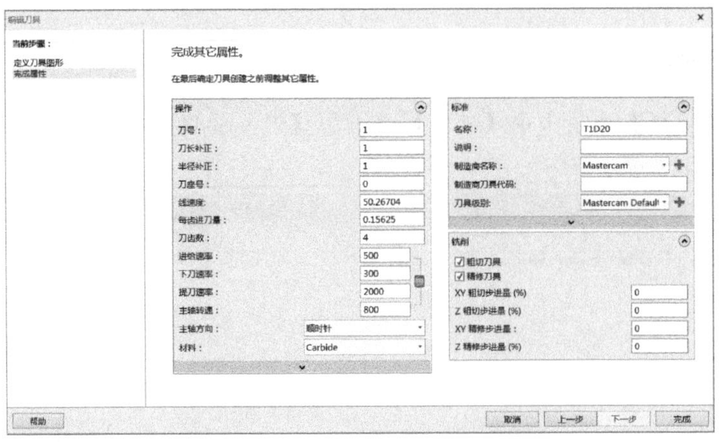

图 10-18　T1D20【完成属性】选项

图 10-19　选择直径为 10 的刀具

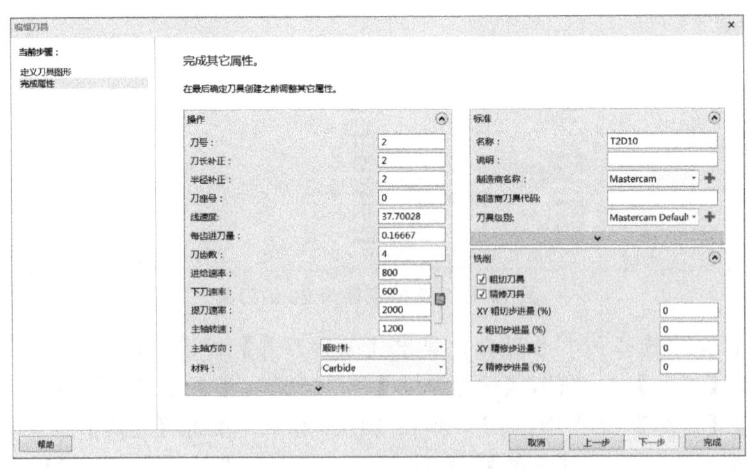

图 10-20　T2D10【完成属性】选项

13　在刀路列表中选择【编号】为 5，直径为 8 的“FLAT END MILL-8”的平底刀，单击⬆按钮，如图 10-21 所示。

14　双击窗口中选择的 5 号刀具，弹出【编辑刀具】对话框，在左侧列表中选择【完成属性】，设置【刀号】为“3”，【进给速率】为“1000”，【下刀速率】为“800”，【主轴转速】为“1500”，【名称】为“T3D8”，如图 10-22 所示。单击【完成】按钮返回。

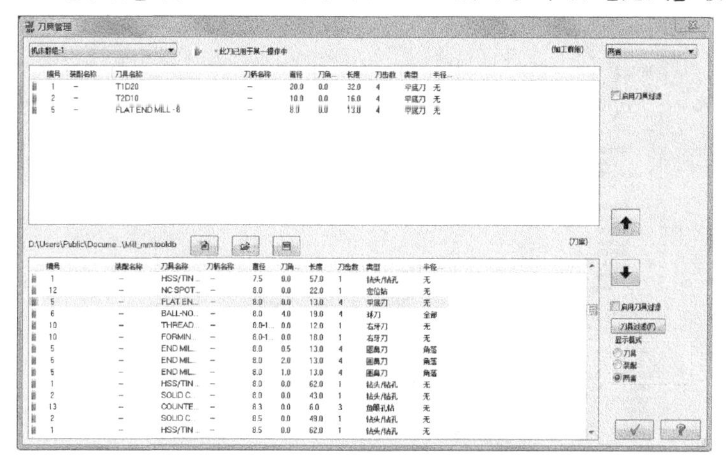

图 10-21　选择直径为 8 的刀具

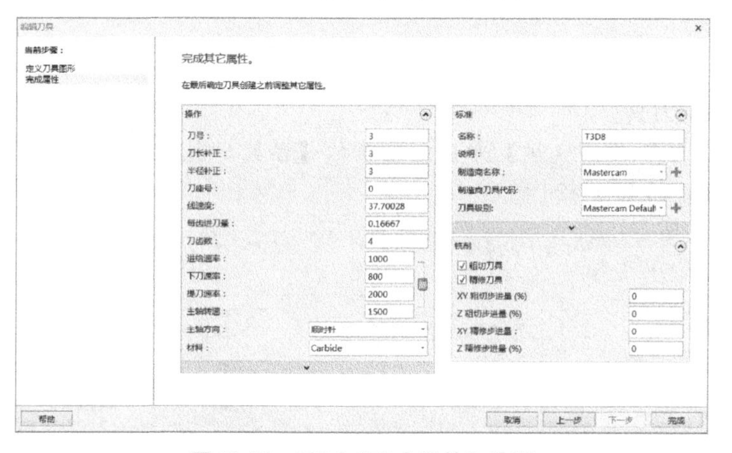

图 10-22　T3D8【完成属性】选项

10.4.6　创建面铣加工

（1）启动面铣加工

15　选择【刀路】选项卡上【2D】组中的【面铣】按钮，弹出【输入新 NC 名称】对话框，默认名为“槽轮板 CAM”，如图 10-23 所示。单击【确定】按钮。

16　系统弹出【串连选项】对话框，选择【2D】选项和【串连选项】按钮，选择如图 10-24 所示的轮廓线。

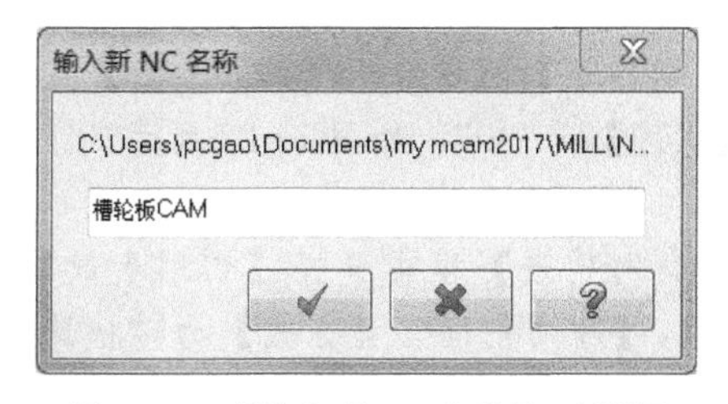

图 10-23　【输入新 NC 名称】对话框

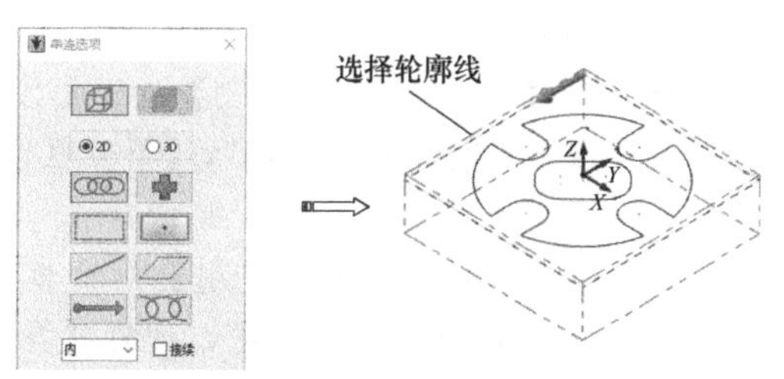

图 10-24　串连选择轮廓线

17 单击【串连选项】对话框中的【确定】按钮，弹出【2D 刀路-平面铣削】对话框，如图 10-25 所示。

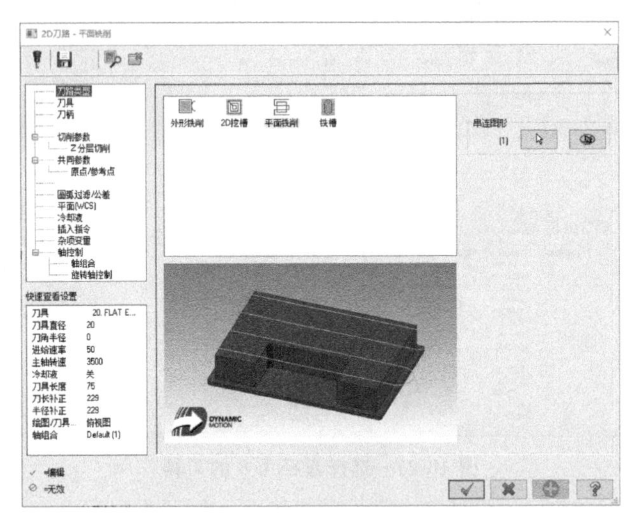

图 10-25 【2D 刀路-平面铣削】对话框

（2）选择加工刀具

18 在【2D 刀路-平面铣削】对话框左侧的【参数类别列表】中选择【刀具】选项，选择 T1D20 刀具，如图 10-26 所示。

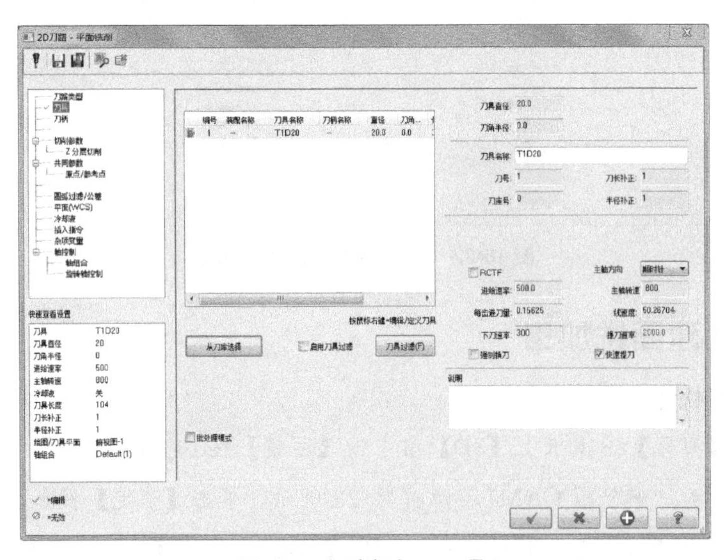

图 10-26 选择加工刀具

（3）设置共同参数

19 在【2D 刀路-平面铣削】对话框左侧的【参数类别列表】框中选中【共同参数】选项，设置【参考高度】为“15”，【下刀位置】为“5”，【深度】为“0”，如图 10-27 所示。

（4）设置切削参数

20 在【2D 刀路-平面铣削】对话框左侧的【参数类别列表】框中选择【切削参数】节点，弹出【切削参数】选项，设置【类型】为“双向”，【两切削间移动方式】为“快速进给”，如图 10-28 所示。

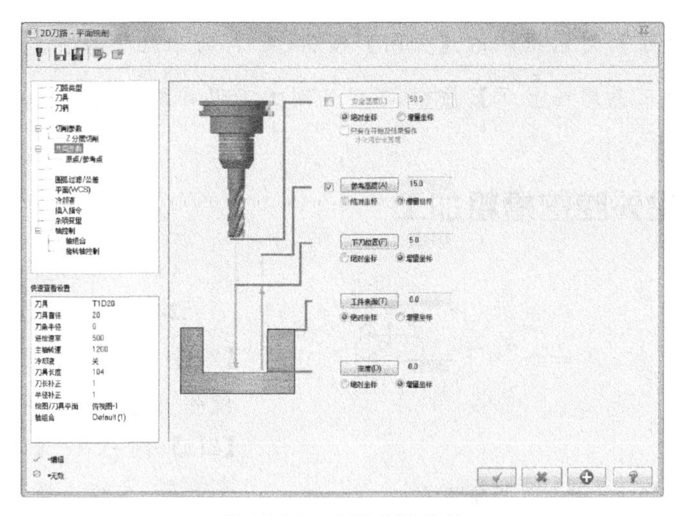

图 10-27 设置共同参数

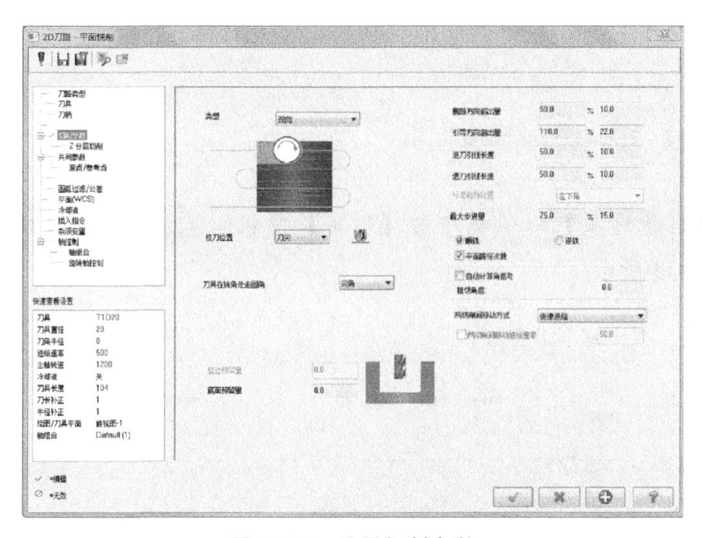

图 10-28 设置切削参数

(5) 生成刀具路径并验证

21 单击【确定】按钮，完成加工参数设置，并生成刀具路径，如图 10-29 所示。

22 单击【刀路】管理器中的【验证已选择的操作】按钮，弹出【验证】对话框，单击【播放】按钮，验证加工工序，如图 10-30 所示。

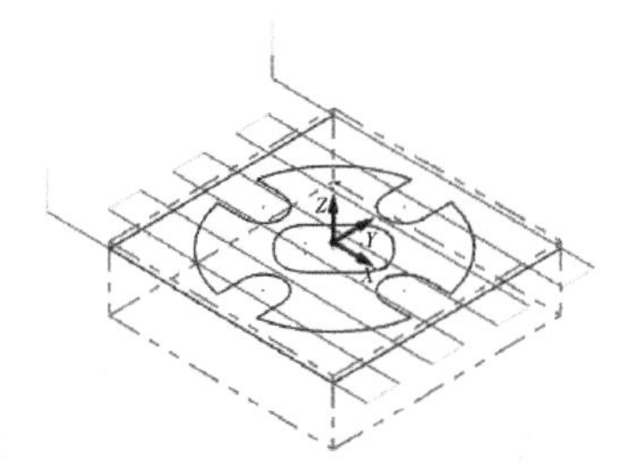

图 10-29 生成刀具路径

图 10-30 实体验证效果

23 单击【验证】对话框中的【关闭】按钮，结束验证操作。然后单击【刀路】管理器中的【切换刀具路径显示】按钮，关闭加工刀具路径的显示，为后续加工操作做好准备。

10.4.7 创建外腔挖槽粗加工

（1）启动挖槽加工

24 选择【刀路】选项卡上【2D】组中的【挖槽】按钮，系统弹出【串连选项】对话框，选择【2D】选项和【串连选项】按钮，连续选择如图 10-31 所示的 2 条轮廓线。

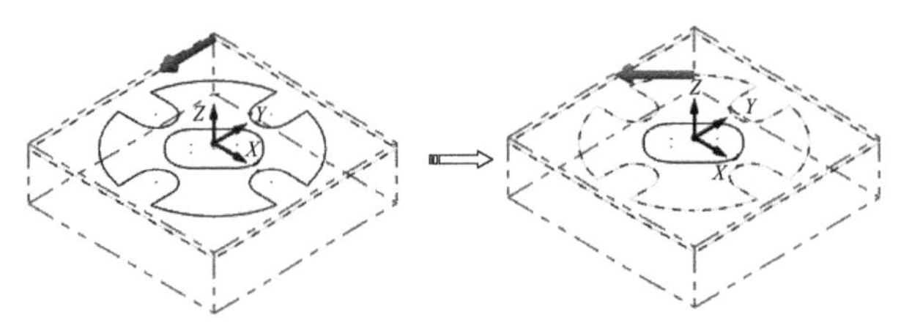

图 10-31 串连选择轮廓线

注意

选择两个轮廓时，要注意方向一定要相同。

25 单击【串连选项】对话框中的【确定】按钮，弹出【2D 刀路-2D 挖槽】对话框，如图 10-32 所示。

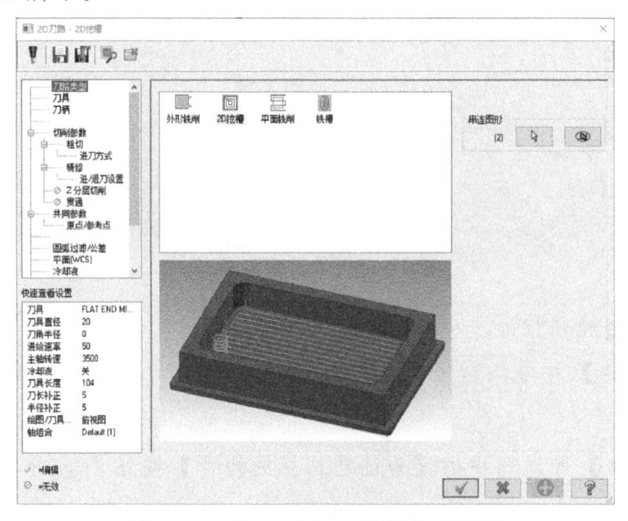

图 10-32 【2D 刀路-2D 挖槽】对话框

（2）选择加工刀具

26 在【2D 刀路-2D 挖槽】加工对话框左侧的【参数类别列表】中选择【刀具】选项，选择 T2D10 刀具，如图 10-33 所示。

（3）设置共同参数

27 在【2D 刀路-2D 挖槽】对话框左侧的【参数类别列表】框中选中【共同参数】选项，设置【参考高度】为“15”，【下刀位置】为“5”，【工件表面】为“－2”，【深度】为“－10”，如图 10-34 所示。

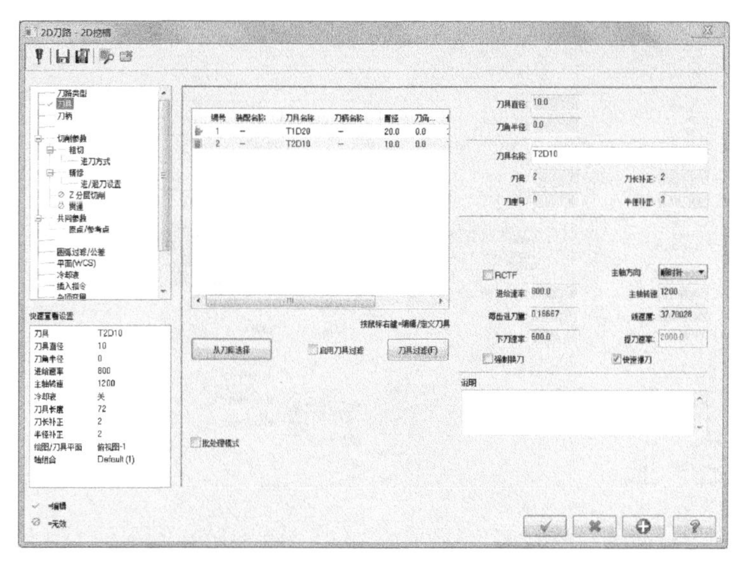

图 10-33　选择加工刀具

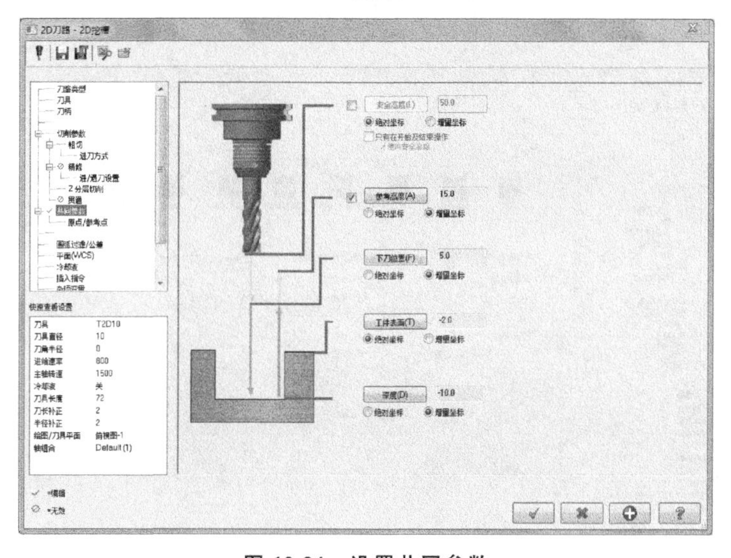

图 10-34　设置共同参数

（4）设置切削参数

28 在【2D 刀路-2D 挖槽】对话框左侧的【参数类别列表】框中选择【切削参数】选项，选择【挖槽加工方式】为“平面铣”，【重叠量】为“50%”，设置其他相关参数如图 10-35 所示。

技术要点

“平面铣”用于将挖槽刀具路径向边界延伸指定的距离，以达到对挖槽曲面的切削。一般挖槽加工后，可能在边界处留下毛刺，这时可采用该功能对边界进行加工。

（5）设置粗加工参数

29 在【2D 刀路-2D 挖槽】对话框左侧的【参数类别列表】框中选择【粗切】选项，【切削方式】为“等距环切”，【切削间距（直径%）】为“50”，如图 10-36 所示。

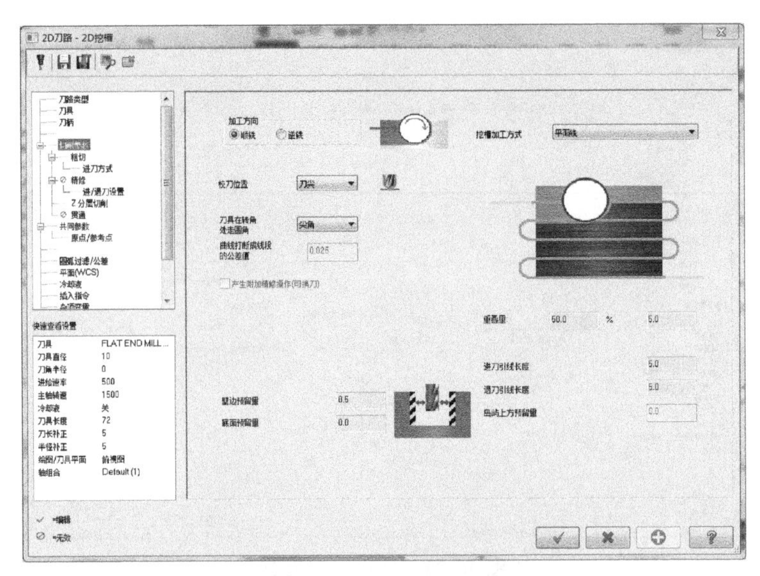

图 10-35 设置切削参数

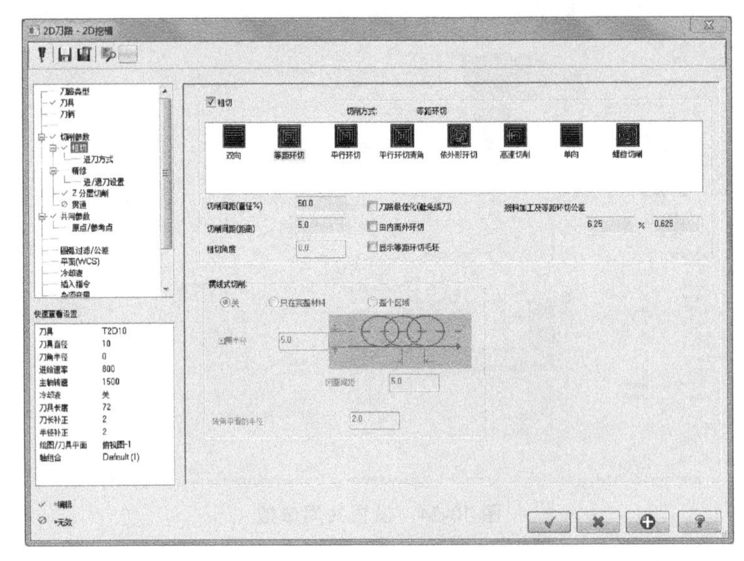

图 10-36 设置粗加工参数

（6）设置 Z 分层切削

30 在【2D 刀路-2D 挖槽】对话框左侧的【参数类别列表】框中选择【Z 分层切削】选项，【最大粗切步进量】为“2”，选择【依照区域】单选框，选中【不提刀】复选框，以减少提刀；其他选项设定如图 10-37 所示。

（7）生成刀具路径并验证

31 单击【确定】按钮，完成加工参数设置，并生成刀具路径，如图 10-38 所示。

32 单击【刀路】管理器中的【验证已选择的操作】按钮，弹出【验证】对话框，单击【播放】按钮，验证加工工序，如图 10-39 所示。

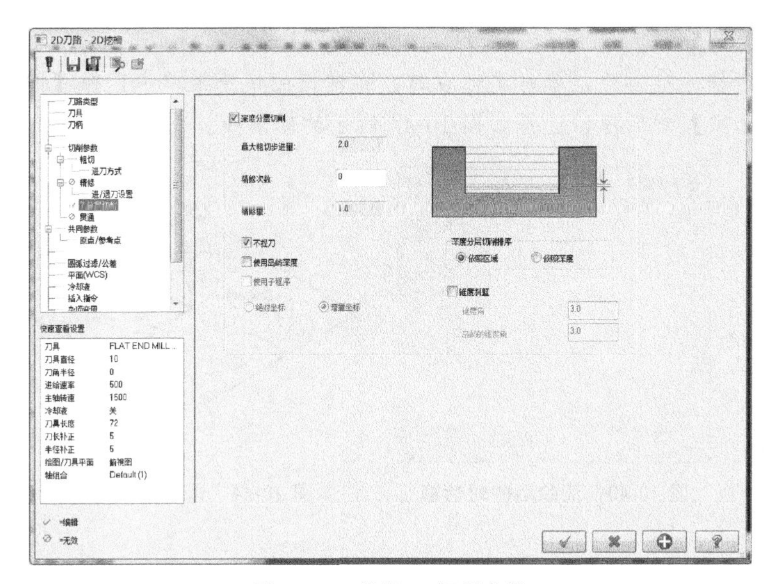

图 10-37　设置 *Z* 切削参数

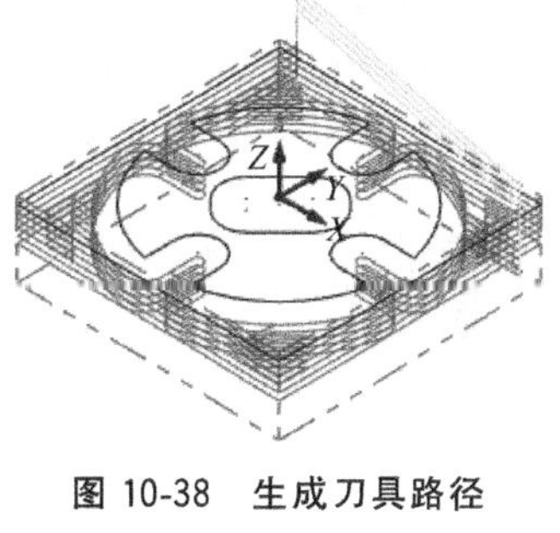

图 10-38　生成刀具路径

图 10-39　实体验证效果

33　单击【验证】对话框中的【关闭】按钮 ✕ ，结束验证操作。然后单击【刀路】管理器中的【切换刀具路径显示】按钮≋，关闭加工刀具路径的显示，为后续加工操作做好准备。

10.4.8　创建内腔挖槽粗加工

（1）复制挖槽加工

34　在【刀路】管理器窗口中，鼠标右键单击【2-2D 挖槽】操作，在弹出的快捷菜单中选择【复制】命令对该操作进行复制，如图 10-40 所示。

35　将鼠标移至下方空白处，鼠标右键单击并选择弹出快捷菜单【粘贴】命令，将复制的操作粘贴，如图 10-41 所示。

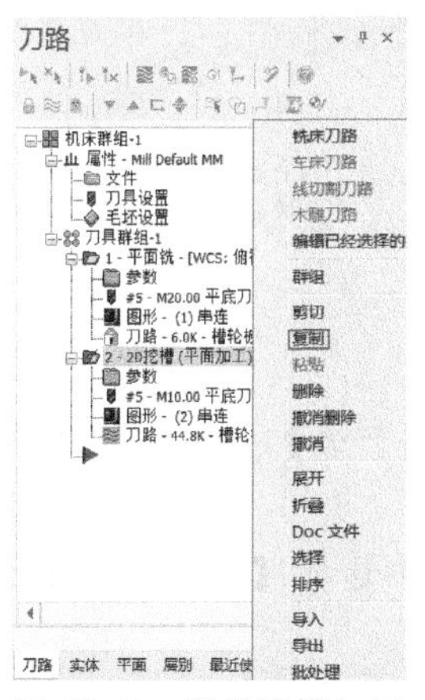

图 10-40　复制挖槽加工

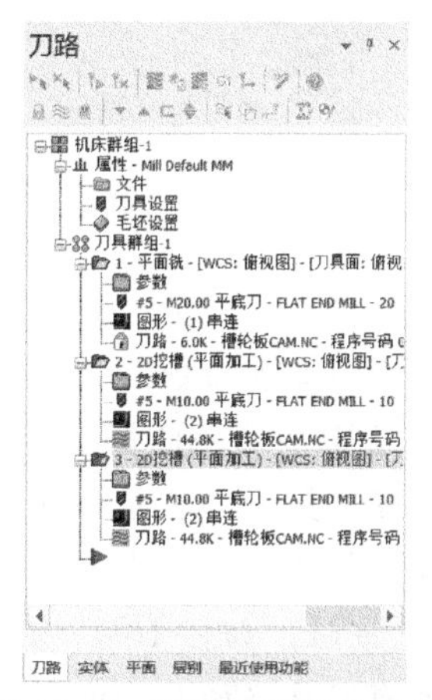

图 10-41　粘贴后的刀具路径

（2）更换挖槽轮廓

36　单击粘贴后刀具路径【3-2D 挖槽】下的【图形】图标，弹出【串连管理】对话框，如图 10-42 所示。分别选中【串连 1】和【串连 2】，按“Delete”键，清除所有轮廓，如图 10-43 所示。

37 在【串连管理】对话框的空白处，单击鼠标右键，在弹出的快捷菜单中选择【增加串连】命令，弹出【串连选项】对话框，选择如图 10-44 所示的轮廓线。

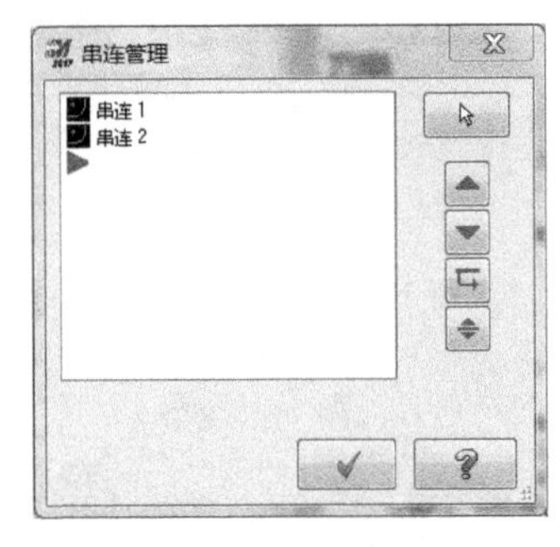

图 10-42 【串连管理】对话框

图 10-43 清除后的对话框

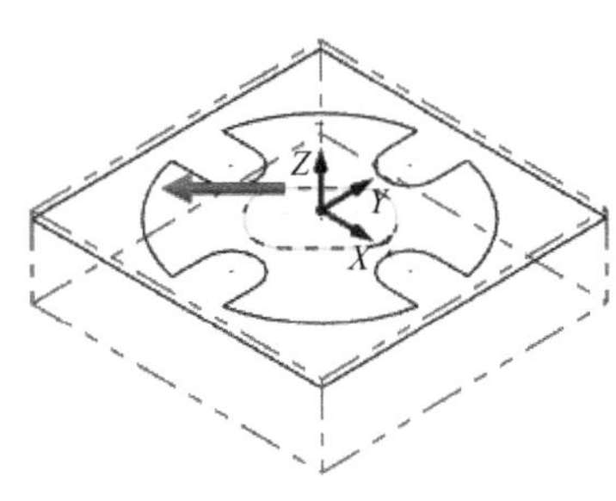

图 10-44 选择挖槽轮廓

（3）更改挖槽类型

38 单击粘贴后刀具路径【3-2D 挖槽】下的【参数】图标，弹出【2D 刀路-2D 挖槽】对话框，更改【挖槽加工方式】为“标准”，如图 10-45 所示。

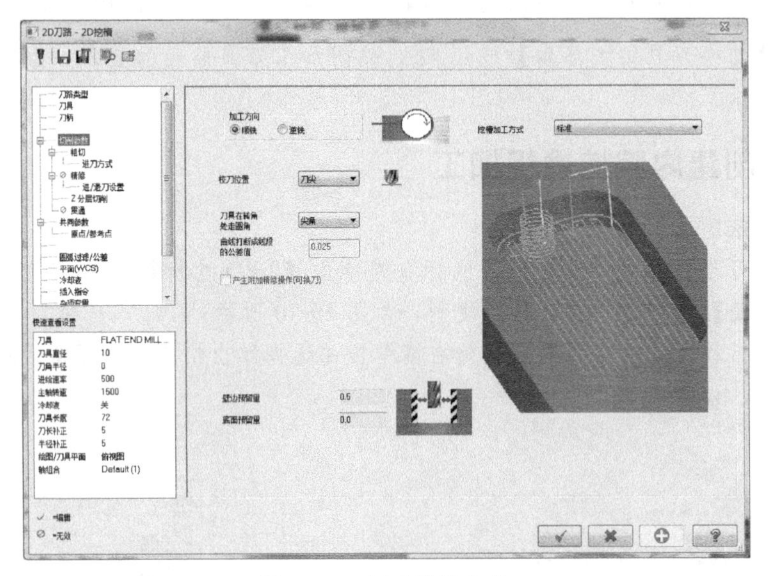

图 10-45 更改挖槽类型

（4）设置粗加工参数

39 在【2D 刀路-2D 挖槽】对话框左侧的【参数类别列表】框中选择【粗切】选项，选择【切削方式】为“依外形环切”，如图 10-46 所示。

40 设置粗切进刀。在左侧的【参数类别列表】框中选择【进刀方式】选项，选中【斜插】单选按钮，如图 10-47 所示。

（5）生成刀具路径并验证

41 单击【确定】按钮，完成加工参数设置，并生成刀具路径，如图 10-48 所示。

42 单击【刀路】管理器中的【验证已选择的操作】按钮，弹出【验证】对话框，单击【播放】按钮，验证加工工序，如图 10-49 所示。

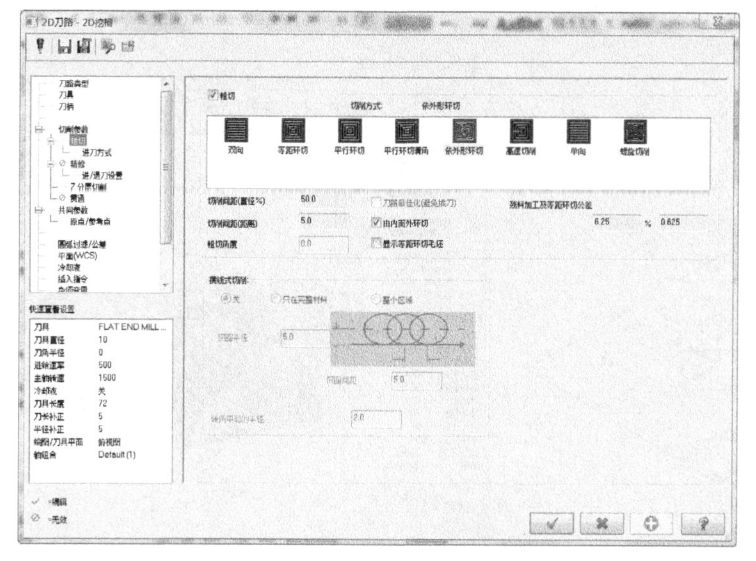

图 10-46　设置粗切参数

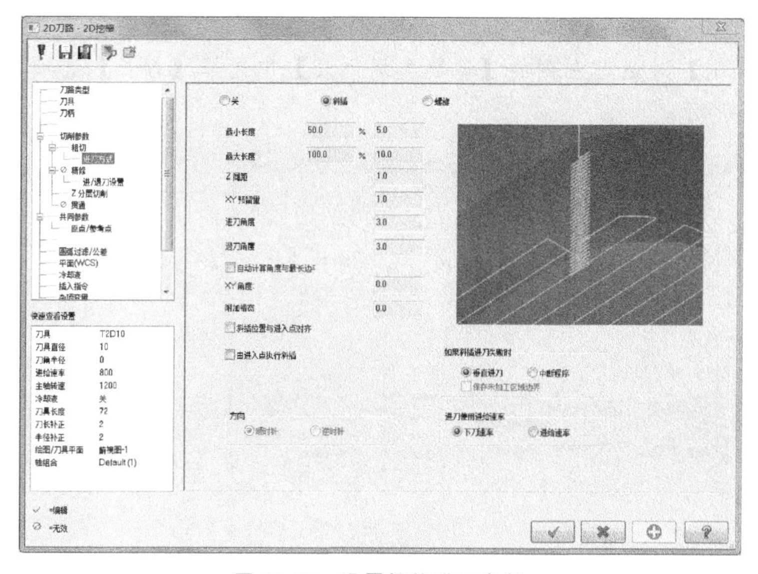

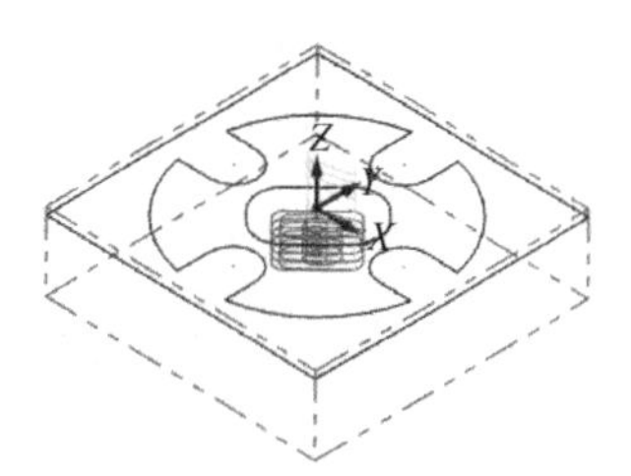

图 10-48　生成刀具路径

图 10-47　设置螺旋进刀参数

图 10-49　实体验证效果

43　单击【验证】对话框中的【关闭】按钮，结束验证操作。然后单击【刀路】管理器中的【切换刀具路径显示】按钮，关闭加工刀具路径的显示，为后续加工操作做好准备。

10.4.9　创建外腔外形铣削精加工

（1）启动外形轮廓加工

44　选择【刀路】选项卡上【2D】组中的【外形】按钮，系统弹出【串连选项】对话框，选择【2D】选项和【串连选项】按钮，连续选择如图 10-50 所示的轮廓线。

45　单击【串连选项】对话框中的【确定】按钮，弹出【2D 刀路-外形铣削】对话框，如图 10-51 所示。

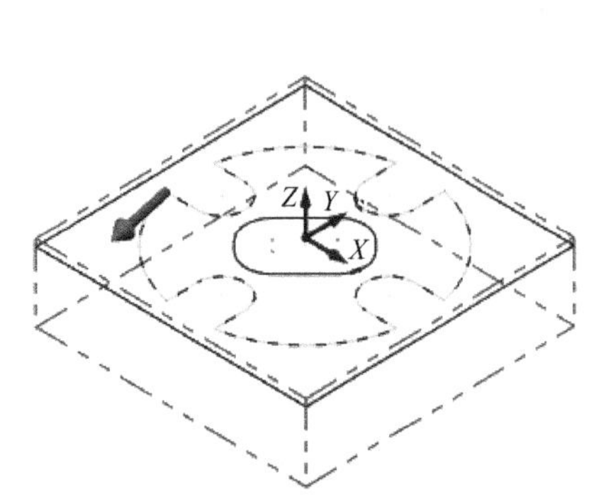

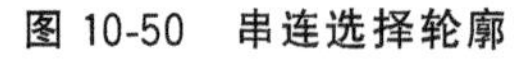
图 10-50　串连选择轮廓

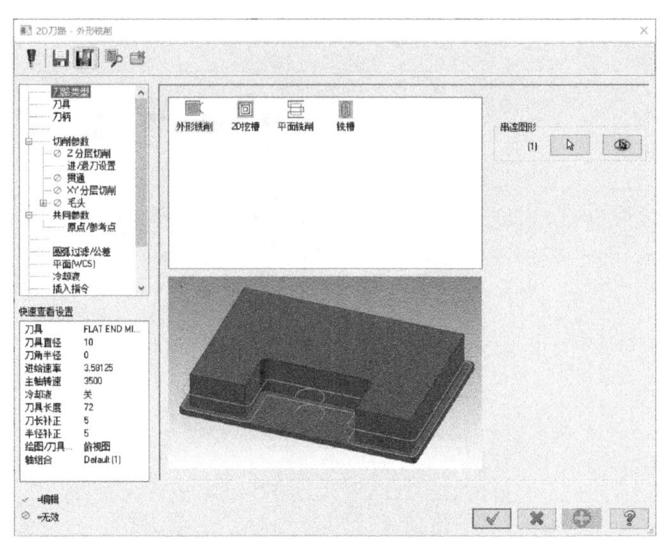

图 10-51　【2D 刀路-外形铣削】对话框

（2）选择加工刀具

46 在【2D 刀路-外形铣削】对话框左侧的【参数类别列表】中选择【刀具】选项，选择 T3D8 刀具，如图 10-52 所示。

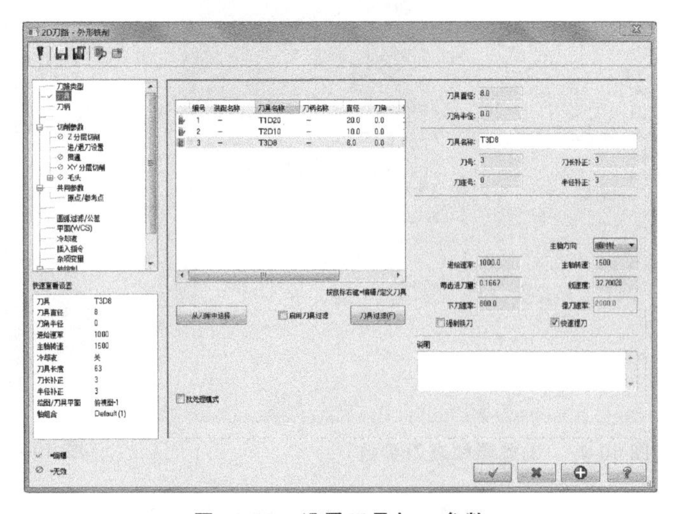

图 10-52　设置刀具加工参数

技术要点

下刀速率是指主轴的升降进给速率，沿着加工面下刀时应该选择较小的进给量，以免崩刀，一般选择进给率的 2/3 左右。

（3）设置共同参数

47 在【2D 刀路-外形铣削】对话框左侧的【参数类别列表】框中选中【共同参数】选项，设置【参考高度】为“15”，【下刀位置】为“5”，【工件表面】为“－2”，【深度】为“－10”，如图 10-53 所示。

（4）设置切削参数

48 在【2D刀路-外形铣削】对话框左侧的【参数类别列表】框中选择【切削参数】选项，【补正方式】为“电脑”，【补正方向】为“右”，【壁边预留量】为“0”，如图10-54所示。

技术要点

补正方向到底是左还是右，一定要以用户选择串连轮廓上显示的箭头方向为准，要加工的材料在箭头左侧为“左”，反之亦然。

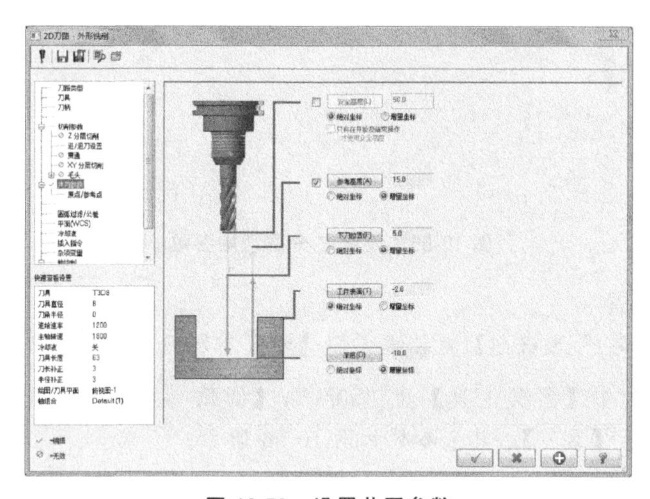

图 10-53 设置共同参数

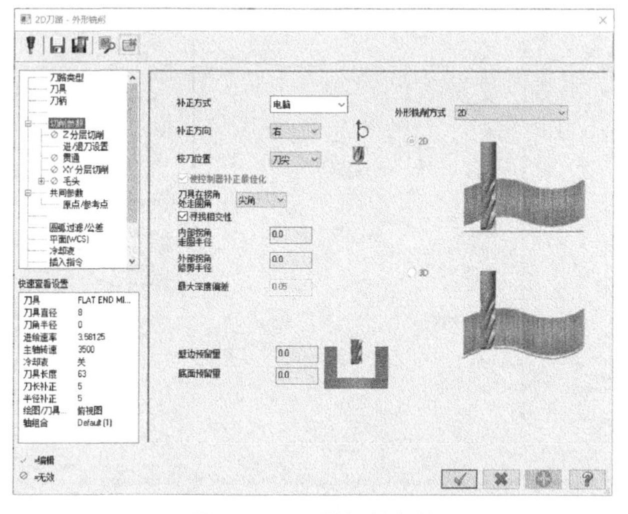

图 10-54 设置切削参数

（5）设置 Z 分层切削

49 在【2D刀路-外形铣削】对话框左侧【参数类别列表】框中选择【Z分层切削】选项，选中【深度分层切削】复选框，【最大粗切步进量】为“2”，选中【不提刀】复选框，以减少提刀；选择【依照轮廓】单选框，设定加工方式为依轮廓铣削，如图10-55所示。

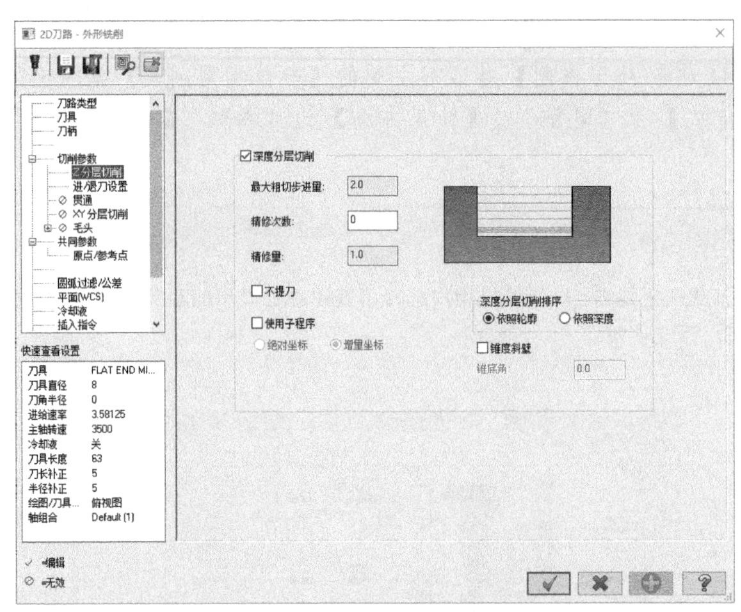

图 10-55　设置 *Z* 分层切削参数

（6）进/退刀设置

50　在【2D刀路-外形铣削】对话框左侧【参数类别列表】框中选择【进/退刀设置】选项，设置【进刀】中【直线-长度】为“50%”，【圆弧-半径】为“50%”，单击⏩按钮复制【进刀】内容至【退刀】，其余参数如图 10-56 所示。

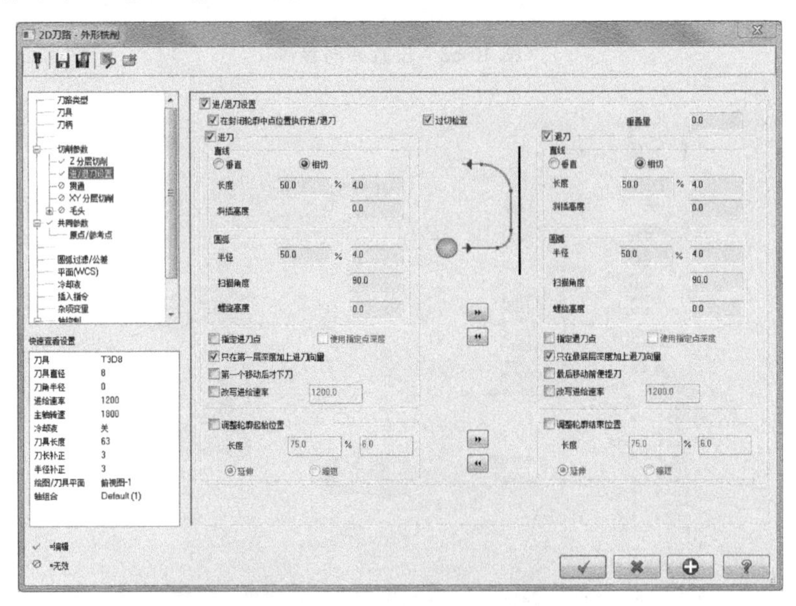

图 10-56　设置进/退刀参数

技术要点

轮廓铣削一般都要求加工表面光滑，如果在加工时刀具在表面处切削时间过长（如进刀、退刀、下刀和提刀时），就会在此处留下刀痕。一般要采用圆弧进刀和退刀。

（7）生成刀具路径并验证

51 单击【确定】按钮，完成加工参数设置，并生成刀具路径，如图 10-57 所示。

52 单击【刀路】管理器中的【验证已选择的操作】按钮，弹出【验证】对话框，单击【播放】按钮，验证加工工序，如图 10-58 所示。

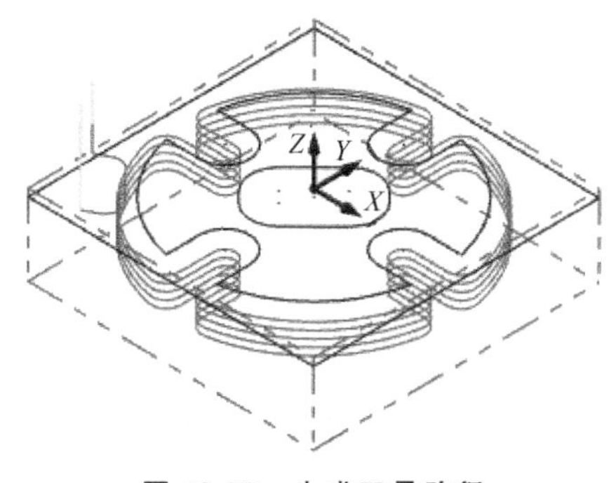

图 10-57 生成刀具路径

图 10-58 实体验证效果

53 单击【验证】对话框中的【关闭】按钮，结束验证操作。然后单击【刀路】管理器中的【切换刀具路径显示】按钮，关闭加工刀具路径的显示，为后续加工操作做好准备。

10.4.10 创建内腔外形铣削精加工

（1）复制外形铣削精加工

54 在【刀路】管理器窗口中，鼠标右键单击【4-外形铣削】操作，在弹出的快捷菜单中选择【复制】命令对该操作进行复制，如图 10-59 所示。

55 将鼠标移至下方空白处，鼠标右键单击并选择弹出快捷菜单【粘贴】命令，将复制的操作进行粘贴，如图 10-60 所示。

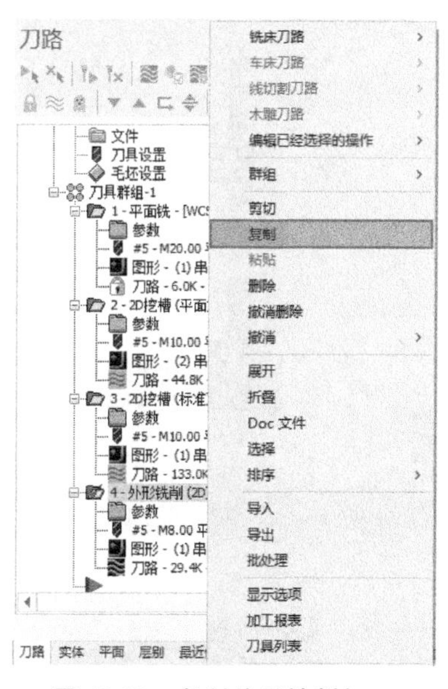

图 10-59 复制外形铣削加工

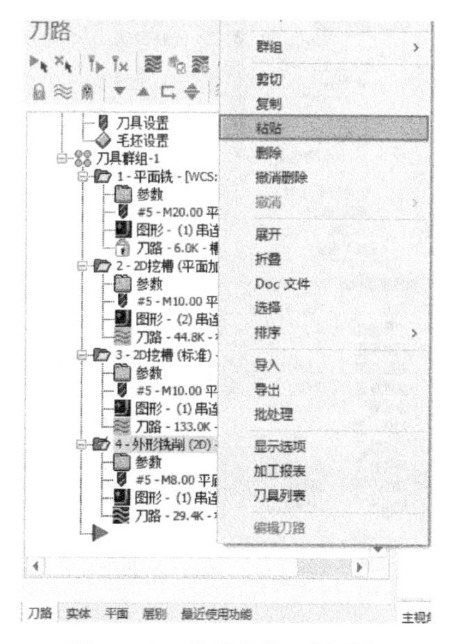

图 10-60 粘贴后的刀具路径

（2）更换外形铣削轮廓

56 单击粘贴后刀具路径【5-外形铣削】下的【图形】图标，弹出【串连管理】对话框，如图 10-61 所示。选中【串连 2】，按“Delete”键，清除所有轮廓，如图 10-62 所示。

图 10-61 【串连管理】对话框

图 10-62 清除后的对话框

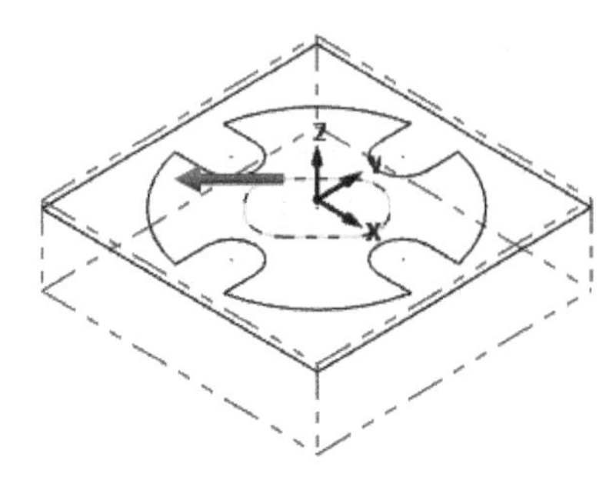

图 10-63 选择外形轮廓

57 在【串连管理】对话框的空白处，单击鼠标右键，在弹出的快捷菜单中选择【增加串连】命令，弹出【串连选项】对话框，如图 10-63 所示。

（3）设置切削参数

58 在【2D 刀路-外形铣削】对话框左侧的【参数类别列表】框中选择【切削参数】选项，【补正方式】为“电脑”，【补正方向】为“左”，【壁边预留量】为“0”，如图 10-64 所示。

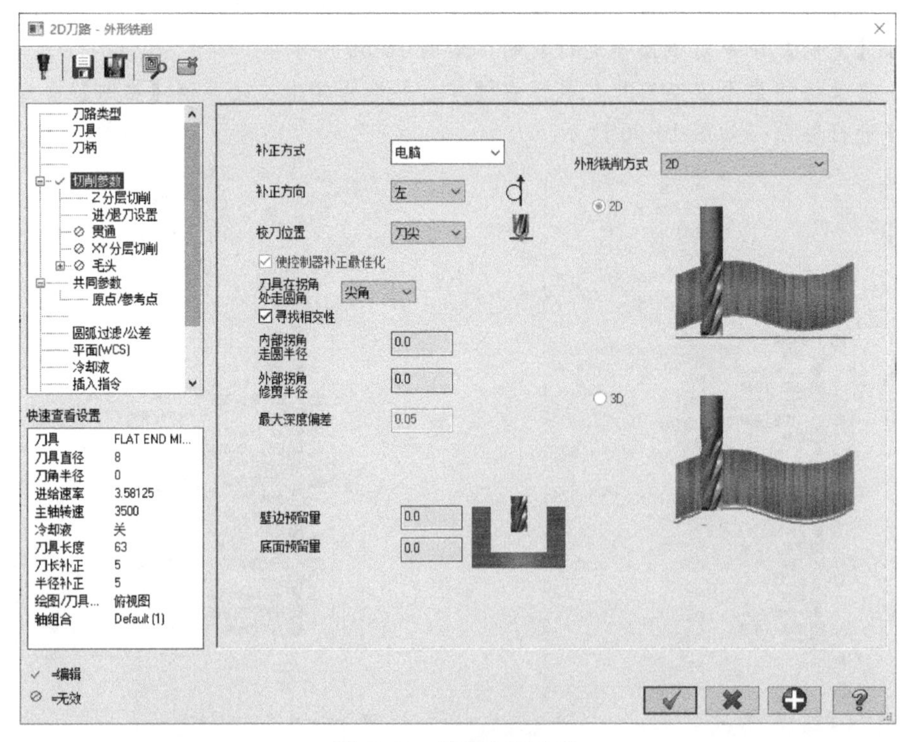

图 10-64 设置切削参数

(4) 生成刀具路径并验证

59 单击【确定】按钮，完成加工参数设置，并生成刀具路径，如图 10-65 所示。

60 单击【刀路】管理器中的【验证已选择的操作】按钮，弹出【验证】对话框，单击【播放】按钮，验证加工工序，如图 10-66 所示。

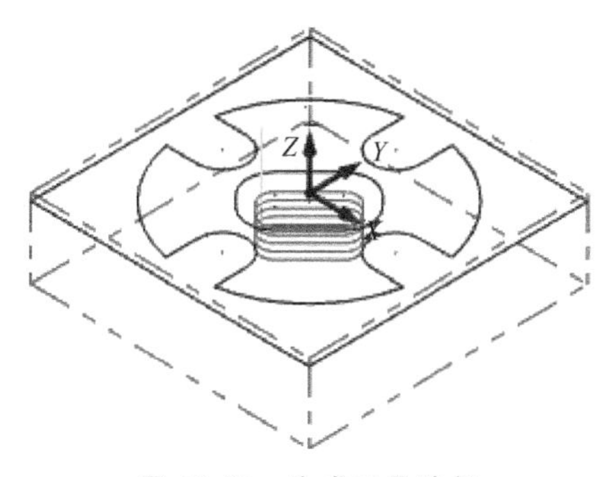

图 10-65 生成刀具路径

图 10-66 实体验证效果

61 单击【验证】对话框中的【关闭】按钮，结束验证操作。然后单击【刀路】管理器中的【切换刀具路径显示】按钮，关闭加工刀具路径的显示，为后续加工操作做好准备。

10.4.11 后处理

62 在【刀路】管理器中选择所创建的操作后，单击上方的 G1 按钮，弹出【后处理程序】对话框，选择【NC 文件】选项下的【编辑】复选框，如图 10-67 所示。

63 单击【确定】按钮，弹出【另存为】对话框，选择合适的目录后，单击【确定】按钮，生成后处理并打开【Mastercam Code Expert】对话框，如图 10-68 所示。

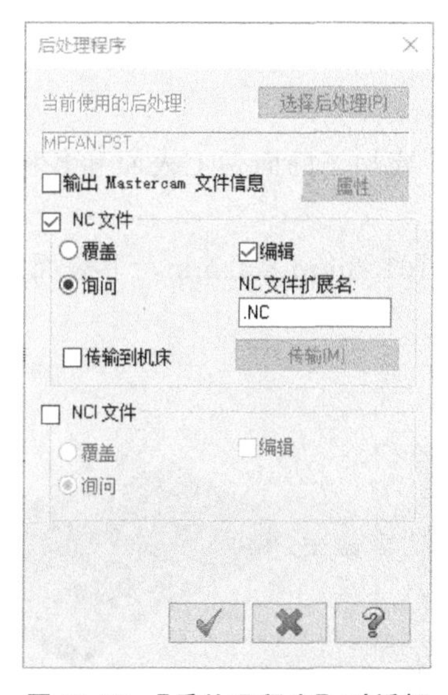

图 10-67 【后处理程序】对话框

图 10-68 【Mastercam Code Expert】对话框

11

第11章

典型3D综合零件加工实例——玩具手枪凸模数控加工

铣削 3D 加工是 Mastercam 数控加工的主要方式之一，本章以玩具手枪凸模为例来介绍 3D 数控在实际产品数控加工中的方法和步骤。

本章内容

◆ 玩具手枪凸模零件结构分析

◆ 玩具手枪凸模零件数控工艺分析与加工方案

◆ 玩具手枪凸模数控加工流程

◆ 玩具手枪凸模零件数控加工操作过程

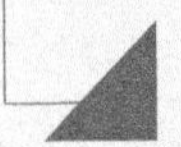

11.1 玩具手枪凸模零件结构分析

玩具手枪凸模如图 11-1 所示，零件四面完成加工，要加工的面是上表面和各种腔槽，材料为 H13。

从图 11-2 可知该玩具手枪凸模整体尺寸 225mm×161.5mm×32mm，下表面经过加工，分型面、凸台、凹槽均需要加工，如图 11-2 所示。

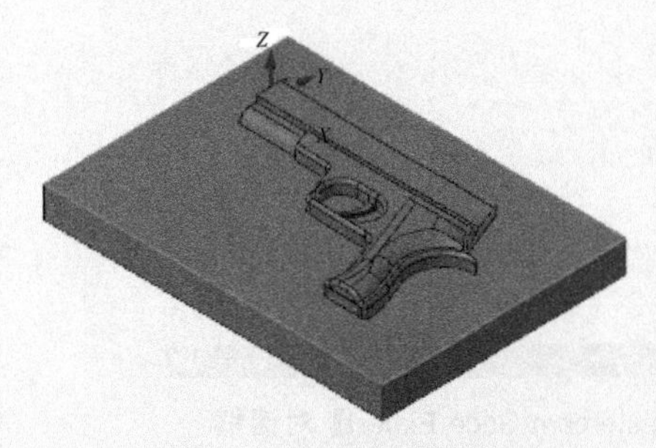

图 11-1 玩具手枪凸模

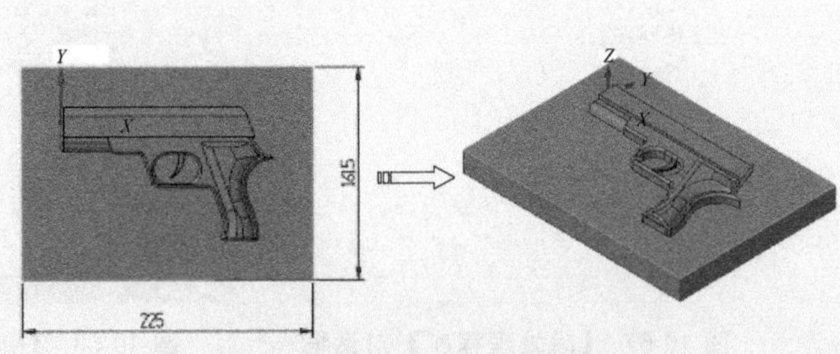

图 11-2 玩具手枪凸模整体尺寸

11.2 玩具手枪凸模零件数控工艺分析与加工方案

11.2.1 分析零件工艺性能

如图 11-2 所示，该零件属于小零件。加工表面为分型面、凸台、凹槽，加工精度为 $Ra1.6\mu m$。加工尺寸精度要求较高，要通过粗、精加工来完成。

11.2.2 选用毛坯

毛坯为六方形，材料为 H3 钢，外形尺寸为 225mm×161.5mm×40mm，六面全部经过初步加工。

11.2.3 确定加工方案

根据零件形状及加工精度要求，按照先粗后精、先面后孔的原则，按照“挖槽铣削粗加工”→“混合铣削半精加工”→“环绕铣削精加工”→“清角铣削精加工”的顺序逐步达到加工精度。该零件的数控加工方案见表 11-1 所示。

表 11-1 玩具手枪凸模零件的数控加工方案

工步号	工步内容	刀具	刀具类型	切削参数设置		
				主轴转速 /r·min^{-1}	进给速度 /mm·min^{-1}	背吃刀量 /mm
1	挖槽铣削粗加工	T01	$\phi 8R2$ 圆鼻刀	1500	800	1
2	混合铣削半精加工	T02	$\phi 6R1$ 圆鼻刀	2000	1000	0.5
3	环绕铣削精加工	T03	$\phi 4$ 球刀	2500	1500	0.5
4	清角铣削精加工	T04	$\phi 3$ 球刀	3000	1800	—

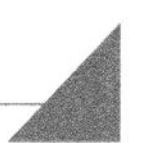

11.3 玩具手枪凸模数控加工流程

根据拟定的加工工艺路线，采用 Mastercam 铣削 3D 加工实现玩具手枪凸模的加工。

11.3.1 加工准备工作

在创建加工之前首先要打开模型文件，然后通过创建平面方式设置加工坐标系，选择铣床为加工机床，并指定加工毛坯，最后利用刀具管理功能创建加工刀具，如图 11-3 所示。

11.3.2 创建挖槽粗加工

启动挖槽加工，选择加工曲面，接着选择加工刀具，设置曲面参数和粗切参数，最后生成刀具路径和验证，如图 11-4 所示。

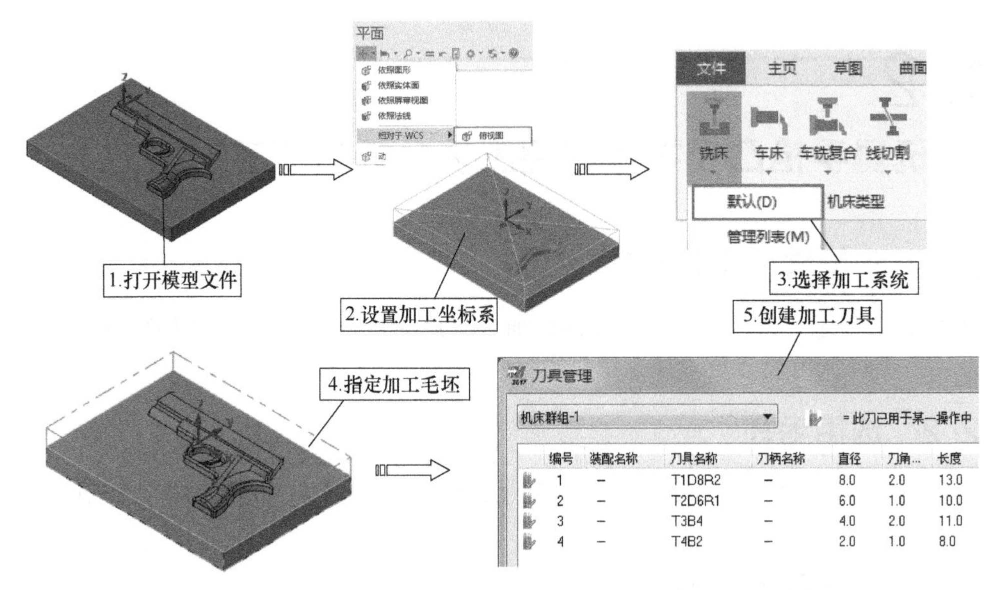

图 11-3　加工准备工作

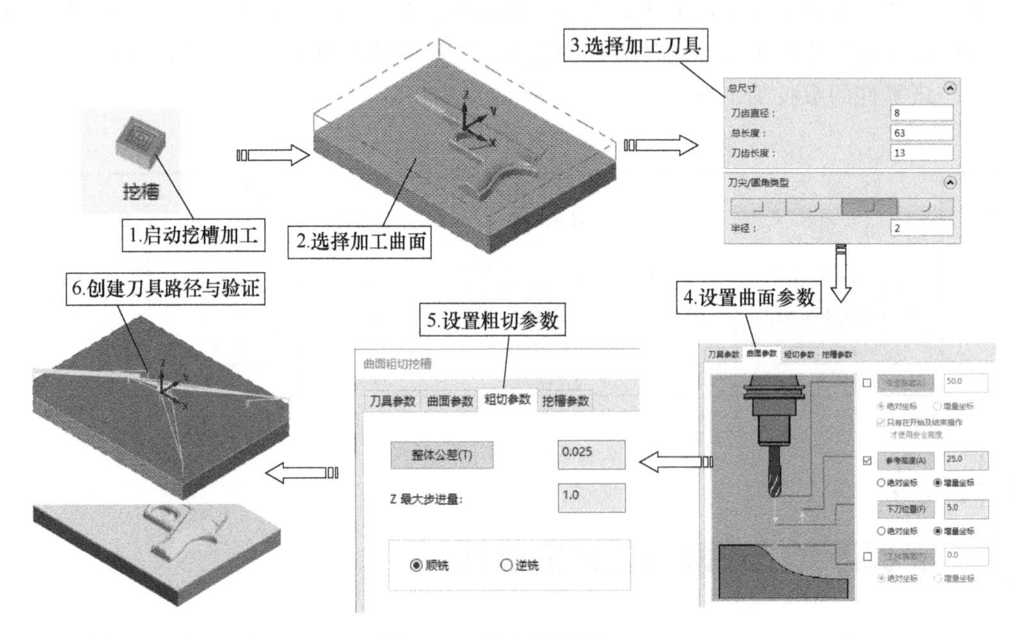

图 11-4　创建挖槽粗加工

11.3.3　创建混合半精加工

启动混合铣削加工，选择加工曲面，接着选择加工刀具，设置预留量、切削参数、共同参数，最后生成刀具路径和验证，如图 11-5 所示。

11.3.4　创建环绕铣削精加工

启动环绕铣削加工，选择加工曲面，接着选择加工刀具，设置预留量、切削参数、共同参数，最后生成刀具路径和验证，如图 11-6 所示。

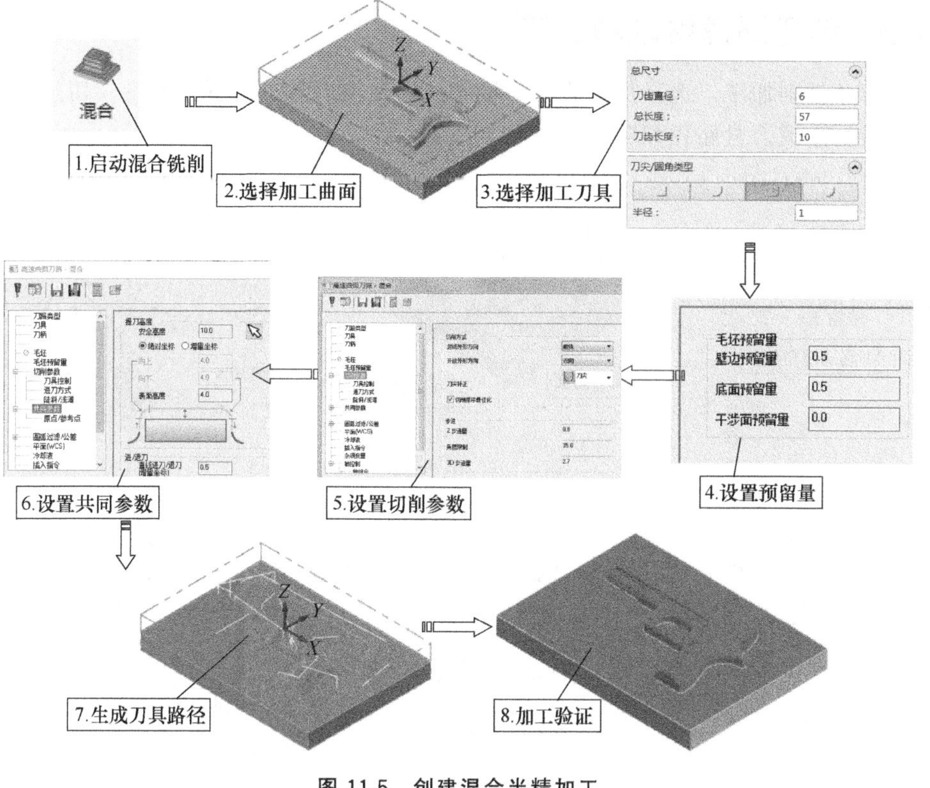

图 11-5　创建混合半精加工

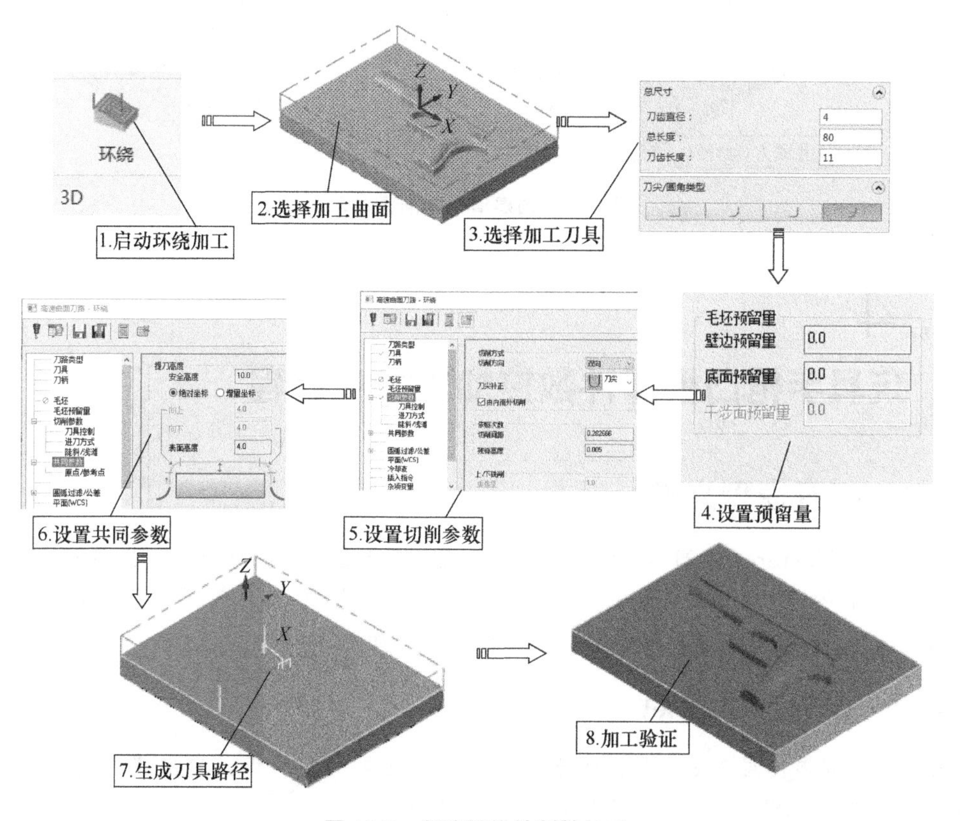

图 11-6　创建环绕铣削精加工

11.3.5 创建清角铣削精加工

启动清角铣削加工，选择加工曲面，接着选择加工刀具，设置预留量、切削参数、共同参数，最后生成刀具路径和验证，如图 11-7 所示。

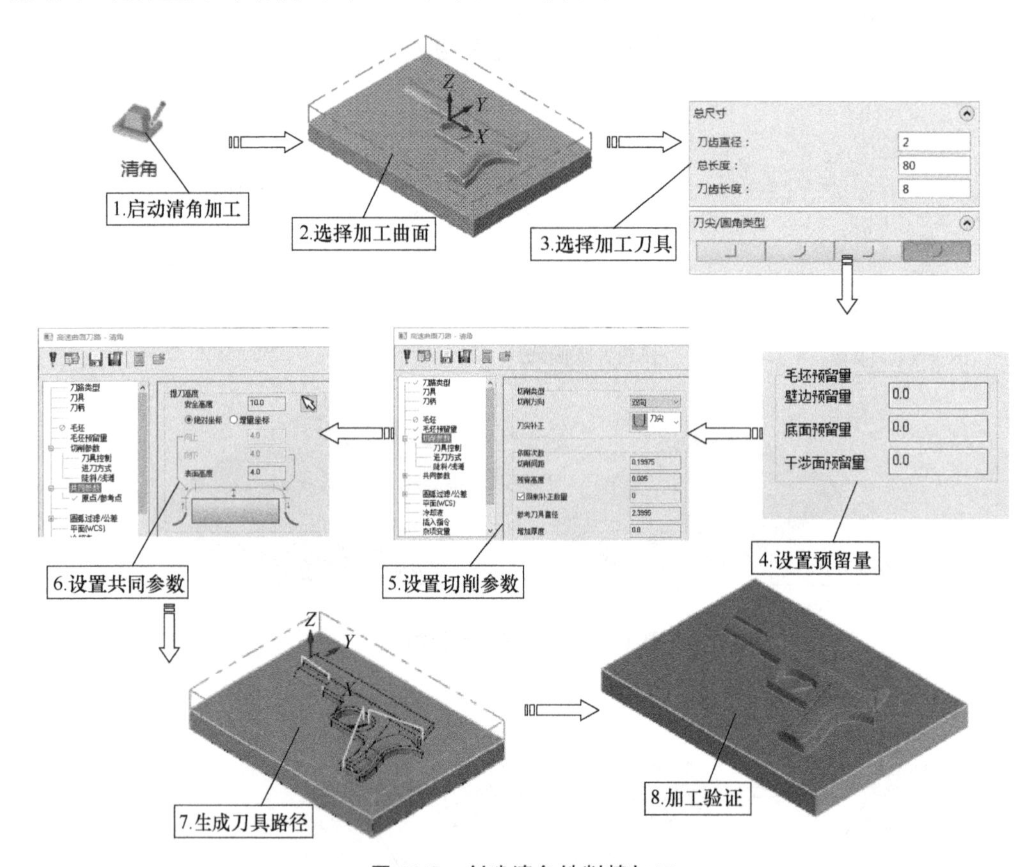

图 11-7 创建清角铣削精加工

11.4 玩具手枪凸模零件数控加工操作过程

11.4.1 打开模型文件

01 启动 Mastercam2017，选择下拉菜单【文件】|【打开】命令，弹出【打开】对话框，选择“手枪凸模 CAD. mcam”(扫二维码下载素材文件\第 11 章\手枪凸模 CAD. mcam)，单击【打开】按钮，将该文件打开，如图 11-8 所示。

11.4.2 设置加工原点

02 设置当前图层为 8。在管理器面板中单击【层别】标识，弹出【层别】管理器，在【编号】输入“8”，完成层别设置，如图 11-9 所示。

图 11-8 等角视图显示文件

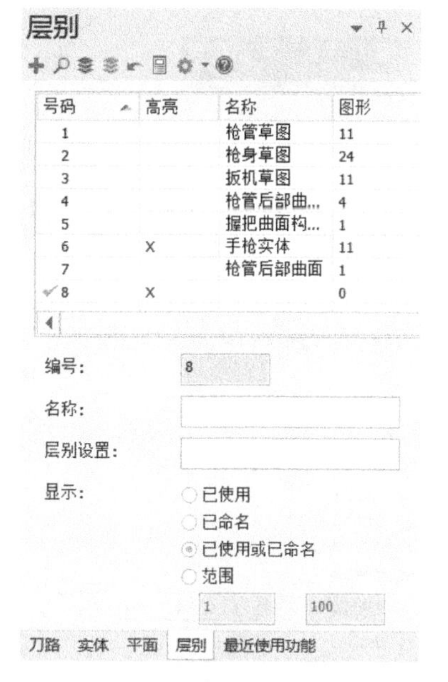

图 11-9 【层别】管理器

03 单击【草图】选项卡中的【形状】组中的【边界盒】按钮，弹出【边界盒】管理器，选择如图 11-10 所示的曲面，设置【尺寸】为（225，161.5，40），单击【结束选择】按钮，单击【确定】按钮创建边界盒如图 11-10 所示。

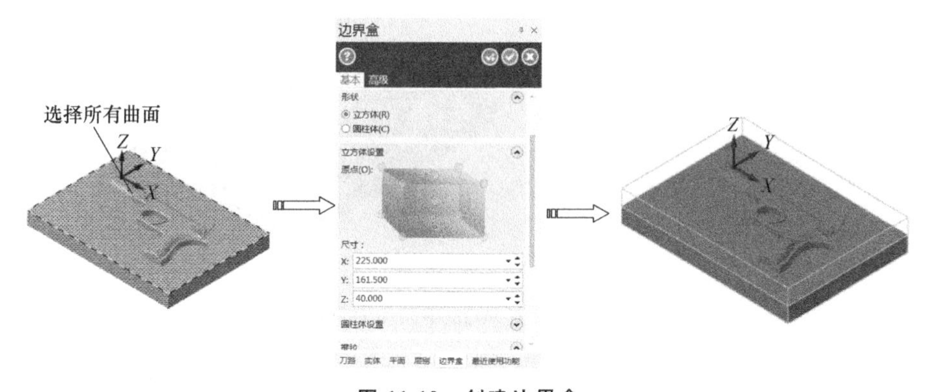

图 11-10 创建边界盒

04 单击【草图】选项卡中的【绘线】组中的【连续线】按钮，弹出【连续线】管理器，选中【任意线】和【两端点】选项，绘制边界框顶面的两条线段，单击【确定】按钮绘制直线，如图 11-11 所示。

05 在【平面】管理器的左上角单击【创建新平面】按钮，选择【相对于 WCS】|【俯视图】按钮，弹出【新建平面】对话框，单击按钮，拾取直线交点作为原点，单击【确定】按钮，如图 11-12 所示。

06 在【平面】管理器中设置新建的平面为当前 WCS 平面和刀具平面，如图 11-13 所示。

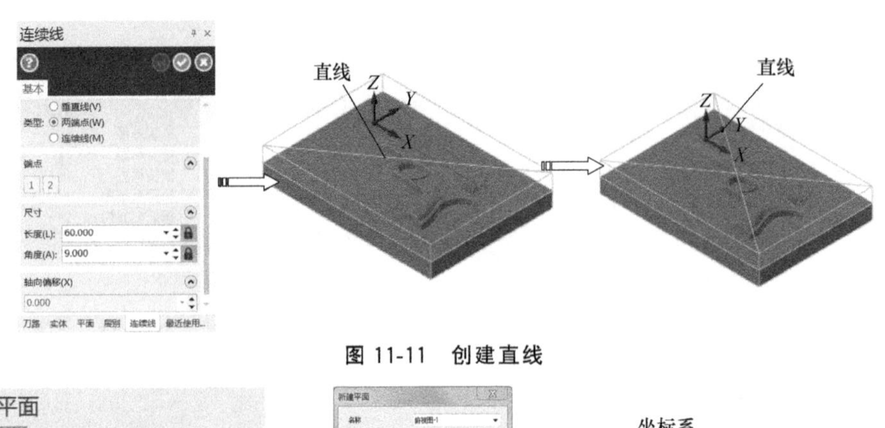

图 11-11　创建直线

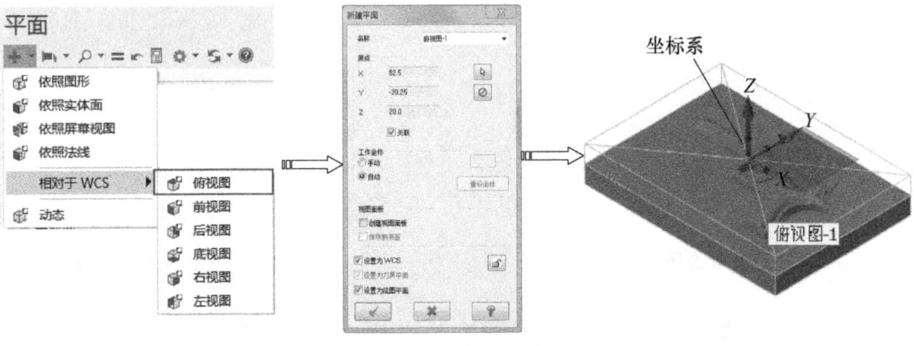

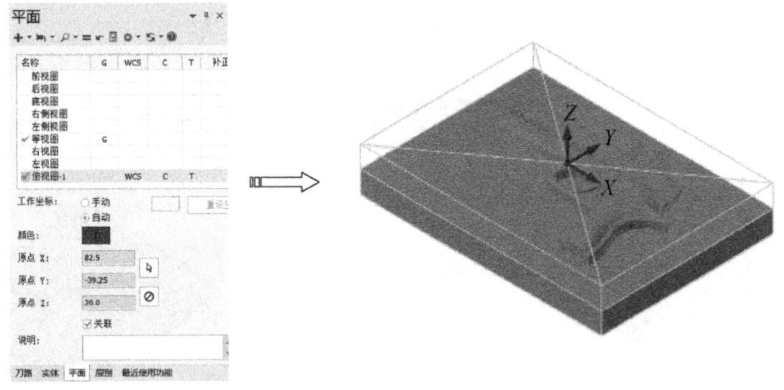

图 11-12　【新建平面】

图 11-13　设置 WCS 平面和刀具平面

07　设置当前图层为 9 并关闭图层 8。在管理器面板中单击【层别】标识，弹出【层别】管理器，在【编号】输入“9”，完成层别设置。

11.4.3　选择加工系统

08　选择【机床】选项卡上【机床类型】组中的【铣床】按钮下的【默认】命令，如图 11-14 所示。

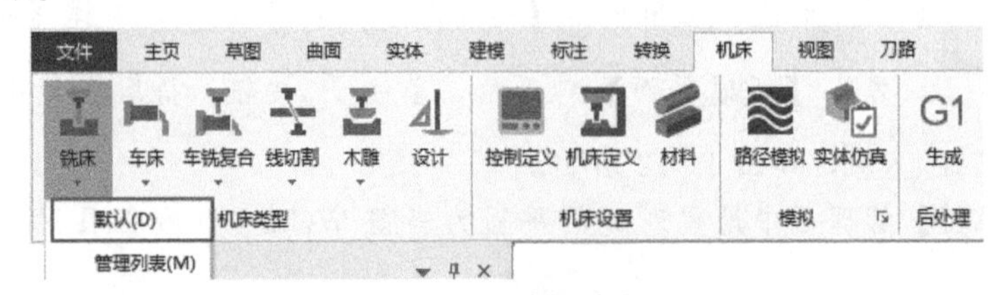

图 11-14　选择铣床

09 系统进入铣削加工模块，双击【刀路】管理器中的【属性-Mill Default MM】选项，展开【刀路】管理器，如图 11-15 所示。

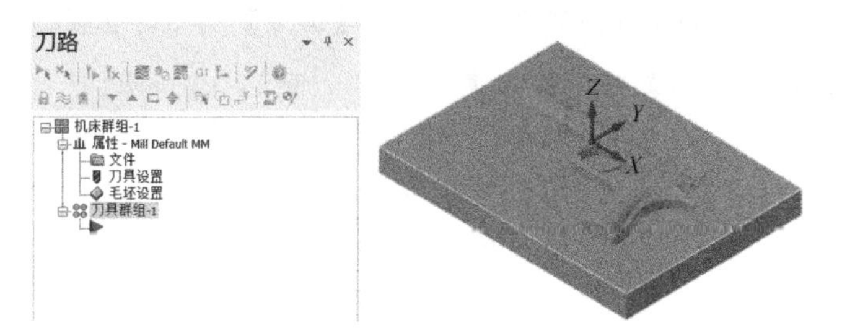

图 11-15 启动铣床加工环境

11.4.4 创建加工毛坯

10 单击【属性】选项下的【毛坯设置】选项，系统弹出【机床群组属性】对话框中的【毛坯设置】选项卡，设置【形状】为"立方体"，选中【显示】中的【线框】选项，以在显示窗口中以线框形式显示毛坯，如图 11-16 所示。

11 【毛坯原点】为 (0，0，0)，长 225mm，宽 161.5mm，高 40mm，单击【机床群组属性】对话框中的【确定】按钮，完成加工工件设置，如图 11-17 所示。

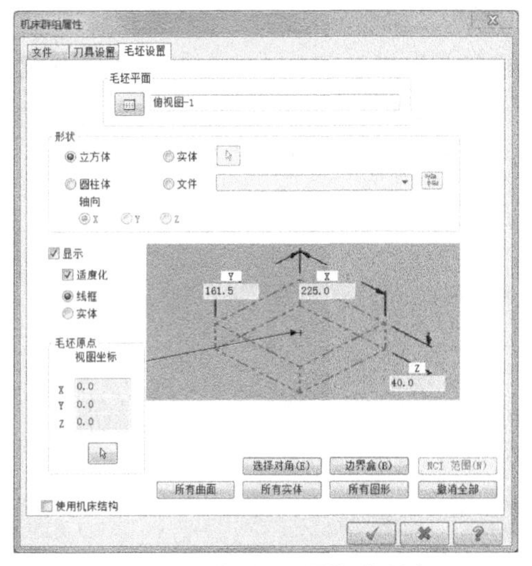

图 11-16 【毛坯设置】选项卡

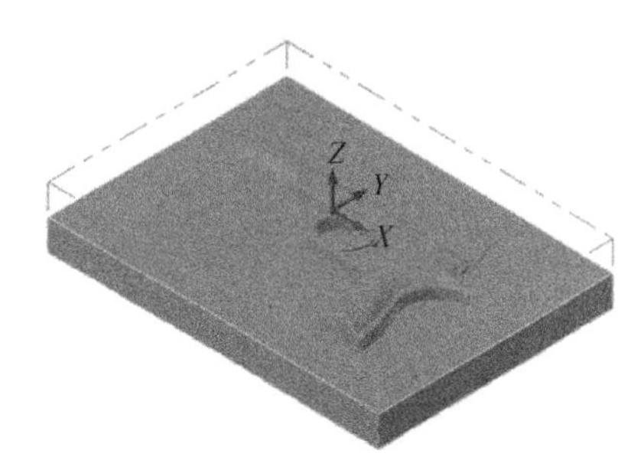

图 11-17 创建工件

11.4.5 创建加工刀具

12 单击【刀路】选项卡中【工具】组上的【刀具管理】按钮，弹出【刀具管理】对话框，如图 11-18 所示。

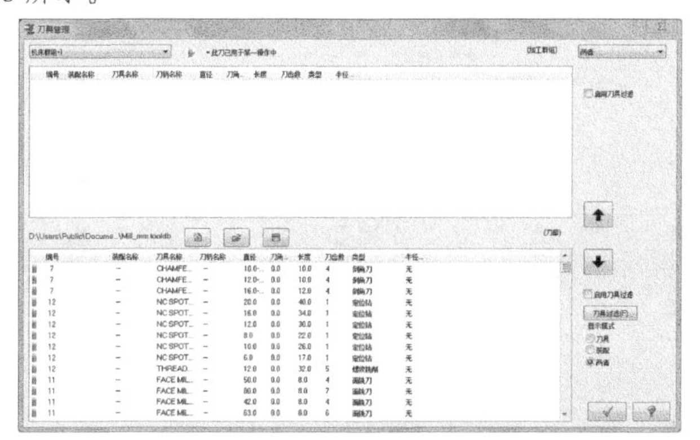

图 11-18 【刀具管理】对话框

13 在下面刀路列表中选择【编号】为5，直径为8的“END MILL WITH RADIUS-8”的圆鼻刀，单击⬆按钮，如图11-19所示。

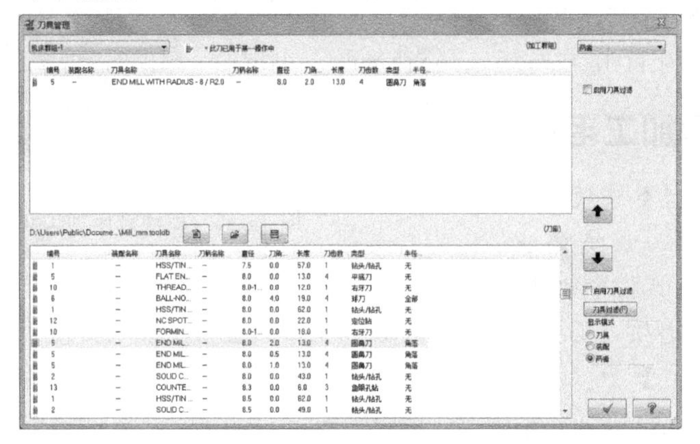

图11-19 选择直径为8的刀具

14 双击窗口中选择的5号刀具，弹出【编辑刀具】对话框，在左侧列表中选择【完成属性】，设置【刀号】为“1”，【进给速率】为“800”，【下刀速率】为“500”，【主轴转速】为“1500”，【名称】为“T1D8R2”，如图11-20所示。单击【完成】按钮返回。

图11-20 T1D8R2【完成属性】选项

15 在下面刀路列表中选择【编号】为5，直径为6的“END MILL WITH RADIUS-6”的圆鼻刀，单击⬆按钮，如图11-21所示。

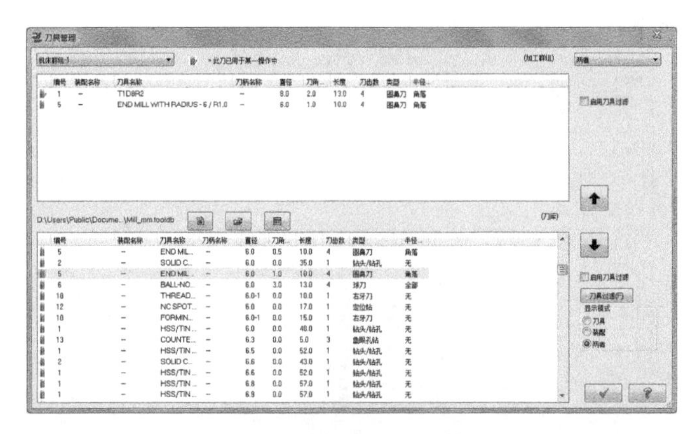

图11-21 选择直径为6的刀具

16 双击窗口中选择的5号刀具，弹出【编辑刀具】对话框，在左侧列表中选择【完成属性】，设置【刀号】为“2”，【进给速率】为“1000”，【下刀速率】为“600”，【主轴转速】为“2000”，【名称】为“T2D6R1”，如图11-22所示。单击【完成】按钮返回。

图 11-22 T2D6R1【完成属性】选项

17 在下面刀路列表中选择【编号】为6，直径为4的“BALL-NOSE END MILL - 4”的球刀，单击按钮，如图11-23所示。

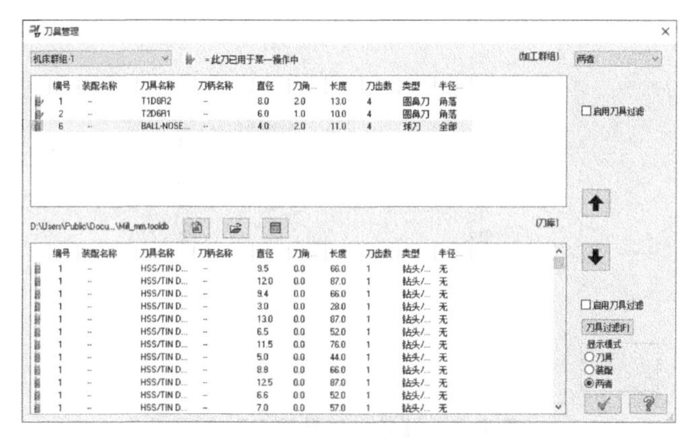

图 11-23 选择直径为4的刀具

18 双击窗口中选择的5号刀具，弹出【编辑刀具】对话框，在左侧列表中选择【完成属性】，设置【刀号】为“3”，【进给速率】为“1500”，【下刀速率】为“1000”，【主轴转速】为“2500”，【名称】为“T3B4”，如图11-24所示。单击【完成】按钮返回。

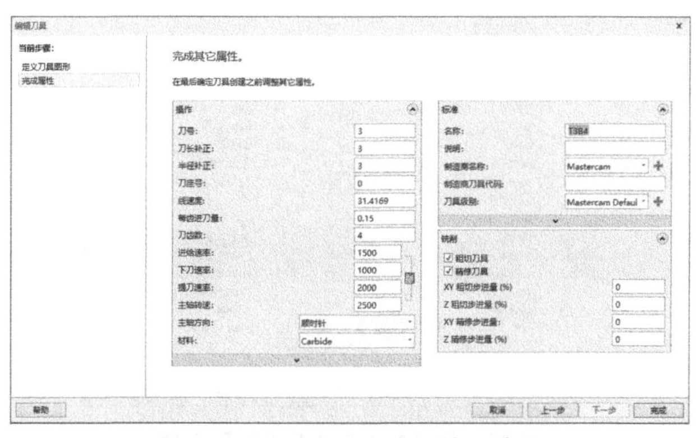

图 11-24 T3B4【完成属性】选项

19 在下面刀路列表中选择【编号】为 6，直径为 3 的“BALL-NOSE END MILL - 3”的球刀，单击 按钮，如图 11-25 所示。

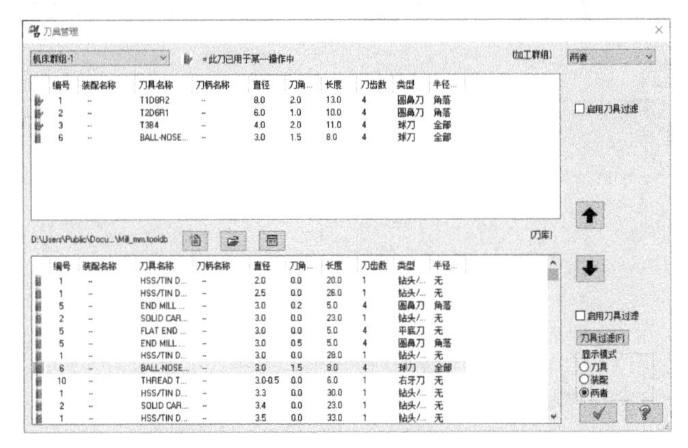

图 11-25 选择直径为 3 的刀具

20 双击窗口中选择的 6 号刀具，弹出【编辑刀具】对话框，在左侧列表中选择【定义刀具图形】，设置【刀齿直径】为“2”，【刀肩直径】为“2”，如图 11-26 所示。

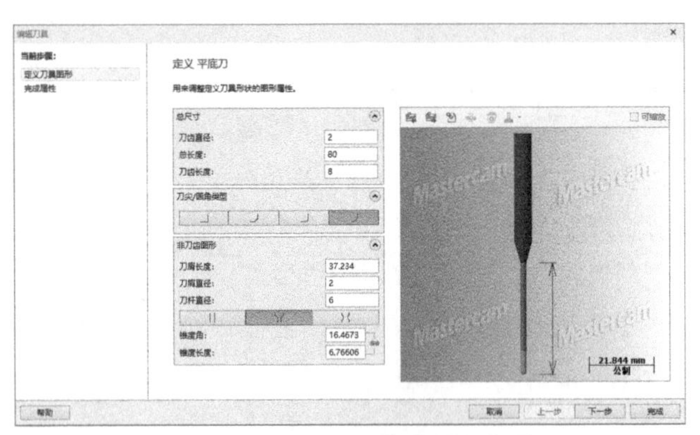

图 11-26 【定义刀具图形】选项

21 在左侧列表中选择【完成属性】，设置【刀号】为“4”，【进给速率】为“1800”，【下刀速率】为“1000”，【主轴转速】为“3000”，【名称】为“T4B2”，如图 11-27 所示。单击【完成】按钮返回。

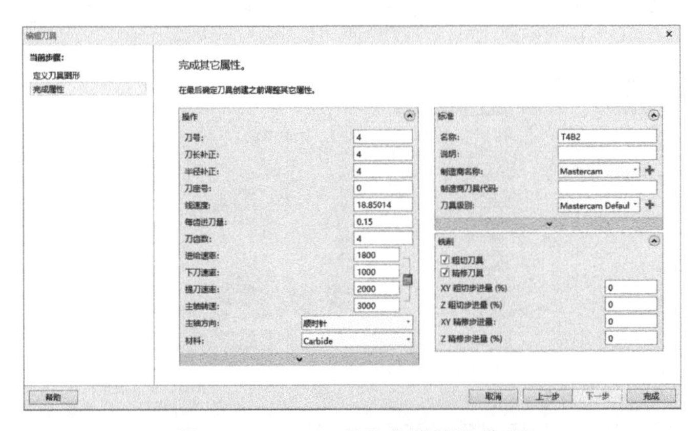

图 11-27 T4B2【完成属性】选项

11.4.6 创建挖槽铣削粗加工

(1) 启动挖槽加工

22 单击【刀路】选项卡上【3D】组中的【挖槽】按钮，系统弹出【输入新 NC 名称】对话框，输入“手枪凸模 CAM”，然后单击【确定】按钮，如图 11-28 所示。

23 系统提示选择加工曲面，拉框选择所有曲面作为加工表面，如图 11-29 所示。单击【结束选择】按钮，或直接按“Enter”键确定，系统弹出【刀路曲面选择】对话框，如图 11-30 所示。

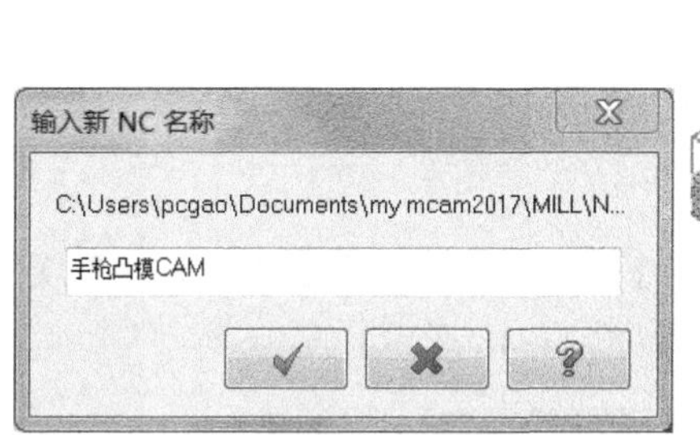

图 11-28 【输入新 NC 名称】对话框

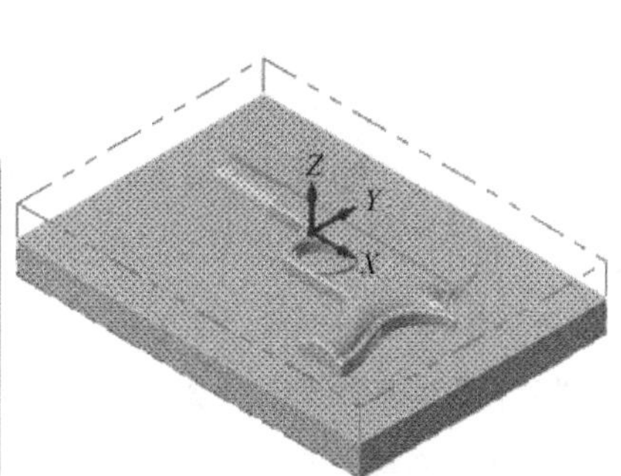

图 11-29 选择加工曲面

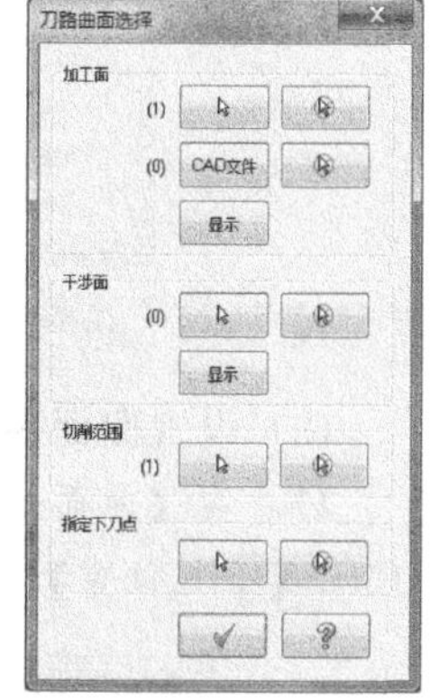

图 11-30 【刀路曲面选择】对话框

24 单击【切削范围】选项中的按钮，弹出【串连选项】对话框，选择【2D】选项和【串连选项】按钮，选择如图 11-31 所示的轮廓线。单击【确定】按钮，返回【刀路曲面选择】对话框。

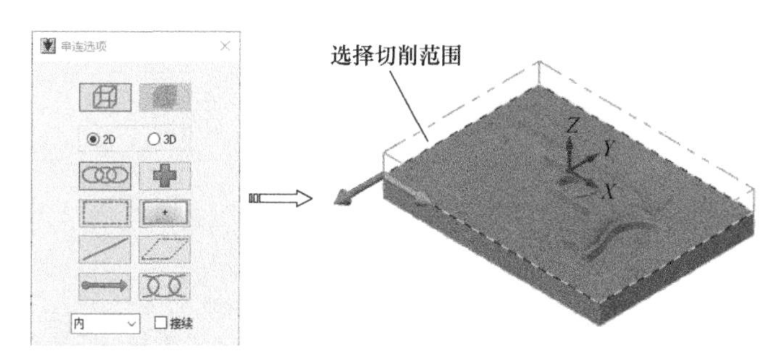

图 11-31 选择切削范围

25 单击【刀路曲面选择】对话框中的【确定】按钮，弹出【曲面粗切挖槽】对话框。

(2) 选择加工刀具

26 在【曲面粗切挖槽】对话框左侧的【刀具参数】选择 T1D8R2 刀具，如图 11-32 所示。

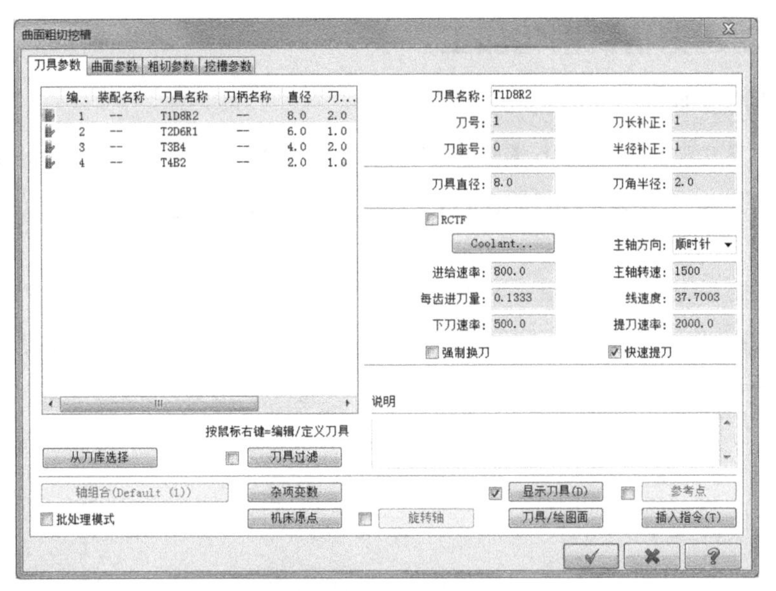

图 11-32　设置刀具参数

（3）设置曲面参数

27　在【曲面粗切挖槽】对话框中单击【曲面参数】选项卡，设置【参考高度】为“15”，【下刀位置】为“5”，【加工面预留量】为“1”，如图 11-33 所示。

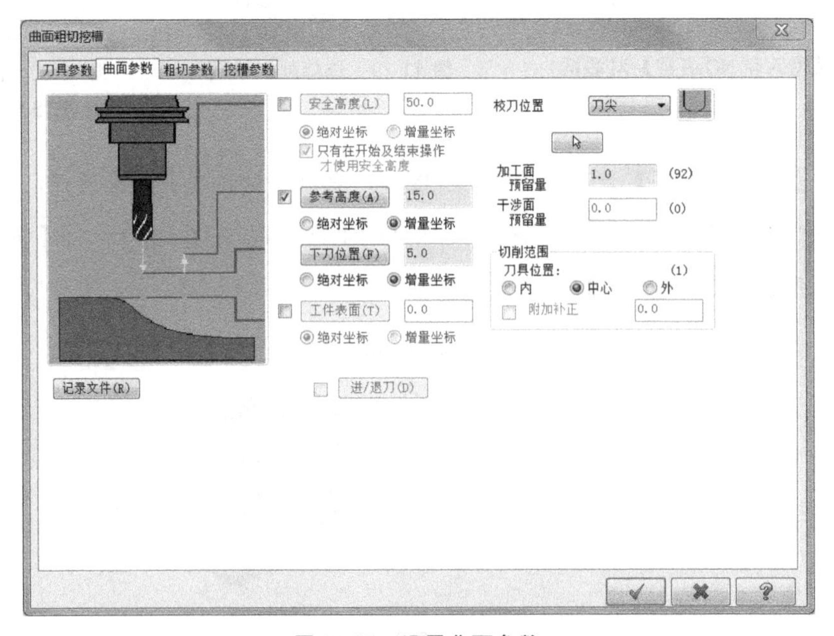

图 11-33　设置曲面参数

（4）设置切削参数

28　在【曲面粗切挖槽】对话框中单击【粗切参数】选项卡，设置【Z 最大步进量】为“1”，取消【由切削范围外下刀】复选框，如图 11-34 所示。

29　选中【螺旋进刀】复选框，单击【螺旋进刀】按钮，弹出【螺旋/斜插下刀设置】对话框，如图 11-35 所示。单击【确定】按钮 ✔ 完成。

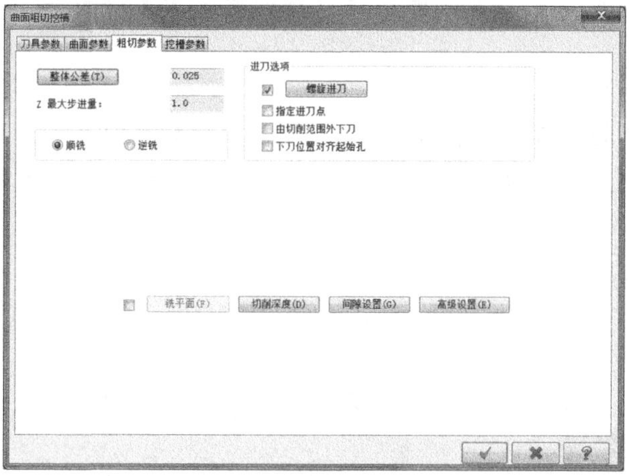

图 11-34　设置粗切参数

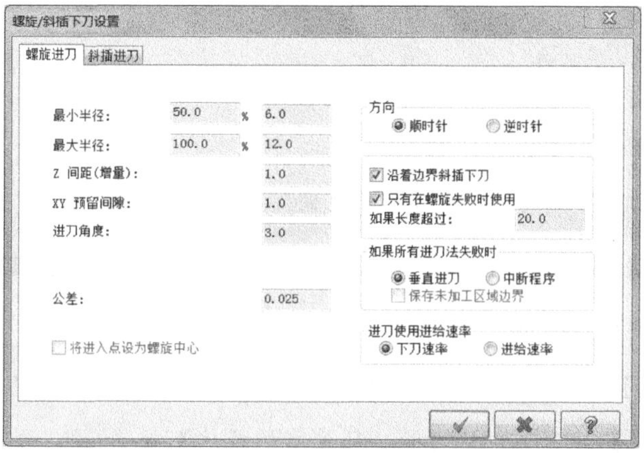

图 11-35　【螺旋/斜插下刀设置】对话框

30　单击【切削深度】按钮，弹出【切削深度设置】对话框，选择【绝对坐标】单选按钮，设置【最高位置】为“19”，【最低位置】为“0”，单击【确定】按钮，如图 11-36 所示。

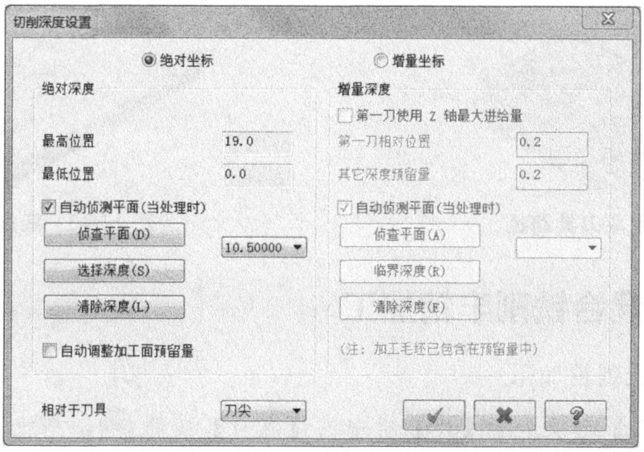

图 11-36　【切削深度设置】对话框

31 单击【间隙设置】按钮，弹出【刀路间隙设置】对话框，设置相关参数如图11-37所示。

（5）设置挖槽参数

32 在【曲面粗切挖槽】对话框中单击【挖槽参数】选项卡，设置【粗切】为“平行环切”，【切削间距（直径%）】为“50”，取消【精修】复选框，如图11-38所示。

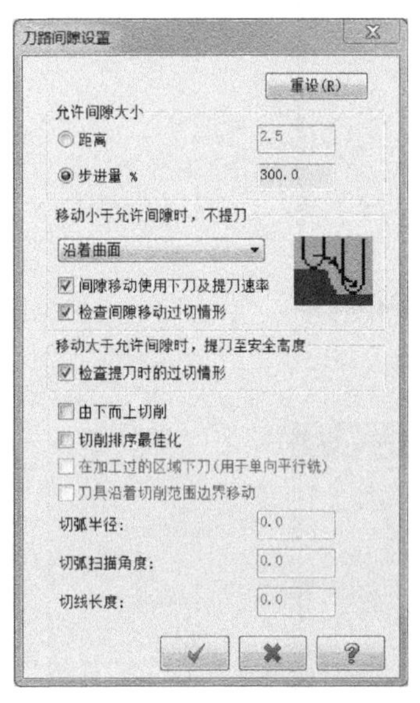

图 11-37 【刀路间隙设置】对话框

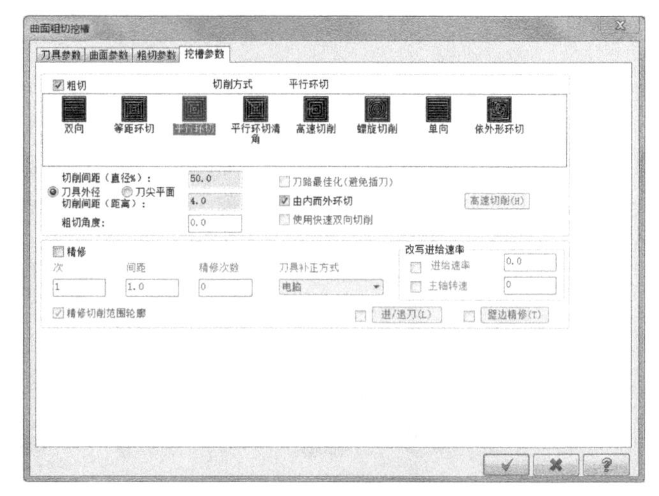

图 11-38 设置挖槽参数

（6）生成刀具路径并验证

33 单击【确定】按钮，完成加工参数设置，并生成刀具路径，如图11-39所示。

34 单击【刀路】管理器中的【验证已选择的操作】按钮，弹出【验证】对话框，单击【播放】按钮，验证加工工序，如图11-40所示。

35 单击【验证】对话框中的【关闭】按钮，结束验证操作。然后单击【刀路】管理器中的【切换刀具路径显示】按钮，关闭加工刀具路径的显示，为后续加工操作做好准备。

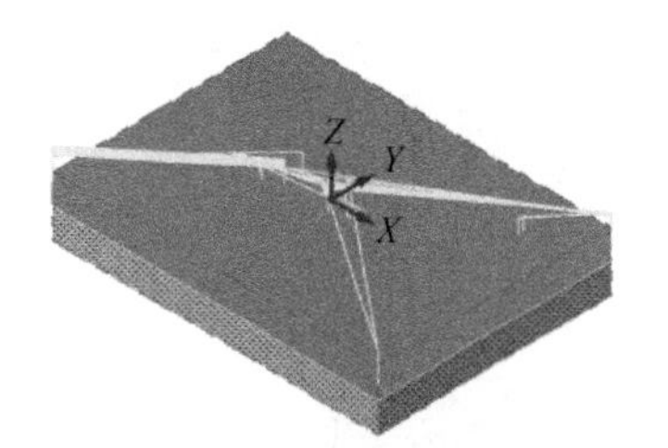

图 11-39 生成刀具路径

图 11-40 实体验证效果

11.4.7 创建混合铣削半精加工

（1）启动混合铣削精加工

36 单击【刀路】选项卡上【3D】组中的【混合】按钮，系统提示选择加工曲面，拉框选择所有曲面作为加工表面，如图11-41所示。单击【结束选择】按钮 结束选择 ，或直接按“Enter”键确定，系统弹出【刀路曲面选择】对话框，如图 11-42 所示。

37 单击【切削范围】选项中的 按钮，弹出【串连选项】对话框，选择【2D】选项和【串连选项】按钮，选择如图 11-43 所示的轮廓线。单击【确定】按钮，返回【刀路曲面选择】对话框。

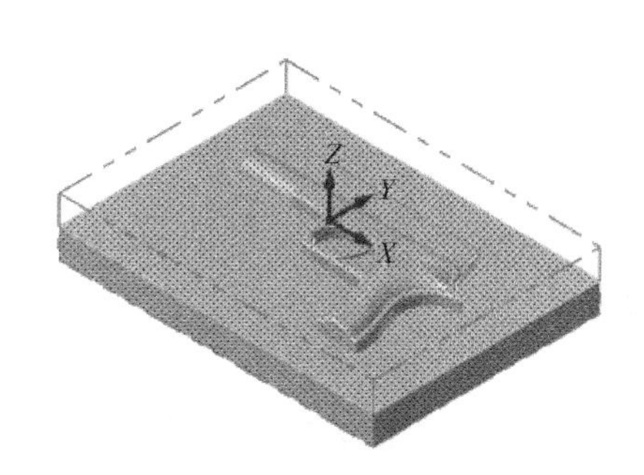

图 11-41 选择加工曲面

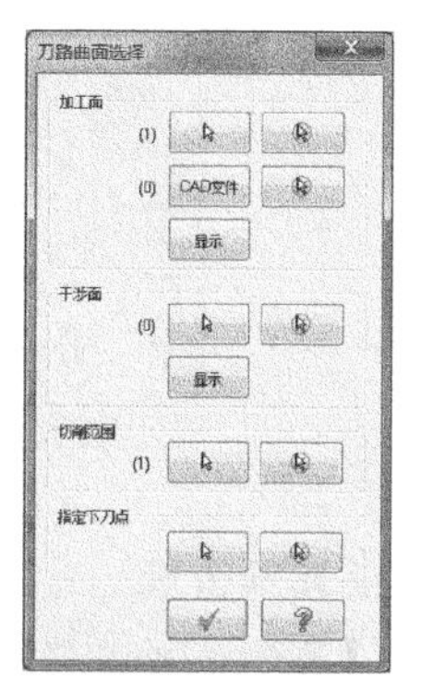

图 11-42 【刀路曲面选择】对话框

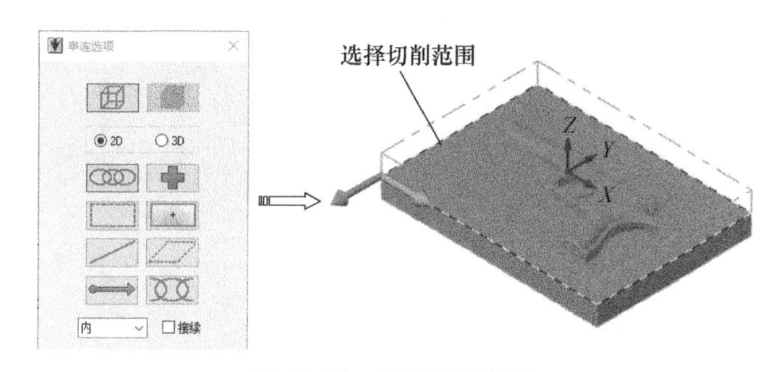

图 11-43 选择切削范围

38 单击【刀路曲面选择】对话框中的【确定】按钮，弹出【高速曲面刀路-混合】对话框，如图 11-44 所示。

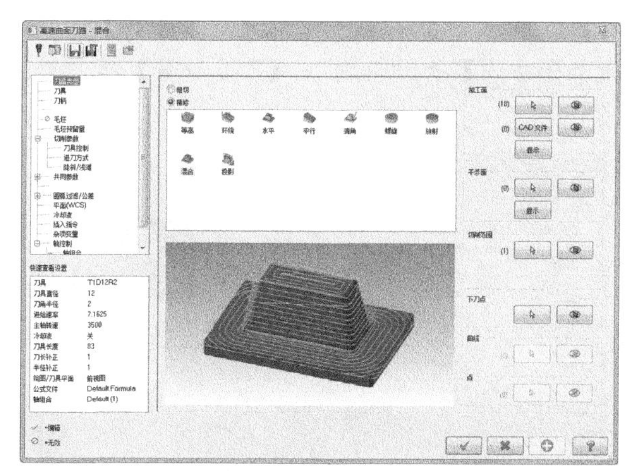

图 11-44 【高速曲面刀路-混合】对话框

（2）选择加工刀具

39 在【高速曲面刀路-混合】加工对话框左侧的【参数类别列表】中选择【刀具】

选项，选择 T2D6R1 刀具，如图 11-45 所示。

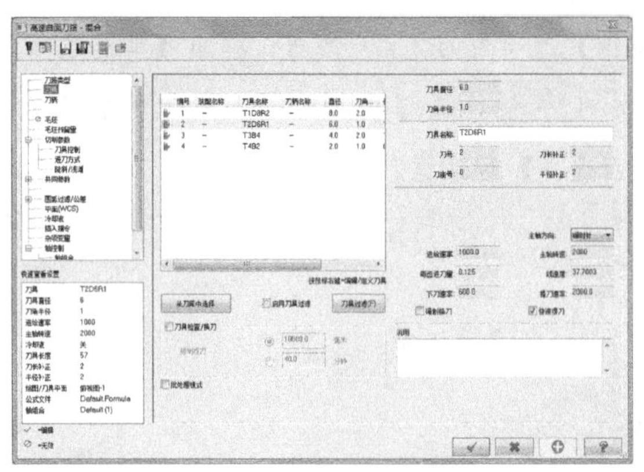

图 11-45　选择加工刀具

（3）设置毛坯预留量

40　选择【高速曲面刀路-混合】对话框中的【毛坯预留量】选项，设置【壁边预留量】为“0.5”，【底面预留量】为“0.5”，如图 11-46 所示。

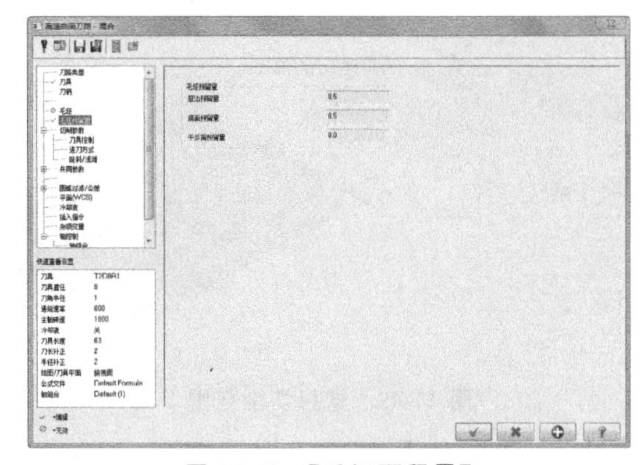

图 11-46　【毛坯预留量】

（4）设置切削参数

41　选择【高速曲面刀路-混合】对话框中的【切削参数】选项，设置【封闭外形方向】为“顺铣”，【开放外形方向】为“双向”，【Z 步进量】为“0.5”，【3D 步进量】为“2.0”，如图 11-47 所示。

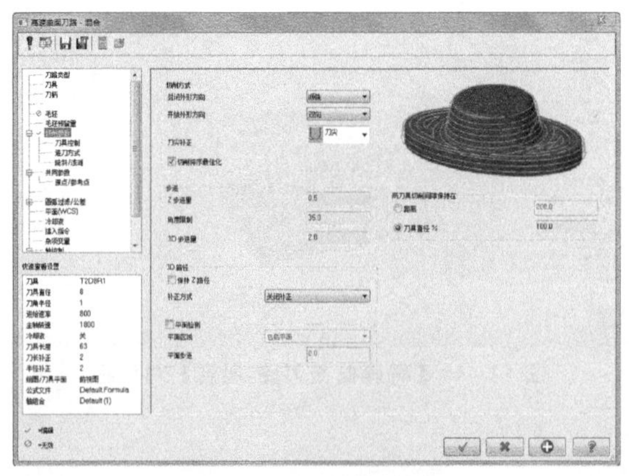

图 11-47　【切削参数】

42 单击左侧的【刀具控制】选项，设置【控制方式】为“刀尖”，【补正】为“中心”，如图 11-48 所示。

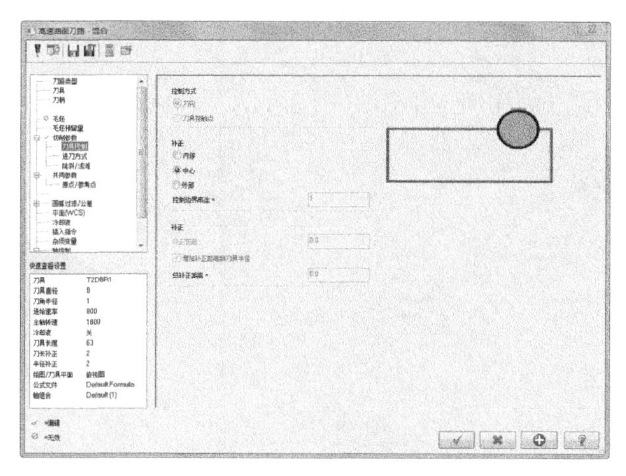

图 11-48 【刀具控制】

43 单击左侧的【进刀方式】选项，选中【切线斜插】复选框，如图 11-49 所示。

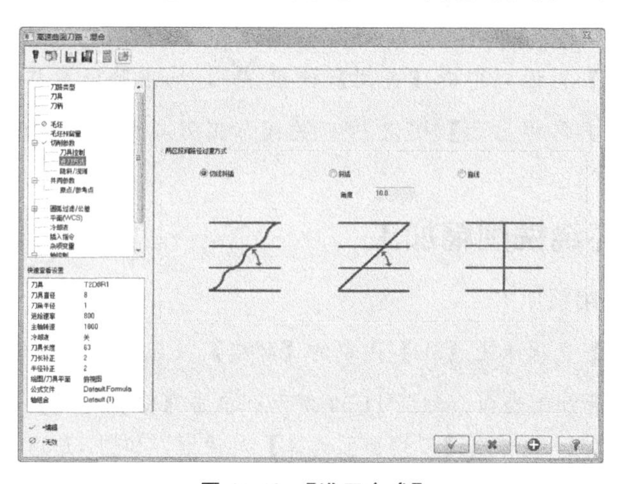

图 11-49 【进刀方式】

(5) 设置共同参数

44 选择【高速曲面刀路-混合】对话框中的【共同参数】选项，设置【安全高度】为“10”，【表面高度】为“4”，【适用于】为“最小修剪”，如图 11-50 所示。

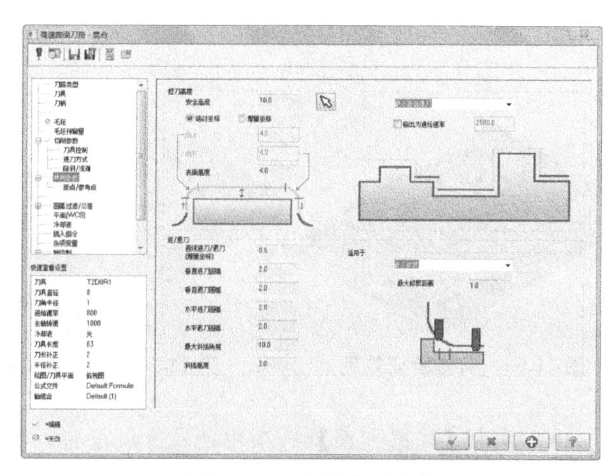

图 11-50 设置共同参数

45 选择左侧【原点/参考点】选项，设置【进入点】和【退出点】为“0，0，50”，如图 11-51 所示。

(6) 生成刀具路径并验证

46 单击【确定】按钮，完成加工参数设置，并生成刀具路径，如图 11-52 所示。

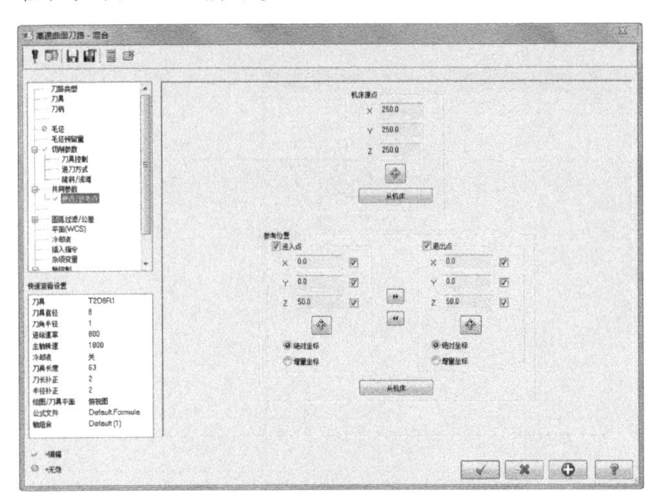

图 11-51 【原点/参考点】

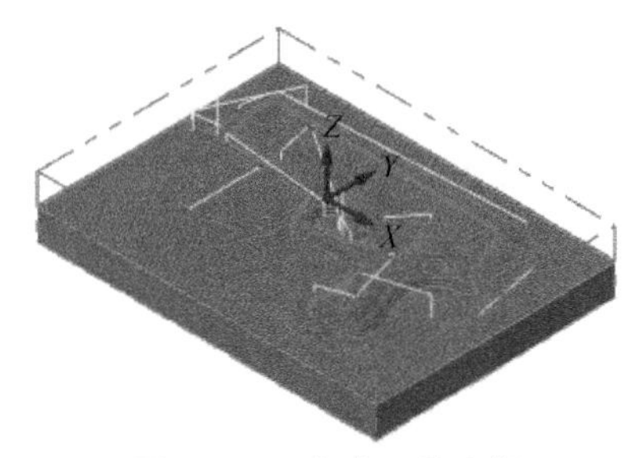

图 11-52 生成刀具路径

47 单击【刀路】管理器中的【验证已选择的操作】按钮，弹出【验证】对话框，单击【播放】按钮，验证加工工序，如图 11-53 所示。

48 单击【验证】对话框中的【关闭】按钮，结束验证操作。然后单击【刀路】管理器中的【切换刀具路径显示】按钮，关闭加工刀具路径的显示，为后续加工操作做好准备。

11.4.8 创建环绕铣削精加工

（1）启动环绕铣削精加工

49 单击【刀路】选项卡上【3D】组中的【环绕】按钮，系统提示选择加工曲面，拉框选择所有曲面作为加工表面，如图 11-54 所示。单击【结束选择】按钮，或直接按“Enter”键确定，系统弹出【刀路曲面选择】对话框，如图 11-55 所示。

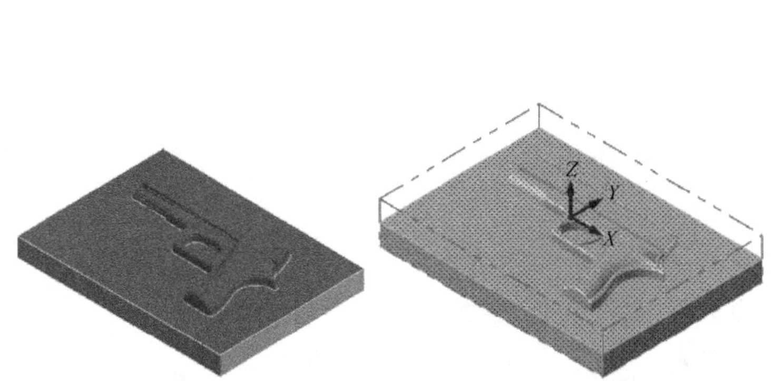

图 11-53 实体验证效果　　图 11-54 选择加工曲面

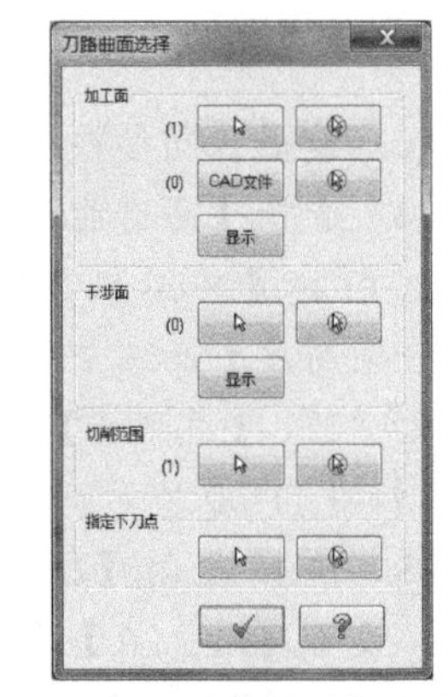

图 11-55 【刀路曲面选择】对话框

50 单击【切削范围】选项中的按钮，弹出【串连选项】对话框，选择【2D】选项和【串连选项】按钮，选择如图 11-56 所示的轮廓线。单击【确定】按钮，返回【刀路曲面选择】对话框。

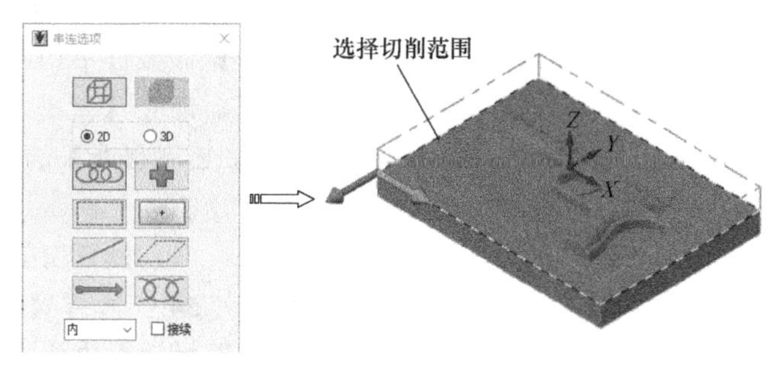

图 11-56 选择切削范围

51 单击【刀路曲面选择】对话框中的【确定】按钮，弹出【高速曲面刀路-环绕】对话框，如图 11-57 所示。

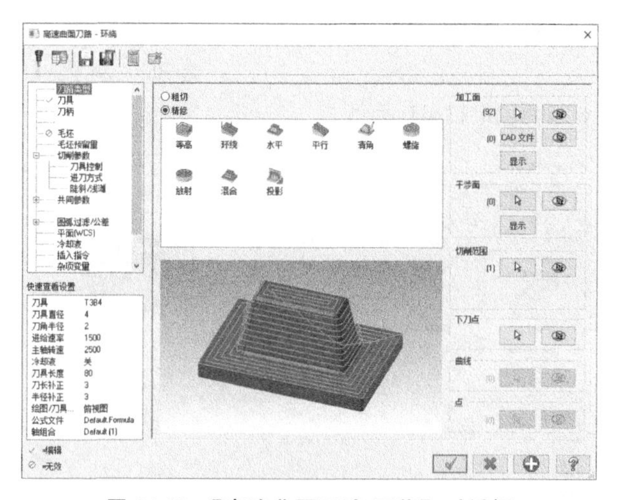

图 11-57 【高速曲面刀路-环绕】对话框

(2) 选择加工刀具

52 在【高速曲面刀路-环绕】加工对话框左侧的【参数类别列表】中选择【刀具】选项，选择 T3B4 刀具，如图 11-58 所示。

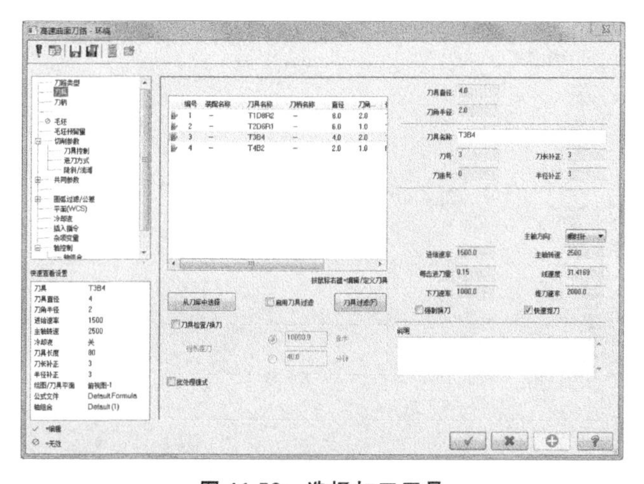

图 11-58 选择加工刀具

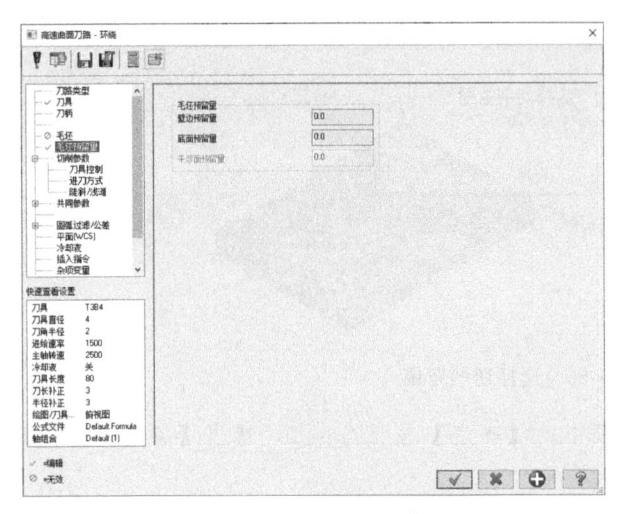

图 11-59 【毛坯预留量】

(3) 设置毛坯预留量

53 选择【高速曲面刀路-环绕】对话框中的【毛坯预留量】选项，设置【壁边预留量】为“0”，【底面预留量】为“0”，如图 11-59 所示。

(4) 设置切削参数

54 选择【高速曲面刀路-环绕】对话框中的【切削参数】选项，设置【切削方向】为“双向”，【残脊高度】为“0.005”，如图 11-60 所示。

55 单击左侧的【刀具控制】选项，设置【控制方式】为“刀尖”，【补正】为“中心”，如图 11-61 所示。

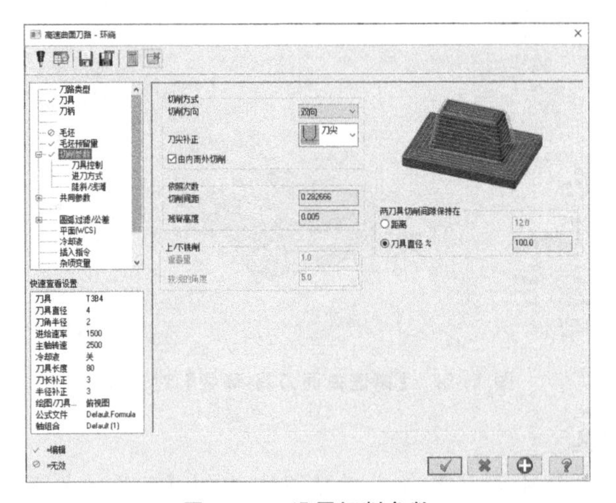

图 11-60 设置切削参数

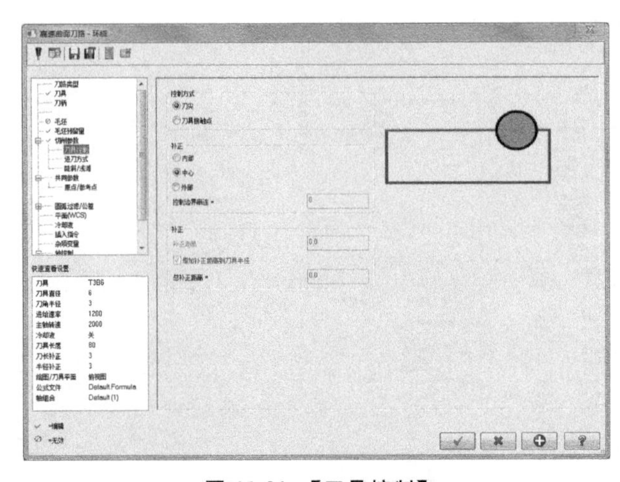

图 11-61 【刀具控制】

56 单击左侧的【进刀方式】选项，选中【切线斜插】复选框，如图 11-62 所示。

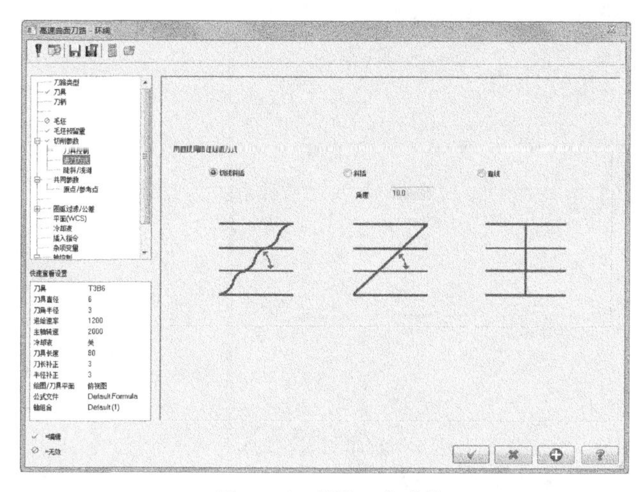

图 11-62 【进刀方式】

57 单击左侧的【陡斜/浅滩】选项，选中【从】为“0”，【到】为“90”，如图 11-63 所示。

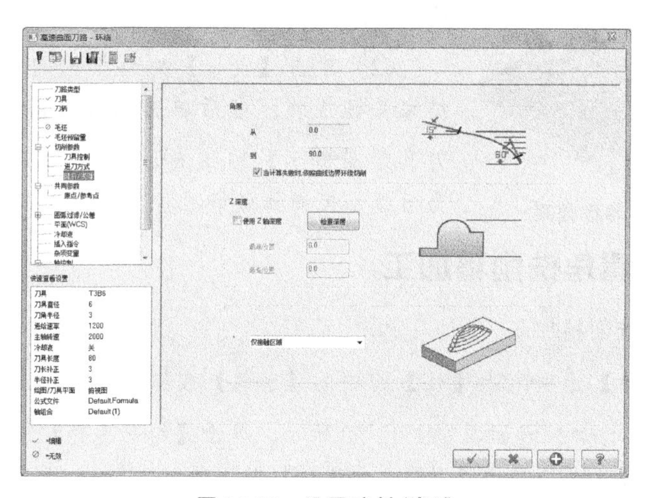

图 11-63 设置陡斜/浅滩

（5）设置共同参数

58 选择【高速曲面刀路-环绕】对话框中的【共同参数】选项，设置【安全高度】为“10”，【表面高度】为“4”，【适用于】为“最小修剪”，如图 11-64 所示。

59 选择左侧【原点/参考点】选项，设置【进入点】和【退出点】为“0，0，50”，如图 11-65 所示。

（6）生成刀具路径并验证

60 单击【确定】按钮，完

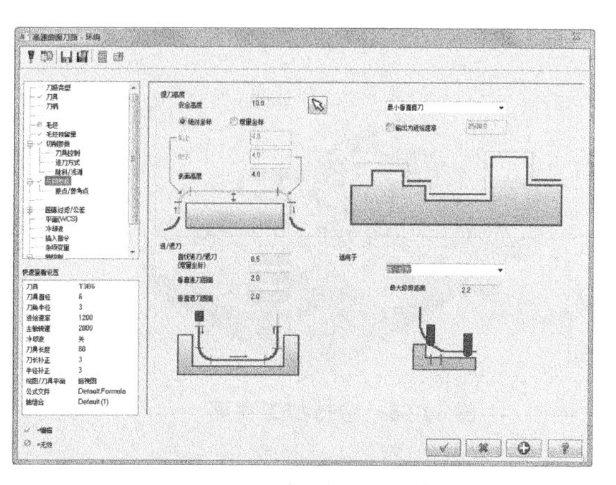

图 11-64 设置共同参数

成加工参数设置，并生成刀具路径，如图 11-66 所示。

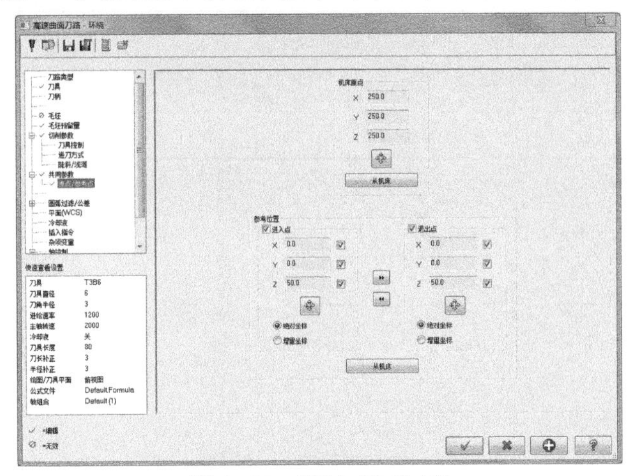

图 11-65 【原点/参考点】

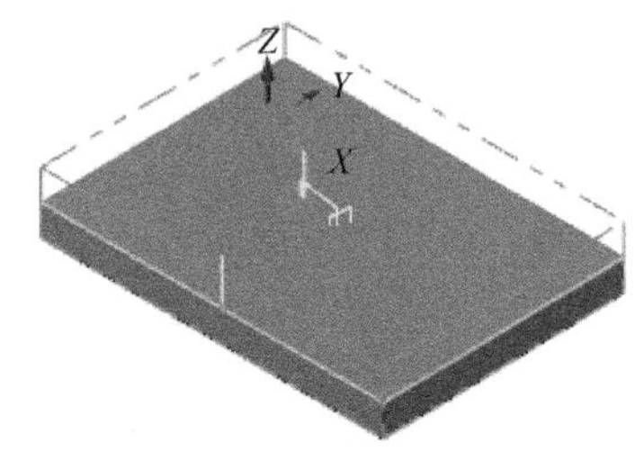

图 11-66 生成刀具路径

61 单击【刀路】管理器中的【验证已选择的操作】按钮，弹出【验证】对话框，单击【播放】按钮，验证加工工序，如图 11-67 所示。

图 11-67 实体验证效果

62 单击【验证】对话框中的【关闭】按钮，结束验证操作。然后单击【刀路】管理器中的【切换刀具路径显示】按钮，关闭加工刀具路径的显示，为后续加工操作做好准备。

11.4.9 创建清角铣削精加工

（1）启动清角铣削精加工

63 单击【刀路】选项卡上【3D】组中的【清角】按钮，系统提示选择加工曲面，拉框选择所有曲面作为加工表面，如图 11-68 所示。单击【结束选择】按钮，或直接按“Enter”键确定，系统弹出【刀路曲面选择】对话框，如图 11-69 所示。

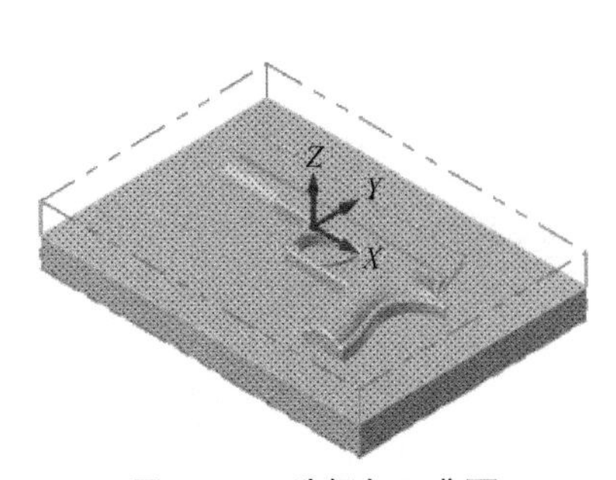

图 11-68 选择加工曲面

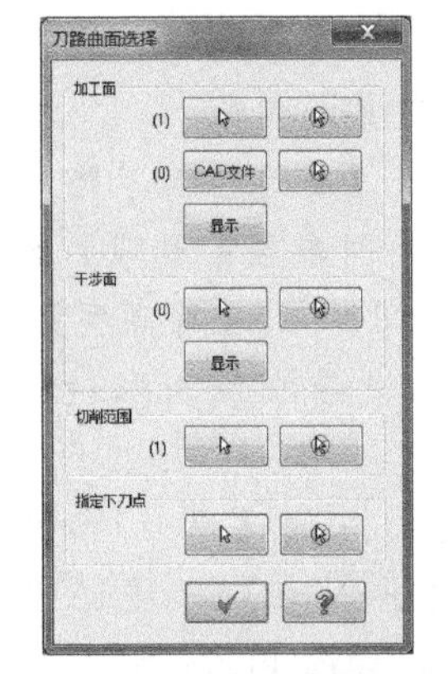

图 11-69 【刀路曲面选择】对话框

64 单击【切削范围】选项中的按钮，弹出【串连选项】对话框，选择【2D】

选项和【串连选项】按钮，选择如图 11-70 所示的轮廓线。单击【确定】按钮，返回【刀路曲面选择】对话框。

65 单击【刀路曲面选择】对话框中的【确定】按钮，弹出【高速曲面刀路-清角】对话框，如图 11-71 所示。

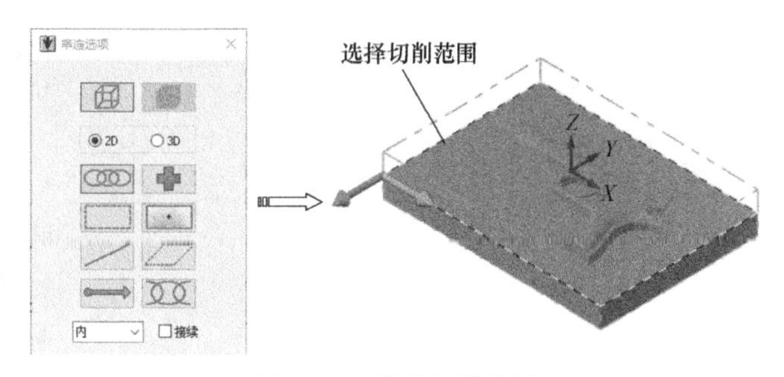

图 11-70 选择切削范围

(2) 设置加工刀具

66 在【高速曲面刀路-清角】加工对话框左侧的【参数类别列表】中选择【刀具】选项，选择 T4B2 刀具，如图 11-72 所示。

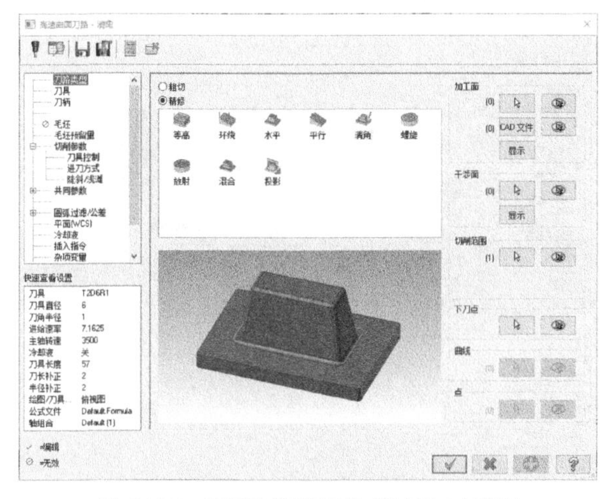

图 11-71 【高速曲面刀路-清角】对话框

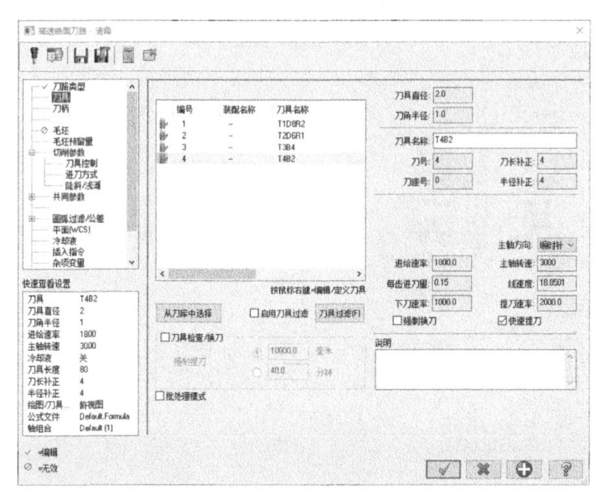

图 11-72 选择加工刀具

(3) 设置毛坯预留量

67 选择【高速曲面刀路-清角】对话框中的【毛坯预留量】选项，设置【壁边预留

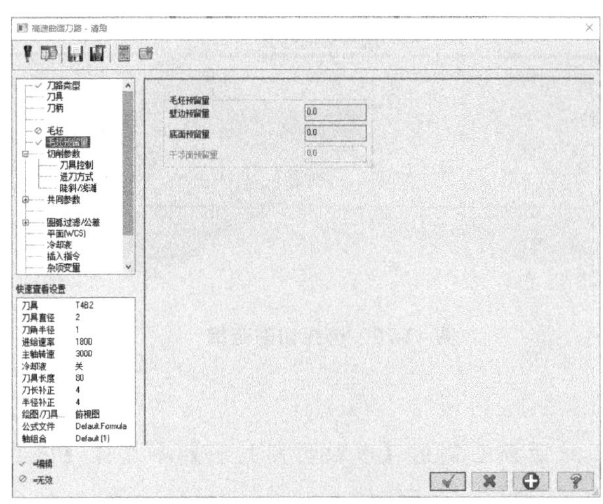

图 11-73 【毛坯预留量】

量】为“0”，【底面预留量】为“0”，如图 11-73 所示。

（4）设置切削参数

68 选择【高速曲面刀路-清角】对话框中的【切削参数】选项，设置【切削方向】为“双向”，【残脊高度】为“0.005”，如图 11-74 所示。

69 单击左侧的【刀具控制】选项，设置【控制方式】为“刀尖”，【补正】为“中心”，如图 11-75 所示。

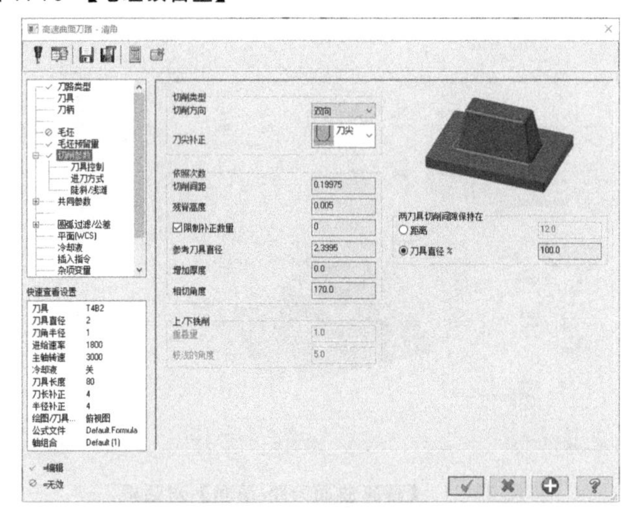

图 11-74 设置切削参数

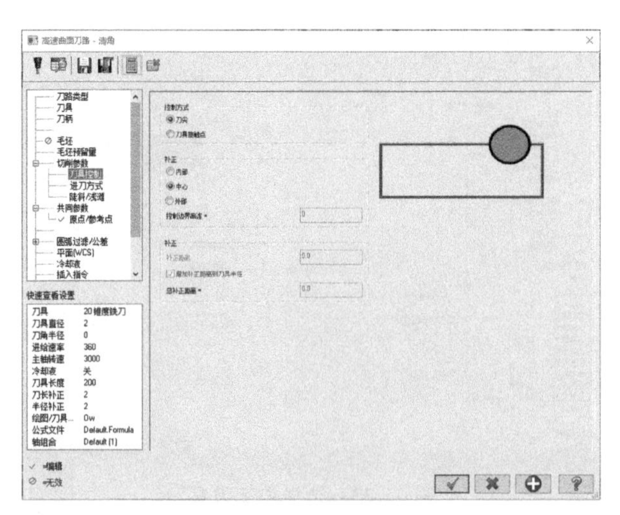

图 11-75 【刀具控制】

70 单击左侧的【进刀方式】选项，选中【切线斜插】选项，如图 11-76 所示。

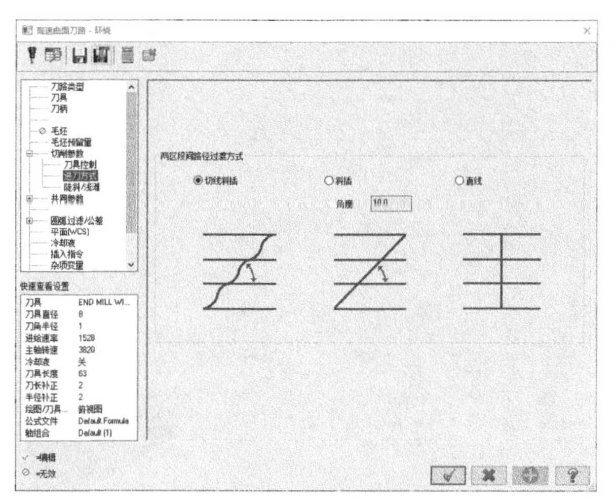

图 11-76 【进刀方式】

71 单击左侧的【陡斜/浅滩】选项，设置【角度】中【从】为“0”，【到】为“90”，如图 11-77 所示。

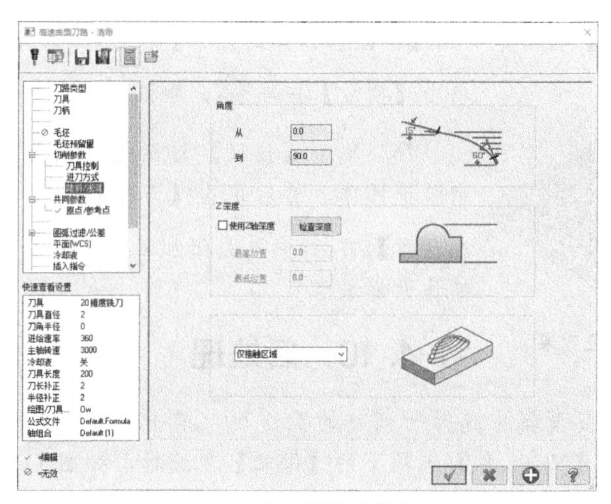

图 11-77 【陡斜/浅滩】

（5）设置共同参数

72 选择【高速曲面刀路-清角】对话框中的【共同参数】选项，设置【安全高度】为“10”，【表面高度】为“4”，【适用于】为“最小修剪”，如图 11-78 所示。

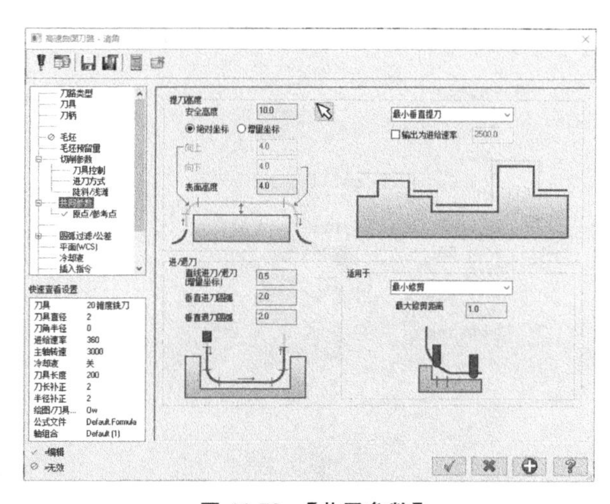

图 11-78 【共同参数】

73 选择左侧【原点/参考点】选项，设置【进入点】和【退出点】为“0，0，50”，如图 7-79 所示。

（6）生成刀具路径并验证

74 单击【确定】按钮后，完成加工参数设置，并生成刀具路径，如图 11-80 所示。

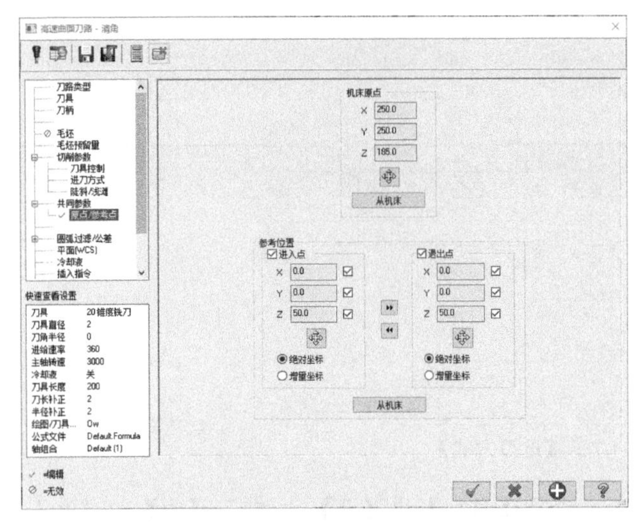

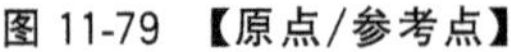

图 11-79 【原点/参考点】

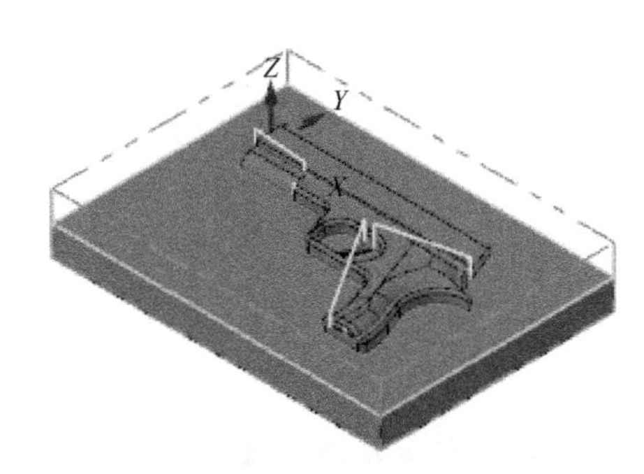

图 11-80 生成刀具路径

75 单击【刀路】管理器中的【验证已选择的操作】按钮，弹出【验证】对话框，单击【播放】按钮，验证加工工序，如图 11-81 所示。

图 11-81 实体验证效果

76 单击【验证】对话框中的【关闭】按钮，结束验证操作。然后单击【刀路】管理器中的【切换刀具路径显示】按钮，关闭加工刀具路径的显示，为后续加工操作做好准备。

11.4.10 后处理

77 在【刀路】管理器中选择所创建的操作后，单击上方的 G1 按钮，弹出【后处理程序】对话框，选择【NC 文件】选项下的【编辑】复选框，如图 11-82 所示。

78 单击【确定】按钮，弹出【另存为】对话框，选择合适的目录后，单击【确定】按钮，生成后处理并打开【Mastercam Code Expert】对话框，如图 11-83 所示。

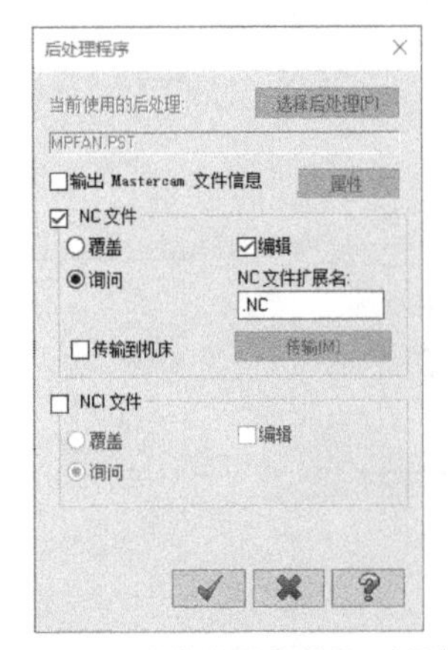

图 11-82 【后处理程序】对话框

图 11-83 【Mastercam Code Expert】对话框

第12章 典型5X轴综合零件加工实例——齿壳零件数控加工

多轴加工是 Mastercam 数控加工的主要方式之一，本章以齿壳零件为例来介绍多轴加工在实际产品数控加工中的方法和步骤。

本章内容

- ◆ 齿壳零件结构分析
- ◆ 齿壳零件数控工艺分析与加工方案
- ◆ 齿壳零件数控加工流程
- ◆ 齿壳零件数控加工操作过程

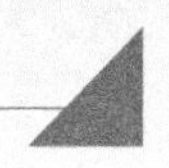

12.1 齿壳零件结构分析

齿壳零件如图 12-1 所示，底部和外形轮廓已经完成加工，要加工的面是顶面孔和侧面 3 个凹槽及其上的孔，材料为 Q235A，采用 3+2 轴进行数控加工。

从图 12-1 可知该齿壳整体尺寸为 ϕ320mm×134.8mm，顶面圆腔、侧面凹槽和孔需要加工，底部已经完成加工，如图 12-2 所示。

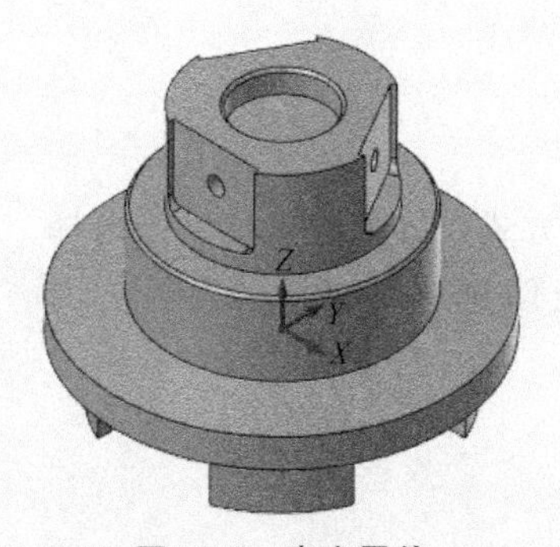

图 12-1 齿壳零件

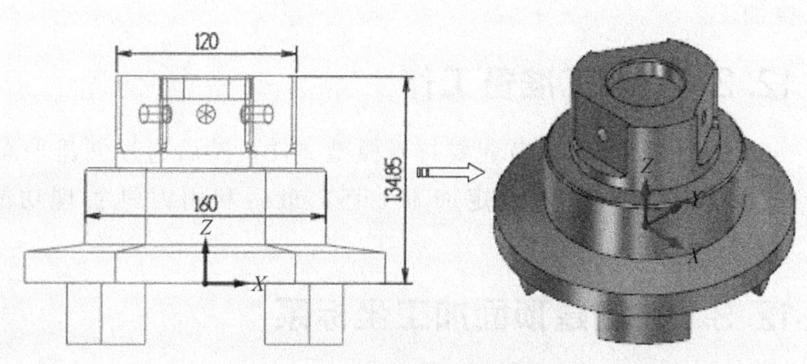

图 12-2 齿壳零件整体尺寸

12.2

齿壳零件数控工艺分析与加工方案

12.2.1 分析零件工艺性能

如图 12-2 所示，该零件加工表面为顶面圆腔、侧面凹槽和孔，加工精度为 $Ra1.6\mu m$。加工尺寸精度要求较高，要通过粗、精加工来完成。

12.2.2 选用毛坯

毛坯为成型圆柱体，材料为 Q235 钢，外形已经完成车削加工。

12.2.3 确定加工方案

根据零件形状及加工精度要求，采用 3+2 定位加工，以先粗后精、先面后孔的原则逐步达到加工精度。该零件的数控加工方案见表 12-1 所示。

表 12-1 齿壳零件的数控加工方案

加工部位	工步号	工步内容	刀具	刀具类型	切削参数设置		
					主轴转速 /r·min^{-1}	进给速度 /mm·min^{-1}	背吃刀量 /mm
顶面	1	顶面挖槽粗加工	T01	ϕ20 平底刀	1000	800	1
	2	顶面全圆精加工	T02	ϕ8 平底刀	1500	1200	1
	3	顶面倒角加工	T03	*C*12 倒角刀	800	600	—
侧面	4	侧面挖槽加工	T02	ϕ8 平底刀	1500	1200	1
	5	侧面钻孔加工	T04	ϕ10 钻头	500	200	—
	6	侧面刀路转换	—	—	—	—	—

12.3

齿壳零件数控加工流程

根据拟定的加工工艺路线，采用 Mastercam 铣削多轴加工实现齿壳零件 3+2 定位数控加工。

12.3.1 加工准备工作

在创建加工之前首先要打开模型文件，然后通过创建平面方式设置加工坐标系，选择铣床为加工机床，并指定加工毛坯，最后利用刀具管理功能创建加工刀具，如图 12-3 所示。

12.3.2 创建顶面加工坐标系

在创建顶面加工之前首先要创建加工坐标系，通过创建平面的方式设置加工编程坐标

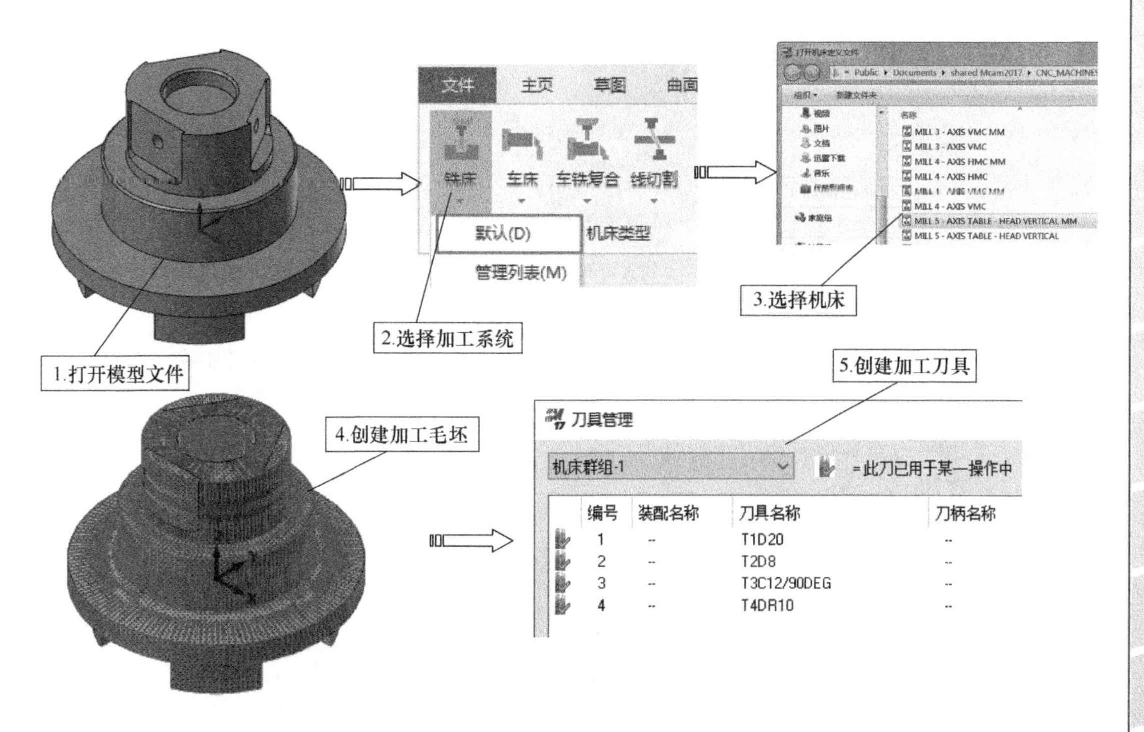

图 12-3　加工准备工作

系，并将该平面设置为 WCS 平面和刀具平面，如图 12-4 所示。

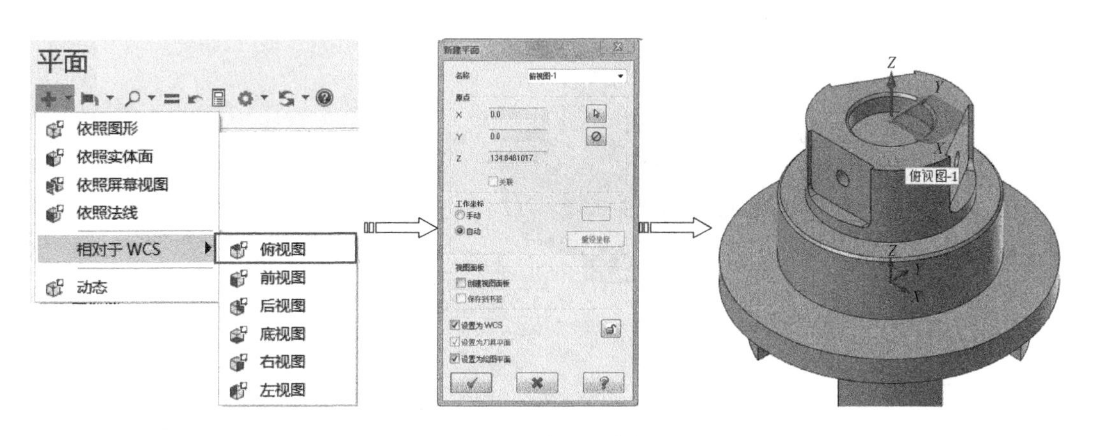

图 12-4　创建加工坐标系

12.3.3　创建顶面挖槽粗加工

启动挖槽加工，选择加工轮廓线，接着选择刀具，设置高度参数、切削参数、粗切参数和 Z 分层参数，最后生成刀具路径和验证，如图 12-5 所示。

12.3.4　创建全圆铣削精加工

启动全圆铣削加工，选择要加工的圆，接着选择加工刀具，设置高度参数、切削参数、进刀方式和分层切削参数，最后生成刀具路径和验证，如图 12-6 所示。

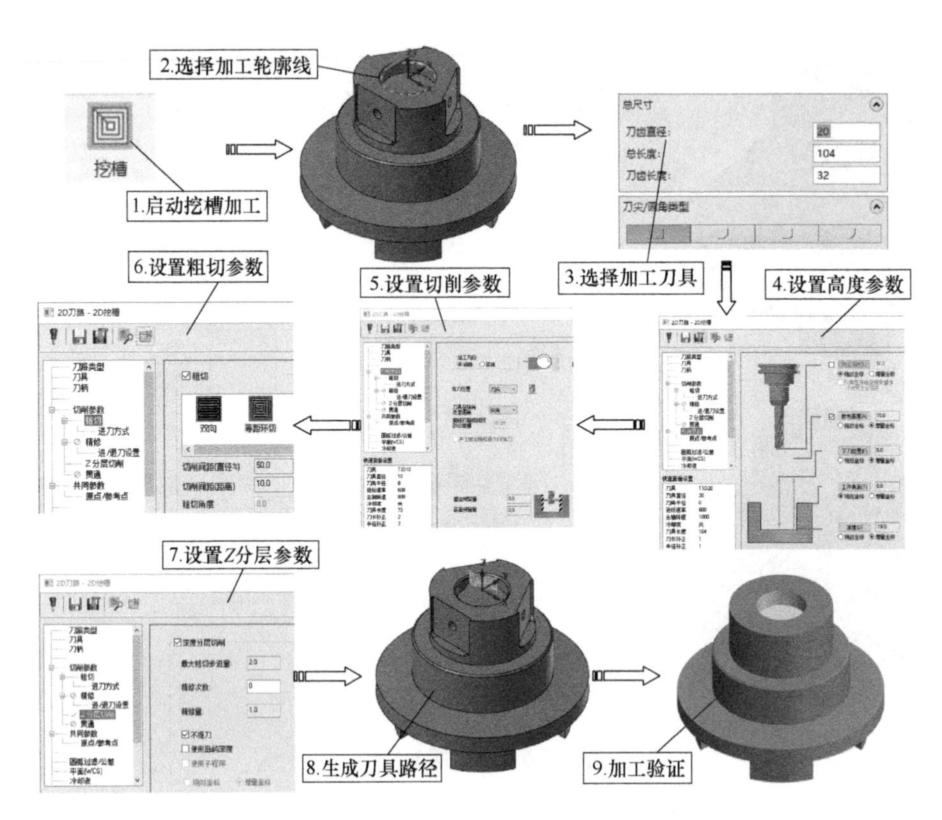

图 12-5　创建顶面挖槽粗加工

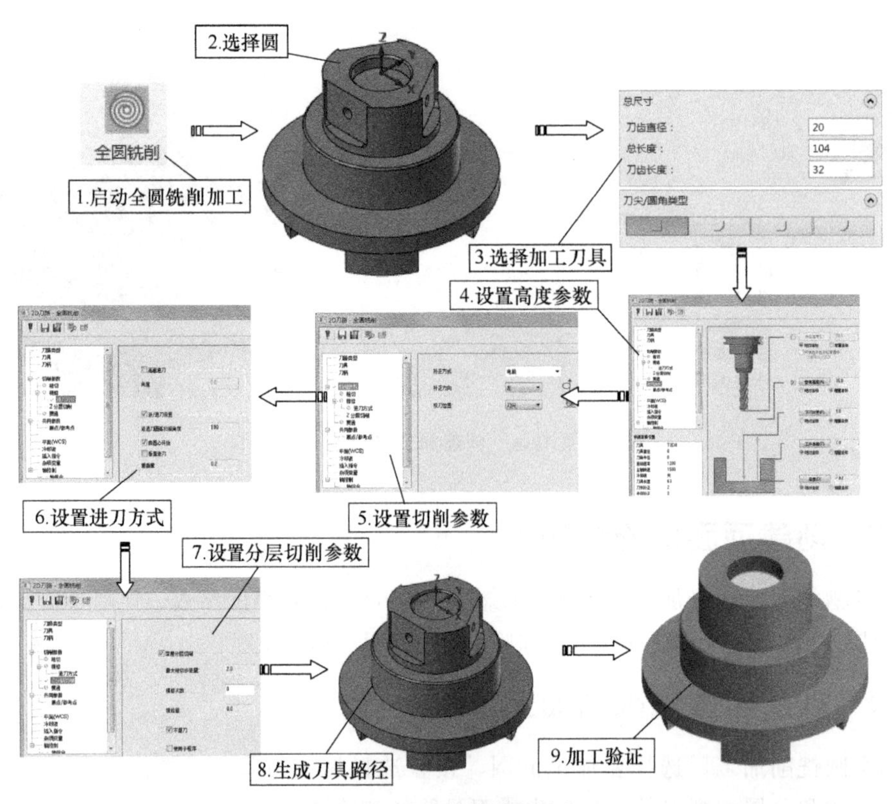

图 12-6　创建全圆铣削精加工

12.3.5 创建顶面倒角加工

启动外形铣削加工，选择轮廓线，接着选择加工刀具，设置高度参数、切削参数、进退刀参数，最后生成刀具路径和验证，如图 12-7 所示。

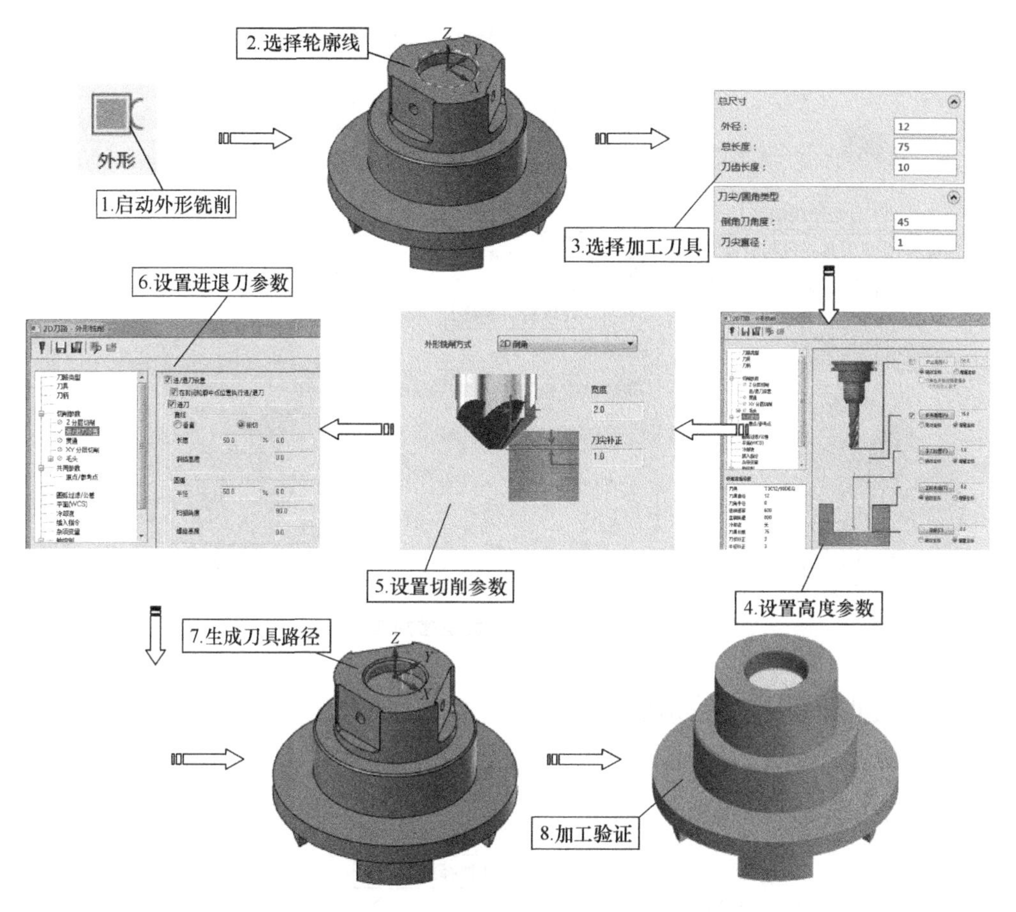

图 12-7　创建顶面倒角加工

12.3.6 创建侧面加工坐标系

在创建侧面加工之前首先要创建加工坐标系，通过创建平面的方式设置加工编程坐标系，并将该平面设置为 WCS 平面和刀具平面，如图 12-8 所示。

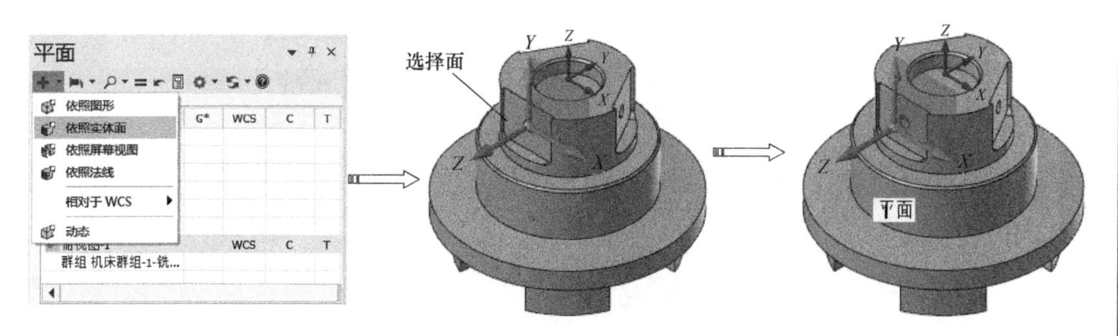

图 12-8　创建侧面加工坐标系

12.3.7 创建侧面挖槽加工

启动挖槽加工，选择加工曲面，接着选择加工刀具，设置曲面参数和粗切参数，最后生成刀具路径和验证，如图 12-9 所示。

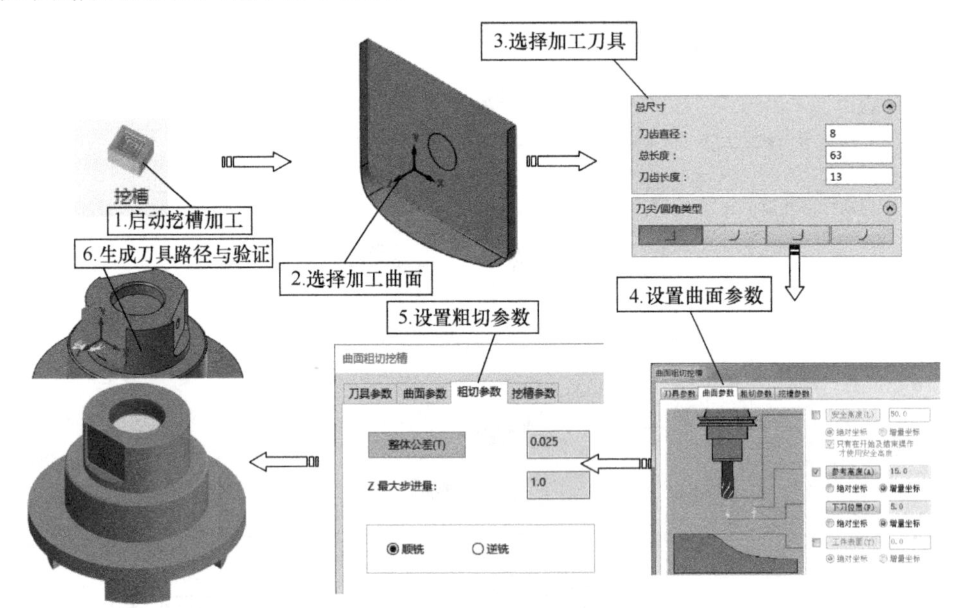

图 12-9 创建侧面挖槽加工

12.3.8 创建侧面钻孔加工

启动钻孔加工，选择钻孔位置，接着选择加工刀具，设置切削参数和高度参数，最后生成刀具路径和验证，如图 12-10 所示。

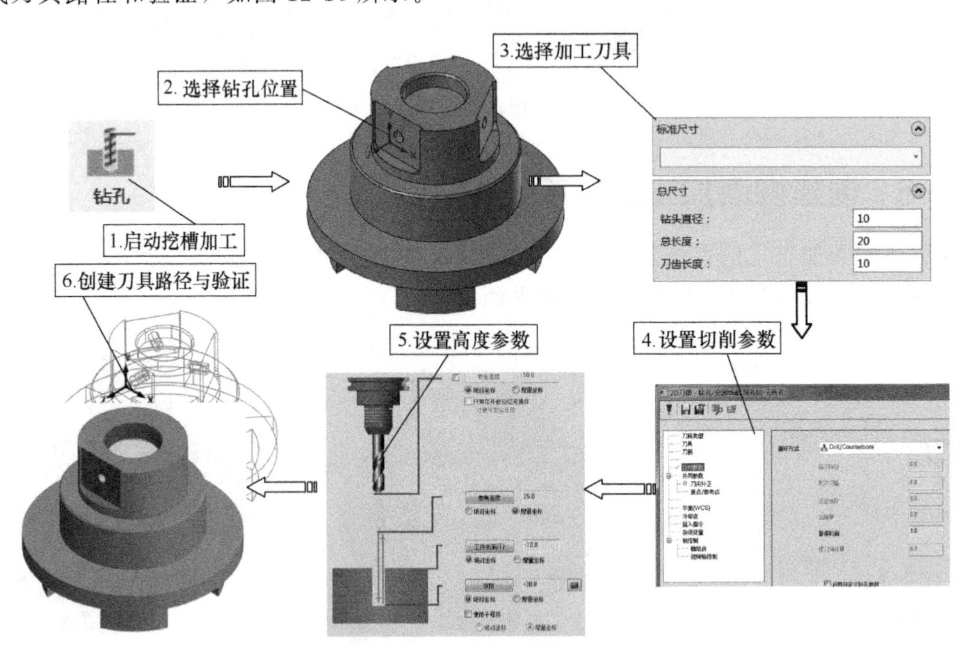

图 12-10 创建侧面钻孔加工

12.3.9 侧面刀路转换

启动刀路转换，选择变换操作，设置旋转变换参数，最后生成刀具路径和验证，如图12-11所示。

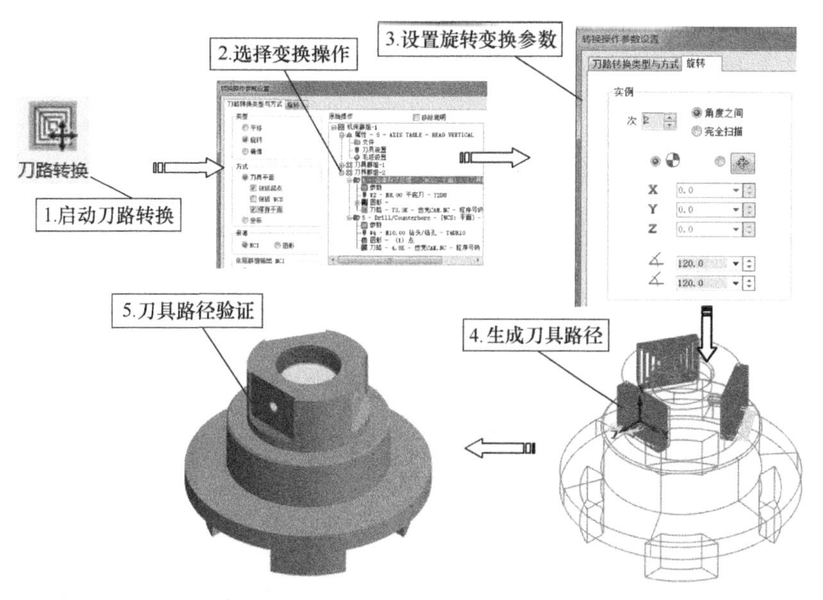

图 12-11 侧面刀路转换

12.4 齿壳零件数控加工操作过程

12.4.1 打开模型文件

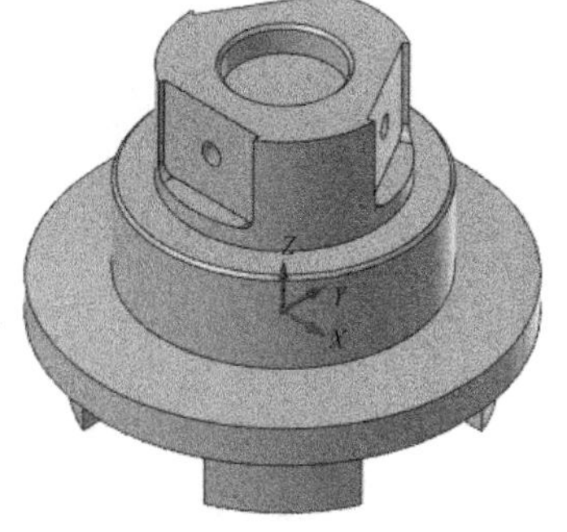

图 12-12 等角视图显示文件

01 启动 Mastercam2017，选择下拉菜单【文件】|【打开】命令，弹出【打开】对话框，选择“齿壳 CAD. mcam”（二维码：\第 12 章\齿壳 CAD. mcam），单击【打开】按钮，将该文件打开，如图 12-12 所示。

12.4.2 选择加工系统和机床

02 选择【机床】选项卡上【机床类型】组中的【铣床】按钮下的【默认】命令，如图 12-13 所示。

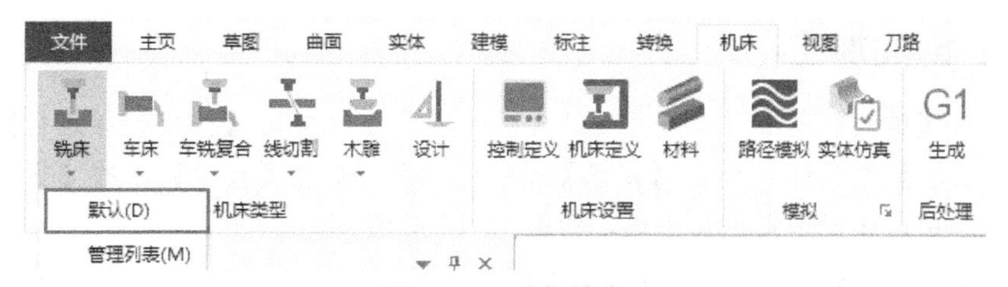

图 12-13 选择铣床

03 系统进入铣削加工模块，双击【刀路】管理器中的【属性-Mill Default MM】选项，展开【刀路】管理器，如图 12-14 所示。

04 双击如图 12-14 所示【刀路】管理器中的【属性】选项下的【文件】选项，系统弹出【机床群组属性】对话框，单击【文件】选项卡，如图 12-15 所示。

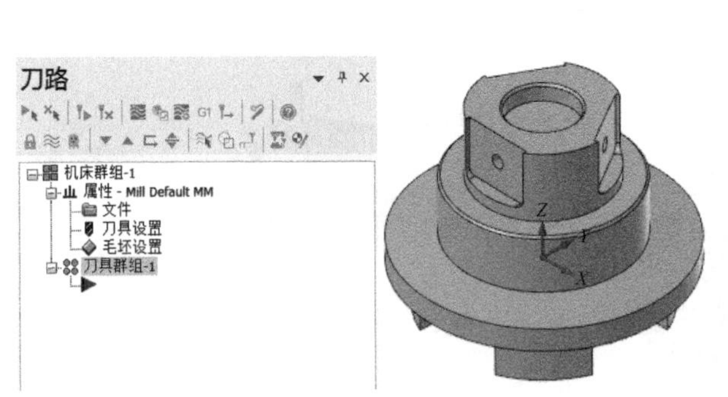

图 12-14 启动铣床加工环境

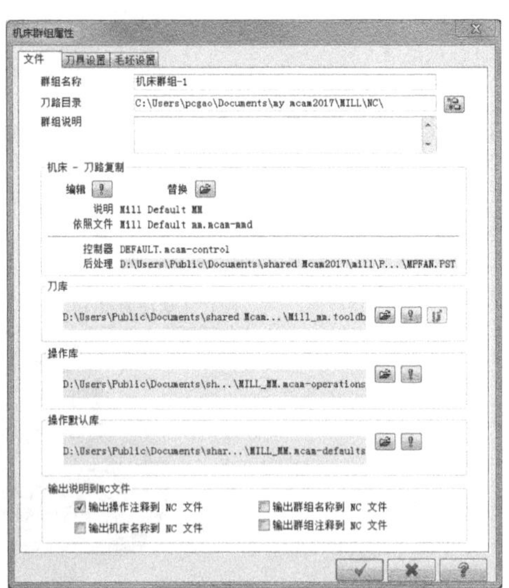

图 12-15 【机床群组属性】对话框

05 单击【机床】选项下的【替换】按钮，在弹出【打开机床定义文件】对话框选择“MILL 5-AXIS TABLE-HEAD VERTICAL MM. MMD”，如图 12-16 所示。

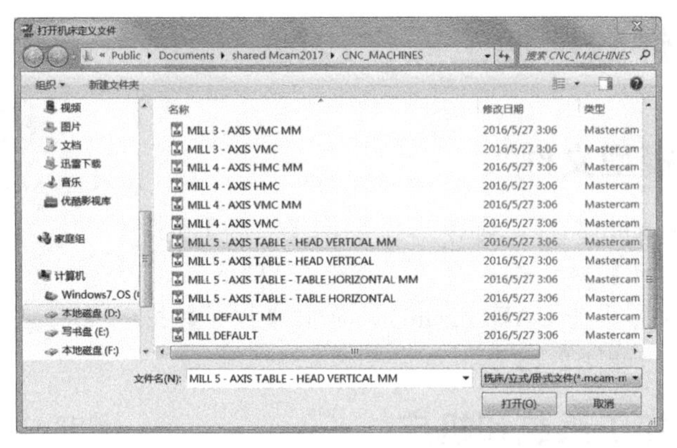

图 12-16 选择机床

06 连续单击【打开】按钮，再单击【确定】按钮完成。

12.4.3 创建加工毛坯

07 单击【属性】选项下的【毛坯设置】选项，系统弹出【机床群组属性】对话框，单击【毛坯设置】选项卡，设置【形状】为“实体”，选中【显示】中的【线框】选项，以在显示窗口中以线框形式显示毛坯，如图 12-17 所示。

08 单击【实体】后的【选择】按钮，选择图层 1 上的实体，单击【确定】按钮

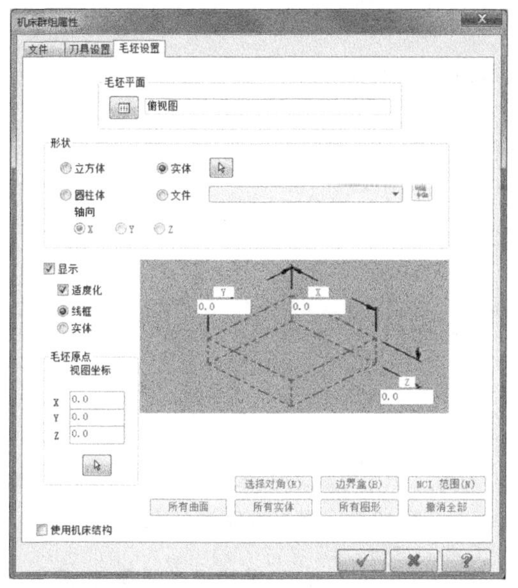

图 12-17 【毛坯设置】选项卡

，完成加工工件设置，如图 12-18 所示。

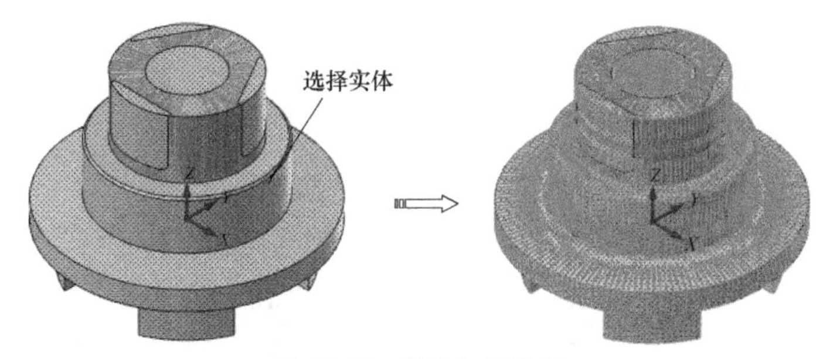

图 12-18 创建加工毛坯

12.4.4 创建加工刀具

09 单击【刀路】选项卡中【工具】组上的【刀具管理】按钮，弹出【刀具管理】对话框，如图 12-19 所示。

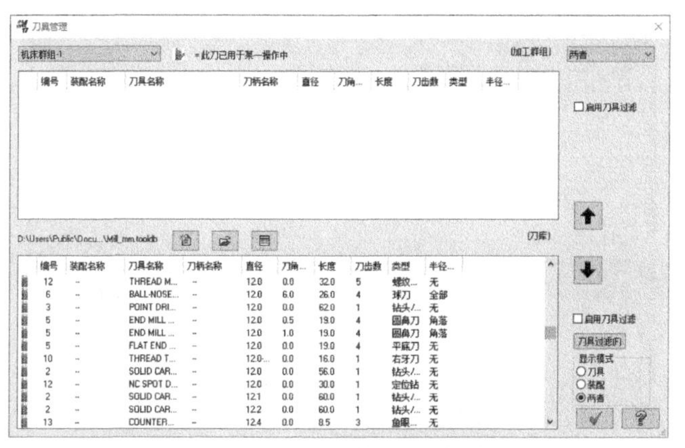

图 12-19 【刀具管理】对话框

10 在下面刀路列表中选择【编号】为 5，直径为 20 的“FLAT END MILL-20”的平底刀，单击⬆按钮，如图 12-20 所示。

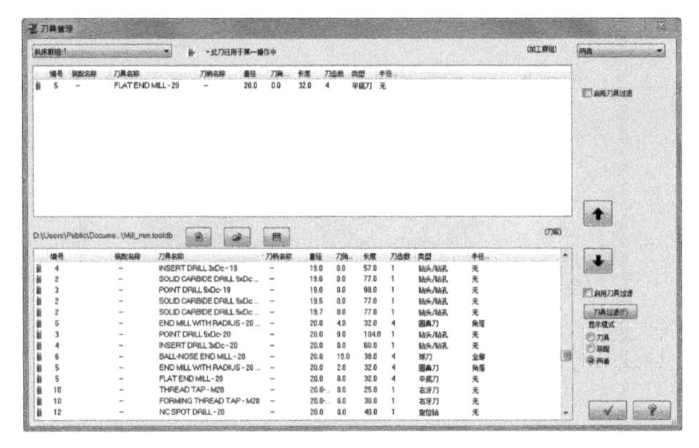

图 12-20 选择直径为 20 的刀具

11 双击窗口中选择的 5 号刀具，弹出【编辑刀具】对话框，在左侧列表中选择【完成属性】，设置【刀号】为“1”，【进给速率】为“800”，【下刀速率】为“600”，【主轴转速】为“1000”，【名称】为“T1D20”，如图 12-21 所示。单击【完成】按钮返回。

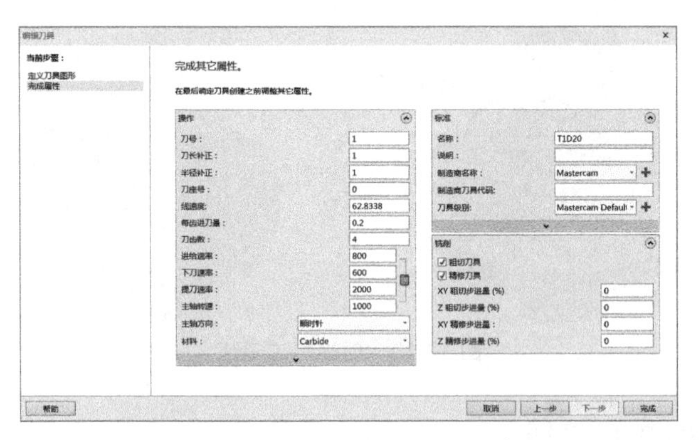

图 12-21 T1D20【完成属性】选项

12 在下面刀路列表中选择【编号】为 5，直径为 8 的“ FLAT END MILL-8”的平底刀，单击⬆按钮，如图 12-22 所示。

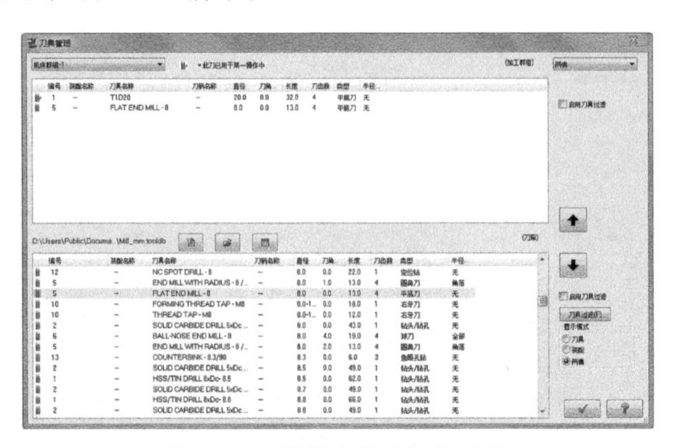

图 12-22 选择直径为 8 的刀具

13 双击窗口中选择的5号刀具，弹出【编辑刀具】对话框，在左侧列表中选择【完成属性】，设置【刀号】为“2”，【进给速率】为“1200”，【下刀速率】为“800”，【主轴转速】为“1500”，【名称】为“T2D8”，如图12-23所示。单击【完成】按钮返回。

图 12-23 T2D8【完成属性】选项

14 在下面刀路列表中选择【编号】为7的“CHAMFER MILL 12/90DEG”的倒角刀，单击⬆按钮，如图12-24所示。

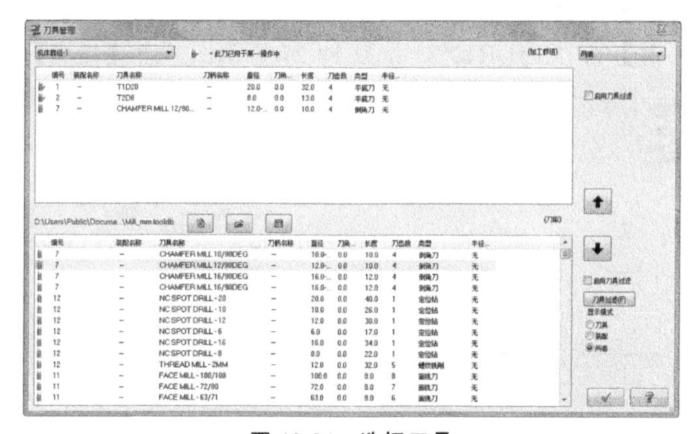

图 12-24 选择刀具

15 双击窗口中选择的7号刀具，弹出【编辑刀具】对话框，在左侧列表中选择【完成属性】，设置【刀号】为“3”，【进给速率】为“600”，【下刀速率】为“400”，【主轴转速】为“800”，【名称】为“T3C12/90DEG”，如图12-25所示。单击【完成】按钮返回。

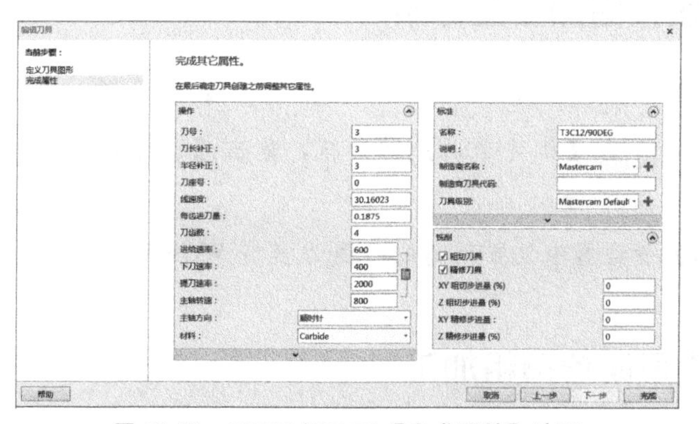

图 12-25 T3C12/90DEG【完成属性】选项

16 在下面刀路列表中选择【编号】为 20，直径为 10 的“10.DRILL”的钻头，单击按钮，如图 12-26 所示。

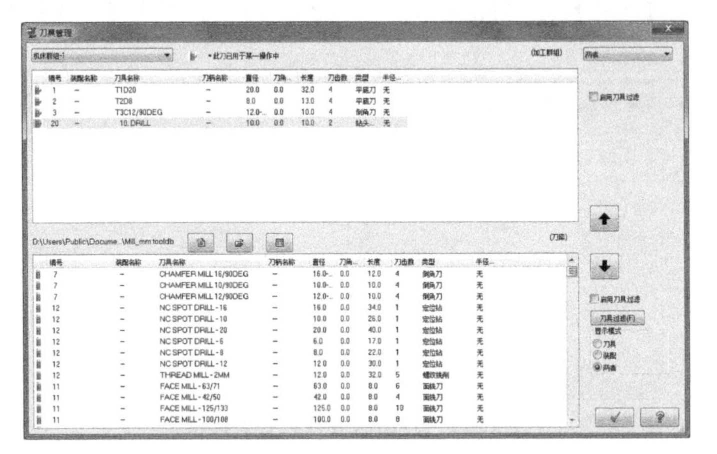

图 12-26 选择直径为 10 的刀具

17 双击窗口中选择的 6 号刀具，弹出【编辑刀具】对话框，在左侧列表中选择【完成属性】，设置【刀号】为“4”，【进给速率】为“200”，【下刀速率】为“100”，【主轴转速】为“500”，【名称】为“T4DR10”，如图 12-27 所示。单击【完成】按钮返回。

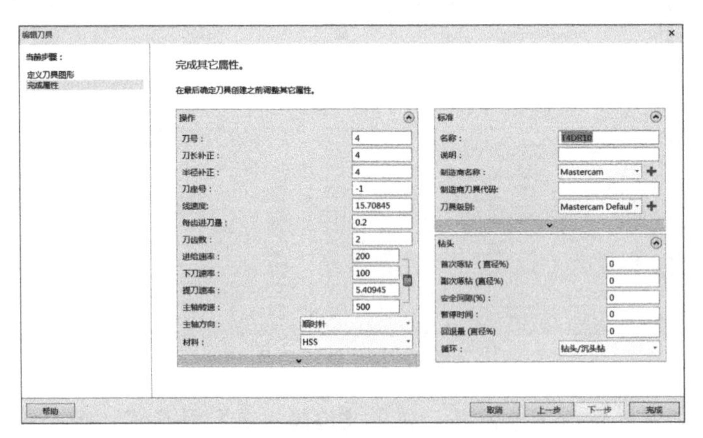

图 12-27 T4DR10【完成属性】选项

12.4.5 创建顶面加工坐标系

18 在【平面】管理器的左上角单击【创建新平面】按钮，选择【相对于 WCS】|【俯视图】按钮，弹出【新建平面】对话框，单击【选择】按钮，选择圆，单击【确定】按钮，如图 12-28 所示。

19 在【平面】管理器中设置新建的平面为当前 WCS 平面和刀具平面，如图 12-29 所示。

12.4.6 创建顶面挖槽粗加工

(1) 启动挖槽加工

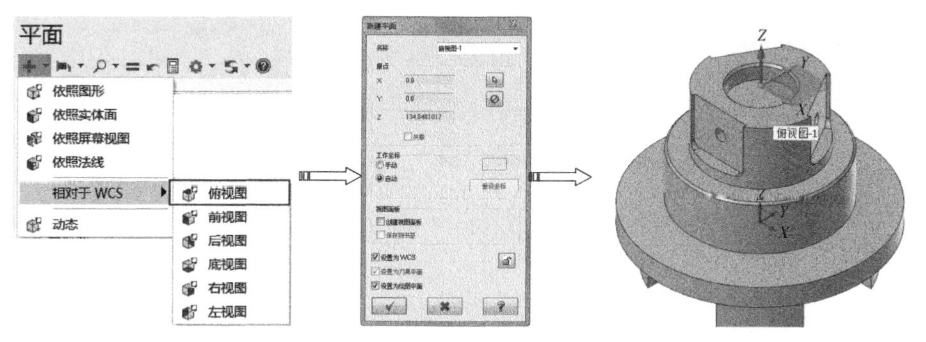

图 12-28 【新建平面】

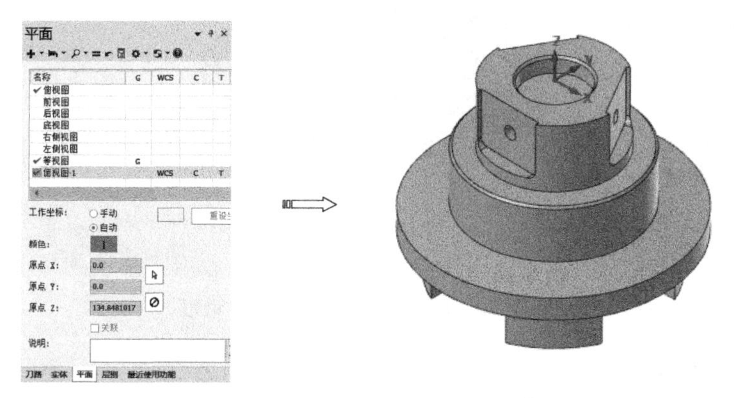

图 12-29 设置 WCS 平面和刀具平面

20 选择【刀路】选项卡上【2D】组中的【挖槽】按钮，系统弹出【输入新 NC 名称】对话框，输入“齿壳 CAM”，然后单击【确定】按钮，如图 12-30 所示。

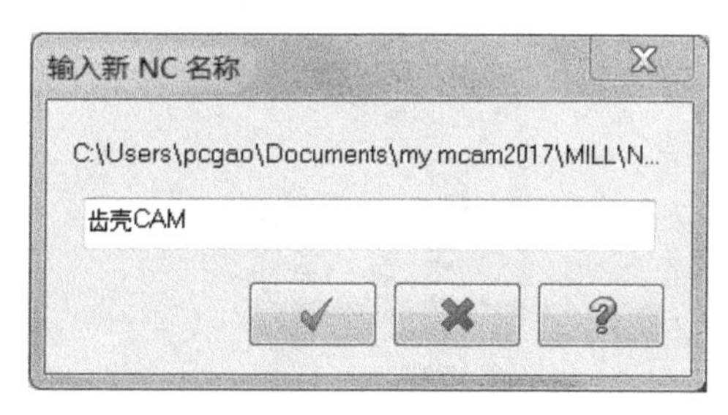

图 12-30 【输入新 NC 名称】对话框

21 系统弹出【串连选项】对话框，选择【2D】选项，选择如图 12-31 所示的 1 条轮廓线。

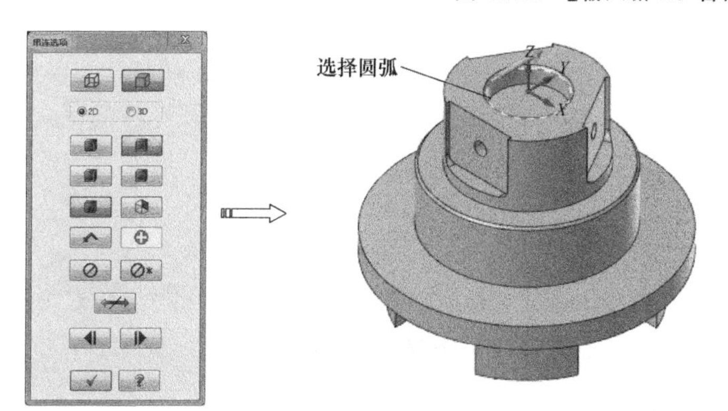

图 12-31 串连选择轮廓

22 单击【串连选项】对话框中的【确定】按钮，弹出【2D 刀路-2D 挖槽】对话框，如图 12-32 所示。

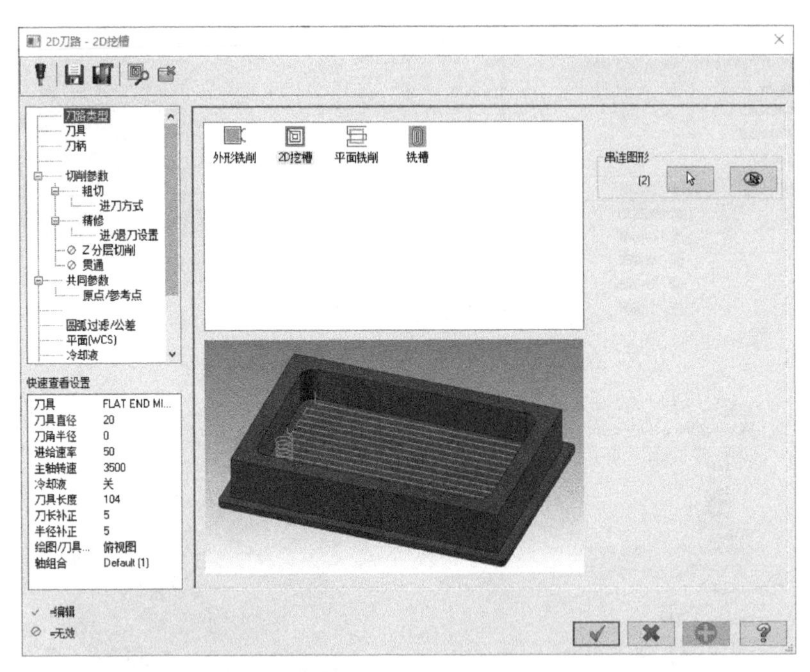

图 12-32 【2D 刀路-2D 挖槽】对话框

（2）选择加工刀具

23 在【2D 刀路-2D 挖槽】加工对话框左侧的【参数类别列表】中选择【刀具】选项，选择 T1D20 刀具，如图 12-33 所示。

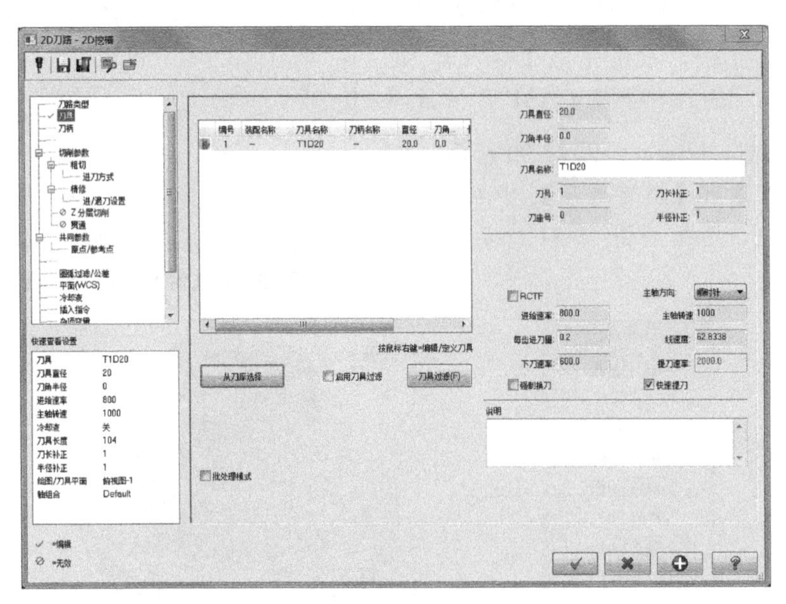

图 12-33 选择加工刀具

（3）设置共同参数

24 在【2D 刀路-2D 挖槽】对话框左侧的【参数类别列表】框中选中【共同参数】选项，设置【参考高度】为“15”，【下刀位置】为“5”，【工件表面】为“－2”，【深度】为“－18”，如图 12-34 所示。

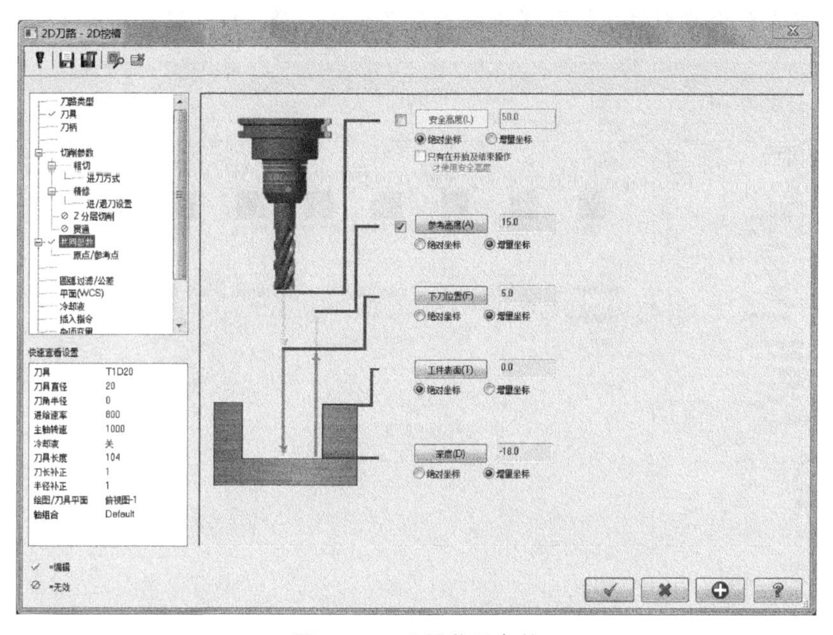

图 12-34 设置共同参数

（4）设置切削参数

25 在【2D 刀路-2D 挖槽】对话框左侧的【参数类别列表】框中选择【切削参数】选项，选择【挖槽加工方式】为“标准”，【壁边预留量】为“1”，【底面预留量】为“0”，设置其他相关参数如图 12-35 所示。

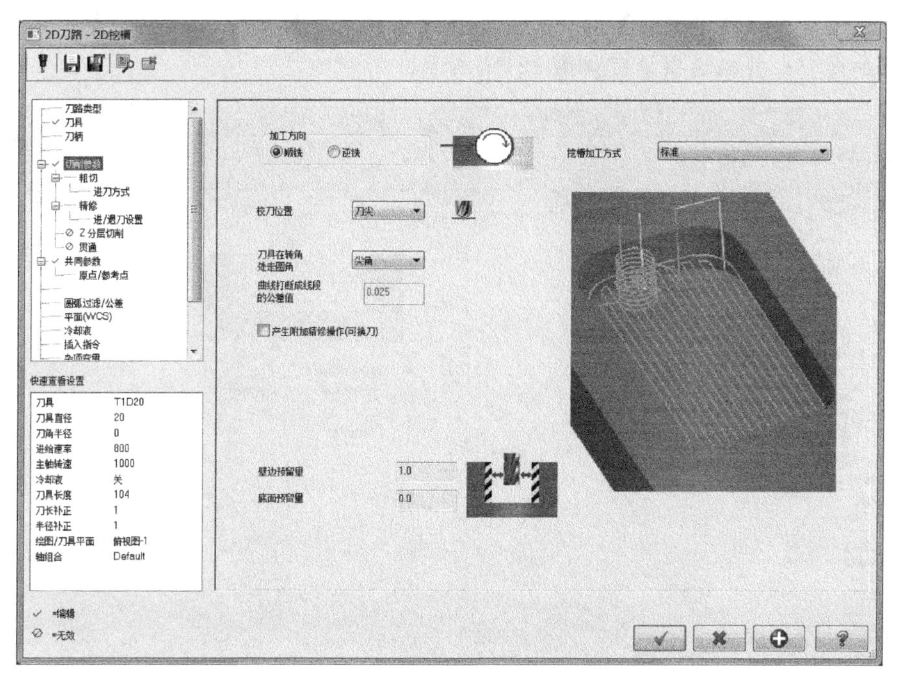

图 12-35 设置切削参数

（5）设置粗切参数

26 在【2D 刀路-2D 挖槽】对话框左侧的【参数类别列表】框中选择【粗切】选项，

设置【切削方式】为“等距环切”，【切削间距（直径%）】为“50”，如图 12-36 所示。

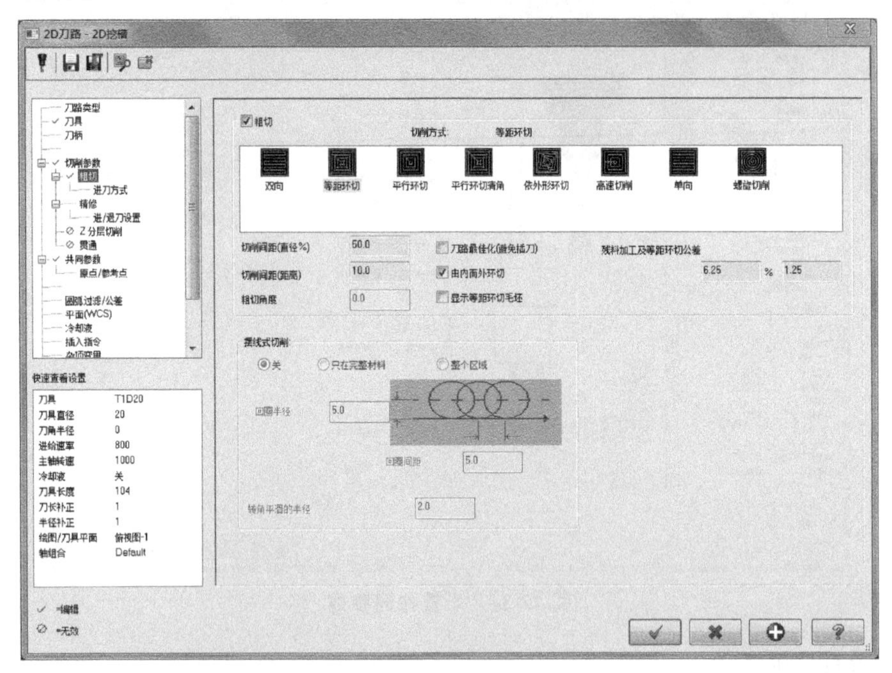

图 12-36　设置粗切参数

（6）设置深度分层切削参数

27　在【2D 刀路-2D 挖槽】对话框左侧的【参数类别列表】框中选择【*Z* 分层切削】选项，设置【最大粗切步进量】为“2”，选择【依照区域】单选框，选中【不提刀】复选框，以减少提刀；其他选项设定如图 12-37 所示。

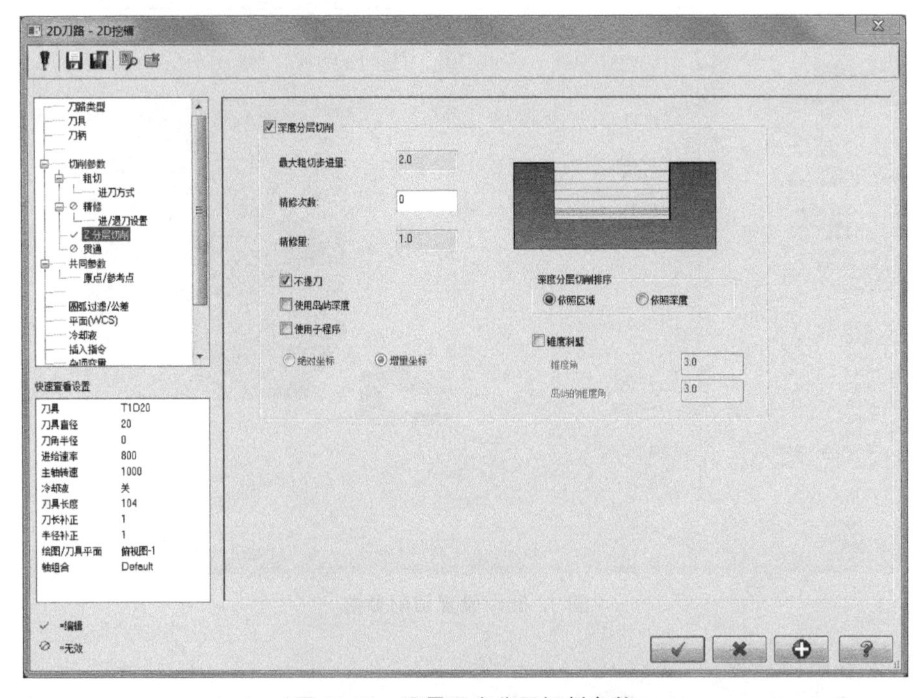

图 12-37　设置深度分层切削参数

（7）生成刀具路径并验证

28 单击【确定】按钮，完成加工参数设置，并生成刀具路径，如图 12-38 所示。

29 单击【刀路】管理器中的【验证已选择的操作】按钮，弹出【验证】对话框，单击【播放】按钮，验证加工工序，如图 12-39 所示。

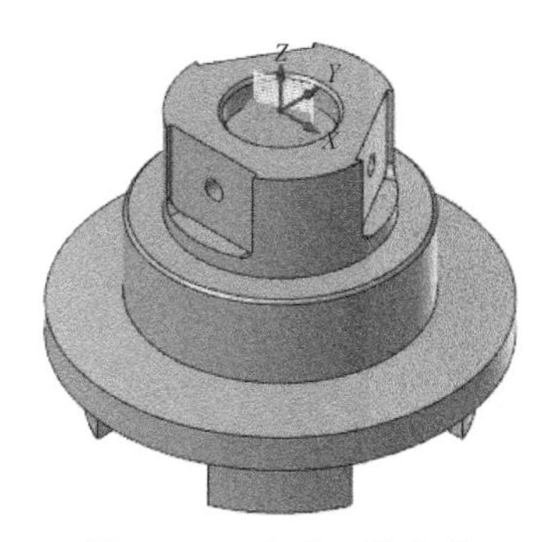
图 12-38　生成刀具路径

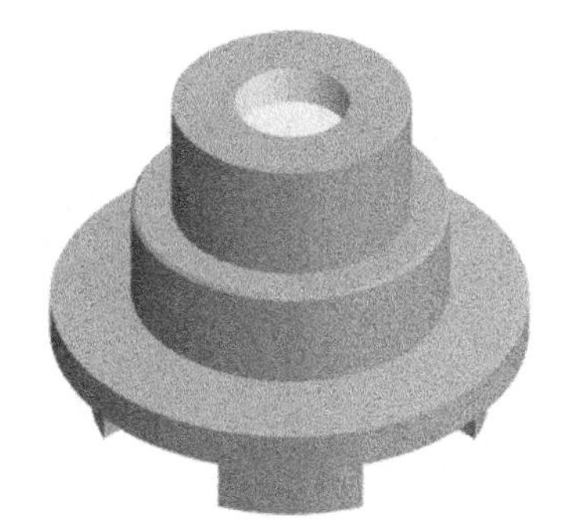
图 12-39　实体验证效果

30 单击【验证】对话框中的【关闭】按钮，结束验证操作。然后单击【刀路】管理器中的【切换刀具路径显示】按钮，关闭加工刀具路径的显示，为后续加工操作做好准备。

12.4.7　创建顶面全圆铣削精加工

（1）启动全圆铣削加工

31 单击【刀路】选项卡上【2D】组中的【全圆铣削】按钮，系统弹出【选择钻孔位置】对话框，选择加工孔，如图 12-40 所示。

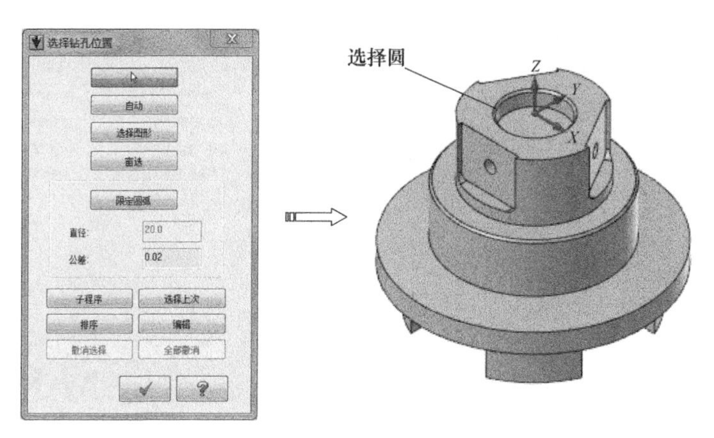

图 12-40　选择钻孔位置

32 单击【确定】按钮，弹出【2D 刀路-全圆铣削】对话框，如图 12-41 所示。

（2）选择加工刀具

33 在【2D 刀路-全圆铣削】对话框左侧的【参数类别列表】中选择【刀具】选项，选择 T2D8 刀具，如图 12-42 所示。

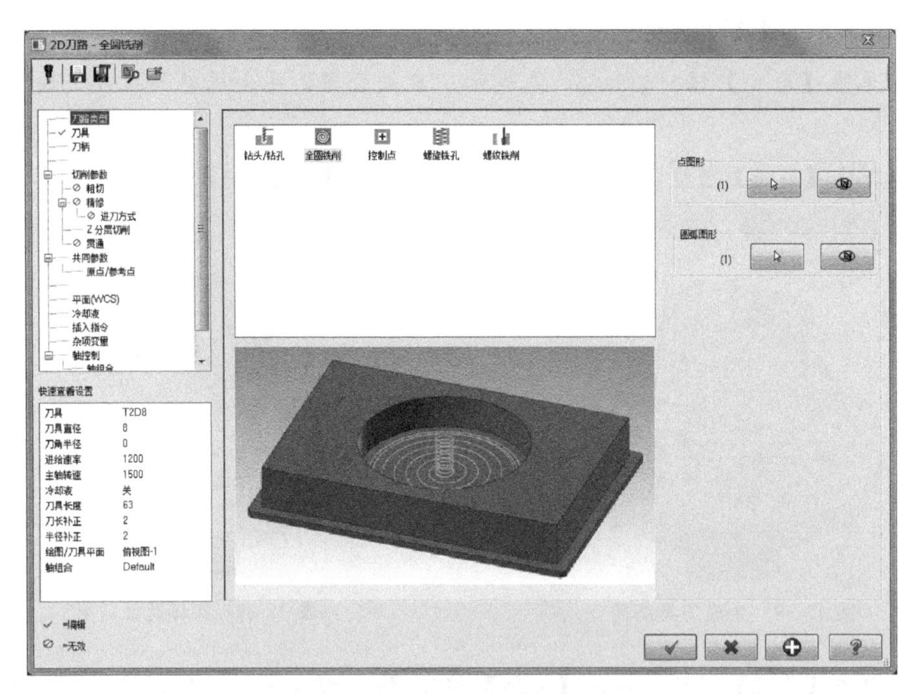

图 12-41 【2D 刀路-全圆铣削】对话框

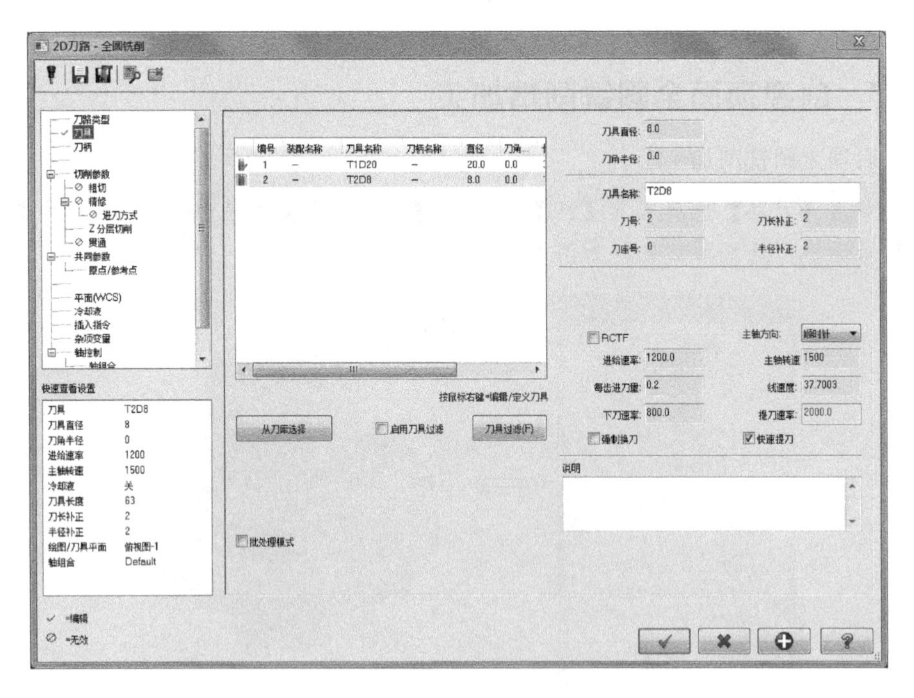

图 12-42 选择加工刀具

（3）设置共同参数

34 在【2D 刀路-全圆铣削】对话框左侧的【参数类别列表】框中选中【共同参数】选项，设置【参考高度】为“15”,【下刀位置】为“5”,【工件表面】为“0”,【深度】为“−18”，如图 12-43 所示。

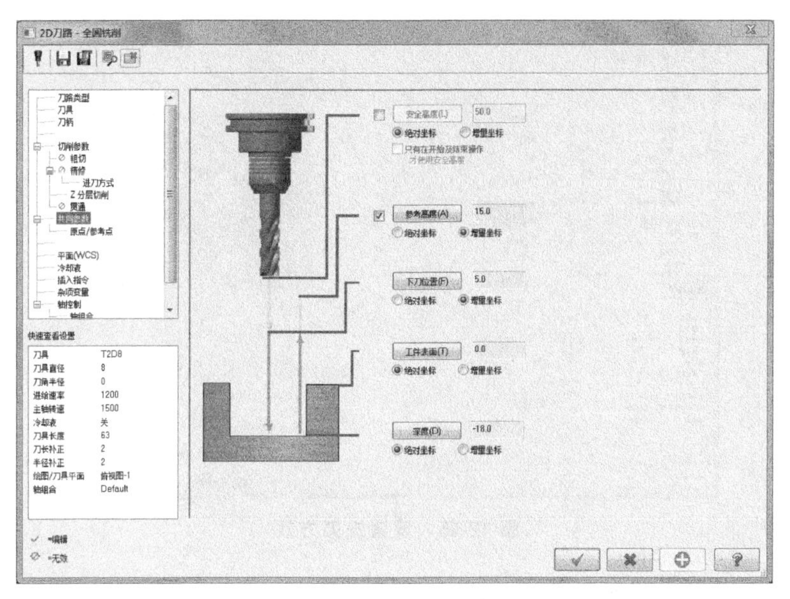

图 12-43　设置共同参数

（4）设置切削参数

35　在【2D 刀路-全圆铣削】对话框中单击【切削参数】选项卡，设置【补正方式】为“电脑”，【补正方向】为“左”，【壁边预留量】和【底面预留量】为“0”，如图 12-44 所示。

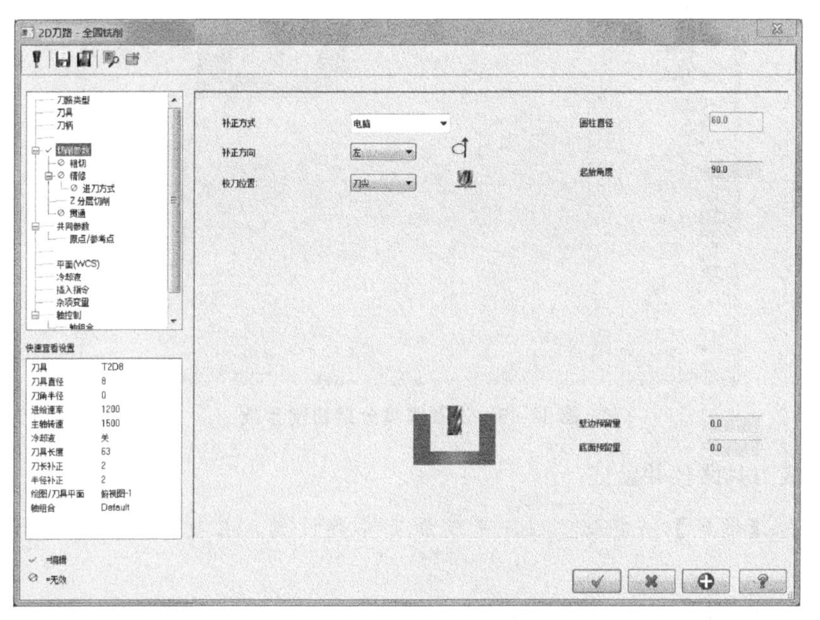

图 12-44　设置切削参数

（5）进刀方式

36　在【2D 刀路-全圆铣削】对话框中单击【进刀方式】选项卡，选中【进/退刀设置】复选框，设置【进退刀圆弧扫描角度】为“180”，选中【由圆心开始】复选框，如图 12-45 所示。

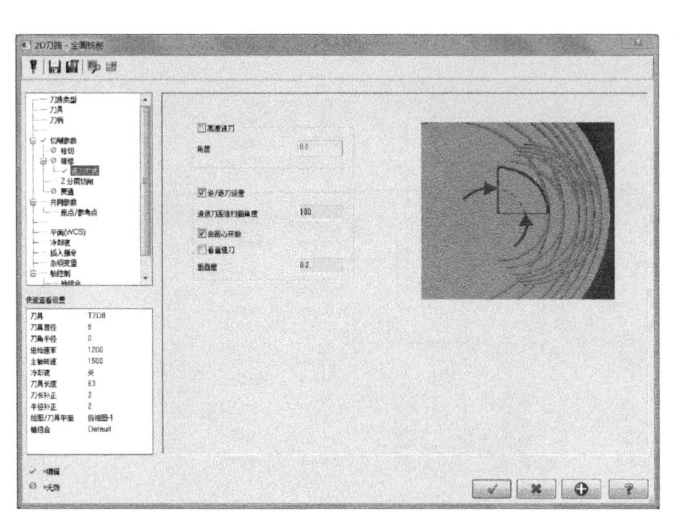

图 12-45 设置进刀方式

（6）设置深度分层切削参数

37 在【2D 刀路-全圆铣削】对话框左侧的【参数类别列表】框中选择【Z 分层切削】选项，设置【最大粗切步进量】为“2”，选中【不提刀】复选框，如图 12-46 所示。

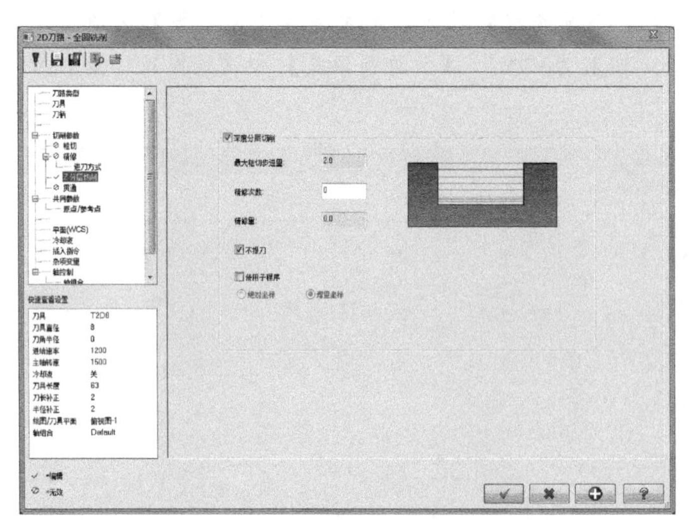

图 12-46 设置深度分层切削参数

（7）生成刀具路径并验证

38 单击【确定】按钮，完成加工参数设置，并生成刀具路径，如图 12-47 所示。

39 单击【刀路】管理器中的【验证已选择的操作】按钮，弹出【验证】对话框，单击【播放】按钮，验证加工工序，如图 12-48 所示。

40 单击【验证】对话框中的【关闭】按钮，结束验证操作。然后单击【刀路】管理器中的【切换刀具路径显示】按钮，关闭加工刀具路径的显示，为后续加工操作做好准备。

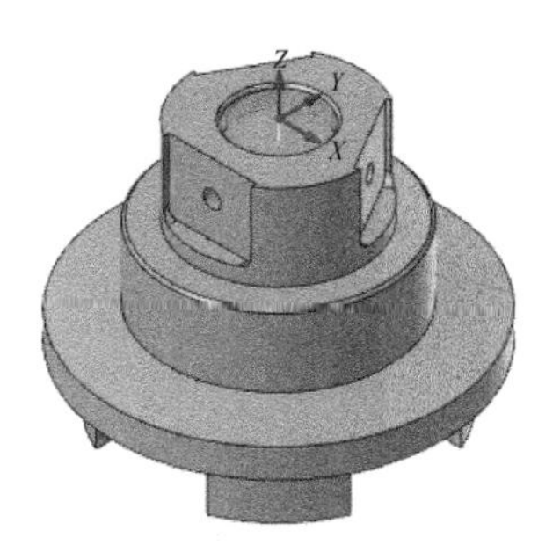

图 12-47　生成刀具路径

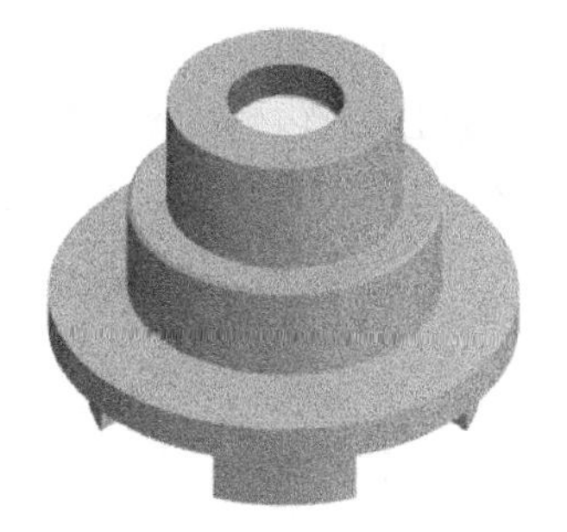

图 12-48　实体验证效果

12.4.8　创建顶面倒角加工

（1）启动外形轮廓加工

41　选择【刀路】选项卡上【2D】组中的【外形】按钮，系统弹出【串连选项】对话框，选择【3D】选项，选择如图 12-49 所示的轮廓线。

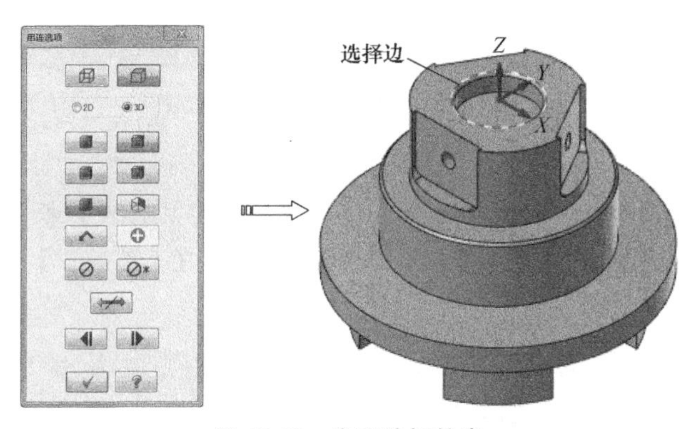

图 12-49　串连选择轮廓

42　单击【串连选项】对话框中的【确定】按钮，弹出【2D 刀路-外形铣削】对话框，如图 12-50 所示。

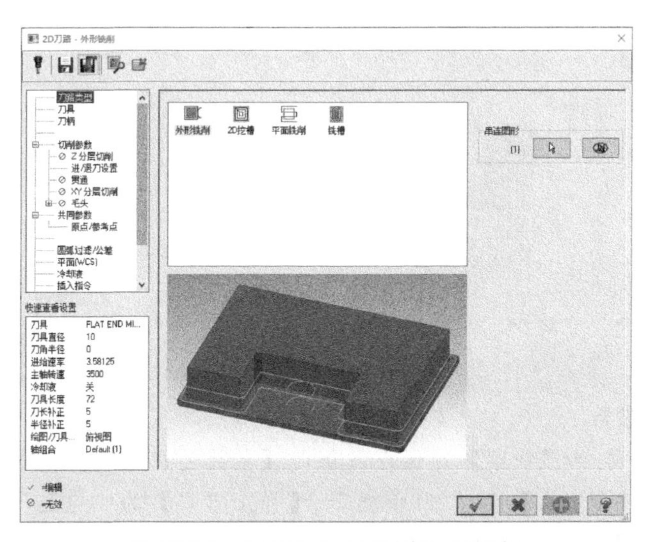

图 12-50　【2D 刀路-外形铣削】对话框

(2) 选择加工刀具

43 在【2D刀路-外形参数】对话框左侧的【参数类别列表】中选择【刀具】选项，选择T3C12/90DEG倒角刀，如图12-51所示。

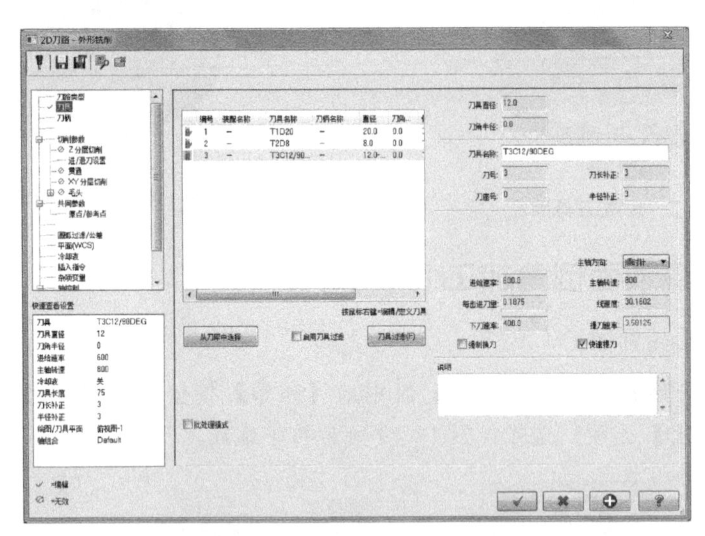

图 12-51　设置刀具加工参数

(3) 设置共同参数

44 在【2D刀路-外形铣削】对话框左侧的【参数类别列表】框中选中【共同参数】选项，设置【参考高度】为“15”，【下刀位置】为“5”，【工件表面】为“0”，【深度】为“0”，如图12-52所示。

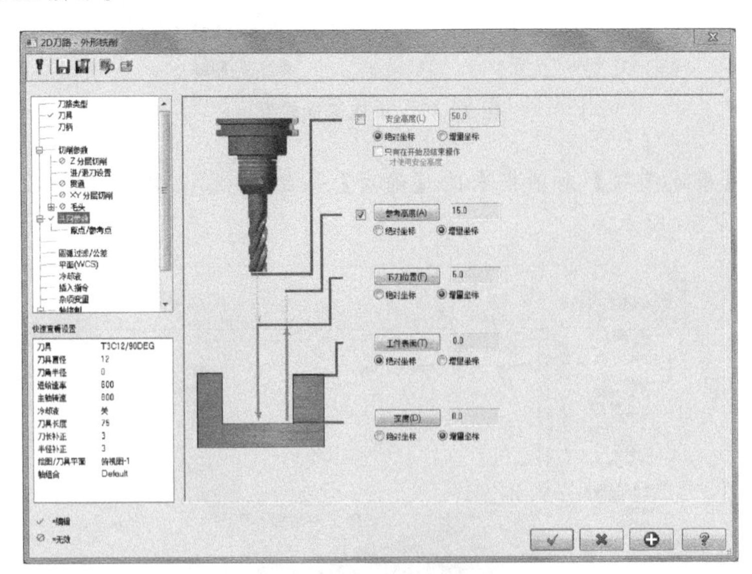

图 12-52　设置共同参数

(4) 设置切削参数

45 在【2D刀路-外形铣削】对话框左侧的【参数类别列表】框中选择【切削参数】选项，设置【外形铣削方式】为“2D倒角”，【补正方式】为“电脑”，【补正方向】为“右”，【壁边预留量】为“2”，如图12-53所示。

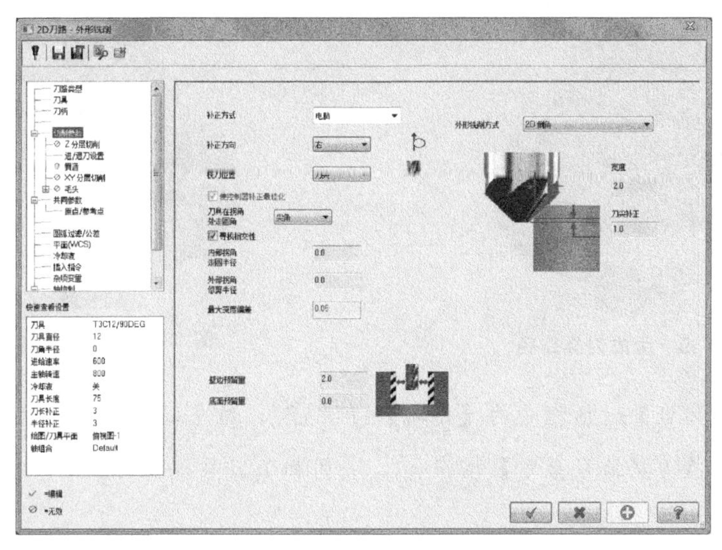

图 12-53　设置切削参数

（5）进/退刀设置

46 在【2D 刀路-外形铣削】对话框左侧【参数类别列表】框中选择【进/退刀设置】选项，设置【进刀】中【直线-长度】为“50%”，【圆弧-半径】为“50%”，单击按钮复制【进刀】内容至【退刀】，其余参数如图 12-54 所示。

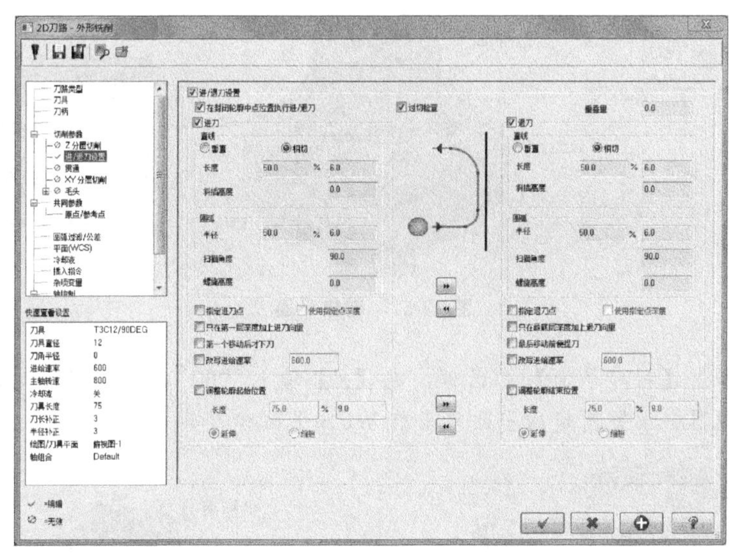

图 12-54　设置进/退刀参数

（6）生成刀具路径并验证

47 单击【确定】按钮，完成加工参数设置，并生成刀具路径，如图 12-55 所示。

48 单击【刀路】管理器中的【验证已选择的操作】按钮，弹出【验证】对话框，单击【播放】按钮，验证加工工序，如图 12-56 所示。

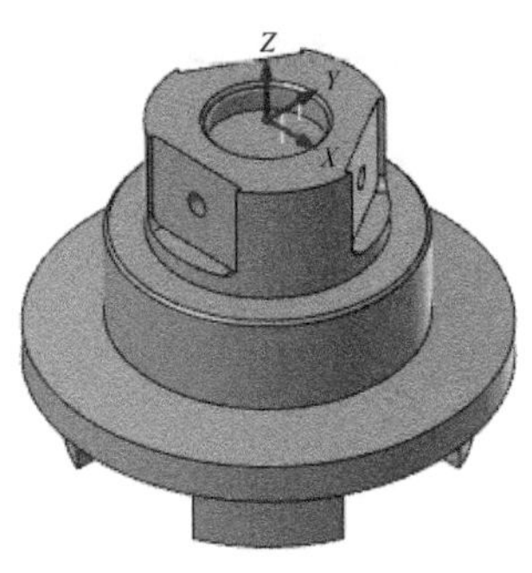

图 12-55　生成刀具路径

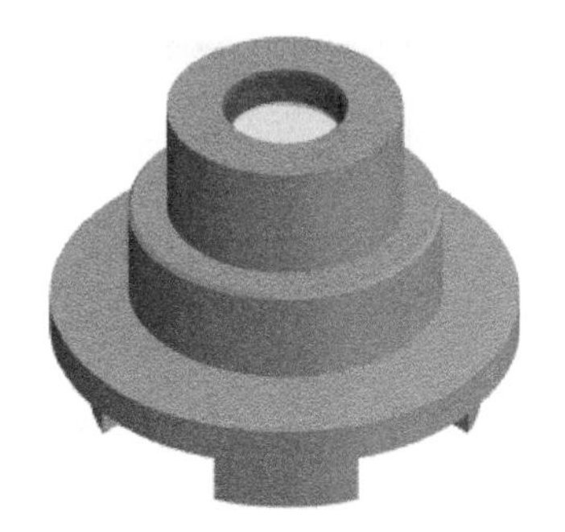
图 12-56　实体验证效果

49　单击【验证】对话框中的【关闭】按钮 ✕，结束验证操作。然后单击【刀路】管理器中的【切换刀具路径显示】按钮≋，关闭加工刀具路径的显示，为后续加工操作做好准备。

12.4.9　创建侧面加工坐标系

50　在【平面】管理器的左上角单击【创建新平面】按钮 ✚，选择【依照实体面】按钮，选择如图 12-57 所示的实体面，弹出【选择平面】对话框，单击【确定】按钮 ✔，如图 12-57 所示。

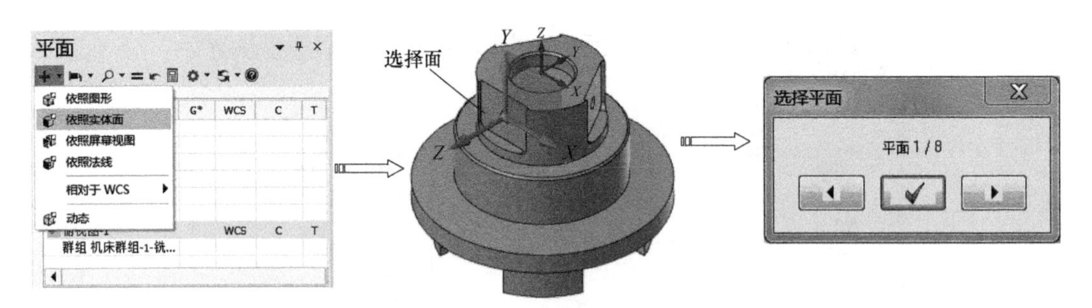

图 12-57　新建平面

51　系统弹出【新建平面】对话框，在【Z】输入“60”，单击【确定】按钮 ✔，在【平面】管理器中设置新建的平面为当前 WCS 平面和刀具平面，如图 12-58 所示。

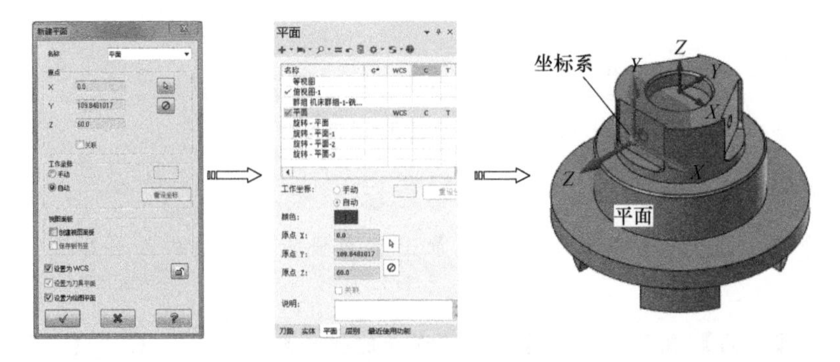

图 12-58　设置 WCS 平面和刀具平面

12.4.10 创建侧面挖槽粗加工

（1）创建刀具群组

52 在【刀路】管理器中选择【机床群组-1】节点，单击鼠标右键，在弹出的快捷菜单中选择【群组】|【新建刀路群组】命令，创建【刀具群组 2】，如图 12-59 所示。

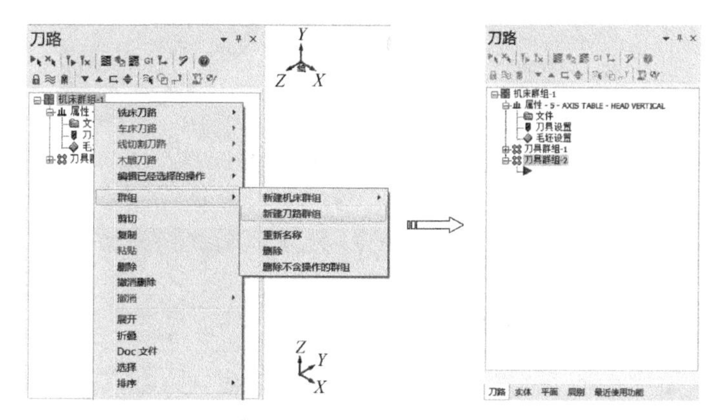

图 12-59 创建刀具群组

（2）启动挖槽加工

53 单击【刀路】选项卡上【3D】组中的【挖槽】按钮，系统弹出【输入新 NC 名称】对话框，系统提示选择加工曲面，拉框选择图层 3 上的曲面作为加工表面，如图 12-60 所示。单击【结束选择】按钮 结束选择，或直接按“Enter”键确定，系统弹出【刀路曲面选择】对话框，如图 12-61 所示。

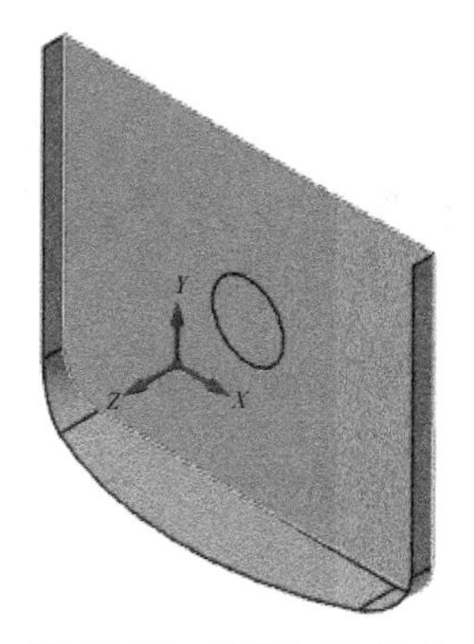

图 12-60 选择加工曲面

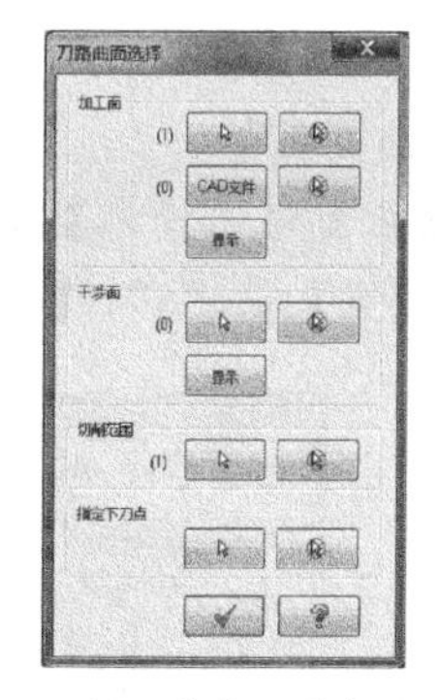

图 12-61 【刀路曲面选择】对话框

54 单击【切削范围】选项中的按钮，弹出【串连选项】对话框，选择【2D】选项和【串连选项】按钮，选择如图 12-62 所示的轮廓线。单击【确定】按钮，返回【刀路曲面选择】对话框。

55 单击【刀路曲面选择】对话框中的【确定】按钮，弹出【曲面粗切挖槽】对话框。

（3）选择加工刀具

56 在【曲面粗切挖槽】对话框的【刀具参数】中选择 T2D8 刀具，如图 12-63 所示。

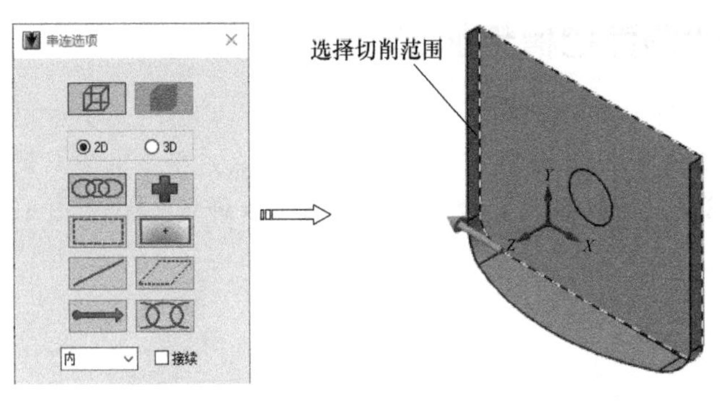

图 12-62　选择切削范围

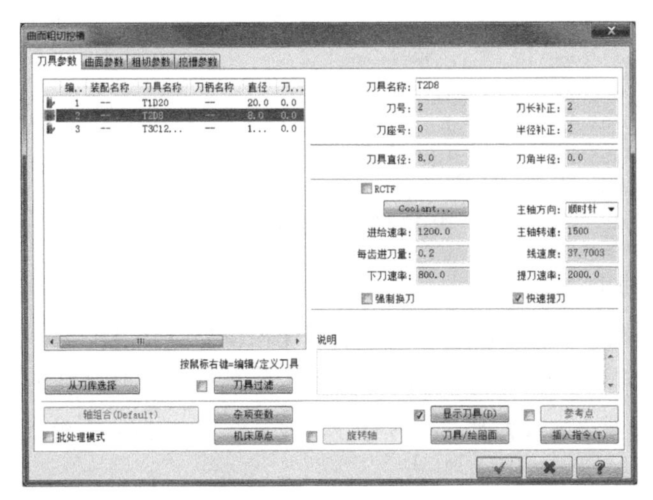

图 12-63　选择加工刀具

（4）设置曲面参数

57　在【曲面粗切挖槽】对话框中单击【曲面参数】选项卡，设置【参考高度】为“15”，【下刀位置】为“5”，【加工面预留量】为“0”，如图 12-64 所示。

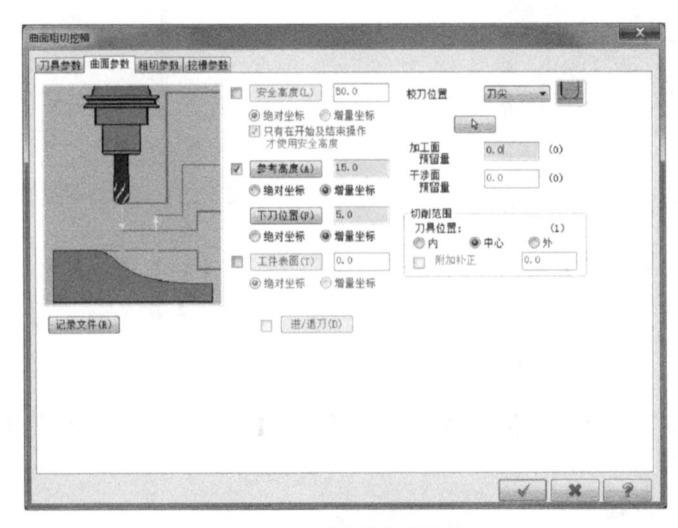

图 12-64　设置曲面参数

（5）设置粗切参数

58 单击【粗切参数】选项卡，设置【Z 最大步进量】为“1”，取消【由切削范围外下刀】复选框，如图 12-65 所示。

59 选中【螺旋进刀】复选框，单击【螺旋进刀】按钮，弹出【螺旋/斜插下刀设置】对话框，如图 12-66 所示。单击【确定】按钮完成。

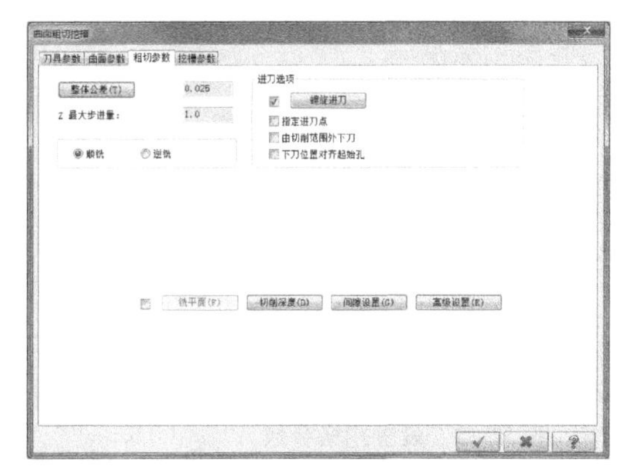

图 12-65 设置粗切参数

图 12-66 【螺旋/斜插下刀设置】对话框

60 单击【切削深度】按钮，弹出【切削深度设置】对话框，选择【增量坐标】选项，如图 12-67 所示。

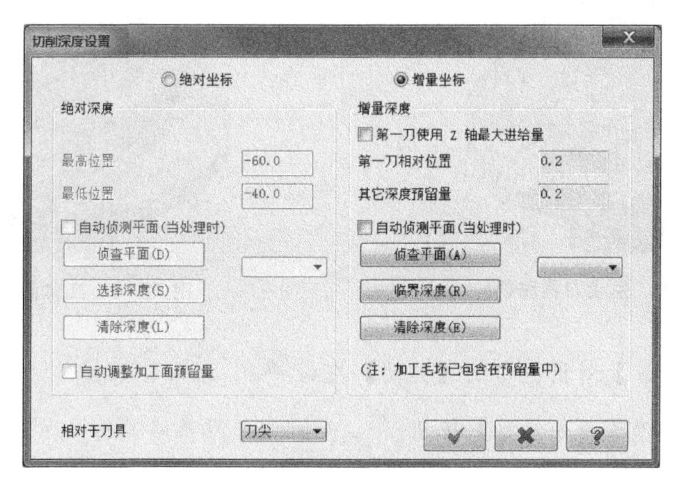

图 12-67 【切削深度设置】对话框

61 单击【间隙设置】按钮，弹出【刀路间隙设置】对话框，设置相关参数如图 12-68 所示。

（6）设置挖槽参数

62 在【曲面粗切挖槽】对话框中单击【挖槽参数】选项卡，设置【粗切】为“等距环切”，【切削间距（直径%）】为“75”，选中【精修】复选框，如图 12-69 所示。

（7）生成刀具路径并验证

63 单击【确定】按钮，完成加工参数设置，并生成刀具路径，如图 12-70 所示。

64 单击【刀路】管理器中的【验证已选择的操作】按钮，弹出【验证】对话框，

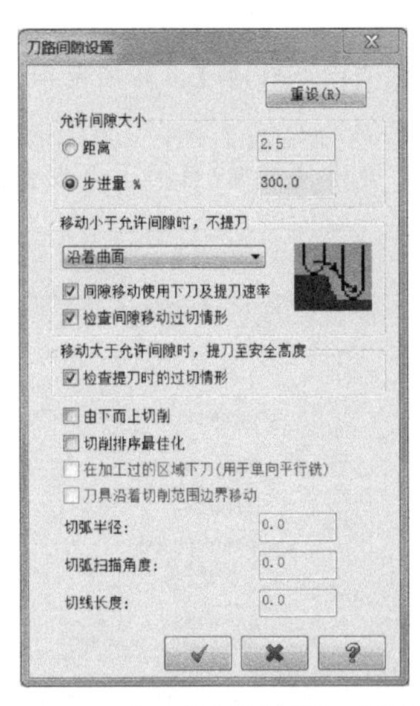

图 12-68 【刀路间隙设置】对话框

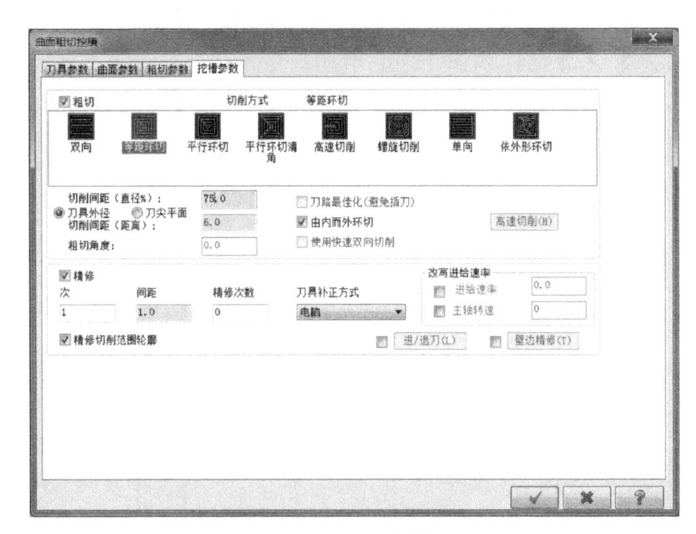

图 12-69 设置挖槽参数

单击【播放】按钮，验证加工工序，如图 12-71 所示。

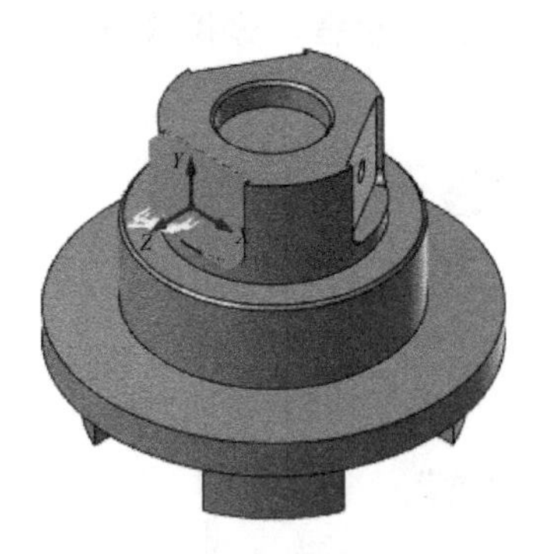

图 12-70 生成刀具路径

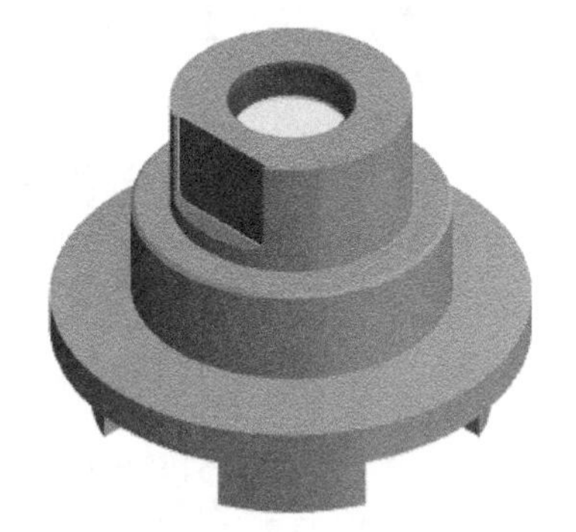

图 12-71 实体验证效果

65 单击【验证】对话框中的【关闭】按钮，结束验证操作。然后单击【刀路】管理器中的【切换刀具路径显示】按钮，关闭加工刀具路径的显示，为后续加工操作做好准备。

12.4.11 创建侧面钻孔加工

(1) 启动钻孔加工

66 选择【刀路】选项卡上【2D】组中的【钻孔】按钮，系统弹出【选择钻孔位置】对话框，选择如图 12-72 所示的圆。

67 单击【选择钻孔位置】对话框中的【确定】按钮，弹出【2D 刀路-钻孔...】对话框，如图 12-73 所示。

(2) 选择加工刀具

68 在【2D 刀路-钻孔...】对话框左侧的【参数类别列表】中选择【刀具】选项，

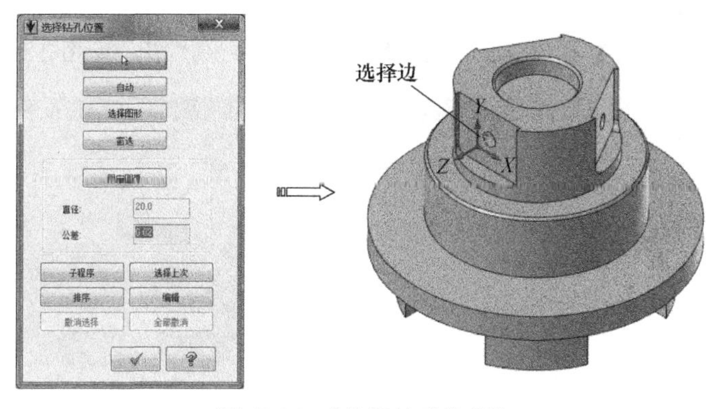

图 12-72 【选择钻孔位置】

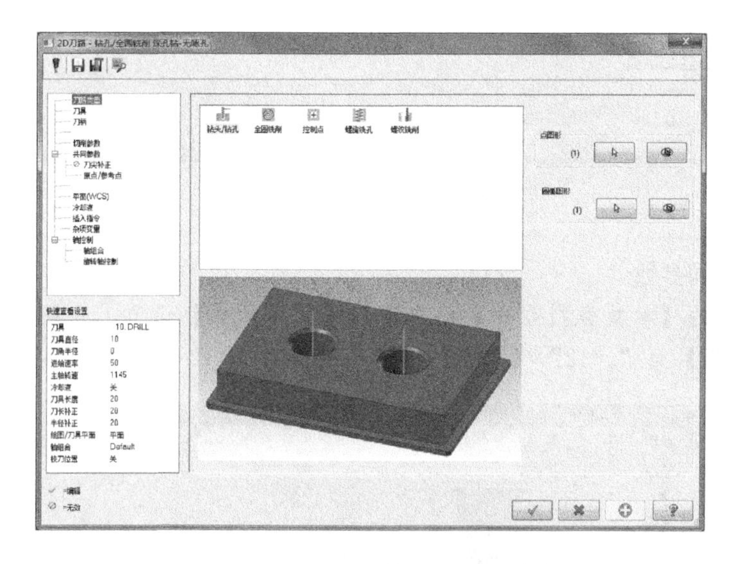

图 12-73 【2D 刀路-钻孔 ...】对话框

选择 T4DR10 刀具，如图 12-74 所示。

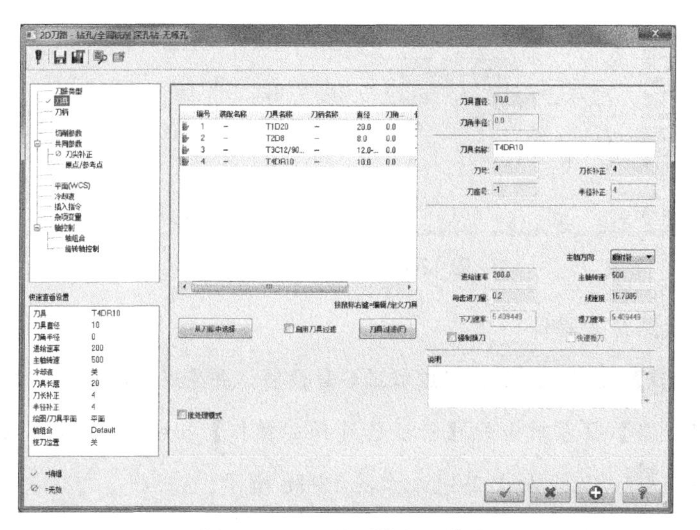

图 12-74 设置刀具加工参数

（3）设置切削参数

69 单击【切削参数】选项卡，设置【暂停时间】为“1”，如图 12-75 所示。

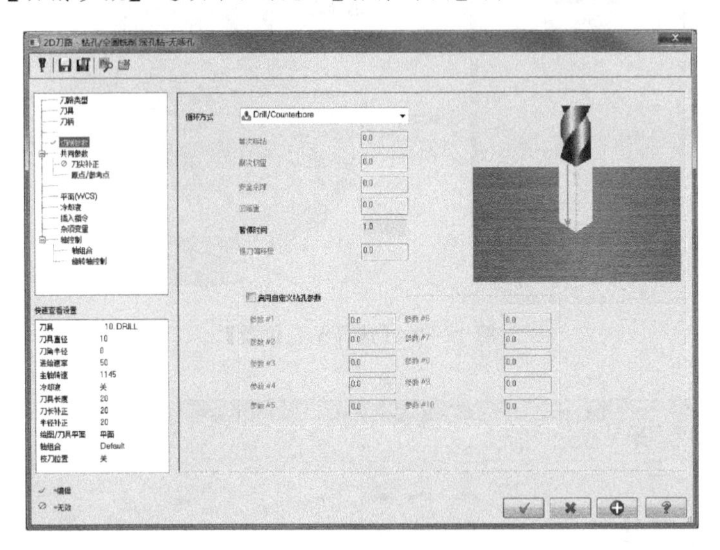

图 12-75 设置切削参数

（4）设置共同参数

70 在左侧的【参数类别列表】框中选中【共同参数】选项，设置【参考高度】为“25”，【工件表面】为“－12”，【深度】为“－30”，如图 12-76 所示。

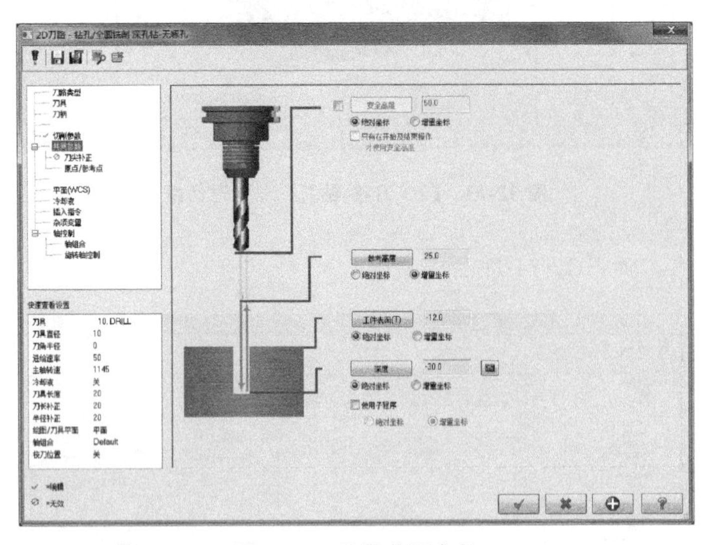

图 12-76 设置共同参数

（5）生成刀具路径并验证

71 单击【确定】按钮，完成加工参数设置，并生成刀具路径，如图 12-77 所示。

72 单击【刀路】管理器中的【验证已选择的操作】按钮，弹出【验证】对话框，单击【播放】按钮，验证加工工序，如图 12-78 所示。

73 单击【验证】对话框中的【关闭】按钮，结束验证操作。然后单击【刀路】

管理器中的【切换刀具路径显示】按钮≋，关闭加工刀具路径的显示，为后续加工操作做好准备。

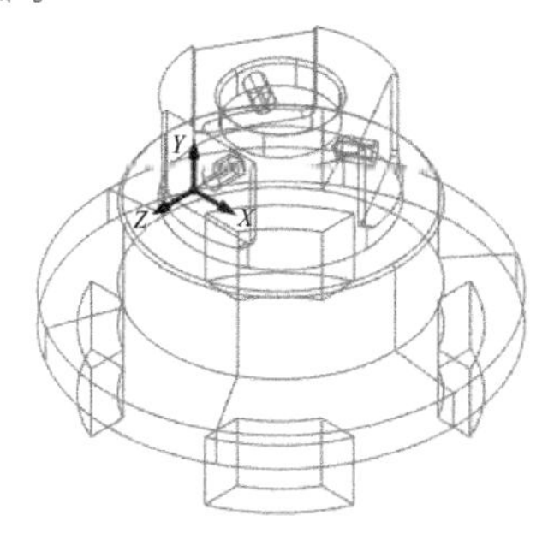

图 12-77　生成刀具路径

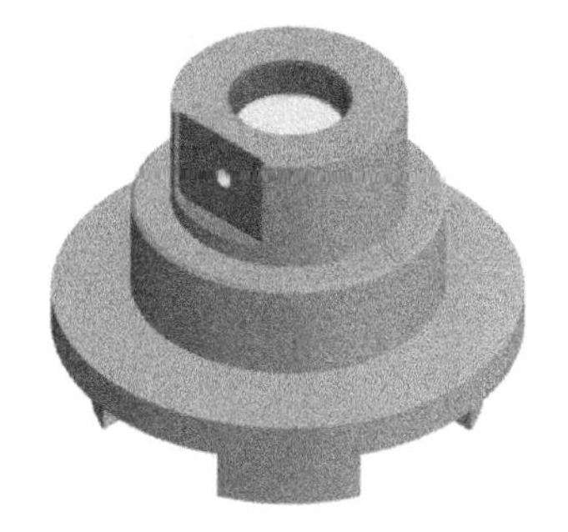
图 12-78　实体验证效果

12.4.12　侧面刀路转换

（1）刀路转换

74　选择【刀路】选项卡上【工具】组中的【刀路转换】按钮，系统弹出【转换操作参数设置】对话框，设置【类型】为“旋转”，设置参数如图 12-79 所示。

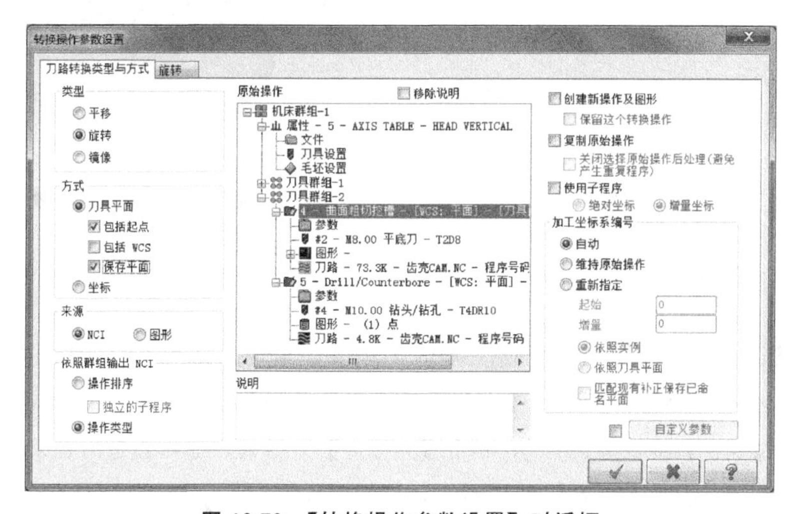

图 12-79　【转换操作参数设置】对话框

75　单击【旋转】选项卡，设置【实例】的【次】为“2”，【起始角度】和【增量角度】为“120”，选中【旋转视图】复选框，选择“俯视图”，如图 12-80 所示。

（2）生成刀具路径并验证

76　单击【确定】按钮，完成加工参数设置，并生成刀具路径，如图 12-81 所示。

77　单击【刀路】管理器中的【验证已选择的操作】按钮，弹出【验证】对话框，单击【播放】按钮，验证加工工序，如图 12-82 所示。

78　单击【验证】对话框中的【关闭】按钮✕，结束验证操作。然后单击【刀路】管理器中的【切换刀具路径显示】按钮≋，关闭加工刀具路径的显示，为后续加工操作做好准备。

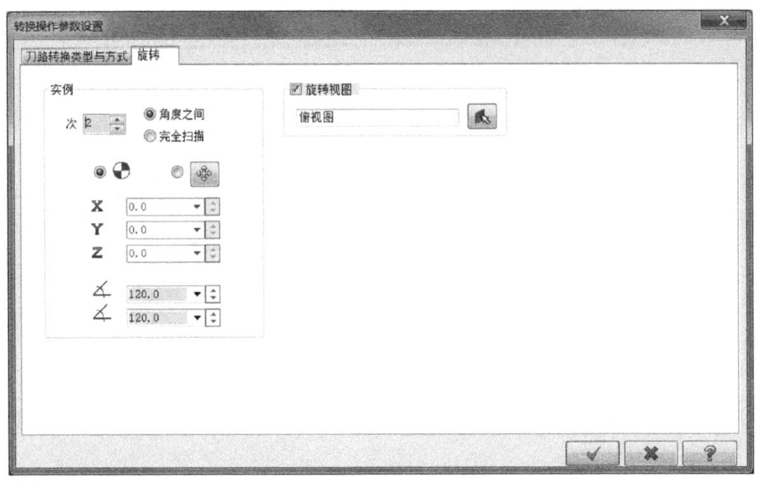

图 12-80 【旋转】选项卡

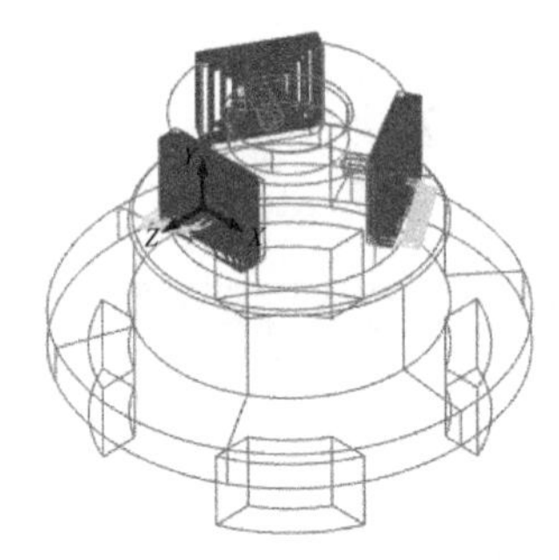

图 12-81 生成刀具路径

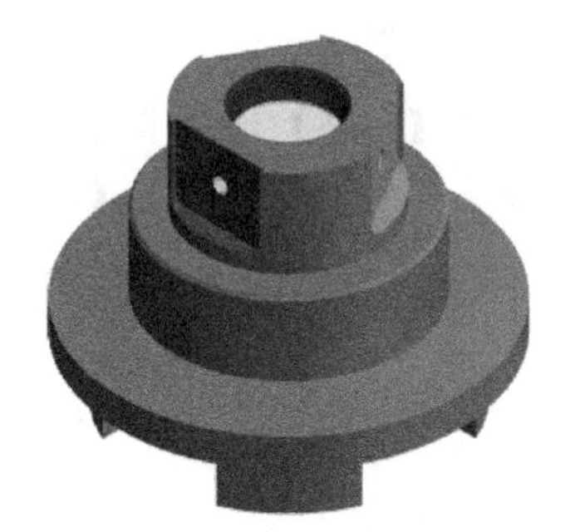

图 12-82 实体验证效果

12.4.13 后处理

79 在【刀路】管理器中选择所创建的操作后，单击上方的 G1 按钮，弹出【后处理程序】对话框，选择【NC 文件】选项下的【编辑】复选框，如图 12-83 所示。

80 单击【确定】按钮 ✓，弹出【另存为】对话框，选择合适的目录后，单击【确定】按钮 ✓，生成后处理并打开【Mastercam Code Expert】对话框，如图 12-84 所示。

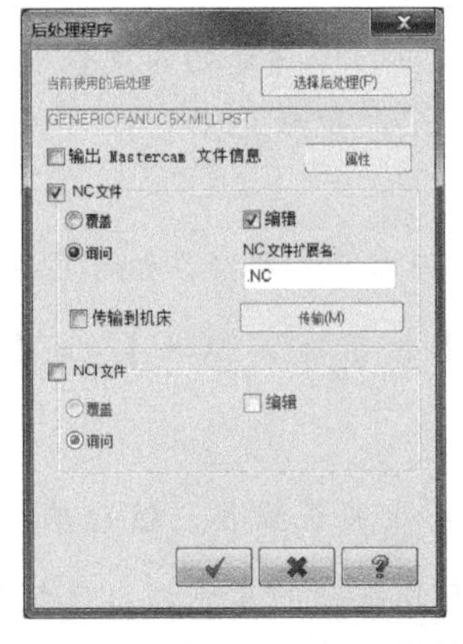

图 12-83 【后处理程序】对话框

图 12-84 【Mastercam Code Expert】对话框

13 第13章 典型车削综合零件加工实例——芯轴数控加工

Mastercam 提供了强大的车削加工功能，可完成粗车、精车、螺纹、截断、钻孔等加工。本章以芯轴为例来介绍车削数控在实际产品数控加工中的方法和步骤。

本章内容

- ◆ 芯轴零件结构分析
- ◆ 芯轴零件数控加工流程介绍
- ◆ 芯轴零件数控工艺分析与加工方案
- ◆ 芯轴零件数控加工操作过程

13.1 芯轴零件结构分析

芯轴零件如图 13-1 所示，轮廓面是回转面，要加工的面是所有外圆柱面，材料为 45 钢。

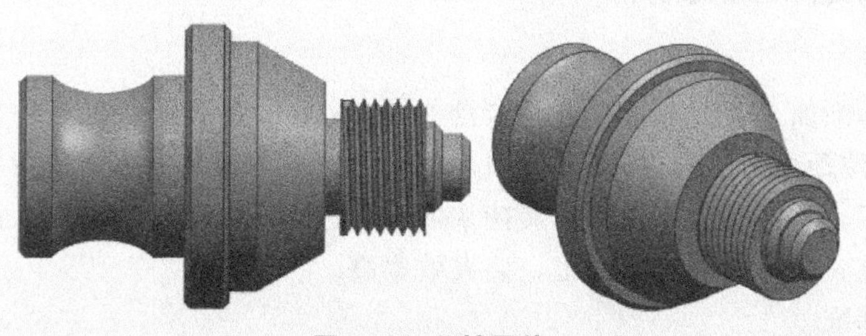

图 13-1　芯轴零件

从图 13-2 可知该芯轴整体尺寸 ϕ50mm×81mm，左右两端均需要加工，结构较为复杂，轴上有倒角、螺纹和退刀槽，在左侧有椭圆形内凹轮廓，需要进行整个外圆表面的加工。

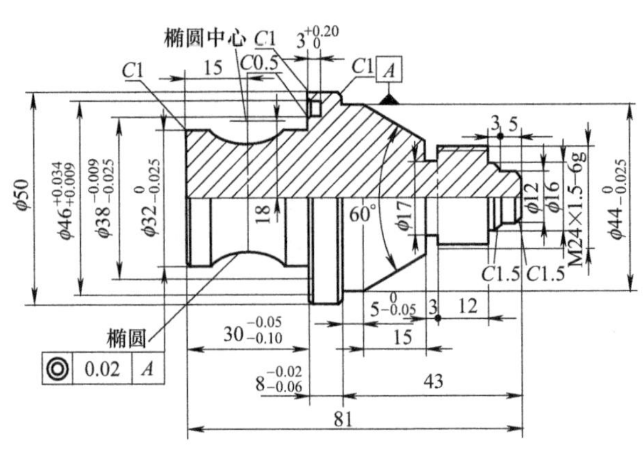

技术要求：

1.未注倒角：C0.5

2.未注尺寸公差：$^{+0.1}_{-0.1}$

3.未注表面粗糙度：1.6

4.不得使用成型刀具

5.椭圆方程：

$$\frac{X^2}{10^2}+\frac{Y^2}{5^2}=1$$

图 13-2 芯轴整体尺寸

13.2 芯轴零件数控工艺分析与加工方案

13.2.1 分析零件工艺性能

由图 13-1 可看出，该零件外形结构较为复杂，但零件的轨迹精度要求高，该零件的总体结构主要包括端面和圆柱，需要左右掉头加工。外圆加工尺寸有公差要求，精度为 IT7～IT8。尺寸标注完整，轮廓描述清楚。

13.2.2 选用毛坯

毛坯为圆钢，材料 45 钢，是尺寸为 ϕ55mm×87mm 的半成品，外表面经过荒车加工。零件材料切削性能较好。

13.2.3 选用数控机床

由于加工轮廓由直线、圆弧组成，表面为回转体，故采用两轴联动数控车床。

13.2.4 确定装夹方案

（1）夹具

对于右端车削加工，用三爪自定心卡盘夹持 ϕ55mm 的外圆，使工件伸出卡盘 65mm（应将机床的限位距离考虑进去），共限制 4 个自由度，一次装夹完成进行粗、精加工；对于左端车削加工，需将三爪卡盘掉头夹持 ϕ44mm 的外圆进行加工。三爪自定心卡盘能自动定心，工件装夹后一般不需要找正，装夹效率高。

（2）定位基准

三爪卡盘自定心，故以轴心线为定位基准。

13.2.5 确定加工方案

根据零件形状及加工精度要求，按照先粗后精的原则，按照“端面”→“粗车”→“精车”→“车槽”的顺序依次加工右侧表面，逐步达到加工精度；调头加工，按照“端面”→“粗车”→“精车”→“车槽”→“车螺纹”顺序进行左侧轮廓加工。该零件的数控加工方案见表 13-1 所示。

表 13-1 芯轴的数控加工方案

加工部位	工步号	工步内容	刀具号	切削参数设置		
				主轴转速 /r·min^{-1}	进给速度 /mm·min^{-1}	背吃刀量 /mm
右端	1	车端面	T31	300	0.25	2
	2	粗车外圆	T01	500	0.3	2
	3	精车外圆	T21	600	0.2	0.2
	4	车槽加工	T61	300	0.1	1.4
左端	1	车端面	T31	300	0.25	2
	2	粗车外圆	T01	500	0.3	2
	3	精车外圆	T21	600	0.2	0.2
	4	车槽加工	T47	300	0.1	1.4
	5	车螺纹	T95	100	—	—

13.3 芯轴数控加工流程

根据拟定的加工工艺路线，采用 Mastercam 数控车削加工工序实现芯轴的加工。

13.3.1 加工准备工作

在创建加工之前首先要打开模型文件，然后通过平移设置加工坐标系，选择车床为加工机床，并指定加工毛坯，如图 13-3 所示。

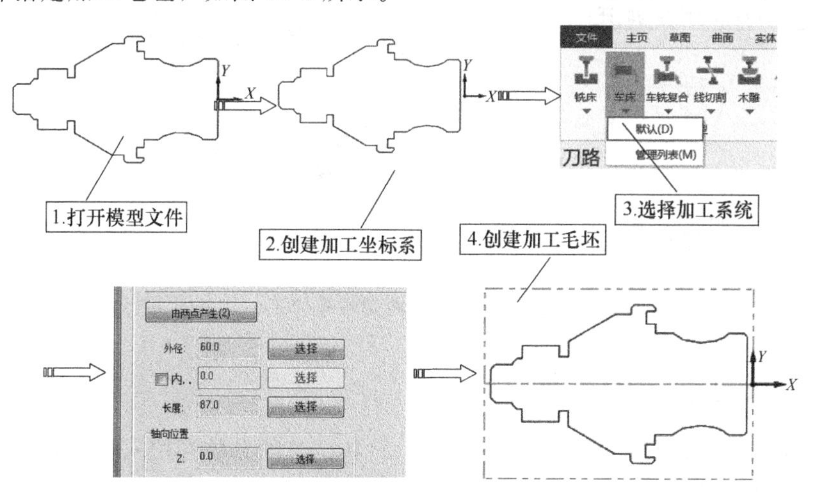

图 13-3 加工准备工作

13.3.2 创建右端端面车削加工

启动端面车削加工，选择加工刀具，设置车削位置和车削参数，最后生成刀具路径和验证，如图 13-4 所示。

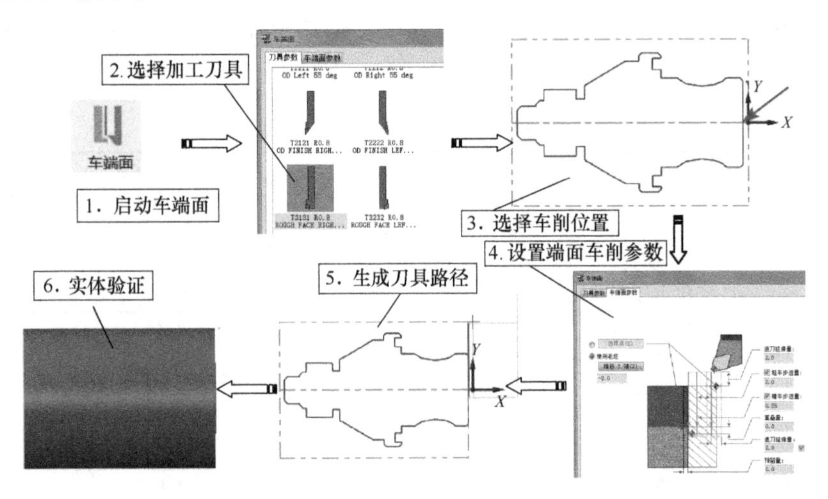

图 13-4　创建右端端面车削加工

13.3.3　创建右端粗车加工

启动粗车加工，选择车削轮廓，设置加工刀具、车削参数和切入切出参数，最后生成刀具路径和验证，如图 13-5 所示。

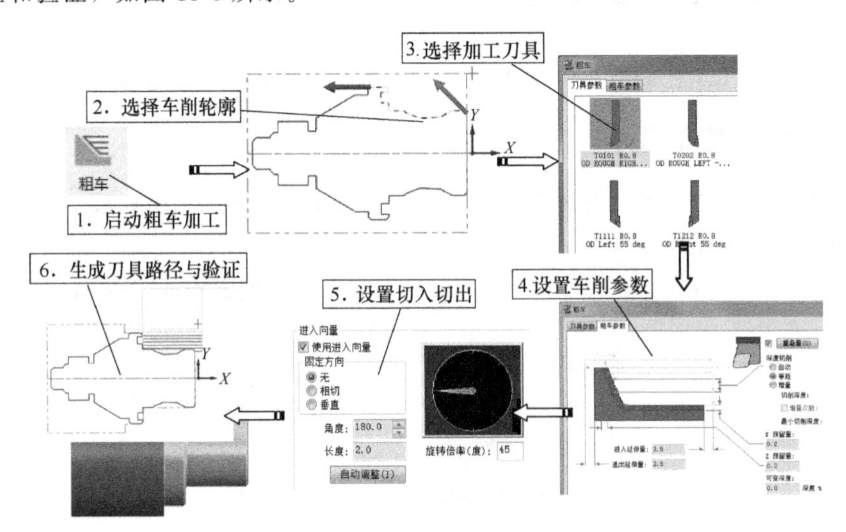

图 13-5　创建右端粗车加工

13.3.4　创建右端精车加工

启动精车加工，选择车削轮廓，设置加工刀具、车削参数和切入切出参数，最后生成刀具路径和验证，如图 13-6 所示。

13.3.5　创建右端轴向槽车削加工

启动车槽加工，选择车削范围，设置加工刀具和沟槽车削参数，最后生成刀具路径和验证，如图 13-7 所示。

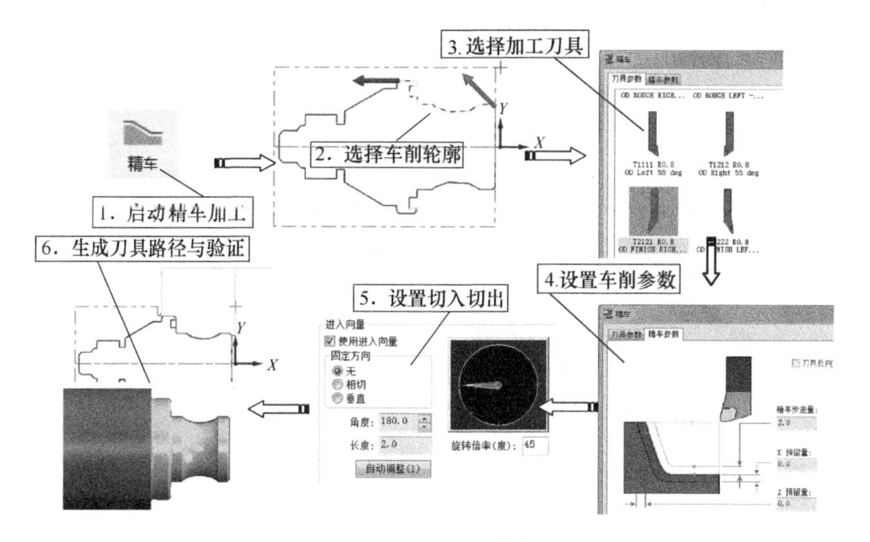

图 13-6　创建右端精车加工

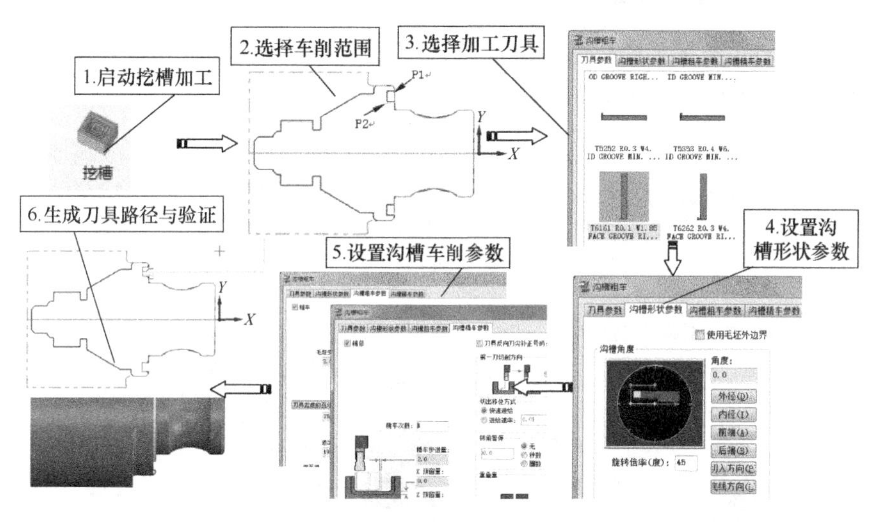

图 13-7　创建右端轴向槽车削加工

13.3.6　工件调头

启动毛坯翻转，选择图形，设置翻转参数，最后实现毛坯调头，如图 13-8 所示。

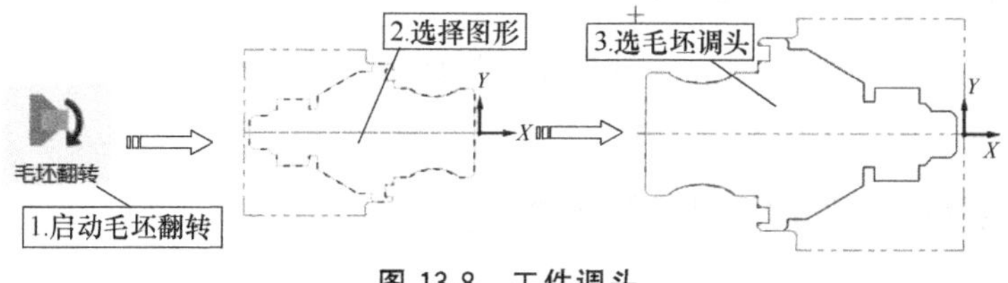

图 13-8　工件调头

13.3.7　创建左端端面车削加工

启动端面车削加工，选择加工刀具，设置车削位置和车削参数，最后生成刀具路径和验证，如图 13-9 所示。

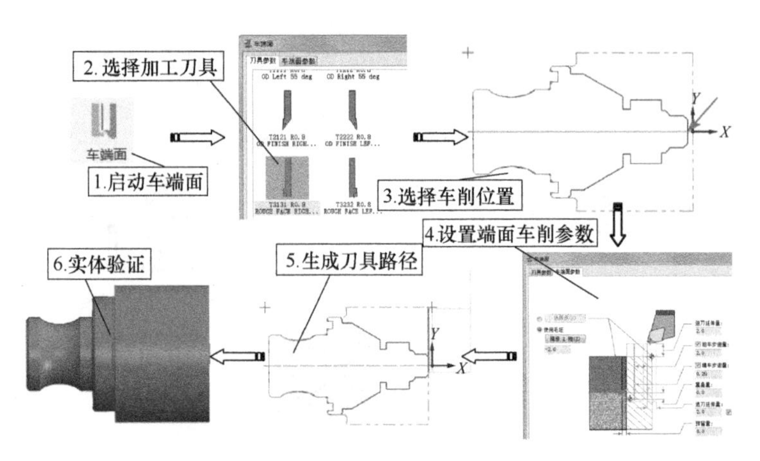

图 13-9　创建左端端面车削加工

13.3.8　创建左端粗车加工

启动粗车加工，选择车削轮廓，设置加工刀具、车削参数和切入切出参数，最后生成刀具路径和验证，如图 13-10 所示。

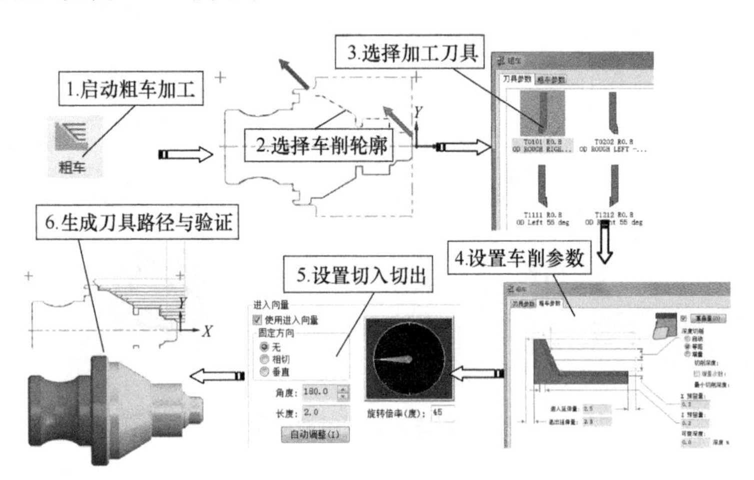

图 13-10　创建左端粗车加工

13.3.9　创建左端精车加工

启动精车加工，选择车削轮廓，设置加工刀具、车削参数和切入切出参数，最后生成刀具路径和验证，如图 13-11 所示。

13.3.10　创建左端径向槽车削加工

启动车槽加工，选择车削范围，设置加工刀具和沟槽车削参数，最后生成刀具路径和验证，如图 13-12 所示。

13.3.11　创建左端螺纹车削加工

启动螺纹车削加工工序，选择加工刀具，设置螺纹外形参数和切削参数，最后生成刀

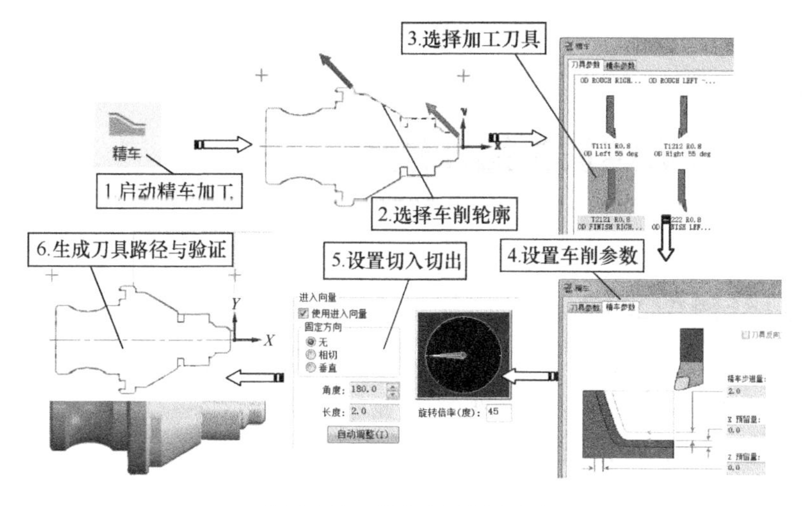

图 13-11　创建左端精车加工

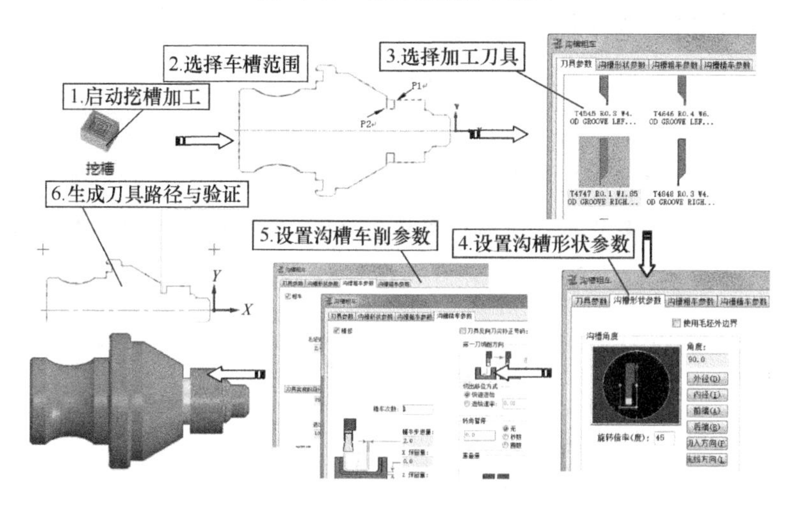

图 13-12　创建左端径向槽车削加工

具路径和验证，如图 13-13 所示。

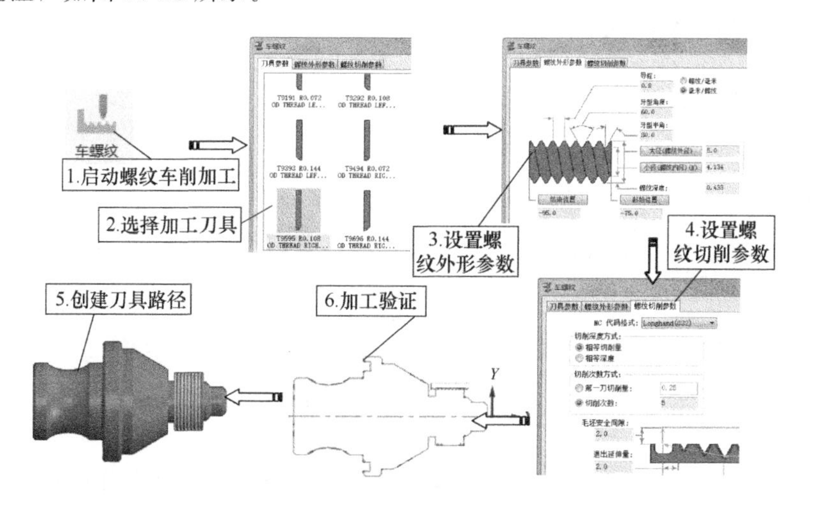

图 13-13　创建左端螺纹车削加工

13.4 芯轴零件数控加工操作过程

13.4.1 打开模型文件

01 启动Mastercam2017，选择下拉菜单【文件】|【打开】命令，弹出【打开】对话框，选择“芯轴CAD.mcam”（扫二维码下载素材文件\第13章\芯轴CAD.mcam），单击【打开】按钮，将该文件打开，如图13-14所示。

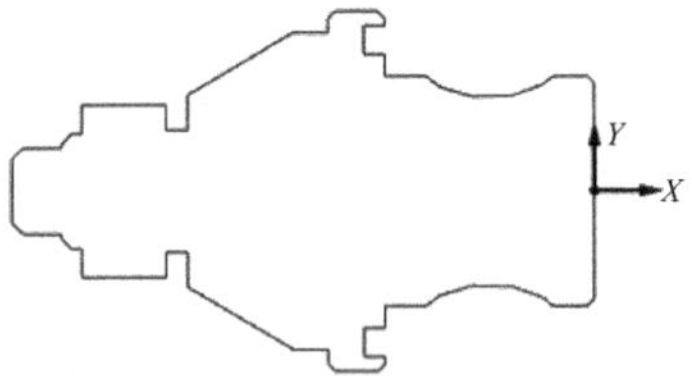

图13-14 等角视图显示文件

13.4.2 设置加工原点

02 单击【转换】选项卡上的【转换】组中的【平移】按钮，根据系统提示选择如图13-15所示的曲线作为要平移图形，单击【结束选择】按钮，弹出【平移】对话框，选择【移动】选项，然后选择【从一点到另一点】方式，起点为原点，终点为（−2，0，0），单击【确定】按钮，完成图形平移，如图13-15所示。

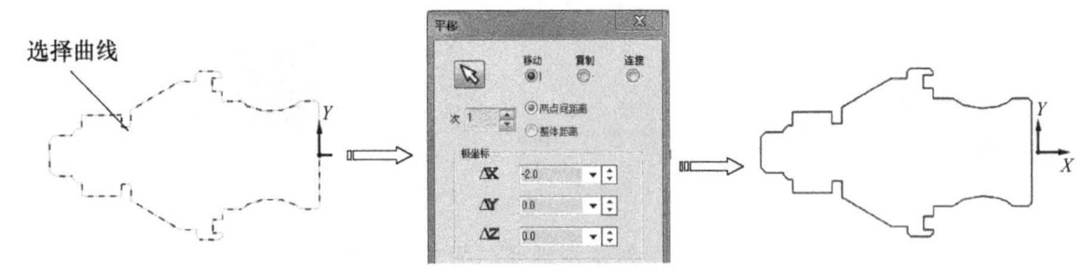

图13-15 平移曲线

13.4.3 选择加工系统

03 选择【机床】选项卡上【机床类型】组中的【车床】按钮下的【默认】命令，如图13-16所示。

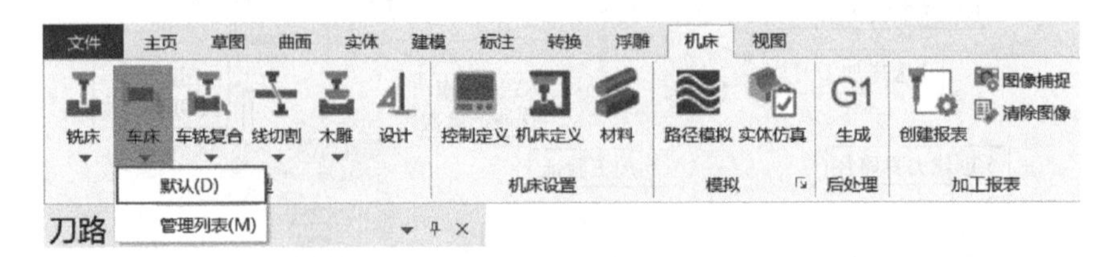

图13-16 选择车床

04 系统进入车削加工模块，双击【刀路】管理器中的【属性-Lathe Default MM】选项，展开【刀路】管理器，如图13-17所示。

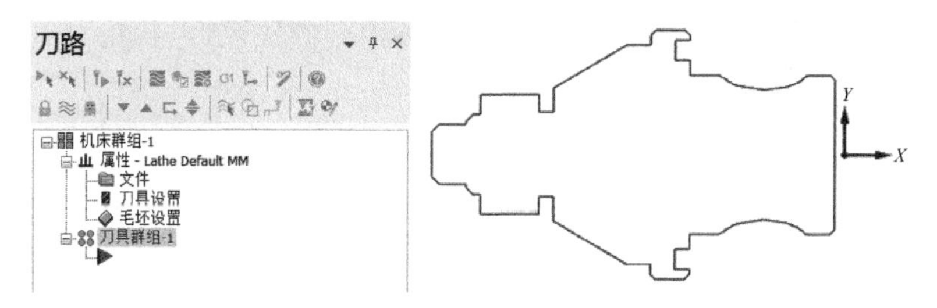

图 13-17 启动车床加工环境

13.4.4 创建加工毛坯

05 单击【属性】选项下的【毛坯设置】选项，系统弹出【机床群组属性】对话框中的【毛坯设置】选项卡，设置【毛坯平面】为“俯视图”，如图 13-18 所示。

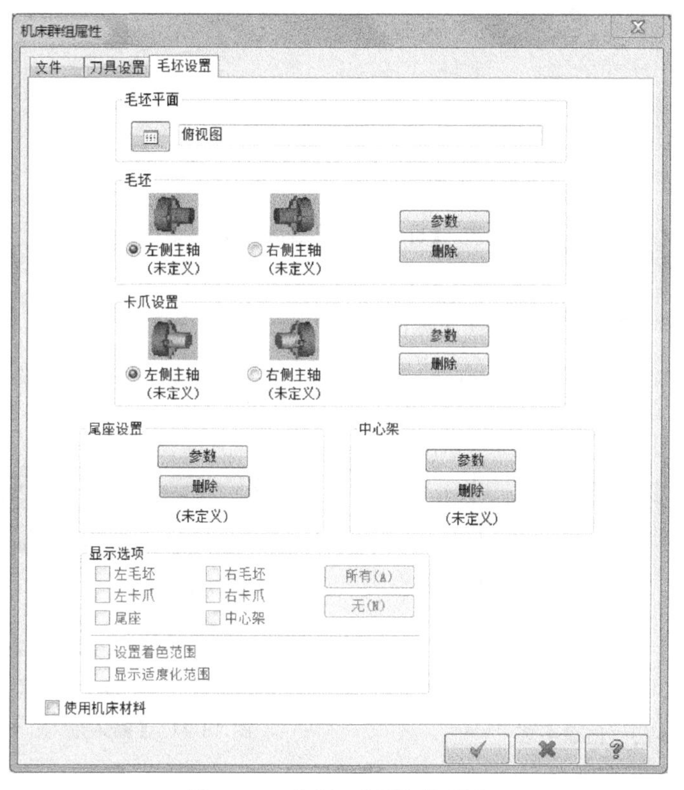

图 13-18 【毛坯设置】选项卡

06 单击【毛坯设置】选项中的【参数】按钮，弹出【机床组件管理-毛坯】对话框。选择【图形】为“圆柱体”，【外径】为“60”，【长度】为“87”，【轴向位置】为“0”，如图 13-19 所示。

07 依次单击对话框中的【确定】 按钮，完成加工工件设置，如图 13-20 所示。

13.4.5 创建右端端面车削加工

（1）启动端面车削加工

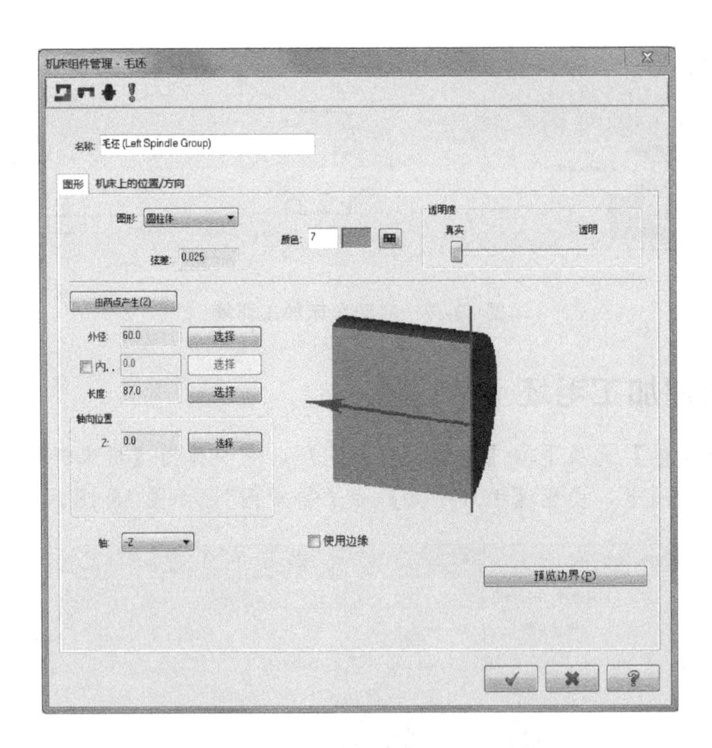

图 13-19 【机床组件管理-毛坯】对话框

08 单击【车削】选项卡中的【标准】组中的【车端面】按钮，弹出【输入新 NC 名称】对话框，默认名为“芯轴 CAM”，如图 13-21 所示。单击【确定】按钮完成。

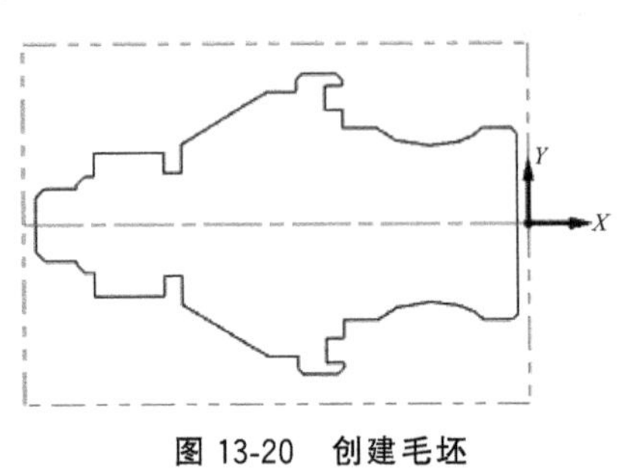

图 13-20 创建毛坯

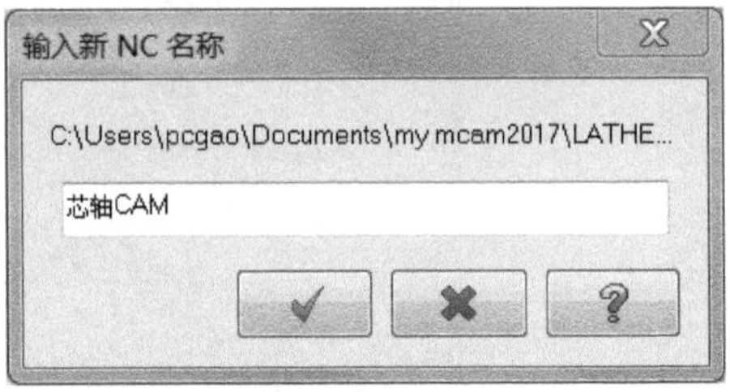

输入新 NC 名称
C:\Users\pcgao\Documents\my mcam2017\LATHE...
芯轴CAM

图 13-21 【输入新 NC 名称】对话框

09 单击【确定】按钮，弹出【车端面】对话框。

(2) 设置加工刀具

10 在【车端面】对话框的【刀具参数】选项卡中选择 T3131 号刀具，设置【刀号】为“31”，【进给速率】为“0.25”，【主轴转速】为“300”，如图 13-22 所示。

11 选中【参考点】复选框，并单击该按钮，弹出【参考点】对话框，设置【进入】和【退出】为“80，20”，如图 13-23 所示。单击【确定】按钮返回。

(3) 设置车端面参数

12 在【车端面】对话框单击【车端面参数】选项卡，显示端面车削参数，如图 13-24 所示。

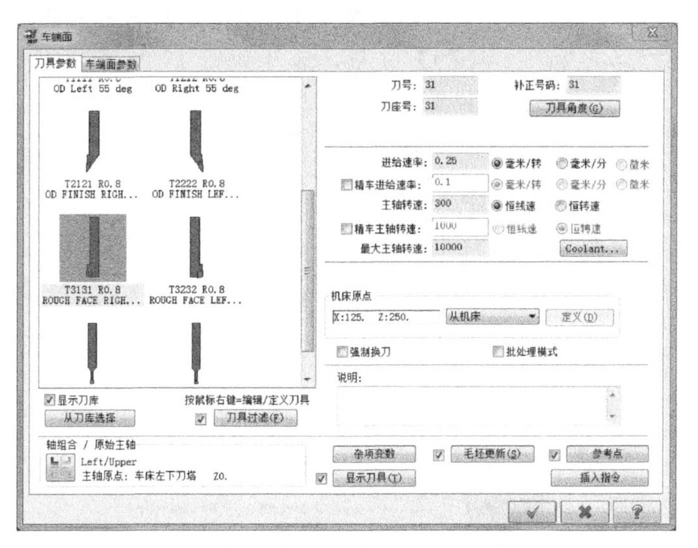

图 13-22 选择加工刀具

图13-23 【参考点】对话框

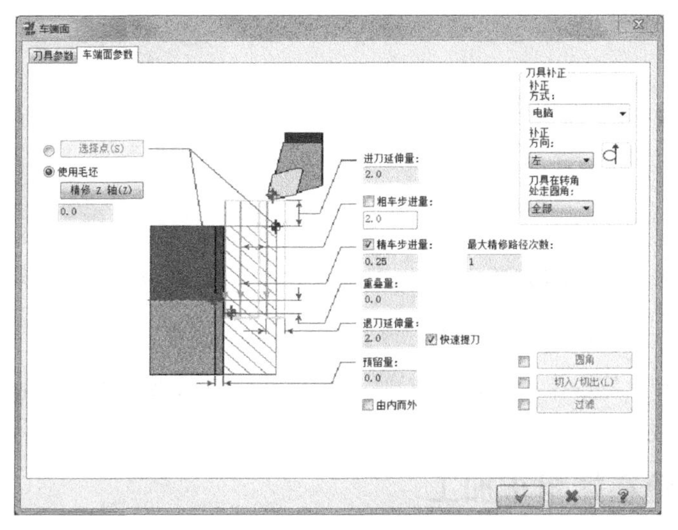

图 13-24 【车端面参数】选项卡

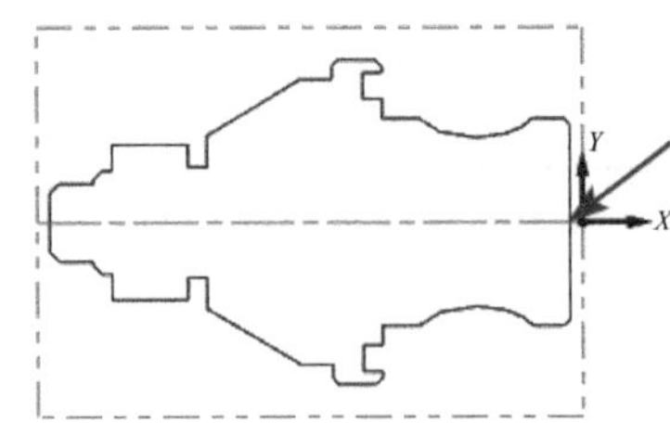

图 13-25　选择端面车削位置

13　选择【使用毛坯】单选按钮，单击【精修 Z 轴(Z)】按钮，选择如图 13-25 所示的点作为端面车削位置。

14　设置【粗车步进量】为“2”，【精车步进量】为“0.25”，【最大精修路径次数】为“1”，如图 13-26 所示。

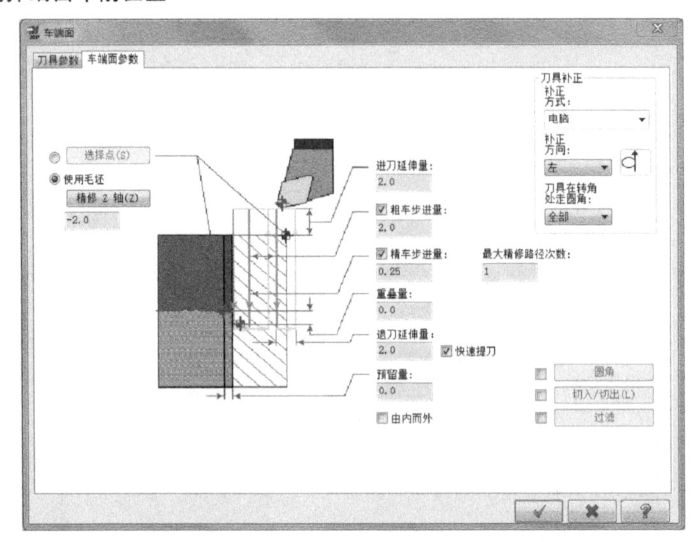

图 13-26　设置端面车削参数

（4）生成刀具路径并验证

15　单击【确定】按钮，完成加工参数设置，并生成刀具路径，如图 13-27 所示。

16　单击【刀路】管理器中的【验证已选择的操作】按钮，弹出【验证】对话框，单击【播放】按钮，验证加工工序，如图 13-28 所示。

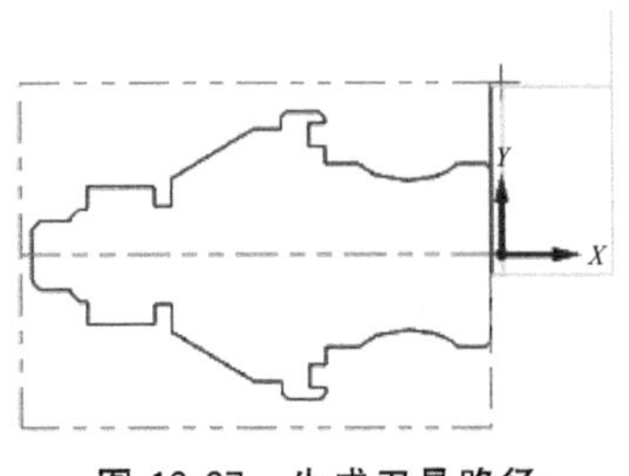

图 13-27　生成刀具路径

图 13-28　实体验证效果

17　单击【验证】对话框中的【关闭】按钮，结束验证操作。然后单击【刀路】管理器中的【切换刀具路径显示】按钮，关闭加工刀具路径的显示，为后续加工操作做好准备。

13.4.6　创建右端粗车加工

（1）启动粗车加工

18 单击【车削】选项卡中的【标准】组中的【粗车】按钮，系统弹出【串连选项】对话框，选择【2D】选项和【部分串连】，选择如图 13-29 所示的 P1 和 P2 点。

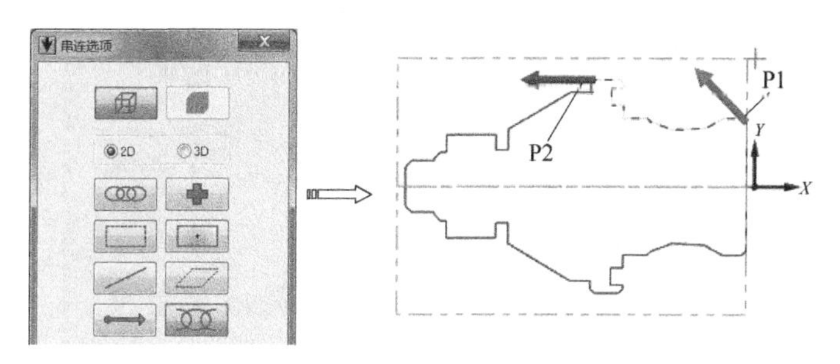

图 13-29 选择加工轮廓

19 单击【串连选项】对话框中的【确定】按钮，弹出【粗车】对话框。

(2) 设置加工刀具

20 在【刀具参数】选项卡中选择 T0101 号刀具，设置【刀号】为“1”，【进给速率】为“0.3”，【主轴转速】为“500”，如图 13-30 所示。

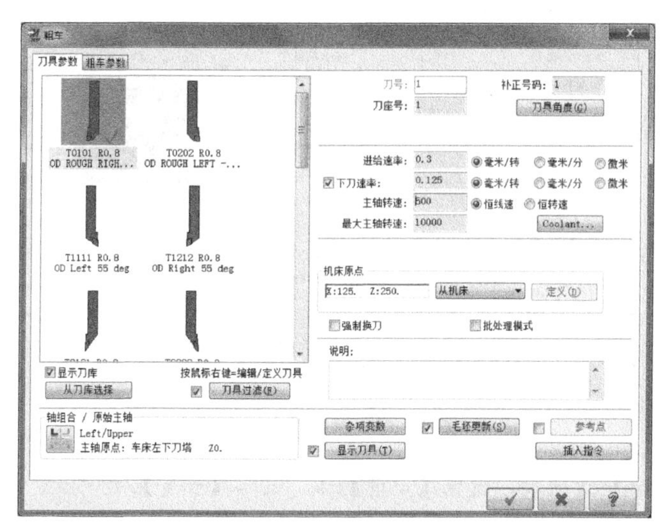

图 13-30 选择加工刀具

21 选中【参考点】复选框，并单击该按钮，弹出【参考点】对话框，设置【进入】和【退出】为“80，20”，如图 13-31 所示。单击【确定】按钮返回。

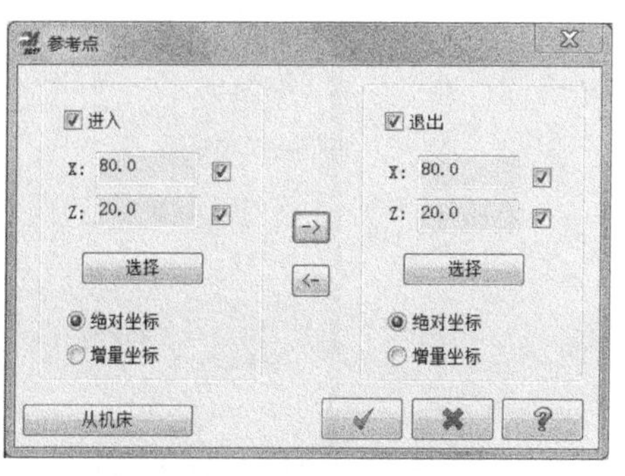

图 13-31 【参考点】对话框

(3) 设置粗车参数

22 在【粗车】对话框中单击【粗车参数】选项卡，设置【深度切削】为“等距”，【切削深度】为“2”，如图 13-32 所示。

(4) 设置切入切出参数

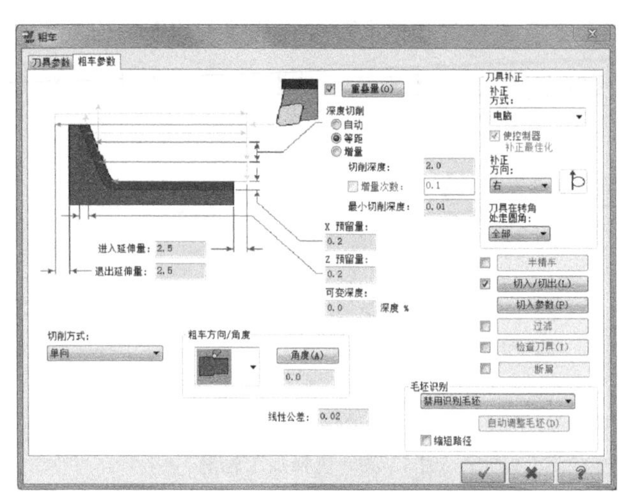

图 13-32　设置粗车参数

23　在【粗车】对话框中单击【切入/切出】按钮，弹出【切入/切出设置】对话框，单击【切入】选项卡，设置【角度】为“180”，【长度】为“2”，如图 13-33 所示。

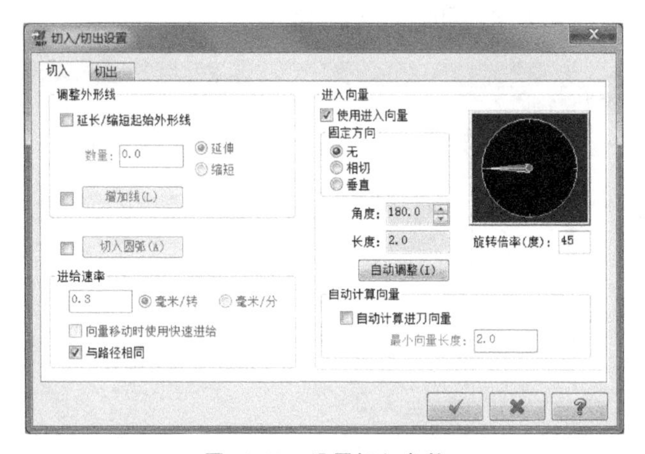

图 13-33　设置切入参数

24　单击【切出】选项卡，设置【角度】为“90”，【长度】为“2”，如图 13-34 所示。

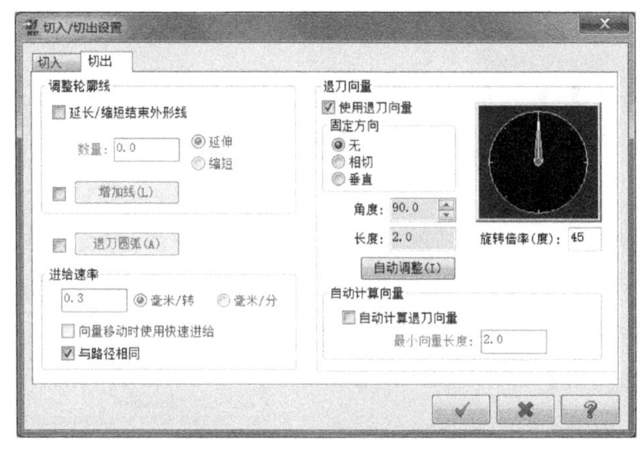

图 13-34　设置切出参数

（5）生成刀具路径并验证

25 单击【确定】按钮，完成加工参数设置，并生成刀具路径，如图 13-35 所示。

26 单击【刀路】管理器中的【验证已选择的操作】按钮，弹出【验证】对话框，单击【播放】按钮，验证加工工序，如图 13-36 所示。

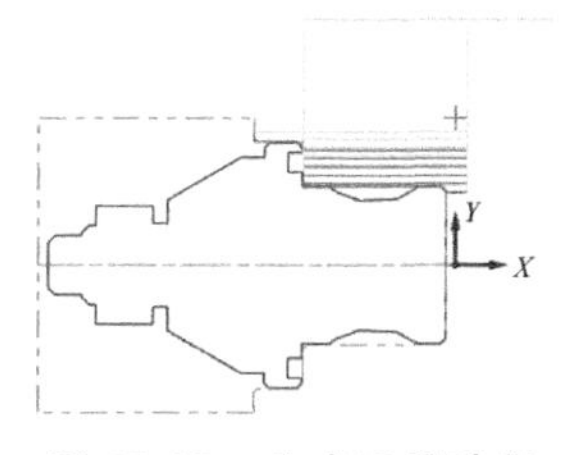

图 13-35　生成刀具路径

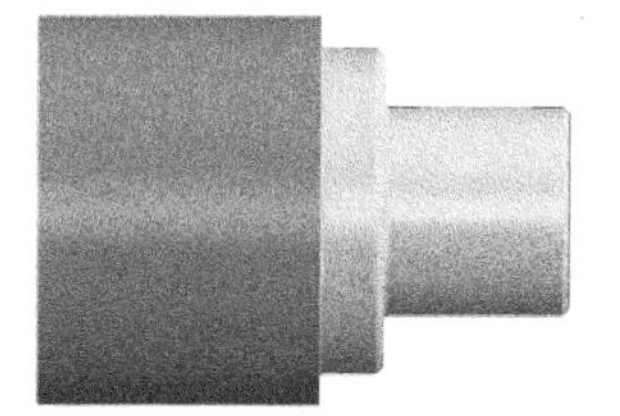

图 13-36　实体验证效果

27 单击【验证】对话框中的【关闭】按钮，结束验证操作。然后单击【刀路】管理器中的【切换刀具路径显示】按钮，关闭加工刀具路径的显示，为后续加工操作做好准备。

13.4.7 创建右端精车加工

（1）启动精车加工

28 单击【车削】选项卡中的【标准】组中的【精车】按钮，系统弹出【串连选项】对话框，选择【2D】选项和【分串连】，选择如图 13-37 所示的 P1 和 P2 点。

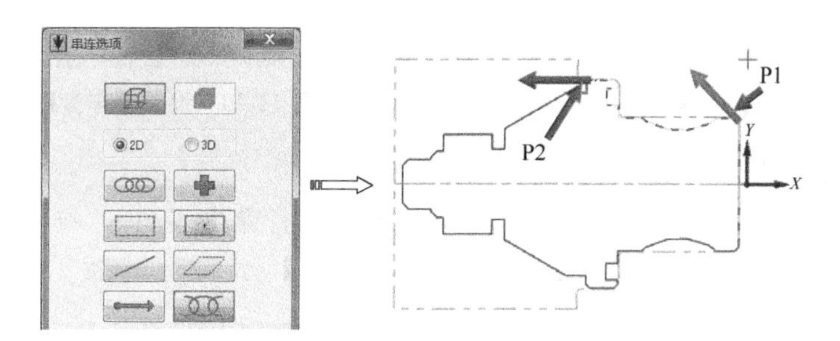

图 13-37　选择加工轮廓

29 单击【串连选项】对话框中的【确定】按钮，弹出【精车】对话框。

（2）设置加工刀具

30 在【精车】对话框中【刀具参数】选项卡中选择 T2121 号刀具，设置【刀号】为“21”，【进给速率】为“0.2”，【主轴转速】为“600”，如图 13-38 所示。

31 选中【参考点】复选框，并单击该按钮，弹出【参考点】对话框，设置【进入】和【退出】为“(50，20)”，如图 13-39 所示。单击【确定】按钮返回。

（3）设置精车参数

32 在【精车】对话框中单击【精车参数】选项卡，设置【精车次数】为“1”，【预留量】为“0”，如图 13-40 所示。

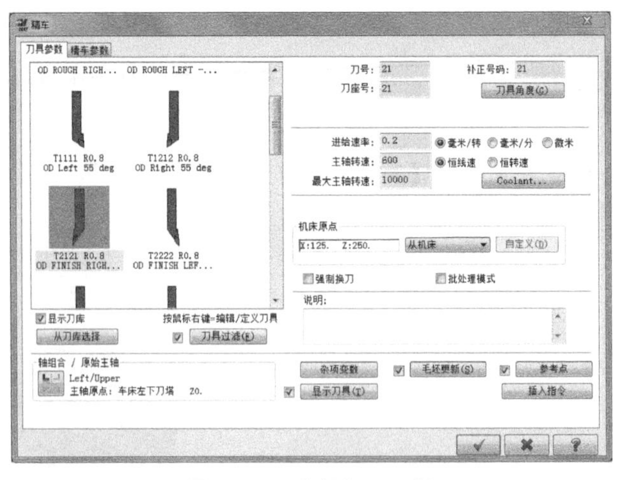

图 13-38　选择加工刀具

图13-39　【参考点】对话框

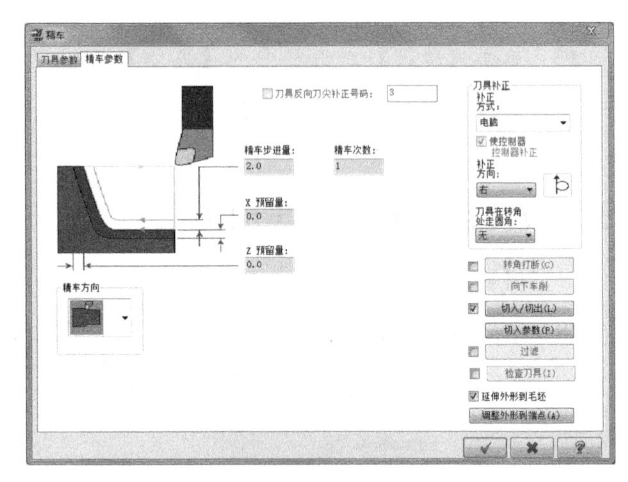

图 13-40　设置精车参数

（4）设置切入/切出参数

33　在【精车】对话框中单击【切入/切出】按钮，弹出【切入/切出设置】对话框，单击【切入】选项卡，设置【角度】为“180”，【长度】为“2”，如图 13-41 所示。

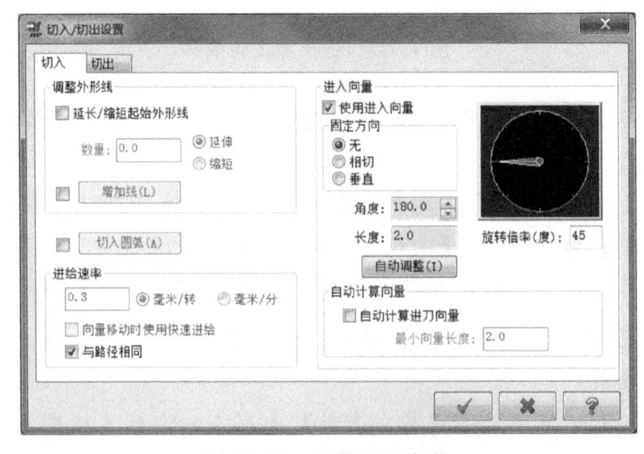

图 13-41　设置切入参数

34 单击【切出】选项卡，【延伸】为“2.5”，设置【角度】为“45”，【长度】为“2”，如图 13-42 所示。

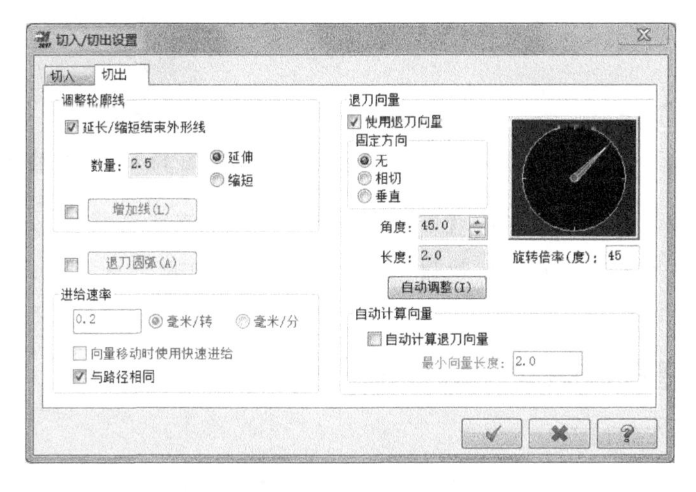

图 13-42 设置切出参数

35 在【精车】对话框中【精车参数】选项卡下单击【切入参数】按钮，弹出【车削切入参数】对话框，设置参数如图 13-43 所示。

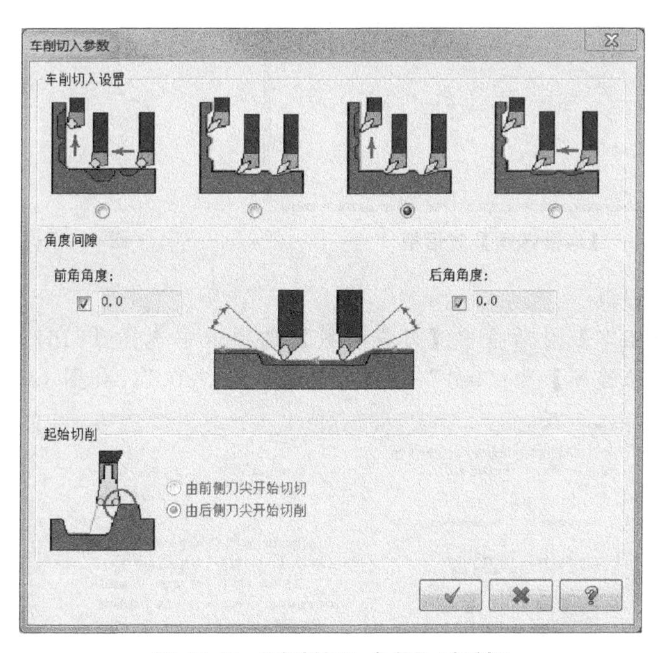

图 13-43 【车削切入参数】对话框

（5）生成刀具路径并验证

36 单击【确定】按钮，完成加工参数设置，并生成刀具路径，如图 13-44 所示。

37 单击【刀路】管理器中的【验证已选择的操作】按钮，弹出【验证】对话框，单击【播放】按钮，验证加工工序，如图 13-45 所示。

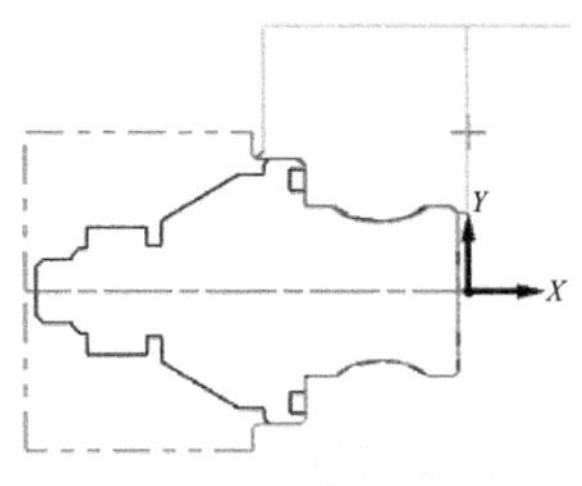

图 13-44　生成刀具路径

图 13-45　实体验证效果

38　单击【验证】对话框中的【关闭】按钮 ，结束验证操作。然后单击【刀路】管理器中的【切换刀具路径显示】按钮 ，关闭加工刀具路径的显示，为后续加工操作做好准备。

13.4.8　创建右端轴向槽车削加工

（1）启动沟槽车削加工

39　单击【车削】选项卡中的【标准】组中的【沟槽】按钮 ，系统弹出【沟槽选项】对话框，如图 13-46 所示。

40　选择【2 点】方式，单击【确定】按钮 ，依次选择如图 13-47 所示的 P1 和 P2 点，按“Enter”键结束，系统弹出【沟槽粗车】对话框。

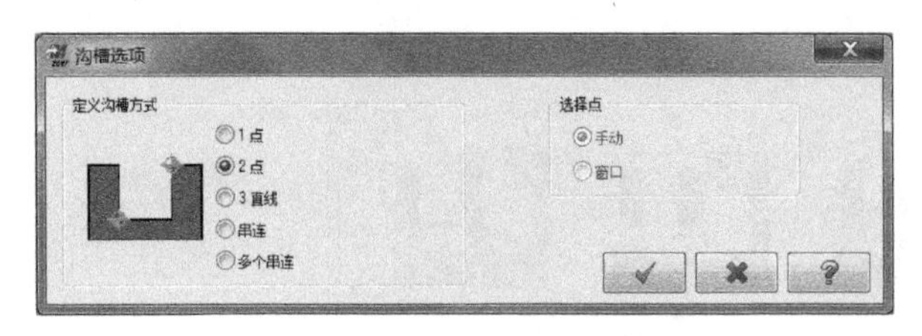

图 13-46　【沟槽选项】对话框

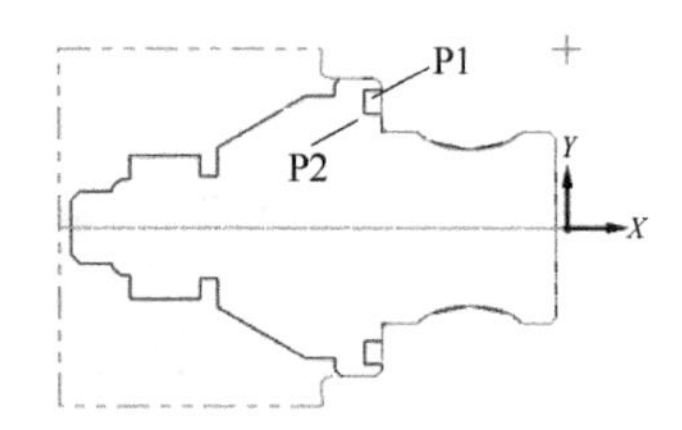

图 13-47　选择加工范围

（2）设置加工刀具

41　在【沟槽粗车】对话框中【刀具参数】选项卡中选择 T6161 号刀具，设置【刀号】为“61”，【进给速率】为“0.1”，【主轴转速】为“300”，如图 13-48 所示。

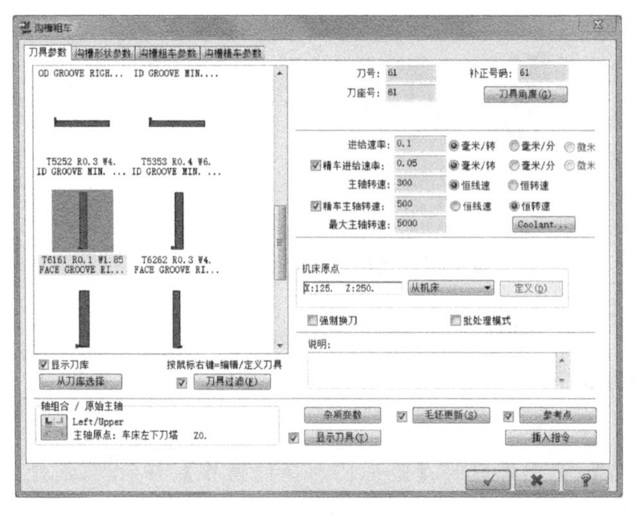

图 13-48　选择加工刀具

图13-49 【参考点】对话框

42 选中【参考点】复选框，并单击该按钮，弹出【参考点】对话框，设置【进入】和【退出】为“(50，20)”，如图13-49所示。单击【确定】按钮返回。

（3）设置沟槽外形参数

43 单击【沟槽粗车】对话框中的【沟槽形状参数】选项卡，单击【前端（A)】按钮，设置轴向切槽，如图13-50所示。

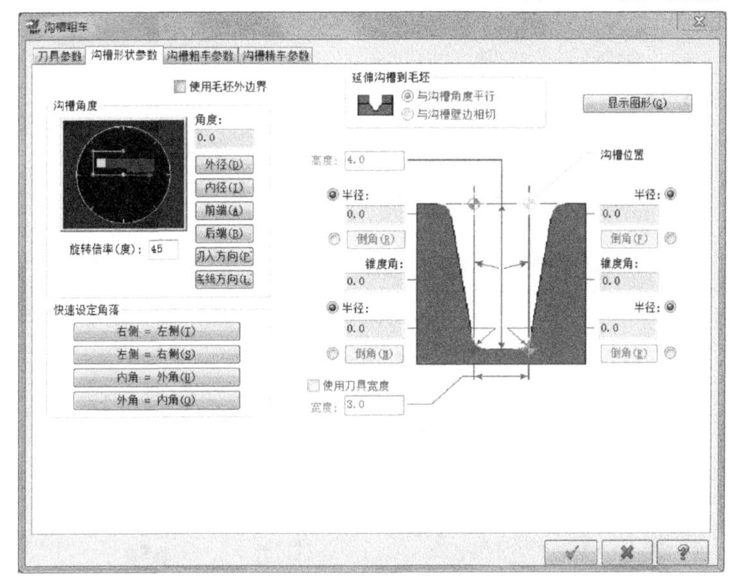

图13-50 【沟槽形状参数】

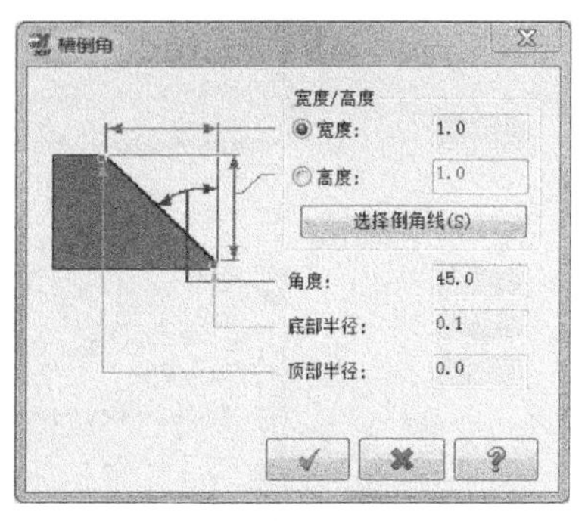

图13-51 【槽倒角】对话框

44 选中【倒角】选项，单击该按钮，弹出【槽倒角】对话框，设置【宽度】为“1”，如图13-51所示。单击【确定】按钮返回。

（4）设置沟槽粗车参数

45 单击【沟槽粗车】对话框中的【沟槽粗车参数】选项卡，设置【毛坯安全间隙】为“2”，【粗切量】为“75%”，【预留量】为“0.2”，【切削方向】为“双向”，如图13-52所示。

（5）设置沟槽精车参数

46 单击【沟槽精车】对话框中的【沟槽精车参数】选项卡，设置【精车步进量】为“2”，如图13-53所示。

（6）设置切入参数

47 选中【切入】选项，单击该按钮，弹出【切入】对话框，设置【第一个路径切入】选项卡中【角度】为“－90”，【长度】为“2”，如图13-54所示。

48 单击【第二个路径切入】选项卡，【角度】为“－90”，【长度】为“2”，如图13-55所示。

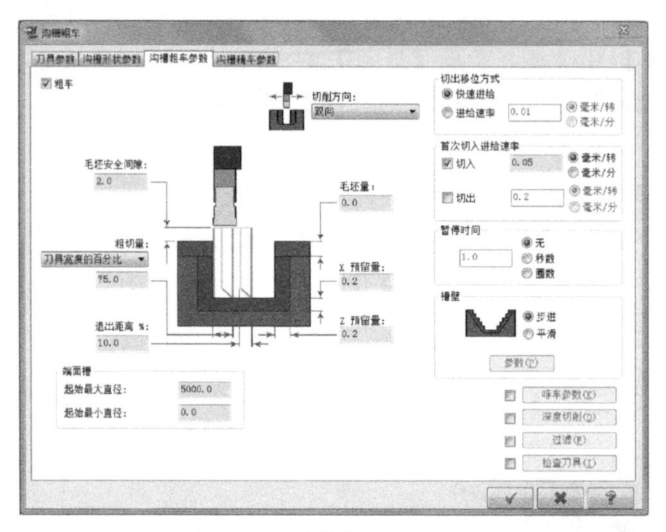

图 13-52 【沟槽粗车参数】

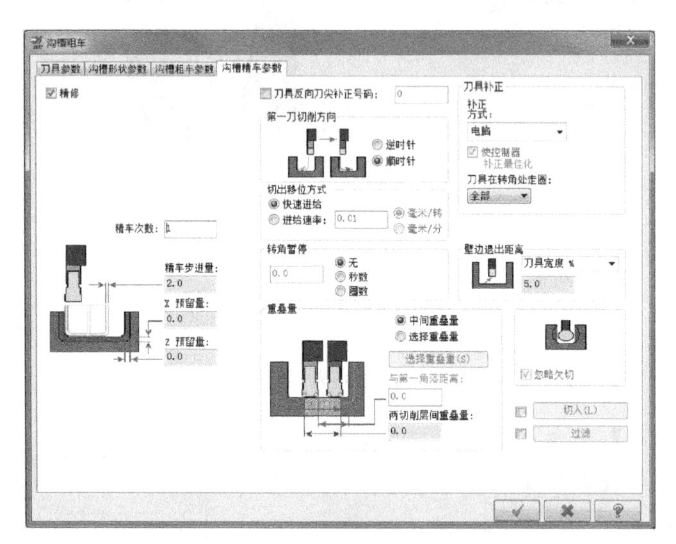

图 13-53 【沟槽精车参数】

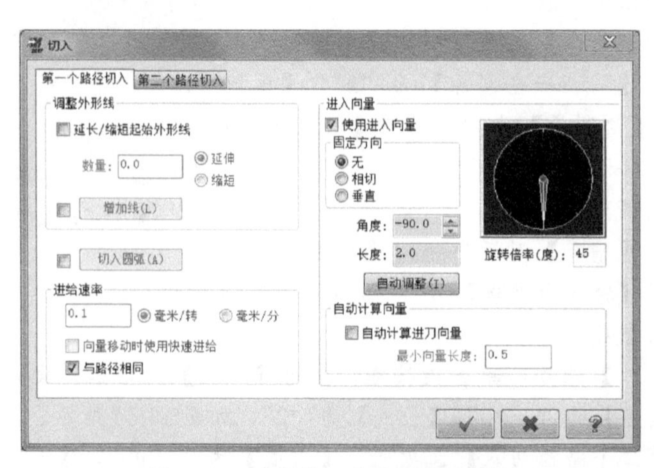

图 13-54 设置第一个路径切入参数

图 13-55　设置第二个路径切入参数

(7) 生成刀具路径并验证

49 单击【确定】按钮，完成加工参数设置，并生成刀具路径，如图 13-56 所示。

50 单击【刀路】管理器中的【验证已选择的操作】按钮，弹出【验证】对话框，单击【播放】按钮，验证加工工序，如图 13-57 所示。

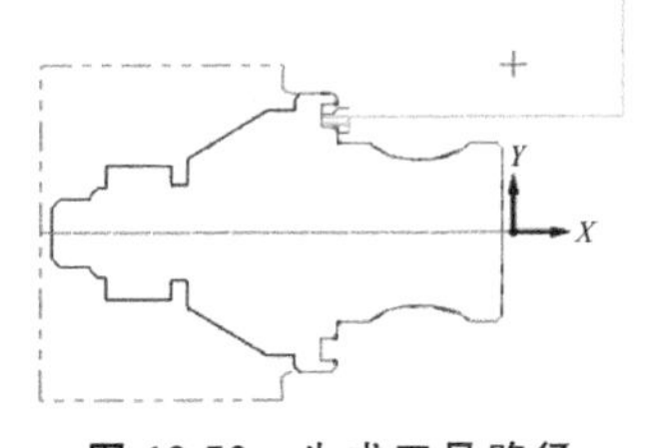

图 13-56　生成刀具路径

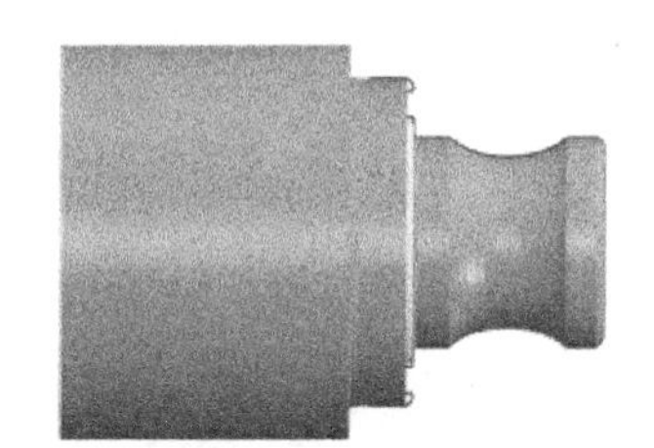

图 13-57　实体验证效果

51 单击【验证】对话框中的【关闭】按钮，结束验证操作。然后单击【刀路】管理器中的【切换刀具路径显示】按钮，关闭加工刀具路径的显示，为后续加工操作做好准备。

13.4.9　工件调头

52 在【刀路】管理器中选择【机床群组-1】选项，单击鼠标右键，在弹出的快捷菜单中选择【群组】|【新建刀路群组】命令，创建【刀具群组-2】，如图 13-58 所示。

53 单击【车削】选项卡下的【零件处理】选项中的【毛坯翻转】按钮，弹出【毛坯翻转】对话框，如图 13-59 所示。

54 单击【图形】选项中的【选择】按钮，拉框选择所有轮廓，如图 13-60 所示。按“Enter”键返回对话框。

55 在【毛坯翻转】对话框中设置【起始位置】为“0”，【调动后位置】为“－87”，如图 13-61 所示。

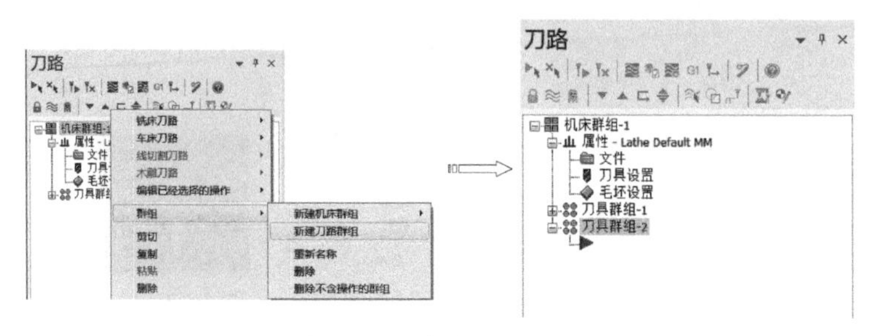

图 13-58　创建刀具群组

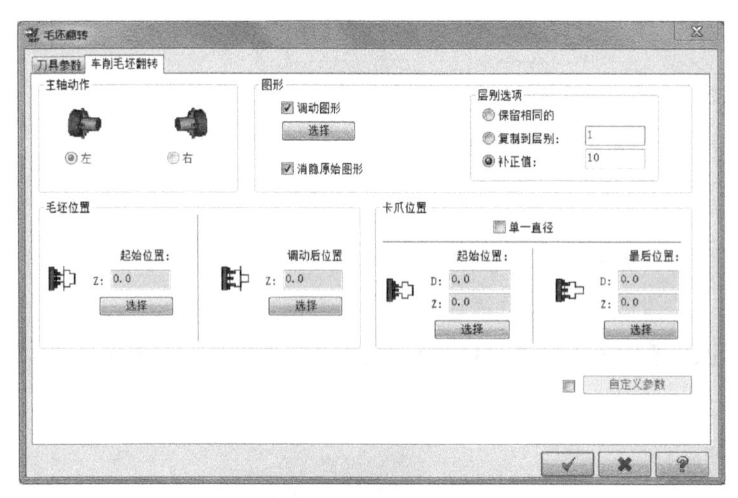

图 13-59　【毛坯翻转】对话框

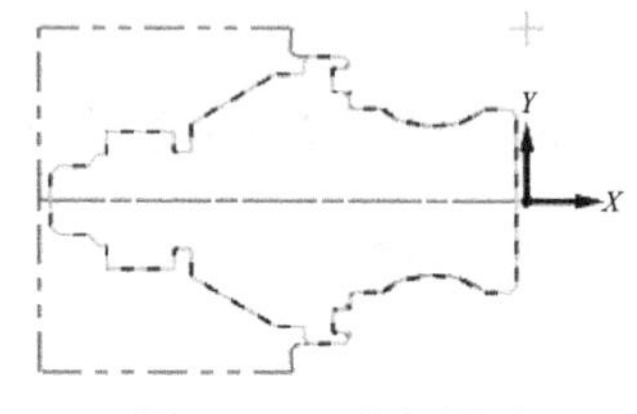

图 13-60　选择图形

56　单击【确定】按钮，完成工件调头，如图 13-62 所示。

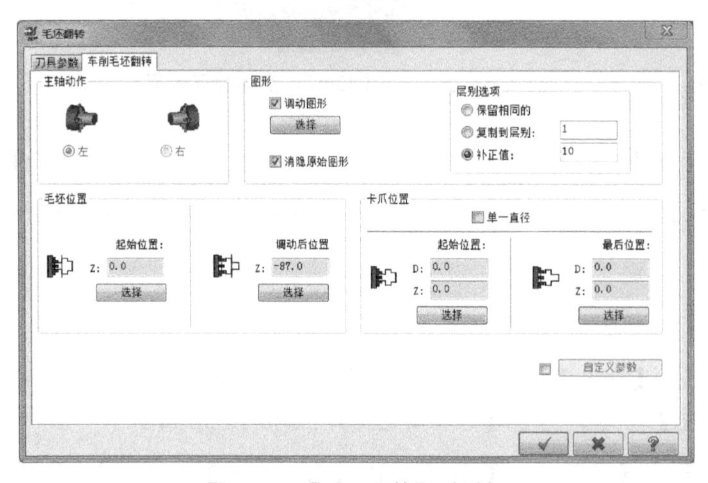

图 13-61　【毛坯翻转】对话框

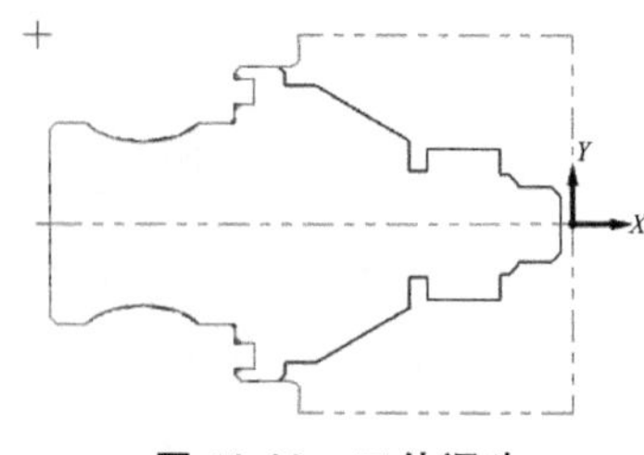

图 13-62　工件调头

13.4.10　创建左端端面车削加工

（1）启动端面车削加工

57　单击【车削】选项卡中的【标准】组中的【车端面】按钮，弹出【车端面】

对话框。

（2）设置加工刀具

58 在【刀具参数】选项卡中选择 T3131 号刀具，设置【刀号】为“31”，【进给速度】为“0.25”，【主轴速度】为“300”，如图 13-63 所示。

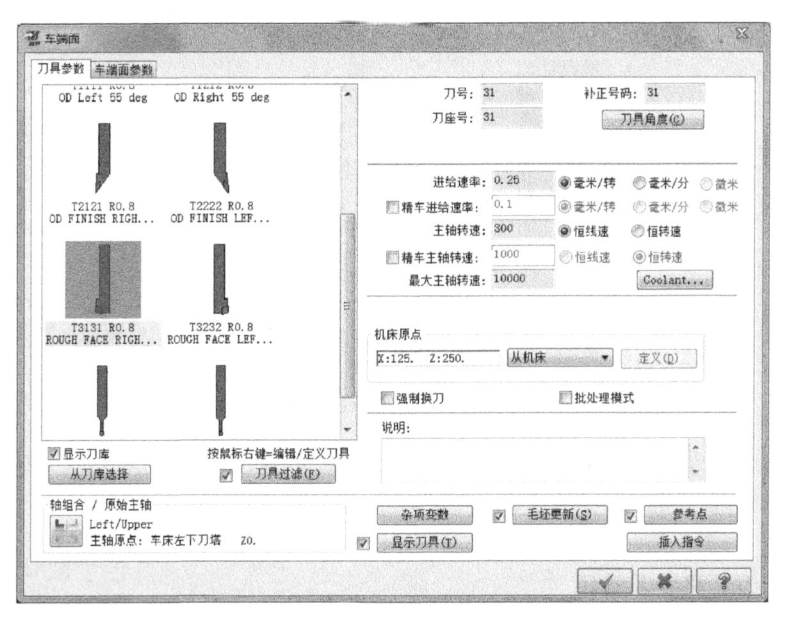

图 13-63 选择加工刀具

59 选中【参考点】复选框，并单击该按钮，弹出【参考点】对话框，设置【进入】和【退出】为“50，20”，如图 13-64 所示。单击【确定】按钮 返回。

图 13-64 【参考点】对话框

（3）设置车端面参数

60 在【车端面】对话框中单击【车端面参数】选项卡，显示端面车削参数，如图 13-65 所示。

61 选择【使用毛坯】单选按钮，单击【精修 Z 轴（Z）】按钮，选择如图 13-66 所示的点作为端面车削位置。

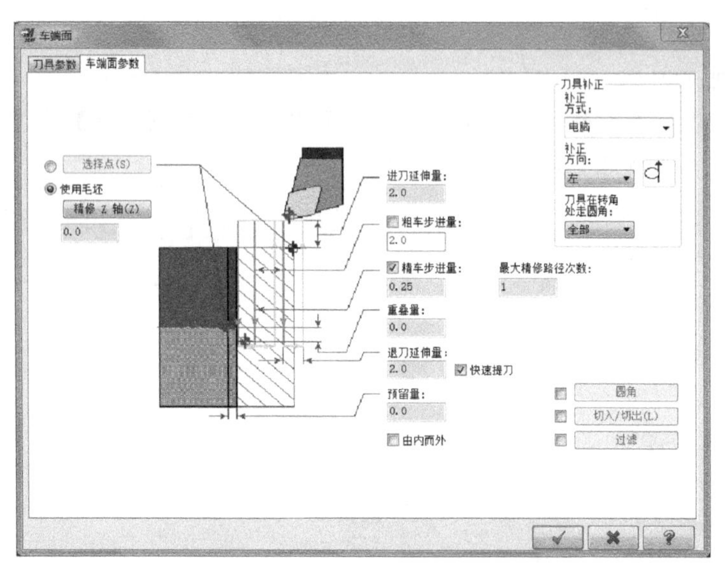

图 13-65 【车端面参数】选项卡

62 设置【进刀延伸量】为“2”,【精车步进量】为“0.25”,【最大精修路径次数】为“1”,如图 13-67 所示。

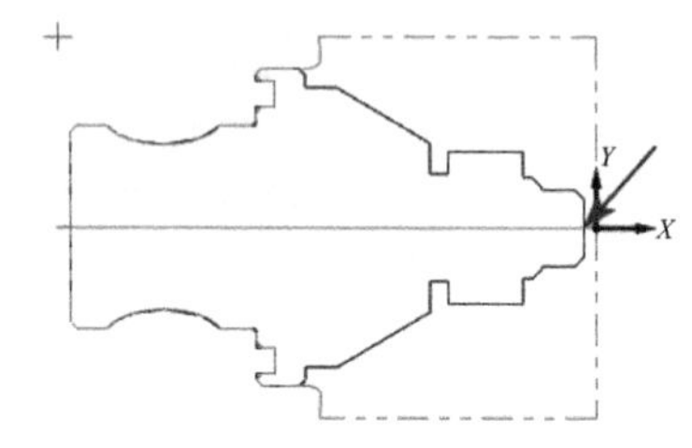

图 13-66 选择端面车削位置

(4) 生成刀具路径并验证

63 单击【确定】按钮,完成加工参数设置,并生成刀具路径,如图 13-68 所示。

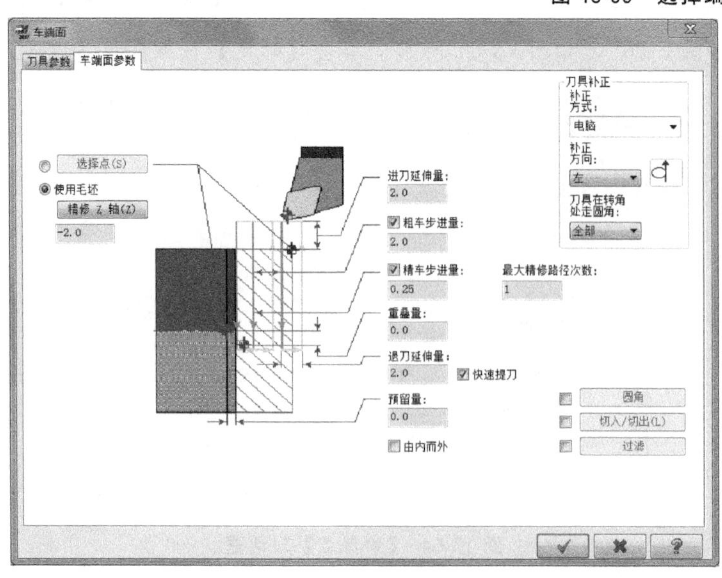

图 13-67 设置端面车削参数

64 单击【刀路】管理器中的【验证已选择的操作】按钮,弹出【验证】对话框,单击【播放】按钮,验证加工工序,如图 13-69 所示。

65 单击【验证】对话框中的【关闭】按钮,结束验证操作。然后单击【刀路】

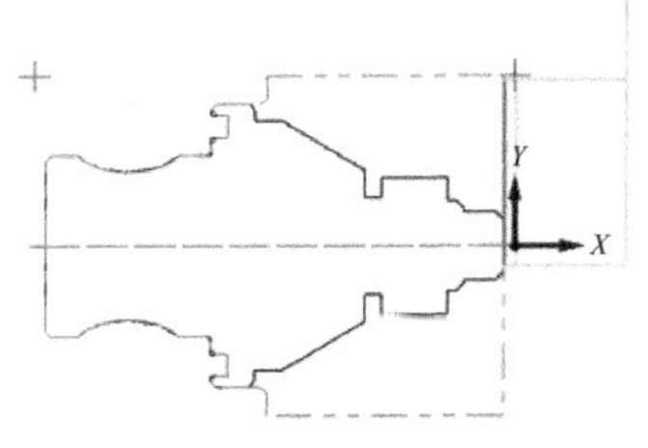

图 13-68　生成刀具路径

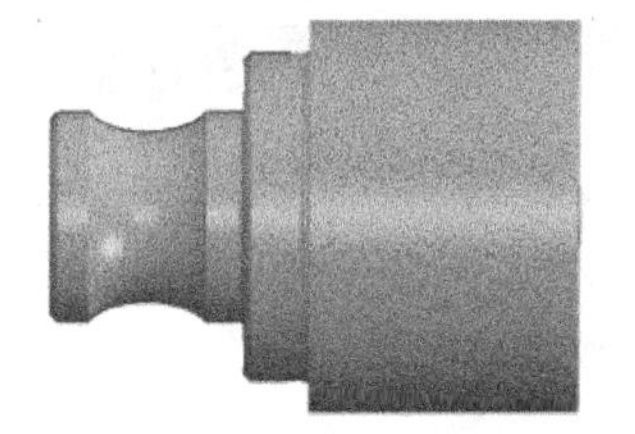

图 13-69　实体验证效果

管理器中的【切换刀具路径显示】按钮≋，关闭加工刀具路径的显示，为后续加工操作做好准备。

13.4.11　创建左端粗车加工

（1）启动粗车加工

66 单击【车削】选项卡中的【标准】组中的【粗车】按钮，系统弹出【串连选项】对话框，选择【2D】选项和【部分串连】，选择如图 13-70 所示的 P1 和 P2 点。

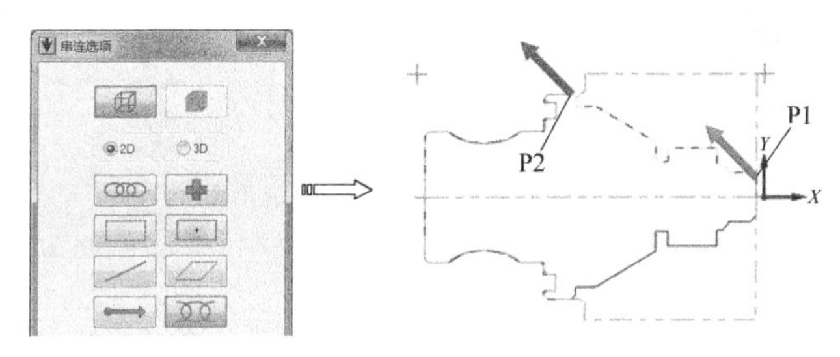

图 13-70　选择加工轮廓

67 单击【串连选项】对话框中的【确定】按钮，弹出【粗车】对话框。

（2）设置加工刀具

68 在【粗车】对话框的【刀具参数】选项卡中选择 T0101 号刀具，设置【刀号】为“1”，【进给速度】为“0.3”，【主轴速度】为“500”，如图 13-71 所示。

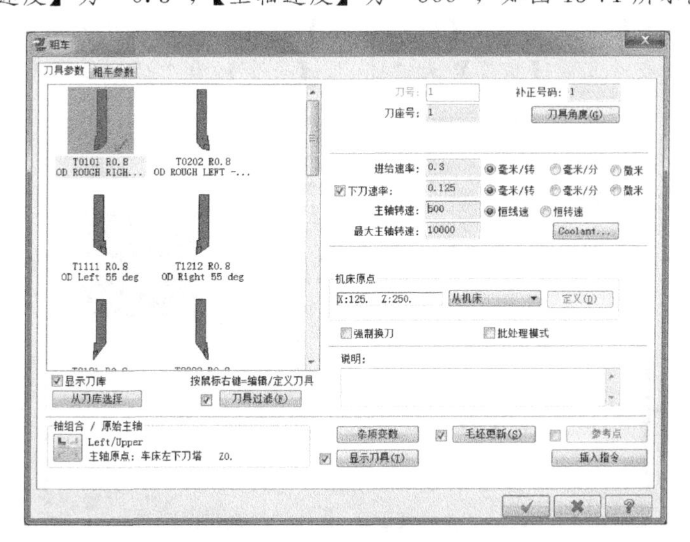

图 13-71　选择加工刀具

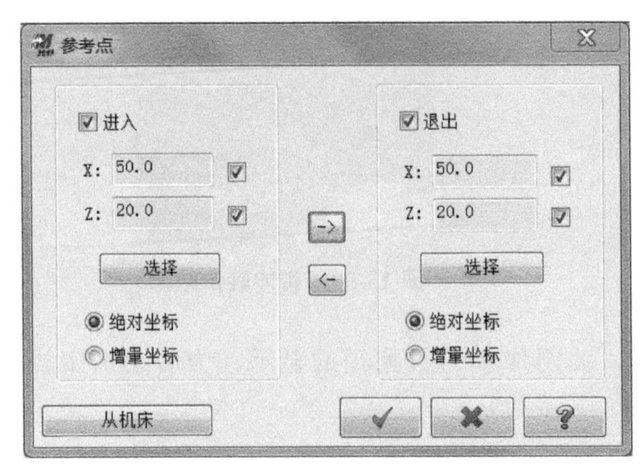

图13-72 【参考点】对话框

69 选中【参考点】复选框，并单击该按钮，弹出【参考点】对话框，设置【进入】和【退出】为“50，20”，如图13-72所示。单击【确定】按钮返回。

（3）设置粗车参数

70 单击【粗车】对话框中【粗车参数】选项卡，设置【深度切削】为“等距”，【切削深度】为“2”，【进入延伸量】为“2.5”，【退出延伸量】为“2.5”，如图13-73所示。

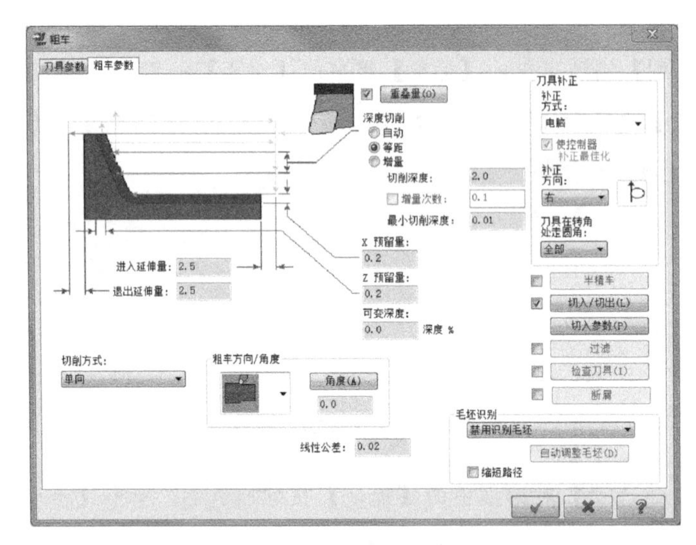

图 13-73 设置粗车参数

（4）设置切入/切出参数

71 单击【粗车】对话框中的【切入/切出】按钮，弹出【切入/切出设置】对话框，单击【切入】选项卡，设置【角度】为“180”，【长度】为“2”，如图13-74所示。

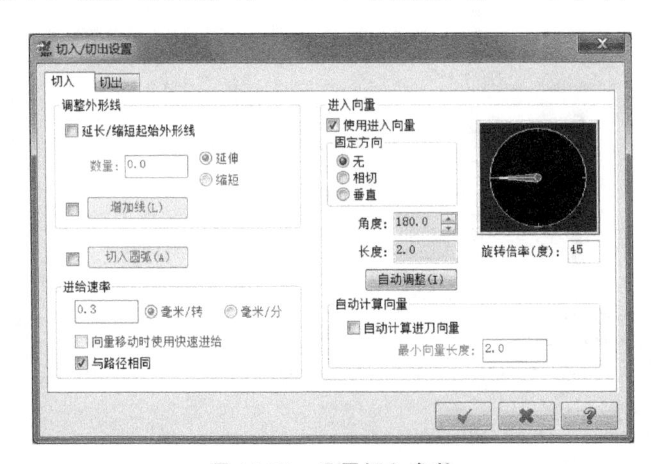

图 13-74 设置切入参数

72 单击【切出】选项卡，设置【角度】为“45”，【长度】为“2”，如图 13-75 所示。

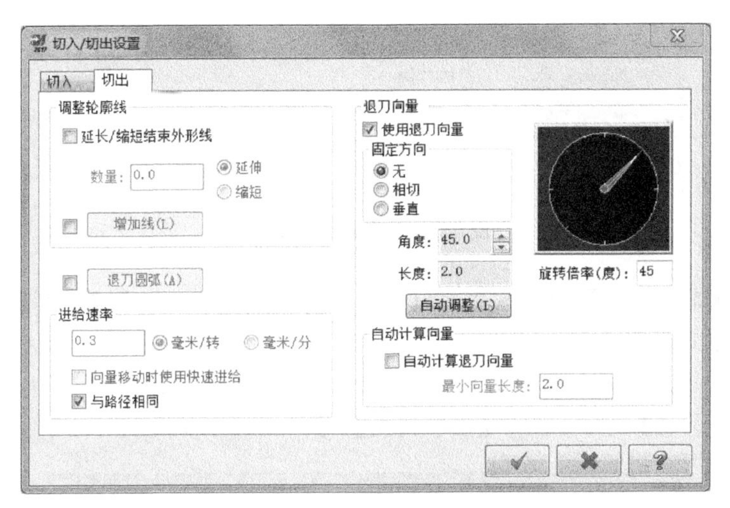

图 13-75　设置切出参数

（5）生成刀具路径并验证

73 单击【确定】按钮，完成加工参数设置，并生成刀具路径，如图 13-76 所示。

74 单击【刀路】管理器中的【验证已选择的操作】按钮，弹出【验证】对话框，单击【播放】按钮，验证加工工序，如图 13-77 所示。

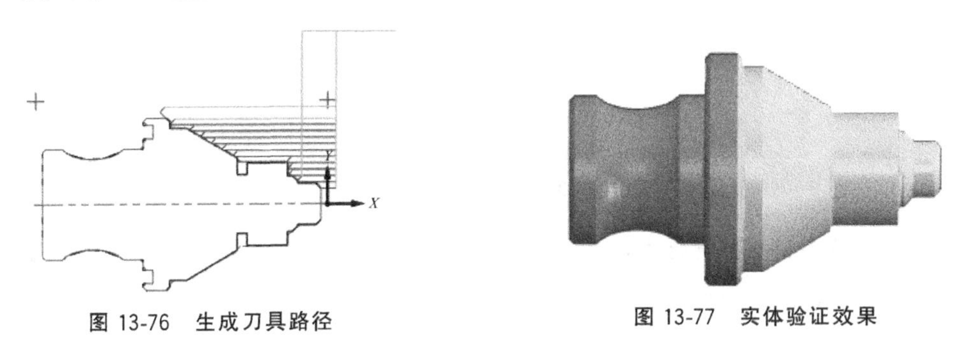

图 13-76　生成刀具路径　　　　图 13-77　实体验证效果

75 单击【验证】对话框中的【关闭】按钮，结束验证操作。然后单击【刀路】管理器中的【切换刀具路径显示】按钮，关闭加工刀具路径的显示，为后续加工操作做好准备。

13.4.12　创建左端精车加工

（1）启动精车加工

76 单击【车削】选项卡中的【标准】组中的【精车】按钮，系统弹出【串连选项】对话框，选择【2D】选项和【部分串连】，选择如图 13-78 所示的 P1 和 P2 点。

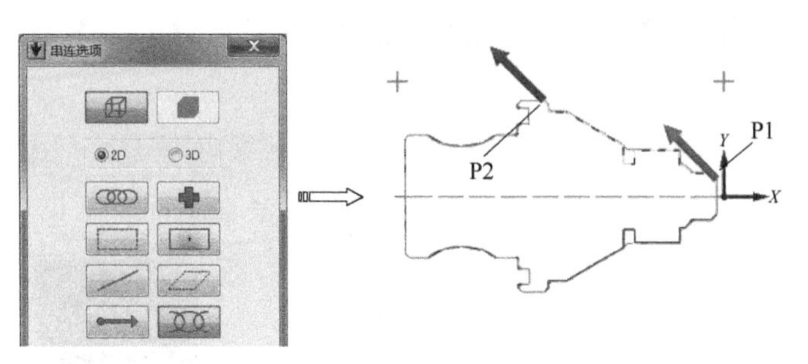

图 13-78　选择加工轮廓

77　单击【串连选项】对话框中的【确定】按钮，弹出【精车】对话框。

（2）设置加工刀具

78　在【精车】对话框的【刀具参数】选项卡中选择 T2121 号刀具，设置【刀号】为“21”，【进给速度】为“0.2”，【主轴速度】为“600”，如图 13-79 所示。

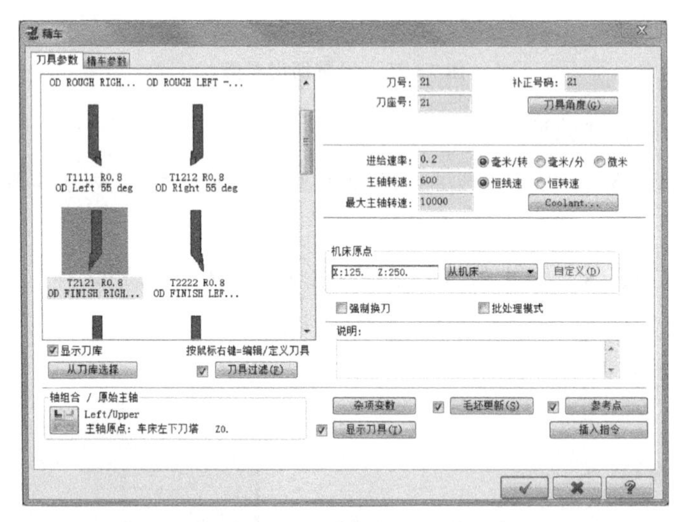

图 13-79　选择加工刀具

79　选中【参考点】复选框，并单击该按钮，弹出【参考点】对话框，设置【进入】和【退出】为“(50，20)”，如图 13-80 所示。单击【确定】按钮返回。

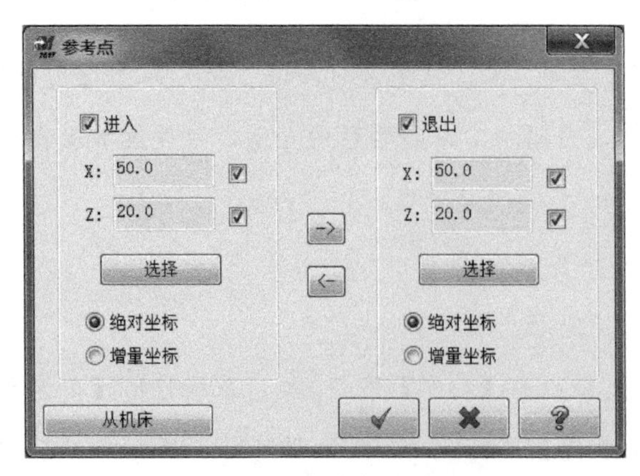

图 13-80　【参考点】对话框

（3）设置精车参数

80　单击【精车】对话框中【精车参数】选项卡，设置【精车次数】为“1”，【预留量】为“0”，如图 13-81 所示。

（4）设置切入/切出参数

81　单击【精车】对话框的【切入/切出】按钮，弹出【切入/切出设置】对话框，单击【切入】选项卡，设置【角度】为“180”，【长度】为“2”，如图 13-82 所示。

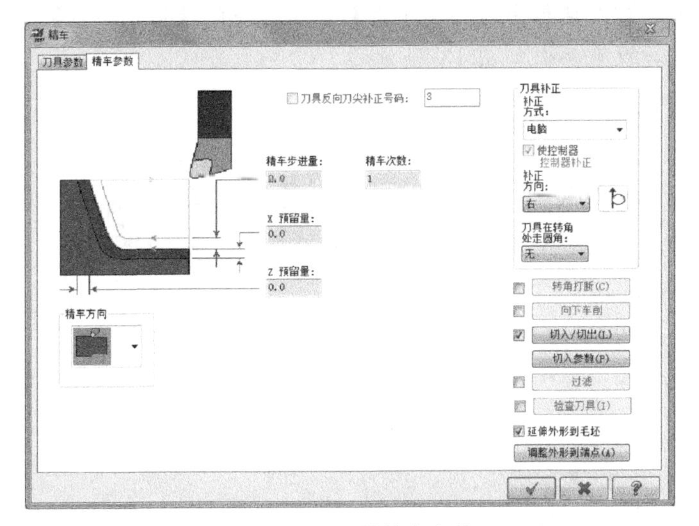

图 13-81　设置精车参数

图 13-82　设置切入参数

82　单击【切出】选项卡，设置【角度】为“90”，【长度】为“2”，如图 13-83 所示。

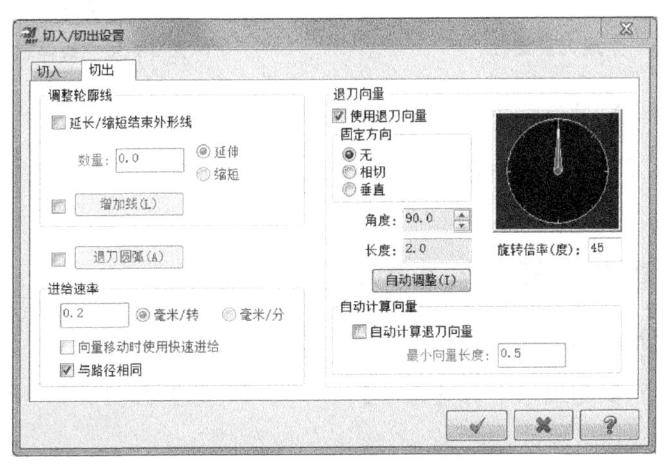

图 13-83　设置切出参数

83 单击【精车】对话框中【精车参数】选项卡下的【切入参数】按钮，弹出【车削切入参数】对话框，设置参数如图 13-84 所示。

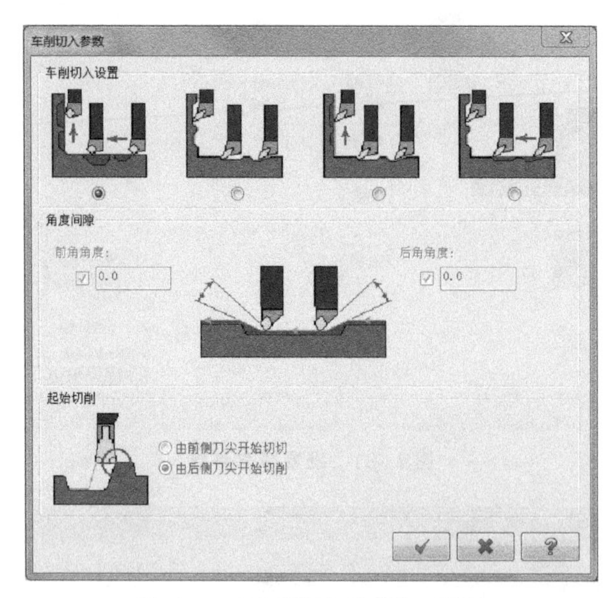

图 13-84 【车削切入参数】对话框

（5）生成刀具路径并验证

84 单击【确定】按钮，完成加工参数设置，并生成刀具路径，如图 13-85 所示。

85 单击【刀路】管理器中的【验证已选择的操作】按钮，弹出【验证】对话框，单击【播放】按钮，验证加工工序，如图 13-86 所示。

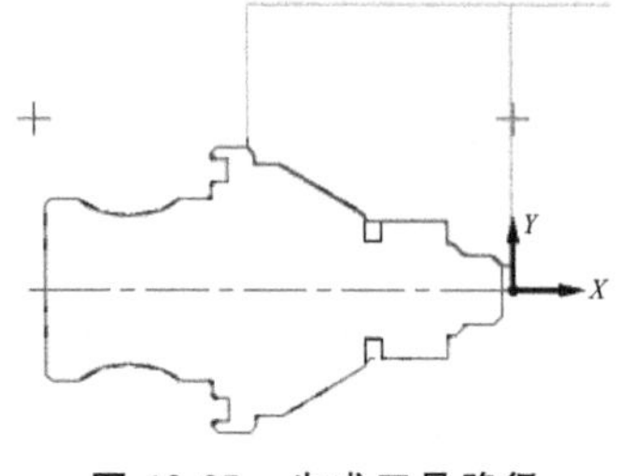

图 13-85 生成刀具路径

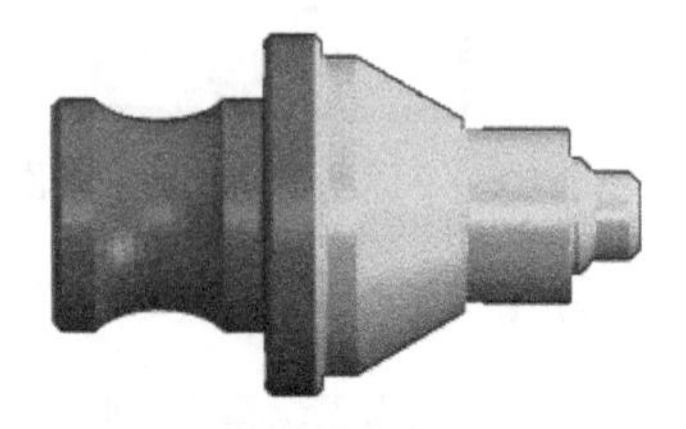

图 13-86 实体验证效果

86 单击【验证】对话框中的【关闭】按钮，结束验证操作。然后单击【刀路】管理器中的【切换刀具路径显示】按钮，关闭加工刀具路径的显示，为后续加工操作做好准备。

13.4.13 创建左端径向槽车削加工

（1）启动沟槽车削加工

87 单击【车削】选项卡中的【标准】组中的【沟槽】按钮，系统弹出【沟槽选项】对话框，如图 13-87 所示。

88 选择【2 点】方式，单击【确定】按钮，依次选择如图 13-88 所示的 P1 和

P2 点，按“Enter”键结束，系统弹出【沟槽粗车】对话框。

图 13-87 【沟槽选项】对话框

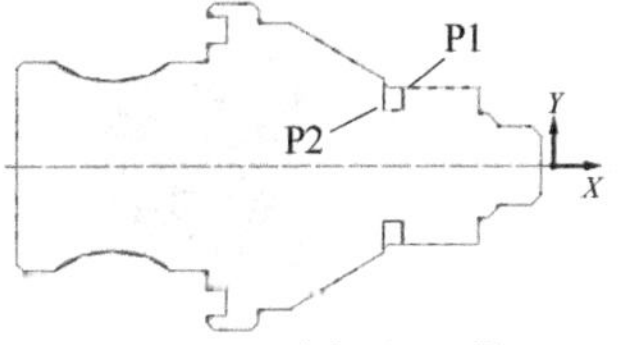

图 13-88 选择加工范围

(2) 设置加工刀具

89 在【沟槽粗车】对话框中【刀具参数】选项卡中选择 T4747 号刀具，设置【刀号】为“47”，【进给速度】为“0.1”，【主轴速度】为“300”，如图 13-89 所示。

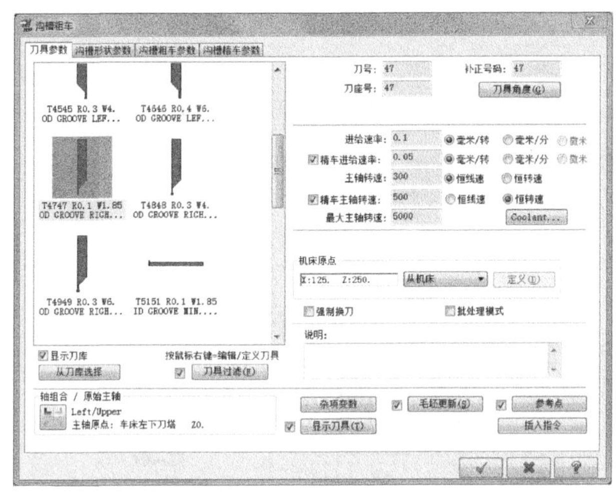

图 13-89 选择加工刀具

90 选中【参考点】复选框，并单击该按钮，弹出【参考点】对话框，设置【进入】和【退出】为“(50，20)”，如图 13-90 所示。单击【确定】按钮 返回。

图13-90 选择加工刀具

(3) 设置沟槽外形参数

91 单击【沟槽粗车】对话框中的【沟槽形状参数】选项卡，单击【外径 (D)】按钮，设置外径切槽，如图 13-91 所示。

(4) 设置沟槽粗车参数

92 单击【沟槽粗车】对话框中的【沟槽粗车参数】选项卡，设置【毛坯安全间隙】为“2”，【粗切量】为“75%”，【预留量】为“0.2”，【切削方向】为“双向”，如图 13-92 所示。

(5) 设置沟槽精车参数

93 单击【沟槽粗车】对话框中的【沟槽精车参数】选项卡，设置【精车次数】为“1”，如图 13-93 所示。

(6) 设置切入参数

94 选中【切入】选项，单击该按钮，弹出【切入】对话框，设置【第一个路径切入】选项卡中【角度】为“−90”，【长度】为“2”，如图 13-94 所示。

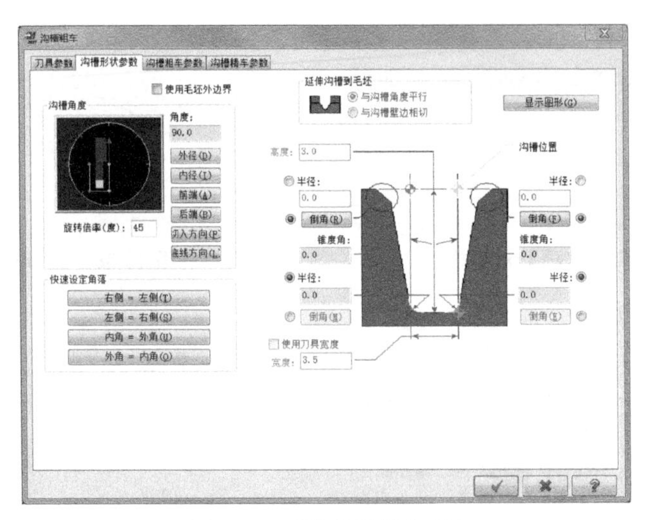

图 13-91 【沟槽形状参数】

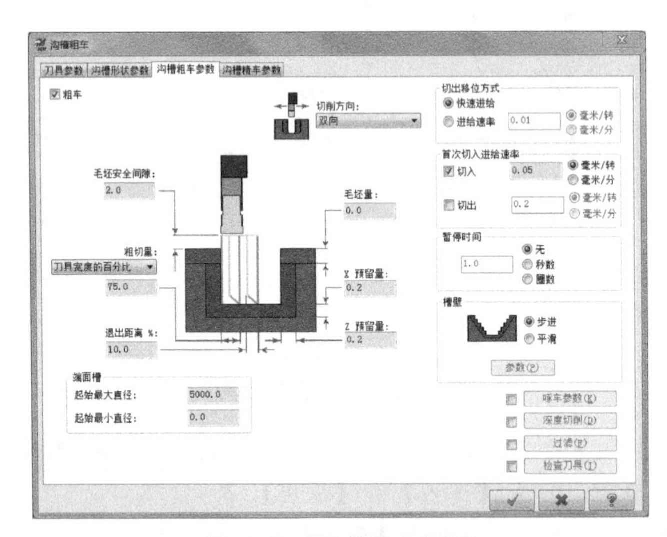

图 13-92 【沟槽粗车参数】

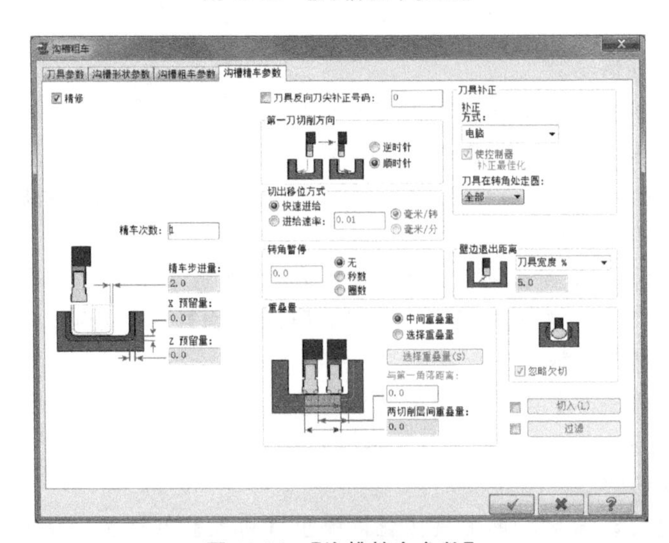

图 13-93 【沟槽精车参数】

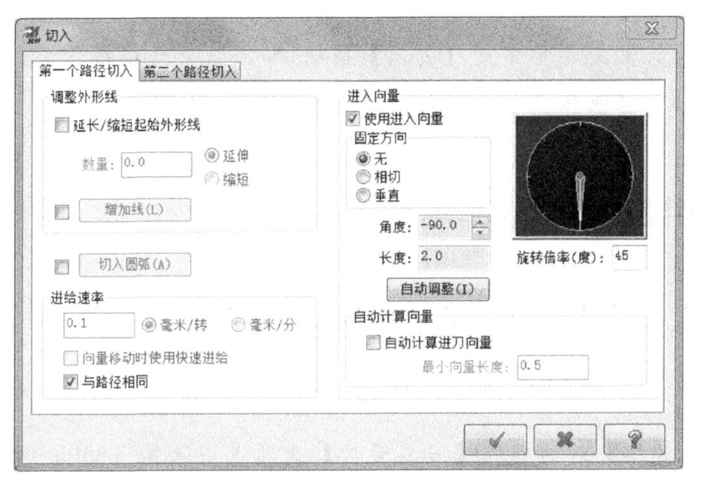

图 13-94　设置第一个路径切入参数

95　单击【第二个路径切入】选项卡，【角度】为“-90”，【长度】为“2”，如图13-95所示。

图 13-95　设置第二个路径切入参数

(7) 生成刀具路径并验证

96　单击【确定】按钮，完成加工参数设置，并生成刀具路径，如图13-96所示。

97　单击【刀路】管理器中的【验证已选择的操作】按钮，弹出【验证】对话框，单击【播放】按钮，验证加工工序，如图13-97所示。

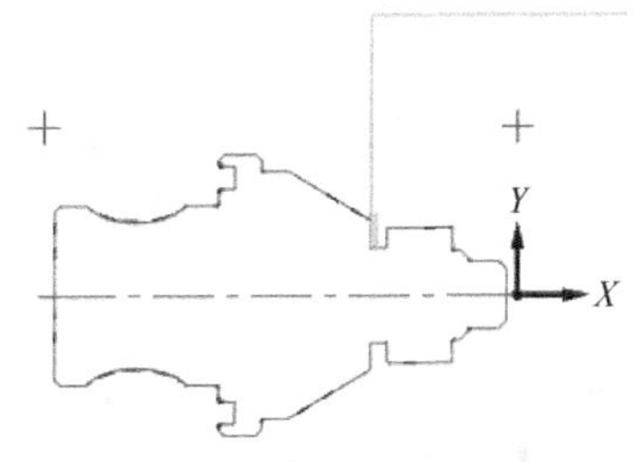

图 13-96　生成刀具路径

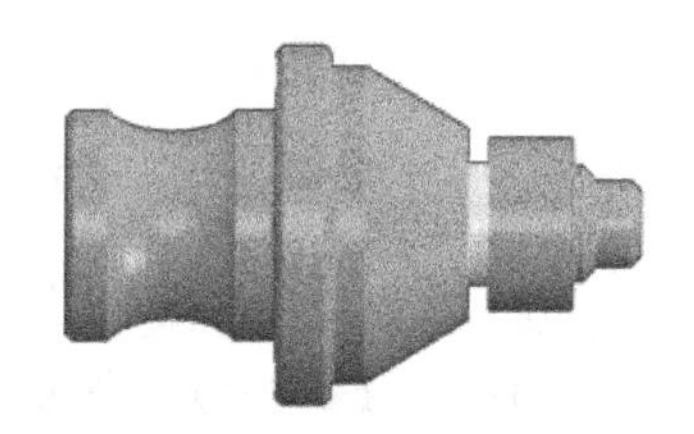

图 13-97　实体验证效果

98 单击【验证】对话框中的【关闭】按钮，结束验证操作。然后单击【刀路】管理器中的【切换刀具路径显示】按钮，关闭加工刀具路径的显示，为后续加工操作做好准备。

13.4.14 创建左端螺纹车削加工

（1）启动螺纹车削加工

99 单击【车削】选项卡中的【标准】组中的【车螺纹】按钮，系统弹出【车螺纹】对话框。

（2）设置加工刀具

100 在【车螺纹】对话框的【刀具参数】选项卡中选择T9595号刀具，设置【刀号】为“95”，【主轴速度】为“100”，如图13-98所示。

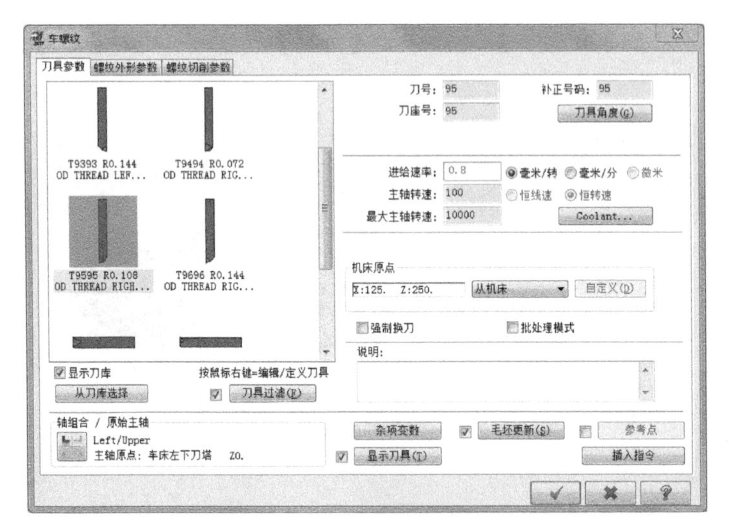

图 13-98 选择加工刀具

101 选中【参考点】复选框，并单击该按钮，弹出【参考点】对话框，设置【进入】和【退出】为“(50，20)”，如图13-99所示。单击【确定】按钮返回。

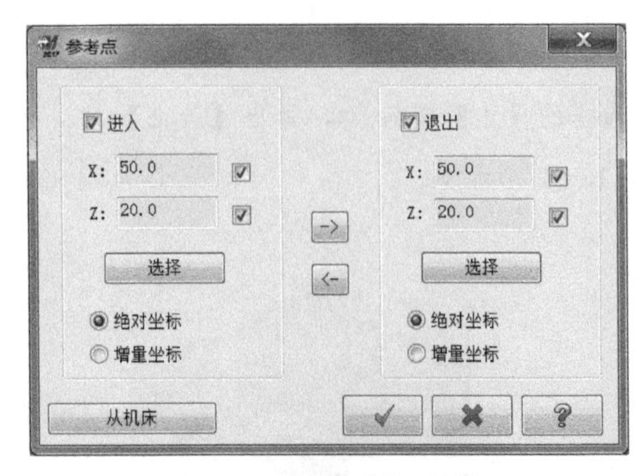

图 13-99 【参考点】对话框

（3）设置螺纹外形参数

102 单击【车螺纹】对话框中的【螺纹外形参数】选项卡，设置【螺纹方向】为“外径”，如图13-100所示。

103 单击【运用公式计算】按钮，弹出【运用公式计算螺纹】对话框，设置【导程】为“1.5”，【基础大径】为“24”，如图13-101所示。单击【确定】按钮返回。

104 在【螺纹外形参数】选项卡上设置螺纹【起始位置】为“—12”，【结束

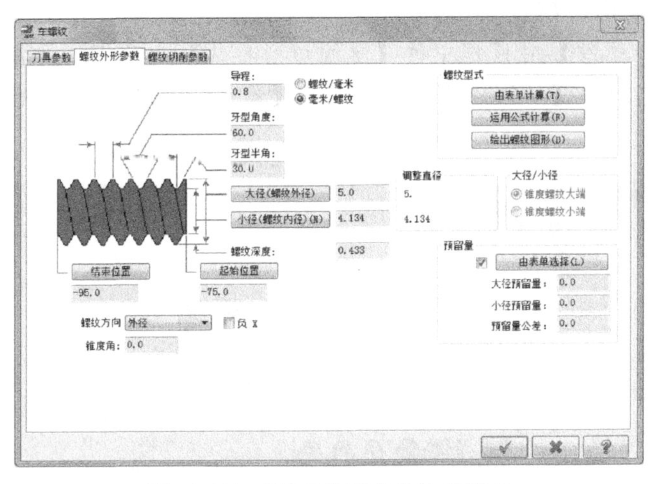

图 13-100 【螺纹外形参数】选项卡

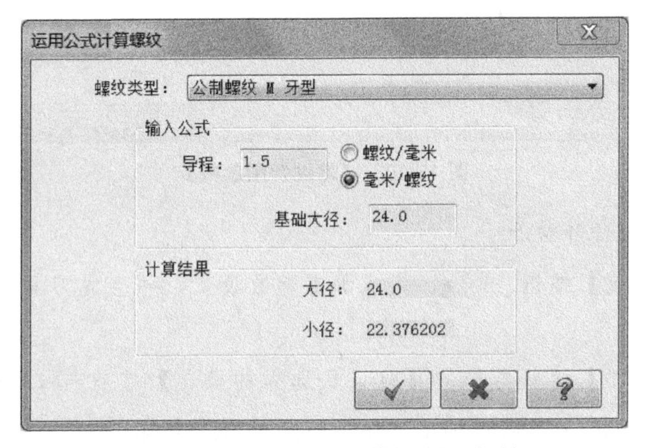

图 13-101 【运用公式计算螺纹】对话框

位置】为“—24”，如图 13-102 所示。

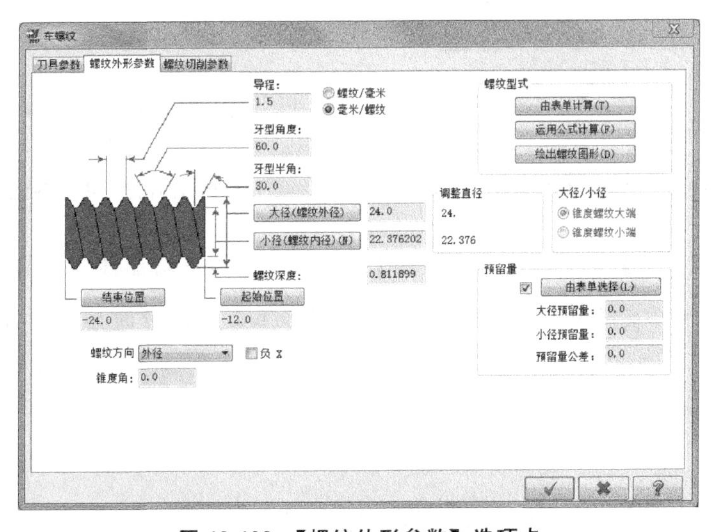

图 13-102 【螺纹外形参数】选项卡

（4）设置螺纹切削参数

105 单击【车螺纹】对话框中的【螺纹切削参数】选项卡，设置【NC代码格式】为“Longhand（G32）”，【切削次数】为“5”，【最后一刀切削量】为“0.1”，如图13-103所示。

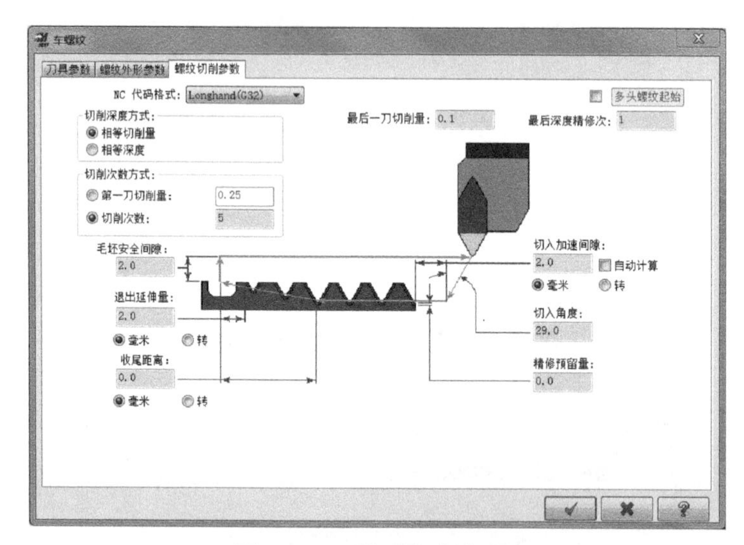

图 13-103 【螺纹切削参数】

（5）生成刀具路径并验证

106 单击【确定】按钮，完成加工参数设置，并生成刀具路径，如图13-104所示。

107 单击【刀路】管理器中的【验证已选择的操作】按钮，弹出【验证】对话框，单击【播放】按钮，验证加工工序，如图13-105所示。

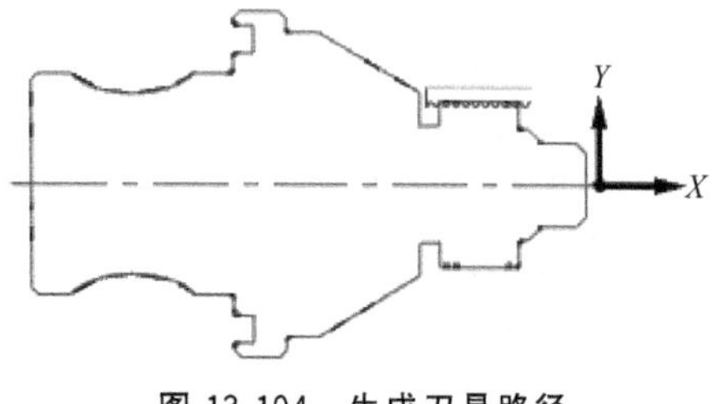

图 13-104 生成刀具路径

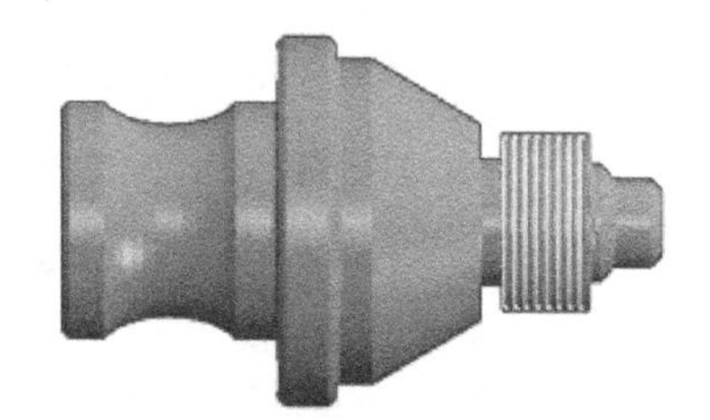

图 13-105 实体验证效果

108 单击【验证】对话框中的【关闭】按钮，结束验证操作。然后单击【刀路】管理器中的【切换刀具路径显示】按钮，关闭加工刀具路径的显示，为后续加工操作做好准备。

参考文献

[1] 马志国. Mastercam2017 数控加工编程应用实例. 北京：机械工业出版社，2017.

[2] 陈为国. 图解 Mastercam2017 数控加工编程高级教程. 北京：机械工业出版社，2019.

[3] 高长银. Mastercam X3 中文版入门与提高. 北京：清华大学出版社，2011.

[4] 李万全，高长银，刘红霞. Mastercam X4 多轴数控加工基础与典型范例. 北京：电子工业出版社，2011.

[5] 张喜江. 多轴数控加工中心编程与加工技术. 北京：化学工业出版社，2014.